软件开发微视频讲解大系

Oracle PL/SQL 从入门到精通

（微课视频版，适用于实战和 OCP 认证）

何　明　编著

U0217337

中国水利水电出版社
www.waterpub.com.cn

·北　京·

内 容 提 要

《Oracle PL/SQL 从入门到精通》是一本覆盖 **OCP** 认证内容、带有视频讲解、浅显易懂、幽默风趣、实例丰富、可操作性很强的 Oracle PL/SQL 程序设计入门用书，适用于 Oracle 12c、Oracle 11g、Oracle 10g、Oracle 9i 等多个版本。

《Oracle PL/SQL 从入门到精通》主要内容有：Oracle 的安装及相关配置，PL/SQL 程序设计语言概述，Oracle SQL Developer 简介，常用的 SQL*Plus 命令，PL/SQL 变量的声明与使用，编写 PL/SQL 语言的可执行语句，PL/SQL 与 Oracle 服务器之间的交互，分支（条件）语句，PL/SQL 语言的循环语句，PL/SQL 中常用的组合数据类型，SQL 游标（cursor），显式 cursor 的高级功能，PL/SQL 程序中的异常处理，过程的创建、维护和删除，函数的创建、维护和删除，PL/SQL 软件包，PL/SQL 软件包的高级特性和功能，数据库触发器，批量绑定及高级触发器特性， PL/SQL 程序代码设计上的考虑、Oracle 自带软件包及数据库优化简介，导出程序的源代码以及源代码加密。

《Oracle PL/SQL 从入门到精通》适合作为 Oracle PL/SQL 程序设计的入门用书，也可作为企业内训、社会培训、应用型高校的相关教材。

图书在版编目（ＣＩＰ）数据

Oracle PL/SQL从入门到精通 / 何明编著. -- 北京：
中国水利水电出版社，2017.11（2022.4 重印）
（软件开发微视频讲解大系）
ISBN 978-7-5170-5372-9

Ⅰ．①O… Ⅱ．①何… Ⅲ．①关系数据库系统 Ⅳ．
①TP311.138

中国版本图书馆CIP数据核字(2017) 第100243号

丛 书 名	软件开发微视频讲解大系	
书 名	Oracle PL/SQL 从入门到精通	Oracle PL/SQL CONG RUMEN DAO JINGTONG
作 者	何明 编著	
出版发行	中国水利水电出版社	
	（北京市海淀区玉渊潭南路 1 号 D 座　100038）	
	网址：www.waterpub.com.cn	
	E-mail: zhiboshangshu@163.com	
	电话：（010）62572966-2205/2266/2201（营销中心）	
经 售	北京科水图书销售有限公司	
	电话：（010）68545874、63202643	
	全国各地新华书店和相关出版物销售网点	
排 版	北京智博尚书文化传媒有限公司	
印 刷	涿州市新华印刷有限公司	
规 格	203mm×260mm　16 开本　30.25 印张　731 千字	
版 次	2017 年 11 月第 1 版　2022 年 4 月第 5 次印刷	
印 数	14001—16500 册	
定 价	89.80 元	

前 言

Preface

1999 年 7 月我在新西兰参加了一个为期 3 个月的 Oracle 8 全职培训课程，正是在这次培训中学习了 PL/SQL 程序设计语言。在之后的 Oracle 工作中，PL/SQL 语言就如影随形地伴随我走过了这么多年。本来在我的第一本 Oracle 方面的书——《从实践中学习 Oracle/SQL》于 2004 年出版之后，我就打算写一本 Oracle PL/SQL 程序设计语言的书，但由于种种原因，这本书一直拖到 2013 年底才开始正式写作。本以为将自己的讲稿和多年工作中积累的程序代码汇总和整理成书是一件比较简单的事，但是真正开始撰写时才发现并不像想象中的那么轻松，整个写作过程几乎耗费了半年多的时间，可以说在新西兰的那段时间，写这本书竟然成为了我的一个全职工作，因为之前用过的大部分程序代码必须修改和重新测试以适应 Oracle 的新版本和读者学习的环境。本来在 2014 年初本书已经定稿，但是"好事多磨"，这本书的正式出版工作一直到最近才被提到议事日程上。因为在本书定稿之后，Oracle 系统和 SQL Developer 都推出了新版本，所以我们必须在新的版本上重新运行和测试书中的程序代码并添加新版本的功能。**好在 PL/SQL 程序设计语言是一个非常稳定的语言，不同版本之间的差别不大。**

PL/SQL 是由 Oracle 公司设计和研发的一种结构化的程序设计语言，它对 SQL 进行了结构化的扩展。在 PL/SQL 中，可以直接嵌入 SQL 语句，也可以直接使用 DML 语句操作 Oracle 数据库中的数据。当然，PL/SQL 同样提供了软件工程所需的几乎全部的特色，如模块化、数据封装、信息隐藏、异常处理、面向对象的程序设计等。总之，PL/SQL 包括了现代程序设计语言的所有特性并扩展了对 Oracle 数据库软件开发的特殊支持。

一般在基于 Oracle 数据库的软件开发项目中，首选的编程语言就是 PL/SQL。Oracle 为了方便基于 Oracle 数据库的编程需要，将许多常见的数据库程序设计功能已经集成在 PL/SQL 语言中（或以软件包的形式提供了相关的功能），在使用其他程序设计语言需要几页代码才能完成的编程工作，使用 PL/SQL 可能只需要几行代码。

本书将系统而全面地介绍 PL/SQL 语言，并以循序渐进的方式引领读者逐步地掌握使用 PL/SQL 语言进行程序设计和开发的技能，同时介绍一些实用的编程技巧。本书既可以作为学校或培训机构及企业的 PL/SQL 程序设计语言课程的教材，也适合作为自学教材。另外，本书还可以作为所有想从事数据库程序设计（也包括想了解数据库程序设计）人员的起步教材。

为了方便老师的教学需要，本书的每一章都配有比较详细的教学幻灯片，老师可以根据实际教学需要进行适当的删减和添加。**为了方便读者学习，在增送的资源包中还包括了本书几乎全部的 PL/SQL 程序代码以及 SQL 语句和 SQL*Plus 命令的脚本文件。**考虑到 Oracle 11g 和 Oracle 12c 的逐步普及，所有的例题全部在 Oracle 11.2 和 Oracle 12.0 版上测试过。

如果要把本书作为非计算机或非信息技术类的教材，并且所教课程学时较少时，可以考虑只讲授前 12 章的内容，甚至只讲授前 10 章的内容，因为后面主要是讲解开发大型应用软件系统相关的内容（如软件包、触发器、批量绑定及源程序加密等）。

通过长期的教学实践，我们发现不少人在学习 IT 时缺乏系统性，他们学习并掌握的知识和技能很多，但是不成体系，这样在找工作或在实际工作中会处在一个不利的位置，因为很难利用自己已经掌握的知识或技能单独解决所遇到的一些难题。

读者在学习任何新知识或新技术时最好先加以筛选，选择那些与目前已有知识和技能有关联的内容作为出发点，这样可以尽快地将这些新知识与现有知识连成一片，而不是形成所谓的"孤岛效应"，即掌握的知识很多，但是它们之间都无关联。

本书包括 Oracle PL/SQL 开发人员培训和考试所需的几乎全部内容（有兴趣的读者可以登录Oracle 的官方网站查询相关的认证信息，不过获取 Oracle 证书是需要付费的），但是本书的重点是放在实际工作能力（实际的编程能力）的训练上。尽管 Oracle 的开发人员和数据库管理人员的认证是分开的，但是一个好的开发人员（高级程序员）都应该具有 Oracle 数据库相关的基础知识，即至少掌握基本的数据库管理方面的内容，因为要解决许多程序的优化问题需要对 Oracle 数据库的体系结构有比较深入的理解。同理，一个好的数据库管理员（DBA）也应该具有 PL/SQL 程序设计相关的基础知识，即至少掌握基本的 PL/SQL 程序设计知识，因为不少系统的效率问题是由于 PL/SQL 程序代码写得"不好"而引起的，并且许多 Oracle 的管理和维护工具都是以 PL/SQL 软件包的方式提供的。

大多数人相信 IT 领域是变化最快的领域之一，有不少学者或专家认为平均每两到三年就有50%的知识需要更新，但是认真地回顾过去几十年 IT 产业发展的历程，我们却惊奇地发现许多真正核心的东西很多年都没变过。**以 Oracle 为例，从大约二十年前 Oracle 7 到现在的 Oracle 11g 和 Oracle 12c，其体系结构甚至基本命令几乎没什么变化，当然 PL/SQL 语言变化更少。之所以许多人认为每次升级变化都很大，是因为第一次学习时就没有将知识内容完全理解，因此每次升级时都跟学习新的知识一样。**

如果读者曾经深入地学习过任何一种软件系统和程序设计语言并在这一领域"混"了一段比较长的时间，就会惊奇地发现：其实，许多大型的软件系统和程序设计语言，如 Oracle、Unix、C 或PL/SQL，它们核心部分的变化是相当小而且也非常缓慢。虽然从表面上看，IT 的知识飞快地更新，但是真正核心的内容却很少变，有的几十年都没变。就像网友们搞笑时说的那样："看了中国的股市就知道十多年来一切都没有变。"

在现实生活中也是一样，在科技日新月异发展的今天，有人曾使用了这样的话来形容当今社会变化之快——现在唯一不变的是"变"这个字。也有人用"世事无常"来感叹处在这个社会巨变中人们的无助与无奈。但是当我们静下心来仔细地观察和分析周围的事物，就会发现：真正核心的东西没什么变化，变化的只是表面现象，而事物的本质根本没有发生变化。正如一首著名的民歌所唱的那样"太阳下山明朝依旧爬上来，花儿谢了明年还是一样地开。"也可以用一句台词来形容我们的生活"生活就是一个 7 日接着另一个 7 日。"

因此建议读者在学习 IT 时，要尽可能地学习和掌握那些核心的、不变或很少变的东西。实际上，PL/SQL 语言的结构和语法都是相当稳定的，大多数语法结构和语句依然保持着 20 多年前的风格，重新学习或培训（更新）这样的程序设计语言的成本很低，也就是说一旦掌握了这一程序设计语言，许多功能可以一直使用许多年，甚至于伴随自己的整个 IT 职业生涯。

为了消除初学者对计算机程序设计语言固有的畏惧感，本书并未追求学术上的完美，而是使用生动而简单的生活实例来解释复杂的计算机和程序设计概念，避免用计算机专业的例子来解释计算由于以上的设计，本书对学生的计算机专业知识几乎是没有任何要求的，即本书可以作为读者学习计算机程序设计语言的起步教材，当然读者要会开关计算机和使用键盘及鼠标等简单操作，最好有一点儿 SQL 和数据库的知识。

本书中的许多概念和例题都给出了商业应用背景。许多例题是用场景或故事的形式出现的。不少例题和它们的解决方案是企业中的 Oracle 数据库管理员或开发人员在实际工作中经常使用到或可能用到的，因此，不加修改或略加修改后便可应用于实际工作中。

程序设计语言是一门实践性非常强的学科，如果想真正地掌握 PL/SQL 程序设计语言，就必须经常地使用它。因此，在阅读本书时，最好把书上的例题在计算机上做上一两遍。这些例题是经过仔细筛选的，对读者理解书中的文字解释和今后的实际工作非常有帮助。

为了帮助读者，特别是没有从事过 IT 工作的读者了解商业公司和 IT 从业人员的真实面貌，在书中设计了一个虚拟科研项目（繁育新品种狗的项目，简称育犬项目）。利用这个项目的运作来帮助读者理解真正的 IT 从业人员在商业公司中是如何工作的。

当人们看到或触摸到某一事物时，就更加容易理解这一事物。计算机程序设计语言也是一样，其实程序设计语言是一门实践性相当强的学科。要想真正理解一个程序设计语言，就必须坐在计算机前，不断地使用这种语言。曾有许多学生问过我同样的问题，那就是：学什么系统（如语言、操作系统、数据库等），怎样学？我的答案是：无论学什么系统，一定要有机会经常地使用这一系统，并且要有足够的学习资源，如比较好的教材（文档、参考手册、用户指南、宝典等一般不能作为教材，因为它们不是按由浅入深的顺序编排的，而且涉及的内容太多。它们是供专业人员遇到问题时查询使用的，不是为初学者学习设计的），最好还能得到一些其他的帮助（如同事和朋友等的帮助），否则，学习将是异常艰难的，即使学完了也未必能应用，因为许多软件功能和操作的用法是上机测试出来的，不完全是读书读出来的。

专家都从菜鸟来，牛人（大虾）全靠熬出来。其实，所谓"大虾"或专家就是一件事做长做久了，在一个行当里"混"久了就自然而然地成了专家。不过不会使用 PL/SQL 程序设计语言，要在 Oracle 这个行当里"混"下去还真不太容易。我们的祖先之所以能从灵长类中脱颖而出进化成万物之灵的人类，就是因为学会发明和使用工具。借助于 PL/SQL 这一强大的程序设计工具，相信那些即使只有很少，甚至没有 IT 背景的读者也会轻松而迅速地从 IT 领域的菜鸟进化成老鹰、大虾，再进化成专家、大师，最后在年逾古稀时进化成一代宗师（只要能够坚持下去）。

本书学习资源列表及获取方式

为让读者朋友在最短时间学会并精通 Oracle PL/SQL 的使用方法，本书提供了丰富的学习配套资源。具体如下：

（1）为方便读者学习，本书特录制了 112 集同步视频（可扫描章首页的二维码直接观看或通过下述方法下载后观看）

（2）为了方便教学和学生快速掌握知识点，本书还制作了配套 PPT（教学讲义）。

（3）本书提供全书实例的源代码，方便读者对照学习。

（4）为了读者参加 OCP 认证考试，本书赠送了 263 项 OCP 试题分析。多做试题，考试无忧。

以上资源的获取及联系方式（注意：本书不配带光盘，以上提到的所有资源均需通过下面的方法下载后使用）

（1）读者朋友可以加入下面的微信公众号下载资源或咨询本书的任何问题。

（2）登录网站 xue.bookln.cn，输入书名，搜索到本书后下载。

（3）读者可加入 QQ 群 620890103 与其他读者互动交流，在群公告查看资源下载链接，或咨询本书其他问题。

（4）如果在图书写作上有好的建议，可将您的意见或建议发送至邮箱 sql_minghe@aliyun.com 或 945694286@qq.com，我们将根据您的意见或建议在后续图书中酌情进行调整，以更方便读者学习。

本书由何明执笔，其他参与编写的人员还有：王莹、万妍、王逸舟、牛晨、王威、程玉萍、万群柱、王静、范萍英、王洁英、范秀英、王超英、万新秋、王莉、黄力克、万洪英、万节柱、万如更、李菊、万晓轩、赵菁、张民生和杜蘅等。在此对他们辛勤的付出和出色的工作表示衷心的感谢。

最后，预祝读者 PL/SQL 程序设计语言的学习之旅轻松而愉快！

何　明

目 录

Contents

第 0 章　Oracle 的安装及相关配置

虽然本章的内容不是 PL/SQL 程序设计语言课程所必需的,但对读者进行上机操作和学习 SQL Developer 的安装和配置是十分必要的。本章主要介绍如何在 Windows 系统上安装 Oracle 10g、Oracle 11g 或 Oracle 12c,并讲解相关工具的配置和使用。

0.1　Oracle 的安装

安装 Oracle 之前,需要先安装 Windows 2003 Server、Windows Server 2008、Windows XP、Windows 7 或 Windows 8 操作系统。

如果安装的是 Oracle 10g,则内存应该最少为 512MB,但是最好有 1GB 或以上;如果安装的是 Oracle 11g 并要安装 Oracle Application Express,内存最好为 2GB 或以上;如果安装的是 Oracle 12c,内存最好为 4GB 或以上。

从学习 Oracle PL/SQL 程序设计语言的角度来看,从 Oracle 早期版本到 Oracle 最新版本,其变化很小,所以如果单纯是为了学习 Oracle PL/SQL,安装 Oracle 10g 或 Oracle 11g 就可以了。如果读者计算机的硬件配置不够强大,也可以安装 Oracle 9i,甚至 Oracle 8 或 Oracle 8i(但是这两个版本不能在 Windows XP 和 Windows 7 上安装)。

在 Windows 操作系统上安装 Oracle 数据库管理系统并不太难,但要细心。其实在许多 Oracle 版本的安装过程中,除了 Oracle 系统的安装目录外,几乎不用做任何选择,都用默认值即可,甚至 Oracle 系统的安装目录也可以使用默认值。

📢 提示:

> 有 Oracle 10g、Oracle 11g 和 Oracle 12c 的安装视频,另外还包括了 Oracle 11g 的卸载视频。如果读者在安装 Oracle 系统时遇到问题可以参考资源包中的 Oracle 安装视频。
>
> **约定 1**:如果没有特殊说明,本书的操作是在 Oracle 11g 版本上完成的。在遇到由于版本不同而引起的操作差别时,本书会加以说明。如果这些说明与所使用的系统无关,完全可以忽略它们。
>
> **约定 2**:SQL 和 SQL*Plus 的语句是无关大小写的。尽管 Oracle 公司建议:"为了增加易读性,命令关键字一般为大写,而其他部分一般为小写",但是实际情况并非如此。许多熟悉 UNIX 或 C 语言的用户倾向于整个语句全部小写,而许多熟悉 Windows 的用户又倾向于整个语句全部大写。为了使读者适应 Oracle 产业的这种实际情况,本书在使用 SQL 和 SQL*Plus 的语句时并不严格地区分大小写。不过,建议读者在使用 SQL 或 PL/SQL 开发软件时,最好遵守 Oracle 公司的建议,这样会增加软件的易读性,而且也更加易于维护。
>
> **约定 3**:下面的命令方括号中的内容为可选项,如创建视图命令中[WITH READ ONLY]为可选项;竖线 "|" 为两者选一,如[FORCE|NOFORCE];下划线为默认值,如 <u>NOFORCE</u>。
>
> ```
> CREATE [OR REPLACE] [FORCE|NOFORCE] VIEW view
>   [(alias[, alias]...)]
> AS subquery[WITH CHECK OPTION [CONSTRAINT constraint]]
> [WITH READ ONLY];
> ```

在安装 Oracle 数据库管理系统之前,最好先关闭防火墙之类的软件(等安装成功之后再开启)。

安装 Oracle 11.1.0.6.0（Oracle 11g）数据库管理系统的简化步骤（在安装之前可能需要先打 Windows 补丁）如下：

✍ 说明：

用户在安装 Oracle 数据库管理系统之前，需购买软件安装光盘（因版权问题，本书不带安装光盘），购买后按下面的步骤操作即可。

（1）将 Oracle 11.1.0.6.0（Oracle 11g）数据库管理系统的第 1 张光盘插入光驱（如果没有选件，Oracle 11g 只用一张光盘），Windows 操作系统会自动搜索 Oracle 系统的安装程序并运行该程序（如果 Windows 操作系统没有自动搜索到 Oracle 系统的安装程序，可以在光盘中找到 Setup 程序并运行它）。如果已经复制到硬盘上，可以使用资源管理器找到安装程序所在的目录（文件夹），如图 0.1 所示。

图 0.1

（2）在图 0.1 所示窗口中双击 setup.exe 图标，弹出如图 0.2 所示窗口，Oracle 开始自动检查操作系统的配置是否符合安装要求，如果有问题就会报错，如果没问题则会进入如图 0.3 所示的界面。

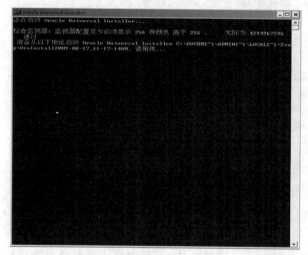

图 0.2

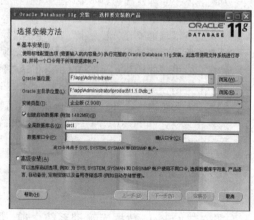

图 0.3

📢 注意：

> 如果是从 Oracle 官方网站上下载的压缩包，那么一共有两个压缩文件，要先将它们解压缩并合并之后才能安装，即将第 2 个压缩包中的 database\stage\Components 目录中的所有子目录合并到第 1 个压缩包中的 database\stage\Components 目录中。在下载之前可能需要注册，注册和下载都是免费的。另外，如果安装的是 Oracle 11.2 或 Oracle 12.1，系统首先会出现"配置安全更新"界面并要求输入电子邮件和"My Oracle Support 口令"，因为使用的是免费的，所以没有"Oracle Support 口令"，此时，在这一界面中可以不填写而直接单击"下一步"按钮。当系统出现错误信息时不用理会，回答"是"继续操作。在系统类型页面中一定要选择服务器类型。

（3）**此时可以修改 Oracle 安装目录的路径**。例如 D 盘没有足够的磁盘空间，但 F 盘几乎是空的，就可以将路径改为 F 盘。此外，还可以在此修改全局数据库名，输入数据库口令并确认。其中，数据库名和口令读者可以自定义，如数据库名为 superdog，口令为 wang。需要注意的是，**"安装类型"应该选择"企业版"**。设置后的效果如图 0.4 所示。

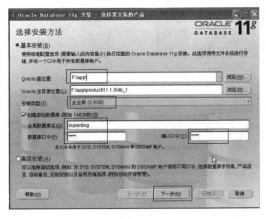

图 0.4

📢 注意：

> 如果安装的是 Oracle 12c，系统会显示如图 0.5 所示的界面，此时最好取消 Create as Container database 复选框。这样安装的 Oracle 12c 数据库就与之前的版本完全相同了，将来的数据库连接、操作、管理和维护都会简单许多。

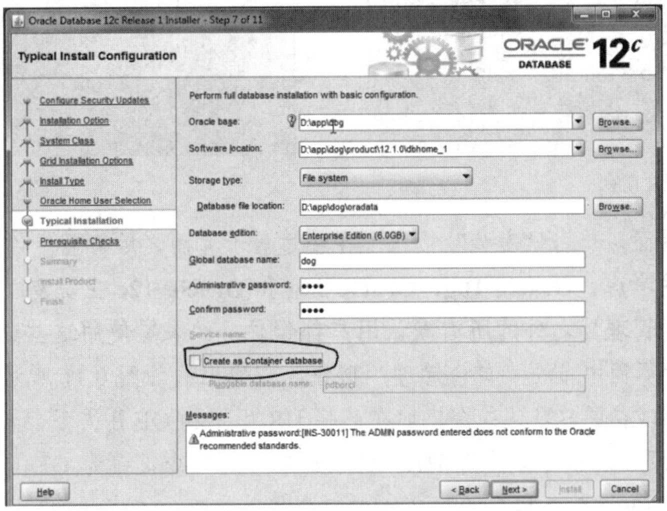

图 0.5

（4）单击"下一步"按钮，打开如图 0.6 所示的界面。在此稍等片刻，待系统处理完之后，将自动进入如图 0.7 所示的界面。

图 0.6

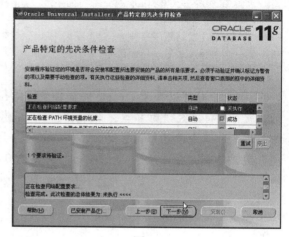

图 0.7

（5）待系统处理完之后，单击"下一步"按钮，进入如图 0.8 所示的界面。

（6）在此临时界面中只需静待处理 100%完成，然后单击"下一步"按钮。

（7）在弹出的如图 0.9 所示的界面中保持默认设置不变，直接单击"下一步"按钮。

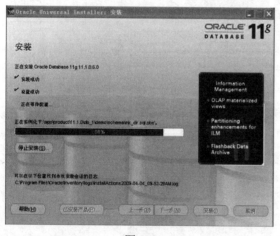

图 0.8

图 0.9

（8）出现概要界面，单击"安装"按钮，在经过若干界面之后将显示如图 0.10 所示界面。

（9）**出于安全的考虑，Oracle 10g、Oracle 11g 和 Oracle 12c 在安装之后，会将除了 SYS 和 SYSTEM 两个数据库管理员之外的所有默认用户都锁住。如果要使用这些默认的用户，就要将其解锁。**在图 0.10 所示界面中单击"口令管理"按钮，在弹出的如图 0.11 所示界面中可以锁定/解除锁定数据库用户账号和/或更改默认口令，如在此将 HR 用户和 OE 用户解锁并修改其口令。为了简单起见，在此将 HR 用户的口令设置为 HR，将 OE 用户的口令设置为 OE（这显然是不安全的）。另外，要注意的是，Oracle 11g 和 Oracle 12c 的口令是区分大小写字母的，而之前的版本是不区分的。使用同样的方法也可以将 SCOTT 用户解锁（其口令使用默认的 tiger）。最后，单击"确定"按钮。

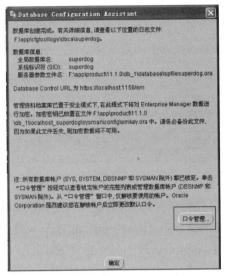

图 0.10

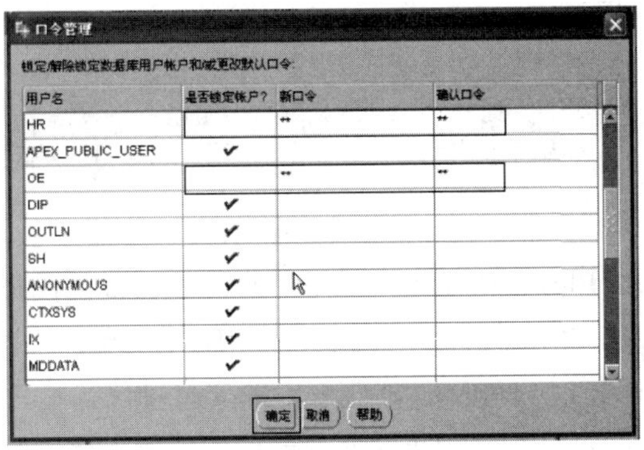

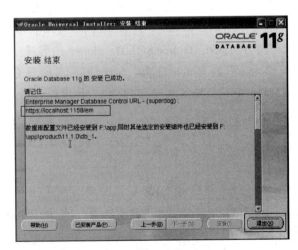

图 0.11

（10）出现与图 0.10 所示界面完全相同的界面，如图 0.12 所示。单击"确定"按钮，经过一段时间的运行，将会出现如图 0.13 所示的"安装 结束"界面。此时最好记录下企业管理器的端口号，本例中为 1158。需要注意的是，**在 Oracle 10g 中使用网络浏览器启动企业管理器时，在地址栏中输入的是"http://主机名：端口号/em"，而在 Oracle 11g 中，使用网络浏览器启动企业管理器时，在地址栏中输入的是"https://主机名：端口号/em"**。最后，单击"退出"按钮。

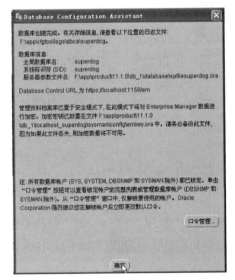

图 0.12

图 0.13

这里需要指出的是，**Oracle 12c 使用一个 Enterprise Manager Database Express 的图形工具**

来管理和维护数据库，**该工具需要简单的配置才能使用。** 详细介绍这一工具的配置和使用已经远远超出了本书的范围，而本书后面的操作也可以完全不使用这一工具，所以本书不再赘述。有兴趣的读者可参阅 Oracle DBA 方面的书籍。

在实际安装 Oracle 时，一般系统都会提示输入数据库的名称，这时可以接受默认的数据库名，该默认数据库名与安装的 Oracle 版本有关。另外，在 Oracle 9.2 或以上的版本中，在安装的过程中会要求输入 SYS 和 SYSTEM 两个用户的口令。

📢 **提示：**

在第一次安装 Oracle 系统时，可以请人帮忙。因为一旦安装失败了，彻底卸载 Oracle 11g 之前的 Oracle 数据库系统并不是一件很容易的事。但是也用不着害怕，只是多花些时间而已。正所谓"最好的老师就是错误，每个人都从错误中学到过许多平时学不到的东西；错误也是难免的，只要改了就是好同志。"

由于在 Oracle 10g 和 Oracle 11g 中必须使用 Internet 浏览器来登录 Oracle 数据库企业管理器和 iSQL*Plus 图形工具，因此在使用 Oracle 的图形工具之前，首先要获得其 HTTPS 端口号（在 Oracle 10g 中登录企业管理器要使用 HTTP 端口）。为此要进入 $ORACLE_HOME\install 目录（其中，$ORACLE_HOME 为 Oracle 的安装目录，笔者计算机上为 F:\app\product\11.1.0\db_1\install），找到名为 portlist.ini 的正文文件即可看到所需要的端口号，其中包括企业管理器的端口号。可以使用"记事本"打开这一文件，在 UNIX 和 Linux 下可以使用 vi 等正文编辑器打开该文件。

📢 **提示：**

Oracle 数据库管理系统可以从 Oracle 的官方网站上免费下载，Oracle 公司声明只要不作为商业目的，Oracle 的软件都是免费的，也允许进行非商业目的的复制和安装。所以，对于个人用户，Oracle 软件不存在盗版问题。

iSQL*Plus 工具是从 Oracle 9i 开始引入的，但是在 Oracle 9i 中其端口号存放在不同的文件中。该工具的端口号一般存放在 $ORACLE_HOME\Apache\Apache\ports.ini 文件中，其中 $ORACLE_HOME 为 Oracle 的安装目录。例如 E:\ORACLE\ora92\Apache\Apache\ports.ini 文件中。

需要指出的是，Oracle 11g 和 Oracle 12c 在默认安装时已经不再自动安装 iSQL*Plus 这一工具了，取而代之的是 Oracle SQL Developer 图形开发工具，其功能更强大。

作为重要的 Oracle 工具，SQL*Plus 是所有 Oracle 版本必带的而且是自动安装的，利用它可以输入 SQL 语句、开发和运行 PL/SQL 程序以及进行 Oracle 数据库的管理与维护。

0.2 Oracle 11g 和 Oracle 12c 中的 SQL*Plus

Oracle 11g 和 Oracle 12c 默认安装的 SQL*Plus 并不是早期版本中使用的被 Oracle 公司称为图形界面的 SQL*Plus，而是一种命令行界面的 SQL*Plus。在 Oracle 11g 中启动 SQL*Plus 的具体操作步骤如下：

（1）单击"开始"按钮，选择"所有程序"→Oracle-OraDb11g_home1→"应用程序开发"→SQL Plus 命令，如图 0.14 所示。

图 0.14

（2）在弹出的如图 0.15 所示窗口中的 Enter user-name 处输入 scott，在 Enter password 处输入 tiger。

（3）按 Enter 键，即可启动 SQL*Plus 并以 scott 用户登录 Oracle 数据库，如图 0.16 所示。

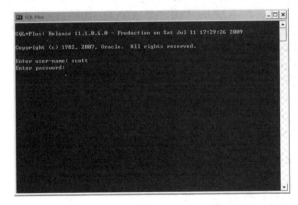

图 0.15

图 0.16

（4）此时就可以输入 SQL 语句、PL/SQL 语句或 SQL*Plus 命令了，如图 0.17 所示。

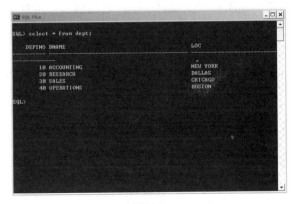

图 0.17

📢 提示：

在 Oracle 10g、Oracle 11g 和 Oracle 12c 中，出于安全的考虑，所有 Oracle 的默认用户，包括 scott 用户都被锁住。此时，要先以 SYSTEM 或 SYS 用户登录数据库，即在图 0.15 中的 Enter user-name 处输入 system，在 Enter password 处输入管理员口令（在安装 Oracle 数据库时输入的），之后使用命令 "alter user scott identified by tiger account unlock;" 将 SCOTT 用户解锁。

0.3　scott 用户及其对象维护

在本书中，绝大多数练习会用到 scott 用户中的表或其他对象。如果读者按本书的要求来做书中的例题，应该不会出现问题。但万一 scott 用户中的某个对象出现了问题该怎么办呢？也许有人会告诉您，要重装 Oracle 系统。如果真的碰上这样的人，相信过不了多久您就可以成为他的师傅了。

✍ 建议：

如果这种事情发生了，可以通过运行 scott.sql 的脚本文件来重建 scott 用户和它拥有的一切。在 Oracle 8i 或以上的版本中，这个脚本文件在 $ORACLE_HOME\rdbms\ admin 目录下。$ORACLE_HOME 是指 ORACLE 系统的安装目录。

在笔者的计算机上，一个 Oracle 10g 数据库系统的 $ORACLE_HOME （Oracle 安装目录）为 F:\oracle\product\ 10.2.0\db_1，所以该脚本文件的路径和名称为 F:\oracle\product\10.2.0\db_1\RDBMS\ADMIN\scott.sql。如果是 Oracle 11g，该脚本文件的路径和名称可能为 F:\app\Administrator\product\11.1.0\db_1\RDBMS\ADMIN\ scott.sql。而在笔者的另一台计算机上的 Oracle 12c 数据库系统中，该脚本文件的路径和名称就成为了 D:\app\dog\product\12.1.0\dbhome_1\RDBMS\ADMIN\scott.sql

以数据库管理员用户 system 登录系统之后，在 SQL>提示符下运行该脚本文件，命令如下：

```
SQL> @F:\oracle\product\10.2.0\db_1\RDBMS\ADMIN\scott.sql; 或
SQL> @F:\app\Administrator\product\11.1.0\db_1\RDBMS\ADMIN\scott.sql; 或
SQL> @D:\app\dog\product\12.1.0\dbhome_1\RDBMS\ADMIN\scott.sql;
```

当以上命令执行成功之后，Oracle 系统将重新安装 scott 用户和该用户下的所有表和其他对象。

0.4　本书中将用到的表

读者在 PL/SQL 的学习中将使用的表主要有 3 个，它们都属于用户 scott，分别为存放员工详细信息的员工表 emp（见图 0.18）、存放部门信息的表 dept（见图 0.19）及存放工资和工种级别的表 salgrade（见图 0.20）。

EMPNO	ENAME	JOB	MGR	HIREDATE	SAL	COMM	DEPTNO
7369	SMITH	CLERK	7902	17-12月-80	800		20
7499	ALLEN	SALESMAN	7698	20-2月 -81	1600	300	30
7521	WARD	SALESMAN	7698	22-2月 -81	1250	500	30
7566	JONES	MANAGER	7839	02-4月 -81	2975		20
7654	MARTIN	SALESMAN	7698	28-9月 -81	1250	1400	30
7698	BLAKE	MANAGER	7839	01-5月 -81	2850		30
7782	CLARK	MANAGER	7839	09-6月 -81	2450		10
7788	SCOTT	ANALYST	7566	19-4月 -87	3000		20
7839	KING	PRESIDENT		17-11月-81	5000		10
7844	TURNER	SALESMAN	7698	08-9月 -81	1500	0	30
7876	ADAMS	CLERK	7788	23-5月 -87	1100		20
7900	JAMES	CLERK	7698	03-12月-81	950		30
7902	FORD	ANALYST	7566	03-12月-81	3000		20
7934	MILLER	CLERK	7782	23-1月 -82	1300		10

图 0.18

DEPTNO	DNAME	LOC
10	ACCOUNTING	NEW YORK
20	RESEARCH	DALLAS
30	SALES	CHICAGO
40	OPERATIONS	BOSTON

图 0.19

GRADE	LOSAL	HISAL
1	700	1200
2	1201	1400
3	1401	2000
4	2001	3000
5	3001	9999

图 0.20

0.5　SQL（Structured Query Language）

在本书后面的学习中会经常用到一些 SQL。为了帮助读者回忆 SQL，即结构化查询语言，现将 SQL 所包括的内容列出如下：

- 数据查询语言。数据查询语言只包括一个 SELECT 语句（有些 Oracle 书籍将其归入数据操作语言）。
- 数据操作（维护）语言（Data Manipulation Language，DML）。数据操作（维护）语言包括 INSERT、UPDATE、DELETE 和 MERGE 语句（MERGE 语句是 Oracle9i 扩充的，只有在 Oracle9i 或以上的版本中才能使用）。
- 数据定义语言（Data Definition Language，DDL）。数据定义语言包括 CREATE、ALTER、TRUNCATE、RENAME 和 DROP 语句。
- 事务控制（Transaction Control）。事务控制包括 COMMIT 和 ROLLBACK 语句。
- 数据控制语言（Data Control Language，DCL）。数据控制语言包括 GRANT 和 REVOKE 语句。

如果读者对 Oracle SQL 语言不熟悉或已经忘记了，可以参阅我们的另一本书——由清华大学出版社出版的名师讲坛系列培训教程中的《名师讲坛——Oracle SQL 入门与实战经典》或其他类似的书籍。

0.6　本书所用的术语

下面简单介绍在本书中使用的一些数据库和计算机方面的术语。为了解释方便，利用图 0.21 给出一些数据库术语的图形化说明。

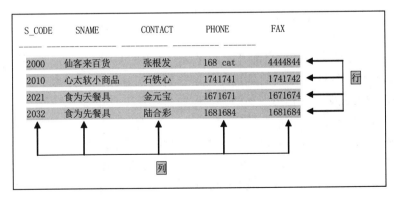

图 0.21

9

由图 0.21 给出如下术语和它们的定义。

- 表（table）：是由行和列组成的二维结构。
- 行（row）：每一行给出了一个供应商的全部信息（记录）。
- 列（column）：每一列表示供应商的一种特性（属性）。
- 值（value）：行和列的交汇处。如第 2 行和第 3 列的交汇处为"石铁心"，即表示第 2 行的联系人（CONTACT）为"石铁心"。

为了减小初学者学习的难度，本书并没有给出学术术语的严格定义，也没有很严格地区别一些术语。在阅读本书时注意如下约定：

表（table）= 实体（entity）= 关系（relation）

行（row）= 记录（record）

列（column）= 属性（attribute）

ORACLE 服务器（SERVER）= ORACLE 系统= ORACLE 数据库（管理）系统

本书代码语句中"SQL>"和行号后面的内容是需要用户输入的。如在下例中只需输入"SELECT*和 FROM supplier;"，"SQL>"为 ORACLE SQL*Plus 的提示符，2 是 SQL 语句的行号，由 SQL*Plus 自动产生。

```
SQL> SELECT *
  2  FROM supplier;
```

底纹部分为 SQL*Plus 产生的 SQL 语句的显示输出。下面就是以上所用到的 SQL 语句产生的输出结果：

```
S_CODE SNAME              CONTACT      PHONE      FAX
------- ---------------- ------------ ---------- -------
   2000 仙客来百货         张根发        168 cat    4444844
   2010 心太软小商品       石铁心        1741741    1741742
   2021 食为天餐具         金元宝        1671671    1671674
   2032 食为先餐具         陆合彩        1681684    1681684
```

本书中绝大部分的例子都是在 Oracle SQL*Plus 上完成的。除了 SQL*Plus 之外，还有很多其他的工具可以用作输入和运行 SQL 和 PL/SQL 语句，例如 Oracle 9i 引入的 iSQL*Plus 和 Oracle 10g 开始引入的 SQL Developer。到了 Oracle 11g，SQL Developer 已经成为默认安装的工具。

之所以主要使用 SQL*Plus，是因为它在 Oracle 的所有版本中都能得到。只要安装了 Oracle 数据库（管理）系统，上面就一定有 SQL*Plus。这样如果学会了使用 SQL*Plus 等于有了一个"看家"的本领，即当您遇到实际的 Oracle 系统时，无论它运行在什么 IT 平台上，也无论它使用的是什么工具，都可以立即开始工作。

要想在无情的商海中生存，能够立即开始工作这一点有时是很重要的。特别是刚刚找到一份新工作的读者，或者作为一名 Oracle 顾问到现场为客户解决实际问题而对客户的 Oracle 系统的配置又一无所知时，SQL*Plus 就非常有用。另外，其他的命令行工具与 SQL*Plus 的差别很小，一般情况下，用户用很短的时间就可以适应。

多数 Oracle 图形工具（如 Oracle SQL Developer）都需要通过 Oracle 数据库的监听进程连接数据库，但是在数据库出问题时，可能网络本身已经出了问题或监听进程已经无法启动了，此时是无法使用这类图形工具的。实际上，这时 SQL*Plus 就成了数据库的最后一根救命稻草。

0.7　Oracle 10g 的 SQL*Plus 界面

使用 Oracle 10g 的 SQL*Plus 界面的步骤如下：

（1）选择如图 0.22 所示菜单中的命令，即可启动 Oracle 的 SQL*Plus 界面（为了以后操作方便，可以将 SQL*Plus 图标放到桌面上，其方法是：按下 Ctrl 键的同时用鼠标左键将其图标拖到桌面上）。

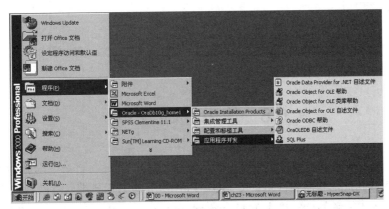

图 0.22

（2）在出现如图 0.23 所示的界面中，需要输入用户名和口令，Oracle 数据库中自动创建一个名为 scott 的用户，该用户的口令为 tiger（老虎），在这个用户账户中存有一些做练习所需的东西，如 emp（员工）表和 dept（部门）表。在"用户名"文本框中输入 scott，在"口令"文本框中输入 tiger，如图 0.24 所示。如果计算机上只有一个 Oracle 数据库或要连接的 Oracle 数据库为默认的数据库，就不必填写主机字符串，否则需要填写主机字符串。

图 0.23

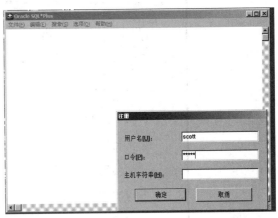

图 0.24

（3）单击图 0.24 中的"确定"按钮，即出现如图 0.25 所示的 SQL*Plus 界面。此时，即可在"SQL>"提示符下输入 SQL 语句或 SQL*Plus 命令。

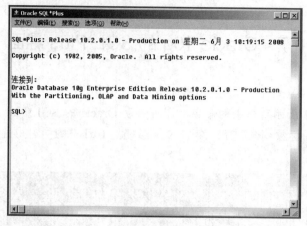

图 0.25

0.8 使用 iSQL*Plus

从 Oracle 9i 开始，Oracle 还提供了另一个工具——iSQL*Plus，它是网络版的 SQL*Plus，通过 Internet 浏览器登录。因此，它需要首先获得 iSQL*Plus 服务的 HTTP 端口号。为此要进入 $ORACLE_HOME\install 目录（在笔者的计算机上为 C:\oracle\product\ 10.2.0\db_1\install，在您的系统中 Oracle 可能安装在其他盘上），在这个目录下有一个名为 portlist.ini 的正文文件，如图 0.26 所示。

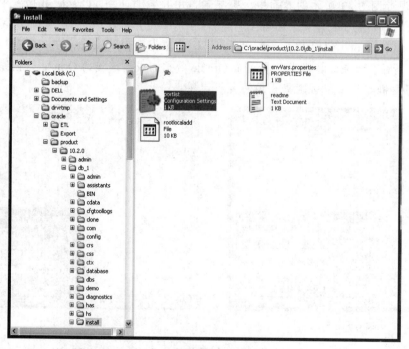

图 0.26

选择文件 portlist.ini 并双击，将该文件打开（使用"记事本"打开）。在该文件中存有 iSQL*Plus

的 HTTP 端口号，为 5560，如图 0.27 所示。

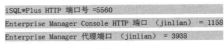

```
iSQL*Plus HTTP 端口号 =5560
Enterprise Manager Console HTTP 端口 （jinlian） = 1158
Enterprise Manager 代理端口 （jinlian） = 3938
```

图 0.27

当获得了 iSQL*Plus 的 HTTP 端口号之后，就可以使用网络浏览器利用 iSQL*Plus 来登录 Oracle 数据库。现在启动 Internet 浏览器，并在 Internet 浏览器中输入 http://localhost: 5560/isqlplus（如果是远程登录，则要将 localhost 换成主机名或 IP 地址）。如果一切正常，则应该出现 iSQL*Plus 的登录界面。但是也有可能看到如图 0.28 所示的出错界面，这是因为 isqlplus 服务（在 UNIX 和 Linux 系统上是进程）没有启动。为了使操作看上去更专业，下面用命令行的方式启动 isqlplus 进程（在 UNIX 和 Linux 系统上一般只能使用这种方式）。

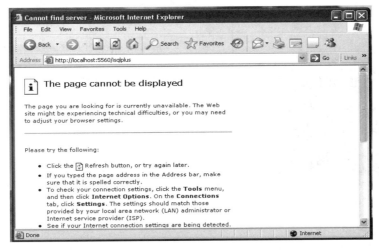

图 0.28

（1）选择 Start→"所有程序"→"附件"→"命令提示符"命令，启动 DOS 窗口，如图 0.29 所示。

图 0.29

（2）使用 isqlplusctl start 的命令启动 isqlplus 进程（如果您的系统环境变量没有设置好，需要切换到 isqlplusctl 应用程序所在目录，如 C:\oracle\product\10.2.0\db_1\BIN），如图 0.30 所示。

（3）再次启动 Internet 浏览器，并在 Internet 浏览器中重新输入 http://localhost: 5560/isqlplus/，这次就会出现 iSQL*Plus 的登录界面，如图 0.31 所示。

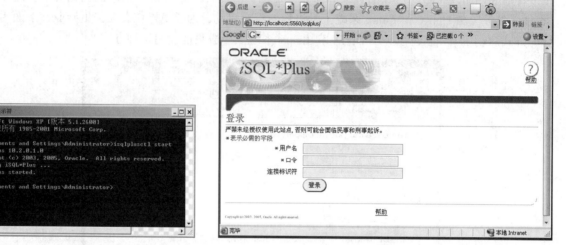

图 0.30   图 0.31

（4）输入用户名和密码后单击"登录"按钮即可登录 Oracle 数据库系统，如图 0.32 所示。

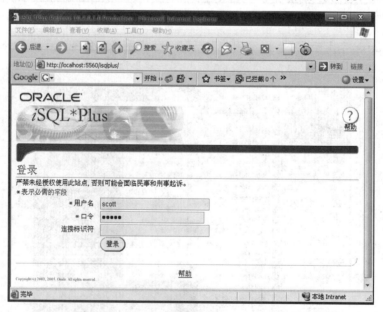

图 0.32

（5）在工作区中输入 SQL 语句 select * from emp 后单击"执行"按钮，执行这一 SQL 查询语句，如图 0.33 所示。

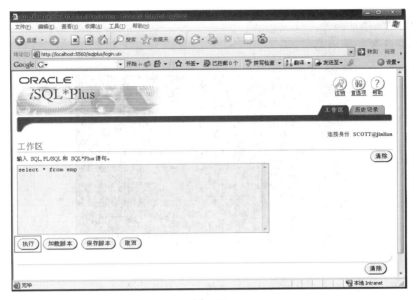

图 0.33

（6）这样就会得到这个 SQL 查询语句的结果，向下滚动最右边的滚动条来查看所得的查询结果，如图 0.34 所示。

图 0.34

📢 提示：

iSQL*Plus 并不是 Oracle 10g 才引入的，该工具在 Oracle 9i 就引入了。但是在 Oracle 9i 中，它的端口号存在于不同的文件中。iSQL*Plus 存在于 $ORACLE_HOME\Apache\Apache\ ports.ini 文件中，如 E:\ORACLE\ora92\ Apache\Apache\ports.ini 文件。在 Oracle 11g 和 Oracle 12c 中默认不安装 iSQL*Plus。

0.9　使用 DOS 窗口启动 SQL*Plus

在所有的 Oracle 版本中，读者都可以在 DOS 命令行下启动 SQL*Plus，其具体操作步骤如下：

（1）在 Windows 操作系统中启动 DOS 窗口（命令行窗口），在命令行提示符下输入命令 **sqlplus scott/tiger** 后按 Enter 键，如图 0.35 所示。

图 0.35

（2）使用上面的方法启动 SQL*Plus 虽然方便但是存在安全隐患，因为其他人可以看到您的密码。另一种安全启动 SQL*Plus 的方法是在启动 SQL*Plus 时只输入用户名，然后在提示处输入密码，如图 0.36 所示。

图 0.36

（3）进入 SQL*Plus 后就可以输入 SQL 语句了，例如输入 SQL 查询语句 "select * from dept;" 并按 Enter 键运行这一语句，如图 0.37 所示。

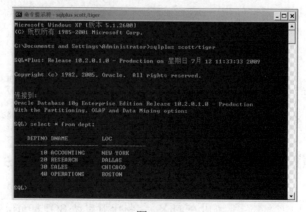

图 0.37

　　在这种 SQL*Plus 中，读者可以使用键盘上的向上箭头找到之前执行的命令，然后加以修改并运行，读者也可以利用上、下箭头在使用过的命令之间移动。许多 Oracle 的"大虾"喜欢使用这种 SQL*Plus，特别是在用户面前，读者知道为什么吗？

　　有人认为是操作方便，其实图形方式的 SQL*Plus 也很方便；也有人认为是保护眼睛，因为黑屏辐射小，其实答案是：Looks very professional（看上去非常专业）。因为许多用户根本就没使用过命令行界面，一看到就觉得眼晕。这样很快在用户眼里您就成了"大虾"，甚至"泰斗"或"宗师"。

第 1 章　PL/SQL 程序设计语言概述

这一章主要是介绍一些 PL/SQL 程序设计语言的基本概念，主要是让读者对 PL/SQL 程序设计语言有一个整体概括的了解，如果有个别概念不能完全理解，请读者不用惊慌，因为在后面的章节中还要进一步详细介绍。

熟悉 SQL 的读者都知道 SQL 语言是一种容易学习和使用的第四代（非结构化的）程序设计语言。也正因为它的简单、易学，SQL 语言中并没有分支（条件）和循环这样的开发大型软件所必需的语句。为此 Oracle 公司开发了一个适合于 Oracle 数据库编程的程序设计语言——PL/SQL，其中 PL 是 Procedural Language（结构化语言的缩写）。

顾名思义，PL/SQL 是一种结构化的程序设计语言。PL/SQL 是在 20 世纪的七八十年代设计和研发的，它融合了当时许多程序设计语言的优点，同时特别加强了对 Oracle 数据库编程的支持。

实际上，PL/SQL 可以说是一种对 SQL 进行了结构化扩展的程序设计语言。在 PL/SQL 中，可以直接嵌入 SQL 语句，也可以直接使用 DML 语句操作 Oracle 数据库中的数据。当然，PL/SQL 提供了软件工程几乎全部的特性，如模块化、数据封装、信息隐藏、异常处理、面向对象的程序设计等。总之，PL/SQL 包括了现代程序设计语言的所有特性并扩展了对 Oracle 数据库软件开发的特殊支持。

一般在基于 Oracle 数据库的软件开发项目中，首选的编程语言就是 PL/SQL。Oracle 为了方便基于 Oracle 数据库的编程，需要将许多常见的数据库程序设计功能集成在 PL/SQL 语言中（或以软件包的形式提供了相关的功能），在使用其他程序设计语言可能需要几页的代码才能完成的编程工作，使用 PL/SQL 可能只需要几行代码。

虽然有些资料说 PL/SQL 是一个面向对象的程序设计语言（而另一些资料说它是一个第四代程序设计语言），但是从严格意义上讲，PL/SQL 不能算面向对象的程序设计语言（也不能算是第四代程序设计语言），它实际上是一个扩展了的结构化程序设计语言。Oracle 官方的文档中提到 PL/SQL 支持面向对象的程序设计，这里要注意的是"支持"并不等于"是"。

1.1　PL/SQL 语言的体系结构

PL/SQL 本身已经不仅仅是一个 Oracle 产品了，它实际上是一种 Oracle 服务器和众多 Oracle 工具所使用的技术。Oracle 的许多软件工具都是以 PL/SQL 软件包的形式分发的，作为一位 Oracle 的专业工作者，如果完全不懂 PL/SQL 语言是很难在这一行当里长期生存下去的。

PL/SQL 编译和运行系统是一个编译和执行 PL/SQL 程序块和子程序的引擎。PL/SQL 引擎可能安装在 Oracle 服务器中也可能安装在一个应用开发工具中（如 Oracle Forms）。

通常一个 PL/SQL 程序块既包括过程语句（PL/SQL 语句）也包括 SQL 语句。当一个用户向 Oracle 服务器提交一个 PL/SQL 程序块时，PL/SQL 引擎（engine）首先对这一程序块进行语法分析。PL/SQL 引擎将过程化（PL/SQL）语句与 SQL 语句进行剥离，将 PL/SQL 语句交给过程语句执行器执行，而将 SQL 语句传递给 SQL 语句执行器执行。如图 1.1 所示是 PL/SQL 引擎处理一个匿名 PL/SQL 程序块的示意图。

许多 Oracle 工具，如 Oracle Forms 和 Oracle Reports 都有自带的 PL/SQL 引擎。这样的工具会将 PL/SQL 程序块传送给本地的 PL/SQL 引擎，因此所有的 PL/SQL 语句会在本地执行，而只有 SQL 语句将在数据库服务器上执行。这样的处理方式可以减轻服务器的工作负担，从而提高整体的系统效率。

☞ 指点迷津：

实际上，这涉及到分布式计算的概念，即将计算（程序的执行）分布在不同的计算机上。这对一些大型信息系统的设计至关重要，可能关系到系统的成败，因为有一些应用程序可能会消耗大量的 CPU 或内存，如果将这样的程序都交由服务器来处理，很可能将服务器压垮。一个简单易行的方法是将这些程序放在客户端的客户机上（可以提高这类客户计算机的性能）或应用服务器计算机上。这里需要指出的是，目前一些流行的 PL/SQL 图形软件工具是不能开发客户端的 PL/SQL 程序的（如 SQL Developer 和 PL/SQL Developer），因为它们没有自带的 PL/SQL 引擎。一般可以开发客户端 PL/SQL 程序的软件工具都比较大而且价格也比较高。

那么，开发客户端的 PL/SQL 程序与服务器端的 PL/SQL 程序之间有什么差别呢？实际上它们的语法完全相同，只是在最后存储时，开发客户端 PL/SQL 程序的软件工具会要求选择存储客户端（文件）还是服务器（数据库）。

众所周知，SQL 语言是一个第四代的非过程化的语言。非过程化的语言简单易学，因为它只需告诉服务器（计算机系统）做什么，而不需要告诉服务器怎样做（也没有办法告诉怎么做），其他的就由服务器自行处理了。正是由于第四代语言本身的这一特性，我们不可能使用 SQL 开发出带有复杂逻辑流程的实用程序来。

PL/SQL 程序设计语言的最重要的优势就是它将过程化的结构（如循环、分支、异常处理、过程、函数和软件包等）与 SQL 巧妙地集成在了一起，即可以利用 SQL 的简捷又可以使用 PL/SQL 语句进行复杂的逻辑控制。

这里需要说明的是，安装 Oracle 数据库管理系统时，PL/SQL 引擎会默认安装在 Oracle 服务器中，也就是说只要安装了 Oracle 数据库服务器就可以使用 PL/SQL 了。这实际上节省了购买程序编译器的成本。

与 SQL 相比，使用 PL/SQL 还能改进系统的整体性能和减少网络的数据流量，您相信吗？PL/SQL 就是这么牛。因为每一个 SQL 语句都要发送到数据库服务器上执行，等执行完成之后再将结果返回给用户（也可能是出错信息）。如果您对这方面的内容感兴趣，可参阅我们的另一本书《Oracle 数据库管理从入门到精通》中的第 1 章 "1.11 节 Oracle 执行 SQL 查询语句的步骤"。

现在设想我们是在远程使用客户端访问 Oracle 服务器的，进一步假设我们有十个逻辑相关的 SQL 语句必须按一定顺序依次执行。如果使用 SQL 语句来完成这一工作就需要从远程客户端访问服务器十次，如果类似的操作有很多，事必使网络的流量大增，服务器的负担加重。现在可以使用 PL/SQL 将这些逻辑相关的 SQL 语句放在一个 PL/SQL 程序块中，之后一次性发送给服务器执行。这样访问数据库的次数和网络流量都会大幅度减少，自然整体的系统效率就会提高了。如图 1.2 所示是使用 SQL 语句和 PL/SQL 程序块访问数据库的示意图。

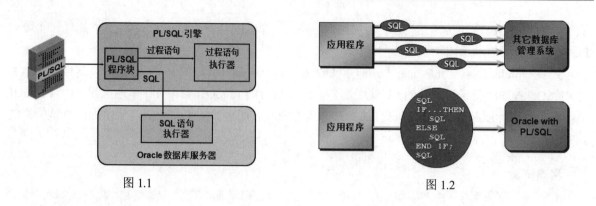

图 1.1   图 1.2

1.2　模块化程序设计简介

PL/SQL 是使用模块化的程序开发方法进行程序设计和开发的。模块化的程序开发方法是在软件工程中非常受推崇的一种程序设计和开发方法。模块化并不是 Oracle PL/SQL 语言发明的，实际上在 20 世纪七八十年代已经形成。

那么什么是模块化呢？简单地说，一个复杂问题，一般都是由若干个稍微简单的问题构成的。模块化是把程序要解决的整个问题分解为若干个子问题，再进一步分解为具体的更小问题，把每一个小问题定义为一个模块。模块化的好处是：可以将一些常用的程序功能定义成标准模块，之后对这些模块进行仔细地调试和优化。最后这些调试好的程序模块就可以反复地用于不同的程序中了，从而减少了开发软件的成本并提高了软件质量。实际上，这也就是软件工程中所说的代码重用。这一概念应该起源于早期的工业革命时代，就是利用生产流水线和标准化来提高工作效率和降低生产成本。

在所有的 PL/SQL 程序中最基本的程序单元就是程序块，每一个 PL/SQL 程序单元都是由一个或多个程序块组成。这些程序块既可以是完全独立地存在，也可以是被嵌套在其他程序块中，而且可以是多层嵌套。一个 PL/SQL 程序是由一些基本单元（如过程、函数或匿名程序块）所组成，这些基本单元也被称为逻辑（程序）块，它们可以包含任意数量的嵌套子（程序）块。因此，一个（程序）块可以代表另一个（程序）块的一小部分，它们合起来又可以是整个程序代码单元的一部分。现将模块化程序开发的特点和优势总结如下：

（1）将逻辑相关的语句分别放在各自的程序块中。

（2）将一个复杂的应用分解成一些较小的、容易管理的、明确定义的和逻辑上相关的模块；这样多个程序员可以同时开发不同的模块，也可以使用一些已有的调试好的模块，最后再集成为一个完整的应用程序。

（3）可以在较大的程序块中嵌套一些程序块以构成更为强大的程序。

（4）将可以重用的 PL/SQL 程序代码放在程序库中共享或存储在数据库服务器中以方便任何需要的应用程序（或用户）直接调用。

以上这些模块化程序开发的特点和优势本身就来自于实际生活，三国演义的开场白——"话说天下大势，分久必合，合久必分"就是对模块化程序设计的高度科学概括。程序块太小，功能很弱，就要将多个这样的程序块合并以组成更为强大的程序模块；而程序太大了太复杂了就要分解成方便管理和维护的更小的模块。

在 PL/SQL 程序设计语言中，模块化是通过使用过程、函数和软件包来实现的。有关过程、函数和软件包的内容，将在本书的后半部分详细介绍。

通过前面的学习，读者已经知道了 PL/SQL 引擎是集成在 Oracle 服务器中的。不仅如此，PL/SQL 引擎也被集成在了一些大型的 Oracle 开发和部署工具中，如集成在了 Oracle Forms、Oracle Reports 中等。当用户使用这些工具时，工具中本地的 PL/SQL 引擎负责处理过程化（PL/SQL）语句，而只有 SQL 语句传送到数据库上执行。

1.3　PL/SQL 语言的优势

可能不少读者在学习 PL/SQL 之前，已经学习和使用或接触过其他的程序设计语言。那么，与其他过程化程序设计语言相比，PL/SQL 有哪些长处呢？如果 PL/SQL 语言没有什么过人之处，也就完全没有必要学习它了，以免浪费时间和精力。在开发基于 Oracle 数据库的应用系统时，PL/SQL 程序设计语言具有如下 8 个主要优势：

（1）开发成本最低（因为 PL/SQL 引擎集成在 Oracle 数据库服务器中）。

（2）应用系统的开发更简单、快捷（因为许多与数据库有关的程序功能已经集成在 PL/SQL 语言中）。

（3）方便 Oracle 数据库的管理和维护（因为许多 Oracle 的管理和维护工具，以及调用工具都是以 PL/SQL 软件包的方式提供的）。

（4）方便分布式应用系统的开发（PL/SQL 引擎集成在一些开发和部署工具中）。

（5）在使用过程化的语言控制结构进行编程的同时又可以使用 SQL 语句。

（6）可移植性非常好。

（7）标识符（如变量等）必须先声明（定义）后引用。

（8）具有完善而高效的异常处理功能。

接下来，解释 PL/SQL 语言的好处。通过前面的学习，读者对 PL/SQL 的一些优势应该已经比较清楚了，如（1）～（5）点，这里就不再进一步解释了。下面就从第（6）个优势开始依次介绍。

可移植性非常好：PL/SQL 语言可移植性好到难以想象。无论使用什么硬件平台和什么操作系统，只要上面有 Oracle 服务器运行就可以运行 PL/SQL 程序，而且也不需要重新配置环境。另外，也可以将 PL/SQL 程序代码在不同的 Oracle 服务器之间轻松的移动，如将在 Windows 环境下的 Oracle 服务器上开发的 PL/SQL 代码不加修改地移植到 Linux 或 UNIX 环境下的 Oracle 服务器上（反之亦然）。因此，可以使用 PL/SQL 编写可移植的软件包并创建可以在不同环境中重用的程序库。这实际上就是软件工程中的代码重用。PL/SQL 语言的可移植性之所以这么高，其原因是所有 Oracle 服务器默认都安装了 PL/SQL 引擎，即 PL/SQL 语言是集成在 Oracle 服务器中的。

标识符（如变量等）必须先声明（定义）后引用：这里需要指出的是标识符不仅仅是变量，还包括了游标（cursors）、常量、异常等。那么，标识符先声明后引用有什么好处呢？假设一个变量可以在不声明的情况下就可以直接使用（如 Basic 和 Fortran 程序设计语言），那么会有什么可怕的情况发生呢？假设在程序的开始部分使用了一个变量 x0（或 x1，数字 1），可是当程序写到几百行（也可能几千行）之后，错误地将其写成了 xo（或 xl，小写字母 1），在 Basic 和 Fortran 语言中编译器会认为这是一个新的变量，而不会产生任何语法错误。这样的错误在大型程序中是很难追踪的。同样的错误在 PL/SQL 语言中很容易纠正，PL/SQL 编译器会在第一次碰到 xo（或 xl）时报错，因为这个变量没有定义就引用了。其实，这一特性在比较好的结构化或面向对象的程序设计语言中都有（如 Pascal、C 和 Java）。好的东西谁也不愿放过，Oracle 也一样。

具有完善而高效的异常处理功能：尽管一些现代的程序设计语言，如 Java 也包括了异常处理功能，但是 **PL/SQL 语言的异常处理功能要更完善、更强大。为了方便基于 Oracle 数据库的程序开发，Oracle 预定义了许多在数据库编程中常见的异常（错误）。Oracle 系统可以自动抛出这些预定义异常，并将异常处理直接转移到异常处理程序段进行统一处理**。在许多结构化程序设计语言中（如 C），必须在每个可能出错的位置利用条件语句来捕捉异常并要编写异常处理的代码。而 PL/SQL 语言的异常处理功能可以明显地减少代码量并使程序的逻辑流程变得更为简单清晰。有关异常处理，在本书中将用一章的篇幅来详细介绍。

1.4 PL/SQL 程序块的结构

PL/SQL 是一个块状结构的程序设计语言，也就是说一个 PL/SQL 可以被划分成若干个逻辑（程序）块。在本章 1.2 节中，介绍过"在所有的 PL/SQL 程序中最基本的程序单元就是程序块，每一个 PL/SQL 程序单元都是由一个或多个程序块组成"。那么这一最基本的程序单元（程序块）又是怎样构成的呢？如图 1.3 所示是 PL/SQL 程序块结构示意图，而图 1.4 列出了 PL/SQL 程序块结构中每一部分的细节。从这两个图中可以看出一个 PL/SQL 程序块结构是由如下三种程序段组成。

图 1.3

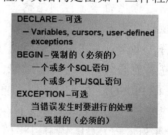

图 1.4

（1）声明段：这一部分是可选的，即可有可无的。声明段以关键字 DECLARE 开始并以执行段的开始而结束。在这一段中要定义所有在执行段和其他声明段中引用的变量、游标和用户定义的异常。

（2）执行段：这一部分是必须的（强制性的）。执行段以关键字 BEGIN 开始而以关键字 END 结束。在这一段中包括了一个或多个（至少一个）SQL 或 PL/SQL 语句，而 END 以分号结束。一个 PL/SQL 执行段又可以包括任意数量的 PL/SQL 程序块，即程序块可以嵌套。

（3）异常处理段：这一部分也是可选的，它以关键字 EXCEPTION 开始。异常处理段也可以被嵌套在执行段中。在执行段中，当错误和异常条件抛出时，就要执行异常处理程序的代码。

可以在 SQL*Plus 中直接执行 SQL 语句和 PL/SQL 程序块，在执行 SQL 和 PL/SQL 语句时要注意如下规则：

❧ 每一个 SQL 语句或 PL/SQL 控制语句都是以分号（;）结束。

❧ 使用正斜线（/）运行 SQL*Plus 内存缓冲区中的匿名 PL/SQL 程序块。当这个程序块成功执行之后（没有无法处理的错误也没有编译错误），SQL*Plus 会显示如下的输出信息：PL/SQL procedure successfully completed。

每一个 PL/SQL 程序都是由一个或多个程序块所组成，而这些程序块既可以是完全分离的，也可以是嵌套在另外一个程序块中。这些程序块有以下三种类型（其结构示意图如图 1.5 所示）：

❧ 匿名块（Anonymous blocks）

❧ 过程（Procedures）

❧ 函数（Functions）

匿名块（匿名程序块）：**顾名思义就是没有命名的程序块。匿名块是在应用程序内部需要的地方声明的，在这个应用程序每次执行时，这些匿名块都会被编译并执行。应用程序有可能就是 SQL*Plus。匿名块是不能存储在数据库中的，它们在运行时直接传送给 PL/SQL 引擎执行。**Oracle 开发部署工具（如 Oracle Forms 和 Oracle Reports）中的触发器就是由这样的匿名块组成的。如果想再次执行相同的匿名块，就不得不重写这个匿名块，因为匿名块是没有名字的，并且在执行之后就不存在了，所以不能激活或调用它。尽管匿名块受到诸多的限制，但是在 Oracle 数据库环境中还是得到了广泛的应用，其原因可能是与过程和函数相比，匿名块非常简单。一般数据库管理和维护人员喜欢使用匿名块，有时一些数据库的管理和维护工作使用 SQL 可能很难完成，此时，他们就可以利用匿名块编写一个简短的 PL/SQL 程序来完成这一工作。一般数据库也不是三天两头就出问题的，所以这样的 PL/SQL 程序基本上不用考虑代码的重用。

过程和函数：**过程和函数也统称为子程序（Subprograms），子程序是对匿名块的补充，子程序就是被命名的 PL/SQL 程序块，而它们可以存储在数据库中。**正因为子程序有名字并存储在数据库中，所以用户可以在任何他们需要的地方调用这些子程序。子程序既可以是过程也可以是函数。一般的原则是使用过程执行处理操作，而使用函数进行计算并返回计算的值（结果）。一般开发软件时都是使用过程和函数以方便程序代码的重用。

除了以上介绍的三种类型的程序块之外，PL/SQL 语言中还包括了软件包和触发器等重要的程序结构，其结构示意图如图 1.6 所示。

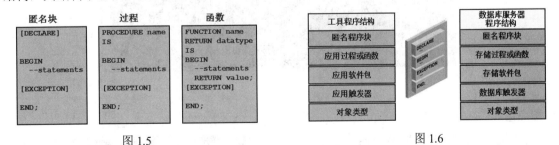

图 1.5　　　　　　　　　　　　图 1.6

本书接下来基本上是按顺序依次介绍图 1.6 中所列的各种程序结构。可能有读者问：工具程序结构与数据库服务器程序结构之间有什么差别呢？在程序的语法上是没有任何区别的，只不过存放程序的位置不同而已，工具程序结构是存放在 Oracle 的开发和部署工具中的，而数据库服务器程序结构是存储在 Oracle 服务器中的。

1.5　使用 SQL*Plus 创建匿名程序块的步骤

在所有版本的 Oracle 数据库管理系统上都会默认安装 SQL*Plus 这一命令行工具。利用这一工具不但可以执行 SQL 语句或 SQL 脚本文件，还可以创建和运行 PL/SQL 程序。可以使用本书第 0 章 0.2 节所介绍的方法启动 SQL*Plus 并以 scott 用户登录 Oracle 系统（也可以使用其他用户）。

另外，也可以使用以下方法快速启动 SQL*Plus：同时按下键盘上的 Windows 键和 R 键（Windows+R），其中 Windows 键就是键盘上标有 Windows 标志（如图 1.7 所示）的键。之后将出现运行窗口，在"打开"处输入 cmd，单击"确定"按钮，就将启动 DOS，如图 1.8 所示。

图 1.7

图 1.8

等 DOS 启动后将出现 DOS 窗口，在 DOS 系统提示符下以绝对路径输入"sqlplus scott/tiger"，其中 scott 是一个普通用户名，而 tiger 是密码。当登录成功之后，系统将显示 SQL*Plus 的提示符 SQL>，如图 1.9 所示。此时，就可以直接输入 PL/SQL 语句了。

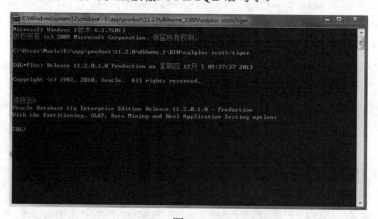

图 1.9

☞ 指点迷津：

如果系统上只安装了一个 Oracle 产品，在启动 SQL*Plus 时只需输入 sqlplus 而不需要给出完整的物理路径。因为在我的这个操作系统上，在安装了 Oracle 11.2 之后又安装了 Oracle 的 TimesTen 内存数据库，所以使用绝对路径指明是哪一个 SQL*Plus。

与 SQL 语句不同，一般 PL/SQL 程序都比较长而且更为复杂，因此出错是难免的。如果在 SQL*Plus 中直接输入和编辑 PL/SQL 程序（特别是较大的程序）时出了错误，程序的修改和调试将成为一项极为艰巨的工作。因此，**在实际工作中会使用如下方法来创建、编辑和执行 PL/SQL 程序。**

（1）使用正文编辑器（如 Windows 系统上的记事本或 UNIX/Linux 系统上的 vi）来创建 PL/SQL 程序。

（2）将 PL/SQL 程序复制并粘帖到 SQL*Plus 中执行。

（3）如果有问题重新在正文编辑器中修改程序，修改之后重复步骤（2）的操作。

（4）如果成功执行，以操作系统文件的方式保存正文的 PL/SQL 程序。

利用以上方法开发和调试 PL/SQL 程序不但提高了效率，而且也为以后程序的修改和代码的重用提供了方便。

1.6 使用 SQL*Plus 创建、编辑和执行匿名块的实例

为了使读者对如何创建、编辑和运行 PL/SQL 匿名块（匿名程序块）有一个直观的感受，下面使用 1.5 节所介绍的方法利用一个完整而又非常简单的 PL/SQL 程序实例来演示如何创建、编辑和执行一个匿名程序块。

这段程序的功能非常简单，首先在声明段声明一个名为 v_pioneer（pioneer 的中文意思是先驱）的变长字符型变量，其最大长度是 25 个字符，初始值为潘金莲（也可以是其他字符串）。之后在执行段中显示"中国妇女解放运动的先驱——"字符串并在随后显示变量 v_pioneer 的值。以下就是这段 PL/SQL 程序的代码：

```
DECLARE
  v_pioneer VARCHAR2(25) := '潘金莲';
BEGIN
  DBMS_OUTPUT.PUT_LINE ('中国妇女解放运动的先驱 — ' || v_pioneer);
END;
```

☞指点迷津：

这里需要指出的是，所有的字符串必须用单引号括起来，并且单引号必须在英文输入模式下输入，在中文模式下输入单引号可能会产生错误。

在本章 1.3 节中，介绍过 PL/SQL 语言可移植性非常好，可以说是与 IT 平台和操作系统无关的。读者有没有想过，一个可移植性非常好的程序设计语言的不足应该会是什么呢？答案是其 I/O（输入/输出）一定比较弱，因为 I/O 是与 IT 平台和操作系统相关的。事物都是一分为二的，有所长就一定有所短。

PL/SQL 语言的 I/O 也很弱，实际上 PL/SQL 语言中就根本没有 I/O 语句。那么在 PL/SQL 程序中 I/O 操作是通过什么方式完成的呢？Oracle 提供了一个名为 DBMS_OUTPUT 的软件包来负责 I/O 操作，在这个软件包中有一些负责特定 I/O 操作的过程，可以通过调用这个软件包中的过程的方式来完成所需的 I/O。在以上例子中执行段中的语句就是调用 DBMS_OUTPUT 软件包中的过程 PUT_LINE，这一语句的功能就是在终端屏幕上显示字符串"中国妇女解放运动的先驱——"，随后

是变量 v_pioneer 的值，其中"||"的功能是将这个符号前后的字符串连接在一起。

首先要开启记事本（或 vi），并在记事本中输入以上例子的 PL/SQL 代码，如图 1.10 所示。

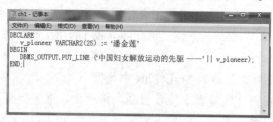

图 1.10

随后，在记事本中选择并复制这段 PL/SQL 程序代码。接下来，切换到 SQL*Plus 窗口，将这段代码粘帖到 SQL*Plus 中，如图 1.11 所示。

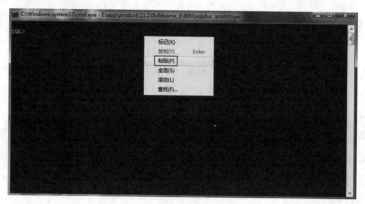

图 1.11

当复制成功之后光标会停在"END;"之后，**按下回车键并在新行中输入"/"并在此按下回车键就会执行这一段程序代码。**例 1-1 就是在 SQL*Plus 中显示的这段 PL/SQL 程序代码及执行结果，其中第 6 行的正斜线（/）表示运行 SQL*Plus 内存缓冲区中的匿名 PL/SQL 程序块，如果有语法错误就会返回出错信息。

例 1-1

```
SQL> DECLARE
  2     v_pioneer VARCHAR2(25) := '潘金莲';
  3  BEGIN
  4     DBMS_OUTPUT.PUT_LINE ('中国妇女解放运动的先驱 — ' || v_pioneer);
  5  END;
  6  /
PL/SQL 过程已成功完成。
```

当按下"/"和回车键之后，PL/SQL 引擎就会编译这段 PL/SQL 程序代码，如果有语法错误就会返回错误信息。而如果编译成功就会执行这段程序代码。

☞ 指点迷津：

使用 SQL*Plus 开发的是服务器端的 PL/SQL 程序，因为 SQL*Plus 中没有 PL/SQL 引擎，它使用的是 Oracle 服务器的 PL/SQL 引擎。

细心的读者可能已经发现了，虽然例 1-1 的显示结果是"PL/SQL 过程已成功完成。"，但是我们需要的显示输出信息却没有出现，这是为什么呢？**因为在 SQL*Plus 中默认 DBMS_OUTPUT 软件包的功能是关闭的。如果要使用这一软件包，就必须在 SQL*Plus 中开启这一软件包的功能。可以通过例 1-2 的 SQL*Plus 命令来验证这一功能是否开启。**

例 1-2

```
SQL> show serveroutput
serveroutput OFF
```

例 1-2 的显示结果表明目前这一软件包的功能是关闭的，因此可以**使用例 1-3 的 SQL*Plus 命令开启这一功能。**

例 1-3

```
SQL> set serveroutput on
```

随即，使用例 1-4 的 SQL*Plus 命令 l 列出 SQL*Plus 内存缓冲区中的内容以确认刚刚输入的 PL/SQL 程序代码是否依然存在（有关这方面的内容，将在第 3 章详细介绍）。当确认存在之后，按下"/"和回车键以执行这段 PL/SQL 程序代码，如例 1-5 所示。

例 1-4

```
SQL> l
  1  DECLARE
  2    v_pioneer VARCHAR2(25) := '潘金莲';
  3  BEGIN
  4    DBMS_OUTPUT.PUT_LINE ('中国妇女解放运动的先驱 — ' || v_pioneer);
  5* END;
```

例 1-5

```
SQL> /
中国妇女解放运动的先驱 — 潘金莲
PL/SQL 过程已成功完成。
```

看到了例 1-5 的显示输出结果，我们的心终于踏实了，因为看到了盼望已久的显示输出结果："中国妇女解放运动的先驱 — 潘金莲"。

📢 提示：

> 读者在学习 Oracle 时要抛弃已经熟悉的微软的设计理念和方法，Oracle 的设计理念与微软的完全不同。微软的设计理念是假设用户都是傻子，所以所有的事情都由系统自动做；而 Oracle 的设计理念是假设用户都是猴子，所以绝大多数的事情都由用户自己做，Oracle 只告诉了原理。这样做的好处是如果开发人员（程序员）手艺好的话，所开发出来的 PL/SQL 程序的效率会很高而且也更安全，但是如果程序员是傻瓜的话，这事就麻烦了。

可能有读者问：为什么在这个 PL/SQL 程序代码中非要使用变量 v_pioneer 呢？其实，不使用变量 v_pioneer，而在调用 DBMS_OUTPUT 软件包中的过程 PUT_LINE 时直接在"||"操作符之后使用'潘金莲'也完全可以得到相同的结果。实际上，**这牵扯到软件的维护。假设程序很大而且使用'潘金莲'这个字符串的地方又很多，那么将来修改时使用变量就非常方便了，因为只需修改变量的定义就可以了。**

设想一下，经过"寻找中国妇女解放运动的先驱项目"的科研人员的不懈努力最终发现，苏妲己是中国妇女解放运动的先驱，那么只需将声明段中的 v_pioneer 变量的初始值修改为"'苏妲己'"

即可，而完全不需要修改其他部分的任何代码（甚至都不需要了解程序中的其他语句），如例 1-6，是不是既方便又简单？

例 1-6

```
SQL> DECLARE
  2     v_pioneer VARCHAR2(25) := '苏妲己';
  3  BEGIN
  4     DBMS_OUTPUT.PUT_LINE ('中国妇女解放运动的先驱 —— ' || v_pioneer);
  5  END;
  6  /
中国妇女解放运动的先驱 —— 苏妲己
PL/SQL 过程已成功完成。
```

在一个比较大的软件项目中，选择合适的程序设计语言和开发工具往往是至关重要的，有时可能会关系到项目的成败。

通过本书的学习，会发现：在开发基于 Oracle 数据库的软件时，PL/SQL 是当之无愧的首选程序设计语言。在基于 Oracle 数据库的编程方面，PL/SQL 远胜过其他的同类程序设计语言（当然也包括 C、C++和 Java）。相信随着学习的深入，您会喜欢上 PL/SQL 这一专门为 Oracle 数据库系统设计和开发的编程语言。

1.7　您应该掌握的内容

在结束这一章的学习之前，请检查一下您是否已经掌握了以下内容：

↘ PL/SQL 语言是一种什么样的程序设计语言？

↘ PL/SQL 提供了现代软件工程的哪些主要特性？

↘ 在基于 Oracle 的软件开发项目中，为什么首选的编程语言是 PL/SQL？

↘ 除了包括过程语句之外，PL/SQL 程序还可以包括什么语句？

↘ PL/SQL 引擎是怎样编译和执行 PL/SQL 程序的？

↘ 为什么使用 PL/SQL 可以改进系统的整体性能并减少网络的流量？

↘ 了解在 PL/SQL 中模块化是如何实现的？

↘ PL/SQL 程序设计语言具有哪些主要优势？

↘ 了解 PL/SQL 程序块结构，以及组成这种结构的三种程序段。

↘ 了解 PL/SQL 程序的构成方式。

↘ 熟悉在实际工作中，创建、编辑和执行 PL/SQL 程序的具体步骤。

↘ 在 PL/SQL 程序中怎样输出信息？

↘ 在使用中文字符串时应该注意什么？

第 2 章　Oracle SQL Developer 简介

在第 2 章中，利用命令行工具 SQL*Plus 顺利地创建、编辑和运行了 PL/SQL 程序。这是因为 SQL*Plus 是所有 Oracle 版本必带的，而且也是最稳定的一个工具。有时在 Oracle 数据库出了问题时，它就成了唯一能使用的工具，即成了数据库的"最后一根救命稻草"。因此，这个工具特别受到数据库管理员和数据库运维人员的青睐。

但是，一些从未接触过命令行的初学者往往觉得图形工具更亲切，也更容易掌握。另外，在进行较大型的软件开发时，往往需要使用一些比较复杂的图形开发工具来提高软件开发的效率。人类之所以能进化成为今天的万物之灵，就是因为我们的祖先学会了发明和使用工具，虽然与其他动物相比，人类几乎没有什么长处，但是在工具的帮助下，最终人类成为了这个世界的主宰。如图 2.1 所示为人类进化的示意图。

图 2.1

如果您将来要从事开发（编程）工作，也需要学会使用复杂而功能强大的图形开发工具。借助于工具，就可以像我们的祖先一样不断进化，从菜鸟进化成老鹰，再进化成大虾、专家、大师，最后在年逾古稀时进化成为一代宗师。下面将介绍一种 Oracle 11g 和 Oracle 12c 自带的免费图形开发工具——Oracle SQL Developer。

2.1　安装 SQL Developer 和创建数据库连接

如果使用的是 Oracle 11g 和 Oracle 12c，默认已经安装了 Oracle SQL Developer 这个图形工具。Oracle SQL Developer 是 Oracle 公司最近几年才推出的一个图形化的开发工具，它支持 Oracle 9.2.0.1 或以上的所有 Oracle 的版本。这个工具是免费的，可以在 http://www.oracle.com/technology/products/database/sql_developer 中进行免费下载。另外，这个工具不需要安装，只要将下载的 Oracle SQL Developer 套件解压缩之后，就可以直接运行并使用。Oracle SQL Developer 是使用 Java 开发的，它支持 Windows、Linux 和 Mac 操作系统的 X 平台。Oracle SQL Developer 既可以直接与数据库服务器连接，也可以从远程的桌面系统连接到数据库系统。

Oracle SQL Developer 还可以直接连接到第三方的数据库，如 TimesTen（Oracle 的内存数据库）和 Microsoft Access 等。

☞ 指点迷津：

在下载 Oracle SQL Developer 套件时，最好下载带有 JDK 的套件，因为 Oracle SQL Developer 运行时需要 JDK，否则可能需要单独安装 JDK。

在将 Oracle SQL Developer 套件解压缩之后，该套件所有的文件都存放在 sqldeveloper 目录中，在该目录中的 sqldeveloper.exe 就是 Oracle SQL Developer 执行程序。为了以后使用方便，以如图 2.2 所示的方法将它发送到桌面上：右击该程序，在弹出的快捷菜单中选择"发送到"→"桌面快捷方式"命令。

这样，就可以在桌面上看到 sqldeveloper.exe 的图标了，如图 2.3 所示。如果觉得该图标的名字不合适可以修改。

图 2.2　　　　　　　　　　　　　　　　　　　图 2.3

双击 sqldeveloper.exe 的图标之后，出现如图 2.4 所示的画面。运行一会儿之后，就会出现 Oracle SQL Developer 的连接画面，如图 2.5 所示。此时，右击"连接"，在弹出的快捷菜单中选择"新连接"命令。就会出现 Oracle SQL Developer 建立连接的画面。**在 SQL Developer 中，可以为多个数据库或多个用户创建和测试连接。在此，为 SCOTT 用户建立一个连接：在"连接名"文本框中输入 SCOTT，在"用户名"文本框中输入 SCOTT，在"口令"文本框中输入该用户的密码 tiger，为了以后操作方便，可以选中"保存口令"复选框，但这样却留下了安全隐患；SID 为实例名，该系统为 DOG（您的系统可能不同），其他可以使用默认值（如果监听进程使用的端口不是 1521，要改成所使用的端口号），** 如图 2.6 所示。

图 2.4

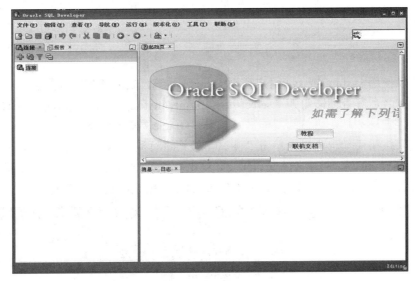

图 2.5

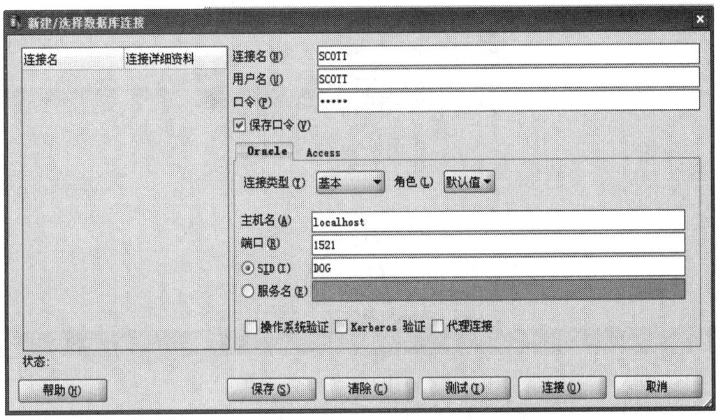

图 2.6

　　主机名：是运行 Oracle 服务器的计算机名（要连接的计算机名），而 localhost 表示本机。如果不是本机要使用真正的计算机名。

　　端口：是监听进程 Listener 的端口号，默认是 1521。

　　SID：是实例名。

　　服务名：是进行远程数据库连接的网络服务名（需要先在客户端进行配置）。

以上信息可以在 **$ORACLE_HOME/network/admin** 目录中的 **tnsnames.ora** 网络配置文件中找到，其中 $ORACLE_HOME 为 Oracle 数据库的安装目录。如果是 Windows 系统，目录的分隔符为反斜线，如 E:\app\product\11.2.0\dbhome_1\NETWORK\ADMIN\tnsnames.ora，其中如 E:\app\product\11.2.0\dbhome_1 就是 $ORACLE_HOME。使用记事本（如果在 Linux 或 UNIX 系统上可使用 vi）打开 tnsnames.ora 文件，在这个文件中包含了如下类似的信息：

```
DOG =
  (DESCRIPTION =
    (ADDRESS = (PROTOCOL = TCP)(HOST = Maria-PC.telecom)(PORT = 1521))
    (CONNECT_DATA =
      (SERVER = DEDICATED)
      (SERVICE_NAME = dog)
    )
  )
```

另外，也可以使用 **system** 或 **sys** 用户登录 **Oracle 系统**，之后通过查询数据字典 **v$instance** 来获取主机名和实例名，其查询语句为"**select host_name, instance_name from v$instance**"。如果读者对 Oracle 数据字典感兴趣，可参阅我的另一本书《Oracle 数据库管理从入门到精通》的第 4 章。

单击"连接"按钮后（也可以先单击"测试"按钮进行测试以发现问题），如果连接成功，就会出现如图 2.7 所示的画面。要注意的是，Oracle SQL Developer 在建立连接时，要求监听进程必须已经启动，如果监听进程没有启动，Oracle SQL Developer 是无法建立连接的。

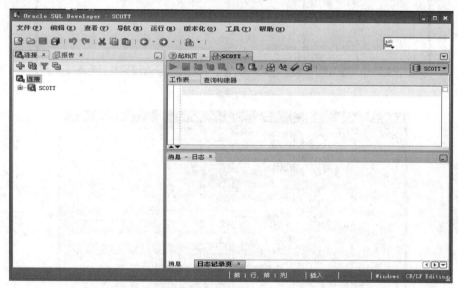

图 2.7

2.2 SQL Developer 的菜单

与其他图形工具类似，在 Oracle SQL Developer 中的操作也主要是通过选择菜单、选项卡，以及单击图标或按钮来实现的。

Oracle SQL Developer 有如下两个主要的导航选项卡是：

（1）连接选项卡（Connections Navigator）：通过使用这个选项卡，可以浏览有访问权限的数据库对象和用户。

（2）报告选项卡（Reporting Tab）：通过使用这个选项卡，可以运行预定义的报表或创建以及添加自己的报表。

Oracle SQL Developer 利用图形界面的左侧进行导航以发现和选择对象，而右侧用来显示有关选取的对象的信息。 可以通过设置首选项的方式自定义显示的外观和 SQL Developer 的行为方式。在 SQL Developer 界面的顶部包含了图形界面的标准菜单栏以及 SQL Developer 所特有的一些菜单栏，如图 2.8 所示。

可以使用鼠标左键单击某一个感兴趣的菜单，SQL Developer 将列出这个菜单的所有子菜单（也叫选项或命令），此时就可以选择所需要的选项了，如图 2.8 所示，选择的顺序是"工具"→"首选项"。

可以通过 SQL Developer 自带的文档来进一步学习这一工具的特性和用法，首先单击"帮助"菜单，如图 2.9 所示；随后单击"目录"选项，紧接着就会出现 SQL Developer 文档的目录，如图 2.10 所示。现在，就可以选择感兴趣的内容慢慢地欣赏了。

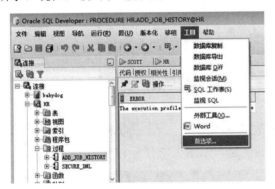

图 2.8

图 2.9

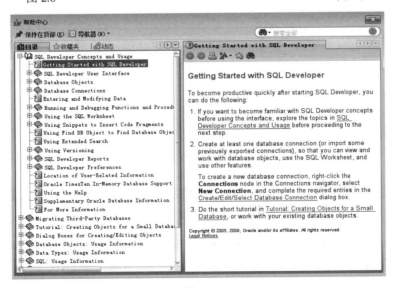

图 2.10

2.3 导出表的设计信息和源程序代码

为了学习方便，Oracle 默认在 SCOTT 用户中创建了几个表并输入了一些数据，其中一个比较常用的表就是存有员工信息的表 emp。为了导出 emp 表的设计信息，在连接中展开 SCOTT 节点，再展开"表"节点，选择 EMP，随后就会得到如图 2.11 所示的界面。

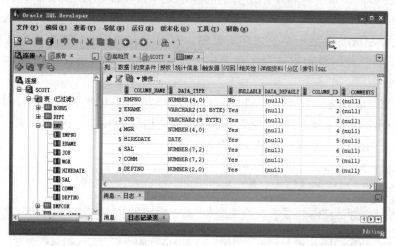

图 2.11

在图 2.11 的界面中可以获得该表所有列的设置和表的基本结构。为了获取表之间的关系，可以选择"约束条件"选项卡，就可以得到该表所有约束的信息，如图 2.12 所示。

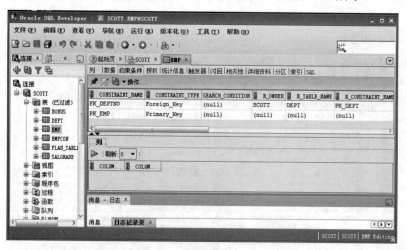

图 2.12

如果对创建 emp 表的 DDL 语句（创建 emp 的 SQL 语句）感兴趣，可以选择 SQL 选项卡，就可以得到创建该表所需的 DDL 语句，如图 2.13 所示。也可以将这些 DDL 语句导出到一个脚本文件中。

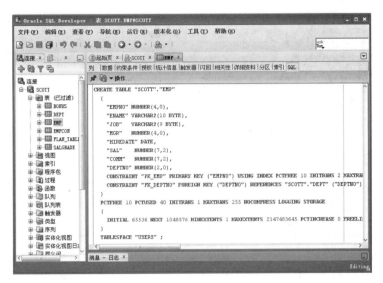

图 2.13

如果对 emp 表中的索引感兴趣，可以选择"索引"选项卡，就可以得到该表上的全部索引信息，如图 2.14 所示。

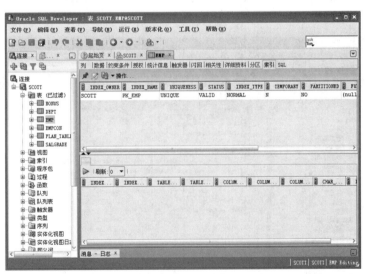

图 2.14

可以重复以上的操作导出所有表的相关信息，利用这些所获得的信息就可以很容易地还原实体-关系图和物理设计。

导出了设计之后，也可以使用这一图形开发工具轻松地导出存储程序（包括过程、函数和软件包，甚至触发器）的源代码。为此，在连接中选择 hr（如果没有，就要先创建 hr 连接。在创建 hr 连接时，如果 hr 用户被锁住，可以 system 用户登录，使用命令"alter user hr identified by hr account unlock;"将 hr 用户解锁，如图 2.15 所示）。

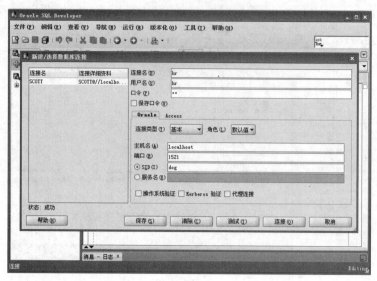

图 2.15

如果要导出存储过程 **secure_dml** 的源代码，在 **hr** 连接中选择"过程"，之后再选择 **secure_dml**，就会出现如图 **2.16** 所示的界面。如果觉得这个过程写得不错，可以选择"文件"→"另存为"命令将这些源代码存入一个脚本文件，如图 2.17 所示。

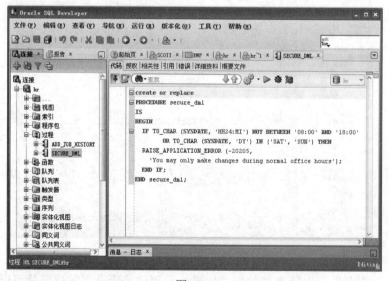

图 2.16

如果要导出存储过程 add_job_history 的源代码，在 hr 连接中选择"过程"，之后再选择 add_job_history（也可以是其他的存储过程或函数），就会出现如图 2.18 所示的画面。如果觉得这个过程写得不错，也可以将这个过程的源代码写入一个脚本文件。

可以反复使用以上方法导出所有程序的源代码。利用这种方法就可以方便地站在巨人的肩膀上了。

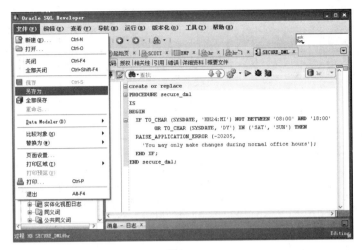

图 2.17

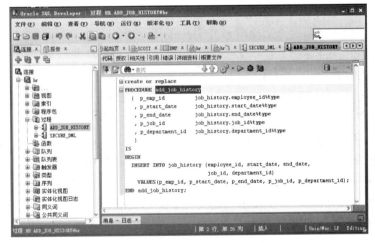

图 2.18

2.4 创建新对象和使用 SQL 工作表

可以使用 SQL Developer 在一个用户中创建新的对象，如在 SCOTT 用户中创建一个新表。首先在 SCOTT 用户下的表上右击，系统会弹出一个快捷菜单，如图 2.19 所示。当选择"新建表"选项之后，就会出现创建表的界面，在这个界面中就可以定义新的表名、列名，以及列的数据类型和约束等，可以添加列也可以删除定义错的列，最后定义完成并确认没有错误时，单击"确认"按钮创建这个表，如图 2.20 所示。在这个例子中，我们定义了一个 babydogs（小狗）表并定义了四列。

图 2.19

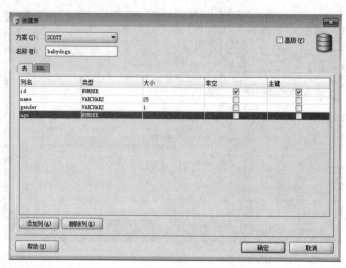

图 2.20

如果创建的表不合适，那么无法使用 SQL Developer 删除这时，可以这个用户登录 SQL*Plus，之后使用 DDL 语句 drop table 删除这个多余的表，其命令和执行显示结果如下：

```
SQL> conn scott/tiger
已连接。
SQL> drop table babydogs;
表已删除。
```

另外，也可以利用 SQL Developer 输入和执行 SQL、PL/SQL 和 SQL*Plus 命令。所有这些命令都是在 SQL 工作表（SQL Worksheet）窗口中输入的。开启 SQL Worksheet 的方法是：选择"工具"菜单，随后选择"SQL 工作表"选项，如图 2.21 所示。之后会弹出如图 2.22 所示的"选择连接"对话框，在这个对话框中，可以使用"连接"下拉列表框选择要连接的用户，之后选择用户名并单击"确定"按钮开启所选用户的默认 SQL Worksheet。

图 2.21

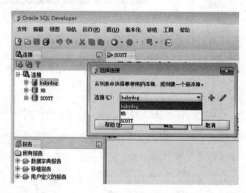

图 2.22

在图 2.22 中，用户名右边的第一个图标（加号）表示创建新数据库连接和 SQL 工作表；而第二个图标（铅笔）表示编辑所选数据库连接和环境。

一些刚刚会使用 SQL Developer 的读者可能已经发现了，其实 SQL 工作表是可以自动开启的。为了方便使用，当一个用户与一个数据库连接成功时，Oracle SQL Developer 会为这个连接自动地开启一个 SQL 工作表。

也可以在 SQL 工作表中输入和执行 SQL、PL/SQL 和 SQL*Plus 语句。SQL 工作表对 SQL*Plus 语句提供了一定程度的支持，如果在 SQL 工作表中输入了 SQL*Plus 语句，SQL 工作表将忽略那些不支持的语句并且也不会将这些语句传送给数据库。

可以通过在 SQL 工作表中输入 SQL 或 PL/SQL 语句以命令行的方式对所连接的数据库进行几乎任何操作，如：

- ⬊ 创建一个新表。
- ⬊ 查询一个表中的数据。
- ⬊ 将查询的结果（数据）存入一个文件。
- ⬊ 对表进行 DML 操作。
- ⬊ 创建和编辑一个过程、函数、软件包或触发器等。

为了方便程序的开发和调试，SQL 工作表还提供了不少快捷键或图标，以快捷的方式执行 SQL 语句、运行脚本和浏览已经执行过的 SQL 语句的历史。如图 2.23 给出了工具栏中这些图标的示意图并按顺序进行了编号（在您的 SQL Developer 中可能会略有不同）。

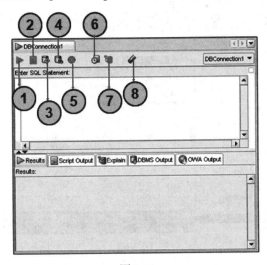

图 2.23

可以将鼠标停在感兴趣的图标上，SQL Developer 就会显示这一图标的功能和快捷键。使用这些图标可以完成如下操作：

（1）执行语句（Execute Statement）：执行在输入 SQL 语句框中光标所在处的 SQL 语句。在这些 SQL 语句中可以使用绑定变量，但是不能使用替代变量。如果读者不熟悉替代变量，可以参阅我的另一本书《名师讲坛——Oracle SQL 入门与实战经典》的第 11 章或相关的 SQL 书籍。

（2）运行脚本（Run Script）：利用脚本运行器执行在输入 SQL 语句框中所有的 SQL 语句。在这些 SQL 语句中可以使用替代变量，但是不能使用绑定变量。

（3）提交（Commit）：将所做的全部修改写入数据库并结束事务（transaction）。

（4）回滚（Rollback）：放弃对数据库的任何修改，不将这些变化写入数据库，并结束事务。

（5）取消（Cancel）：停止执行当前正在运行的任何语句。

（6）SQL 历史记录（**SQL History**）：显示一个对话框和有关已经执行过的 SQL 语句的信息（在有些版本中这个图标是在 SQL 工作表的结果窗口之下）。

（7）执行解释计划（**Execute Explain Plan**）：产生 SQL 或 PL/SQL 语句的执行计划。

（8）清除（**Clear**）：清除在输入 SQL 语句框中所有的 SQL 语句。

这里需要说明的是，在一些较新版本的 Oracle SQL Developer 中，在执行解释计划和清除图标之间有一个自动追踪（F6）图标，利用这个图标可以自动追踪 SQL 或 PL/SQL 语句的执行。

2.5 导出 SQL 语句的执行计划

介绍完 SQL 工作表中各个部件的功能之后，接下来介绍如何利用 Oracle SQL Developer 导出 SQL 语句的执行计划。为此，选择切换到 SCOTT 连接，右击 SCOTT，在弹出的快捷菜单中选择"打开 SQL 工作表"命令，如图 2.24 所示。

图 2.24

当新的 SQL 工作表（窗口）打开之后，在里面输入如下 SQL 查询语句：

```
SELECT ename, job, sal, comm, deptno
FROM emp
WHERE (sal-2000) < 0;
```

📢 提示：

与 SQL*Plus 不同，在 SQL Developer 中，SQL 语句结尾处的"；"可以省略，而且默认的标题对齐方式都是左对齐。

我们的目的还是为了检验这个查询是否使用曾经创建的基于表达式 sal-2000 的索引。**输入这个 SQL 语句之后，单击 SQL 窗口上面最左边的"执行语句"图标**[运行语句（Ctrl+Enter）]，如图 2.25 所示。

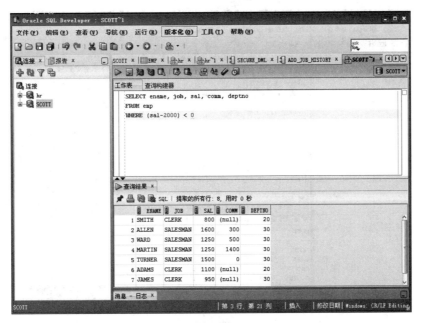

图 2.25

然后就会在 SQL 语句下面的显示窗口中显示查询的结果。此时，单击 SQL 窗口上面右边的 "解释计划" 图标[解释计划（F10）]，如图 2.26 所示。

图 2.26

接着就会在 SQL 语句下面的显示窗口中显示这个查询语句的执行计划，接下来也可以选择其他的选项卡，如 "运行脚本" 选项卡，如图 2.27 所示。

除了以上所介绍的功能之外，Oracle SQL Developer 还包括了许多程序开发和调试的功能。如果想快速了解 Oracle SQL Developer 的基本使用方法，可以选择 "帮助" → "目录" 命令。

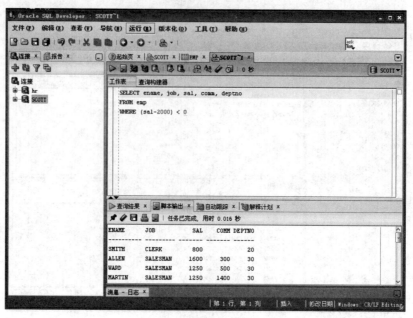

图 2.27

最后，当所有的操作都结束时，就可以选择"文件"→"退出"命令，退出 Oracle SQL Developer，如图 2.28 所示。

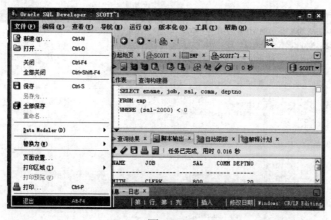

图 2.28

如果读者将来从事的是开发工作或是在一个系统上长期的工作，学会使用一两种图形工具将是十分有益的，因为图形工具会使工作更轻松、更快捷，有时也会使开发出来的程序更稳定。但是作为 Oracle 的从业人员，尤其是数据库管理员，必须能熟练地使用命令行工具，特别是在系统出问题时，命令行工具很可能是数据库系统的"最后一根救命稻草"。

2.6　使用 Oracle 11g 和 12c 自带的 Oracle SQL Developer

为了使读者能够熟悉这一工具在不同版本的数据库中的使用方法，下面使用 Oracle 11g 数据库自带的 SQL Developer。首先要配置连接，具体操作步骤如下：

（1）选择"开始"→"所有程序"→Oracle-OraDb11g_home1→"应用程序开发"→SQL Developer 命令，启动 Oracle SQL Developer，如图 2.29 所示。

图 2.29

☞指点迷津：

为了以后操作方便，在出现图 2.29 时，可以按下 Ctrl 键，用鼠标将 SQL Developer 图标拖到桌面上。

（2）如果是第一次启动 SQL Developer，可能要求输入 java.exe 的全路径。此时，启动资源管理器，进入 Oracle 的安装目录，如图 2.30 所示。

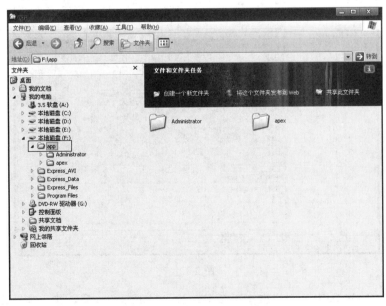

图 2.30

（3）单击"搜索"图标，弹出"搜索助理"窗格，在"全部或部分文件名："文本框中输入 java.exe，在"在这里寻找："下拉列表框中选择 app 目录，单击"搜索"按钮，如图 2.31 所示。输入所找到的目录和文件名 F:\app\Administrator\product\11.1.0\db_1\jdk\bin\ java.exe 即可完成登录。

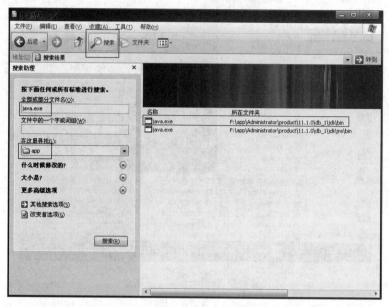

图 2.31

（4）单击 New 图标建立一个新连接，如图 2.32 所示。

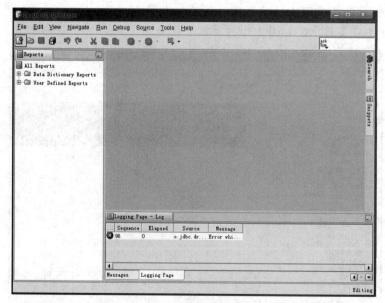

图 2.32

（5）在弹出的 New Gallary 对话框中单击 Database Connection 超链接，如图 2.33 所示。

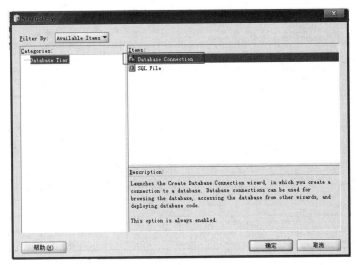

图 2.33

（6）在弹出的对话框的 Connection Name 文本框中输入 HR，在 Username 文本框和 Password 文本框中也输入 HR，选中 Save Password 复选框，在 SID 文本框中输入 moon（您的系统上可能不同），其他保持默认设置，单击 Test 按钮，如图 2.34 所示。

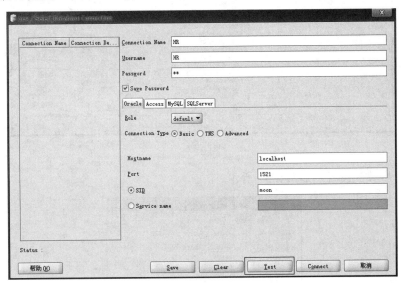

图 2.34

（7）如果出现不能建立连接的信息，如图 2.35 所示，可能是因为监听进程（服务）没有启动造成的（为了演示，之前故意将监听服务停止了）。此时，可以选择"开始"→"控制面板"命令，单击"性能和维护"超链接，然后双击"管理工具"图标，最后双击"服务"图标，进入 Windows 服务窗口。

（8）双击"监听"服务，如图 2.36 所示，将出现监听的属性窗口。

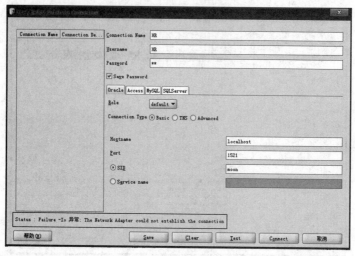

图 2.35

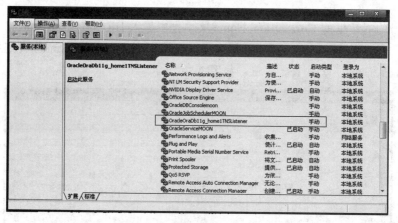

图 2.36

（9）单击"启动"按钮，如图 2.37 所示。

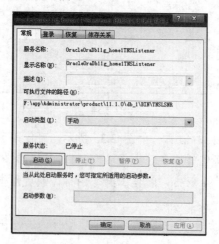

图 2.37

（10）当看到服务状态变为"已启动"之后，单击"确定"按钮，如图 2.38 所示。然后关闭服务窗口。

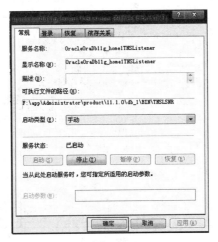

图 2.38

（11）再次单击 Test 按钮，就会显示连接成功（Success），如图 2.39 所示。

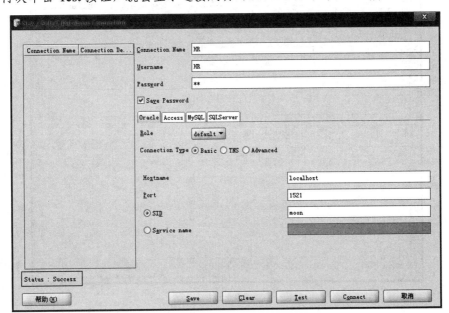

图 2.39

（12）单击 Connect 按钮完成登录，如图 2.40 所示。

（13）出现类似图 2.41 所示的界面就说明登录已经成功。此时可以继续工作了，也可以退出 SQL Developer。选择 File→Exit 命令即可退出这个工具。

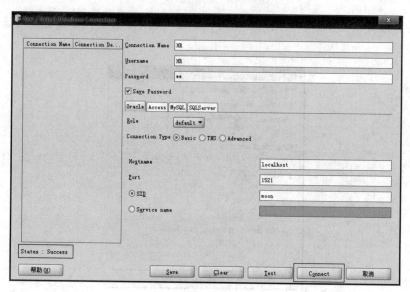

图 2.40

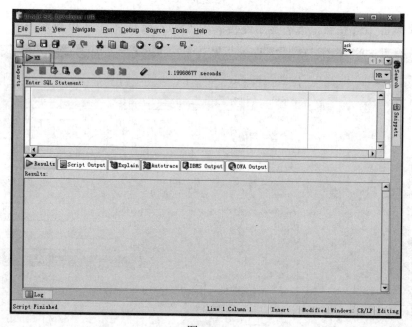

图 2.41

可能有读者会觉得每次配置连接太麻烦，其实用不着担心，因为连接只需配置一次，以后就可以反复使用了。

第 3 章　常用的 SQL*Plus 命令

SQL*Plus 是一个工具（环境），正如我们所看到的，可以用它来输入 SQL 语句。除此之外，为了有效地输入和编辑 SQL 语句，SQL*Plus 还提供了一些常用的命令。当在 SQL*Plus 中输入 SQL 语句时，该语句被存在 SQL 缓冲区中（一个内存区），这个 SQL 缓冲区很小，只能存一个 SQL 语句。当输入下一条 SQL 语句时，原来在缓冲区中的 SQL 语句被覆盖。与 SQL 语句不同的是，SQL*Plus 命令是可以缩写的。下面就简单地介绍一些常用的 SQL*Plus 命令。

3.1　DESC[RIBE]命令

一般在操作表之前总是想知道表的结构，可以使用 DESC[RIBE]命令来实现。可以使用例 3-1 的命令来显示 emp 表的结构。

例 3-1

```
SQL> DESC emp
名称                                      是否为空？ 类型
----------------------------------------- -------- -------
EMPNO                                     NOT NULL NUMBER(4)
ENAME                                              VARCHAR2(10)
JOB                                                VARCHAR2(9)
MGR                                                NUMBER(4)
HIREDATE                                           DATE
SAL                                                NUMBER(7,2)
COMM                                               NUMBER(7,2)
DEPTNO                                             NUMBER(2)
```

从例 3-1 的显示结果可知，所谓一个表的结构，就是该表中包含了多少个列，每一列的数据类型及其最大长度，以及该列是否可以为空（NULL）（也称为约束）。

例 3-1 显示的结果告诉我们，emp 表中包含了 8 列，其中只有 empno 列不能为空。各列的数据类型如下：

- ❧ EMPNO 列为整数，最大长度为 4 位。
- ❧ ENAME 列为变长字符型，最大长度为 10 个字符。
- ❧ JOB 列也为变长字符型，最大长度为 9 个字符。
- ❧ MGR 列为整数，最大长度为 4 位。
- ❧ HIREDATE 列为日期型。
- ❧ SAL 列为浮点数（即包含小数的数），最大长度为 7 位，其中有两位是小数。
- ❧ COMM 列也为浮点数，最大长度也为 7 位，其中有两位是小数。
- ❧ DEPTNO 列为整数，最大长度为两位。

也可以使用例 3-2 的命令来显示 dept 表的结构。

例 3-2

```
SQL> DESC dept
名称                                      是否为空?    类型
------------------------------------      --------    ------------
DEPTNO                                    NOT NULL    NUMBER(2)
DNAME                                                 VARCHAR2(14)
LOC                                                   VARCHAR2(13)
```

例 3-2 显示的结果告诉我们，dept 表中包含了 3 列，其中只有 DEPTNO 这一列不能为空。各列的数据类型如下：

➡ DEPTNO 列为整数，最大长度为两位。

➡ DNAME 列为变长字符型，最大长度为 14 个字符。

➡ LOC 列也为变长字符型，最大长度为 13 个字符。

从上面的例 3-1 和例 3-2 可以看出，SQL*Plus 命令的结尾处可以不使用分号（;）。

DESC[RIBE]命令是经常使用的 SQL*Plus 命令。一般有经验的开发人员（程序员）在使用 SQL 语句开发程序之前，都要使用 DESC[RIBE]命令来查看 SQL 语句要操作的表的结构，因为一旦开发人员清楚了所操作的表的结构，可以明显地减少程序出错的概率。

3.2　SET LINE[SIZE]{80|n}命令

SET LINE[SIZE] {80| n}是一个有用的 SQL*Plus 命令，其中 n 为自然数，80 为默认值。**该命令是将显示屏的显示输出设置为 n 个字符宽，80 个字符为此命令的默认显示宽度。**

如果想使用例 3-3 的 SQL 语句来显示 emp 表中所有的列，会发现显示的结果很难看懂。

例 3-3

```
SQL> SELECT *
  2  FROM emp;
    EMPNO ENAME      JOB              MGR HIREDATE        SAL       COMM
---------- ---------- --------- ---------- ---------- ---------- ---------
    DEPTNO
----------
      7369 SMITH      CLERK           7902 17-12 月-80     800

        20

      7499 ALLEN      SALESMAN        7698 20-2 月 -81    1600        300

        30

      7521 WARD       SALESMAN        7698 22-2 月 -81    1250        500

        30


    EMPNO ENAME      JOB              MGR HIREDATE        SAL       COMM
---------- ---------- --------- ---------- ---------- ---------- ---------
    DEPTNO
----------
      7566 JONES      MANAGER         7839 02-4 月 -81    2975

        20
```

```
      7654 MARTIN        SALESMAN            7698 28-9 月 -81         1250        1400
        30

      7698 BLAKE         MANAGER             7839 01-5 月 -81         2850
        30 ……
```

如果显示屏幕足够大，就可以使用 SQL*Plus 命令 SET LINE 100，如例 3-4 所示。

例 3-4

```
SQL> SET line 100
```

此时，如果再重新运行例 3-3 的 SQL 语句就会发现其显示输出好懂得多了，因为每一行数据都显示在同一行上，而不是像例 3-3 显示的结果那样，本该同一行的数据显示在两个不同行上。

3.3　L 命令和 n text 命令

为了练习 SQL*Plus 的命令，输入例 3-5 的 SQL 语句。

例 3-5

```
SQL> SELECT empno, ename, job, sal
  2  FROM dept
  3  WHERE sal >= 1500
  4  ORDER BY job, sal DESC;
WHERE sal >= 1500
        *
ERROR 位于第 3 行:
ORA-00904: ????
```

例 3-5 显示的结果告诉我们，这个语句显然是错的，因为所有要显示的列都在 emp 表中而不是在 dept 表中。

毛主席教导我们说，"错误总是难免的，只要改了就是好同志"。Oracle 的设计思想与毛主席的教诲是一脉相承的。也许是英雄所见略同，也许是继承了毛泽东的伟大思想，Oracle 公司所开发的 SQL*Plus 提供了若干条命令来帮助发现错误或改正错误，其中最常用的这类命令之一就是 L（LIST）命令，该命令用来显示 SQL 缓冲区中的内容，例如，可以**使用 L（LIST）命令来显示刚刚输入的 SQL 语句**，如例 3-6 所示。

例 3-6

```
SQL> L
  1  SELECT empno, ename, job, sal
  2  FROM dept
  3  WHERE sal >= 1500
  4* ORDER BY job, sal DESC
```

之后可以使用 n text 命令来修改出错的部分，其中，n 为在 SQL 缓冲区中的 SQL 语句的行号，text 为替代出错部分的 SQL 语句。因为从 L（LIST）命令的显示得知是第 2 行出了错，所以现在输入例 3-7 的命令来修改错误。

例 3-7

```
SQL> 2 FROM emp
```

之后，应该再使用例 3-8 的 L（LIST）命令来显示 SQL 缓冲区中的内容，以检查修改是否正确。

例 3-8

```
SQL> L
  1  SELECT empno, ename, job, sal
  2  FROM emp
  3  WHERE sal >= 1500
  4* ORDER BY job, sal DESC
```

例 3-8 的结果表明所做的修改准确无误。那么又该如何运行这条语句呢？

3.4 "/" 命令

当然没有必要重新输入这条语句，因为这条语句已经在 SQL 缓冲区中。**Oracle 提供了 SQL*Plus 命令"/"（RUN）来重新运行在 SQL 缓冲区中的 SQL 语句。**于是可以输入例 3-9 的 SQL*Plus 命令来重新运行刚刚修改过的 SQL 语句。

例 3-9

```
SQL> /
    EMPNO ENAME             JOB                      SAL
---------- ----------------- ------------------ ----------
     7788 SCOTT             ANALYST                 3000
     7902 FORD              ANALYST                 3000
     7566 JONES             MANAGER                 2975
     7698 BLAKE             MANAGER                 2850
     7782 CLARK             MANAGER                 2450
     7839 KING              PRESIDENT               5000
     7499 ALLEN             SALESMAN                1600
     7844 TURNER            SALESMAN                1500
已选择 8 行。
```

以上的几条 SQL*Plus 命令都为修改程序中的错误提供了方便。当然，Oracle 提供的这类 SQL*Plus 命令远远不止这些。

3.5 n（设置当前行）命令和 A[PPEND]（附加）命令

可以使用 **n** 命令设置当前行和 **A[PPEND]** 命令修改 SELECT 子句。

设想输入了例 3-10 的查询语句来查询员工的信息。

例 3-10

```
SQL> SELECT ename
  2  FROM emp;
ENAME
-------------
SMITH
ALLEN
WARD
JONES
```

```
MARTIN
BLAKE
CLARK
SCOTT
KING
TURNER
ADAMS
JAMES
FORD
MILLER
```
已选择 14 行。

看到以上输出时，发现在 SELECT 子句中忘了写入 job 和 sal，这时又该如何修改 SELECT 子句呢？首先应该使用 SQL*Plus 的 L（LIST）命令来显示 SQL 缓冲中的内容。

例 3-11
```
SQL> L
  1  SELECT ename
  2* FROM emp
```

在例 3-11 显示的结果中，2 后面的"*"表示第 2 行为当前行。从例 3-11 显示的结果发现，SELECT ename 是 SQL 缓冲区中的第 1 行。为了在 ename 之后添加",job,sal"，应该先把第 1 行设置为当前行。于是输入 1，如例 3-12 所示，该命令把第一行置为当前行。

例 3-12
```
SQL> 1
  1* SELECT ename
```

例 3-12 显示的结果表明已成功地将 SQL 缓冲区中的第 1 行设置为当前行。现在就**可以使用例 3-13 的 a 命令（附加命令）把",job,sal"添加到 SELECT ename 之后了。**

例 3-13
```
SQL> a ,job, sal
  1* SELECT ename,job, sal
```

当以上附加命令执行完成之后，应该再使用例 3-14 的 L 命令来检查所做的修改是否正确。

例 3-14
```
SQL> L
  1  SELECT ename,job, sal
  2* FROM emp
```

看到了例 3-14 显示的结果，发现修改后的查询语句正是所希望的，于是再一次输入执行命令（"/"或 R）来重新运行 SQL 缓冲区中的查询语句。这次就可以得到所需要的结果了，如例 3-15 所示。

例 3-15
```
SQL> /
ENAME      JOB          SAL
---------- ---------- ----------
SMITH      CLERK         800
ALLEN      SALESMAN     1600
WARD       SALESMAN     1250
JONES      MANAGER      2975
MARTIN     SALESMAN     1250
```

```
BLAKE         MANAGER            2850
CLARK         MANAGER            2450
SCOTT         ANALYST            3000
KING          PRESIDENT          5000
TURNER        SALESMAN           1500
ADAMS         CLERK              1100
JAMES         CLERK               950
FORD          ANALYST            3000
MILLER        CLERK              1300
已选择 14 行。
```

这与输入 SQL 语句后立即执行所得的结果完全相同。

用 n 来指定第 n 行为当前行，这里 n 为自然数。那么如果想在第 1 行之前插入一行数据，又该怎么办呢？可以使用 0 text 在第 1 行之前插入一行数据。

如果发现 SQL 缓冲区中某行的内容需要去掉，又该如何处理呢？

3.6　DEL 命令

可以使用 DEL n 命令删除第 n 行。如果没有指定 n 就是删除当前行，同时也可以使用 DEL m n 命令删除从 m 行到 n 行的所有内容。为了演示如何使用这个 SQL*Plus 命令，可以重新输入与例 3-8 几乎一样的 SQL 语句，如例 3-16 所示。

例 3-16

```
SQL> SELECT empno, ename, job, sal
  2  FROM emp
  3  WHERE sal >= 1500
  4  ORDER BY job, sal DESC;
```

为了准确地确定所要删除行的行号，可以再次使用例 3-17 的 SQL*Plus 命令。

例 3-17

```
SQL> L
  1  SELECT empno, ename, job, sal
  2  FROM emp
  3  WHERE sal >= 1500
  4* ORDER BY job, sal DESC
```

假设 emp 表是一个很大的表，为了提高查询的效率，决定去掉 ORDER BY 子句，可以使用例 3-18 的 SQL*Plus 命令来完成。

例 3-18

```
SQL> DEL 4
```

现在还是应该使用例 3-19 的 SQL*Plus 的 L 命令来检查所做的操作是否成功。

例 3-19

```
SQL> L
  1  SELECT empno, ename, job, sal
  2  FROM emp
  3* WHERE sal >= 1500
```

例 3-19 显示的结果表明已经成功地删除了 SQL 缓冲区中包含 ORDER BY 子句的第 4 行。此时，可以再次使用例 3-20 的 SQL*Plus 的 "/" 命令运行该语句。

例 3-20

```
SQL> /
     EMPNO ENAME              JOB                  SAL
---------- ------------------ --------------- --------
      7499 ALLEN              SALESMAN            1600
      7566 JONES              MANAGER             2975
      7698 BLAKE              MANAGER             2850
      7782 CLARK              MANAGER             2450
      7788 SCOTT              ANALYST             3000
      7839 KING               PRESIDENT           5000
      7844 TURNER             SALESMAN            1500
      7902 FORD               ANALYST             3000
已选择 8 行。
```

很显然，例 3-20 显示的结果是无序的，其易读性也下降了。但有时为了系统的整体效率，牺牲一些查询结果的易读性也是在所难免，就像社会上常说的 "牺牲小家为大家" 一样。

这里并没有给出 DEL m n 命令和 DEL 命令的例子，因为它们的用法与 DEL n 命令大同小异。如果读者感兴趣可以自己试一试。

除了以上所介绍的修改和删除命令之外，还有没有其他的 SQL*Plus 的命令来完成类似的操作呢？

3.7 C[HANGE]命令

可以使用 "C[HANGE]/原文/新的正文" 命令来修改 SQL 缓冲区中的语句，该命令是在当前行中用 "新的正文" 替代 "原文"。

为了演示该命令的用法，可以重新输入与例 3-5 完全相同的 SQL 语句，如例 3-21 所示。

例 3-21

```
SQL> SELECT empno, ename, job, sal
  2  FROM dept
  3  WHERE sal >= 1500
  4  ORDER BY job, sal DESC;
WHERE sal >= 1500
    *
ERROR 位于第 3 行:
ORA-00904: 无效列名
```

现在试着用刚刚学过的 C[HANGE]命令将 SQL 缓冲区中第 2 行的 dept 改为 emp，使用了例 3-22 的 SQL*Plus 命令。

例 3-22

```
SQL> C /dept/emp
SP2-0023: 未找到字符串
```

例 3-22 显示的结果令人意外，因为所输入的 SQL*Plus 命令没有任何错误。实际上例 3-22 的 SQL*Plus 命令是完全正确的，只是当前行不是第 2 行，即不包含 dept，所以才造成了 "未找到字符串" 的错误。现在可以**先输入例 3-23 的 SQL*Plus 命令将 SQL 缓冲区中第 2 行设置为当前行。**

例 3-23

```
SQL> 2
  2* FROM dept
```

然后可以重新输入与例 3-22 完全相同的 SQL*Plus 命令，如例 3-24 所示。

例 3-24

```
SQL> C /dept/emp
  2* FROM emp
```

例 3-24 显示的结果表明已经成功地将 SQL 缓冲区中第 2 行的 dept 修改为 emp。但为了谨慎起见，还是使用例 3-25 的 L 命令来验证一下。

例 3-25

```
SQL> l
  1  SELECT empno, ename, job, sal
  2  FROM emp
  3  WHERE sal >= 1500
  4* ORDER BY job, sal DESC
```

如果这时再使用例 3-26 的 "/" 命令，就会得到与例 3-9 完全相同的结果。

例 3-26

```
SQL> /
    EMPNO ENAME      JOB             SAL
---------- ---------- --------- ----------
     7788 SCOTT      ANALYST        3000
     7902 FORD       ANALYST        3000
     7566 JONES      MANAGER        2975
     7698 BLAKE      MANAGER        2850
     7782 CLARK      MANAGER        2450
     7839 KING       PRESIDENT      5000
     7499 ALLEN      SALESMAN       1600
     7844 TURNER     SALESMAN       1500
已选择 8 行。
```

如果想使输出的结果只按工资（sal）由大到小排序，首先应该使用例 3-27 的 SQL*Plus 命令将 SQL 缓冲区中第 4 行设置为当前行。

例 3-27

```
SQL> 4
  4* ORDER BY job, sal DESC
```

然后就可以使用例 3-28 的 C 命令将 job 从 SQL 缓冲区第 4 行中删除。

例 3-28

```
SQL> c /job,/
  4* ORDER BY  sal DESC
```

现在应该再使用例 3-29 的 L 命令来验证一下修改是否成功。

例 3-29

```
SQL> l
  1  SELECT empno, ename, job, sal
  2  FROM emp
  3  WHERE sal >= 1500
  4* ORDER BY  sal DESC
```

最后可以使用例 3-30 的 "/" 命令来运行 SQL 缓冲区中的语句。

例 3-30

```
SQL> /
    EMPNO ENAME       JOB              SAL
---------- ---------- ---------- ----------
     7839 KING        PRESIDENT       5000
     7788 SCOTT       ANALYST         3000
     7902 FORD        ANALYST         3000
     7566 JONES       MANAGER         2975
     7698 BLAKE       MANAGER         2850
     7782 CLARK       MANAGER         2450
     7499 ALLEN       SALESMAN        1600
     7844 TURNER      SALESMAN        1500
已选择 8 行。
```

从本节的讨论可以看出，在某些情况下使用 C 命令进行修改或删除操作可能比使用其他的命令更方便。

3.8　生成脚本文件

为了演示如何生成脚本文件，可以重新输入例 3-31 的查询语句。

例 3-31

```
SQL> SELECT empno, ename, job, sal
  2    FROM emp
  3   WHERE sal >= 1500
  4   ORDER BY job, sal DESC;
    EMPNO ENAME             JOB                  SAL
---------- ----------------- ----------------- --------
     7788 SCOTT             ANALYST            3000
     7902 FORD              ANALYST            3000
     7566 JONES             MANAGER            2975
     7698 BLAKE             MANAGER            2850
     7782 CLARK             MANAGER            2450
     7839 KING              PRESIDENT          5000
     7499 ALLEN             SALESMAN           1600
     7844 TURNER            SALESMAN           1500
已选择 8 行。
```

现在可以输入例 3-32 所示的 SQL*Plus 的命令，**将 SQL 缓冲区中的语句存入 D:\SQL\SAMPLE.sql 文件中，该文件为脚本文件。**

📢 注意：

在执行 SQL*Plus 命令之前，要先使用操作系统命令来创建 D:\SQL 目录（文件夹）。

例 3-32

```
SQL> SAVE D:\SQL\SAMPLE
已创建文件 D:\SQL\SAMPLE.sql
```

SAVE 命令把 SQL 缓冲区的内容存入指定的文件（脚本文件）。此时，**如果使用正文编辑器打**

开文件 **D:\SQL\SAMPLE.sql**，会在该文件中看到如例 **3-33** 所示的内容。

例 3-33

```
SELECT empno, ename, job, sal
FROM emp
WHERE sal >= 1500
ORDER BY job, sal DESC
/
```

此时如果执行 SQL*Plus 的 L 命令，将会看到以前输入的 SQL 语句而不是 SQL*Plus 的命令 SAVE D:\SQL\SAMPLE，这说明 **SQL*Plus 的命令没被存入 SQL 缓冲区**，请看例 3-34。

例 3-34

```
SQL> L
  1   SELECT empno, ename, job, sal
  2   FROM emp
  3   WHERE sal >= 1500
  4*  ORDER BY job, sal DESC
```

现在如果输入例 3-35 的 SQL 语句，会发现在 SQL 缓冲区中有哪些变化呢？

例 3-35

```
SQL> SELECT *
  2 FROM dept;
    DEPTNO DNAME                         LOC
---------- -------------------------- ------
        10 ACCOUNTING                    NEW YORK
        20 RESEARCH                      DALLAS
        30 SALES                         CHICAGO
        40 OPERATIONS                    BOSTON
```

之后再输入例 3-36 的 SQL*Plus 的 L 命令，会发现 SQL 缓冲区中存的内容已变为刚刚输入的语句。

例 3-36

```
SQL> L
  1  SELECT *
  2* FROM dept
```

以上的例子也证明了 SQL 缓冲区只能存储一个 SQL 语句。

3.9　编辑脚本文件

在生成脚本文件 D:\SQL\SAMPLE.sql 之后，可以使用例 **3-37** 的 **SQL*Plus** 的 **GET** 命令将该脚本文件装入 SQL 缓冲区。

例 3-37

```
SQL> GET D:\SQL\SAMPLE.sql
  1   SELECT empno, ename, job, sal
  2   FROM emp
  3   WHERE sal >= 1500
  4*  ORDER BY job, sal DESC
```

现在可以使用例 3-38 所示的 SQL*Plus 的 L 命令来验证是否成功地将脚本文件 D:\SQL\SAMPLE.sql 装入了 SQL 缓冲区。

例 3-38

```
SQL> L
 1   SELECT empno, ename, job, sal
 2   FROM emp
 3   WHERE sal >= 1500
 4*  ORDER BY job, sal DESC
```

此时，就可以使用前面学过的 C、A、n 或 DEL 等命令来编辑 SQL 缓冲区中的语句，也可以使用例 3-39 所示的 "/" 命令来重新运行该 SQL 语句。

例 3-39

```
SQL> /
    EMPNO ENAME              JOB                   SAL
--------- ------------------ ---------------- --------
     7788 SCOTT              ANALYST              3000
     7902 FORD               ANALYST              3000
     7566 JONES              MANAGER              2975
     7698 BLAKE              MANAGER              2850
     7782 CLARK              MANAGER              2450
     7839 KING               PRESIDENT            5000
     7499 ALLEN              SALESMAN             1600
     7844 TURNER             SALESMAN             1500
已选择 8 行。
```

另外，也可以使用例 3-40 所示的 SQL*Plus 的 ed[it]命令来直接编辑 D:\SQL\SAMPLE。

例 3-40

```
SQL> ed D:\SQL\SAMPLE
```

现在就可以在这个编辑器中对 D:\SQL\SAMPLE 进行编辑了。

3.10 直接运行脚本文件

也可以使用例 3-41 所示的 SQL*Plus 命令来直接运行脚本文件 D:\SQL\SAMPLE.sql。

例 3-41

```
SQL> @D:\SQL\SAMPLE.sql
    EMPNO ENAME              JOB                   SAL
--------- ------------------ ---------------- --------
     7788 SCOTT              ANALYST              3000
```

```
      7902 FORD              ANALYST              3000
      7566 JONES             MANAGER              2975
      7698 BLAKE             MANAGER              2850
      7782 CLARK             MANAGER              2450
      7839 KING              PRESIDENT            5000
      7499 ALLEN             SALESMAN             1600
      7844 TURNER            SALESMAN             1500
```
已选择 8 行。

@或 START 命令是把指定脚本文件的内容装入 **SQL** 缓冲区中并运行，但是如果要使用 **START** 命令运行脚本文件时，**START** 与脚本文件名之间必须至少有一个空格。

现在可以自豪地说已经会写 Oracle 脚本文件了。

您现在可能想问：什么情况下要创建脚本文件？其原则很简单，就是**如果写的 SQL 语句是将来反复使用的，就应该把该语句装入脚本文件；如果写的 SQL 语句只用一次，就没有必要创建脚本文件。**

3.11　SPOOL 命令

这里要介绍的最后一个 SQL*Plus 命令为 SPOOL。当要用 SQL 语句产生一个大的报表时，该命令很有用，例如，输入例 3-42～例 3-44 所示的 SQL*Plus 命令和 SQL 语句。

例 3-42
```
SQL> SPOOL D:\SQL\OUTPUT
```
例 3-43
```
SQL> SELECT empno, ename, job, sal
  2  FROM emp
  3  WHERE sal >= 1500
  4  ORDER BY job, sal DESC;
```
例 3-44
```
SQL> SPOOL OFF;
```
此时可以从 D:\SQL\OUTPUT 文件中看到如下的内容。

例 3-44 结果
```
SQL> SELECT empno, ename, job, sal
  2  FROM emp
  3  WHERE sal >= 1500
  4  ORDER BY job, sal DESC;

     EMPNO ENAME            JOB                 SAL
---------- ---------------- ------------------- --------
      7788 SCOTT            ANALYST              3000
      7902 FORD             ANALYST              3000
      7566 JONES            MANAGER              2975
      7698 BLAKE            MANAGER              2850
      7782 CLARK            MANAGER              2450
```

```
          7839 KING            PRESIDENT        5000
          7499 ALLEN           SALESMAN         1600
          7844 TURNER          SALESMAN         1500
已选择 8 行。
SQL> SPOOL OFF;
```

SPOOL D:\SQL\OUTPUT 中 **SPOOL** 之后为文件名，该命令的含义是指在该命令之后屏幕上所显示的一切都要存到 **D:\SQL** 目录下的 **OUTPUT** 文件中。只有当输入 **SPOOL OFF** 之后才能看到 **OUTPUT** 文件中的内容。如果输入 SPOOL OUT 表示将其内容发送到打印机。

上面已经简单地介绍了常用的 SQL*Plus 命令。如果觉得本章的内容难懂，不要担心，因为在 Windows 上的 SQL*Plus 中，可以使用鼠标和许多基于图形界面的编辑功能。

如果读过其他类似的书籍，可能会发现有关这方面的内容一般都是一带而过的，这里之所以用了这么大的篇幅来介绍这些令许多初学者望而生畏的命令，**是因为这些命令是 SQL*Plus 的基本命令，所有操作系统上运行的 Oracle 都支持这些命令。如果读者掌握了这些命令，也就是学到了一套看家的本事，即无论遇到何种操作系统上运行的 Oracle，都可以熟练地使用 SQL 来操作 Oracle 数据库。**

📢 提示：

> 如果读者在阅读 3.12~3.14 节时理解上有困难，请不要担心，因为即使不理解这些内容也不会影响后面的学习，其实 Oracle 官方的 SQL 培训并不包括这些内容。但是在实际的工作中，很少遇到只使用 Oracle 一家公司软件的企事业单位，这样就免不了要在 Oracle 系统与其他系统（软件）之间进行数据的交换，而这方面的材料比较少，也比较难理解，有时甚至很难找到。为了帮助读者能迅速地将所学到的 Oracle SQL 知识运用于实际工作中，本书包括了 Oracle 与其他系统（软件）的数据交换及将这些操作自动化等内容。

3.12 将 Oracle 数据库的数据导出给其他系统

如果读者登录过有关 Oracle 的论坛，可能时常会发现有一些询问其他软件怎样访问 Oracle 数据的帖子，几乎所有回帖的答案都是要先进行一些系统配置，如 ODBC、JDBC 等。这些配置工作对一般人来说并不是容易的事，那么有没有更简单的方法呢？当然有，就是使用 SQL*Plus 的 SPOOL 命令。为了帮助读者理解，下面通过一个故事来解释其具体操作方法。

某公司现在使用 Oracle 数据库存储公司中所有的数据。但是由于历史和人为的原因，公司中软件的采购是由各个部门自己决定的，因此使用的程序设计语言和应用系统可以说是五花八门。公司决定要将 Oracle 系统与其他系统之间的数据交换自动化，于是请教了若干软件公司，他们都说要进行类似 ODBC 或 JDBC 的系统配置，还要调整数据库的配置，之后还要进行相关用户的培训等。当然收费也是相当可观，用老板的话来说"简直是狮子大开口"。

正是在这种无奈的情况下，老板找到了您这个刚进公司的见习 DBA 兼 PL/SQL 程序员（也是公司中唯一懂 Oracle 的员工），问您有没有办法用比较简单和经济的方法来解决困扰了公司多年的问题。于是您决定首先将一个简单而且常用的部门（dept）表中的所有数据导出给其他程序设计语言，如 C 或 Java。以下就是具体的操作步骤。

（1）为了管理方便，首先要创建一个存放相关文件的目录（文件夹）SQL（也可以使用其他的名字）。启动资源管理器，选择"文件"→"新建"→"文件夹"命令，如图 3.1 所示。

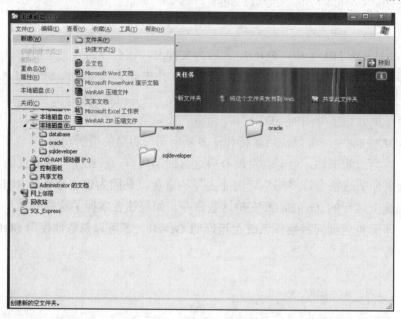

图 3.1

（2）将新创建的文件夹名改为 SQL，如图 3.2 所示。

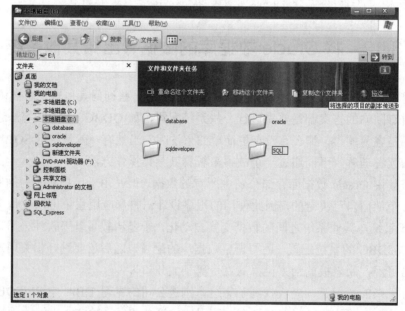

图 3.2

（3）打开记事本并写入如图 3.3 所示的命令。**如果数据行很多，也可以将 pagesize 设置得更大。**在 SQL 查询语句中使用了连接字符"||"将每个字段以逗号分隔，并将导出的数据存入 E 盘下的 SQL

目录的 data.txt 正文文件，**set heading off** 命令是在查询语句的输出结果中不显示列名，这一点对简化使用该数据文件的软件设计和开发是相当有用的，因为读取数据的程序将**不用考虑如何去掉列名之类的程序不需要的数据了**（在该书的资源包中有一个名为 data.sql 的脚本文件，如果读者想节省时间，可以直接复制其中的内容，或直接将该文件复制到当前的目录中）。

（4）选择"文件"→"保存"命令，如图 3.4 所示。

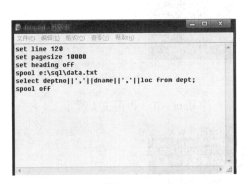

图 3.3

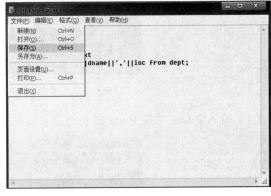

图 3.4

（5）在弹出的"另存为"对话框的"保存在"下拉列表框中选择 E 盘的 SQL 目录，在"文件名"下拉列表框中输入 data.sql，最后单击"保存"按钮，如图 3.5 所示。如果无法生成 data.sql 脚本文件，请参考本章最后的解释。

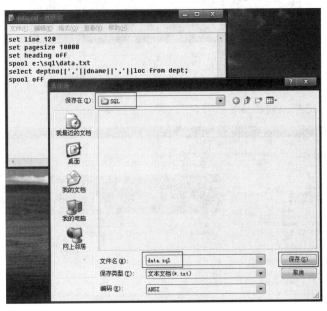

图 3.5

（6）启动 DOS 界面，输入"e:"命令切换到 E 盘，输入 cd sql 切换到 E:\SQL 目录，之后输入 sqlplus scott/tiger 命令进入 SQL*Plus 并以 scott 用户登录数据库，如图 3.6 所示。

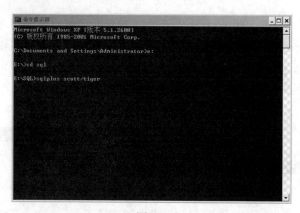

图 3.6

（7）输入@data 并按 Enter 键运行刚创建的 SQL 脚本文件 data.sql，如图 3.7 所示。

图 3.7

（8）打开 E:\SQL 目录，此时发现在该目录中多了 data.txt 文本文件，这个文件就是在 data.sql 脚本文件中定义的数据文件，如图 3.8 所示。

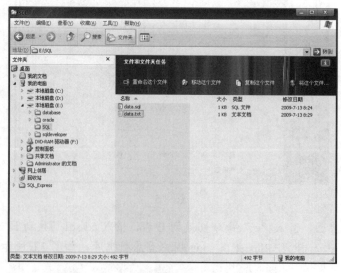

图 3.8

（9）双击文件 data.txt 以打开该文件，之后将看到导出的所有数据，如图 3.9 所示。

图 3.9

这样，其他程序设计语言就可以操作这个文件中的数据了。**分隔符不一定使用逗号，可以根据需要使用其他的符号，如分号，之后反复使用以上的方法将所需的其他表中的数据导出。**现在如果有人问您会不会将 Oracle 的数据导出给其他的系统，您应该自信地回答："会了。"

3.13　将数据导出操作自动化

当老板看到您这么快就完成了困扰公司多年的难题，可以说是喜出望外。他曾与他的秘书说："我当时与这小子说起这件事时，只是随便说说。没想到这小子还真给做出来了。说来也怪了，当时他来应聘时表现真不怎么样，说话都吞吞吐吐的，要不是当时实在是找不到人了，哪能要他呀！真是老天保佑，这差一点就放走个财神爷，看来是真人不露相啊！"。现在老板已经深知您的道行不浅，所以决定要进一步挖掘您的潜力。老板再次找到您让您抽空将前面导出 Oracle 数据的操作自动化，并说如果忙不过来公司将为您配一个助手（要为一个刚进公司的见习 DBA 配助手在该公司历史上还是第一次）。以下就是将数据导出操作自动化的具体步骤。

（1）首先打开记事本（在 UNIX 或 Linux 系统上一般为 vi 或其他正文编辑器），然后输入操作系统命令 sqlplus /nolog @data.sql 和 exit，如图 3.10 所示。其中，**sqlplus/ nolog 表示启动 sqlplus 但并不登录数据库，@data.sql 表示 SQL*Plus 启动之后立即运行同一目录中的 Oracle 脚本文件data.sql，exit 表示退出 DOS 窗口**（如果没有 **exit** 命令，执行完所有的命令之后 DOS 窗口将留在桌面上，这显得太不专业了）。另外，在这里使用**/nolog** 而没有使用类似 *scott/tiger* 的方式启动**SQL*Plus 的目的是为了安全，不让其他人看到用户的密码。**

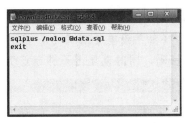

图 3.10

（2）选择"文件" → "保存"命令，单击"另存为"对话框。在"保存在"下拉列表框中选择 E 盘的 SQL 目录（需要在操作系统上手工创建该目录，可以选择不同的盘），在"文件名"下拉列表框中输入 DownLoadData.bat（.bat 表示该文件是 DOS 操作系统的批处理文件），单击"保存"

按钮，如图 3.11 所示。

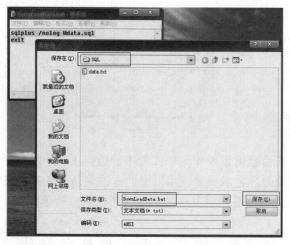

图 3.11

（3）为了打开 data.sql 文件，进入 E:\SQL 目录（文件夹），右击 data.sql 脚本文件，在弹出的快捷菜单中选择"编辑"命令，如图 3.12 所示。

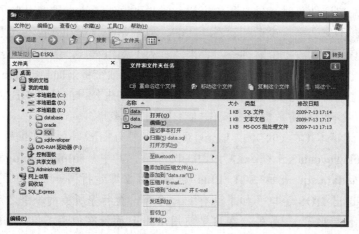

图 3.12

（4）在第 1 行输入 SQL*Plus 命令 connect scott/tiger（其含义是以 scott 用户身份登录 Oracle 数据库），在最后一行输入 exit 命令（如果没有 exit 命令，将把 SQL*Plus 界面留在桌面上。这样其他用户就可以清楚地看到用户的密码，同时也显得不够专业），如图 3.13 所示，然后存盘。

图 3.13

（5）为了演示清楚，删除已经存在的 data.txt 数据文件。右击数据文件 data.txt，在弹出的快捷菜单中选择"删除"命令就可以删除该数据文件了，如图 3.14 所示。

图 3.14

（6）右击 DOS 的批处理文件 DownLoadData.bat，在弹出的快捷菜单中选择"发送到"→"桌面快捷方式"命令，将该文件的图标发送到桌面上，如图 3.15 所示。

图 3.15

（7）为了显得专业，可以修改 DownLoadData.bat 图标。右击 DownLoadData.bat 图标，在弹出的快捷菜单中选择"属性"命令，如图 3.16 所示，弹出"DownLoadData.bat 属性"对话框。

（8）单击"更改图标"按钮（如图 3.17 所示），打开"更改图标"对话框。

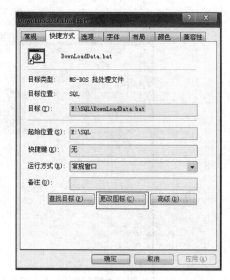

图 3.16   图 3.17

（9）选择喜欢的图标样式，单击"确定"按钮，如图 3.18 所示。

（10）在"DownLoadData.bat 属性"对话框中单击"应用"按钮，然后单击"确定"按钮，如图 3.19 所示。

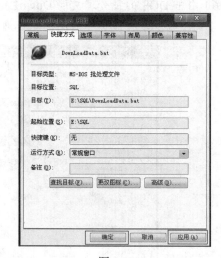

图 3.18   图 3.19

（11）为了显得专业，还要修改 DownLoadData.bat 的文件名。右击 DownLoadData.bat 的图标，在弹出的快捷菜单中选择"重命名"命令，如图 3.20 所示。

（12）将名字修改为看上去相当专业的"卸载 Oracle 数据"。**现在双击"卸载 Oracle 数据"图标就可以完成 Oracle 数据的卸载**，如图 3.21 所示。

图 3.20　　　　　　　　　　　　　　　图 3.21

（13）为了检验所需的数据是否成功地导出，进入 E:\SQL 目录，打开 data.txt 文件，如图 3.22 所示。检查该文件中的内容之后，可以确信已经成功地完成了老板交给的光荣使命。

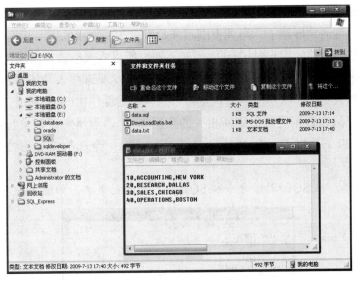

图 3.22

3.14　商业智能软件读取 Oracle 数据的简单方法

当将所有 Oracle 数据的导出工作自动化之后，老板和公司的高管们对您已经另眼相看了，都觉得您是一个不可多得的 IT 奇才。这样您就在 IT 职业生涯的发展过程中产生了一个飞跃，从一个刚入行的"菜鸟"迅速地突变成了一名"专家"。

在一次公司高管会议上，您的顶头上司透露了他对这位新的 IT 专家的看法："这小子真有点怪，一天我早晨上班来的早了点，大厦的保安告诉我，你们公司的灯这几天几乎每天都亮到清晨，最初保安以为公司进贼了，差一点报警，最后才发现是这小子在加班。也没人要他加班，再有咱们公司是没有加班费的，这简直不可思议！更不可思议的是，这家伙是一点眼力也没有，上班时当着我的面就打瞌睡，而且不止一次。害得我躲着他，因为不说他，那别人也效仿怎么办？说他，他肯定不高兴。还有，这小子除了计算机和程序之外对什么也不感兴趣，与他聊天没聊几句就扯到 IT 上，简直不会生活。只有干活时才发现他是个难得的人才，平时看他就觉得他好像弱智一样。"

老板听了却非常高兴，并说："以后你们这些人看到他打瞌睡时，都要躲着走。公司其实就需要这样生活上弱智的高级技术人才，以后尽量多招些这样的员工。最好所有的员工都像他一样，跟机器似的，不知疲倦地为公司卖命却不要求加工资和其他好处。公司雇了他真是太走运了，这简直跟马戏团在路边上捡到只会耍的猴子差不多。"

一天老板突然想起来，每当有许多人使用商业智能（BI）软件进行市场或其他分析与预测时，公司数据库的效率就急剧下降，慢得像头牛。于是，老板又想到了这个"弱智"的奇才，让您想想办法让系统运行得快些。您以前也没有用过商业智能软件，该公司的 Oracle 数据库是您管理的第一个数据库。但是老板既然有要求也只得硬着头皮答应试一试，为了拖延时间，您与老板说得先与相关的商业智能用户交流一下以发现究竟是什么问题。老板当然答应了您的要求，并即刻通知相关的部门和人员要全力配合。

本来您以为这回可遇到麻烦了，当调查刚刚开始没多久，您就发现幸运之神又一次眷顾了您。因为公司使用商业智能软件的用户对 Oracle 一窍不通，所以本来应该由 SQL 方便而快速完成的操作全部使用了效率极低的 BI 软件操作来完成。另外，您发现这些人员操作的是一个数据仓库系统，其数据是每隔几天更新一次。所以您决定将一些耗时的操作由 SQL 完成，并将绝大多数 BI 操作由联机改成脱机（只在数据更新后刷新相关的数据文件），当然您还要求公司增加相关 BI 人员使用的 PC 内存等。以下是将 Oracle 数据库中员工表 emp 中全部数据导出给 BI 软件的具体操作步骤：

（1）打开记事本，将 SQL*Plus 命令和 SQL 语句写入记事本，如图 3.23 所示。

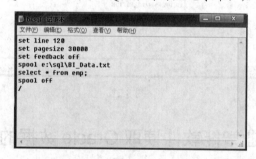

图 3.23

（2）选择"文件"→"保存"命令，单击"另存为"对话框。在"保存在"下拉列表框中选择 E 盘的 SQL 目录，在"文件名"下拉列表框中输入 bi.sql，最后单击"保存"按钮，如图 3.24 所示。

（3）启动 DOS 窗口，使用"e:"命令切换到 E 盘，使用 cd sql 命令进入 SQL 目录，使用 sqlplus scott/tiger 命令启动 SQL*Plus 并以 scott 用户身份登录数据库，如图 3.25 所示。

（4）使用 SQL*Plus 命令"@bi"来运行刚创建的 Oracle 脚本文件，如图 3.26 所示。

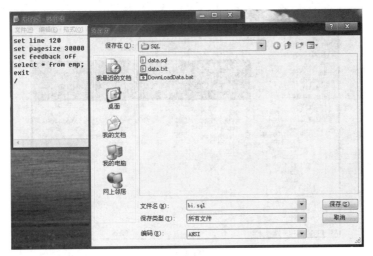

图 3.24

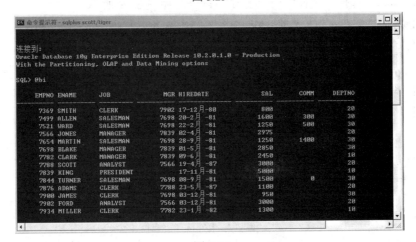

图 3.25

图 3.26

（5）进入 E 盘的 SQL 目录就可以发现刚生成的 BI_Data.txt 数据文件，如图 3.27 所示。

图 3.27

（6）打开 BI_Data.txt 数据文件就可以看到其中的数据，如图 3.28 所示。

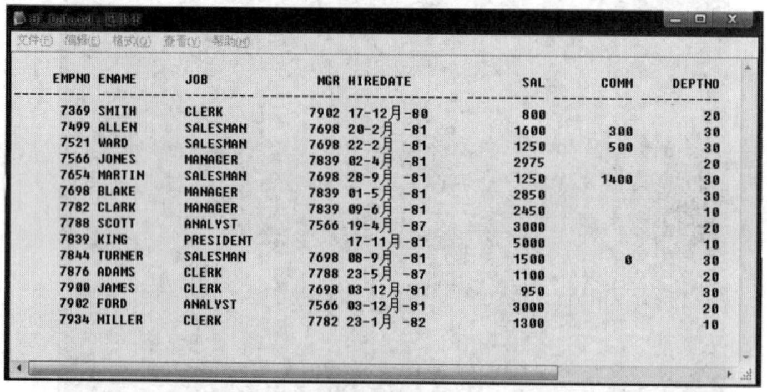

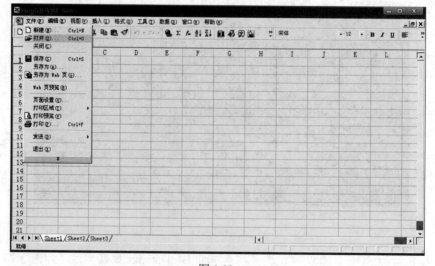

图 3.28

（7）启动 Excel，选择"文件"→"打开"命令，如图 3.29 所示。

图 3.29

（8）选择 E:\SQL 目录中的 BI_Data.txt 文件，如图 3.30 所示。然后，将出现 Excel 的文本导入向导界面。

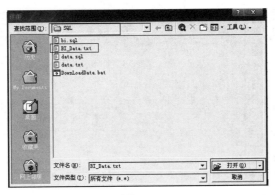

图 3.30

（9）在文本导入向导界面中单击“下一步”按钮，如图 3.31 所示。

（10）继续单击“下一步”按钮直到出现如图 3.32 所示的界面，最后单击“完成”按钮。

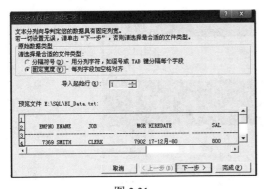

图 3.31

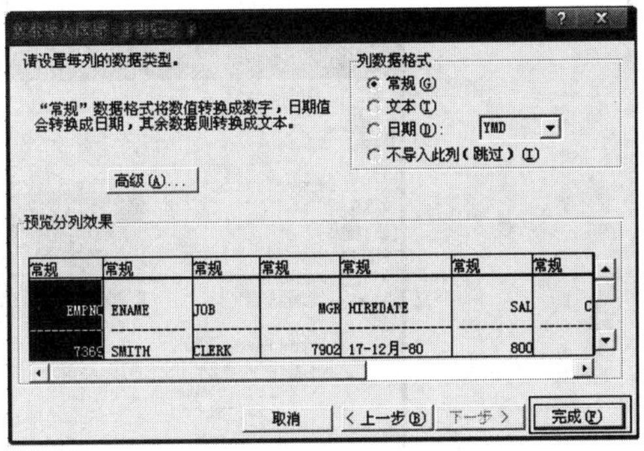

图 3.32

（11）将出现如图 3.33 所示的界面，此时 BI 人员就可以对所有的数据进行处理了。也可以选择“文件”→“保存”命令，单击“另存为”对话框，将这些数据存入 Excel 格式的文件。

	A	B	C	D	E	F	G	H
1	EMPNO	ENAME	JOB	MGR	HIREDATE	SAL	COMM	DEPTNO
2								
3	7369	SMITH	CLERK	7902	17-12月-8	800		20
4	7499	ALLEN	SALESMAN	7698	20-2月 -8	1600	300	30
5	7521	WARD	SALESMAN	7698	22-2月 -8	1250	500	30
6	7566	JONES	MANAGER	7839	02-4月 -8	2975		20
7	7654	MARTIN	SALESMAN	7698	28-9月 -8	1250	1400	30
8	7698	BLAKE	MANAGER	7839	01-5月 -8	2850		30
9	7782	CLARK	MANAGER	7839	09-6月 -8	2450		10
10	7788	SCOTT	ANALYST	7566	19-4月 -8	3000		20
11	7839	KING	PRESIDENT		17-11月-8	5000		10
12	7844	TURNER	SALESMAN	7698	08-9月 -8	1500	0	30
13	7876	ADAMS	CLERK	7788	23-5月 -8	1100		20
14	7900	JAMES	CLERK	7698	03-12月-8	950		30
15	7902	FORD	ANALYST	7566	03-12月-8	3000		20
16	7934	MILLER	CLERK	7782	23-1月 -8	1300		10
17								
18								

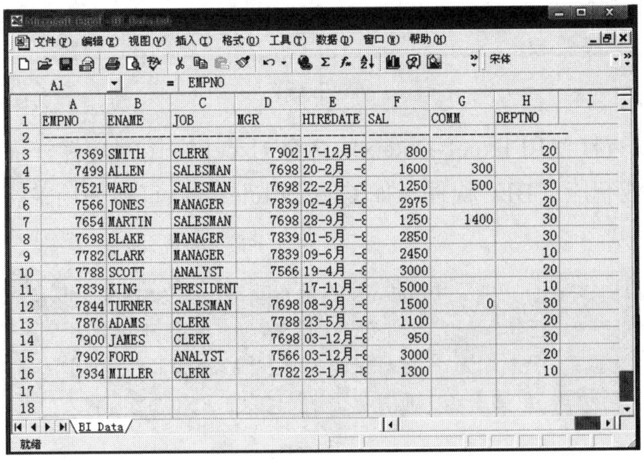

图 3.33

（12）在"保存位置"下拉列表框中选择 E 盘的 SQL 目录，在"文件名"下拉列表框中输入 Excel_Data.xls，最后单击"保存"按钮，如图 3.34 所示。

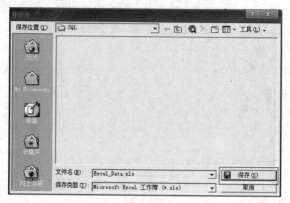

图 3.34

（13）进入 E 盘的 SQL 目录中就会发现 Excel 格式的文件 Excel_Data.xls 已经生成了，如图 3.35 所示。

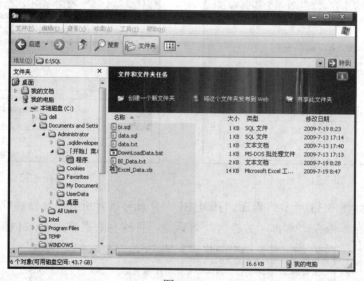

图 3.35

之后 BI 人员就可以直接使用 Excel_Data.xls 这个 Excel 格式的文件，而不用每次进行一些重复的操作了。一些其他商业智能（BI）软件，如 Clementine 可以直接使用 Excel 格式的文件。

◁》提示：

如果读者无法生成 sql 脚本文件，可能是 Windows 的设置问题。可以按如下步骤重新设置：
（1）打开资源管理器，选择"工具"→"文件夹选项"命令，如图 3.36 所示。
（2）向下滚动滚动条，选择"查看"选项卡，取消选中"隐藏已知文件类型的扩展名"复选框，选中"在地址栏中显示完整路径"复选框，最后单击"应用"按钮，如图 3.37 所示。

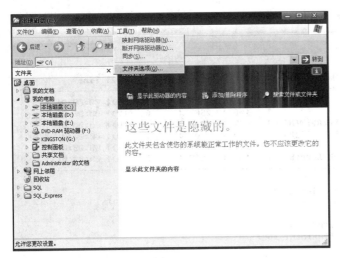

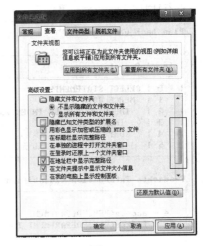

图 3.36　　　　　　　　　　　　　　　　　　　　图 3.37

3.15　利用 AUTOTRACE 追踪 SQL 语句

实际上，**SQL*Plus** 本身就提供了追踪 SQL 语句的功能。可以通过设置 **autotrace** 参数来追踪 SQL 语句，**AUTOTRACE** 是一个相当不错的 SQL 追踪和优化工具，而且其操作方法也简单易学。现通过以下的例子来演示这一功能强大的命令行工具的具体用法。以上操作都是在 system 用户下进行的。

首先，使用例 3-45 的 SQL*Plus 的 set 命令将显示的宽度设置为 100 个字符。之后，**使用例 3-46 的 SQL*Plus 的 show 命令显示当前 autotrace 参数的设置。**

例 3-45
```
SQL> set line 100
```
例 3-46
```
SQL> show autotrace
autotrace OFF
```

例 3-46 的显示结果表明：当前 autotrace 参数的值为 OFF，即 **SQL*Plus 的自动追踪功能默认是关闭的。接下来，使用例 3-47 的 SQL*Plus 的 set 命令将 autotrace 的参数值设置为 ON，开启 SQL*Plus 的自动追踪功能。**

例 3-47
```
SQL> set autotrace on
```

随后，运行例 3-48 的带有两个表连接的查询语句。当执行该语句之后，屏幕上不但会显示出查询语句的结果，而且还会显示出这个语句的执行计划和统计信息。

例 3-48
```
SQL> SELECT e.last_name, d.department_name
  2  FROM hr.employees e, hr.departments d
  3  WHERE e.department_id =d.department_id;
```

执行计划
```
--------------------------------------------------------------------------------
Plan hash value: 1343509718

--------------------------------------------------------------------------------
| Id  | Operation                    | Name         | Rows  | Bytes | Cost (%CPU)| Time     |
--------------------------------------------------------------------------------
|   0 | SELECT STATEMENT             |              |   106 |  2862 |     6  (17)| 00:00:01 |
|   1 |  MERGE JOIN                  |              |   106 |  2862 |     6  (17)| 00:00:01 |
|   2 |   TABLE ACCESS BY INDEX ROWID| DEPARTMENTS  |    27 |   432 |     2   (0)| 00:00:01 |
|   3 |    INDEX FULL SCAN           | DEPT_ID_PK   |    27 |       |     1   (0)| 00:00:01 |
|*  4 |   SORT JOIN                  |              |   107 |  1177 |     4  (25)| 00:00:01 |
|   5 |    TABLE ACCESS FULL         | EMPLOYEES    |   107 |  1177 |     3   (0)| 00:00:01 |
--------------------------------------------------------------------------------

Predicate Information (identified by operation id):
--------------------------------------------------------------------------------

   4 - access("E"."DEPARTMENT_ID"="D"."DEPARTMENT_ID")
       filter("E"."DEPARTMENT_ID"="D"."DEPARTMENT_ID")
```

统计信息
```
--------------------------------------------------------------------------------
          0  recursive calls
          0  db block gets
         19  consistent gets
          0  physical reads
          0  redo size
       2757  bytes sent via SQL*Net to client
        493  bytes received via SQL*Net from client
          9  SQL*Net roundtrips to/from client
          1  sorts (memory)
          0  sorts (disk)
        106  rows processed
```

现在就可以仔细地研究这个语句的执行计划和统计信息了。如在执行计划中，发现对 **EMPLOYEES** 表的访问是使用的全表扫描而没有使用索引，这可能就是系统效率差的原因。可以进一步调查，看看 EMPLOYEES 表的 department_id 是否已经创建了索引，如果没有，可能要创建一个索引。统计信息也很有用，如 sort（disks）的数字很大就说明这个查询使用了大规模排序，这可能就是造成系统效率下降的原因等。

也可以要求 **SQL*Plus** 不显示查询语句的结果，即关闭查询语句的输出结果，可以使用例 **3-49** 的 **SQL*Plus** 命令来完成这一工作。随后，使用例 3-50 的命令重新执行 SQL 缓冲区中的 SQL 语句，其显示的结果除了没有查询语句的结果之外与例 3-48 的显示结果完全相同。

例 3-49
```
SQL> set autotrace traceonly
```
例 3-50
```
SQL> /
```

不但可以关闭查询语句的输出结果，而且还可以关闭统计信息的显示，即要求 SQL*Plus 只显示执行计划，可以使用例 3-51 的 set 命令来完成这一工作，随后，使用例 3-52 的命令再次重新执行 SQL 缓冲区中的 SQL 语句

例 3-51
```
SQL> set autotrace traceonly explain
```
例 3-52
```
SQL> /
```

```
执行计划
-----------------------------------------------------------------
Plan hash value: 1343509718

---------------------------------------------------------------------------------------
| Id | Operation                     | Name         | Rows | Bytes | Cost (%CPU)| Time     |
---------------------------------------------------------------------------------------
|  0 | SELECT STATEMENT              |              |  106 |  2862 |    6  (17)| 00:00:01 |
|  1 |  MERGE JOIN                   |              |  106 |  2862 |    6  (17)| 00:00:01 |
|  2 |   TABLE ACCESS BY INDEX ROWID | DEPARTMENTS  |   27 |   432 |    2   (0)| 00:00:01 |
|  3 |    INDEX FULL SCAN            | DEPT_ID_PK   |   27 |       |    1   (0)| 00:00:01 |
|* 4 |   SORT JOIN                   |              |  107 |  1177 |    4  (25)| 00:00:01 |
|  5 |    TABLE ACCESS FULL          | EMPLOYEES    |  107 |  1177 |    3   (0)| 00:00:01 |
---------------------------------------------------------------------------------------

Predicate Information (identified by operation id):
-----------------------------------------------------

   4 - access("E"."DEPARTMENT_ID"="D"."DEPARTMENT_ID")
       filter("E"."DEPARTMENT_ID"="D"."DEPARTMENT_ID")
```

另外，也可以同时关闭查询语句的输出结果和执行计划的显示，即要求 SQL*Plus 只显示统计信息，可以使用例 3-53 的 set 命令来完成这一工作。随后，使用例 3-54 的命令再次重新执行 SQL 缓冲区中的 SQL 语句。

例 3-53
```
SQL> set autotrace traceonly statistics
```
例 3-54
```
SQL> /
已选择 106 行。
统计信息
-------------------------------------------------
        0  recursive calls
        0  db block gets
       19  consistent gets
        0  physical reads
        0  redo size
     2757  bytes sent via SQL*Net to client
      493  bytes received via SQL*Net from client
        9  SQL*Net roundtrips to/from client
        1  sorts (memory)
        0  sorts (disk)
      106  rows processed
```

等追踪完 SQL 语句之后，可以使用例 3-55 的 set 命令重新关闭 autotrace 的自动追踪 SQL 语句的功能。随后，应该使用例 3-56 的 show 命令验证 autotrace 的自动追踪是否真正关闭了。

例 3-55
```
SQL> set autotrace off
```
例 3-56
```
SQL> show autotrace
autotrace OFF
```

3.16　获取 SQL*Plus 的帮助信息

通过对本章前面十几节的学习，读者可能已经注意到 SQL*Plus 提供了不少有用的命令，但是怎样才能方便、快捷地获取这些命令的信息呢？在 SQL*Plus 中，有一个 help 命令，利用这一命令可以方便地获取所需命令的相关信息。**可以使用例 3-57 的 HELP 命令来获取如何使用该命令的信息。**

例 3-57

```
SQL> help
HELP
----
Accesses this command line help system. Enter HELP INDEX or ? INDEX
for a list of topics.
You can view SQL*Plus resources at
    http://www.oracle.com/technology/tech/sql_plus/
and the Oracle Database Library at
    http://www.oracle.com/technology/documentation/
HELP|? [topic]
```

仔细阅读例 3-57 的显示结果就不难发现 HELP 命令的用法。**可以使用例 3-58 的命令列出所有 SQL*Plus 的命令。**

例 3-58

```
SQL> help index
Enter Help [topic] for help.
@             COPY          PAUSE                    SHUTDOWN
@@            DEFINE        PRINT                    SPOOL
/             DEL           PROMPT                   SQLPLUS
ACCEPT        DESCRIBE      QUIT                     START
APPEND        DISCONNECT    RECOVER                  STARTUP
ARCHIVE LOG   EDIT          REMARK                   STORE
ATTRIBUTE     EXECUTE       REPFOOTER                TIMING
BREAK         EXIT          REPHEADER                TTITLE
BTITLE        GET           RESERVED WORDS (SQL)     UNDEFINE
CHANGE        HELP          RESERVED WORDS (PL/SQL)  VARIABLE
CLEAR         HOST          RUN                      WHENEVER OSERROR
COLUMN        INPUT         SAVE                     WHENEVER SQLERROR
COMPUTE       LIST          SET                      XQUERY
CONNECT       PASSWORD      SHOW
```

如果对某一特定的命令感兴趣，可以使用"**help 命令名**"来获取这一命令的帮助信息，如可以使用例 3-59 的命令列出 set 命令的帮助信息，其结果中就包括了如何设置 autotrace 参数。

例 3-59

```
SQL> help set
SET
---
Sets a system variable to alter the SQL*Plus environment settings
for your current session. For example, to:
```

```
-   set the display width for data
-   customize HTML formatting
-   enable or disable printing of column headings
-   set the number of lines per page
SET system_variable value
where system_variable and value represent one of the following clauses:
  APPI[NFO]{OFF|ON|text}                NULL text
  ARRAY[SIZE] {15|n}                   NUMF[ORMAT] format
  AUTO[COMMIT] {OFF|ON|IMM[EDIATE]|n}     NUM[WIDTH] {10|n}
  AUTOP[RINT] {OFF|ON}                 PAGES[IZE] {14|n}
  AUTORECOVERY {OFF|ON}                PAU[SE] {OFF|ON|text}
  AUTOT[RACE]  {OFF|ON|TRACE[ONLY]} }    RECSEP {WR[APPED]|EA[CH]|OFF}
    [EXP[LAIN]] [STAT[ISTICS]]         RECSEPCHAR {_|c}
  BLO[CKTERMINATOR] {.|c|ON|OFF}         SERVEROUT[PUT] {ON|OFF}
......
```

之前曾经使用 show 命令列出每个参数的当前设置，也可以**使用例 3-60 的 show all 命令列出在 SQL*Plus 中当前所有的参数设置。**

例 3-60

```
SQL> show all
appinfo 为 OFF 并且已设置为 "SQL*Plus"
arraysize 15
autocommit OFF
autoprint OFF
autorecovery OFF
autotrace OFF
blockterminator "." (hex 2e)
btitle OFF 为下一条 SELECT 语句的前几个字符
......
```

3.17　您应该掌握的内容

在学习下一章之前，请检查一下您是否已经掌握了以下内容：

- ↘ 如何得到一个表的结构？
- ↘ 如何查看 SQL 缓冲区中的 SQL 语句？
- ↘ 如何修改 SQL 缓冲区中的 SQL 语句？
- ↘ 如何删除 SQL 缓冲区中的 SQL 语句？
- ↘ 如何运行 SQL 缓冲区中的 SQL 语句？
- ↘ 如何生成脚本文件？
- ↘ 如何编辑脚本文件？
- ↘ 如何直接运行脚本文件？
- ↘ 如何使用 SPOOL 命令？
- ↘ 怎样使用自动追踪 SQL 语句？
- ↘ 怎样获取 SQL*Plus 的帮助信息？
- ↘ 怎样列出某一个特定命令的帮助信息？

第 4 章　PL/SQL 变量的声明与使用

通过前几章的学习，读者应该对 PL/SQL 有一个大概的了解，并且也掌握了两个常用的 PL/SQL 程序开发和调试工具——Oracle SQL Developer 和 SQL*Plus。实际上，我们已经为进一步深入学习 PL/SQL 程序设计语言做好了一切准备。现在就即将开始我们真正的 PL/SQL 程序设计语言的学习之旅了。在本书中将主要使用命令行工具 SQL*Plus，因为 SQL*Plus 这一工具是所有 Oracle 版本默认安装的，也是最稳定的。虽然它不如 SQL Developer 简单和易于掌握，但是它可以直接与数据库连接。这样做在数据库出问题时，特别是网络出问题时，SQL*Plus 就可能成为唯一能救活数据库系统的工具了。

4.1　PL/SQL 变量的使用

我们在本书第 1 章 1.5 和 1.6 节中曾经使用过变量，变量在任何程序设计语言中都是不可缺少的而且也是经常使用的。那么，什么是程序设计语言中的变量呢？**简单地说，一个程序设计语言中的变量就是内存中一个命了名的临时存储区，而变量中所存储的信息就是这个变量的当前值。**

在 PL/SQL 中，在使用一个变量之前，必须首先声明这个变量。一旦声明了一个变量，就可以在 SQL 语句和过程化（PL/SQL）语句中使用这个变量了（只要可以使用表达式的地方都可以使用）。那么，变量在 PL/SQL 程序中究竟有什么用处呢？

假设公司需要为员工增加工资，工资增加的幅度是以现在的工资为基础并按一个算法来计算出来，这时将一个员工的工资临时地存放在一个变量中就可以非常方便地完成以上所说的计算了（这也就是 Oracle 所称的数据的临时存储）。

如果员工的工资还用于其他的算法或其他的数据维护操作就不需要再次访问数据库了（这也就是 Oracle 所称的存储数据的维护）。

如果程序很大而且使用工资的地方又很多，那么将来修改时使用变量就非常方便了，因为只需修改变量的定义就可以了（这就是 Oracle 所称的代码重用）。

总而言之，使用 PL/SQL 的变量会极大地简化程序的开发和维护工作，而且程序代码也更简洁以及更方便代码的重用。

知道了使用变量带来的好处之后，您是不是已经摩拳擦掌、急不可待地想试一试这么好的东西了。在 PL/SQL 中变量的使用方法究竟有哪些呢？在 PL/SQL 中变量的处理可以归纳为如下几点：

（1）在声明部分声明和初始化变量

（2）在执行部分为变量赋新值

（3）通过参数将值传入 PL/SQL 块

（4）通过输出变量来查看结果

接下来，我们要较为详细地逐一介绍以上所列处理变量的操作。

在声明部分声明和初始化变量：可以在任何程序块中、子程序（过程或函数）中，或软件包中的声明部分声明一个或多个变量。变量的声明将为一个值分配存储空间、指定该变量的数据类型和命名存储单元以便之后可以引用这个变量。在声明变量时，也可以同时赋予这个变量一个初始值，并且在该变量上加上 NOT NULL 约束。要注意的是，PL/SQL 的变量是不允许提前引用的，即必须在引用一个变量之前先声明这个变量。

在执行部分为变量赋新值：在 PL/SQL 程序的执行段中，可以使用赋值语句为变量重新赋值（以新值替代原有的值）。

通过参数将值传入 PL/SQL 块：子程序（过程或函数）可以使用参数，可以在调用子程序时将变量作为参数传递给这个子程序。

通过输出变量来查看结果：可以使用变量来存储一个函数的返回值。

与其他高级程序设计语言类似，在 PL/SQL 中变量的命名也必须遵守一定的规则。通常在 PL/SQL 中，变量名是一个以英文字母开头的字母和数字序列。PL/SQL 变量的命名具体规则如下：

- ⇘ 必须以英文字母开始
- ⇘ 可以包含一个或多个英文字母或数字
- ⇘ 可以包含最多 30 个字符
- ⇘ 可以包含特殊字符——美元号（$）、下划线（＿）和字母（#）
- ⇘ 不能包含诸如连字符（-）、斜线（/）和空格等字符
- ⇘ 不应该与数据库的表或列同名
- ⇘ 不能是保留关键字

如以下这些变量名都是合法的：

```
dog$3800
dog###
dog_name
```

但是下面这些变量名就是非法的：

```
dog-name
dog&fox
dog number
boy/girl
```

4.2　PL/SQL 变量的声明和初始化

在引用 **PL/SQL** 程序块中的变量之前，必须在声明段声明所有的变量（标识符）。在声明变量的同时还可以为变量赋初值，但是在声明变量时赋予初始值并不是必须的。如果在一个变量声明中引用了其他变量，一定要确保在之前的语句中已经声明了所引用的变量。声明变量的语法如下：

```
标识符 [CONSTANT] 数据类型 [NOT NULL]
    [:= | DEFAULT 表达式];
```

在以上变量声明的语法中：

标识符：　　是所声明的变量名。

CONSTANT：限制所声明变量的值不能更改（也就是所谓的声明一个常量，而常量必须初始化）。

数据类型：　可以是一个标量类型、组合类型或 LOB 类型等。

NOT NULL：对所声明的变量施加限制使之必须包含一个值（也就是所谓的声明一个非空变量，NOT NULL 的变量必须初始化）。

初始化变量：既可以使用 PL/SQL 的赋值操作符（:=），也可以使用关键字 DEFAULT 来初始化所声明的变量。

表达式：可以是任何 PL/SQL 表达式，表达式可以是一个文字表达式、另外的变量或带有操作符和函数的表达式。

☞ **指点迷津：**

> 除了声明变量之外，在声明段中还可以声明游标和异常等。这些内容将在本书的后续章节中详细介绍。另外，要注意的是 PL/SQL 中的赋值操作符是 ":=" 而不是 "="。

假设您正在参加一个培育新品种狗的科研项目，简称育犬项目。该项目的目的是用家狗和狼杂交，以培育出更好的狗品种。育犬项目的经理最近参加了一个 IT 集成商举办的促销活动，在这次活动中，他听说了 PL/SQL 这一最强的基于 Oracle 数据库的程序设计语言，因此他郑重地宣布育犬项目的信息系统开发将主要使用 PL/SQL 语言。根据该项目的要求，您首先声明了如下的狗变量：

```
DECLARE
   v_dogid      NUMBER(10) NOT NULL := 38;
   v_name       VARCHAR2(25) := 'White Tiger';
   c_color      CONSTANT VARCHAR2(15) := 'White';
   v_birthday   DATE;
```

接下来，我们利用两个比较完整的例子来演示 PL/SQL 变量的声明和初始化，以及可能出现的问题。首先需要启动 DOS 窗口（也就是微软的命令行窗口），之后在 DOS 系统提示符下输入例 4-1 的命令启动 SQL*Plus，并以 scott 用户登录 Oracle 数据库系统。

例 4-1

```
C:\Users\Maria>E:\app\product\11.2.0\dbhome_1\BIN\sqlplus scott/tiger
```

当登录成功之后，在 SQL*Plus 提示符下输入例 4-2 的 set 命令开启 DBMS_OUTPUT 软件包的功能。

例 4-2

```
SQL> set serverout on
```

接下来，输入例 4-3 的 PL/SQL 程序（可以按照本书 1.5 节中介绍的步骤来创建这一匿名程序块）。实际上，这个例子是在本书 1.6 节中的例 1-1 的基础上修改而成。在这段程序又声明了一个新变量 v_desc 并将其值初始化为 "中国妇女解放运动的先驱——"，之所以这样做，主要是为了方便程序的开发和代码的重用。

例 4-3

```
SQL> DECLARE
  2     v_desc     VARCHAR2(100) := '中国妇女解放运动的先驱 — ';
  3     v_pioneer VARCHAR2(25);
  4  BEGIN
  5     DBMS_OUTPUT.PUT_LINE (v_desc || v_pioneer);
  6     v_pioneer := '苏妲己';
  7     DBMS_OUTPUT.PUT_LINE (v_desc || v_pioneer);
  8  END;
  9  /
中国妇女解放运动的先驱 —
```

中国妇女解放运动的先驱 —— 苏妲己

PL/SQL 过程已成功完成。

因为在声明段中所声明的变量 v_pioneer 并没有初始化，Oracle 默认将没有初始化的变量的初始值设置为空（NULL）。这也就是为什么在程序第一次执行 DBMS_OUTPUT 软件包中的 PUT_LINE 过程时只显示了"中国妇女解放运动的先驱 —— "的原因所在。接下来，变量 v_pioneer 被重新赋值为苏妲己，所以程序第二次执行 DBMS_OUTPUT 软件包中的 PUT_LINE 过程时显示了"中国妇女解放运动的先驱 ——苏妲己"。

☞ 指点迷津：

> 在编程中，声明变量的同时最好将其初始化，因为在算术表达式中只要有一个空值（NULL），整个表达式的值就为空，所以由于空值的存在，程序可能会产生无法预料的运行结果。

历史学家们经过多年的极其艰苦的研究终于证实："苏妲己是事业上最成功的女性，也是一位最敬业的女性，是有史以来最出色的女间谍。她用自己的美貌、个人魅力和机智勇敢彻底颠覆了商汤王朝，是建立大周朝的第一功臣。"

现在，要使用 PL/SQL 程序将这一历史学也是考古学的爆炸性发现公之于众。其实，只需将例 4-3 的 PL/SQL 程序略加修改就可以轻松地完成这一重要的工作，其程序代码如例 4-4 所示。

例 4-4

```
SQL> DECLARE
  2    v_desc    VARCHAR2(100) := '中国妇女解放运动的先驱 — ';
  3    v_pioneer VARCHAR2(25) := '潘金莲';
  4  BEGIN
  5    DBMS_OUTPUT.PUT_LINE (v_desc || v_pioneer);
  6    v_pioneer := '苏妲己';
  7    v_desc := '中国历史上最成功和最美的职业女性 — ';
  8    DBMS_OUTPUT.PUT_LINE (v_desc || v_pioneer);
  9  END;
 10  /
中国妇女解放运动的先驱 — 潘金莲
中国历史上最成功和最美的职业女性 — 苏妲己

PL/SQL 过程已成功完成。
```

在这个例子中，只增加了一行为变量 v_desc 赋值的语句（将这个变量的值修改成："中国历史上最成功和最美的职业女性 ——"），还有就是在声明部分将变量 v_pioneer 的初始值设置成"潘金莲"。**使用变量使得程序的修改或维护变得非常简单，而且也方便了程序代码的重用。**

4.3　字符串分隔符的说明与使用

通过以上的例子，我们知道所有的字符串在使用时都必须用单引号括起来。但是一个无法回避的问题是：如果字符串中本身就包括了单引号，那又该怎么办呢？可以使用 q'操作符说明一个定界符，可以指定任何字符作为定界符只要这个字符没有出现在字符串中就可以（习惯上使用不常用的字符)。

如 q'!International Woman's Day!'，**q'** 之后的！就是指定的定界符，使用的字符串 **International Woman's Day** 用两个！括起来，在右边！之后也就是最后一个单引号表示关闭所定义的定界符（！）。

也可以定义其他的字符为定界符，如 q'[lovers' day]'就是指定了中括号作为字符串 lovers' day 的定界符。

接下来，利用一段完整的 PL/SQL 程序代码来演示如何使用 q'操作符为一个字符串说明定界符。这个程序的工作原理是这样的：首先在声明段声明一个长度为 250 的变长字符型变量 v_special_day（其中，special_day 的中文意思是特别的日子）；在执行段中，首先使用 q'操作符定义惊叹号（！）为定界符，并将定界符括起来的字符串赋予 v_special_day 变量，之后使用 DBMS_OUTPUT 软件包中的 PUT_LINE 过程显示这一字符变量的值（即字符串）；随后，再次使用 q'操作符定义中括号为定界符，并将定界符括起来的字符串再次赋予 v_special_day 变量，之后再使用 DBMS_OUTPUT 软件包中的 PUT_LINE 过程显示这一字符变量的值，其程序代码如例 4-5 所示。

例 4-5

```
SQL> DECLARE
  2     v_special_day VARCHAR2(250);
  3  BEGIN
  4     v_special_day := q'!Happy International Woman's Day on 8th March to all lovely
women!';
  5     DBMS_OUTPUT.PUT_LINE( v_special_day );
  6     v_special_day := q'[ To many Chinese people, Qixi was celebrated as the
"lovers' day".]';
  7     DBMS_OUTPUT.PUT_LINE( v_special_day );
  8  END;
  9  /
Happy International Woman's Day on 8th March to all lovely women
To many Chinese people, Qixi was celebrated as the "lovers' day".

PL/SQL 过程已成功完成。
```

现在将以上程序显示结果中的两段英文简单解释一下，显示结果的第一行英文的意思是"祝天下可爱的女人在三月八日国际妇女节快乐！"，而第二行英文的意思是"许多中国人都把七夕称为"情人节"。"。

如果没有使用 q'操作符定义定界符，就必须重复字符串中的单引号，例如 International Woman"s Day 或 lovers" day。**在这种情况下，第一个单引号实际上是逃逸符号**（即去掉紧随其后的单引号的特殊含义而当作一个普通字符处理）。这样的处理显然使字符串变得复杂起来，当然也不容易阅读。因此，**最好还是使用 q'操作符定义定界符。**

也可以使用 SQL Developer 来创建和执行匿名程序段，启动 SQL Developer 之后以 scott 用户（也可以用其他普通用户）连接数据库。之后在 SQL 工作表中输入 PL/SQL 程序代码，之后按"运行脚本"图标，系统就会编译并执行这段程序代码，如图 4.1 所示。"运行脚本"图标，为图 4.1 中顶部第二个图标。

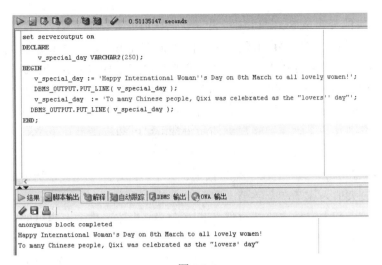

图 4.1

这里需要指出的是：因为要使用 DBMS_OUTPUT 软件包，所以一定要先使用 set serveroutput on 命令。另外，这段代码与例 4-5 中的略有不同，因为在这段程序代码中没有使用 q'操作符定义定界符，而是使用了逃逸符 "'"。实际上，显示输出的结果与例 4-5 完全相同。要注意的是：在 SQL Developer 的结果显示窗口中，anonymous block completed（匿名块已完成）是显示在输出结果之上的。而在 SQL*Plus 中，"PL/SQL 过程已成功完成。"是显示在输出结果之后。另外，SQL Developer 的结果显示窗口中显示的信息是英文的也并不与 SQL*Plus 中的完全相同。

4.4　变量的数据类型

通过前面几节的学习，读者可能已经意识到了，在声明一个变量时要定义这个变量的数据类。其实，每一个 PL/SQL 的变量都必须属于某一特定的数据类型，正是数据类型定义了变量的存储格式、约束和有效值的取值范围。**PL/SQL 所支持的数据类型主要有四大类，它们是标量（scalar）数据类型、组合（composite）数据类型、引用（reference）数据类型和大对象（LOB）数据类型。**下面我们简单地介绍一下每一种数据类型：

（1）标量数据类型：标量（scalar）数据类型只保持一个单一的值，而这个值依赖于变量的数据类型（我们在后面要详细介绍）。

（2）组合数据类型：组合数据类型包括内部元素（结构），而这些元素既可以是标量类型也可以是组合类型。RECORD（记录）和 PL/SQL TABLE 就属于组合数据类型（我们在后面要详细介绍）。

（3）引用数据类型：引用数据类型保持指向一个存储位置的指针值。

（4）大对象数据类型：大对象数据类型保持被称为定位器（指针）的值，这个定位器说明存储在表之外的大对象（如声音或图像信息）的位置（地址）。

另外，在 **PL/SQL 程序中还可以使用非 PL/SQL 的变量。其中最经常使用的非 PL/SQL 的变量就是宿主变量（host variables）**，也有人翻译成主机变量，宿主变量是在调用 PL/SQL 程序的环境中声明的，如 C 语言的变量或 SQL*Plus 变量（我们在后面要详细介绍）。

为了方便软件的开发，**PL/SQL** 提供了大量的预定义数据类型。这些数据类型在使用之前无需定义，其中在 **PL/SQL** 程序中使用最多的一类预定义数据类型应该是标量数据类型。标量数据类型只保持一个单一的值并且没有内部组件（结构），标量数据类型可以分为四大类，它们分别为数字（**number**）、字符（**character**）、日期（**date**）和布尔（**Boolean**）型。数字和字符型具有一些子类型，它们将一个基类型与一个约束关联起来。如 INTEGER 数据类型和 POSITIVE 数据类型就都是 NUMBER 类型的子数据类型。以下就是基本标量数据类型的说明：

- ❧ VARCHAR2(size)：基本变长字符型数据。其中，size 为该列最多可容纳的字符个数，没有默认值，最大值为 32767 个字节。
- ❧ CHAR(size)：基本定长字符型数据。其中，size 为该列最多可容纳的字符个数，如果没有设置 size，其默认值为 1，最大值为 32767 个字节。
- ❧ NUMBER(p,s)：数字型数据。其中 p 为数的精度（位数），s 为规模（即指数值），p 的最小值为 1，最大值为 38，s 的最小值为-84，最大值为 124。
- ❧ BINARY_INTEGER：基本整型数，其取值范围是-2,147,483,647～2,147,483,647。
- ❧ PLS_INTEGER：基本带符号整型数，其取值范围是-2,147,483,647～2,147,483,647。实际上，在 Oracle 10g 和 11g 中，BINARY_INTEGER 和 PLS_INTEGER 数据类型是相同的。与 NUMBER 型数据相比，PLS_INTEGER 值需要的存储更少也更快。为了效率，只要数字在 PLS_INTEGER 的取值范围之内应该尽可能地使用 PLS_INTEGER 类型的数据。
- ❧ BINARY_FLOAT：以 IEEE754 格式表示的浮点数，它需要 5 个字节来存储数字。
- ❧ BINARY_DOUBLE：以 IEEE754 格式表示的浮点数，它需要 9 个字节来存储数字。
- ❧ BOOLEAN：基本（逻辑）数据类型，它只能存储用于逻辑计算的 3 个可能值之一，这 3 个值分别是 TRUE、FALSE 和 NULL。
- ❧ DATE：基本日期和时间型数据。其中，日期和时间的取值范围是从公元前 1471 年 1 月 1 日到公元 9999 年 12 月 31 日。DATE 类型的值包括了日期和时间，即年、月、日、时、分、秒（时间从午夜开始算起并精确到秒）。
- ❧ TIMESATMP（precision）：该数据类型除了日期和时间之外还包括了可多达小数点后 9 位的秒数，默认是精确到小数点后 6 位。
- ❧ TIMESTAMP WITH TIME ZONE：TIMESTAMP WITH TIME ZONE 对数据类型 TIMESATMP 进行了扩展，它还包括了时区。
- ❧ TIMESTAMP WITH LOCAL TIME ZONE 等

TIMESATMP 等数据类型只有在开发对时间要求特别高的数据库系统时才有用，如有几个服务器分别坐落在不同的国家（不同时区）的订货系统。因为与 DATE 类型相比，它们要消耗更多的存储空间。以下是标量型变量声明的几个例子：

```
DECLARE
  v_ename            VARCHAR2(25);
  v_total_sal        NUMBER(12, 2) := 0;
v_count          BINARY_INTEGER := 0;
  v_shipdate       DATE := SYSDATE + 21;
```

```
c_tax_rate        CONSTANT NUMBER(4, 2) := 19.50;
c_color           CONSTANT VARCHAR2(15) := 'White';
v_flag            BOOLEAN NOT NULL := FALSE;
```

以上这些变量的定义都基本上是显而易见的，我们也就不再说明了。这里简单解释一下
v_shipdate（ship date 是发货日期），其中 SYSDATE + 21 表示当前的时间再过三周（3 × 7）后的同
一时间。CONSTANT 表示这是一个常量，NOT NULL 表示这一个变量不允许出现空值。这里需要
指出的是，在 SQL 中是没有布尔型数据的（即表中的列的数据类型是没有布尔型的），但是 PL/SQL
变量是允许有布尔型的。

4.5 %TYPE 属性

通常所声明的 PL/SQL 变量都是用来保存和处理数据库中存储的数据。因此，当声明一个要保
存某一列的值的 PL/SQL 变量时，必须确保变量的数据类型和精度与所对应的列一致。否则，在程
序执行期间就会产生错误。如果要开发和维护大型的程序，这可能是相当耗时并且也极容易产生错
误。因为往往在一个数据库中有许多表，而且一些表中的列也很多，所以在开发程序之前，程序员
必须先熟悉要操作的表和列的定义细节。这本身已经是一件并不轻松的工作了。另外，某些列的数
据类型和精度可能会改变，这样使用这些列的 PL/SQL 程序代码也要随之改变。如果一些列的定义
时常改变（如在系统开发或调试期间），那么程序的维护工作将变成一场噩梦。

**为了避免这种变量数据类型和精度的硬编码（即数据类型和精度都必须显式定义），PL/SQL
引入了%TYPE 属性。程序员（开发人员）可以使用%TYPE 属性按照之前已经声明过的变量或数
据库中表的列来声明一个变量。当存储在一个变量中的值是来自于数据库中的表时，使用%TYPE
属性来声明这个变量是再适合不过的了。** 当使用%TYPE 属性声明一个变量时，可以使用如下两种
语法中的任何一种：

（1）*标识符*　　表名.列名%TYPE;

（2）*标识符*　　之前定义的变量%TYPE;

以下就是使用%TYPE 属性声明变量的 3 个例子。在第 1 个例子中声明了一个名为 v_hiredate
的变量以存放员工的雇佣日期，这个变量的数据类型和精度与 emp 表中的 hiredate 一模一样。第 2
和第 3 个例子分别声明了存放一个银行的 4 个月定期存款利息和两年定期存款利息的变量，其中 3.25
和 4.40 表示的是年利息为 3.25%和 4.40%。在第 2 个例子中声明了一个名为 v_4Months_interest
的数字型变量以存放 4 个月定期存款利息并初始化为 3.25。在第 3 个例子中声明了一个名为
v_2Years_interest 的变量以存放两年定期存款利息。初始化为 4.40，这个变量的数据类型和精度
v_4Months_interest 一模一样。

（1）v_hiredate　　　　　　　　emp.hiredate %TYPE;

（2）v_4Months_interest　　　　NUMBER(6, 4) := 3.25;

（3）v_2Years_interest　　　　　v_4Months_interest%TYPE := 4.40;

在以上的例子中，正是%TYPE 属性提供了变量数据类型和精度的保障。这样做的好处是，可
以不清楚 emp 表中 hiredate 列或之前定义的变量 v_4Months_interest 的数据类型或精度。而且当 emp
表中 hiredate 列的数据类型和精度发生变化时，v_hiredate 也会随之变化；当然当变量

v_4Months_interest 的数据类型和精度发生变化时，v_2Years_ interest 也会随之变化。这样会使 PL/SQL 程序代码的维护变得更加简单，因为当一个列或变量的数据类型和精度发生变化时，不再需要仔细地追踪依赖于它们的变量了。

☞ **指点迷津：**

> 数据库列上的非空（NOT NULL）约束并不适用于使用%TYPE 属性声明的变量。也就是说，如果使用%TYPE 属性声明的变量是基于一个定义了非空约束的列，那么是可以将空值（NULL）赋予这个变量的。

通过以上介绍，相信读者已经对%TYPE 属性这个神奇的东西有了比较清楚的了解，现在将使用%TYPE 属性的好处总结如下：

- ➥ 可以避免由于数据类型不匹配或精度不对所引起的错误。
- ➥ 可以避免变量类型的硬编码（即变量的数据类型和精度必须与操作的列或变量相匹配）。
- ➥ 如果列的定义发生了变化，则不再需要修改变量的声明。如果为某个特定的表声明了几个变量并且没有使用%TYPE 属性声明，当声明变量所基于的列（的定义）被变更时，PL/SQL 程序块可能要抛出错误。而当使用%TYPE 属性声明时，PL/SQL 是在编译这个程序块时决定变量的数据类型和大小（精度）的。这样也就确保使用%TYPE 属性声明的变量总是与所基于（操作）的列相匹配。

使用%TYPE 属性声明的变量有那么多的优点，那会不会有什么缺点呢？事物都是一分为二的，当然%TYPE 属性也不例外。**%TYPE 属性是具有一定的额外开销的，因为为了获取数据库中列的数据类型，PL/SQL 隐含地发出了一个查询（SELECT）语句。如果 PL/SQL 代码是存放在客户端工具中的，那么在每次执行 PL/SQL 程序块时都必须执行这个查询语句。如果 PL/SQL 程序代码是存储过程（也可以是存储函数），那么列的定义或变量的定义是作为 P-code（parsed code）的一部分存储在数据库中的，因此也就没有以上所说的额外开销。然而，如果表的定义发生了变化，系统会强行重新编译相关的 PL/SQL 程序代码。在 Oracle 11g 和 Oracle 12c 中放宽了这一方面的限制，如果在修改表的定义时没有涉及到 PL/SQL 程序代码所使用的列，那么这个 PL/SQL 程序代码段仍然是有效的，因此也就不需要重新编译了。**

4.6 布尔变量的声明与使用

布尔变量和布尔表达式在任何程序设计语言中都是非常重要和广泛使用的。**在 PL/SQL 程序中，可以在 SQL 语句中也可以在过程化语句中进行变量的比较，这样的比较表达式被称为布尔表达式，它们是由单个的表达式或由关系操作符所分隔的复杂表达式所组成。**在一个 SQL 语句中，可以使用布尔表达式来指定受到该语句影响的表中的数据行。在一个过程化（PL/SQL）语句中，布尔表达式是条件控制的基础。现将布尔变量的特性总结如下：

- ➥ 只有值 TRUE、FALSE 和 NULL 可以赋给一个布尔变量。
- ➥ 可以通过逻辑操作符 AND、OR 和 NOT 对变量进行比较。
- ➥ 这些变量总是产生 TRUE、FALSE 或 NULL。
- ➥ 数字、字符和日期表达式可以被用来返回一个布尔值。

这里需要指出的是，在 **PL/SQL** 和 **SQL** 中的逻辑运算已经不再是传统意义上的二值逻辑了，因为除了 **TRUE** 和 **FALSE** 之外还有 **NULL**。NULL 表示一个缺失的、不适用的或未知的值——总之没有任何办法确定 NULL 的具体值。

可以使用比较运算符（operators）来构造条件（布尔）表达式。条件表达式的格式为：

表达式 operator 表达式

Oracle 提供了 >（大于）、>=（大于等于）、<（小于）、<=（小于等于）、=（等于）、<>或！=（不等于）6 个常用的比较运算符。

📢 提示：

不等于运算符除了<>之外，还可以使用!=、~=和^=。

除了以上的比较运算符外，Oracle 还提供了 BETWEEN AND、IN、LIKE 和 IS NULL 4 个比较运算符，表 4-1 为这些比较运算符的概述。

表 4-1

操 作 符	描 述
=	等于
>	大于
>=	大于等于
<	小于
<=	小于等于
<>	不等于
BETWEEN…AND…	两个值之间（包括这两个值）
IN(set)	匹配值列表中的任意值
LIKE	匹配某一字符模式
IS NULL	是空值

接下来，我们通过几个具体的例子来进一步说明如何利用表 4-1 中的比较表达式来构造和使用布尔表达式。

第一个例子是先将两个数字型变量分别赋予 28 和 38，然后比较这两个数字变量的大小，即比较 v_dog1_weight 是否小于 v_dog2_weight，如果小于就返回 TRUE，显然这个比较表达式的结果是 TRUE。要注意这段程序代码并不是完整的程序代码。

```
v_dog1_weight := 28;
v_dog2_weight := 38;
v_dog1_weight < v_dog2_weight
```

也可以在声明一个布尔变量的同时将这个布尔变量初始化，以下例 4-6 就是一个这方面的完整例子：

例 4-6

```
SQL> DECLARE
  2    True_Love BOOLEAN := FALSE;
  3  BEGIN
  4    True_Love := NULL;
  5  END;
```

```
   6  /
PL/SQL 过程已成功完成。
```

4.7 替代变量与绑定变量

因为 **PL/SQL** 本身没有输入或输出功能，所以必须依赖于执行 **PL/SQL** 程序的环境将变量的值传入或传出 **PL/SQL** 程序块。

在 **SQL*Plus** 环境中，可以使用 **SQL*Plus** 的替代变量将运行时的值传给 **PL/SQL** 程序块。在 **PL/SQL** 程序块中也可以使用前导的&符号引用替代变量，就像在 **SQL** 语句中引用 **SQL*Plus** 的替代变量一样。在 **PL/SQL** 程序块执行之前，正文的值被替代进 **PL/SQL** 程序块中。因此，不能够使用循环为替代变量赋予不同的值，而只有一个值将替代这个替代变量。关于 SQL*Plus 的替代变量的介绍属于 Oracle SQL 的内容，如果读者不熟悉替代变量，可以参阅我的《名师讲坛——Oracle SQL 入门与实战经典》一书中的第 11 章或相关的 SQL 书籍。

绑定变量（bind variables）是在宿主环境（调用 PL/SQL 的程序或工具，如 SQL*Plus）中创建的变量。也正是由于这一原因，绑定变量有时也被称为宿主变量（host variables）。

绑定变量是在使用（或调用）PL/SQL 的环境中创建的，而不是在 PL/SQL 程序的声明段中定义的。在一个 PL/SQL 程序块中声明的所有变量只在执行这个程序块时可以使用。而在这个程序块执行之后，这些变量所使用的内存就都释放了。然而，绑定变量则不同，在程序块执行之后，绑定变量依然存在并可以访问。正因为如此，绑定变量可以在多个子程序（程序块）中使用。绑定变量既可以用在 SQL 语句中，也可以用在 PL/SQL 程序块中，就像其他任何类型的变量一样。也可以将绑定变量作为运行时的值传给 PL/SQL 子程序或从 PL/SQL 子程序中传出。

那么，怎样创建绑定变量呢？为了在 SQL*Plus 或 SQL Developer 中创建一个绑定变量，需要使用 SQL*Plus 的 VARIABLE 命令，可以使用 VARIABLE 命令定义 NUMBER 和 VARCHAR2 类型的 SQL*Plus 变量，如：

VARIABLE g_dog_weight NUMBER
VARIABLE g_pioneer VARCHAR2(25)

SQL Developer 也可以引用绑定变量并通过使用 PRINT 命令显示这个绑定变量的值。可以通过在绑定变量之前冠以冒号（:）的方式在 PL/SQL 程序块中引用绑定变量，如例 4-7 和例 4-8。

☞ **指点迷津：**

> 当使用 SQL*Plus 开发和执行一个 PL/SQL 程序时，SQL*Plus 就成了这个 PL/SQL 程序的宿主环境。也正因为如此，在 SQL*Plus 中声明的变量就被称为宿主变量（绑定变量）。如果使用 Oracle Form 开发和执行一个 PL/SQL 程序时，Oracle Form 就成了这个 PL/SQL 程序的宿主环境，因此，在 Oracle Form 中声明的变量就被称为宿主变量（绑定变量）。

例 4-7

```
SQL> VARIABLE g_dog_weight NUMBER
SQL> BEGIN
  2     :g_dog_weight := 38;
  3  END;
```

```
  4  /
PL/SQL 过程已成功完成。
```

例 4-8

```
SQL> print g_dog_weight
G_DOG_WEIGHT
------------
          38
```

要注意的是，**VARIABLE g_dog_weight NUMBER** 是在 SQL*Plus 提示符 SQL>下输入的，因此这一个语句是 **SQL*Plus** 的命令而不是 **PL/SQL** 的语句，因为在 **PL/SQL** 的执行段中使用的是 **SQL*Plus** 的变量（即绑定变量或称宿主变量），所以必须冠以冒号（**:**）。由于 **g_dog_weight** 是 **SQL*Plus** 的变量，所以当 **PL/SQL** 程序段执行之后，这个变量仍然存在，因此可以使用 **SQL*Plus** 的命令 **print** 列出这个变量的值。

☞ 指点迷津：

> 如果创建的绑定变量是 NUMBER 类型，那么不能指定精度（位数）和规模（即指数值）；如果创建的绑定变量是 VARCHAR2 类型，则可以指定字符串的长度，长度的单位是字节。

可以将数据库中表的数据直接存入绑定变量，之后再进行后续的处理。在例 4-9 中，首先定义了三个绑定变量（它们的数据类型一定要与将来存放的列的数据类型相匹配），之后在 PL/SQL 程序段（在这个程序中只有执行段）中将员工号为 7902 的员工名、职位和工资分别存入 g_ename、g_job 和 g_sal 绑定变量中（注意它们的顺序一定要正确）。这个段程序代码要在 scott 用户下执行。

例 4-9

```
SQL> VARIABLE g_ename VARCHAR2(15)
SQL> VARIABLE g_sal   NUMBER
SQL> VARIABLE g_job   VARCHAR2(10)
SQL> BEGIN
  2    SELECT ename, job, sal  INTO :g_ename, :g_job, :g_sal
  3    FROM   emp WHERE empno = 7902;
  4  END;
  5  /
PL/SQL 过程已成功完成。
```

当以上 PL/SQL 程序执行成功之后，可以分别使用例 4-10～例 4-12 的 SQL*Plus 的 print 命令列出这三个绑定变量的值。

例 4-10

```
SQL> print g_ename
G_ENAME
-------
FORD
```

例 4-11

```
SQL> print g_job
G_JOB
-------
ANALYST
```

例 4-12

```
SQL> print g_sal
```

```
        G_SAL
    ---------
         3000
```

如果绑定变量很多，使用以上方法显示每一个绑定变量的值是不是太麻烦了？有没有更为简单的方法来显示所有的绑定变量名和它们的值？当然有，那就是**使用不带任何变量名的 PRINT 命令，如例 4-13 将显示当前会话中所有的绑定变量。**

例 4-13

```
SQL> print
G_DOG_WEIGHT
------------
          38
G_ENAME
-------
FORD
        G_SAL
    ---------
         3000
G_JOB
-------
ANALYST
```

要注意的是，在例 4-13 显示的结果中，除了例 4-9 中定义的三个绑定变量之外，还包括了之前定义的一个绑定变量 G_DOG_WEIGHT（在您的系统中可能包括更多个）。

虽然使用例 4-10～例 4-12 或例 4-13 的 PRINT 命令列出了全部绑定变量的值，但是这并不能证明这些值就一定是正确的。那么，怎样才能证实这些值与 emp 表中对应列的值相同呢？其实，办法很简单，就是使用 SQL 的查询语句，如例 4-14 所示。

例 4-14

```
SQL> SELECT ename, job, sal
  2  FROM   emp
  3  WHERE empno = 7902;
ENAME            JOB                    SAL
------------ ------------------ ---------
FORD             ANALYST               3000
```

将例 4-14 的显示结果与例 4-13 的显示结果进行比较，就可以确定例 4-9 的程序代码是否正确了。是不是很简单？

在以上的例子中，都是在 PL/SQL 程序执行成功之后使用 SQL*Plus 的 print 命令列出绑定变量的。其实，可以将这一操作设置为自动执行，那就是使用 SET AUTOPRINT ON 命令。还有例 4-9 的 PL/SQL 程序代码有一个缺陷，那就是每次执行这段代码之后，三个绑定变量中都是存储的员工号为 7902 的信息，这样的程序实用性很差。例 4-15 是例 4-9 的一个改进版的程序，在 PL/SQL 程序代码中，我们声明了一个名为 v_empno 的数字类型的变量并通过替代变量将其初始化，而在执行段中我们将原来的 7902 替换成了 PL/SQL 变量 v_empno。这个例子中的 SET VERIFY OFF 是关闭替代变量内容的显示（如果不关闭，会显示替代变量的原值和新值，这可能会使显示的结果很难理解）。

例 4-15

```
SQL> SET VERIFY OFF
SQL> SET AUTOPRINT ON
SQL> VARIABLE g_ename VARCHAR2(15)
SQL> VARIABLE g_sal   NUMBER
SQL> VARIABLE g_job   VARCHAR2(10)
SQL> DECLARE
  2    v_empno NUMBER(5):=&empno;
  3  BEGIN
  4    SELECT ename, job, sal  INTO :g_ename, :g_job, :g_sal
  5    FROM   emp WHERE empno = v_empno;
  6  END;
  7  /
输入 empno 的值： 7788
PL/SQL 过程已成功完成。
    G_SAL
---------
     3000
G_JOB
-------
ANALYST
G_ENAME
--------
SCOTT
```

在以上例子中，方框括起来的数字 7788 是您输入的，当输入完员工号 7788 并按下回车键之后，PL/SQL 程序继续执行。**在该程序执行成功之后会自动显示这段程序中所使用的三个绑定变量，因为我们使用 SET AUTOPRINT ON 命令设置了自动打印。**每次执行这段代码时，可以根据需要输入不同的员工号码，这样的程序代码是不是更实用？

☞指点迷津：

因为 PL/SQL 本身没有输入或输出功能，所以在进行程序调试或排错时，可以利用绑定变量追踪变量的值，即将追踪的 PL/SQL 变量值赋予绑定变量，这样就可以使用 SQL*Plus 的 PRINT 命令列出要追踪的变量值。当然当追踪或调试完成之后要将这些"调试语句"删掉或用注释语句注释掉（注释语句在后面会详细地介绍）。

4.8　LOB 类型的变量

大对象（LOB 是 Large object 的缩写）就意味着要存储大量的数据。在数据库中，表中的列可以定义成 LOB 类型（如 CLOB 和 BLOB 等）。利用 LOB 数据类型，可以在数据库中存储大量的无结构数据块（如正文、图形、声音和影像信息），其存储量可多达 128T（数据量的多少取决于数据块的大小）。LOB 数据类型允许高效、随机和分段地访问大量的无结构数据。如图 4.2 所示列出了可能

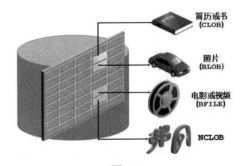

图 4.2

使用 LOB 类型的数据。

正是为了处理大的文本和多媒体数据，Oracle 提供了如下的 LOB（Large Object）数据类型。

➥ CLOB 数据类型（Character Large Object）：用于在数据库中存储单字节的大数据对象，如讲演稿、说明书或简历等。

➥ BLOB 数据类型（Binary Large Object）：用于在数据库中存储大的二进制对象，如照片或幻灯片等。当从数据库中提取这样的数据或向数据库中插入这样的数据时，数据库并不解释这些数据。使用这些数据的外部应用程序必须自己解释这些数据。

对 CLOB 和 BLOB 数据类型的列，许多操作是不能直接使用 Oracle 的数据库命令来完成的，因此 Oracle 提供了一个叫 DBMS_LOB 的 PL/SQL 软件包来维护 LOB 数据类型的列。

➥ BFILE 数据类型（Binary File）：用于在数据库外的操作系统文件中存储大的二进制对象，如电影胶片等。与其他的 LOB 类型数据不同，BFILE 数据类型是外部数据类型。BFILE 类型的数据是存储在数据库之外的，它们可能是操作系统文件。实际上，在数据库中只存储了 BFILE 的一个指针，因此定义为 BFILE 数据类型的列是不能通过 Oracle 的数据库命令来操作的，这些列只能通过操作系统命令或第三方软件来维护。

➥ NCLOB 数据类型（National Language Character Large Object）：用于在数据库中存储 NCHAR 类型的单字节或定长多字节的 Unicode 大数据对象。

4.9　声明 PL/SQL 变量指南

为了增加 PL/SQL 程序的易读性以及方便程序调试和维护，Oracle 推荐在声明 PL/SQL 变量时最好遵循如下原则：

➥ 遵守命名的规则，变量的命名规则与 SQL 对象的命名规则完全相同。

➥ 必须初始化被指定为非空（NOT NULL）和常量（CONSTANT）的变量。

➥ 一行最好只声明一个标识符以提高代码的易读性和方便代码的维护。

➥ 通过使用赋值操作符 (:=) 或默认关键字（DEFAULT）来初始化标识符。如果在声明一个新变量时没有为这个变量赋初值，PL/SQL 将空值（NULL）赋予这个变量。为了防止程序出现意想不到的结果，Oracle 建议最好在声明变量时将其初始化（赋初值）。为一个变量赋值或重新赋值的语句是放在 PL/SQL 程序的执行段中的，赋值运算符是 ":="。

➥ 变量名最好不要与列名同名。如果在 SQL 语句中出现 PL/SQL 变量并且这个变量与表中的列同名，Oracle 会将这个变量假设成同名的列来引用。虽然 PL/SQL 的变量与表中的列同名是允许的，但是这样做的后果是程序代码的逻辑流程变得很难理解，所以要千方百计地避免。

➥ 两个 PL/SQL 变量（对象）只要在不同的程序块中是可以同名的。当这种情况发生时，可以使用标号（我们后面要详细介绍）来区分并使用它们，但是最好使用不同的名字。

☞ 指点迷津：

在本书中，并不严格地区分标识符和变量，标识符和变量这两个术语是可以相互替换的。不过实际上，标识符包括了变量、常量、异常等。

📢 提示：

如果没有必要就不要在 PL/SQL 变量上强加非空（NOT NULL）约束。因为如果加上了 NOT NULL 约束，那么 Oracle 服务器每次使用这个变量时都要检查它是否满足约束条件（即是否不为空），这会使 Oracle 产生额外的开销。

一般在 PL/SQL 程序中，PL/SQL 变量操作的数据往往都来自于表中的列，为了增加 PL/SQL 程序代码的易读性，Oracle 推荐使用表 4-2 中的变量和常量命名规则，其中 name 为要操作的列名。

表 4-2

标　识　符	命 名 惯 例	例　　子
变量	v_name	v_job、v_sal
常量	c_name	c_comm、c_pioneer
SQL*Plus 替代变量（也称为替代参数）	p_name	p_job、p_sal
SQL*Plus 全局变量（宿主或绑定变量）	g_name	g_job、g_sal

以表 4-2 所列的变量命名规则只是 Oracle 的推荐，可以不遵守。不过如果遵守了这些规则，PL/SQL 编程工作会变得更轻松、更有效。

4.10　您应该掌握的内容

在学习第 5 章之前，请检查一下您是否已经掌握了以下内容：

- ❯ 在 PL/SQL 中变量是如何处理的？
- ❯ PL/SQL 变量命名的具体规则是什么？
- ❯ 熟悉在 PL/SQL 中声明变量的语法。
- ❯ 了解并熟悉 DBMS_OUTPUT 软件包的功能和使用方法。
- ❯ 熟悉 q'操作符的用法。
- ❯ 熟悉常用的基本标量数据类型。
- ❯ 理解 BINARY_INTEGER 和 PLS_INTEGER 数据类型。
- ❯ 熟悉 PL/SQL 中的%TYPE 属性。
- ❯ 熟悉 PL/SQL 中的布尔变量和布尔表达式的特点。
- ❯ 熟悉在 PL/SQL 中 SQL*Plus 替代变量的用法。
- ❯ 熟悉在 PL/SQL 中绑定变量（宿主变量）的用法。
- ❯ 了解 Oracle 推荐的在声明 PL/SQL 变量时应该遵循的原则。
- ❯ 了解 Oracle 推荐的变量和常量命名规则。

第 5 章　编写 PL/SQL 语言的
可执行语句

通过前面几章的学习，读者应该已经知道了如何在一个 PL/SQL 程序中声明变量和编写简单的可执行语句，特别是通过第 4 章的学习，应该已经熟悉了 PL/SQL 变量的声明和使用。在这一章中，将详细地介绍如何在 PL/SQL 程序块中编写可执行语句，其中包括怎样使用词法单元组成一个 PL/SQL 程序块、PL/SQL 程序块的嵌套以及如何执行和测试 PL/SQL 程序代码等。

5.1　PL/SQL 语言中的词法单元

因为 PL/SQL 程序设计语言是 SQL 语言的扩展，所以适用于 SQL 的通用语法规则，也同样适用于 PL/SQL 语言。与其他程序设计语言一样，构成任何 PL/SQL 程序块的最基本的程序部件就是词法单元。那么，什么是 PL/SQL 语言的词法单元呢？

一个词法单元就是一个字符序列，其中字符可以是字母、数字、特殊字符、空格、制表字符（tabs）、回车符、符号。词法单元（位）又可以进一步划分成标识符、定界符、文字和注释四大类。下面详细介绍这四类词法单元。

（1）标识符（Identifiers）：标识符是命名的 PL/SQL 对象。虽然在许多情况下，PL/SQL 对象就是指 PL/SQL 变量，如 v_pioneer，但是远不只是变量。PL/SQL 对象还可以是常量、异常、游标、游标变量、子程序和软件包（已经介绍过常量，其他的对象将在后续章节中陆续介绍）。

（2）定界符（Delimiters）：定界符是一些具有特殊含义的符号，其本身也经常被用作词法单元或语句的分隔符。如用于 SQL 或 PL/SQL 语句的结束符的分号（;）就是一个定界符。

（3）文字（literals）：任何赋予一个变量的值都是文字，即任何不是标识符的字符、数字、布尔或日期值都是文字。

（4）注释（Comments）：是 PL/SQL 代码的解释信息。这些信息不是必须的，只是为了增加代码的易读性和方便代码的调试，PL/SQL 编译器并不解释注释信息。

在 PL/SQL 程序中，每一个语句包含一个或一组词法单元。语句可以连续跨越数行，但是关键字不能分割（必须按原样书写）。为了增加易读性，词法单元之间可以插入一个或多个空格。实际上，在相连的标识符之间必须使用空格或标点符号进行分隔。除了字符串文字和注释之外，不能在词法单元中嵌入空格。

在接下来的两节中，将更加详细地介绍这四种词法单元并通过一些例子来解释它们的用法。

5.2　标识符和定界符

标识符的命名规则与变量的命名规则完全相同，因此标识符也不能与保留关键字同名。如果要使用保留关键字作为标识符的名字或者标识符的名字中包含了空格或要区分大小写，则必须在声明这个标识符时，将它用双引号括起来，如："begin date" DATE;。而且在之后使用这个标识符时也必须使用双引号。在实际工作中，应该尽量不使用这种使程序代码复杂化的方法。

通过前面的学习，已知变量和常量本身都属于 PL/SQL 对象。**而除了在第 4 章中介绍的变量和常量之外，PL/SQL 对象还可以是异常、游标、游标变量、子程序和软件包。**与一般 PL/SQL 变量和常量类似，其他 PL/SQL 对象操作的数据往往都是来自于表中的列。因此，为了增加 PL/SQL 程序代码的易读性，在第 4 章 4.9 节的表 4-2 中所介绍的变量和常量命名规则也同样适用于其他的 PL/SQL 对象，如表 5-1 所示，其中 name 一般为要操作的表名或列名。

表 5-1

标　识　符	命名惯例	例　　子
游标（cursor）	name_cursor	emp_cursor、dept_cusor
异常	e_name	e_invalid_product
PL/SQL 表类型	name_table_type	ename_table_type
PL/SQL 表类型的变量	name_table	ename_table
记录类型	name_record_type	emp_record_type
记录类型的变量	name_record	emp_record

表 5-1 所列的对象命名规则只是 Oracle 的推荐，可以不遵守。不过如果遵守了这些规则，PL/SQL 编程工作会变得更轻松、更有效，不同的公司或开发团队也可能有自己的对象命名规则。在表中所列出的这些对象在后续章节中将会陆续介绍。

对于初学者来说，PL/SQL 语言中的定界符是不太好理解的。词法单元可以由一个或多个空格分隔，也可以由定界符分隔，而定界符本身又可以作为词法单元的一部分。定界符在 PL/SQL 中具有特殊的含义，分为简单定界符和组合定界符。

简单定界符只有一个符号，在 PL/SQL 程序中经常使用的简单定界符如表 5-2 所示。

表 5-2

操　作　符	含　　义
+	加法运算符
-	减法运算符/否定操作符
*	乘法运算符
/	除法运算符
=	相等操作符
;	语句结束符
@	远程访问符

组合定界符是由两个符号组成的，在 PL/SQL 程序中经常使用的组合定界符如表 5-3 所示。

表 5-3

操 作 符	含 义
‖	连接操作符
:=	赋值操作符
!=	不等运算符
◇	不等运算符
/*	开始注释定界符
*/	结束注释定界符
--	单行注释符

在表 5-2 和表 5-3 中只列出常用的定界符，如果读者对这方面的内容非常有兴趣，可参阅 Oracle 的官方文档 PL/SQL User's Guide and Reference，Oracle 的官方文档可以在 Oracle 官方网站上免费下载。如果不知道或忘记了 Oracle 官方网站的网址也没有关系，只需在搜索引擎（如谷歌）中直接输入要下载的文档名即可。实际上，在本书第 1 章和第 4 章的例子中，已经使用了一些定界符，如语句结束符（;）、赋值操作符（:=）等。随着学习的逐步深入，读者会陆续接触其他的定界符。

5.3　文字的使用和应用实例

任何赋予一个变量的值都是文字，即任何不是标识符的字符、数字、布尔或日期值都是文字，文字可以分成如下四大类：

（1）字符（型）文字：字符文字也叫字符串文字，字符串文字的数据类型只能是 CHAR 或 VARCHAR2，如"White Tiger"和"潘金莲"。

（2）数字（型）文字：一个数字文字就是一个正整数或实数，如 38 和 1.3838。

（3）布尔（型）文字：赋予布尔变量的值是布尔文字，其值为 TRUE、FALSE 和 NULL。

（4）日期（型）文字：一个日期文字就是一个有效的日期类型数据，如 8-MAR-2014。

字符文字包括了所有在 PL/SQL 字符集中可打印的字符，其中包括字母、数字、空格和特殊符号。在 PL/SQL 程序中，所有的字符和日期文字必须用单引号括起来，如在程序的声明部分定义了字符型变量 v_dog_name 和日期型变量 v_dog_birthday，那么在程序的执行部分为它们赋值时就需要使用类似如下的赋值语句：

v_dog_name := 'Black Bear';或 v_dog_name := '黑熊';

v_dog_birthday := '8-MAR-2014';

◀》 注意：

在给日期型变量赋值时，日期的格式一定要与当前会话的日期格式完全相同，否则系统会报错。问题是怎样才能知道当前会话的日期格式呢？最简单的方法是使用查询语句显示表中日期型列的值，如以 scott 用户登录系统，之后使用例 5-1 的查询语句列出 emp 表中的 hiredate。

例 5-1

```
SQL> SELECT hiredate from emp where empno = 7788;
HIREDATE
```

```
----------
19-4 月 -87
```

以上的显示结果就给出了当前会话的日期格式，因为这个系统的默认数据库字符集是中文简体字，所以日期格式的月份也是中文。但是在编程时使用中文不是很方便，为此可以使用例 5-2 的 SQL 语句将当前会话的日期语言改为美式英语。随后，应该使用例 5-3 的查询语句验证一下所做的修改是否正确。

例 5-2

```
SQL> alter session set nls_date_language = 'AMERICAN';
会话已更改。
```

例 5-3

```
SQL> SELECT hiredate from emp where empno = 7788;
HIREDATE
---------
19-APR-87
```

确定了当前会话的日期语言已经更改为美式英语之后，可以例 5-4 的 PL/SQL 程序代码为日期变量 v_date 赋值（将 2014 年 3 月 8 日赋予变量 v_date）。

例 5-4

```
SQL> DECLARE
  2    v_date DATE;
  3  BEGIN
  4    v_date := '8-MAR-2014';
  5  END;
  6  /
PL/SQL 过程已成功完成。
```

因为在为日期变量赋值时，使用的是当前会话默认的日期格式，所以赋值语句执行成功。实际上，系统首先对字符串'8-MAR-2014'执行了隐含数据类型的转换（将这个字符串自动转换成日期型数据）之后再赋予日期变量。如果不使用当前会话默认的日期格式为这个日期变量赋值，如例 5-5 所示，系统就会报错。

例 5-5

```
SQL> DECLARE
  2    v_date DATE;
  3  BEGIN
  4    v_date := 'MAR-8-2014';
  5  END;
  6  /
DECLARE
*
第 1 行出现错误：
ORA-01858: 在要求输入数字处找到非数字字符
ORA-06512: 在 line 4
```

因为在以上程序代码中'MAR-8-2014'并不是当前会话的默认日期格式，所以系统无法进行自动的数据格式转换，因此系统报错。

其实，**在编程中使用当前会话的默认日期格式并不是一个好习惯，因为这样开发出来的 PL/SQL 程序代码的移植性很差，很容易因为系统配置的不同造成程序的运行错误。为了避免这类**

的错误，也是为了增加程序的可移植性，**PL/SQL** 也提供了日期转换函数 **TO_DATE**，该函数可以将字符串转换成（一定是有效的日期）日期型数据。因此，可以使用例 5-6 的 PL/SQL 程序代码将 2014-03-08 赋予日期变量 v_date。

例 5-6

```
SQL> DECLARE
  2    v_date DATE;
  3  BEGIN
  4    v_date := TO_DATE('2014-03-08', 'YYYY-MM-DD');
  5  END;
  6  /
PL/SQL 过程已成功完成。
```

这次系统就没有报错了，因为使用了 TO_DATE 函数进行了转换。这里需要指出的是 YYYY-MM-DD（四位数表示的年-两位数字表示的月-两位数字表示的日）就是日期格式。在实际工作中应该尽量使用显式的日期转换方式编程（即使用 TO_DATE 函数）以增加 PL/SQL 的可移植性和减少不必要的麻烦。

☞ **指点迷津：**

在开发跨语言平台（不同语言的计算机系统）的 PL/SQL 程序时，应该尽量在定义日期格式中使用数字表示年、月和日（如 MM 表示月），因为在所有的语言中阿拉伯数字都是完全相同的。

数字文字可以使用简单数值表示法来表示，如 1.28 和-1.38，也可以使用科学表示法来表示，如 3.8E5 表示 $3.8 * 10^5 = 380\,000$。

5.4　为程序代码加注释

几乎在所有的程序设计语言中都包含了注释语句，PL/SQL 也不例外。引入注释语句的目的就是为一些比较复杂或很难理解的语句加上解释性信息，PL/SQL 编译器并不解释这些注释语句。实际上，编译器也不需要任何注释语句。为一些重要的复杂的或难以理解的程序语句加上注释是一种非常好的编程习惯，也是软件工程所推崇的方法。在程序语句上添加了注释信息会使代码更容易阅读，也就为代码的重用奠定了基础。其实，为程序代码加注释信息不但可以帮助别人理解程序代码，而且也帮助自己今后阅读代码，因为随着时间的流逝，完全有可能不记得自己写的程序代码了。

为程序代码加注释信息不仅能增加代码的易读性，而且也有助于代码的调试和维护。一般，如果注释信息只有一行，那么使用"--"作为注释操作符，"--"之后的全部是注释信息；如果注释信息不只一行，那么使用符号"/*"和"*/"作为注释操作符，由"/*"和"*/"之间的全部是注释信息。

许多程序员会在逻辑流程的关键部位（如条件语句的开始和结束，进入循环语句之前和之后等）加上注释语句，也会在一些复杂的语句上加上注释语句。例 5-7 是一个在多处添加了注释的 PL/SQL 程序代码。在这个例子中，DECLARE 之上的两行代码是 SQL*Plus 命令，这个例子是在 scott 用户下执行的。

例 5-7

```
SQL> set verify off
SQL> set serveroutput on
SQL> DECLARE
  2    v_annual_sal emp.sal%TYPE;  -- 存放年薪的变量与 emp 表中 sal 列的定义相同
  3  BEGIN
  4    /* Compute the annual salary based on the
  5       monthly salary input from the user */
  6    v_annual_sal := &p_monthly_sal * 12;
  7    DBMS_OUTPUT.PUT_LINE('年薪是: ' || v_annual_sal);  -- 显示年薪
  8  END;                     -- 这是程序块的结束
  9  /
输入 p_monthly_sal 的值: 3000
年薪是: 36000
```

PL/SQL 过程已成功完成。

以上程序会在每次运行时提示用户输入 p_monthly_sal 的值，用户可以根据实际情况输入月工资，接下来程序将月薪转换成年薪并存入变量 v_annual_sal，最后使用软件包 DBMS_OUTPUT 中的过程 PUT_LINE 显示字符串"年薪是:"及 v_annual_sal 变量的值。

☞ **指点迷津:**

在 PL/SQL 程序代码中，所有的定界符（包括括号）都必须在英文模式下输入，否则，系统执行这段 PL/SQL 代码时会报错。

看了例 5-7 的显示结果，也许有读者觉得开发 PL/SQL 程序也挺简单的。不过请不要高兴得太早，接下来的例子就暴露出这个程序的缺陷。在本书第 3 章介绍过 SQL*Plus 会将刚刚执行过的 SQL 语句存入它的缓冲区中，其实刚刚执行过的 PL/SQL 也会存入 SQL 的缓冲区中，可以使用例 5-8 的 SQL*Plus 命令 list 列出当前 SQL 的缓冲区中的语句。

例 5-8

```
SQL> l
  1  DECLARE
  2    v_annual_sal emp.sal%TYPE;  --存放年薪的变量与 emp 表中 sal 列的定义相同
  3  BEGIN
  4    /* Compute the annual salary based on the
  5       monthly salary input from the user */
  6    v_annual_sal := &p_monthly_sal * 12;
  7    DBMS_OUTPUT.PUT_LINE('年薪是: ' || v_annual_sal);  -- 显示年薪
  8* END;                 -- 这是程序块的结束
```

看了例 5-8 的显示结果，可以确信在当前 SQL 缓冲区中依然存放着刚刚执行过的 PL/SQL 程序段。为此，可以使用例 5-9 的 SQL*Plus 命令 "/" 执行当前缓冲区的 PL/SQL 语句。这次，在"输入 p_monthly_sal 的值:"之后输入了 9999。

例 5-9

```
SQL> /
输入 p_monthly_sal 的值: 9999
DECLARE
*
```

```
第 1 行出现错误：
ORA-06502: PL/SQL: 数字或值错误 :   数值精度太高
ORA-06512: 在 line 6
```

这回运气就没有那么好了，系统报错了。最后一行的错误信息表示错误出在程序的第 6 行，而且倒数第二行错误信息告诉的是"数字或值错误：数值精度太高"。实际上，错误信息提示已经够详细了。

那么，怎样才能确定造成这一错误的真正原因呢？可以使用例 5-10 的 SQL*Plus 命令 desc 列出emp 表的结果，因为变量 v_annual_sal 被声明成 emp.sal%TYPE 类型。

例 5-10

```
SQL> desc emp
 名称                                              是否为空？  类型
 ----------------------------------------------   --------   -------------
 EMPNO                                            NOT NULL   NUMBER(4)
 ENAME                                                       VARCHAR2(10)
 JOB                                                         VARCHAR2(9)
 MGR                                                         NUMBER(4)
 HIREDATE                                                    DATE
 SAL                                                         NUMBER(7,2)
 COMM                                                        NUMBER(7,2)
 DEPTNO                                                      NUMBER(2)
```

例 5-10 的显示结果表明：sal 列定义为 7 位数字，其中小数部分为 2 位而整数部分为 5 位。而 9999 * 12 = 119988，其整数部分为 6 位，已经超过了 5 位，所以系统才会报错。

在实际工作中，程序员要对公司或机构的业务有相当程度的理解，否则，编写出来的程序会出现一些意想不到的错误。 其实，只要有一些实际工作经验和对就业市场有一定了解的程序员都不大可能出现以上的错误。

那么，怎样解决这个程序中的问题呢？问题是出在变量 v_annual_sal 上，因为这个变量的数据类型与 emp 表中的列 sal 完全相同，而当 sal 比较大时再乘以 12 就可能造成结果的精度大于 sal 列定义的精度（整数部分为 5 位，小数部分为 2 位）。为了解决这一问题，方法也很简单，那就是将变量 v_annual_sal 重新定义，如"v_annual_sal NUMBER(10,2);"。之后，即使输入的月薪是 999999也没有问题了。为了节省篇幅，这里没有列出修改后完整的 PL/SQL 程序代码，但是在附赠的资源包中有完整的经过测试的程序代码，感兴趣的读者可以自己运行一下。

☞ **指点迷津：**

> 在实际的 PL/SQL 编程工作中，应该尽量使用 "/*" 和 "*/" 的语法加注释，特别是永久性的注释，因为使用 "--" 的语法加注释在一些预编译器中使用 PL/SQL 时可能会出现问题。

5.5　SQL 函数在 PL/SQL 中的应用

为了方便地使用 Oracle 数据库，Oracle SQL 提供了大量的可以在 SQL 语句中使用的预定义函数，实际上这些函数增强了 SQL 语言的功能。这些函数的绝大多数在 PL/SQL 表达式中也是有效的，可以在 PL/SQL 语句中使用的函数包括如下几大类（这些函数与 SQL 中的函数相同）：

- ↘ 单行数字函数。
- ↘ 单行字符函数。
- ↘ 数据类型转换函数。
- ↘ 日期函数。
- ↘ Timestamp 函数。
- ↘ GREATEST、LEAST 函数。
- ↘ 其他函数。

但是以下 SQL 函数在 PL/SQL 程序语句中是不能使用的（即 PL/SQL 语言中没有这些函数）：

- ↘ DECODE 函数：其原因可能是 PL/SQL 语言中包含了分支语句（条件语句），即已经包含了 DECODE 函数的功能，没有必要再重复了。
- ↘ 分组函数：包括 AVG、MIN、MAX、COUNT、SUM、STDDEV 和 VARIANCE 函数。虽然在 PL/SQL 语句中不能使用分组函数，但是在 PL/SQL 程序块中的 SQL 语句中还是可以使用的。

如果在 PL/SQL 程序的声明部分声明了一个 PL/SQL 表（数组）变量 dogs（dogs[0]为未满周岁的狗的数量，dogs[1]为 1 岁狗的数量，dogs[2]为两岁狗的数量等）和一个数字变量 v_dog_total，之后使用了如下语句来计算存储在 dogs 数组中总共有多少条狗。

```
v_dog_total := SUM(dogs)
```

以上这条 PL/SQL 语句会产生编译错误，因为在 PL/SQL 语言中根本就没有 SUM 这个分组函数。

接下来，用一个 PL/SQL 程序来演示如何使用函数 LENGTH 计算一个中文字符串的长度。这段程序是由第 4 章例 4-4 改造而来，其中大部分语句读者应该已经熟悉了。在声明部分又声明了一个整数型的变量 v_string_length 用来存放字符串的程度。在执行段中的第 2 个语句（第 7 行代码）使用 LENGTH 函数求出两个字符串 v_desc 和 v_pioneer 连接后的总长度，之后将其赋予变量 v_string_length，最后使用软件包 DBMS_OUTPUT 的 PUT_LINE 过程显示变量 v_string_length 的值（在前面加上了一些解释信息），如例 5-11 所示。

例 5-11

```
SQL> DECLARE
  2    v_desc    VARCHAR2(100) := '中国妇女解放运动的先驱 — ';
  3    v_pioneer VARCHAR2(25) := '潘金莲';
  4    v_string_length INTEGER(5);
  5  BEGIN
  6    DBMS_OUTPUT.PUT_LINE (v_desc || v_pioneer);
  7    v_string_length := LENGTH (v_desc || v_pioneer);
  8    DBMS_OUTPUT.PUT_LINE ('以上中文字符串的长度: ' ||v_string_length);
  9  END;
 10  /
PL/SQL 过程已成功完成。
```

以上 PL/SQL 执行的结果是不是有些令人感到意外？如果在执行这个程序时也出现了这样的结果，请不必惊慌，只需使用例 5-12 的 SQL*Plus 命令开启 DBMS_OUTPUT 软件包的功能，问题就彻底解决了。随后使用例 5-13 的 SQL*Plus 的运行命令重新运行 SQL*Plus 缓冲区中的 PL/SQL 语句就可以获得所希望的结果了。

例 5-12

```
SQL> set serveroutput on
```

例 5-13

```
SQL> /
中国妇女解放运动的先驱 —— 潘金莲
以上中文字符串的长度: 18
PL/SQL 过程已成功完成。
```

接下来，通过显示一个极具争议的历史和文学人物的一些最新考古发现信息来**演示函数 CHR 的用法，这个函数是将所给的数字换成对应的 ASCII 码字符（因为有一些字符无法用键盘输入）**，如例 5-14 所示。在这个例子中，前三行为 SQL*Plus 的 SET 命令。接下来，在声明段声明了一个非常大的变长字符类型的变量 v_daji_findings 以存放最终的结果。另外，还声明了长度为 250 个字节的 11 个变长字符类型的变量并将其初始化。从 PL/SQL 程序的第 16 行开始一直到第 26 行，将 v_daij1~ v_daij11 按顺序用换行符连接起来（CHR（10）为换行符）并赋予变量 v_daji_findings。最后，第 27 行显示变量 v_daji_findings 中的值。

例 5-14

```
SQL> set line 1000
SQL> set pagesize 40
SQL> set serveroutput on
SQL> DECLARE
  2     v_daji_findings    VARCHAR2(10000);
  3     v_daji1 VARCHAR2(250) := '您知道历史上真正的苏妲己吗？她是一位受到诋毁最多的女性，
是中国传统意义上狐妖祸乱的象征。';
  4     v_daji2 VARCHAR2(250) := '她用自己的美貌、个人魅力和机智勇敢彻底颠覆了商汤王朝，从
某种意义上说是建立大周朝的第一功臣。';
  5     v_daji3 VARCHAR2(250) := '也许，她是事业上最成功的女性，也是一位最敬业的女性。';
  6     v_daji4 VARCHAR2(250) := '而她对大周朝的赤胆忠心和卓越功绩换来的却是被顶头上司处死
和千古的骂名。';
  7     v_daji5 VARCHAR2(250) := '因为周武王和姜太公不想因为她的表现而损害了大周朝的声誉，';
  8     v_daji6 VARCHAR2(250) := '那些开国元勋们也不愿让这样的女性分享大周朝胜利的果实，结
果是自己人都盼她死。';
  9     v_daji7 VARCHAR2(250) := '姜子牙掩面斩妲己，不是因为她美，而是他认为自己无颜面对自
己的下属。';
 10     v_daji8 VARCHAR2(250) := '最后，周朝的最高决策层只能编造出来狐狸精附体这样的弥天大
谎来哄骗天下和她的家人。';
 11     v_daji9 VARCHAR2(250) := '妲己一案向人们展示了周朝辉煌历史中一个最阴暗的角落。';
 12     v_daji10 VARCHAR2(250) := '妲己在爱情上却是一个彻底的失败者，为了事业，先后失去了
两个真爱的人伯邑考和帝辛。';
 13     v_daji11 VARCHAR2(250) := '透过历史，我们可以看到人性丑陋的一面！！！';
 14  BEGIN
 15     DBMS_OUTPUT.PUT_LINE ('历史人物点评：');
 16     v_daji_findings := v_daji1|| CHR(10) ||
 17                 v_daji2 || CHR(10) ||
 18                 v_daji3 || CHR(10) ||
 19                 v_daji4 || CHR(10) ||
 20                 v_daji5 || CHR(10) ||
 21                 v_daji6 || CHR(10) ||
```

```
22                    v_daji7 || CHR(10) ||
23                    v_daji8 || CHR(10) ||
24                    v_daji9 || CHR(10) ||
25                    v_daji10 || CHR(10) ||
26                    v_daji11;
27      DBMS_OUTPUT.PUT_LINE (v_daji_findings);
28  END;
29  /
```

历史人物点评：

您知道历史上真正的苏妲己吗？她是一位受到诋毁最多的女性，是中国传统意义上狐妖祸乱的象征。

她用自己的美貌彻底颠覆了商汤王朝，从某种意义上说是建立大周朝的第一功臣。

也许，她是事业上最成功的女性，也是一位最敬业的女性。

而她对大周朝的赤胆忠心和卓越功绩换来的却是被顶头上司处死和千古的骂名。

因为周武王和姜太公不想因为她的表现而损害了大周朝的声誉，

那些开国元勋们也不愿让这样的女性分享大周朝胜利的果实，结果是自己人都盼她死。

其实，姜子牙掩面斩妲己，不是因为她美，而是他认为自己无颜面对自己的下属。

最后，周朝的最高决策层只能编造出来狐狸精附体这样的弥天大谎来哄骗天下和她的家人。

妲己一案向人们展示了周朝辉煌历史中一个最阴暗的角落。

妲己在爱情上却是一个彻底的失败者，为了事业，先后失去了两个真爱的人伯邑考和帝辛。

透过历史，我们可以看到人性丑陋的一面！！！

PL/SQL 过程已成功完成。

5.6　Oracle 11g 和 12c 的 PL/SQL 对序列操作的改进

为了方便程序的开发，**Oracle 11g** 和 **Oracle 12c** 加强了对序列的操作。在 **Oracle 11g** 和 **Oracle 12c** 中，序列的两个伪列 NEXTVAL 和 CURRVAL 在 PL/SQL 程序中可以像 NUMBER 数据类型一样使用。这在之前的版本中是做不到的。虽然使用 SELECT 语句查询序列的老方法仍然是有效的，但是 Oracle 建议最好不要使用了。因为这种老方法有时可能会有问题。

在 **Oracle 11g** 和 **Oracle 12c** 中，强迫程序员必须使用 SQL 语句来获取一个序列值的限制已经取消。Oracle 11g 和 Oracle 12c 的序列增强特性提供了如下好处：

（1）序列的可用性加强了。

（2）开发人员（程序员）的键盘输入减少了。

（3）程序代码更加清晰。

为了演示 Oracle 11g 和 Oracle 12c 提供的这一诱人的新特性，首先使用例 5-15 的 DDL 语句创建一个名为 dog_seq 的新序列。

例 5-15

```
SQL> CREATE SEQUENCE dog_seq
  2      START WITH 100
  3      INCREMENT BY 1
  4      MAXVALUE 380380
  5      NOCACHE
  6      NOCYCLE;
序列已创建。
```

确认 dog_seq 序列创建成功之后，执行例 5-16 的 PL/SQL 程序代码。这段程序代码很简单，首先在声明段声明一个数字变量 v_dog_id 并初始化为 0。接下来，在执行段中，取序列 dog_seq 的下一个值（NEXTVAL）并赋予变量 v_dog_id。最后，显示变量 v_dog_id 的值以及附加的解释信息"当前的狗号是："。

例 5-16

```
SQL> DECLARE
  2    v_dog_id NUMBER := 0;
  3  BEGIN
  4    v_dog_id := dog_seq.NEXTVAL;
  5    DBMS_OUTPUT.PUT_LINE ('当前的狗号是: ' || TO_CHAR(v_dog_id));
  6  END;
  7  /
当前的狗号是: 100

PL/SQL 过程已成功完成。
```

在 Oracle 11g 之前的老版本中，必须使用 SELECT 语句查询序列的方法将序列 dog_seq 的下一个值（NEXTVAL）赋予变量 v_dog_id。例 5-17 是使用这种老方法的例子，其中第 4 行代码就是使用 SELECT 语句查询序列的方法，将序列 dog_seq 的下一个值赋予变量 v_dog_id 的代码。

例 5-17

```
SQL> DECLARE
  2    v_dog_id NUMBER := 0;
  3  BEGIN
  4    SELECT dog_seq.NEXTVAL INTO v_dog_id FROM Dual;
  5    DBMS_OUTPUT.PUT_LINE ('当前的狗号是: ' || TO_CHAR(v_dog_id));
  6  END;
  7  /
当前的狗号是: 101

PL/SQL 过程已成功完成。
```

例 5-17 的程序代码的功能与例 5-16 的完全相同，只是使用的老方法而已。要注意的是，因为在例 5-16 已经调用了一次 dog_seq.NEXTVAL，所以在例 5-17 的代码中再次调用 dog_seq.NEXTVAL 时是在上一次调用的基础上再加上步长（1），因此狗号（v_dog_id）为 101。

因为序列 dog_seq 是作为对象存储在 Oracle 数据库中的，如果以后不打算再使用这个狗序列了，可以使用例 5-18 的 DDL 语句将这个狗序列彻底从数据库中删除。

例 5-18

```
SQL> drop sequence dog_seq;
序列已删除。
```

5.7　数据类型的转换

在任何程序设计语言中，可能经常需要将一种数据类型的数据转换成另一种数据类型的数据。**如果在一个 PL/SQL 语句中使用了不只一种数据类型的数据，PL/SQL 会试着进行动态的数据类型转换。PL/SQL 可以处理诸如标量类型之间的自动转换。**数据类型的转换可以分两大类：

（1）隐含转换：如果在一个 PL/SQL 语句中混合使用了多种数据类型的数据，PL/SQL 会试着自动地转换数据类型。隐含转换可以在字符型和数字型之间进行，也可以在字符型和日期型之间进行。

（2）显示转换：要使用内置的函数将一个值从一种数据类型转换成另一种数据类型，其内置的转换函数包括 TO_CHAR、TO_DATE、TO_NUMBER 和 TO_TIMESTAMP。

接下来，用一段 PL/SQL 程序代码来演示 PL/SQL 是怎样完成隐含数据类型转换的。例 5-19 是一个计算狗的实际售价的小程序，其中狗的实际售价包括狗价和狗服务费两部分。在这个程序中声明了两个整型类型的变量和一个变长字符串类型的变量。在 PL/SQL 执行这段程序代码的第 6 行时将自动地将 v_dog_service 变量的值'1250'转换成数字类型的值 1250（当然只有有效的数字字符才能转换，如是'a@#rt'就没法转换了），之后再进行数学计算并将计算的结果赋予数字型变量 v_total_price。

例 5-19

```
SQL> DECLARE
  2    v_dog_price NUMBER(8) :=8338;
  3    v_dog_service VARCHAR2(10):='1250';
  4    v_total_price v_dog_price%TYPE;
  5  BEGIN
  6    v_total_price := v_dog_price + v_dog_service;
  7    DBMS_OUTPUT.PUT_LINE('狗的实际售价为：￥' || TO_CHAR(v_total_price));
  8  END;
  9  /
狗的实际售价为：￥9588
PL/SQL 过程已成功完成。
```

隐含数据类型转换是将表达式中的数据自动转换成相匹配的数据类型。**尽管隐含数据类型转换使用起来比较方便，但是使用混合数据类型编程并不是一个好习惯，应该尽量避免。这是因为混合数据类型可能使程序的易读性下降并且也很容易产生错误，另外，也会影响效率。在实际的编程工作中，应该尽可能地使用 PL/SQL 的内置转换函数进行显示的数据类型转换。**

5.8 PL/SQL 中的运算符

实际上，在前面的学习中已经使用过表达式。最简单的 PL/SQL 表达式只有一个变量组成，该变量直接产生一个值。**在 PL/SQL 程序中，程序员可以利用运算对象和运算符随心所欲地构造出非常复杂的 PL/SQL 表达式以满足编程的实际需要。**运算对象为变量、常量、文字、占位符或函数调用。运算符既包括了一元运算符也包括了二元运算符，一元运算符只操作一个运算对象，而二元运算符则操作两个运算对象。如否定运算符（-）为一元运算符，而乘法运算符（*）为二元运算符。

PL/SQL 语言中的运算符与 SQL 语言中的基本相同，分为以下几大类：

- 算术（Arithmetic）运算符。
- 串接/连接（Concatenation）运算符。
- 逻辑（Logical）运算符。
- 控制操作顺序的括号。

➥ 指数运算符(**)。

如果在 **PL/SQL** 表达式中没有使用括号，**PL/SQL** 按运算符默认的优先级进行表达式的运算，表 5-4 是以优先级由高到低的形式列出了所有的运算符。

表 5-4

运　算　符	操作（运算）
**	指数（取幂）
+、-	恒等、否定
*、/	乘法、除法
+、-、‖	加法、减法、连接
=、<、>、<=、>=、<>、!=、~=、^=、 IS NULL、LIKE、BETWEEN、IN	比较运算
NOT	逻辑非（否定）
AND	逻辑与（乘）
OR	逻辑或（加）

括号可以改变以上优先级的顺序，如果使用了括号，括号中的表达式先运算。如果使用了多重括号，优先级是由内到外。一般在实际的编程工作中应该尽量少使用运算符的默认优先级，而使用括号。这样开发出来的程序代码的易读性更好。

如果读者学习过 SQL 或其他程序设计语言，以上运算符的绝大多数应该已经比较清楚了。实际上，多数运算符的含义和用法与数学课程中所学的差不多。这里稍微解释一下"+"和"-"这两个运算符，它们既可以是一元运算符也可以是二元运算符，要根据上下文来确定。其实，确定的方法也很简单，那就是两边都有运算对象时就是二元运算符，如果放在了一个运算对象前面（左面）就是一元运算符。

在表 **5-4** 中一元运算符"+"的操作是恒等，这恒等又是什么意思呢？恒等就是和原来的值一模一样，即原来是正数就是正数，原来是负数就是负数。为了让读者对"+"和"-"这两个一元运算符和指数运算符有一个直观的认识，利用例 5-20 来演示这三个运算符的用法。在这段程序中，首先声明了两个数字类型的变量并分别初始化为正整数和负整数。之后，分别显示这两变量的原值、否定运算后的值和恒等运算后的值。最后，将 10 的 3 次方赋予变量 y 并显示其值。

例 5-20

```
SQL> SET SERVEROUTPUT ON
SQL> DECLARE
  2    x NUMBER := 38;
  3    y NUMBER := -28;
  4    BEGIN
  5    DBMS_OUTPUT.PUT_LINE(x);
  6    DBMS_OUTPUT.PUT_LINE(y);
  7    DBMS_OUTPUT.PUT_LINE(-x);
  8    DBMS_OUTPUT.PUT_LINE(-y);
  9    DBMS_OUTPUT.PUT_LINE(+x);
 10    DBMS_OUTPUT.PUT_LINE(+y);
 11    y := 10 ** 3;
```

```
 12      DBMS_OUTPUT.PUT_LINE(y);
 13  END;
 14  /
38
-28
-38
28
38
-28
1000
PL/SQL 过程已成功完成。
```

例 5-20 的显示结果清楚地表明：经过否定运算后 38 变为-38，而-28 变 28，即正的变负的而负的变正的；经过恒等运算后 38 还是 38 而-28 也还是-28，即保持原值不变。现在应该清楚 "+" 和 "−" 这两个一元运算符的功能了吧？

加法运算符在循环语句中经常被用作增加循环记数器的值，如 "v_count := v_count + 1;"。

比较运算符可以用来设置一个布尔标志值，如 "v_poorest := (v_salary <= 1380);"，这段程序代码的含义是：如果（月）工资小于或等于 1380 元就会将 TRUE 赋予 v_poorest，即表示这家伙是个穷光蛋；否则将 FALSE 赋予 v_poorest，即表示这家伙不是个穷光蛋。

验证一个变量中是否包含值，如 "v_abnormal := (v_gender IS NULL);" 这段程序代码的含义是：如果 v_gender 的值是空（即没有性别），就会将 TRUE 赋予变量 v_abnormal，即表示这家伙不正常；否则将 FALSE 赋予变量 v_abnormal，即表示这家伙正常。

在操作空值（NULL）时，如果牢记如下规则就可以避免一些常见的程序错误：

（1）在比较表达式中只要有空值，其结果总是空值。

（2）对一个空值进行 NOT 运算，其结果还是空值。

（3）在条件（分支）语句中，如果条件为空（NULL），与这个条件相关的语句序列将会执行。

5.9　程序块的嵌套和变量的作用域

正因为 PL/SQL 是一个过程化的程序设计语言，所以它也具备了语句嵌套的能力。**只要允许执行语句存在的地方就可以使用嵌套程序块，这种嵌套可以是许多层的。**如果一个执行段的代码包含了支持多种业务需求的许多逻辑相关的功能，就可以将这个执行段划分成若干个小的程序块（每一段只完成一个相对独立的功能），最后再将它们嵌套在一起形成一个完整的执行块。实际上，这就是工业革命时期所倡导的标准化和生产流水线的概念。另外，异常段也同样可以包含多个嵌套的程序块。

由于程序块的嵌套就很容易造成变量名（标识符）的重名，虽然在同一个程序块中同一个标识符不能声明两次，但是在两个不同的程序块中所声明的标识符是可以同名的。实际上，两个同名的标识符（变量）是完全不同的变量，其中一个变量的修改完全不会影响另一个。一个变量（标识符/对象）的作用域就是可以直接引用这个变量的程序区域（程序块、过程、函数或软件包），一个标识符（变量）只在这一区域是可见的，在该区域可以使用非限定名称的方式来引用这一标识符。

在一个 PL/SQL 程序块中声明的变量（标识符）对于这一程序块本身来说是局域（本地）变量，

而对于所有其子块就是全局变量。如果一个全局变量在一个子块中又再次进行了声明（与全局变量同名），那么，这两个变量的作用域就重叠了。然而，在子块中只有本地变量是可见的，因为要引用同名的全局变量必须使用限定名称的方式来引用这个全局变量。如果变量是在同一级别的不同程序块中声明的，则是不能引用的，因为这些变量对于该程序块来说既不是本地变量也不是全局变量。现将以上讲述的内容总结如下：

- ➥ 只要允许可执行语句的地方，就可以进行 PL/SQL 块的嵌套。
- ➥ 一个嵌套块变成一个语句。
- ➥ 异常段也可以包含嵌套块。
- ➥ 一个标识符的作用域是可直接引用该标识符的一个程序单元的区域。

为了帮助读者进一步熟悉程序块的嵌套和变量作用域，使用例 5-21 的程序来演示。其中，变量 v_mumdog_sex 和 v_mumdog_weight 是在外层（父）块中定义的，而变量 v_babydog_sex 和 v_babydog_weight 是在内层（子）块中定义的。v_mumdog_sex 和 v_mumdog_weight 就是子块的全局变量，因此在子块中可以直接引用。但是在父块中是不能引用子块中声明的变量的，因为这些变量对父块是不可见的。

例 5-21

```
SQL> set serveroutput on
SQL> DECLARE
  2    v_mumdog_sex CHAR(1):='F';
  3    v_mumdog_weight NUMBER(5,2) := 63;
  4  BEGIN
  5    DECLARE
  6      v_babydog_sex CHAR(1):='M';
  7      v_babydog_weight NUMBER(5,2) := 3.8;
  8    BEGIN
  9      DBMS_OUTPUT.PUT_LINE(v_babydog_sex);
 10      DBMS_OUTPUT.PUT_LINE(v_babydog_weight);
 11      DBMS_OUTPUT.PUT_LINE(v_mumdog_sex);
 12      DBMS_OUTPUT.PUT_LINE(v_mumdog_weight);
 13    END;
 14    DBMS_OUTPUT.PUT_LINE(v_mumdog_sex);
 15    DBMS_OUTPUT.PUT_LINE(v_mumdog_weight);
 16  END;
 17  /
M
3.8
F
63
F
63
```

v_mumdog_sex 和 v_mumdog_weight 的作用域

v_babydog_sex 和 v_babydog_weight 的作用域

PL/SQL 过程已成功完成。

看到例 5-21 的显示结果，应该对这一节所讲述的内容比较清楚了吧？因为有关狗妈妈的信息（变量 v_mumdog_sex 和 v_mumdog_weight）是在外层定义，所以在外层和内层（子块中）都是可见的。如果还有疑惑，可以将例 5-21 中的程序代码做小小的修改，将第 14 行和第 15 行中的变量都换成子块中声明的变量，如例 5-22 所示。

例 5-22

```
SQL> DECLARE
  2   v_mumdog_sex CHAR(1):='F';
  3   v_mumdog_weight NUMBER(5,2) := 63;
  4  BEGIN
  5    DECLARE
  6      v_babydog_sex CHAR(1):='M';
  7      v_babydog_weight NUMBER(5,2) := 3.8;
  8    BEGIN
  9     DBMS_OUTPUT.PUT_LINE(v_babydog_sex);
 10     DBMS_OUTPUT.PUT_LINE(v_babydog_weight);
 11     DBMS_OUTPUT.PUT_LINE(v_mumdog_sex);
 12     DBMS_OUTPUT.PUT_LINE(v_mumdog_weight);
 13    END;
 14    DBMS_OUTPUT.PUT_LINE(v_babydog_sex);
 15    DBMS_OUTPUT.PUT_LINE(v_babydog_weight);
 16  END;
 17  /
  DBMS_OUTPUT.PUT_LINE(v_babydog_sex);
                      *
第 14 行出现错误:
ORA-06550: 第 14 行, 第 24 列:
PLS-00201: 必须声明标识符 'V_BABYDOG_SEX'
ORA-06550: 第 14 行, 第 3 列:
PL/SQL: Statement ignored
ORA-06550: 第 15 行, 第 24 列:
PLS-00201: 必须声明标识符 'V_BABYDOG_WEIGHT'
ORA-06550: 第 15 行, 第 3 列:
PL/SQL: Statement ignored
```

看到例 5-22 的显示结果，相信读者对程序块的嵌套和变量的作用域应该更加清楚了吧。

5.10 变量的作用域和可见性的进一步探讨

一个变量（标识符）在声明它的程序块中是可见的，并且在所有嵌套的子块中也是可见的。如果一个 **PL/SQL** 块没有发现本地声明的变量，该 **PL/SQL** 程序块将向上查找包含它的父块。程序块绝不会向下查看所包含的子块或查找同一级别（没有嵌套关系）块。作用域适用于所有的对象，包括变量、游标、用户定义的异常和约束。

接下来，对例 5-22 稍加修改，将外层中的变量 v_mumdog_sex 和 v_mumdog_weight 改为 v_dog_sex 和 v_dog_weight，而将内层中的变量 v_babydog_sex 和 v_babydog_weight 也改为 v_dog_sex 和 v_dog_weight，即内外层定义的变量是同名的，如例 5-23 所示。利用这个例子，读者就可以进一步理解 PL/SQL 是如何处理两个嵌套块变量重名的问题。

例 5-23

```
SQL> DECLARE
```

```
 2   v_dog_sex CHAR(1):='F';
 3   v_dog_weight NUMBER(5,2)  := 63;
 4   BEGIN
 5    DECLARE
 6      v_dog_sex CHAR(1):='M';
 7      v_dog_weight NUMBER(5,2)  := 3.8;
 8    BEGIN
 9     DBMS_OUTPUT.PUT_LINE(v_dog_sex);
10     DBMS_OUTPUT.PUT_LINE(v_dog_weight);
11     DBMS_OUTPUT.PUT_LINE('狗妈妈的性别为: ' || TO_CHAR(v_dog_sex));
12     DBMS_OUTPUT.PUT_LINE('狗妈妈目前的体重为: ' || TO_CHAR(v_dog_weight) || '公斤。');
13     END;
14     DBMS_OUTPUT.PUT_LINE(v_dog_sex);
15     DBMS_OUTPUT.PUT_LINE(v_dog_weight);
16   END;
17   /
M
3.8
狗妈妈的性别为: M
狗妈妈目前的体重为: 3.8 公斤。
F
63
```

PL/SQL 过程已成功完成。

例 5-23 显示的结果是不是有些怪？狗妈妈怎么变成大老爷们了，并且体重只有 3.8 公斤。很显然这是不着调的信息，其原因是外层变量与内层变量同名，而在内层首先使用的是内层的本地变量，在外层显示的就是真正的狗妈妈的信息了，其显示表明狗妈妈又恢复了它的性别，并且体重也有 63 公斤。

如果在内层中要显示外层同名变量的值（狗妈妈的信息），需要在外层变量（全局变量）之前加上限定词。限定词是为一个程序块设定的标号，可以为任何一个程序块设定标号。标号要用 "<<" 和 ">>" 括起来，而标号本身是一个字符串（有意义的），标号的定义要在所定义程序块的开始处。

于是，对例 5-23 略加修改。在第 1 行之上添加了一行 BEGIN <<mumdog>>，其实就是为外层（父）块定义了标号 mumdog，而在最后一行之后添加了 "END mumdog;"（可以省略 mumdog，使用 mumdog 只是为了增加易读性）。接着，在内层中引用全局变量时，都在全局变量之前冠上标号 mumdog，如例 5-24 所示。

例 5-24

```
SQL> BEGIN <<mumdog>>
 2   DECLARE
 3   v_dog_sex CHAR(1):='F';
 4   v_dog_weight NUMBER(5,2)  := 63;
 5   BEGIN
 6    DECLARE
 7      v_dog_sex CHAR(1):='M';
 8      v_dog_weight NUMBER(5,2)  := 3.8;
 9    BEGIN
10     DBMS_OUTPUT.PUT_LINE(v_dog_sex);
```

```
 11      DBMS_OUTPUT.PUT_LINE(v_dog_weight);
 12       DBMS_OUTPUT.PUT_LINE(mumdog.v_dog_sex);
 13       DBMS_OUTPUT.PUT_LINE(mumdog.v_dog_weight);
 14    END;
 15    DBMS_OUTPUT.PUT_LINE(v_dog_sex);
 16    DBMS_OUTPUT.PUT_LINE(v_dog_weight);
 17  END;
 18  END mumdog;
 19  /
M
3.8
F
63
F
63
```

PL/SQL 过程已成功完成。

因为使用了标号，所以例 5-24 显示的结果都准确无误。实际上，可以将例 5-24 第 1 行的 BEGIN 和最后一行的 "END mumdog;" 去掉，其程序的功能完全一样，只是易读性差了点，如例 5-25 所示。

例 5-25

```
SQL> <<mumdog>>
  2  DECLARE
  3    v_dog_sex CHAR(1):='F';
  4    v_dog_weight NUMBER(5,2) := 63;
  5  BEGIN
  6    DECLARE
  7      v_dog_sex CHAR(1):='M';
  8      v_dog_weight NUMBER(5,2) := 3.8;
  9    BEGIN
 10     DBMS_OUTPUT.PUT_LINE(v_dog_sex);
 11     DBMS_OUTPUT.PUT_LINE(v_dog_weight);
 12     DBMS_OUTPUT.PUT_LINE(mumdog.v_dog_sex);
 13     DBMS_OUTPUT.PUT_LINE(mumdog.v_dog_weight);
 14    END;
 15    DBMS_OUTPUT.PUT_LINE(v_dog_sex);
 16    DBMS_OUTPUT.PUT_LINE(v_dog_weight);
 17  END;
 18  /
M
3.8
F
63
F
63
```

PL/SQL 过程已成功完成。

5.11　程序设计的指导原则

降低软件开发和维护成本以及缩短软件开发的时间一直是软件工程所追逐的目标。为此，在软件开发中标准化和代码重用就是程序开发必须遵循的原则。**通过以下措施可以使程序代码的开发和维护变得更容易。**

➥　在适当的位置使用注释，将程序代码文档化。

➥　为程序代码的开发制定大小写规范。

➥　制定标识符和其他对象的命名习惯。

➥　通过代码的缩进来增加易读性。

Oracle 推荐在编写 PL/SQL 程序代码时应该遵守的大小写规则如表 5-5 所示。利用这些大小写规则可以很容易区分关键字与对象，以增加程序代码的易读性。

表 5-5

种　类	大小写惯例	例　子
SQL 语句关键字	大写	SELECT、FROM、UPDATE
PL/SQL 语句关键字	大写	BEGIN、END、DECLARE
数据类型	大写	BOOLEAN、NUMBER
标识符和参数	小写	v_job、g_job、p_dogid、emp_cursor
数据库中的表和列	小写	customers、emp、empno、sal、dname

☞指点迷津：

> Oracle 推荐的标识符和对象命名指导原则在第 4 章 4.9 节中表 4-2 中和本章的表 5-1 中已经详细介绍过，在编写 PL/SQL 程序代码时也应该遵守。

为了增加程序代码的易读性，可以使用回车键将一个语句分成多行，也可以使用空格或制表键缩进每一级的程序代码（一般缩进 2～3 个字符）。实际上，在之前的例子中一直在使用程序代码缩进的方法以增加代码的易读性，只是没有把这个谜底亮出来而已。为了帮助读者进一步理解以上描述的方法对增加代码易读性的作用，在例 5-26 的程序代码中没有使用缩进也没有将条件（分支）语句分割成多行。

例 5-26

```
SQL> DECLARE
  2  v_gender CHAR(1) := 'F' ;
  3  v_person VARCHAR2(20);
  4  BEGIN
  5  IF v_gender = 'M' THEN v_person:= '帅哥';ELSE  v_person:= '靓女';END IF;
  6  END;
  7  /
PL/SQL 过程已成功完成。
```

虽然例 5-26 的程序代码可以成功地执行，但是这段程序的易读性实在太差了，特别是条件语句。为此，使用缩进和将 IF 语句分割成多行的方法修改例 5-26 的程序代码，如例 5-27 所示。

例 5-27

```
SQL> DECLARE
  2     v_gender CHAR(1) := 'F' ;
  3     v_person VARCHAR2(20);
  4  BEGIN
  5     IF v_gender = 'M' THEN
  6         v_person:= '帅哥';
  7     ELSE
  8         v_person:= '靓女';
  9     END IF;
 10  END;
 11  /
PL/SQL 过程已成功完成。
```

例 5-27 的程序代码的功能与例 5-26 的完全相同，但是例 5-27 的程序代码显然要清晰多了，易读性明显增强了，其他程序员能读懂的程序代码才有可能被重用。记得好多年前，一位很有经验的程序员曾自豪地说："我编写的程序只有我能看懂，其他程序员根本看不懂也不可能修改。离开了我，他们什么也做不了。"可以说，这位程序达人是没有认真学习过软件工程或信息系统开发与设计的课程（也可能没有参加过大项目），**因为别人看不懂的代码，就意味着随着时间的流逝自己也可能看不懂了。还有代码的重用主要是其他人使用，人家看不懂就干脆不用了。所以读者在学习 PL/SQL 程序设计的初期就要养成好的习惯，一定要编写简单、易读的代码。**

☞ 指点迷津：

在实际工作中，经常遇到的问题是，程序往往不缺少注释，但是注释可能比程序的源代码还难懂。其实这也不难理解，因为一个程序员的价值就是他的编程技巧。如果用注释将自己的高超编程技术写得一清二楚，他的前程将会变得十分暗淡。但是按照软件工程的规范和公司的要求又必须写，所以就将那些可写可不写，写了跟没写一样的东西放在注释中。因此，如果将来发现看不懂程序的注释，那是再正常不过的事情了，完全没有必要着急，因为人家压根就没想让别人看懂。

5.12　您应该掌握的内容

在学习第 6 章之前，请检查一下您是否已经掌握了以下内容：

↘　熟悉 PL/SQL 语言的词法单元。
↘　什么是标识符？
↘　熟悉标识符的命名规则及 Oracle 推荐的命名方法。
↘　什么是定界符？
↘　熟悉常用的简单定界符和组合定界符。
↘　什么是文字以及文字的分类？
↘　熟悉字符和日期文字的用法。
↘　熟悉注释语句的写法。
↘　在实际的 PL/SQL 编程工作中，应该尽量使用哪一种注释方法？
↘　熟悉在 PL/SQL 语句中可以使用的 SQL 函数。

- 哪些 SQL 函数在 PL/SQL 程序语句中不能使用。
- 在 Oracle 11g 和 Oracle 12c 中 PL/SQL 对序列操作作了哪些改进。
- 了解 PL/SQL 中数据类型的隐含转换和显式转换。
- 熟悉显式转换所需的内置转换函数。
- 熟悉一元运算符和二元运算符。
- 熟悉 PL/SQL 语言中运算符的分类以及它们的优先级。
- 熟悉 PL/SQL 程序块的嵌套和变量的作用域。
- 了解外层和内层变量同名可能引发的问题及处理方法。
- 在 PL/SQL 程序设计中应该遵循哪些编写程序的原则。

第 6 章 PL/SQL 与 Oracle 服务器之间的交互

扫一扫，看视频

在前面几章的几乎所有 PL/SQL 程序的例子中数据都不是来自 Oracle 数据库，这样安排的目的只是为了方便初学者的学习。但是 PL/SQL 程序设计语言真正的强势所在是数据库编程。那么，PL/SQL 又是如何从数据库中提取数据和如何对数据库中的数据进行 DML 操作的呢？这正是本章所要介绍的内容。

6.1 PL/SQL 中的 SQL 语句及使用 SELECT 语句提取数据

在 PL/SQL 程序块中，要提取和更改数据库中的数据是一件再简单不过的事了。**在 PL/SQL 程序块中，可以使用 SQL 的 SELECT 语句直接从表中提取数据并存入 PL/SQL 的变量中，也可以使用数据维护语言（DML）直接更改表中的数据并且利用事物控制语句控制事物的提交和回滚。** 总之，可以在 PL/SQL 程序块中直接使用 SQL 语句进行如下操作：

- ↘ 通过使用 SELECT 语句（命令）从数据库中提取数据行。
- ↘ 通过使用 DML 命令对数据库中的数据行进行修改。
- ↘ 利用 COMMIT、ROLLBACK 或 SAVEPOINT 命令来控制事务（交易）。

需要指出的是在 **PL/SQL 程序块中不能直接使用数据定义语言（DDL）的语句（如不能使用 CREATE TABLE、ALTER TABLE 或 TRUNCATE TABLE 等），并且也不能直接使用数据控制语言（DCL）的语句（如不能使用 GRANT 或 REVOKE 语句）。**

通过使用动态 SQL（Dynamic SQL）或 DBMS_SQL 软件包，就可以在 PL/SQL 程序块中使用数据定义语言（DDL）和数据控制语言（DCL）了。

在 PL/SQL 程序中通过使用 SELECT 语句从数据库中提取数据，Oracle 对标准 SQL 的 SELECT 语句进行了扩充，**在 PL/SQL 的 SELECT 语句中增加了 INTO 子句。通过 SELECT 子句提取（查找到的）数据（表中列的值），而通过 INTO 子句将提取的数据存放在 PL/SQL 的变量中。** 扩充后 PL/SQL 的 SELECT 语句的语法如下：

```
SELECT    查询列表
INTO      {变量名[,变量名]...
          | 记录名}
FROM      表
[WHERE    条件表达式];
```

如果读者学习过 SQL 语言的课程或使用过 SQL 语句，相信您对以上 SELECT 语句的语法应该不会感到陌生。实际上，在以上语法中，只是在标准 SQL 的语法中增加了一个 INTO 子句。其中，INTO 是 INTO 子句的关键字。以下就是除了这一关键字以外的每一项的具体解释。

查询列表（select_list）：　　为一个或多个（至少一个）列名、SQL 表达式、SQL 单行函数或 SQL 分组函数。

变量名（variable_name）：存储获取值的 PL/SQL 标量变量。

记录名（record_name）：　存储多个获取值的 PL/SQL 记录类型的变量。

表（table）：　　　　　数据库中的表名（从中提取数据的表）。

条件表达式（condition）：由列名、表达式、常量和比较操作符组成的表达式，其中可以包括
PL/SQL 变量和常量。

在 PL/SQL 中，利用扩充后的 SELECT 语句从 Oracle 数据库的表中获取数据必须注意以下
事项：

（1）每一个 SQL 语句必须以分号（;）结束。

（2）每一个从表中提取的值必须通过 INTO 子句存入一个 PL/SQL 变量中，而每一个变量必须
在使用之前声明过。

（3）虽然 WHERE 子句是可选的，但是当使用 INTO 子句时必须保证 SQL 语句只能提取一行
的数据（因为一个变量只能存储一个值）。因此，在许多情况下，WHERE 子句不仅是必须的，而且
还必须保证 SELECT 语句只能返回一行数据。

（4）在 INTO 子句中变量的个数必须与查询列表中数据库列的个数完全相同，并且每一个变量
的数据类型和精度一定与对应位置的列兼容（可以进行隐含数据类型的转换）。

（5）可以在 SQL 语句中使用分组函数，如 AVG（平均值），因为分组函数可以为每一个表返
回一个值。

要注意的是，**在 PL/SQL 的 SELECT 语句的语法中，INTO 子句是强制性的（必须存在），并
且 INTO 子句只能放在 SELECT 子句和 FROM 子句之间；INTO 子句被用来指定变量，这些变量
被用来存放从 SELECT 子句返回的值。必须为每一个选择的项（可以是列或表达式）指定一个变
量，并且变量的顺序必须与所选择的项相对应。INTO 子句中使用的变量既可以是 PL/SQL 变量，
也可以是宿主变量。另外，每一个 PL/SQL 的 SELECT 语句必须返回而且只能返回一行数据，如
果返回多行或没有返回任何数据，系统都会报错。**

6.2　在 PL/SQL 中使用 SELECT 语句提取数据的实例

本节我们将利用几个 PL/SQL 程序的实例来进一步演示上一节中所介绍的在 PL/SQL 中
SELECT 语句的具体用法。例 6-1 是一个非常简单的 PL/SQL 程序（这个 PL/SQL 程序是在 scott
用户中创建并执行的），在这个小程序中，首先声明了两个 PL/SQL 变量，其中 v_deptno 的数据类
型和精度与 dept 表中的 deptno 列一模一样。在执行段中的第 5～8 行就是 PL/SQL 的 SELECT 语
句，该语句将查询到的 ACCOUNTING 部门的部门号（deptno）和地点（loc）分别存入 PL/SQL
变量 v_deptno 和 v_loc 中。当然，在真正的生产系统上的程序中，这些变量肯定还要做进一步的
处理。

例 6-1

```
SQL> DECLARE
  2    v_deptno dept.deptno%TYPE;
  3    v_loc          VARCHAR2(38);
  4  BEGIN
```

```
  5    SELECT   deptno, loc
  6    INTO     v_deptno, v_loc
  7    FROM     dept
  8    WHERE    dname = 'ACCOUNTING';
  9  END;
 10  /
PL/SQL 过程已成功完成。
```

☞ 指点迷津：

在 PL/SQL 中的 SELECT 语句中，INTO 子句是必须的，但这并不是 SQL 语言的语法，在 SQL 语言中是禁止使用 INTO 子句的。另外，虽然在查询列表中可以使用表达式，但是表达式中变量的类型必须属于 SQL 语言的数据类型。特别需要指出的是布尔型变量是不允许的，因为 SQL 语言中没有布尔型数据。

因为在 dept 表中 dname 是没有重名的，所以例 6-1 的 PL/SQL 程序执行成功。接下来，我们对例 6-1 的程序做一个小小的修改——将 ACCOUNTING 全部改为小写，即 accounting，如例 6-2 所示，之后执行这一程序。

例 6-2
```
SQL> DECLARE
  2    v_deptno  dept.deptno%TYPE;
  3    v_loc           VARCHAR2(38);
  4  BEGIN
  5    SELECT   deptno, loc
  6    INTO             v_deptno, v_loc
  7    FROM             dept
  8    WHERE    dname = 'accounting';
  9  END;
 10  /
DECLARE
*
第 1 行出现错误：
ORA-01403: 未找到任何数据
ORA-06512: 在 line 5
```

这次程序出错了。从例 6-2 的显示结果，我们可以看出这个查询没有返回任何数据行（ORA-01403: 未找到任何数据）。这就证明了"每一个 PL/SQL 的 SELECT 语句只能返回一行数据，如果没有返回任何数据，系统都会报错。"

接下来，我们对例 6-1 的程序做一些修改——将表名改为 emp，而这次是查询员工表（emp）中的员工名（ename）和工资（sal），条件是职位（job）为文员（CLERK），如例 6-3 所示。

例 6-3
```
SQL> DECLARE
  2    v_ename  emp.ename%TYPE;
  3    v_sal            emp.sal%TYPE;
  4  BEGIN
  5    SELECT   ename, sal
  6    INTO             v_ename, v_sal
  7    FROM             emp
  8    WHERE    job = 'CLERK';
```

```
 9  END;
10  /
DECLARE
*
第 1 行出现错误：
ORA-01422：实际返回的行数超出请求的行数
ORA-06512：在 line 5
```

这个程序又出错了。从例 6-3 的显示结果，我们可以看出这个查询返回多行数据（ORA-01422：实际返回的行数超出请求的行数），因为在员工表（emp）中有多名职位（job）为文员（CLERK）的员工。这就证明了 "每一个 PL/SQL 的 SELECT 语句只能返回一行数据，如果返回多行，系统都会报错。"

尽管例 6-1 的显示结果表明这一程序执行成功了，但是这也只是说明它没有语法错误了。不过是否有语义错误那就很难说了，**为此作为程序员您必须调试这一程序以保证这个程序不仅语法没有错误，而在语义上也没有错误。一般要在程序的关键部位设置断点并显示在断点处的变量或表达式的值。**例 6-1 的程序代码很简单，只要将执行 PL/SQL 的查询语句后相关的变量值显示出来就行了。

为了显示赋值后变量 v_deptno 和 v_loc 的值，我们再次将例 6-1 的程序代码做一些小小的修改，如例 6-4 所示。首先使用 VARIABLE 变量定义一个数字类型的 SQL*Plus 变量 g_deptno 和一个长度为 38 个字符的变长字符类型的 SQL*Plus 变量 g_loc。之后，在 PL/SQL 的程序代码中增加两个赋值语句，分别将 PL/SQL 变量 v_deptno 和 v_loc 赋予绑定变量（宿主变量）g_deptno 和 g_loc。

例 6-4

```
SQL> VARIABLE g_deptno NUMBER
SQL> VARIABLE g_loc VARCHAR2(38)
SQL> DECLARE
  2    v_deptno dept.deptno%TYPE;
  3    v_loc          VARCHAR2(38);
  4  BEGIN
  5    SELECT   deptno, loc
  6    INTO            v_deptno, v_loc
  7    FROM            dept
  8    WHERE    dname = 'ACCOUNTING';
  9    :g_deptno := v_deptno;
 10    :g_loc := v_loc;
 11  END;
 12  /
PL/SQL 过程已成功完成。
```

当确认例 6-4 的程序代码执行成功之后，可以使用 SQL*Plus 的 PRINT 命令分别打印出 SQL*Plus 变量 g_deptno 和 g_loc 的值，如例 6-5 和例 6-6 所示。

例 6-5

```
SQL> print g_deptno
 G_DEPTNO
----------
      10
```

例 6-6

```
SQL> print g_loc
```

```
G_LOC
---------
NEW YORK
```

也可以使用 DBMS_OUTPUT 软件包来显示 PL/SQL 变量 v_deptno 和 v_loc 的值。但是在使用 DBMS_OUTPUT 软件包之前要先执行 SQL*Plus 的 SET serveroutput ON 命令，如例 6-7 所示。

例 6-7

```
SQL> SET serveroutput ON
SQL> DECLARE
  2    v_deptno dept.deptno%TYPE;
  3    v_loc          VARCHAR2(38);
  4  BEGIN
  5    SELECT    deptno, loc
  6    INTO           v_deptno, v_loc
  7    FROM           dept
  8    WHERE     dname = 'ACCOUNTING';
  9    DBMS_OUTPUT.PUT_LINE(v_deptno);
 10    DBMS_OUTPUT.PUT_LINE(v_loc);
 11  END;
 12  /
10
NEW YORK
```

PL/SQL 过程已成功完成。

究竟是使用绑定变量还是 DBMS_OUTPUT 软件包来显示 PL/SQL 程序的变量完全是一个人的习惯问题，可以使用您认为方便的任何一种方法。不过似乎使用 DBMS_OUTPUT 软件包要简单一点。

通过使用绑定变量或使用 DBMS_OUTPUT 软件包，我们已经看到了全部所需的 PL/SQL 变量的值，但是这些值是不是正确的（即是不是等于对应的列值）我们还是不知道，那怎么才能确定它们是否相等呢？办法也十分简单，那就是使用 SQL 的查询语句直接查询 dept 表，如例 6-8 所示。

例 6-8

```
SQL> SELECT *
  2  FROM dept;
   DEPTNO DNAME                  LOC
---------- ---------------------- ---------
       10 ACCOUNTING             NEW YORK
       20 RESEARCH               DALLAS
       30 SALES                  CHICAGO
       40 OPERATIONS             BOSTON
```

当例 6-8 的查询语句执行成功之后，将显示结果中的 ACCOUNTING 部门的信息与 PL/SQL 变量 v_deptno 和 v_loc 的值进行比对就可以确定程序代码是否正确了。如果不匹配，那就说明程序代码可能有问题，就要继续调试和修改代码了。

如果 dept 表非常大，如有数百万行数据，使用例 6-8 那样的查询语句几乎根本无法获得所需的信息，那该怎么办呢？**办法还是非常简单，就是使用 WHERE 子句限制只显示满足条件的数据行，如果列很多的话，在 SELECT 子句中指定要显示的列就可以了，**如例 6-9 所示。

例 6-9

```
SQL> SELECT deptno, loc
  2  FROM dept
  3  WHERE dname = 'ACCOUNTING';
    DEPTNO  LOC
---------- ---------
        10  NEW YORK
```

例 6-9 显示的结果是不是更清晰？"路在何方？路在脚下"，实际上，您所需要的信息就在您的手指下，只需敲击几下键盘就可以获取所需要的信息，甚至有大牛吹嘘："世界就在他们的手下。"您觉得呢？

6.3 利用分组函数从表中提取数据

除了在上一节中介绍的从表中的列提取数据的方法之外，也可以使用表达式和函数，甚至使用分组函数为 PL/SQL 变量赋值。为了能更好地演示这一节的例子，首先开启 DOS 窗口，随后使用例 6-10 的 DOS 命令切换到 E 盘的 SQL 目录（这个目录是您之前创建的，可以使用不同的盘符和目录，即文件夹）。

例 6-10

```
C:\Users\Maria>cd E:\SQL
```

接下来，使用例 6-11 的 DOS 命令切换到 E 盘。最后，使用例 6-12 的命令利用绝对路径启动 SQL*Plus，并以 scott 用户登录 Oracle 数据库。

例 6-11

```
C:\Users\Maria>E:
```

例 6-12

```
E:\SQL>E:\app\product\11.2.0\dbhome_1\BIN\sqlplus scott/tiger
```

例 6-13 的 PL/SQL 程序代码是利用 SQL 的分组函数 SUM 返回某一特定部门中所有员工的工资总合。为了增加代码的重用性，在程序中是通过 SQL*Plus 的一个替代变量 p_department_id 为 PL/SQL 变量 v_deptno 赋初值的。为了显示清晰，我们使用 SQL*Plus 的 SET 命令关闭了 verify。

例 6-13

```
SQL> SET serveroutput ON
SQL> SET verify OFF
SQL> DECLARE
  2    v_sum_sal   emp.sal%TYPE;
  3    v_deptno  NUMBER NOT NULL := &p_department_id;
  4  BEGIN
  5    SELECT    SUM(sal)  -- group function
  6    INTO          v_sum_sal
  7    FROM          emp
  8    WHERE    deptno = v_deptno;
  9    DBMS_OUTPUT.PUT_LINE (v_deptno ||'号部门的工资总和为：  ' || v_sum_sal);
 10  END;
 11  /
```

```
输入 p_department_id 的值：  20
20 号部门的工资总和为： 10875

PL/SQL 过程已成功完成。
```

在执行以上这段 PL/SQL 程序代码时，当出现"输入 p_department_id 的值:"时，要输入所需的部门号（deptno 一定是在 dept 表中存在的）。当按下回车键之后，该程序继续执行，当执行成功之后就显示后面的显示信息了。

如果您又对另外一个部门的总工资感兴趣了，如 30 号部门，那又该怎么办呢？此时，完全不需要再次输入例 6-13 的 PL/SQL 程序代码，而只需使用 SQL*Plus 的重新执行命令"/"就可以了，如例 6-14 所示。

例 6-14
```
SQL> /
输入 p_department_id 的值：  30
30 号部门的工资总和为： 9400

PL/SQL 过程已成功完成。
```

再次执行 SQL*Plus 内存缓冲区中的 PL/SQL 程序代码时，当出现"输入 p_department_id 的值:"时，可以输入不同的部门号（如 30）。当按下回车键之后，该程序继续执行，当执行成功之后就显示"30 号部门的工资总和为： 9400。"和"PL/SQL 过程已成功完成。"的信息。

如果觉得这个 PL/SQL 程序写得很好，将来可能还要使用，可以使用例 6-15 的 SQL*Plus 存储命令 save 将这段 PL/SQL 程序代码存入一个脚本文件（在这个例子中是存入当前目录下的 **dept_sum_salary.sql** 文件）。随后，应该使用例 6-16 的操作系统列目录命令（dir）列出当前目录中的全部文件和目录，以确认 dept_sum_salary.sql 文件已经生成，命令中的关键字 host 表示随后的 dir 是一个操作系统（DOS）命令，而不是一个 SQL*Plus 命令。如果要查看这一文件中的内容，可以使用记事本打开它。

例 6-15
```
SQL> save dept_sum_salary.sql
已创建 file dept_sum_salary.sql
```

例 6-16
```
SQL> host dir
 驱动器 E 中的卷没有标签。
 卷的序列号是 C891-7C0B
E:\SQL 的目录
2013/12/21  10:16    <DIR>          .
2013/12/21  10:16    <DIR>          ..
2009/07/13  17:14               158 data.sql
2013/11/25  16:43               492 data.txt
2013/12/21  10:16               275 dept_sum_salary.sql
2013/11/28  08:21               555 explain.xml
2013/11/27  15:36                59 exp_par_hr.txt
2013/11/27  15:43                61 exp_par_oe.txt
2013/11/27  15:57                61 exp_par_sh.txt
```

```
2013/11/28  11:11    <DIR>          PLSQL
               7 个文件          1,661 字节
               3 个目录 19,980,136,448 可用字节
```

如果今后什么时候需要执行这段 **PL/SQL** 程序代码，就可以使用例 **6-17** 的 **SQL*Plus** 执行脚本命令**@**（也可以使用 **START**，但是在 **START** 关键字和脚本文件名之间需要至少一个空格）。

例 6-17

```
SQL> @dept_sum_salary.sql
输入 p_department_id 的值： 10
10 号部门的工资总和为： 8750

PL/SQL 过程已成功完成。
```

在执行脚本文件 dept_sum_salary.sql 中的 PL/SQL 程序代码时，当出现"输入 p_department_id 的值:"时，可以输入不同的部门号（如 10）。当按下回车键之后，该程序继续执行，当执行成功之后就显示"10 号部门的工资总和为：8750"和"PL/SQL 过程已成功完成。"的显示信息。是不是蛮方便的？原来代码重用就这么简单啊！

尽管例 6-13 的 PL/SQL 程序代码的执行结果表明这一程序执行成功了，并且也显示了所输入的部门的工资总和，但是这个工资总和是不是正确呢？到目前为止我们还是没有把握它是百分之百的正确。那么如何来确定这一点（也是最重要的一点）呢？**还是老办法，使用 SQL 的查询语句直接查询员工表 emp**，如例 6-18 所示。在这个 **SELECT** 语句中，我们使用了 **GROUP BY deptno** 子句对所查询的数据行按部门号分组并计算出每一个部门的工资总和。为了使显示结果清晰易读，在这个查询语句的最后使用了 **ORDER BY** 子句按部门号的升序显示最后的查询结果。

例 6-18

```
SQL> SELECT   deptno, SUM(sal)
  2  FROM emp
  3  GROUP BY deptno
  4  ORDER BY deptno;
   DEPTNO   SUM(SAL)
---------- ----------
       10       8750
       20      10875
       30       9400
```

将例 6-18 显示结果中的每个部门的工资总和分别与例 6-17、例 6-13 和例 6-14 的显示结果比较，可以确信例 6-13 的 PL/SQL 程序代码没有任何问题。似乎一切都在掌控之中。不过请不要过于乐观了，请读者现在静下心来再仔细重新审查一下例 6-13 的 PL/SQL 程序代码，看看是否有什么不对劲的地方？

这段程序代码的诡异之处是声明段中的"**v_sum_sal   emp.sal%TYPE;**"，可能有读者说我们已经测试了 **dept** 表中几乎所有的部门了，这程序不是好好的吗？现在，我们使用例 6-19 的 SQL*Plus 命令 DESC 列出 emp 表的结构。

例 6-19

```
SQL> desc emp
 名称                                     是否为空？ 类型
 ---------------------------------------- -------- --------------
```

```
EMPNO                                    NOT NULL NUMBER(4)
ENAME                                             VARCHAR2(10)
JOB                                               VARCHAR2(9)
MGR                                               NUMBER(4)
HIREDATE                                          DATE
SAL                                               NUMBER(7,2)
COMM                                              NUMBER(7,2)
DEPTNO                                            NUMBER(2)
```

　　请读者注意 sal 列的定义，这一列的数据类型是 NUMBER(7,2)，即 5 位整数两位小数，而 5 位整数最多只能表示 99999。请读者进一步设想一下，**如果这个公司或机构很大，每一个部门的员工很多，那就可能造成 v_sum_sal 的精度不够**（因为这个变量的数据类型和精度与 **emp 表**中 **sal 列**完全相同），也就是常说的溢出。因此，实际的生产程序中必须要避免这一情况的发生。这样的错误是很难追踪的，因为平时没有溢出时程序运行得好好的，只有发生溢出时程序才会报错。而在程序测试阶段一般数据量比较小，可能根本发现不了这样的错误。

　　那么，怎样避免这样的错误发生呢？办法很简单，就是将 v_sum_sal 的精度加大，如将这个变量的声明改为"**v_sum_sal　NUMBER(12, 2);**"（可以根据实际情况来定义该变量的精度）。在定义变量时，一定记住要为扩展留下足够的空间，因为公司可能迅速扩展（增加员工），或通货膨胀造成员工的工资急剧上涨，或公司雇佣了许多高薪的经理和销售等。

　　在这样的 **PL/SQL** 程序中，分组函数 **AVG、MIN、MAX** 都不会出现问题，唯一可能出问题的就是 **SUM**。

☞ **指点迷津：**

> 在 PL/SQL 中不能直接使用分组函数，只能在所嵌入的 SQL 语句中使用分组函数，如不能使用 "v_sum_salaries := SUM(emp.sal);"。

6.4　PL/SQL 变量与列同名的问题及命名惯例

　　尽管在 **PL/SQL** 程序中 **PL/SQL** 变量可以与所操作的表中的列同名，但这可能会使程序的易读性明显下降，而且有时也可能产生错误。我们通过执行例 6-20 的 PL/SQL 程序代码来进一步解释由于 PL/SQL 变量与数据库表中的列名同名所引发的问题。在这个程序的声明段，我们声明了四个 PL/SQL 变量，它们都与要操作的列同名，而且数据类型也完全相同。

例 6-20
```
SQL> DECLARE
  2    ename           emp.ename%TYPE;
  3    hiredate        emp.hiredate%TYPE;
  4    sal             emp.sal%TYPE;
  5    empno           emp.empno%TYPE := 7788;
  6  BEGIN
  7    SELECT    ename, hiredate, sal
  8    INTO      ename, hiredate, sal
  9    FROM      emp
 10    WHERE     empno = empno;
```

```
 11  END;
 12  /
DECLARE
*
第 1 行出现错误:
ORA-01422: 实际返回的行数超出请求的行数
ORA-06512: 在 line 7
```

以上这段 PL/SQL 程序代码并没有成功地执行, 而是产生了错误。因为这个程序中的所有变量都与要操作的列同名, 所以这可能是造成问题的原因。顺序地仔细分析 PL/SQL 的查询语句中的每一个子句:

（1）显然 SELECT 子句不可能有问题, 因为 SELECT 子句中不可能有 PL/SQL 变量, 只可能有列名或 SQL 表达式等。

（2）显然 INTO 子句也不可能有问题, 因为 INTO 子句中只能有 PL/SQL 变量, 不可能有列名。

（3）可能出现问题的地方只有 WHERE 子句, 因为 WHERE 子句中既可以有列也可以有变量。

根据以上的分析, 实际上, 只要修改一下 WHERE 子句, 保证在 WHERE 子句不会出现二义性, 例 6-20 的程序代码还是可以正常运行的, 修改后的程序代码如例 6-21 所示。

例 6-21

```
SQL> DECLARE
  2    ename          emp.ename%TYPE;
  3    hiredate       emp.hiredate%TYPE;
  4    sal            emp.sal%TYPE;
  5    v_empno        emp.empno%TYPE := 7788;
  6  BEGIN
  7    SELECT   ename, hiredate, sal
  8    INTO     ename, hiredate, sal
  9    FROM     emp
 10    WHERE    empno = v_empno;
 11  END;
 12  /
PL/SQL 过程已成功完成。
```

以上 PL/SQL 代码的改动非常小, 只是将原来的变量名 empno 改为了与 emp 表中的列 empno 不同名的 v_empno 了。显然, 以上程序代码的易读性也很差。**为了提高程序代码的易读性, 应该尽量按照我们之前介绍的变量（或标识符）的命名习俗来声明变量, 当然最好避免变量和列名（也包括表名）同名, 以避免不必要的麻烦。** 因为 Oracle 系统在执行 PL/SQL 中嵌入的 SQL 语句时是按标识符的优先次序来处理标识符的, 所以如果 PL/SQL 变量与列名同名（或表名）, 则可能会造成程序的二义性。Oracle 的处理变量、参数、表和列的优先级如下:

（1）PL/SQL 首先检查数据库表中列的名字。

（2）数据库表中的列名优先于本地变量名。

（3）但本地变量名和形式参数名优先于数据库的表名。

知道了 Oracle 的处理变量、参数、表和列的优先级, 我们在编程工作中就更应该使用之前介绍过的标识符的命名惯例（指导原则）来声明变量和定义参数了, 这也可以有效地避免程序的模糊性, 特别是在 WHERE 子句中。这里再强调一次, 在实际的 PL/SQL 程序开发中, 应该杜绝使用数据库表中的列名作为 PL/SQL 标识符的现象存在, 这样会明显减少 PL/SQL 程序出错的概率, 而且程序代码也更容易调试和维护。

　　您也可以使用 Oracle SQL Developer 来开发和调试例 6-20 的 PL/SQL 程序代码。首先，启动 SQL Developer，并使用 scott 用户连接到 Oracle 数据库上。之后，在 SQL 工作表中直接输入例 6-20 的代码。随后，用鼠标的左键单击 SQL 工作表上方最左边的执行图标，SQL Developer 将弹出如图 6.1 所示的出错窗口。

图 6.1

　　另外，也可以使用记事本打开附赠资源包中 codes\ch6 目录中的 ch6_7 正文文件（这个文件存有例 6-20 的全部 PL/SQL 程序代码），全选所有的内容，之后复制并粘帖到 SQL 工作表中，这可能更简单些。这次使用鼠标左键单击 SQL 工作表上方左边第 2 个执行脚本图标，这次 SQL Developer 并没有弹出错误窗口，而是将出错信息连同程序的源代码一起都显示在 SQL Developer 下方的显示窗口中，如图 6.2 所示。

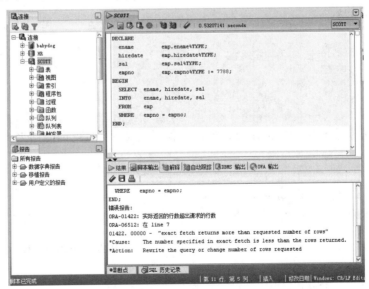

图 6.2

许多开发人员更喜欢 Oracle SQL Developer 这一图形界面的开发和调试工具，因为它似乎更简单而且显示的信息也更丰富。不过为了使读者可以在不同版本的 Oracle 数据库上都能顺利地进行 PL/SQL 程序的开发和调试，也为了使读者将来成为真正的 Oracle 专业工作者奠定基础，本书将坚持以使用命令行工具 SQL*Plus 为主。

6.5　数据库中数据维护概述和准备工作

在 PL/SQL 程序中，使用 SELECT 语句可以将 Oracle 数据库表中列装入到 PL/SQL 变量中。这样 PL/SQL 程序可以对这些变量进行进一步的处理。往往是处理之后还要写回数据库的表中，这就需要使用数据维护语言的命令了。如同在 SQL 中一样，在 PL/SQL 中也是使用数据维护语言（DML）的命令来维护数据库中的数据的。可以在 PL/SQL 程序中不受任何限制地使用所有数据维护语言的命令，包括 INSERT、UPDATE、DELETE 和 MERGE。也同 SQL 语言中一样，所执行的 DML 语句的结束并不自动结束事物，所以在 PL/SQL 程序中也要使用事物控制语句 COMMIT 或 ROLLBACK 来结束一个事物。以下简单地解释一下这几个 DML 命令的功能：

- ❯　INSERT 语句往一个表中添加一行新的数据。
- ❯　UPDATE 语句更改一个表中现有的数据行。
- ❯　DELETE 语句从一个表中移除数据行。
- ❯　MERGE 语句从一个表中选择数据行以修改或插入到另一个表。MERGE 语句是基于 ON 子句中的条件来决定对目标表执行的是修改还是插入操作。因此必须在目标表上有 INSERT 和 UPDATE 系统权限，并且在源表上具有 SELECT 系统权限。

为了数据库的安全及讲解方便，我们先使用例 6-22 和例 6-24 的 SQL 语句在 SCOTT 用户中创建两个临时的表 emp_pl 和 dept_pl。因为本章的大多数命令都很 "危险"，所以在这一章中所有的命令将使用这两个临时的表。

例 6-22

```
SQL> CREATE TABLE emp_pl
  2    AS
  3    SELECT *
  4    FROM emp;
表已创建。
```

当 SQL*Plus 显示表已创建之后，可以使用类似于例 6-23 的查询语句来检查刚创建的 emp_DML 表是否正确。

例 6-23

```
SQL> SELECT ename, job, sal
  2    FROM emp_pl;
结果已省略。
```

当创建了 emp_pl 表之后，就可以使用例 6-24 的 SQL 语句创建 dept_DML 表了。

例 6-24

```
SQL> CREATE TABLE dept_pl
  2    AS
```

```
3    SELECT *
4    FROM dept;
表已创建。
```

当 SQL*Plus 显示表已创建之后，可以使用类似于例 6-25 的 SQL 查询语句来检查一下刚创建的 dept_pl 表是否正确。

例 6-25

```
SQL> select * from dept_pl;
   DEPTNO DNAME          LOC
---------- -------------- --------
       10 ACCOUNTING     NEW YORK
       20 RESEARCH       DALLAS
       30 SALES          CHICAGO
       40 OPERATIONS     BOSTON
```

也是为了后面的操作方便，可以让 Oracle 系统自动产生部门号（dept_id），可以使用例 6-26 的 DDL 语句来创建一个叫 deptid_sequence 的序列号（产生器）。

例 6-26

```
SQL> CREATE SEQUENCE deptid_sequence
  2      START WITH 50
  3      INCREMENT BY 5
  4      MAXVALUE 99
  5      NOCACHE
  6      NOCYCLE;
序列已创建。
```

例 6-26 的结果只显示"序列已创建。"从这个结果中是无法得知一个序列号（产生器）的详细信息的，可以通过使用 Oracle 提供的数据字典 user_sequences 来得到有关的信息。现在可以使用例 6-28 的查询语句来检查一下刚刚创建的序列号（产生器）是否正确。不过在这之前最好使用例 6-27 的 SQL*Plus 的格式化命令将 sequence_name 重新格式化一下。

例 6-27

```
SQL> col sequence_name for a18
```

例 6-28

```
SQL> SELECT sequence_name, min_value, max_value,
  2         increment_by, last_number
  3  FROM user_sequences;
SEQUENCE_NAME      MIN_VALUE  MAX_VALUE INCREMENT_BY LAST_NUMBER
------------------ ---------- ---------- ------------ -----------
DEPTID_SEQUENCE             1         99            5          50
```

例 6-28 所显示的结果表明，刚创建的序列号（产生器）deptid_sequence 已准确地记录到 Oracle 系统中。接下来，就可以使用它进行后续的 DML 操作了。

6.6　插入数据、修改数据和删除数据

在这一节中，我们将顺序地介绍在 PL/SQL 中前三个 DML 语句的具体语法。由于 MERGE 语句比较复杂而且也不属于标准 SQL（是 Oracle 扩充的），我们在之后用两节的篇幅来详细介绍。首

先，使用例 6-29 的 PL/SQL 程序代码利用插入命令往 dept 表中添加一行数据。在这个例子中，我们使用了上一节刚刚创建的序列 deptid_sequence 的伪列 NEXTVAL 来产生新纪录的 deptno，而且部门名和地址都使用的中文。需要注意的是，在输入中文字符串时，单引号要在英文模式下输入（实际上，其他定界符也应该在英文模式下输入），否则系统可能会报错。

例 6-29

```
SQL> BEGIN
  2    INSERT INTO dept(deptno, dname, loc)
  3    VALUES          (deptid_sequence.NEXTVAL, '公关部', '公主坟区');
  4  END;
  5  /
PL/SQL 过程已成功完成。
```

当看到"PL/SQL 过程已成功完成。"时就表示以上 PL/SQL 程序代码已经成功地执行。在 PL/SQL 程序块中使用 INSERT 语句时，除了可以使用数据库中现存的序列（如例 6-29）之外，还可以使用 SQL 函数，如 USER 和 CURRENT_DATE，甚至还可以使用在 PL/SQL 程序块中的导出值。

随后应该使用例 6-30 的 SQL 语句查询 dept 表中目前的内容，以确认由以上 PL/SQL 程序代码所做的插入操作是否成功。

例 6-30

```
SQL> select * from dept;
    DEPTNO DNAME                    LOC
---------- -------------------- ---------
        50 公关部                    公主坟区
        10 ACCOUNTING               NEW YORK
        20 RESEARCH                 DALLAS
        30 SALES                    CHICAGO
        40 OPERATIONS               BOSTON
```

看到例 6-30 的显示结果，心里踏实了吧？似乎一切尽在掌控之中。不过事实可能并不像想象的那么简单。现在，再次以 SCOTT 用户登录 Oracle 数据库（不要关闭当前的会话窗口）。之后，使用例 6-31 的 SQL 语句再次查询 dept 表中的内容。

例 6-31

```
SQL> select * from dept;
    DEPTNO DNAME                    LOC
---------- -------------------- --------
        10 ACCOUNTING               NEW YORK
        20 RESEARCH                 DALLAS
        30 SALES                    CHICAGO
        40 OPERATIONS               BOSTON
```

从例 6-31 的显示结果您会惊奇地发现其实什么也没变，这是为什么呢？

这是因为 PL/SQL 程序块的结束并不自动结束事物，要想结束一个事物，必须显式地使用事物控制语句 commit（提交事物）或 rollback（回滚事物）。可能有读者认为这是不是太麻烦了，如果每个程序块结束都自动提交事务不是更方便？实际上，这正是 Oracle 的高明之处。因为在真正的生产程序中，有些数据要经过相当复杂的处理（这些处理可能需要多个程序块来完成）之后才能决定是否提交这些变化，如果每个程序块结束都自动提交事务，就使得程序的逻辑流程非常难控制，因此 PL/SQL 的设计者将提交和回滚事物的生杀大权交给了程序员（PL/SQL 开发者），这使得程序员可以随心所欲地控制事物的提交与回滚，是不是太方便了？

接下来，我们介绍在 PL/SQL 程序块中如何使用 SQL 的 UPDATE 语句来更改表中的数据的。工会发现在公司中，职位是文员（CLERK）的工资过低，明显低于目前劳务市场中类似职位的平均工资。经过工会与公司高级管理层长时间艰苦的谈判，最后公司高级管理层终于让步，同意将公司中所有文员的工资在原有的基础上增加 250 元。为了验证 PL/SQL 程序的方便性，您首先使用例 6-32 的 SQL 语句查询员工（emp）表中所有文员的相关信息。

例 6-32

```
SQL> SELECT empno, ename, job, sal
  2  FROM emp
  3  WHERE job = 'CLERK';
    EMPNO ENAME            JOB                    SAL
--------- ---------------- ----------------- -------
     7369 SMITH            CLERK                  800
     7876 ADAMS            CLERK                 1100
     7900 JAMES            CLERK                  950
     7934 MILLER           CLERK                 1300
```

接下来，使用例 6-33 的 PL/SQL 程序代码利用修改命令将 emp 表中所有职位（job）为文员（CLERK）的工资增加，替代变量所提供的值。在这个例子中，我们使用 SQL*Plus 替代变量为 PL/SQL 变量 v_sal_increase 赋初值的目的是为了将来重用这段 PL/SQL 程序代码提供方便，因为在每次运行这段程序代码时，可以根据实际情况输入不同的增加值。

例 6-33

```
SQL> SET verify OFF
SQL> DECLARE
  2    v_sal_increase   emp.sal%TYPE := &p_salary_increase;
  3  BEGIN
  4    UPDATE   emp
  5    SET      sal = sal + v_sal_increase
  6    WHERE    job = 'CLERK';
  7  END;
  8  /
输入 p_salary_increase 的值： 250

PL/SQL 过程已成功完成。
```

在执行以上这段 PL/SQL 程序代码时，当出现"输入 p_salary_increase 的值:"时，您要输入所需的工资增加值（这次是 250）。当按下回车键之后，该程序继续执行，当执行成功之后，就显示后面的显示信息了。

如果觉得这个 PL/SQL 程序写得很好，将来可能还要使用，可以使用类似例 6-15 的 SQL*Plus 存储命令 save 将这段 PL/SQL 程序代码存入一个脚本文件。将来再增加工资时，就可以直接运行这个脚本文件了。

随后应该使用例 6-34 的 SQL 语句查询 emp 表中目前所有文员的相关信息以确认由以上 PL/SQL 程序代码所做的修改操作是否成功。

例 6-34

```
SQL> SELECT empno, ename, job, sal
```

```
 2  FROM emp
 3  WHERE job = 'CLERK';
    EMPNO ENAME                JOB                     SAL
---------- ---------------- ------------------ --------
      7369 SMITH            CLERK                    1050
      7876 ADAMS            CLERK                    1350
      7900 JAMES            CLERK                    1200
      7934 MILLER           CLERK                    1550
```

例 6-34 的显示结果表明似乎一切尽在掌控之中。不过有了上一次的教训，现在也不敢高兴得太早了。为了保险起见，再次以 SCOTT 用户登录 Oracle 数据库（不要关闭当前的会话窗口）。之后，使用例 6-35 的 SQL 语句再次查询 emp 表中目前所有文员的相关信息。

例 6-35

```
SQL> SELECT empno, ename, job, sal
 2  FROM emp
 3  WHERE job = 'CLERK';
    EMPNO ENAME                JOB                     SAL
---------- ---------------- ------------------ --------
      7369 SMITH            CLERK                     800
      7876 ADAMS            CLERK                    1100
      7900 JAMES            CLERK                     950
      7934 MILLER           CLERK                    1300
```

看了例 6-35 的显示结果，您应该明白了以上所得出的结论 "PL/SQL 程序块的结束并不自动结束事物，要想结束一个事物，必须显式地使用事物控制语句 commit（提交事物）或 rollback（回滚事物）"，也同样适用于包含 UPDATE 语句的 PL/SQL 程序块，其实这一结论适用于所有的 DML 语句。

不仅如此，如果目前在例 6-35 所在会话中使用例 6-36 的 SQL 的 UPDATE 语句，会发现光标会一直停在该语句之后的下一行的开始处不停地闪烁。实际上，这个语句处在等待状态，因为例 6-33 中所执行的修改操作既没有被提交也没有被回滚，所以所操作的数据行一直被锁住。

例 6-36

```
SQL> update emp
 2  set sal = 1470
 3  where job = 'CLERK';
```

此时，切换回执行那个 PL/SQL 程序块的会话窗口，并执行例 6-37 的 SQL 回滚语句（也可以是提交语句）。

例 6-37

```
SQL> rollback;
回退已完成。
```

随后，再次切换回使用 SQL 的 UPDATE 语句所在的会话窗口。此时，将看到这个 UPDATE 语句的如下显示输出结果：

```
已更新 4 行。
```

最后，我们介绍在 PL/SQL 程序块中如何使用 SQL 的 DELETE 语句从表中删除数据行。虽然您的老板是一位大慈大悲的"活菩萨"，但公司经过员工集体减薪和结构重组后仍然持续亏损，老板要是不采取非常手段的话，公司可能只有倒闭。老板出于无奈，为了大多数员工和股东们的利益而不得不开"杀戒",即解雇一批员工。

　　为此,公司的董事们开了一次决定公司生死存亡的重要会议。在这次充满了火药味的会议上,老板想当"和事佬"也不行了,董事们最终一致认为:"那些拿高薪的经理们都是无用之人,应该最先赶走;那些拿高薪的推销员也迟迟没有业绩,也得离开。"

　　您又一次成了这个重大决议的执行者。根据董事会的决议,老板通知您首先将工资高于 1300 元的所有销售人员的记录从数据库中删掉(即炒鱿鱼)。为了将来验证方便,您使用了例 6-38 的查询语句来查看一下在 emp_pl 表中所有的销售人员的记录,并按工资由低到高排序(也是想最后看看您的那些老领导和老同事们,因为下一波大裁员还不知道轮到谁呢)。

例 6-38

```
SQL> SELECT *
  2  FROM emp_pl
  3  WHERE JOB = 'SALESMAN'
  4  ORDER BY sal;
EMPNO ENAME    JOB          MGR HIREDATE          SAL   COMM   DEPTNO
------ -------- ---------- ------ -------------- ------ ------ ----------
 7521 WARD     SALESMAN     7698 22-2 月 -81     1250    500       30
 7654 MARTIN   SALESMAN     7698 28-9 月 -81     1250   1400       30
 7844 TURNER   SALESMAN     7698 08-9 月 -81     1500      0       30
 7499 ALLEN    SALESMAN     7698 20-2 月 -81     1600    300       30
```

　　当您最后一次仔细地浏览了例 6-38 结果中那些熟悉和亲切的信息之后,忧伤而不情愿地执行了例 6-39 的 PL/SQL 程序代码,从员工表中删除工资高于 1300 元的所有销售人员的数据。这里需要指出的是,在声明变量 v_job 语句中用来初始化该变量的 SQL*Plus 替代变量 p_job 最好使用单引号,这样做程序运行时输入字符串时就不需要再输入单引号了。SET verify OFF 不是 PL/SQL 语句,而是 SQL*Plus 命令。

例 6-39

```
SQL> SET verify OFF
SQL> DECLARE
  2    v_job   emp_pl.job%TYPE := '&p_job';
  3    v_sal   emp_pl.sal%TYPE := &p_salary;
  4  BEGIN
  5    DELETE FROM   emp_pl
  6    WHERE  job = v_job
  7    AND       sal > v_sal;
  8  END;
  9  /
输入 p_job 的值: SALESMAN
输入 p_salary 的值: 1300

PL/SQL 过程已成功完成。
```

　　在执行以上这段 PL/SQL 程序代码时,当出现"输入 p_job 的值:"时,要输入 SALESMAN(销售人员);当出现"输入 p_salary 值:"时,要输入 1300。当按下回车键之后,该程序继续执行,当执行成功之后,就显示后面的显示信息了。

　　如果觉得这个 PL/SQL 程序写得很好,将来可能还要使用,可以使用类似例 6-15 的 SQL*Plus

存储命令 save 将这段 PL/SQL 程序代码存入一个脚本文件。将来可以使用这个脚本删除其他没用的员工，如高薪的经理。

尽管您非常不情愿，但还是应该使用例 6-40 的查询语句来检查一下例 6-39 所做的删除是否已正确执行。

例 6-40

```
SQL> SELECT *
  2  FROM emp_pl
  3  WHERE JOB = 'SALESMAN'
  4  ORDER BY sal;
EMPNO ENAME   JOB             MGR HIREDATE          SAL   COMM  DEPTNO
------ ------- -------- ---------- -------------- ------ ------ -----
 7654 MARTIN  SALESMAN        7698 28-9 月 -81      1250  1400      30
 7521 WARD    SALESMAN        7698 22-2 月 -81      1250   500      30
```

☞ **指点迷津：**

> 如果在 DELETE 语句中没有使用 WHERE 子句，该命令将删除整个表的全部内容。在使用这个语句时一定要确保 WHERE 子句准确无误，否则会产生意想不到的结果。在我们以上的例子中，如果没有写 WHERE 子句，其结果是全公司的员工全被炒鱿鱼了；如果 WHERE 子句的条件写反了，那就会造成该炒鱿鱼的员工全留下来了，而需要留下的员工全被炒鱿鱼了。是不是挺恐怖的？这还不算恐怖的，如果是一个司法系统，那就会造成判了死刑的罪犯全留下了，而没判死刑的全都毙了。UPDATE 语句也存在类似的问题，因此在使用时也要非常小心。

6.7　MERGE 语句

接下来，我们用两节的篇幅来较为详细地介绍 MERGE 语句的语法以及如何使用这一语句。Oracle 最初是以支持联机事务处理（OLTP）系统起家的，Oracle 的这一市场策略是相当成功的。虽然数据仓库系统（决策支持系统）的理论很早就已经比较成熟了，但是数据仓库系统需要消耗大量的硬件资源。而在上个世纪 90 年代中期之前，计算机的硬件价格还是相当昂贵的，一般的公司想要购买一台可以运行数据仓库系统的计算机是一件不现实的事情。真正奠定 Oracle 数据库霸主地位的是 Oracle 7，在当时它是一个非常成功的关系型数据库管理系统。Oracle 系统是一个相当稳定的数据库系统，从这一版本诞生以来一直到目前为止，Oracle 系统的体系结构和基本的命令行操作没有什么重大的变化。

许多人觉得是 Oracle 8i 开始支持互联网操作的，其实这是一个误解。在研发 Oracle 8 时 Oracle 公司的决策层进行了一场豪赌。当时 Internet 还处于起步阶段，Oracle 的最高决策层就预言 Internet 在不远的将来一定会大行其道，所以 Oracle 8 全面的支持互联网操作，也是当时唯一全面支持互联网的关系数据库系统。在对待 Internet 上，微软和 IBM 等 IT 巨人都看走眼了。主要竞争对手的重大失误使得 Oracle 公司占尽了先机，尽管后来微软和 IBM 都很快地调整了策略，但是已经为时晚矣。时至今日，还没有任何一个公司能真正撼动 Oracle 数据库系统市场的霸主地位。在 2012 年，Oracle 数据库市场份额为 48.3%，收入份额大于四个最接近的竞争对手的总和，并领先最接近的竞争对手 29%的收入份额。

不过早期的版本对数据仓库的支持并不好。在上个世纪 90 年代中后期，计算机硬件价格开始不断暴跌，而性能持续攀升，许多小型机已经可以应付一般的数据仓库操作了，因此从 Oracle 8i 开始，Oracle 开始了向数据仓库领域的全面扩张，并在 Oracle 9i 和以后的版本中不断加强和完善数据仓库的功能。

MERGE 语句是在 Oracle 9i 加入的，引入这一语句的主要目的是支持数据仓库系统（决策支持系统）的数据转储操作。 因为最初数据的收集（采集）主要是由联机事务处理（OLTP）系统来完成的，如销售数据、订单数据和发票数据等。这些数据都有一个特点，那就是随着时间的流逝，那些时间较长的数据就成为了静止（不变）的数据。这些静止的数据一般在联机事务处理系统上很少使用，许多公司会将它们导到数据仓库系统中。

由于在大型机构中数据量很大而且数据库管理和维护人员也可能很多，这就有可能出现这样的情况，在将 OLTP 表的数据导入数据仓库的表时，一些数据已经在数据仓库的表中存在了，这可能就会造成数据的冲突。**在引入 MERGE 语句之前，为了准确而安全地完成这类操作确实是一件令不少数据库工作人员感到畏惧的工作，因为在早期经常是使用 PL/SQL 的循环体和多个 DML 语句来完成这样的操作。**

正是 MERGE 语句的引入使这一之前十分艰巨的数据库维护工作变得简单而轻松起来（最起码 Oracle 的设计者们是这样认为的）。利用 MERGE 语句，可以根据设定的条件来决定对表的操作是修改、插入还是删除，从而避免了使用多个 DML 语句。以下就是 MERGE 语句的基本语法格式：

```
MERGE INTO table_name table_alias
  USING (table|view|sub_query) alias
  ON (join condition)
  WHEN MATCHED THEN
    UPDATE SET
    col1 = col1_val,
    col2 = col2_val
  WHEN NOT MATCHED THEN
    INSERT (column_list)
    VALUES (column_values);
```

在以上 MERGE 语句的基本语法中，其中的子句和关键字的含义如下：

INTO 子句——说明正在修改或插入的目标表。

USING 子句——标识要修改或插入的数据源，既可以是表，也可以是视图，甚至可以是子查询。

ON 子句——定义 MERGE 语句是进行修改操作还是进行插入操作的条件。

WHEN MATCHED THEN——定义当条件满足时所做的操作。

WHEN NOT MATCHED THEN——定义当条件不满足时所做的操作。

6.8 合并数据库中的数据行

为了能够完成后续的操作，首先以 scott 用户登录 Oracle 数据库系统。随即，使用例 6-41 的 DDL 语句创建一个名为 copy_emp 的表。

例 6-41

```
SQL> create table copy_emp
  2 as
```

```
  3  select * from emp
  4  where deptno = 20;
表已创建。
```

以上这个 DDL 语句的目的是创建一个只包括第 20 号部门的员工信息的表。接下来，应该使用例 6-42 的 SQL 语句来验证所需要的数据是否都已经生成。

例 6-42

```
SQL> select * from copy_emp;
EMPNO ENAME      JOB        MGR   HIREDATE          SAL      COMM       DEPTNO
----- ---------  ---------  ----- ---------------  ------  ----------  -------
 7369 SMITH      CLERK       7902 17-12 月-80        800                 20
 7566 JONES      MANAGER     7839 02-4 月 -81       2975                 20
 7788 SCOTT      ANALYST     7566 19-4 月 -87       3000                 20
 7876 ADAMS      CLERK       7788 23-5 月 -87       1100                 20
 7902 FORD       ANALYST     7566 03-12 月 -81      3000                 20
```

接下来，可以利用例 6-43 的 PL/SQL 程序代码对 copy_emp 进行这样的操作——当 emp 表中的 empno 在 copy_emp 中已经存在时，即 ON 条件成立时，执行修改操作；而如果不存在时，即 ON 条件不成立时，执行插入操作。

例 6-43

```
SQL> BEGIN
  2    MERGE INTO copy_emp c
  3        USING emp e
  4        ON (c.empno = e.empno)
  5      WHEN MATCHED THEN
  6        UPDATE SET
  7            c.empno      = e.empno,
  8            c.ename      = e.ename,
  9            c.job        = e.job,
 10            c.mgr        = e.mgr,
 11            c.hiredate    = e.hiredate,
 12            c.sal        = e.sal,
 13            c.comm      = e.comm,
 14            c.deptno        = e.deptno
 15      WHEN NOT MATCHED THEN
 16        INSERT VALUES(e.empno, e.ename, e.job, e.mgr,
 17                    e.hiredate, e.sal, e.comm, e.deptno );
 18  END;
 19  /
BEGIN
*
第 1 行出现错误:
ORA-38104: 无法更新 ON 子句中引用的列: "C"."EMPNO"
ORA-06512: 在 line 2
```

看到系统显示的以上错误信息，您是不是也感到奇怪？请不要紧张，**因为 Oracle 规定在 on 条件中的列是不能更新的**。其实也很容易理解，on 条件中的列是用来检索两张表的，若可以被修改，那检索条件就是在运行期间可以动态改变的了。而这是 oracle 所不允许的，oracle 在发出一个查询请求时，结果集就已经确定的了。

为了纠正以上的错误，可以将以上 PL/SQL 程序代码中的 MERGE 语句中 UPDATE SET 之后的那一整行 "c.ename = e.ename," 全部删掉，之后重新运行这段修改过的 PL/SQL 程序代码，其程序代码和执行结果如例 6-44 所示。

例 6-44

```
SQL> BEGIN
  2    MERGE INTO copy_emp c
  3        USING emp e
  4        ON (c.empno = e.empno)
  5        WHEN MATCHED THEN
  6          UPDATE SET
  7            c.ename        = e.ename,
  8            c.job          = e.job,
  9            c.mgr          = e.mgr,
 10            c.hiredate     = e.hiredate,
 11            c.sal          = e.sal,
 12            c.comm         = e.comm,
 13            c.deptno       = e.deptno
 14        WHEN NOT MATCHED THEN
 15          INSERT VALUES(e.empno,  e.ename, e.job, e.mgr,
 16                        e.hiredate, e.sal, e.comm, e.deptno );
 17  END;
 18  /
PL/SQL 过程已成功完成。
```

这回这段 PL/SQL 程序代码就执行成功了。最后，应该使用例 6-45 的 SQL 查询语句确认以上 MERGE 语句确实是正确的。

例 6-45

```
SQL> select * from copy_emp order by deptno;
```

EMPNO	ENAME	JOB	MGR	HIREDATE	SAL	COMM	DEPTNO
7839	KING	PRESIDENT		17-11 月-81	5000		10
7782	CLARK	MANAGER	7839	09-6 月 -81	2450		10
7934	MILLER	CLERK	7782	23-1 月 -82	1300		10
7902	FORD	ANALYST	7566	03-12 月-81	3000		20
7876	ADAMS	CLERK	7788	23-5 月 -87	1100		20
7788	SCOTT	ANALYST	7566	19-4 月 -87	3000		20
7369	SMITH	CLERK	7902	17-12 月-80	800		20
7566	JONES	MANAGER	7839	02-4 月 -81	2975		20
7900	JAMES	CLERK	7698	03-12 月-81	950		30
7844	TURNER	SALESMAN	7698	08-9 月 -81	1500	0	30
7698	BLAKE	MANAGER	7839	01-5 月 -81	2850		30
7654	MARTIN	SALESMAN	7698	28-9 月 -81	1250	1400	30
7499	ALLEN	SALESMAN	7698	20-2 月 -81	1600	300	30
7521	WARD	SALESMAN	7698	22-2 月 -81	1250	500	30

已选择 14 行。

看了以上的查询结果，心里踏实多了吧？MERGE 语句还这么神奇！没想到吧？只有您想不到的，没有 Oracle 做不到的，是不是？

与其他三个 DML（插入、修改和删除）语句一样，在 MERGE 语句的结束以及包含这一语句的 PL/SQL 程序块的结束并不自动地结束事物。作为程序员，要使用 SQL 的 commit 或 rollback 语句显式地提交或回滚事物。控制事物的条件或回滚是程序员的权利，也是程序员的义务。

6.9 您应该掌握的内容

在学习第 7 章之前，请检查一下您是否已经掌握了以下内容：

↘ 哪些 SQL 语句不能在 PL/SQL 程序块中直接使用。

↘ 在 PL/SQL 程序中怎样从数据库中提取数据。

↘ 熟悉扩充后 PL/SQL 中的 SELECT 语句的语法。

↘ 熟悉使用 SELECT 语句从数据库中提取数据时可能出现的问题及解决方法。

↘ 如何显示或追踪 PL/SQL 变量的值。

↘ 怎样利用分组函数从表中提取数据和可能出现的问题以及解决的方法。

↘ 熟悉 Oracle 在执行 PL/SQL 中嵌入的 SQL 语句时处理标识符优先级。

↘ 怎样有效地避免由于标识符与列（或表）重名而产生的程序二义性。

↘ 熟悉在 PL/SQL 程序中使用数据维护语言的方法。

↘ 熟悉在 PL/SQL 程序中事物控制的方法。

↘ 熟悉 MERGE 语句的功能及如何使用它进行数据的合并操作。

第 7 章 分支（条件）语句

分支与循环是所有程序设计语言必备的功能。实际上，任何一个程序设计语言的语句都可以归入顺序、分支和循环这三类。从理论上讲，只要有了这三类语句就可以编写任何程序了。顺序、分支和循环这三类语句执行方式分别如图 7.1、图 7.2 和图 7.3 所示。

图 7.1　　　　　　　　　　　　图 7.2　　　　　　　　　　　　图 7.3

以上三大类操作也是自然界中最基本的运作方式。如果我们的祖先只知道运用顺序和简单的重复（循环），那么我们人类现在还与其他动物一样生活在蛮荒时代。

正是通过仔细地观察周围的环境不断地探索和实践，我们的祖先逐渐地掌握了在面对不同的条件（环境）时做出不同的正确判断的能力，才使人类从众多强大的竞争对手中脱颖而出不断地进化最终成为了智能生物。

通过把那些繁重而简单重复的体力劳动交给原始工具（如牛、马等），人类进入了农耕文明。通过把那些繁重而简单重复的体力劳动交给复杂的机械工具，人类又迈入了工业文明。现在，通过把那些繁琐而简单的重复的脑力工作交给计算机，人类又步入了信息文明。至此，人类终于完成了伟大的生物进化历程，成为了地球上的万物之灵。

原来顺序、分支和循环也是自然和人类发展进程中的最基本的三大要素，没想到吧？原来程序设计中最核心也是基本的语句（命令）也同样来自于自然之母。在前面的章节中我们已经相当详细地介绍了顺序操作，从这章开始介绍的分支和循环也被称为控制结构，这一章将系统地介绍在PL/SQL 语言中非常重要的分支语句（操作），而循环语句（操作）将在第 8 章中详细介绍。

7.1　PL/SQL 中的布尔条件

与现实生活一样，在 PL/SQL 程序设计语言中也是通过条件才能组成所谓智能的程序代码以使PL/SQL 能够做出正确的决策，这也是为什么要首先学习如何将问题构造成一个条件的原因。其实，一个条件只不过是一个能以是（True）与否（False）来清楚地回答的一个问题。几乎所有的问题都是用来帮助比较的句子，您可以使用本书第 4 章 4.6 节中介绍的 PL/SQL 比较操作符将数字、字符和日期表达式组合成简单的布尔条件。

如果要构建一个复杂的布尔条件，需要使用逻辑运算符 AND（逻辑与/逻辑乘）、OR（逻辑加/逻辑或）和 NOT（逻辑非）将简单的布尔条件组合在一起。与传统的逻辑运算有所不同，Oracle PL/SQL（或 Oracle SQL）中的逻辑运算不是 2 值逻辑（即只有 TRUE 或 FALSE）而是 3 值逻辑

（除了 TRUE 与 FALSE 之外，还有 NULL）。因此，在 PL/SQL 中逻辑运算也就更为复杂。为了帮助读者更好地理解 PL/SQL 的逻辑运算，我们首先介绍一下什么是 NULL（空值）。

NULL 值是一个很特别的值，它既不是零，也不是空格。它的值是没有定义的、未知的、不确定的。一些英文书中用了"unavailable，unassigned，undefined，unknown，immeasurable，inapplicable"这些词来形容 NULL，总之没有办法得到它的准确值。

现在用一个世俗的例子来说明空值（NULL）。我们常常在电视剧中看到一位英俊的少年向一位妙龄女郎求爱的镜头，他可能会说"我将把我全部的爱都奉献给你。"现在谁能告诉我们他的爱的市场价值呢？

我相信没人能说出他的爱到底值多少钱，也可能是一钱不值的谎言，也可能是价值无限的，即当她遇到危难时他会挺身而出，甚至用他的血肉之躯为她挡上几十刀或几百枪。

但是如果他说："为了表达我对你的崇高而珍贵的爱，我现在把这辆宝马（BMW）献给你。"现在可以很容易地得到这份珍贵的爱的市场价值。现在您能理解 NULL 的含义了吗？

造成这种现象的主要原因是信息不完全。设想一下一个罪犯追踪系统。我们知道一个人的性别不是男就是女，但当一件大案发生时，警方可能对是谁做的案一无所知，当然也就无法决定罪犯的性别了，由于警方不知道罪犯是男还是女，所以只能把相应表中的性别一列置为 NULL。除了性别外，有关此案可能还有许多疑团。随着侦探工作的进展，不少疑团被解开，警方已能断定罪犯的性别，即从未知变成了已知，也就是由 NULL 变成了男或女。

在这三种逻辑运算符中，AND 和 OR 用于把两个条件组合在一起最后产生一个结果，其语法格式如下：

条件 1　逻辑运算符　条件 2；

它也叫逻辑表达式，这里逻辑运算符为 AND 或 OR。逻辑表达式有以下的重要特性：

条件 1　逻辑运算符 条件 2　＝ 条件 2　逻辑运算符 条件 1　　　（定理 7.1）

在二值逻辑中逻辑表达式或条件只能为真（T）或假（F），但在 PL/SQL 的逻辑表达式中还引入了另一个值——未知（NULL）。

在二值逻辑中逻辑表达式"条件 1　AND　条件 2"中，只有当条件 1 和条件 2 同时为真时其结果才为真，否则为假。但现在我们多了一个 NULL 值，以上逻辑表达式的结果又该如何呢？下面是 AND 的真值表（算法）：

F AND F = F	F AND T = F	F AND NULL = F
T AND F = F	**T AND T = T**	T AND NULL IS NULL
NULL AND F = F	**NULL AND T IS NULL**	**NULL AND NULL IS NULL**

您只要能记住真值表的中线和左下角（即黑体）部分就可以了，因为剩余部分可以用定理 7.1 推导出来。也可以把下划线部分看成对称轴，对称轴上、下两部分的结果相等。因此，只要记住对称轴的上部分或下部分就可以了，另一部分可以用交换 AND 左、右的真值来得到。**AND 运算的优先级为：**

F —————→ NULL —————→ T

即在 AND 逻辑表达式中，只要有 F 其结果就为 F，如真值表中第 1 行和第 1 列所表示的；如果没有 F，在 AND 逻辑表达式中有 NULL 其结果就为 NULL，如真值表中，除了结果为 F 的部分最后一行和最后一列所表示的；只有当两个条件都为 T 时，AND 逻辑表达式的结果才为 T，如真值表中正中心所表示的。

我们再举一个世俗的例子。设想一位妙龄女郎想用她的青春赌未来，她在某报纸上登了一份征婚广告，要求应征者必须至少有一千万存款并且有发达国家的 PR（永久居留权）。这就是一个逻辑与运算，只有当应征者具备了以上两个条件时才有可能成为这位绝代佳人的夫君。如果有一位应征者现在是一个名副其实的千万富翁，但正在申请新西兰的移民，Oracle 如何处理这种情况呢？因为他的移民申请能否被批准是一个未知数，所以其值为 NULL。整个逻辑表达式为：T AND NULL => NULL。因此她只有等到信息完全了之后再做决定。

介绍完逻辑运算符 AND 之后，接下来我们介绍一下逻辑运算符 OR。**OR 的真值表如下：**

T OR T = T	T OR F = T	T OR NULL = T
F OR T = T	**F OR F = F**	F OR NULL IS NULL
NULL OR T = T	**NULL OR F IS NULL**	**NULL AND NULL IS NULL**

同样只要能记住真值表的中线和左下角（即黑体）部分就可以了，因为剩余部分可以用定理 7.1 推导出来。您也可以把下划线部分看成对称轴，对称轴上、下两部分的结果相等。因此，只要记住对称轴的上部分或下部分就可以了，另一部分可以用交换 OR 左、右的真值来得到。**OR 运算的优先级为：**

T————————▶ NULL————————▶ F

即在 OR 逻辑表达式中，只要有 T 其结果就为 T，如真值表中第 1 行和第 1 列所表示的；如果没有 T，在 OR 逻辑表达式中有 NULL 其结果就为 NULL，如真值表中，除了结果为 T 的部分最后一行和最后一列所表示的；只当两个条件都为 F，OR 逻辑表达式的结果才为 F，如真值表中正中心所表示的。

下面我们再回到那个世俗的例子。由于市场不景气，那位妙龄女郎的征婚广告登了一段时间，应征者寥寥无几，能满足两个条件的人又都长得"歪瓜裂枣"，带出去实在对不起观众，她不得不面对现实（与时俱进）。她的新一期广告要求应征者必须至少有一千万存款或者有发达国家的 PR（永久居留权），这已是一个逻辑或运算了。现在上面所谈到的千万富翁就可以幸运地与这位美丽而贤慧的妻子白头偕老了。

现在介绍最后一个逻辑运算符 NOT。在二值逻辑中，NOT 的真值表非常简单，其真值表如下：

NOT T = F   NOT F = T

但在 Oracle PL/SQL（或 Oracle SQL）中，还有空值（NULL）。您能说出 NOT NULL 的值是什么吗？

我们回到本章开始时的那个世俗的例子。经过了一段风风雨雨，那位少女做了不少令那位少年心碎的事，他终于忍无可忍地对她说："我不再爱你了。这个宇宙中我最恨的就是你。"您能告诉我，他的恨有多少吗？我相信只有天知、地知和他自己知道之外，没有人能知道（很可能连他自己都不知道）。**所以 NOT NULL 的结果也为 NULL。**

为了帮助读者将来复习方便，我们在表 7-1 中列出了 PL/SQL 的三个逻辑运算符的真值表。

表 7-1

AND	*TRUE*	*FALSE*	*NULL*	OR	*TRUE*	*FALSE*	*NULL*	NOT	
TRUE	TRUE	FALSE	NULL	*TRUE*	TRUE	TRUE	TRUE	*TRUE*	FALSE
FALSE	FALSE	FALSE	FALSE	*FALSE*	TRUE	FALSE	NULL	*FALSE*	TRUE
NULL	NULL	FALSE	NULL	*NULL*	TRUE	NULL	NULL	*NULL*	NULL

正如以上所介绍的，在 PL/SQL 的逻辑运算中可能会有空值（NULL）。如果空值处理不当，PL/SQL 程序有可能产生意想不到的结果，而且这样错误很难追踪。**在处理空值时，通过牢记以下的"金科玉律"可以避免犯一些常见的错误：**

（1）涉及空值的简单比较总是产生空值（NULL）。

（2）将逻辑运算符 NOT 应用于空值（NULL）产生空值（NULL）。

（3）在条件控制语句中，如果条件为 NULL，与之相关的语句序列不执行。

（4）在算术表达式中只要有空值（NULL），整个表达式的结果就为 NULL。

7.2 IF 语句以及简单 IF 语句的实例

在 PL/SQL 中最常见的分支（条件）语句就是 IF 语句。PL/SQL 语言的 IF 语句的结构与其他结构化程序设计语言中的 IF 语句的结构极其相似。IF 语句允许 PL/SQL 基于条件来选择执行不同的程序代码，IF 语句的语法如下：

```
IF 条件 THEN
  statements
[ELSIF 条件 THEN
  statements;]
[ELSE
  statements;]
END IF;
```

在以上 IF 语句的语法中，其各项的含义如下：

条件（condition）：   是一个返回 TRUE、FALSE 或 NULL 的布尔变量或表达式。

THEN：   引出一个子句，该子句是与以上布尔变量或表达式相关的并紧随 THEN 关键字之后的语句序列。

语句（statements）：   可以是一个或多个 PL/SQL 或 SQL 语句（这些语句又可以包含一层或多层嵌套的 IF、ELSE、ELSIF 语句）。如果与 IF 子句相关的条件是 TRUE，那么 PL/SQL 就执行 THEN 子句中的语句。

ELSIF：   是一个引入一个布尔表达式的关键字。如果 IF 子句中的条件产生 FALSE 或 NULL，那么 ELSIF 关键字引入额外的条件。

ELSE：   在之前的所有条件（由 IF 和 ELSIF 引入的条件）都不成立时引入默认子句。

END IF：   IF 语句的结束标志，END IF 关键字之后必须使用分号（;）以结束 IF 语句；另外，要注意的是，**END IF 是两个字，中间必须用空格隔开。**

在 IF 语句中，ELSIF 和 ELSE 都是可选的（可有可无的）。在一个 IF 语句中，可以使用任意多个 ELSIF 关键字，但是只能有一个 ELSE 关键字。逻辑条件的测试是按顺序进行的，当测试到条件为 TRUE 后就执行与这个条件相关的语句，随后就会退出 IF 语句（即开始执行 IF 语句之后的语句）。因此，后面如果再有为 TRUE 的条件，那些与之相关的语句也不会执行了。一般习惯上，程序员往往将出现频率高的条件放在 IF 语句的靠前的部分。

我们首先从简单的 IF 语句开始介绍，所谓简单的 IF 语句就是没有包含任何 ELSIF 和 ELSE 子句的 IF 语句。我们通过例 7-1 的 PL/SQL 程序代码来演示简单的 IF 语句的用法。这段 PL/SQL 程序代码可能是一个退休人员管理系统的一部分，用户可以输入自己（也可以是别人）的年龄，当输入的年龄小于 60 岁时，系统就会显示"您不到退休年龄，还必须继续工作为革命事业再做些贡献 !!!"这段信息。当输入的年龄大或等于 60 岁时，系统不会显示这段信息。为了增加代码的重用性，在程序中是通过 SQL*Plus 的一个替代变量 p_age 为 PL/SQL 变量 v_age 赋初值的。

例 7-1

```
SQL> SET verify OFF
SQL> SET serveroutput ON
SQL> DECLARE
  2    v_age   number:= &p_age;
  3  BEGIN
  4    IF v_age  < 60  -- 如果 v_age 小于 60 就使用 DBMS_OUTPUT 软件包列出相关信息
  5    THEN
  6      DBMS_OUTPUT.PUT_LINE('您不到退休年龄，还必须继续工作为革命事业再做些贡献 !!!');
  7    END IF;
  8  END;
  9  /
输入 p_age 的值: 59
您不到退休年龄，还必须继续工作为革命事业再做些贡献 !!!

PL/SQL 过程已成功完成。
```

在执行以上这段 PL/SQL 程序代码时，当出现"输入 p_age 的值:"时，要输入所需的年龄（方框括起来的）。当按下回车键之后，该程序继续执行，当执行成功之后就显示后面的显示信息了。

如果您又对另外年龄感兴趣了，如 60 岁。那又该怎么办呢？此时，完全不需要再次输入例 7-1 的 PL/SQL 程序代码，而只需使用 SQL*Plus 的重新执行命令"/"就行了，如例 7-2 所示。

例 7-2

```
SQL> /
输入 p_age 的值: 60

PL/SQL 过程已成功完成。
```

再次执行 SQL*Plus 内存缓冲区中的 PL/SQL 程序代码时，当出现"输入 p_age 的值:"时，可以输入不同的年龄（如 60）。当按下回车键之后，该程序继续执行，当执行成功之后就只显示"PL/SQL 过程已成功完成。"的显示信息了。

在 IF 语句中，可以利用逻辑运算符 AND、OR 或 NOT 将多个条件表达式组合成一个布尔表达式。为了使读者容易理解，还是老办法用例子来说明，如果您留意过招工广告，也许还有印象，一般对前台或文秘的招工可能要求应征者满足以下条件：

- 女性
- 年龄在 18~35 岁之间
- 最好大学或以上学历
- 相貌端庄
- 未婚
- 其他

下面通过一系列的例子来实现上述的第一和第二个条件（有些条件很难在计算机上实现，如相貌端庄，唯一的办法只有让老板亲自过目了）并进行相应的检测。

例 7-3

```
SQL> SET verify OFF
SQL> SET serveroutput ON
SQL> DECLARE
  2    v_age   number:= &p_age;
  3    v_gender CHAR(1) := '&p_sex';
  4  BEGIN
  5    IF (v_age BETWEEN 18 AND 35) AND (v_gender = 'F')
  6    THEN
  7      DBMS_OUTPUT.PUT_LINE('这位靓女可能成为老板的下一任秘书 !!!');
  8    END IF;
  9  END;
 10  /
输入 p_age 的值： 21
输入 p_sex 的值： F
这位靓女可能成为老板的下一任秘书 !!!

PL/SQL 过程已成功完成。
```

在执行以上这段 PL/SQL 程序代码时，当出现"输入 p_age 的值:"时，要输入应征者的年龄（方框括起来的）；当出现"输入 p_sex 的值:"时，要输入应征者的性别（也是方框括起来的）。当按下回车键之后，该程序继续执行，当执行成功之后就显示后面的显示信息了。这是因为这位应征者是一位 20 出头的妙龄女郎，当然满足公司的招工要求（即 IF 语句中的条件成立）。

如果还有另外一位应征者，也是 21 岁，不过是一位帅哥，那又该怎么办呢？此时，完全不需要再次输入例 7-3 的 PL/SQL 程序代码，而只需使用 SQL*Plus 的重新执行命令"/"就可以了，如例 7-4 所示。

例 7-4

```
SQL> /
输入 p_age 的值： 21
输入 p_sex 的值： M

PL/SQL 过程已成功完成。
```

再次执行 SQL*Plus 内存缓冲区中的 PL/SQL 程序代码时，当出现"输入 p_age 的值:"时，需输入应征者的年龄（21）；当出现"输入 p_sex 的值:"时，需输入应征者的性别（M）。当按下回车键之后，该程序继续执行，当执行成功之后就只显示"PL/SQL 过程已成功完成。"的显示信息了。虽然此人年龄合适，但他是一位帅哥而不是靓女，当然老板不喜欢了。

如果又来了一位应征者，如年龄是 36 岁的女士，那又该怎么办呢？此时，也完全不需要再次输入例 7-3 的 PL/SQL 程序代码，而只需使用 SQL*Plus 的重新执行命令"/"就可以了，如例 7-5 所示。

例 7-5

```
SQL> /
输入 p_age 的值： 36
```

输入 p_sex 的值：F

PL/SQL 过程已成功完成。

再次执行 SQL*Plus 内存缓冲区中的 PL/SQL 程序代码时，当出现"输入 p_age 的值:"时，要输入这位新应征者的年龄（36）；当出现"输入 p_sex 的值:"时，要输入她的性别（F）。当按下回车键之后，该程序继续执行，当执行成功之后就只显示"PL/SQL 过程已成功完成。"的显示信息了。虽然这位应征者长得非常亮丽，但按公司的标准已经超龄了，这当然也不符合公司的招工要求。

7.3　IF-THEN-ELSE 和 IF-THEN-ELSIF 语句的执行流程

当在 IF 语句中加入了 ELSE 子句之后，IF 语句的执行流程会比简单 IF 语句复杂些，在 Oracle 9i 之前的许多 PL/SQL 程序设计书籍给出了如图 7.4 的 IF-THEN-ELSE 语句的执行流程示意图，而很多新版的 PL/SQL 程序设计书籍给出了如图 7.5 所示的 IF-THEN-ELSE 语句的执行流程示意图。

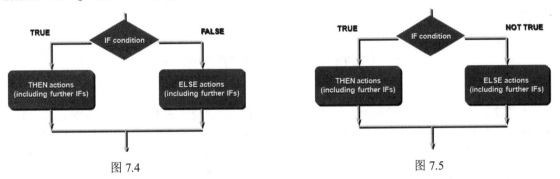

图 7.4　　　　　　　　　　　　　　　　　图 7.5

在 IF-THEN-ELSE 语句执行流程图中的 actions 可以是多个语句，也可以嵌套一个或多个 IF 语句。**以这样的方式就可以构造出非常复杂的逻辑，不过为了程序的易读性，嵌套最好不要超过三层，因为实验表明，一般人在阅读超过三层嵌套的程序时会失去信心和兴趣，而且理解力也会大幅度地下降。**

您觉得图 7.4 的 IF-THEN-ELSE 语句的执行流程有没有问题呢？当然有问题了，而且问题还相当地严重。因为根据图 7.4 的执行流程，当 IF 的条件为 TRUE（成立）时，程序执行左面 THEN 之后的操作；而当 IF 的条件为 FALSE（不成立）时，程序执行右面 ELSE 之后的操作。问题是当 IF 的条件为 NULL（为空，即无法确定是成立还是不成立）时，程序执行哪一个分支呢？实际上，当 IF 的条件为 NULL 时，程序也执行右面 ELSE 之后的操作（即与 FALSE 执行同一分支）。

那么您觉得图 7.5 的 IF-THEN-ELSE 语句的执行流程有没有问题呢？当然也有问题了，而且问题也相当地严重。因为根据图 7.5 的 IF 执行流程，当 IF 的条件为 TRUE（成立）时，程序执行左面 THEN 之后的操作；而当 IF 的条件为 NOT TRUE 时，程序执行右面 ELSE 之后的操作。请读者回顾一下本章 7.1 节中有关逻辑运算符 NOT 的解释和表 7-1 中的 NOT 真值表，就知道实际上 NOT TRUE 就是 FALSE，闹了半天图 7.5 和图 7.4 是一回事。同样的原理，当 IF 的条件为 NULL 时，程序也执行右面 ELSE 之后的操作（即与 FALSE 执行同一分支）。

IF-THEN-ELSIF 语句是解决多路分支的，显然该语句的执行流程会比 IF-THEN-ELSE 语句略微复杂。在 Oracle 9i 之前的许多 PL/SQL 程序设计书籍给出了如图 7.6 所示的 IF-THEN-ELSIF 语句的执行流程示意图，而很多新版的 PL/SQL 程序设计书籍给出了如图 7.7 所示的 IF-THEN-ELSIF 语句的执行流程示意图。

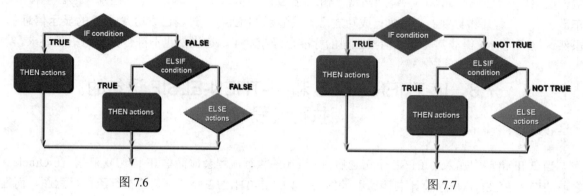

图 7.6　　　　　　　　　　　　　　　　　　图 7.7

只要对图 7.6 和图 7.7 的 IF-THEN-ELSIF 语句执行流程图稍加分析，就可以发现它们也存在与图 7.4 和图 7.5 的 IF-THEN-ELSE 语句执行流程图完全相同的问题。

7.4　IF-THEN-ELSE 语句的实例

在本章 7.2 节中我们给出了几个简单 IF 语句的例子，而且使用的 PL/SQL 变量都是数字型和字符型。在这一节的例子中，我们在 IF 语句中要添加 ELSE 子句，而且还要使用 PL/SQL 的日期型变量，并且在 IF 条件之后的 THEN 子句和 ELSE 子句中使用多个语句。为了方便后面输入日期数据，最好首先使用例 7-6 的 SQL 语句将当前会话的日期语言改为美国英语。

例 7-6

```
SQL> alter session set NLS_DATE_LANGUAGE = 'AMERICAN';
会话已更改。
```

接下来，使用例 7-7 的 PL/SQL 程序代码设置变量 v_ship_flag 的值并显示相关的信息和该变量的值。为了增加代码的重用性，在程序中通过 SQL*Plus 的替代变量 p_shipdate 为 PL/SQL 变量 v_shipdate 赋初值，而通过替代变量 p_orderdate 为 PL/SQL 变量 v_orderdate 赋初值的。在执行段中的 IF-THEN-ELSIF 语句是这样执行的：当 v_shipdate - v_orderdate 小于 8（即发货日期比订货日期晚一周或以下的）将发货标志变量 v_ship_flag 设置为可以接受（Acceptable）并使用 DBMS_OUTPUT 软件包显示中文字符串"该公司的服务不错："，否则超过一周的就将发货标志变量 v_ship_flag 设置为不可接受（Unacceptable）并使用 DBMS_OUTPUT 软件包显示中文字符串"该公司的服务太差了："。最后等 IF-THEN-ELSIF 语句执行完之后，PL/SQL 使用 DBMS_OUTPUT 软件包显示变量 v_ship_flag 中的值。

例 7-7

```
SQL> SET verify OFF
SQL> SET serveroutput ON
SQL> DECLARE
```

```
 2    v_shipdate   DATE := '&p_shipdate';
 3    v_orderdate DATE := '&p_orderdate';
 4    v_ship_flag varchar2(16);
 5  BEGIN
 6    IF v_shipdate - v_orderdate < 8 THEN
 7      v_ship_flag := 'Acceptable';
 8      DBMS_OUTPUT.PUT_LINE('该公司的服务不错: ');
 9    ELSE
10      v_ship_flag := 'Unacceptable';
11      DBMS_OUTPUT.PUT_LINE('该公司的服务太差了: ');
12    END IF;
13    DBMS_OUTPUT.PUT_LINE(v_ship_flag);
14  END;
15  /
输入 p_shipdate 的值: 30-DEC-13
输入 p_orderdate 的值: 27-DEC-13
该公司的服务不错:
Acceptable

PL/SQL 过程已成功完成。
```

在执行以上这段 PL/SQL 程序代码时，当出现"输入 p_shipdate 的值:"时，要输入发货日期 2013 年 12 月 30 日（30-DEC-13）；当出现"输入 p_orderdate 的值:"时，要输入订货日期 2013 年 12 月 27 日（27-DEC-13）。当按下回车键之后，该程序继续执行，当执行成功之后就会显示"该公司的服务不错:"的信息和变量 v_ship_flag 的值"Acceptable"，以及"PL/SQL 过程已成功完成。"的信息。这是因为发货日期比订货日期只差了不到一个星期的时间（即 IF 子句中的条件成立）。

如果还订了另一个货品，其订货日期是 2013 年 12 月 23 日而发货日期是 2013 年 12 月 31 日。那又该怎么办呢？此时，完全不需要再次输入例 7-7 的 PL/SQL 程序代码，而只需使用 SQL*Plus 的重新执行命令"/"就可以了，如例 7-8 所示。

例 7-8

```
SQL> /
输入 p_shipdate 的值: 31-DEC-13
输入 p_orderdate 的值: 23-DEC-13
该公司的服务太差了:
Unacceptable

PL/SQL 过程已成功完成。
```

在执行以上这段 PL/SQL 程序代码时，当出现"输入 p_shipdate 的值:"时，要输入发货日期 2013 年 12 月 31 日（31-DEC-13）；当出现"输入 p_orderdate 的值:"时，要输入订货日期 2013 年 12 月 23 日（23-DEC-13）。当按下回车键之后，该程序继续执行，当执行成功之后就会显示"该公司的服务太差了:"的信息和变量 v_ship_flag 的值"Unacceptable"，以及"PL/SQL 过程已成功完成。"的信息。这是因为发货日期比订货日期差了一个多星期的时间（即 IF 子句中的条件不成立，程序流程走的 ELSE 子句的那一分支）。

7.5 IF-THEN-ELSIF 语句的实例

尽管可以使用在 IF 语句中嵌套一个或多个 IF 语句的方式构造出多路分支语句，但是这样做的结果会使程序的逻辑变得复杂并且易读性明显下降。因此，在实际工作中应该尽可能避免使用 IF 语句的嵌套，而使用 ELSIF 子句。

接下来，通过例 7-9 的 PL/SQL 程序代码来演示 IF-THEN-ELSIF 语句（即多路分支语句）的用法。这段 PL/SQL 程序代码可能是一个退休人员管理系统的一部分（实际上就是例 7-1 的加强版），用户可以输入自己（也可以是别人）的年龄，当输入的年龄小于 60 岁时，系统就会显示"您不到退休年龄，还必须继续工作为革命事业再做些贡献 !!!"；当输入的年龄在 60～64 岁之间时，系统就会显示"您可以退休了，并且可以半价进入一般的公园 !!!"；当输入的年龄在 65～79 岁之间时，系统就会显示"您现在可以免费进公园和免费乘坐公交车了 !!!"。当您输入的年龄 80～89 岁之间时时，系统就会显示"您现在可以享受每月￥100 的老年补贴了 !!!"；当输入的年龄在 90～99 岁之间时，系统就会显示"您现在可以享受每月￥200 的高龄补贴了 !!!"；当输入的年龄为 100 岁或超过 100 岁时，系统就会显示"您现在可以免费乘坐过山车和免费蹦极了 !!!"。为了增加代码的重用性，在程序中是通过 SQL*Plus 的一个替代变量 p_age 为 PL/SQL 变量 v_age 赋初值的。

例 7-9

```
SQL> SET verify OFF
SQL> SET serveroutput ON
SQL> DECLARE
  2    v_age  number:= &p_age;
  3  BEGIN
  4    IF v_age < 60 THEN
  5      DBMS_OUTPUT.PUT_LINE('您不够退休年龄，还必须继续工作为革命事业再做些贡献 !!!');
  6    ELSIF v_age < 65 THEN
  7      DBMS_OUTPUT.PUT_LINE('您可以退休了，并且可以半价进入一般的公园 !!!');
  8    ELSIF v_age < 80 THEN
  9      DBMS_OUTPUT.PUT_LINE('您现在可以免费进公园和免费乘坐公交车了 !!!');
 10    ELSIF v_age < 90 THEN
 11      DBMS_OUTPUT.PUT_LINE('您现在可以享受每月￥100 的老年补贴了 !!!');
 12    ELSIF v_age < 100 THEN
 13      DBMS_OUTPUT.PUT_LINE('您现在可以享受每月￥200 的高龄补贴了 !!!');
 14    ELSE
 15      DBMS_OUTPUT.PUT_LINE('您现在可以免费乘坐过山车和免费蹦极了 !!!');
 16    END IF;
 17  END;
 18  /
输入 p_age 的值： 58
您不够退休年龄，还必须继续工作为革命事业再做些贡献 !!!

PL/SQL 过程已成功完成。
```

在执行以上这段 PL/SQL 程序代码时，当出现"输入 p_age 的值:"时，要输入所需的年龄（方框括起来的），如 58。当按下回车键之后，该程序继续执行，当执行成功之后就显示"您不到退休年龄，还必须继续工作为革命事业再做些贡献 !!!"以及后面的"PL/SQL 过程已成功完成。"信息。

如果您又对另外年龄感兴趣，如 60 岁，那又该怎么办呢？此时，完全不需要再次输入例 7-9 的 PL/SQL 程序代码，而只需使用 SQL*Plus 的重新执行命令"/"就可以了，如例 7-10 所示。

例 7-10
```
SQL> /
输入 p_age 的值： 60
您可以退休了，并且可以半价进入一般的公园 !!!

PL/SQL 过程已成功完成。
```

再次执行 SQL*Plus 内存缓冲区中的 PL/SQL 程序代码时，当出现"输入 p_age 的值:"时，可以输入不同的年龄（如 60）。当按下回车键之后，该程序继续执行，当执行成功之后就会显示"您可以退休了，并且可以半价进入一般的公园 !!!" 以及后面的"PL/SQL 过程已成功完成。"的信息。

可以反复使用例 7-10 的方法重新执行 SQL*Plus 内存缓冲区中的 PL/SQL 程序代码并且在每次输入不同年龄段的年龄进行测试，如在例 7-11 中输入 98 岁，而在例 7-12 中输入 100 岁。

例 7-11
```
SQL> /
输入 p_age 的值： 98
您现在可以享受每月￥200 的高龄补贴了 !!!

PL/SQL 过程已成功完成。
```

例 7-12
```
SQL> /
输入 p_age 的值： 100
您现在可以免费乘坐过山车和免费蹦极了 !!!

PL/SQL 过程已成功完成。
```

在例 7-9 中，IF 语句包含了多个 ELSIF 子句和一个 ELSE 子句。与 ELSE 子句不同，ELSIF 子句可能包含条件。紧随 ELSIF 的条件之后的应该是 THEN 子句，如果 ELSIF 的条件返回 TRUE（条件成立），THEN 子句将被执行。**要注意与 END IF 不同的是，ELSIF 是一个单词，即 ELS 与 IF 之间没有空格。**

当在一个 IF 语句中有多个 ELSIF 子句时，如果第 1 个条件是 FALSE 或 NULL，控制就将转向下一个 ELSIF 子句，条件是从上到下一个接一个测试的；如果所有的条件都是 FALSE 或 NULL，ELSE 子句中的语句将被执行。不过最后的 ELSE 子句是可选的，并且在一个 IF 语句中最多只能有一个 ELSE 子句（如果使用了 ELSE 子句，它一定是最后一个子句）。

PL/SQL 的逻辑表达式的求值算法是使用的短路逻辑（short-circuit logic），也叫短路求值（short-circuit evaluation）。 那么，什么是短路逻辑呢？

短路逻辑或短路求值（又称最小化求值）是一种逻辑运算符的求值策略。只有当第一个运算数的值无法确定逻辑运算的结果时，才对第二个运算数进行求值。例如，当 AND 的第一个运算数的值为 FALSE 时，其结果必定为 FALSE；当 OR 的第一个运算数为 TRUE 时，最后结果必定为 TRUE，在这种情况下，就不需要知道第二个运算数的具体值。

为了提高 PL/SQL 程序的效率，应该将最有可能为 FALSE 的条件表达式放在 AND 运算符的

前边（开始处），而将最有可能为 **TRUE** 的条件表达式放在 **OR** 运算符的前边（开始处）。如果两个条件可能为 **TRUE** 或 **FALSE** 的概率相同，那么将条件表达式求值较快的一个放在开始初。

因为在 IF-THEN-ELSIF 语句中逻辑条件的测试是按顺序进行的，当测试到条件为 TRUE 后就执行与这个条件相关的语句，随后就会退出 IF 语句（即开始执行 IF 语句之后的语句）。因此，后面如果再有为 TRUE 的条件，那些与之相关的语句也不会执行了。**因此，为了提高 PL/SQL 程序的效率，在 IF-THEN-ELSIF 语句中 IF-ELSIF 条件应该按照最有可能是 TRUE 到最不可能为 TRUE 的顺序排列，这样就可以节省测试那些 FALSE 条件的时间。**

7.6　CASE 表达式

CASE 表达式是在 **Oracle9i** 引入的，其目的也是为了方便多路分支的编程。**CASE** 表达式基于一个或多个选择返回一个结果，**CASE** 表达式的语法如下：

```
CASE selector
   WHEN 表达式 1 THEN 结果 1
   WHEN 表达式 2 THEN 结果 2
   ...
   WHEN 表达式 N THEN 结果 N
   [ELSE 结果 N+1]
END;
```

为了返回结果，**CASE** 表达式使用了一个"选择器"，所谓的选择器（selector）就是一个表达式，该表达式被用作从多个选择值中返回一个值。紧随选择器其后的是一个或多个要被顺序检查的 **WHEN** 子句，选择器的值决定了返回的结果。如果选择器的值等于 **WHEN** 子句表达式的值，那么 **WHEN** 子句被执行并将其结果返回。

另外，**PL/SQL** 还提供了一种搜索 **CASE** 表达式。这种搜索 **CASE** 表达式没有选择器（selector），而是 **WHEN** 子句本身包含了产生一个布尔值的搜索条件，因此 **WHEN** 子句表达式不能产生其他任何类型的值，只能是布尔类型的值。搜索 **CASE** 表达式语法如下：

```
CASE
   WHEN 搜索条件 1 THEN 结果 1
   WHEN 搜索条件 2 THEN 结果 2
   ...
   WHEN 搜索条件 N THEN 结果 N
   [ELSE 结果 N+1;]
END;
```

接下来，我们通过例 7-13 的 PL/SQL 程序代码来演示 CASE 表达式的用法。这段 PL/SQL 程序代码可能是一个人事管理系统的一部分，用户可以输入代表不同学位的单个字符，之后程序就会根据用户输入的字符而显示与学位相关的信息。为了增加代码的重用性，在程序中是通过 SQL*Plus 的一个替代变量 p_degree 为 PL/SQL 变量 v_degree 赋初值的。变量 v_description 将用来存放 CASE 表达式的返回值。在这段 PL/SQL 程序代码中，变量 v_degree 就是 CASE 表达式的选择器。当变量 v_degree 的值等于 B 时，将中文字符串"此人拥有学士学位。"赋予变长字符变量 v_description；当变量 v_degree 的值等于 M 时，将中文字符串"此人拥有硕士学位。"赋予变量 v_description；当变量 v_degree 的值等于 D 时，将中文字符串"此人拥有博士学位。"赋予变量 v_description；当变量 v_degree 的值等于其他字符时，将中文字符串"此人拥有壮士学位。"赋予变量 v_description。

例 7-13

```
SQL> SET VERIFY OFF
SQL> SET serveroutput ON
SQL> DECLARE
  2     v_degree  CHAR(1) := UPPER('&p_degree');
  3     v_description VARCHAR2(250);
  4  BEGIN
  5     v_description := CASE v_degree
  6            WHEN 'B' THEN '此人拥有学士学位。'
  7            WHEN 'M' THEN '此人拥有硕士学位。'
  8            WHEN 'D' THEN '此人拥有博士学位。'
  9            ELSE '此人拥有壮士学位。'
 10        END;
 11  DBMS_OUTPUT.PUT_LINE (v_description);
 12  END;
 13  /
输入 p_degree 的值：B
此人拥有学士学位。

PL/SQL 过程已成功完成。
```

在执行以上这段 PL/SQL 程序代码时，当出现"输入 p_degree 的值："时，要输入代表学位的一个字符（方框括起来的），如 B。当按下回车键之后，该程序继续执行，当执行成功之后就显示"此人拥有学士学位。"以及后面的"PL/SQL 过程已成功完成。"的信息。

如果您又对另外的学位感兴趣了，如 M（硕士）。那又该怎么办呢？此时，完全不需要再次输入例 7-13 的 PL/SQL 程序代码，而只需使用 SQL*Plus 的重新执行命令"/"就可以了，如例 7-14 所示。

例 7-14

```
SQL> /
输入 p_degree 的值：M
此人拥有硕士学位。

PL/SQL 过程已成功完成。
```

再次执行 SQL*Plus 内存缓冲区中的 PL/SQL 程序代码时，当出现"输入 p_degree 的值："时，可以输入不同的学位字符（如 M）。当按下回车键之后，该程序继续执行，当执行成功之后，就会显示"此人拥有硕士学位。" 以及后面的"PL/SQL 过程已成功完成。"的信息。

可以反复使用例 7-14 的方法重新执行 SQL*Plus 内存缓冲区中的 PL/SQL 程序代码，并且在每次输入代表不同学位的字符进行测试，如在例 7-15 中输入了字符 D，而在例 7-16 中输入了字符$。

例 7-15

```
SQL> /
输入 p_degree 的值：D
```

此人拥有博士学位。

```
PL/SQL 过程已成功完成。
例 7-16
SQL> /
输入 p_degree 的值：⑤
此人拥有壮士学位。

PL/SQL 过程已成功完成。
```

CASE 表达式的结果（返回值）可以是任何数据类型，只要与要赋值的变量的数据类型兼容（匹配）就可以。利用 CASE 表达式来取代 SQL 函数 DECODE 可以使程序代码变得更为清晰。

接下来，我们使用搜索 CASE 表达式重写例 7-13 的 PL/SQL 程序代码，如例 7-17 所示。在例 7-13 的 PL/SQL 程序代码中，我们使用了一个单一的测试表达式——变量 v_degree，WHEN 子句与这一测试表达式的值进行比较。而在例 7-17 的 PL/SQL 程序代码中，在搜索 CASE 语句中，没有使用测试表达式，取而代之的是 WHEN 子句本身包括了返回一个布尔值的表达式。这段程序代码的功能与例 7-13 的 PL/SQL 程序代码完全相同。

例 7-17

```
SQL> SET VERIFY OFF
SQL> SET serveroutput ON
SQL> DECLARE
  2    v_degree  CHAR(1) := UPPER('&p_degree');
  3    v_description VARCHAR2(250);
  4  BEGIN
  5    v_description := CASE
  6          WHEN v_degree = 'B' THEN '此人拥有学士学位。'
  7          WHEN v_degree = 'M' THEN '此人拥有硕士学位。'
  8          WHEN v_degree = 'D' THEN '此人拥有博士学位。'
  9          ELSE '此人拥有壮士学位。'
 10       END;
 11    DBMS_OUTPUT.PUT_LINE (v_description);
 12  END;
 13  /
输入 p_degree 的值：⊠
此人拥有壮士学位。

PL/SQL 过程已成功完成。
```

在执行以上这段 PL/SQL 程序代码时，当出现"输入 p_degree 的值:"时，要输入代表学位的一个字符（方框括起来的），如 X。当按下回车键之后，该程序继续执行，当执行成功之后就显示"此人拥有壮士学位。"以及后面的"PL/SQL 过程已成功完成。"的信息。

如果您又对另外的学位感兴趣了，如 M（硕士）。那又该怎么办呢？此时，完全不需要再次输入例 7-17 的 PL/SQL 程序代码，而只需使用 SQL*Plus 的重新执行命令"/"就可以了。可以反复使用这一方法重新执行 SQL*Plus 内存缓冲区中的 PL/SQL 程序代码，并且在每次输入代表不同学位的字符进行测试。

7.7 CASE 语句

还记得本章 7.5 节中例 7-9 的 PL/SQL 程序代码吗？在例 7-9 中，我们在 IF-THEN-ELSIF 语句中包含了多个 ELSIF 子句，还包含了 ELSE 子句来完成 PL/SQL 程序的多路分支操作。其实，也可以在 CASE 语句中包含多个语句以形成多路分支。与包含了多个 ELSIF 子句的 IF 语句相比，CASE 语句的易读性更好。

在上一节中，我们已经详细地介绍了 CASE 表达式。那么，**CASE 语句与 CASE 表达式有什么不同呢？**

CASE 表达式测试条件并返回一个值，而 CASE 语句测试条件并执行一个操作。一个 CASE 语句可以是一个完整的 PL/SQL 程序块。CASE 语句必须以"END CASE;"结束，而 CASE 表达式必须以"END;"结束。

接下来，我们使用 CASE 语句重写例 7-13 的 PL/SQL 程序代码，如例 7-18 所示。在例 7-18 的 PL/SQL 程序代码中，在 CASE 语句中，变量 v_degree 的值会与 WHEN 和 THEN 之间的值直接进行比较，如果比较的结果为 TRUE，就执行 THEN 子句中的语句（操作）。这段程序代码的功能与例 7-13 的 PL/SQL 程序代码几乎完全相同。

例 7-18

```
SQL> SET VERIFY OFF
SQL> SET serveroutput ON
SQL> DECLARE
  2    v_degree  CHAR(1) := UPPER('&p_degree');
  3  BEGIN
  4    CASE v_degree
  5      WHEN 'B' THEN
  6        DBMS_OUTPUT.PUT_LINE ('此人拥有学士学位。');
  7      WHEN 'M' THEN
  8        DBMS_OUTPUT.PUT_LINE ('此人拥有硕士学位。');
  9      WHEN 'D' THEN
 10        DBMS_OUTPUT.PUT_LINE ('此人拥有博士学位。');
 11      WHEN 'X' THEN
 12        DBMS_OUTPUT.PUT_LINE ('此人拥有壮士学位。');
 13    END CASE;
 14  END;
 15  /
输入 p_degree 的值：B
此人拥有学士学位。

PL/SQL 过程已成功完成。
```

在执行以上这段 PL/SQL 程序代码时，当出现"输入 p_degree 的值："时，要输入代表学位的一个字符（方框括起来的），如 B。当按下回车键之后，该程序继续执行，当执行成功之后就显示"此人拥有学士学位。"以及后面的"PL/SQL 过程已成功完成。"的信息。

如果您又对另外的学位感兴趣了，如 M（硕士）。那又该怎么办呢？此时，完全不需要再次输入例 7-18 的 PL/SQL 程序代码，而只需使用 SQL*Plus 的重新执行命令 "/" 就可以了，如例 7-19 所示。

例 7-19

```
SQL> /
输入 p_degree 的值: M
此人拥有硕士学位。

PL/SQL 过程已成功完成。
```

再次执行 SQL*Plus 内存缓冲区中的 PL/SQL 程序代码时，当出现 "输入 p_degree 的值:" 时，可以输入不同的学位字符（如 M）。当按下回车键之后，该程序继续执行，当执行成功之后就会显示 "此人拥有硕士学位。" 以及后面的 "PL/SQL 过程已成功完成。" 的信息。

可以反复使用例 7-19 的方法重新执行 SQL*Plus 内存缓冲区中的 PL/SQL 程序代码，并且在每次输入代表不同学位的字符时进行测试，如在例 7-20 中输入了字符 D，而在例 7-21 中输入了字符 X。但是在例 7-22 中输入字符 K，PL/SQL 执行出错了，因为例 7-18 中的 CASE 语句可以处理的 v_degree 的值只能是 B、M、D 和 X，而其他的字符都无法处理。

例 7-20

```
SQL> /
输入 p_degree 的值: D
此人拥有博士学位。

PL/SQL 过程已成功完成。
```

例 7-21

```
SQL> /
输入 p_degree 的值: X
此人拥有壮士学位。

PL/SQL 过程已成功完成。
```

例 7-22

```
SQL> /
输入 p_degree 的值: K
DECLARE
*
第 1 行出现错误:
ORA-06592: 执行 CASE 语句时未找到 CASE
ORA-06512: 在 line 4
```

那么，怎样才能解决这一问题呢？办法很简单，就是在 CASE 语句的最后面添加一个 ELSE 子句，这样以后再输入什么字符都不会出错了，如例 7-23 所示。

例 7-23

```
SQL> SET VERIFY OFF
SQL> SET serveroutput ON
SQL> DECLARE
  2    v_degree  CHAR(1) := UPPER('&p_degree');
  3  BEGIN
  4    CASE v_degree
```

```
 5        WHEN 'B' THEN
 6          DBMS_OUTPUT.PUT_LINE ('此人拥有学士学位。');
 7        WHEN 'M' THEN
 8          DBMS_OUTPUT.PUT_LINE ('此人拥有硕士学位。');
 9        WHEN 'D' THEN
10          DBMS_OUTPUT.PUT_LINE ('此人拥有博士学位。');
11        WHEN 'X' THEN
12          DBMS_OUTPUT.PUT_LINE ('此人拥有壮士学位。');
13        ELSE
14          DBMS_OUTPUT.PUT_LINE ('没有这一学位。');
15     END CASE;
16  END;
17  /
输入 p_degree 的值： ⊠
此人拥有壮士学位。

PL/SQL 过程已成功完成。
```

在执行以上这段 PL/SQL 程序代码时，当出现"输入 p_degree 的值："时，要输入代表学位的一个字符（方框括起来的），如 X。当按下回车键之后，该程序继续执行，当执行成功之后，就显示"此人拥有壮士学位。"以及后面的"PL/SQL 过程已成功完成。"的信息。

如果您又对另外的学位感兴趣了，如 K。那又该怎么办呢？此时，同样完全不需要再次输入例 7-23 的 PL/SQL 程序代码，而只需使用 SQL*Plus 的重新执行命令"/"就可以了，如例 7-24 所示。因为有了 ELSE 子句的保障，这回程序的执行一切正确并显示了"没有这一学位。"的信息以警示用户输入的错误。

例 7-24

```
SQL> /
输入 p_degree 的值： ⊠
没有这一学位。

PL/SQL 过程已成功完成。
```

一般在生产程序中的 IF 语句或 CASE 语句的最后最好包含 ELSE 子句，以避免出现无法处理的操作。

最后，使用一个利用 CASE 语句操作数据库中数据的例子来结束这一节的讨论。其 PL/SQL 程序代码如例 7-25 所示。在执行段中，第一个语句是：将员工号（empno）为 v_empno 变量值的员工职位（job）从员工（emp）表中取出并存入变量 v_job。之后就是 CASE 语句，CASE 语句是根据不同的职位决定不同的加薪幅度（销售为 15%，文员为 20%，分析员为 25%，而经理为 40%），并将员工号、员工名、员工的职位和加薪后员工的工资存入相应的变量中，最后显示该员工的职位、名字和现在的工资。

例 7-25

```
SQL> SET VERIFY OFF
SQL> SET serveroutput ON
SQL> DECLARE
 2     v_empno NUMBER := &p_empno;
```

```
 3      v_ename VARCHAR2(30);
 4      v_job   emp.job%TYPE;
 5      v_sal   emp.sal%TYPE;
 6   BEGIN
 7    SELECT job INTO v_job FROM emp WHERE empno = v_empno;
 8    CASE  v_job
 9     WHEN  'SALESMAN' THEN
10        SELECT empno, ename, job, sal*1.15
11        INTO v_empno, v_ename, v_job, v_sal
12        FROM emp
13        WHERE empno = v_empno;
14        DBMS_OUTPUT.PUT_LINE (v_job || ' ' ||v_ename || '加薪后的工资为:  '||v_sal);
15      WHEN  'CLERK' THEN
16        SELECT empno, ename, job, sal*1.20
17        INTO v_empno, v_ename, v_job, v_sal
18        FROM emp
19        WHERE empno = v_empno;
20        DBMS_OUTPUT.PUT_LINE (v_job || ' ' ||v_ename || '加薪后的工资为:  '||v_sal);
21      WHEN  'ANALYST' THEN
22        SELECT empno, ename, job, sal*1.25
23        INTO v_empno, v_ename, v_job, v_sal
24        FROM emp
25        WHERE empno = v_empno;
26        DBMS_OUTPUT.PUT_LINE (v_job || ' ' ||v_ename || '加薪后的工资为:  '||v_sal);
27      WHEN  'MANAGER' THEN
28        SELECT empno, ename, job, sal*1.40
29        INTO v_empno, v_ename, v_job, v_sal
30        FROM emp
31        WHERE empno = v_empno;
32        DBMS_OUTPUT.PUT_LINE (v_job || ' ' ||v_ename || '加薪后的工资为:  '||v_sal);
33    END CASE;
34   END;
35   /
输入 p_empno 的值:  7900
CLERK JAMES 加薪后的工资为:  1140
```

PL/SQL 过程已成功完成。

在执行以上这段 PL/SQL 程序代码时，当出现"输入 p_empno 的值::"时，要输入所需的员工号码（方框括起来的，一定是在 emp 表中存在的），如 7900。当按下回车键之后，该程序继续执行，当执行成功之后，就显示"CLERK JAMES 加薪后的工资为: 1140"以及后面的"PL/SQL 过程已成功完成。"的信息。

如果您觉得这个程序写得太妙了，以后还会经常使用，可以使用例 7-26 将 SQL*Plus 内存缓存区存入一个脚本文件中。

例 7-26

```
SQL> save E:\SQL\ch7_9.sql
已创建 file E:\SQL\ch7_9.sql
```

不过怎么才能确定以上程序代码执行的结果是正确的呢？可以使用例 7-27 的 SQL 查询语句直接查询 emp 表中 empno 为 7900 的员工的相关信息。

例 7-27

```
SQL> SELECT empno, ename, job, sal
  2  FROM emp
  3  WHERE empno = 7900;
     EMPNO ENAME                JOB                      SAL
---------- ---------------  -------------------  --------
      7900 JAMES                CLERK                    950
```

将例 7-27 显示结果与例 7-25 的结果进行比对（经过简单的算术运算）就可以确定例 7-25 的 PL/SQL 程序代码的准确性。

如果您又对另外一位员工感兴趣了，如员工号为 7782，那又该怎么办呢？此时，同样完全不需要再次输入例 7-26 的 PL/SQL 程序代码，而只需使用 SQL*Plus 的运行脚本文件命令就可以了，如例 7-28 所示。

例 7-28

```
SQL> @E:\SQL\ch7_9.sql
输入 p_empno 的值： 7782
MANAGER CLARK 加薪后的工资为： 3430

PL/SQL 过程已成功完成。
```

当以上代码执行成功之后，应该使用例 7-29 的 SQL 查询语句查询 emp 表中的相关数据再验证一下。

例 7-29

```
SQL> SELECT empno, ename, job, sal
  2  FROM emp
  3  WHERE empno = 7782;
     EMPNO ENAME                JOB                      SAL
---------- ---------------  -------------------  --------
      7782 CLARK                MANAGER                 2450
```

将例 7-29 显示结果与例 7-28 的结果进行比对（经过简单的算术运算）就可以确定例 7-28 的 PL/SQL 程序代码的准确性了。

7.8 GOTO 语句

虽然在 PL/SQL 程序设计语言中有 GOTO 语句，但是许多 PL/SQL 语言的教材并不介绍这一极具争议性的语句。GOTO 语句一直是批评和争论的焦点，主要的负面影响是使用 GOTO 语句使程序的可读性变差，甚至成为不可维护的"面条代码"（曾有大专家说过：如果在一个大型程序中不加限制地使用 GOTO 语句，那么这个程序经过多次修改之后，其代码就像一锅面条一样毫无次序）。随着结构化编程在二十世纪 60 年代到 70 年代变得越来越流行，许多计算机科学家得出结论，即程序应当总是使用被称为"结构化"控制流程的命令，如循环以及 IF-THEN-ELSE 语句来替代GOTO。时至今日，许多程序风格编码标准禁止使用 GOTO 语句。为 GOTO 语句辩护的人认为，加以限制地使用 GOTO 语句不会导致低质量的代码，并且声称在许多编程语言中，一些任务如果不使用一条或多条 GOTO 语句是无法被直接实现的。如有限状态自动机的实现、跳出嵌套循环以及异常处理。

抛弃学术上的争论，既然 **PL/SQL** 语言提供了 **GOTO** 语句，我们还是要介绍一下。万一以后读者遇到了这个许多人憎恨的语句时也就不会有陌生感了。**GOTO** 语句的语法如下：

GOTO *语句标号*

接下来，我们使用例 7-30 的 PL/SQL 程序代码演示 GOTO 语句的具体用法。在这个程序中使用的是有条件跳转。这个程序的功能是用户通过 SQL*Plus 变量 p_num 输入一个自然数，之后这个程序判断 0～该数之间所有自然数是奇数还是偶数，并显示出来。为了实现程序的功能，首先声明了一个数字型的变量 v_count 作为计数器并初始化为 0，从 PL/SQL 语句的第 6～第 14 行为判断变量 v_count 的当前值是奇数还是偶数的代码（也包括了显示相关信息的代码），其中 0 和 1 比较特殊，所以第 6～第 9 行是专门处理 0 和 1 的代码。第 15 行的代码是将计数器 v_count 的值增加 1，第 16 和第 17 行的代码是一个 IF 语句，判断 v_count 的值，如果 v_count 的值小于或等于 v_num，就直接跳转到语句标号为 loop_start 的语句（就是执行段的开始，要注意为语句加标号时，标号要用<<>>括起来），这实际上是要开始了一次循环；如果 v_count 的值大于 v_num，就继续执行后续的语句（就是退出执行段），这实际上是结束了循环。

例 7-30

```
SQL> SET verify OFF
SQL> SET serveroutput ON
SQL> DECLARE
  2    v_num    NUMBER := &p_num;
  3    v_count  NUMBER := 0;
  4
  5  BEGIN <<loop_start>>
  6    IF v_count = 0 THEN
  7      DBMS_OUTPUT.PUT_LINE('这个数为：0。');
  8    ELSIF v_count < 2 THEN
  9      DBMS_OUTPUT.PUT_LINE(v_count || ' 小于等于 2。');
 10    ELSIF (v_count MOD 2 ) <> 0 THEN
 11      DBMS_OUTPUT.PUT_LINE(v_count || ' 是奇数。');
 12    ELSE
 13      DBMS_OUTPUT.PUT_LINE(v_count || ' 是偶数。');
 14    END IF;
 15    v_count :=  v_count + 1;
 16    IF v_count <= v_num THEN
 17      GOTO loop_start;
 18    END IF;
 19  END;
 20  /
输入 p_num 的值：5
这个数为：0。
1 小于等于 2。
2 是偶数。
3 是奇数。
```

4 是偶数。
5 是奇数。

PL/SQL 过程已成功完成。

在执行以上这段 PL/SQL 程序代码时，当出现"输入 p_num 的值:"时，可以输入一个自然数（方框括起来的），如 5。当按下回车键之后，该程序继续执行，当执行成功之后，就将显示 0~5 的每个自然数是奇数还是偶数的信息以及后面的"PL/SQL 过程已成功完成。"的信息。

如果您又对另外一个自然数感兴趣了，如 8。那又该怎么办呢？此时，同样完全不需要再次输入例 7-30 的 PL/SQL 程序代码，而只需使用 SQL*Plus 的重新执行命令"/"就可以了，如例 7-31 所示。

例 7-31

```
SQL> /
输入 p_num 的值： 8
这个数为：0。
1 小于等于 2。
2 是偶数。
3 是奇数。
4 是偶数。
5 是奇数。
6 是偶数。
7 是奇数。
8 是偶数。

PL/SQL 过程已成功完成。
```

在一些早期的程序设计语言中，GOTO 语句使用的频率非常高，如早期版本的 FORTRAN 语言。一些使用这种语言的程序员对 GOTO 语句的使用可以说已经达到了滥用的程度。**对待 GOTO 语句还是应该采取一种开放的态度，当然 GOTO 语句能不用就不用，能少用就少用，万不得已也可以用一下，因为在某些特殊情况下使用 GOTO 语句可能是最方便的。不过，即使在这种特殊情况下，也要注意尽量不要使用远距离跳转。那么，什么是远距离跳转呢？有研究表明，一般人在阅读程序（其实其他资料也一样）时，如果要来回翻页，人的理解力会急剧地下降。因此，GOTO 语句跳转的距离最好在一页纸之内（即 GOTO 语句不会造成阅读程序时的翻页）。**

在这节的 PL/SQL 程序中使用的是有条件跳转，GOTO 语句也可以被用作无条件跳转。实际上，在本节的 PL/SQL 程序中是利用 IF 语句和 GOTO 语句的结合构成了有条件跳转，并利用计数器最后构造出来了一个程序的循环结构。在接下来的第 8 章中，我们将系统地介绍 PL/SQL 语言的循环语句，利用这些循环语句构造 PL/SQL 程序的循环体显然要比本节例 7-30 的方法（利用 GOTO 语句和计数器）简单易读多了。

7.9　您应该掌握的内容

在学习第 8 章之前，请检查一下您是否已经掌握了以下内容：
➥　理解 Oracle 的 NULL（空值）。

- 熟悉逻辑运算 AND 和 OR 的规则。
- 熟悉 PL/SQL 的三个逻辑运算符的真值表。
- 在处理空值时，哪些"金科玉律"可以避免一些常见的错误？
- 熟悉 IF 语句的用法以及简单 IF 语句的使用。
- 熟悉 IF-THEN-ELSE 和 IF-THEN-ELSIF 语句的执行流程。
- 熟悉 IF-THEN-ELSE 语句的使用方法。
- 怎样将当前会话的日期语言改为美国英语？
- 怎样利用 SQL*Plus 的替代变量为 PL/SQL 变量赋值？
- 怎样利用 IF-THEN-ELSIF 语句实现多路分支？
- 为了提高 PL/SQL 程序的效率，在书写逻辑表达式时应该注意什么。
- 为了效率，在 IF-THEN-ELSIF 语句中 IF-ELSIF 条件应该按照什么顺序排列。
- 熟悉 CASE 表达式的语法。
- 熟悉搜索 CASE 表达式语法。
- 熟悉 CASE 表达式的用法。
- 理解 CASE 语句中 ELSE 子句的用法。
- 熟悉搜索 CASE 表达式的用法。
- 熟悉 CASE 语句用法。
- 怎样使用 CASE 语句替代 Oracle SQL 的 DECODE 函数？
- 怎样验证操作数据库数据的 PL/SQL 程序代码的正确性？
- 了解 GOTO 语句的用法。
- 熟悉在使用 GOTO 语句时要注意的问题及使用原则。

第 8 章　PL/SQL 语言的循环语句

利用循环语句来完成那些令人乏味的重复操作是几乎所有程序设计语言最重要的部分之一，当然在 PL/SQL 中也不例外。PL/SQL 提供了三种类型的循环语句，利用这些循环语句可以非常方便地完成那些重复的特定操作。

其实，循环操作（语句）的概念本身就来自现实生活并在现实生活中得到了非常广泛的应用，以下是几个日常生活中常见的循环操作的例子：

- 太阳下山明朝依旧爬上来——每天循环一次。
- 花儿谢了明年还是一样地开——每年循环一次。
- 生活就是一个 7 日接着一个 7 日——为两重循环，内循环每天一次，外循环每周（每 7 天）一次。

如果读者有兴趣，相信可以很容易地举出更多在现实生活中循环操作的例子，实际上学习 PL/SQL 程序设计语言的过程本身也可以被看成一个循环。

8.1　重复控制——循环语句及基本循环语句的语法

所谓的循环就是多次重复一个语句或语句序列。**PL/SQL 提供了若干个循环结构以控制语句的重复执行。循环主要用于重复执行一些语句直到一个条件满足为止。在一个循环中必须要有一个退出条件，否则这个循环就变成了一个死循环（永远循环下去）。** 在程序控制结构中，条件（分支）属于第一类控制结构，而循环属于第二类控制结构。PL/SQL 提供了以下三种类型循环的循环结构（语句）：

（1）基本循环：执行无条件的重复操作。

（2）WHILE 循环：执行基于一个条件的重复操作。

（3）FOR 循环：执行基于一个计数器的重复操作。

可以使用一个 EXIT 语句来终止循环，一般在基本循环中必须有一个出口（EXIT 语句），否则这个循环将是一个死循环。

在这三种形式的循环中，**最简单的循环语句就是基本循环，它是由包含在 LOOP 和 END LOOP 关键字之间的一个语句序列构成的。每次执行的流程到达 END LOOP 语句时，程序的控制就会转到 LOOP 结构的最上面（第一个语句）。基本循环允许它的语句至少执行一次，即使在进入这个循环时 EXIT 条件已经满足，也要执行一次。如果没有 EXIT 语句，基本循环将会是一个无限循环（死循环）。** 基本循环语句的语法如下：

```
LOOP                        -- 定界符
  statement1;               -- 一个或多个语句
  . . .
  EXIT [WHEN condition];    -- 退出语句（EXIT 语句）
END LOOP;                   -- 定界符
```

condition：是一个布尔变量或布尔表达式（其值只能是 TRUE、FALSE 或 NULL）。

statement：既可以是一个或多个 SQL 语句，也可以是一个或多个 PL/SQL 语句。

可以使用 EXIT 语句来终止一个循环，程序执行 EXIT 语句之后，控制转向 END LOOP 语句之后的下一个语句。在循环体内，既可以在 IF 语句内部使用 EXIT 语句，也可以单独使用 EXIT 语句。EXIT 语句必须放在循环体（语句）之内。一般在单独使用时，可以在 EXIT 语句之后附加上带有能够终止循环的条件的 WHEN 子句。**当程序执行到 EXIT 语句时，WHEN 子句中的条件被评估，如果条件是 TRUE，循环结束并且控制转向循环之后的下一个语句。**

一个基础循环可以包含多个退出语句（EXIT 语句），但是按照软件工程的要求最好在循环体中只有一个出口，否则程序很难调试和追踪。

8.2 基本循环语句的实例

因为所在地区的治安状况不断恶化，偷盗案件不断，育犬项目的几只价值不菲的小狗也被人偷走了。要知道这些小狗可是育犬项目的命根子啊！狗都没了将来拿什么去验收这一科研项目，又怎样申报科研成果呢！为了防止公司的损失进一步扩大，项目高级管理层不得不下定决心成立保卫部，并在初期招聘 4 个保安，保卫部的部门号（deptno）为 44，保安的基本工资为 1738。现在，项目经理要求立即将这可能的四个新保安的相关信息添加到员工表（emp_pl）中以便人事部门的人员在招聘中作为参考。为了将来验证程序方便，现使用例 8-1 的 SQL 查询语句列出了员工表中部门号大于 20 的全部员工的信息。

例 8-1

```
SQL> SELECT empno, hiredate, job, sal, deptno
  2  FROM emp_pl
  3  WHERE deptno > 20;
    EMPNO HIREDATE       JOB                     SAL   DEPTNO
--------- -------------- ------------------ ---------- ------
     7521 22-2 月 -81    SALESMAN                 1250       30
     7654 28-9 月 -81    SALESMAN                 1250       30
     7698 01-5 月 -81    MANAGER                  2850       30
     7900 03-12 月-81    CLERK                     950       30
已选择 4 行。
```

接下来，使用例 8-2 的 PL/SQL 程序代码来完成为狗项目招聘 4 个保安的艰巨任务。与众多的 PL/SQL 程序设计书不同的是，在这个例子中绝大部分 PL/SQL 变量（甚至包括循环控制的上限）都是使用 SQL*Plus 替代变量赋初值的。这在实际工作中非常重要，因为在下一次使用这个程序添加员工时，可能要添加 8 个，部门号可能是 174，职位可能是公关，而工资也可能完全不同，由于使用了 SQL*Plus 替代变量就完全不用担心任何变化了，就可以做到"以不变应万变"了。在现代社会中变是永恒的，所以在开发程序的初期就要预见未来的变化，这一点是非常重要的。在现实中"朋友"和"敌人"的关系都会发生变化。曾有一位大人物说过："没有永恒的朋友，也没有永恒的敌人。"

例 8-2

```
SQL> SET serveroutput ON
```

```
SQL> SET verify OFF
SQL> DECLARE
  2    v_empno        emp_pl.empno%TYPE;
  3    v_deptno       emp_pl.deptno%TYPE := &p_deptno;
  4    v_sal          emp_pl.sal%TYPE := &p_sal;
  5    v_hiredate     emp_pl.hiredate%TYPE := SYSDATE;
  6    v_job          emp_pl.job%TYPE := '&p_job';
  7    v_counter      NUMBER(2) := 1;
  8    v_max_num      NUMBER(2) := &p_max_num;
  9    BEGIN
 10    SELECT MAX(empno) INTO v_empno FROM emp_pl;
 11    LOOP
 12      INSERT INTO emp_pl(empno, hiredate, job, sal, deptno)
 13      VALUES((v_empno + v_counter), v_hiredate, v_job, v_sal, v_deptno);
 14      v_counter := v_counter + 1;
 15      EXIT WHEN v_counter > v_max_num;
 16    END LOOP;
 17  END;
 18  /
输入 p_deptno 的值: 44
输入 p_sal 的值: 1738
输入 p_job 的值: 保安
输入 p_max_num 的值: 4

PL/SQL 过程已成功完成。
```

在执行以上这段 PL/SQL 程序代码时,当出现"输入 p_deptno 的值:"时,要输入部门号(如方框括起来的 44);当出现"输入 p_sal 的值:"时,要输入工资(如方框括起来的 1738);当出现"输入 p_job 的值:"时,要输入职位(如方框括起来的保安);当出现"输入 p_max_num 的值:"时,要输入插入的记录数(如方框括起来的 4)。当按下回车键之后,该程序继续执行,执行成功之后,就显示"PL/SQL 过程已成功完成"。

在以上这段 PL/SQL 程序代码的执行段中的第 1 个语句(即循环体之外的 SELECT INTO 语句)是从 emp_pl 表中提取员工号(empno)的最大值并存入变量 v_empno,其目的是将来插入一名员工数据时,新员工号为在最大的员工号上加 1。变量 v_hiredate 的初始值为系统的当前日期和时间(SYSDATE)——实际上就是插入数据的时间。在循环体中,每次循环插入一行新纪录,总共四次循环共插入 4 行新的员工记录。

一个基础循环运行循环体内的语句反复地执行,直到 EXIT WHEN 的条件满足为止。如果退出条件放在循环体的最后,那么在所有的循环语句执行之前是不会检查这一条件的,所以循环体中的语句至少要执行一次。然而,如果将退出条件放在循环体的顶部(在其他所有可执行语句之前)并且如果这个条件为真(TRUE),那么程序将退出循环并且循环体中的语句永远不会执行。

为了验证以上 PL/SQL 程序代码执行的结果是否正确,可以使用例 8-3 的 SQL 查询语句再次查询员工表的相关信息。

例 8-3

```
SQL> SELECT empno, hiredate, job, sal, deptno
  2  FROM emp_pl
```

```
  3  WHERE deptno > 20;
     EMPNO HIREDATE         JOB                         SAL    DEPTNO
---------- --------------  --------------------   ---------  -------
      7521 22-2 月 -81      SALESMAN                   1250        30
      7654 28-9 月 -81      SALESMAN                   1250        30
      7698 01-5 月 -81      MANAGER                    2850        30
      7900 03-12 月 -81     CLERK                       950        30
      7935 30-12 月 -13     保安                        1738        44
      7936 30-12 月 -13     保安                        1738        44
      7937 30-12 月 -13     保安                        1738        44
      7938 30-12 月 -13     保安                        1738        44
```

已选择 8 行。

看到例 8-3 的显示结果，您可能认为万事大吉了吧？是不是又觉得一切都在掌控之中？不过还是不要高兴得太早，不要关闭当前的 SQL*Plus 窗口，再开启一个 SQL*Plus 窗口并以 scott 用户登录（可以是其他用户），并使用例 8-4 的 SQL 查询语句再次查询员工（emp_pl）表中的相关信息。

例 8-4

```
SQL> SELECT empno, hiredate, job, sal, deptno
  2  FROM emp_pl
  3  WHERE deptno > 20;
     EMPNO HIREDATE         JOB                         SAL    DEPTNO
---------- --------------  --------------------   ---------  -----
      7521 22-2 月 -81      SALESMAN                   1250        30
      7654 28-9 月 -81      SALESMAN                   1250        30
      7698 01-5 月 -81      MANAGER                    2850        30
      7900 03-12 月 -81     CLERK                       950        30
```

看了例 8-4 的显示结果，是不是感到很震撼？闹了半天，什么也没有变。这是因为**与其他程序块一样，循环体的结束并不结束事务，必须显式地使用事务控制语句 commit 或 rollback 来提交或回滚这个事务。**

为了后面的操作方便，可以使用例 8-5 的 SQL 的 rollback 语句回滚例 8-2 的 PL/SQL 程序代码对员工（emp_pl）表所做的插入操作。当然，回滚完成之后，最好使用例 8-6 的 SQL 查询语句再次验证一下。

例 8-5

```
SQL> rollback;
回退已完成。
```

例 8-6

```
SQL> SELECT empno, hiredate, job, sal, deptno
  2  FROM emp_pl
  3  WHERE deptno > 20;
     EMPNO HIREDATE         JOB                         SAL    DEPTNO
---------- --------------  --------------------   ---------  -----
      7521 22-2 月 -81      SALESMAN                   1250        30
      7654 28-9 月 -81      SALESMAN                   1250        30
      7698 01-5 月 -81      MANAGER                    2850        30
      7900 03-12 月 -81     CLERK                       950        30
```

可能有读者会想：这 Oracle 怎么设计的，**循环体结束后自动提交不是更简单、方便吗？其实，这正是 Oracle 的高明之处，因为在实际工作中有可能循环操作之后还可能要对这些数据进行进一步的处理，之后才能决定是否提交**。看来 Oracle 不愧是数据库领域的龙头老大。

另一个要注意的问题是：在循环体中不但要有退出条件，而且每次循环一定能够改变循环的条件，如例 8-2 的 PL/SQL 程序代码中的 v_counter := v_counter + 1，否则循环也很可能成为死循环。

8.3　WHILE 循环

PL/SQL 还提供了另外一种与基本（LOOP）循环相似的 **WHILE LOOP** 循环语句，但是使用 **WHILE** 循环在条件为真（**TRUE**）时重复执行循环体中的语句，而当条件不再是 **TRUE**（即为 **FALSE 或 NULL**）时退出循环。循环的条件是在每次重复开始时测试，这种循环是在条件为 FALSE 或 NULL 时终止。如果在循环一开始时条件就是 FALSE 或 NULL，那么就不会执行任何重复的操作了。因此，完全有可能在循环体中的语句从来就没有执行过。WHILE LOOP 循环语句的语法如下：

```
WHILE 条件 LOOP
  语句1；
  语句2；
  . . .
END LOOP;
```

要注意的是，**在 WHILE LOOP 循环语句中，循环的条件必须放在 WHILE 和 LOOP 两个关键字之间，而循环的条件是在每次重复开始时测试的。与 LOOP 循环语句相同，在 WHILE LOOP 循环语句中所包含的语句既可以是 PL/SQL 语句也可以是 SQL 语句。**

由于城市化的进程不断加快，许多城里人感到越来越孤独，邻里之间也很少来往。正是在这种大背景下，市场对宠物，特别是狗的需求呈爆炸式的增长。育犬项目的管理层也与时俱进，适应市场的需要成立了一个高档狗的服务公司，负责高档狗的繁育、销售、训练、医疗和寄宿等一系列的服务。公司取名为"爱犬——最忠实的伴侣股份有限公司"，简称爱犬伴侣公司。别看许多人自己吝啬得厉害，但是为了自己心爱的狗花起钱来却从不含糊。因此爱犬伴侣公司从成立那天起生意就如日中天，现在连锁店和加盟店已经遍布全国。

最近爱犬伴侣公司又要在公主坟地区新增加三个部门（但部门名还没有完全确定），其中也包含一个保卫部以看管好那些比命根子还要重要的狗狗们。可以使用 WHILE LOOP 循环语句向 dept_pl 表中插入三行新数据。在例 8-2 的 PL/SQL 程序代码中，是使用最大的员工号加 1 的方法插入新数据行的。接下来，使用之前创建的一个序列 DEPTID_SEQUENCE 来生成新部门号的方法为 dept_pl 表添加新的数据行，例 8-7 就是所需要的 PL/SQL 程序代码。

例 8-7

```
SQL> SET serveroutput ON
SQL> SET verify OFF
SQL> DECLARE
  2    v_deptno    dept.deptno%TYPE;
  3    v_loc       dept.loc%TYPE := '&p_loc';
  4    v_counter   NUMBER(2) := 1;
  5    v_max_num   NUMBER(2) := &p_max_num;
```

```
 6     BEGIN
 7       WHILE v_counter <= v_max_num LOOP
 8         INSERT INTO dept_pl(deptno, loc)
 9         VALUES(deptid_sequence.NEXTVAL, v_loc);
10         v_counter := v_counter + 1;
11       END LOOP;
12     END;
13     /
输入 p_loc 的值: 公主坟
输入 p_max_num 的值: 3
```

PL/SQL 过程已成功完成。

在执行以上这段 PL/SQL 程序代码时，当出现"输入 p_loc 的值:"时，要输入部门地址（如方框括起来的公主坟）；当出现"输入 p_max_num 的值:"时，要输入插入的记录数（如方框括起来的 3）。当按下回车键之后，该程序继续执行，执行成功之后就显示 "PL/SQL 过程已成功完成"。

为了验证以上 PL/SQL 程序代码执行的结果是否正确，可以使用例 8-8 的 SQL 查询语句再次查询部门表的相关信息。

例 8-8

```
SQL> SELECT *
  2  FROM dept_pl;
    DEPTNO DNAME                          LOC
---------- ---------------------- ---------
        10 ACCOUNTING             NEW YORK
        20 RESEARCH               DALLAS
        30 SALES                  CHICAGO
        40 OPERATIONS             BOSTON
        55                        公主坟
        60                        公主坟
        65                        公主坟
```

已选择 7 行。

由于之前曾经使用过序列 DEPTID_SEQUENCE，所以这一系列的伪列 NEXTVAL 是在原来的基础之上加步长（5）。假设第 55 号部门就是保卫部，现在可以使用例 8-9 的方法利用 WHILE LOOP 循环语句重新改写 PL/SQL 程序代码。注意这次 deptno 应该是 55 号（或者是在 dept_pl 表中存在的部门号）。

例 8-9

```
SQL> SET serveroutput ON
SQL> SET verify OFF
SQL> DECLARE
  2    v_empno      emp_pl.empno%TYPE;
  3    v_deptno     emp_pl.deptno%TYPE := &p_deptno;
  4    v_sal        emp_pl.sal%TYPE := &p_sal;
  5    v_hiredate   emp_pl.hiredate%TYPE := SYSDATE;
  6    v_job        emp_pl.job%TYPE := '&p_job';
  7    v_counter    NUMBER(2) := 1;
```

```
 8    v_max_num   NUMBER(2) := &p_max_num;
 9    BEGIN
10    SELECT MAX(empno) INTO v_empno FROM emp_pl;
11    WHILE v_counter <= v_max_num LOOP
12      INSERT INTO emp_pl(empno, hiredate, job, sal, deptno)
13      VALUES((v_empno + v_counter), v_hiredate, v_job, v_sal, v_deptno);
14      v_counter := v_counter + 1;
15    END LOOP;
16    END;
17    /
输入 p_deptno 的值: 55
输入 p_sal 的值: 1738
输入 p_job 的值: 保安
输入 p_max_num 的值: 4

PL/SQL 过程已成功完成。
```

☞ 指点迷津：

如果在两个表之间建立了外键的联系，必须首先插入主表/父表（parent table）的数据，之后才能插入子表/从表（child table）的相关数据，否则会造成违法引用完整性约束的错误。有关这方面的内容，感兴趣的读者可参阅我的另一本书《名师讲坛——Oracle SQL 入门与实战经典》的第 13 章的 13.14～13.19 节和第 7 章的 7.1～7.8 节。

在执行以上这段 PL/SQL 程序代码时，当出现 "输入 p_deptno 的值:" 时，要输入部门号（如方框括起来的 55）；当出现 "输入 p_sal 的值:" 时，要输入工资（如方框括起来的 1738）；当出现 "输入 p_job 的值:" 时，要输入职位（如方框括起来的保安）；当出现 "输入 p_max_num 的值:" 时，要输入插入的记录数（如方框括起来的 4）。当按下回车键之后，该程序继续执行，执行成功之后就显示 "PL/SQL 过程已成功完成"。

为了验证以上 PL/SQL 程序代码执行的结果是否正确，可以使用例 8-10 的 SQL 查询语句再次查询员工表的相关信息。

例 8-10

```
SQL> SELECT empno, hiredate, job, sal, deptno
  2  FROM emp_pl
  3  WHERE deptno > 20;
    EMPNO HIREDATE        JOB                       SAL    DEPTNO
---------- -------------- ------------------ ---------- ----
     7521 22-2 月 -81     SALESMAN                 1250        30
     7654 28-9 月 -81     SALESMAN                 1250        30
     7698 01-5 月 -81     MANAGER                  2850        30
     7900 03-12 月-81     CLERK                     950        30
     7935 30-12 月-13     保安                      1738        55
     7936 30-12 月-13     保安                      1738        55
     7937 30-12 月-13     保安                      1738        55
     7938 30-12 月-13     保安                      1738        55

已选择 8 行。
```

其实，例 8-9 的程序代码与例 8-2 的差别很小，只是例 8-9 的 WHILE LOOP 循环语句将循环的退出条件前移到循环的开始处（这一语句不需要 EXIT WHEN 子句），而且只要条件 v_counter <= v_max_num 不成立（为 FALSE 或 NULL），程序即可退出循环体，这样有可能循环体中的语句一次也没有执行。其他的语句在例 8-9 和例 8-2 中并没有什么差别。

为了后面的操作方便，可以使用例 8-11 的 SQL 的 rollback 语句回滚例 8-7 和例 8-9 的 PL/SQL 程序代码对部门（dept_pl）表和员工（emp_pl）表所做的插入操作。当然，回滚完成之后，最好使用例 8-12 和例 8-13 的 SQL 查询语句再次验证一下。

例 8-11

```
SQL> rollback;
回退已完成。
```

例 8-12

```
SQL> SELECT *
  2  FROM dept_pl;
   DEPTNO DNAME                    LOC
---------- -------------------- ----------
       10 ACCOUNTING               NEW YORK
       20 RESEARCH                 DALLAS
       30 SALES                    CHICAGO
       40 OPERATIONS               BOSTON
```

例 8-13

```
SQL> SELECT empno, hiredate, job, sal, deptno
  2  FROM emp_pl
  3  WHERE deptno > 20;
   EMPNO HIREDATE      JOB                      SAL     DEPTNO
---------- ------------- ----------------- ---------- ------
    7521 22-2月 -81     SALESMAN               1250         30
    7654 28-9月 -81     SALESMAN               1250         30
    7698 01-5月 -81     MANAGER                2850         30
    7900 03-12月 -81    CLERK                   950         30
```

8.4　FOR 循环

For 循环具有与基本循环一样的通用结构，不过 For 循环在 LOOP 关键字之前有一个控制语句用来设置 PL/SQL 程序执行的重复次数。For 循环具有如下特性：

- 使用 FOR 循环简化了对重复次数的测试。
- 不用声明记数器，它是隐含声明的。
- 在语法上需要说明下限和上限。

For 循环在 LOOP 关键字之后与基本循环几乎完全相同，只是在 LOOP 这个关键字之前增加了控制循环的计数器变量的声明和循环次数及循环方向的说明。For 循环语句的语法如下：

```
FOR counter IN [REVERSE]
   lower_bound..upper_bound LOOP
 statement1;
```

```
  statement2;
  . . .
END LOOP;
```

在以上 FOR 循环语句的语法中：

counter:　　　　是一个隐含声明的整型数，其值在循环的每次重复时自动增加或减少（默认是递
　　　　　　　　增，如果使用了关键字 REVERSE 就是递减），直到达到上限或下限为止。

REVERSE:　　　使计数器值每次重复时从上限到下限递减，要注意的是，下限仍然放在上限之前。

lower_bound：说明计数器范围的下限。

upper_bound：说明计数器范围的上限。

再强调一遍，不要声明计数器变量，计数器被隐含地声明为一个整数。关键字 LOOP 和 END LOOP 之间的是语句序列。

语句序列每执行一次，计数器默认加 1（在上下限之内）。除了整数之外，循环范围的下限和上限还可以是文字、变量或表达式，但是必须是可以转换成整数的数据类型。如果下限和上限不是整数，PL/SQL 按四舍五入的方法将其转换成整数。因此，13/2 和 17/3 都是有效的上限或下限值。下限和上限的值是包含在循环的范围之内的，如以下的 FOR 循环中的语句 1 和语句 2 都只执行一次：

```
FOR i IN 38..38
LOOP
  语句 1
语句 2；
END LOOP；
```

如果循环范围的下限（经四舍五入计算转换成整数后）比上限大，那么循环体中的语句序列不会被执行。

接下来，将例 8-7 的 PL/SQL 程序代码修改成使用 FOR 循环，新的 PL/SQL 程序代码如例 8-14 所示。

例 8-14

```
SQL> SET serveroutput ON
SQL> SET verify OFF
SQL> DECLARE
  2    v_deptno    dept.deptno%TYPE;
  3    v_loc       dept.loc%TYPE := '&p_loc';
  4    v_max_num   NUMBER(2) := &p_max_num;
  5    BEGIN
  6      FOR i IN 1..v_max_num LOOP
  7        INSERT INTO dept_pl(deptno, loc)
  8        VALUES(deptid_sequence.NEXTVAL, v_loc);
  9      END LOOP;
 10    END;
 11    /
输入 p_loc 的值: 将军堡
输入 p_max_num 的值: 3

PL/SQL 过程已成功完成。
```

在执行以上这段 PL/SQL 程序代码时，当出现"输入 p_loc 的值："时，要输入部门地址（如方框括起来的将军堡）；当出现"输入 p_max_num 的值："时，要输入插入的记录数（如方框括起来的 3）。当按下回车键之后，该程序继续执行，执行成功之后就显示"PL/SQL 过程已成功完成"。

将例 8-14 的 PL/SQL 程序代码与例 8-7 的进行比较，可以很容易地发现 FOR 循环与 WHILE 循环之间的差别。在 FOR 循环中，不再需要声明计数器变量（v_counter），因为计数器变量是隐含声明的（在 FOR 循环中习惯上计数器使用诸如 i、j 或 k 等），也不需要计算计数器的语句（v_counter := v_counter + 1），因为每重复一次循环，计数器默认自动加 1。与 WHILE 循环相同，在 FOR 循环中也不需要 EXIT 语句，因为循环条件决定什么时候循环终止。看来这 FOR 循环确实简单多了，是吧？

为了验证以上 PL/SQL 程序代码执行的结果是否正确，可以使用例 8-15 的 SQL 查询语句再次查询部门表的相关信息。

例 8-15

```
SQL> SELECT *
  2  FROM dept_pl;
    DEPTNO DNAME                          LOC
---------- ---------------------- -------
        10 ACCOUNTING                     NEW YORK
        20 RESEARCH                       DALLAS
        30 SALES                          CHICAGO
        40 OPERATIONS                     BOSTON
        70                                将军堡
        75                                将军堡
        80                                将军堡
```

已选择 7 行。

从例 8-15 的显示结果能看出什么问题吗？还记得之前在例 8-11 中使用 rollback 语句回滚了对部门表和员工表所做的所有插入操作吗？虽然插入的数据确实被回滚了（不见了），但是序列的值并没有回滚，也无法回滚，这在有些系统中会造成严重问题，如在银行系统或证券交易系统中一般要求记录号应该是连续的，因为记录号不连续就有可能有人进行了非法操作之后删除了相关的记录。因此在这类系统中还要有附加的日志（审计）表以记录每一操作的细节。

假设第 70 号部门就是保卫部，现在可以利用 FOR 循环语句重新改写例 8-9 的 PL/SQL 程序代码，如例 8-16 所示。注意这次 deptno 应该是 70 号（或者是在 dept_pl 表中存在的部门号）。

例 8-16

```
SQL> SET serveroutput ON
SQL> SET verify OFF
SQL> DECLARE
  2    v_empno      emp_pl.empno%TYPE;
  3    v_deptno     emp_pl.deptno%TYPE := &p_deptno;
  4    v_sal        emp_pl.sal%TYPE := &p_sal;
  5    v_hiredate   emp_pl.hiredate%TYPE := SYSDATE;
  6    v_job        emp_pl.job%TYPE := '&p_job';
  7    v_max_num    NUMBER(2) := &p_max_num;
  8  BEGIN
  9    SELECT MAX(empno) INTO v_empno FROM emp_pl;
 10    FOR i IN 1..v_max_num LOOP
```

```
11      INSERT INTO emp_pl(empno, hiredate, job, sal, deptno)
12      VALUES((v_empno + i), v_hiredate, v_job, v_sal, v_deptno);
13   END LOOP;
14 END;
15 /
```
输入 p_deptno 的值: 70
输入 p_sal 的值: 1338
输入 p_job 的值: 保安
输入 p_max_num 的值: 5

PL/SQL 过程已成功完成。

在执行以上这段 PL/SQL 程序代码时，当出现"输入 p_deptno 的值:"时，要输入部门号（如方框括起来的 70）；当出现"输入 p_sal 的值:"时，要输入工资（如方框括起来的 1338）；当出现"输入 p_job 的值:"时，要输入职位（如方框括起来的保安）；当出现"输入 p_max_num 的值:"时，要输入插入的记录数（如方框括起来的 5）。按下回车键之后，该程序继续执行，执行成功之后，就显示"PL/SQL 过程已成功完成"。

因为将军堡这个地区工资标准比较低而且失业率也较高，所以将保安的工资降了 400 元，但应聘的人数还是远远超过狗伴侣公司的预期，现在招了 5 个保安，所付的工资还没有公主坟地区 4 个的高。

为了验证以上 PL/SQL 程序代码执行的结果是否正确，可以使用例 8-17 的 SQL 查询语句再次查询员工表的相关信息。

例 8-17

```
SQL> SELECT empno, hiredate, job, sal, deptno
  2 FROM emp_pl
  3 WHERE deptno > 20;
```

EMPNO	HIREDATE	JOB	SAL	DEPTNO
7521	22-2 月 -81	SALESMAN	1250	30
7654	28-9 月 -81	SALESMAN	1250	30
7698	01-5 月 -81	MANAGER	2850	30
7900	03-12 月-81	CLERK	950	30
7935	31-12 月-13	保安	1338	70
7936	31-12 月-13	保安	1338	70
7937	31-12 月-13	保安	1338	70
7938	31-12 月-13	保安	1338	70
7939	31-12 月-13	保安	1338	70

已选择 9 行。

8.5 反向 FOR 循环及使用循环的指导原则

为了后面的操作方便，可以使用例 8-18 的 SQL 的 rollback 语句回滚例 8-16 的 PL/SQL 程序代码对员工（emp_pl）表所做的插入操作，当然也回滚了例 8-14 的插入操作。当回滚操作完成之后，最好使用例 8-19 的 SQL 查询语句再次验证一下。

例 8-18

```
SQL> rollback;
回退已完成。
```

例 8-19

```
SQL> SELECT empno, hiredate, job, sal, deptno
  2  FROM emp_pl
  3  WHERE deptno > 20;

    EMPNO HIREDATE        JOB                      SAL     DEPTNO
---------- ------------- ------------------ ---------- ----
     7521 22-2月 -81     SALESMAN               1250         30
     7654 28-9月 -81     SALESMAN               1250         30
     7698 01-5月 -81     MANAGER                2850         30
     7900 03-12月-81     CLERK                   950         30
```

之前所给的所有 **FOR** 循环的例子都是使用正向循环（即每次循环时计数器自动加 1），**接下来给出一个反向循环的例子（即每次循环时计数器自动减 1，从上限开始到下限为止），如例 8-20 所示。这个例子的 PL/SQL 程序代码与例 8-16 的几乎完全相同，只是在 FOR 语句中的 IN 关键字之后加上了关键字 REVERSE，而且这个程序的运行方法也与例 8-16 的完全相同。**

例 8-20

```
SQL> SET serveroutput ON
SQL> SET verify OFF
SQL> DECLARE
  2    v_empno      emp_pl.empno%TYPE;
  3    v_deptno     emp_pl.deptno%TYPE := &p_deptno;
  4    v_sal        emp_pl.sal%TYPE := &p_sal;
  5    v_hiredate   emp_pl.hiredate%TYPE := SYSDATE;
  6    v_job        emp_pl.job%TYPE := '&p_job';
  7    v_max_num    NUMBER(2) := &p_max_num;
  8    BEGIN
  9    SELECT MAX(empno) INTO v_empno FROM emp_pl;
 10    FOR i IN REVERSE 1..v_max_num LOOP
 11      INSERT INTO emp_pl(empno, hiredate, job, sal, deptno)
 12      VALUES((v_empno + i), v_hiredate, v_job, v_sal, v_deptno);
 13    END LOOP;
 14  END;
 15  /
输入 p_deptno 的值: 70
输入 p_sal 的值: 1338
输入 p_job 的值: 保安
输入 p_max_num 的值: 5

PL/SQL 过程已成功完成。
```

为了验证以上 PL/SQL 程序代码执行的结果是否正确，可以使用例 8-21 的 SQL 查询语句再次查询员工表的相关信息。

例 8-21

```
SQL> SELECT empno, hiredate, job, sal, deptno
  2  FROM emp_pl
  3  WHERE deptno > 20;
    EMPNO HIREDATE        JOB                      SAL     DEPTNO
--------- --------------- ------------------ --------- ----------
     7521 22-2 月 -81     SALESMAN               1250         30
     7654 28-9 月 -81     SALESMAN               1250         30
     7698 01-5 月 -81     MANAGER                2850         30
     7900 03-12 月-81     CLERK                   950         30
     7939 31-12 月-13     保安                   1338         70
     7938 31-12 月-13     保安                   1338         70
     7937 31-12 月-13     保安                   1338         70
     7936 31-12 月-13     保安                   1338         70
     7935 31-12 月-13     保安                   1338         70

已选择 9 行。
```

将例 8-21 的显示结果与例 8-17 的进行比较，可以很容易地发现它们的内容完全相同，只是在例 8-21 的显示结果中新插入的保安记录的员工号（empno）是按从大到小的顺序排列的（7939～7935），而在例 8-17 的显示结果中新插入的保安记录的员工号（empno）是按从小到大的顺序排列的（7935～7939）。现在是不是对利用 REVERSE 关键字构造反向 FOR 循环清楚多了？以下列出了在使用 FOR 循环时应该遵守的原则：

> ↘　只在循环中引用记数器，记数器在循环之外没有定义。

> ↘　不要为记数器赋值，即不要将计数器变量放在赋值运算符的左面。

> ↘　上限和下限都不应该为空值（NULL）。

在使用 FOR 循环时，通过牢记以上原则可以避免一些不必要的麻烦。到目前为止已经介绍完了 PL/SQL 语言中全部的循环语句（基本循环、WHILE 循环和 FOR 循环），那么这三种循环之间有什么差别呢？每一种的使用范围又是如何？从理论上讲，只要有一种循环就够了，因为每一种循环都可以构造出另外的两种循环来。甚至没有循环语句也没有问题，因为可以使用 GOTO 语句构造出循环来，就像本书第 7 章 7.8 节中的例 7-30 那样。PL/SQL 之所以提供了三种不同的循环语句，只是为编程提供方便。在什么时候使用哪一种循环，Oracle 给出了如下指南：

> ↘　当语句在循环中至少要执行一次时，一般使用基本循环。

> ↘　如果在每次开始重复时都必须测试条件，一般使用 WHILE 循环。

> ↘　如果重复的次数为已知，一般使用 FOR 循环。

以上指南并不是绝对的，在很多情况下使用哪一种循环可能取决于程序员个人的习惯。如果对某种循环有额外的偏好，也完全没有必要一定要遵守以上的原则。

8.6　循环的嵌套和标号

通过前面章节的学习，知道 PL/SQL 程序块是可以嵌套的。而循环体本身也是一个 PL/SQL 程序块，所以 PL/SQL 的循环也同样可以嵌套，而且可以进行多层嵌套。还可以将基本循环、WHILE 循环和 FOR 循环彼此之间混合嵌套。一个被嵌套的循环的结束并不结束包含它的循环（除非出现了异常）。然而，可以使用标号以区分不同的块和循环体，也可以引用带有标号的 EXIT 语句直接退出外层循环。

标号的命名规则与其他标识符完全相同。标号必须放在一个语句之前，既可以是在同一行，也可以是在单独的行。在所有的 PL/SQL 语法分析中，空白符（一个或多个空格或制表键）是无意义的，但是在文字内部除外。

为基本循环加标号时，标号要放在关键字 LOOP 之前并用标号定界符 "<<" 和 ">>" 括起来，如<<dog_loop>>，其中 dog_loop 为标号。在 FOR 循环和 WHILE 循环中，标号要放在关键字 FOR 或 WHILE 之前。如果一个循环加上了标号，那么在 END LOOP 之后可以包含标号名以使程序代码更清晰（这不是强制性的）。

接下来，用一个例子来进一步说明循环的嵌套和标号的使用，例 8-22 就是这段程序的 PL/SQL 程序代码。该程序有两个嵌套的 FOR 循环，用户利用 SQL*Plus 替代变量输入一个正整数（n），之后在外循环中的程序计算出 $1\sim n$ 所有自然数之和（如输入 4，程序计算 1+2+3+4 的和，其结果为 10）并显示结果以及其他相关信息。内循环是计算所输入自然数的阶乘（$n!$），如输入 4，程序计算 $4\times3\times2\times1$，但是当条件 $i+j>4$ 成立时（为 TRUE），程序的流程就直接跳转到 Inner_loop 标号所在的语句（实际上就是结束了内循环）。当第 1 次外循环时，i 等于 1，所以 $i+j=1+j$，若条件 $1+j>4$ 成立，j 需要大于或等于 4，因此跳转条件之后的语句要执行 3 次；同理当第 2 次外循环时，跳转条件之后的语句将执行两次；当第 3 次外循环时，跳转条件之后的语句将执行 1 次；而从第 4 次外循环开始，跳转条件之后的语句将不再执行。

例 8-22

```
SQL> DECLARE
  2    v_total     NUMBER := 0;
  3    v_factorial NUMBER := 1;
  4    v_num       NUMBER := &p_num;
  5  BEGIN
  6   <<Outer_Loop>>
  7   FOR i IN 1..v_num LOOP
  8     v_total := v_total + i;
  9     dbms_output.put_line
 10       ('1～ ' ||i||'自然数的总和是: '|| v_total);
 11     <<Inner_loop>>
 12     FOR j IN 1..v_num LOOP
 13       EXIT Inner_loop WHEN i + j > 4;
 14       v_factorial := v_factorial * j;
 15       dbms_output.put_line
 16         ('自然数' ||j ||'的阶乘是: '|| v_factorial);
 17     END LOOP;
 18     v_factorial := 1;
 19   END LOOP Outer_Loop;
 20  END;
 21  /
```

```
输入 p_num 的值：ⓘ3
1～ 1 自然数的总和是：  1
自然数 1 的阶乘是：  1
自然数 2 的阶乘是：  2
自然数 3 的阶乘是：  6
1～ 2 自然数的总和是：  3
自然数 1 的阶乘是：  1
自然数 2 的阶乘是：  2
1～ 3 自然数的总和是：  6
自然数 1 的阶乘是：  1

PL/SQL 过程已成功完成。
```

在执行以上这段 PL/SQL 程序代码时，当出现"输入 p_num 的值："时，要输入一个整数（如方框括起来的 3）。随后按下回车键，之后该程序继续执行，当执行成功之后就显示"PL/SQL 过程已成功完成"。注意，当第 3 次外循环时，内循环中的跳转语句之后的那些语句只执行了一次。

如果要计算的是自然数 10 的相关信息，那又该怎么办呢？此时，完全不需要再次输入例 8-22 的 PL/SQL 程序代码，而只需使用 SQL*Plus 的重新执行命令"/"就可以了，如例 8-23 所示。

例 8-23

```
SQL> /
输入 p_num 的值：⬚10
1～ 1 自然数的总和是：  1
自然数 1 的阶乘是：  1
自然数 2 的阶乘是：  2
自然数 3 的阶乘是：  6
1～ 2 自然数的总和是：  3
自然数 1 的阶乘是：  1
自然数 2 的阶乘是：  2
1～ 3 自然数的总和是：  6
自然数 1 的阶乘是：  1
1～ 4 自然数的总和是：  10
1～ 5 自然数的总和是：  15
1～ 6 自然数的总和是：  21
1～ 7 自然数的总和是：  28
1～ 8 自然数的总和是：  36
1～ 9 自然数的总和是：  45
1～ 10 自然数的总和是：  55

PL/SQL 过程已成功完成。
```

在执行以上这段 PL/SQL 程序代码时，当出现"输入 p_num 的值："时，要输入另一个整数（如方框括起来的 10）。随后按下回车键，该程序继续执行，当执行成功之后就显示后面的显示信息。注意，从第 4 次外循环开始，内循环中的跳转语句之后的那些语句已经不再执行了。

在例 8-22 的 PL/SQL 程序代码中，内循环的跳转语句是跳转到内循环的开始处，也可以直接跳转到外循环的开始处，如例 8-24 所示，这段 PL/SQL 程序代码除了内循环的跳转语句的标号改成了外循环的 Outer_loop 之外，其他的所有语句都与例 8-22 中的一模一样。这里需要解释一下这个程序的流程，内循环还是计算所输入自然数的阶乘（n!），如输入 4，程序计算 4×3×2×1，但是当条件 $i+j>4$ 成立时（为 TRUE），程序的流程就直接跳转到 Outer_loop 标号所在的语句（实际上就是结束了外循环）。当第 1 次外循环时，i 等于 1，所以 $i+j=1+j$，若条件 $1+j>4$ 成立，j 需要大于或等于 4，因此跳转条件之后的语句要执行 3 次；同理当第 2 次外循环时，跳转条件之后的语句将执行两次；当 $j=3$ 时，2+3>4，程序跳转到 Outer_loop 标号指定的语句（即结束外循环）。所以从此之后，内循环和外循环中的所有语句都不再执行了。

例 8-24

```
SQL> SET serveroutput ON
SQL> DECLARE
  2   v_total      NUMBER := 0;
  3   v_factorial NUMBER := 1;
  4   v_num      NUMBER := &p_num;
  5  BEGIN
  6   <<Outer_Loop>>
  7   FOR i IN 1..v_num LOOP
  8    v_total := v_total + i;
  9    dbms_output.put_line
 10      ('1～ ' ||i||'自然数的总和是： '|| v_total);
 11    <<Inner_loop>>
 12    FOR j IN 1..v_num LOOP
 13     EXIT Outer_loop WHEN i + j > 4;
 14     v_factorial := v_factorial * j;
 15     dbms_output.put_line
 16       ('自然数' ||j ||'的阶乘是： '|| v_factorial);
 17    END LOOP;
 18    v_factorial := 1;
 19   END LOOP Outer_Loop;
 20  END;
 21  /
输入 p_num 的值： 3
1～ 1自然数的总和是： 1
自然数1 的阶乘是： 1
自然数2 的阶乘是： 2
自然数3 的阶乘是： 6
1～ 2自然数的总和是： 3
自然数1 的阶乘是： 1
自然数2 的阶乘是： 2

PL/SQL 过程已成功完成。
```

在执行以上这段 PL/SQL 程序代码时，当出现"输入 p_num 的值:"时，要输入一个整数（如方框括起来的3）。随后按下回车键，之后该程序继续执行，当执行成功之后就显示"PL/SQL 过程已成功完成"的显示信息。注意，当第 2 次外循环中的第 3 次内循环开始，内循环和外循环中所有的语句都没有执行，这是因为执行了跳转语句之后，程序已经结束了外循环。

如果要计算的是自然数 5 的相关信息，那又该怎么办呢？此时，完全不需要再次输入例 8-24

的 PL/SQL 程序代码，而只需使用 SQL*Plus 的重新执行命令 "/" 就可以了，如例 8-25 所示。

例 8-25

```
SQL> /
输入 p_num 的值: 5
1～ 1 自然数的总和是: 1
自然数 1 的阶乘是: 1
自然数 2 的阶乘是: 2
自然数 3 的阶乘是: 6

PL/SQL 过程已成功完成。
```

8.7　Oracle 11g 和 Oracle 12c 引入的 CONTINUE 语句

Oracle 11g 和 Oracle 12c 引入了 CONTINUE 语句，该语句能够使程序的控制转移到循环体中的下一次新循环（重复）或者直接离开循环。 许多其他的程序设计语言都提供了这一语句（或功能），但是在 Oracle 11g 之前，PL/SQL 中并没有这个语句。在这些版本中，可能需要使用布尔变量和条件语句来模拟 CONTINUE 语句的功能，不过有时这种变通的方法的效率可能比较低。

CONTINUE 语句提供了控制循环重复的一种简单方法，而且一般也比之前使用布尔变量和条件语句的变通方法更有效。**通常使用 CONTINUE 语句在主要的处理开始之前在一个循环内部过滤掉不需要的数据（和处理操作）。** 接下来，对例 8-24 的 PL/SQL 程序代码略加修改，将内循环中的 "EXIT Outer_loop WHEN i + j > 4" 改为 "CONTINUE Outer_loop WHEN i + j > 4" 语句，如例 8-26 所示。

例 8-26

```
SQL> SET verify OFF
SQL> SET serveroutput ON
SQL> DECLARE
  2    v_total     NUMBER := 0;
  3    v_factorial NUMBER := 1;
  4    v_num       NUMBER := &p_num;
  5  BEGIN
  6   <<Outer_Loop>>
  7   FOR i IN 1..v_num LOOP
  8     v_total := v_total + i;
  9     dbms_output.put_line
 10       ('1～ ' ||i||'自然数的总和是: '|| v_total);
 11     <<Inner_loop>>
 12     FOR j IN 1..v_num LOOP
 13       CONTINUE Outer_loop WHEN i + j > 4;
 14       v_factorial := v_factorial * j;
 15       dbms_output.put_line
 16         ('自然数' ||j ||'的阶乘是: '|| v_factorial);
 17     END LOOP;
 18     v_factorial := 1;
 19   END LOOP Outer_Loop;
```

```
20   END;
21   /

输入 p_num 的值：4
1～ 1 自然数的总和是： 1
自然数 1 的阶乘是： 1
自然数 2 的阶乘是： 2
自然数 3 的阶乘是： 6
1～ 2 自然数的总和是： 3
自然数 1 的阶乘是： 6
自然数 2 的阶乘是： 12
1～ 3 自然数的总和是： 6
自然数 1 的阶乘是： 12
1～ 4 自然数的总和是： 10

PL/SQL 过程已成功完成。
```

从例 8-26 的显示结果可以看出这段程序代码肯定有问题，很显然从第 2 次外循环就开始出问题了，因为 1! 为 1 而不是 6，当然 2! 为 2 而不是 12。那么问题出在什么地方呢？因为内循环中 CONTINUE Outer_loop WHEN $i + j > 4$ 语句的作用是在 $i + j > 4$ 时将程序的控制转到外循环的开始（即开始执行下一次循环），但是此时变量 v_factorial 中已经有值了，而在内循环之后的 v_factorial := 1 要等内循环结束之后才能执行。解决这一问题的方法很简单，那就是将 v_factorial := 1 语句迁移到外循环中的第 1 个语句，如例 8-27 所示。

例 8-27

```
SQL> SET verify OFF
SQL> SET serveroutput ON
SQL> DECLARE
  2    v_total     NUMBER := 0;
  3    v_factorial NUMBER := 1;
  4    v_num       NUMBER := &p_num;
  5  BEGIN
  6   <<Outer_Loop>>
  7   FOR i IN 1..v_num LOOP
  8     v_factorial := 1;
  9     v_total := v_total + i;
 10     dbms_output.put_line
 11       ('1～ ' ||i||'自然数的总和是： '|| v_total);
 12     <<Inner_loop>>
 13     FOR j IN 1..v_num LOOP
 14       CONTINUE Outer_loop WHEN i + j > 4;
 15       v_factorial := v_factorial * j;
 16       dbms_output.put_line
 17         ('自然数' ||j ||'的阶乘是： '|| v_factorial);
 18     END LOOP;
 19   END LOOP Outer_Loop;
 20  END;
 21  /
输入 p_num 的值：3
```

```
1～ 1 自然数的总和是： 1
自然数 1 的阶乘是： 1
自然数 2 的阶乘是： 2
自然数 3 的阶乘是： 6
1～ 2 自然数的总和是： 3
自然数 1 的阶乘是： 1
自然数 2 的阶乘是： 2
1～ 3 自然数的总和是： 6
自然数 1 的阶乘是： 1
```

PL/SQL 过程已成功完成。

经过这一小小的修改之后，这段程序代码的问题就彻底解决了。编写程序是一个非常细心的工作，稍不留意就可能掉进陷阱中去。一般在实际工作中，调试好的程序不到万不得已不要改动，因为有时一个小小的错误可能会造成系统很大的危害，对于程序而言常常是牵一发而动全身。

如果要计算的是自然数 7 的相关信息，那又该怎么办呢？此时，完全不需要再次输入例 8-27 的 PL/SQL 程序代码，而只需使用 SQL*Plus 的重新执行命令"/"就可以了，如例 8-28 所示。

例 8-28

```
SQL> /
输入 p_num 的值： 7
1～ 1 自然数的总和是： 1
自然数 1 的阶乘是： 1
自然数 2 的阶乘是： 2
自然数 3 的阶乘是： 6
1～ 2 自然数的总和是： 3
自然数 1 的阶乘是： 1
自然数 2 的阶乘是： 2
1～ 3 自然数的总和是： 6
自然数 1 的阶乘是： 1
1～ 4 自然数的总和是： 10
1～ 5 自然数的总和是： 15
1～ 6 自然数的总和是： 21
1～ 7 自然数的总和是： 28
```

PL/SQL 过程已成功完成。

还有另外的方法来解决前面所遇到的问题，那就是将变量 v_factorial 声明为本地（局域）变量，如例 8-29 所示。

例 8-29

```
SQL> SET serveroutput ON
SQL> DECLARE
  2    v_total    NUMBER := 0;
  3    v_num    NUMBER := &p_num;
  4  BEGIN
  5  <<Outer_Loop>>
  6  FOR i IN 1..v_num LOOP
  7    v_total := v_total + i;
  8    dbms_output.put_line
```

```
 9        ('1～ ' ||i||'自然数的总和是: '|| v_total);
10     BEGIN
11       DECLARE
12         v_factorial NUMBER := 1;
13       BEGIN
14         <<Inner_loop>>
15         FOR j IN 1..v_num LOOP
16           CONTINUE Outer_loop WHEN i + j > 4;
17           v_factorial := v_factorial * j;
18           dbms_output.put_line
19         ('自然数' ||j ||'的阶乘是: '|| v_factorial);
20         END LOOP Inner_loop;
21       END;
22     END;
23   END LOOP Outer_Loop;
24 END;
25 /
输入 p_num 的值: ④
1～ 1 自然数的总和是: 1
自然数 1 的阶乘是: 1
自然数 2 的阶乘是: 2
自然数 3 的阶乘是: 6
1～ 2 自然数的总和是: 3
自然数 1 的阶乘是: 1
自然数 2 的阶乘是: 2
1～ 3 自然数的总和是: 6
自然数 1 的阶乘是: 1
1～ 4 自然数的总和是: 10
```

PL/SQL 过程已成功完成。

看到例 8-29 的显示结果，就可以确信之前所遇到的问题已经圆满地解决了。

在结束这一章之前，要强调的一点是，**在实际工作中尽量少用循环的嵌套，如果不得不用，那么就尽量减少嵌套的层数，因为过多的循环嵌套会使程序的流程很难读懂。有研究表明，一般程序员在阅读超过三层的循环嵌套时就感觉到程序非常复杂，有时甚至干脆不想去阅读这样的程序了。**

8.8　您应该掌握的内容

在学习第 9 章之前，请检查一下您是否已经掌握了以下内容：

- ↘ PL/SQL 提供了哪三种类型的循环结构。
- ↘ 熟悉基本循环语句的语法和应用。
- ↘ 怎样使用基本循环语句往一个表中添加多行数据？
- ↘ 理解 Oracle 如何进行事务控制的。
- ↘ 熟悉 WHILE LOOP 循环语句的语法和应用。
- ↘ 怎样使用 WHILE LOOP 循环语句往一个表中添加多行数据？

- ↘　熟悉在 WHILE LOOP 循环语句中使用序列往一个表中添加数据。
- ↘　理解当两个表之间建立了外键的联系时插入数据的先后顺序。
- ↘　熟悉 For 循环具有的特性。
- ↘　熟悉 For 循环语句的语法和应用。
- ↘　怎样使用 For 循环语句往一个表中添加多行数据？
- ↘　熟悉回滚操作对序列的影响。
- ↘　熟悉 Oracle 所推荐的使用何种循环的指导原则。
- ↘　熟悉反向 For 循环的使用方法。
- ↘　熟悉 PL/SQL 的循环嵌套方法。
- ↘　熟悉标号的命名方法以及所放的位置。
- ↘　熟悉 Oracle 11g 和 Oracle 12c 引入的 CONTINUE 语句。
- ↘　了解 CONTINUE 语句与 EXIT 语句之间的差别。

第 9 章　PL/SQL 中常用的组合数据类型

　　大自然是最好的老师，历史上的武林高手们通过观察深山里打斗的猴子创建了独霸武林的猴拳，通过观察癞蛤蟆练就了绝世武功——蛤蟆功。

　　经过了许多痛苦的尝试之后，程序语言的设计者们又回过头求教于自然之母，从大自然中获取灵感并得到了方便程序开发和维护的良药，那就是组合数据类型。目前几乎所有的程序设计语言都包括了这剂程序设计的良药，当然这么好的东西谁都不想错过，Oracle 的 PL/SQL 语言也不例外。

　　在本书的第 4 章 4.4 节中已经提到过组合数据类型，它包括内部元素（结构），而这些元素既可以是标量类型也可以是组合类型。在这一章中我们将详细地介绍两种在 PL/SQL 程序设计中经常使用的组合数据类型——RECORD（记录）和 PL/SQL 表(TABLE)，也叫 INDEX BY 表（TABLE），在这一章中我们将详细介绍如下内容：

- ➥ 创建用户定义的 PL/SQL 记录。
- ➥ 使用%ROWTYPE 属性创建记录。
- ➥ 创建 INDEX BY 表。
- ➥ 创建 INDEX BY 记录表。
- ➥ 描述记录、INDEX BY 表和 INDEX BY 记录表之间的差别。

　　从 Oracle 9i 开始，Oracle 将原来的 PL/SQL 表改名为 INDEX BY 表（现在这两个名字的意思一样，而且可以相互交换）。Oracle 这样做的目的是为了区分 Oracle SQL 中的嵌套表，所以本书从现在起也会主要使用 "INDEX BY 表" 这一称呼。

9.1　组合数据类型概述

　　通过前面多章的学习，读者已经知道了在 PL/SQL 语言中一个标量数据类型变量只能存放单一的值。然而，一个组合数据类型的变量却可以存放多个变量类型的值或多个组合类型的值。与标量数据类型不同，组合数据类型包含了内部结构（组件），一旦定义了一个组合数据类型，这个数据类型就可以重用——用来定义一个或多个组合类型的变量。**PL/SQL** 语言中的组合数据类型共分为以下两大类：

　　（1）PL/SQL 记录（records）

　　（2）PL/SQL 集合（collections）

- ➥ INDEX BY 表
- ➥ 嵌套表（Nested Table）
- ➥ 变长数组（VARRAY）

其中，嵌套表和变长数组并不属于 PL/SQL 的数据类型，它们是 Oracle 模式（用户）一级的表中有效的数据类型，而不能在用户的表中定义 INDEX BY 表类型的列。在本书中将只介绍 INDEX BY 表这种集合数据类型，当然也要介绍 PL/SQL 记录数据类型。

PL/SQL 记录将逻辑上相关的但是类型不同的数据当作一个逻辑单元来处理，一个 PL/SQL 记录可以包含多个不同类型的数据，如可以定义一个存储客户详细信息的记录，这个记录将包含整数型的客户号码（customer_id）、变长字符型的客户姓名（customer_name）和日期型的客户的出生日期（customer_birth）等。通过创建一个存储客户详细信息的记录，我们创建了一个逻辑上的集合单元，这将使访问和维护客户的数据变得非常简单。

PL/SQL 集合将一组（集合）数据当作一个单独的单元来处理，在这一章中将详细介绍的一种 PL/SQL 集合类型就是 INDEX BY 表，其实 INDEX BY 表与其他程序设计语言中的数组几乎完全相同。

通过前面若干章的学习，读者可能已经发现了，即使没有组合数据类型，似乎也并未影响到我们的编程工作。那么，**为什么 PL/SQL 语言要引入组合数据类型呢？**

最重要的因素是为程序的开发和维护提供了方便。利用组合数据类型，可以将所有相关的数据作为一个单独的单元来处理。因此，就可以更容易访问和修改那些相关的数据了，而且数据的管理和维护，以及传输将变得非常容易。其实，道理也很简单。如电器师傅上门修理电器，他会带一个工具箱将所有要用到的工具都放在其中，这样显然要比为每个工具准备一个工具箱方便多了。

既然 PL/SQL 记录和 PL/SQL 集合都是组合数据类型，那么在实际的编程中又该如何选择它们呢？其选择的原则如下：

➥ 如果要存储和操作的数据是逻辑上相关的但是具有不同的数据类型，一般使用 PL/SQL 记录，例如可以创建一个存储客户详细信息的记录，这个记录所存储的所有数据都是相关的，因为这些数据提供了某个特定客户的信息。

➥ 如果要存储和操作的数据具有相同的数据类型，注意其数据类型本身又可以是组合类型（如记录），例如可以创建一个存储客户姓名的 INDEX BY 表（数组）。这样就可以将 n 个客户姓名存入这个 INDEX BY 表中，其中 INDEX BY 表中的第一个客户名与第二个客户名并没有什么直接的关系，这些客户名之间唯一的关系是它们都是客户的姓名。实际上，**INDEX BY 表与其他程序设计语言（如 Java、C 和 C++）中的数组几乎没什么区别。**

在接下来的章节中，我们将从介绍 PL/SQL 记录开始，以若干节的篇幅详细地介绍在 PL/SQL 程序设计语言中经常使用也是非常重要的两种组合数据类型的数据——PL/SQL 记录和 INDEX BY 表。

9.2 PL/SQL 记录类型数据以及创建它的语法

所谓一个 **PL/SQL 记录就是一组存储在若干字段中的相关联的数据，而记录中的每个字段都具有自己的名字和数据类型。PL/SQL 记录具有如下特性：**

➥ 一定包含一个或多个被称为字段的组件，其组件是任何的标量、记录或 INDEX BY 表的数据类型。

- 在结构上与第三代语言(3GL)的记录相似。
- 与数据库中表的行不同。
- 每一个定义的记录可以根据实际需要有任意多个字段。
- 可以为记录赋初值并且也可以将记录定义为非空（NOT NULL）。
- 没有初始值的字段其初值被初始化为空（NULL）。
- 在定义字段时也可以使用关键字 DEFAULT 为其定义初始值。
- 将字段的集合当作一个逻辑单位来处理。
- 可以在任何程序块（如子程序或软件包）的声明部分定义记录数据类型并声明用户定义的记录变量。
- 可以声明和引用嵌套的记录，一个记录可以是另一个记录的一个组件。
- 当从一个表中获取一行数据时，使用记录处理非常方便。

知道了 PL/SQL 记录所具有的特性之后，一些读者可能已经迫不及待地要创建和使用这一 PL/SQL 语言所提供的强大的数据类型了。那么又怎样创建一个 PL/SQL 记录变量呢？与创建标量类型的变量有所不同，创建一个 PL/SQL 记录变量需要两步：第一步是创建一个 PL/SQL 记录数据类型，而第二步就是使用这个已经创建的 PL/SQL 记录数据类型来定义（声明）一个这一记录类型的变量。其中第一步创建 PL/SQL 记录数据类型的语法如下（要注意这里的 TYPE 和 IS RECORD 是记录数据类型定义的关键字，必须照原样写）：

```
TYPE 数据类型名 IS RECORD
    (字段声明[,字段声明]…);
```

而第二步使用以上 PL/SQL 记录数据类型声明一个 PL/SQL 记录类型的变量，其语法如下（可以使用这个记录数据类型声明一个或多个这一类型的变量，而且标识符（变量）的声明可以在数据类型定义之后任意行上，也完全没有必要相邻）：

```
标识符  数据类型名;
```

而在第一步创建 PL/SQL 记录数据类型的语法中，其字段的声明（*field_declaration*）部分为：

```
字段名 {字段类型 | 变量%TYPE
      | 表名.列名%TYPE |表名%ROWTYPE}
      [[NOT NULL] {:= | DEFAULT} 表达式]
```

要使用一个用户定义的 PL/SQL 记录，必须要做到以下两点：

（1）在一个 PL/SQL 程序块的声明部分使用以上语法定义这个记录（先定义记录数据类型，再利用这个数据类型定义记录变量）。

（2）声明这个记录类型的内部组件（也可以同时初始化相应的字段）。

☞ 指点迷津：

一个用户定义的数据类型（如记录类型）一但声明成功，之后就可以像其他的 Oracle 预定义的标量数据类型那样用来声明这一数据类型的变量了。

在以上语法中，每一个项目的具体含义如下：

数据类型名（type_name）：　　为记录（RECORD）类型的名字（这一标识符将用于声明记录类型的变量）。

字段名（field_name）：　　为记录内部一个字段的名字。

字段类型（field_type）: 为该字段的数据类型（可以是除了 REF CURSOR 之外的任何 PL/SQL 数据类型，当然也可以是%TYPE 和%ROWTYPE 属性）。

表达式（expr）: 为字段数据类型的表达式或初始值。

可以使用 NOT NULL（非空）约束以防止将空值赋予这些字段，但是要确保初始化非空的那些字段。

接下来，我们使用一个完整的例子来进一步解释如何创建一个 PL/SQL 记录数据类型，并利用这个记录数据类型声明一个储存一名员工的名字、职位、工资和雇佣日期的变量，以及如何在程序中进一步使用这一记录变量，其完整的 PL/SQL 程序代码如例 9-1 所示。

在声明段，首先该程序声明了一个名为 emp_record_type 的记录数据类型，在这个记录数据类型中定义了五个不同的字段，其中 empno 字段的数据类型为四位数的整数，不能为空，并通过一个 SQL*Plus 的替代变量&p_empno 赋予初始值，而其他四个字段都与 emp 表中相对应的列具有相同的数据类型和长度；随后，程序声明了一个 8 位的实数（小数部分为 2 位），也是通过一个替代变量赋予初始值的；最后声明了一个 emp_record_type 记录数据类型的变量，其变量名为 emp_record。需要指出的是，由于在 empno 字段上定义了非空（NOT NULL）约束，所以这个字段必须被初始化（即赋予初始值）。

在执行段，首先将员工号为替代变量值的相关信息从员工表中取出并存放在记录 emp_record 的每个字段中（按位置存放）；随后，将系统当前的日期赋予记录 emp_record 的 hiredate 字段（即将该该员工的雇佣日期改为今天）；接下来，将 emp_record 的 sal 字段的值增加 v_increase_sal；最后，使用 DBMS_OUTPUT 软件包列出 emp_record 记录中每一个字段的值。

例 9-1

```
SQL> SET verify OFF
SQL> SET serveroutput ON
SQL> DECLARE
  2    TYPE emp_record_type IS RECORD
  3      (empno        NUMBER(4) NOT NULL := &p_empno,
  4       ename        emp.ename%TYPE,
  5       job          emp.job%TYPE,
  6       sal          emp.sal%TYPE,
  7       hiredate     emp.hiredate%TYPE);
  8
  9    v_increase_sal NUMBER(8,2) DEFAULT &p_increase_sal;
 10    emp_record  emp_record_type;
 11  BEGIN
 12    SELECT empno, ename, job, sal, hiredate
 13    INTO emp_record
 14    FROM emp
 15    WHERE empno = emp_record.empno;
 16    emp_record.hiredate := SYSDATE;
 17    emp_record.sal := emp_record.sal + v_increase_sal;
 18    DBMS_OUTPUT.PUT_LINE(emp_record.empno);
 19    DBMS_OUTPUT.PUT_LINE(emp_record.ename);
 20    DBMS_OUTPUT.PUT_LINE(emp_record.job);
```

```
21    DBMS_OUTPUT.PUT_LINE(emp_record.sal);
22    DBMS_OUTPUT.PUT_LINE(emp_record.hiredate);
23  END;
24  /
```

输入 p_empno 的值：　7738

输入 p_increase_sal 的值：　380

```
7788
SCOTT
ANALYST
3380
03-1月 -14
```

PL/SQL 过程已成功完成。

在执行以上这段 PL/SQL 程序代码时，当出现"输入 p_empno 的值:"时，要输入一个员工号（如方框括起来的 7788）；当出现"输入 p_increase_sal 的值:"时，要输入工资的增加值（如方框括起来的 380）。当按下回车键之后，该程序继续执行，当执行成功之后就显示后面的显示信息了。有了 PL/SQL 记录数据类型是不是使编程工作变得更简单了？

为了验证以上 PL/SQL 程序代码执行的结果是否正确，可以使用例 9-2 的 SQL 查询语句再次查询员工表的相关信息。

例 9-2

```
SQL> SELECT empno, ename, job, sal, hiredate
  2  FROM emp
  3  WHERE empno = 7788;
    EMPNO  ENAME             JOB                      SAL   HIREDATE
---------- ----------------  ----------------  ----------  -----------
     7788  SCOTT             ANALYST                 3000   19-4月 -87
```

为了帮助读者进一步了解 PL/SQL 记录数据类型的内部结构，**现给出在例 9-1 中所声明的 PL/SQL 记录类型数据的部分内部结构示意图，如图 9.1 所示**。

可能有读者问：你是如何知道所定义的记录中每个字段的数据类型和长度的？字段 empno 的数据类型和长度很容易得到，因为这个字段的数据类型和长度的定义就在记录数据类型 emp_record_type 的声明中。但是字段 ename 和 job 的数据类型和长度又是怎么得来的呢？可以在 SCOTT 用户下使用例 9-3 的 SQL*Plus 命令列出 emp 表的结构。

例 9-3

```
SQL> desc emp
 名称                                       是否为空？ 类型
 ----------------------------------------  ---------- ---
 EMPNO                                     NOT NULL   NUMBER(4)
 ENAME                                                VARCHAR2(10)
 JOB                                                  VARCHAR2(9)
 MGR                                                  NUMBER(4)
 HIREDATE                                             DATE
 SAL                                                  NUMBER(7,2)
 COMM                                                 NUMBER(7,2)
 DEPTNO                                               NUMBER(2)
```

在记录的字段中的字符串也可以是中文字符或其他国家的字符串，如韩文，但是此时要加长字符类型的长度，如图 9.2 所示。

图 9.1

图 9.2

在访问字段时，要在字段名前冠以记录名，并在记录名和字段名之间加一个点号（.），其引用的格式为：

```
记录名.字段名
```

如可以使用如下的方式引用 emp_record 记录中的 hiredate 字段：

```
emp_record.hiredate
```

也可以使用如下的方式为一个字段赋值：

```
emp_record.hiredate := SYSDATE; 或
emp_record.sal := emp_record.sal + v_increase_sal;
```

实际上，在例 9-1 中已经使用这一方法引用了 emp_record 记录中的所有字段。在一个程序块中或在一个子程序中，当程序进入（执行到）这一程序块或子程序时，用户定义的记录被实例化（即是有意义的），而当程序退出这个程序块或子程序时，这些记录也就随之消失了。如果读者学习过 Oracle SQL，应该还记得在引用其他用户的表时也需要在表名之前冠以用户名，如 scott.emp。其实，Oracle 系统中命令的格式是高度一致的。

通过把两个不同的事物进行比较，从中发现它们的共同或相似之处，这是一种很重要的学习方法。通过这种类比和外推的方法，我们可以更容易地掌握以前不知道或不理解的知识。

9.3　PL/SQL 语言中的%ROWTYPE 属性

根据本书第 4 章的 4.5 节中有关%TYPE 属性的介绍，我们知道可以利用%TYPE 这一属性按照之前已经声明过的变量或数据库中表的列来声明一个变量。当存储在一个变量中的值是来自于数据库中的表时，使用%TYPE 属性来声明这个变量是再适合不过的了，因为这样定义的变量与表中的列具有相同的数据类型和长度，而且当列的定义发生变化时也不需要变更变量了。不过使用%TYPE 属性每次只能定义一个变量，如果要访问或操作表中一行数据的每一列时，必须使用%TYPE 属性基于每一列定义一个相应的变量。

PL/SQL 提供的%ROWTYPE 属性会极大地简化以上操作，可以利用%ROWTYPE 属性声明一个能够存储一个表或视图中一整行数据的记录（变量）。该记录中的每一个字段的名字和数据类型取自表或视图中相应的列。现将利用%ROWTYPE 属性声明的记录变量的特性归纳如下：

- 按照数据库中一个表或视图中的列的集合来声明一个变量。
- 将数据库表冠在%ROWTYPE 的前面。
- 记录中的字段与表或视图中的列有相同的名和相同的数据类型。

也是在 PL/SQL 程序的声明段中声明%ROWTYPE 数据类型的记录变量的，利用%ROWTYPE

属性声明记录的语法如下：

```
identifier  reference%ROWTYPE;
```

在以上语法中：

identifier：为记录名。

reference：为表名、视图名、游标（cursor）名或记录所基于的游标变量名（要使这个引用有效，表或视图必须存在）。

如在 PL/SQL 程序的声明段使用如下的程序代码声明了一个基于 dept 表的名为 dept_record 的记录变量。dept_record 记录的结构与 dept 表的结构相同，即在这一记录中的字段数与 dept 表中的列数相同，而且每一个字段的名字和数据类型也与对应的列完全相同。

```
DECLARE
  dept_record dept %ROWTYPE;
```

以下就是 dept_record 记录的结构（即每一个字段的数据类型和精度）：

```
(deptno   NUMBER(2),
 dname    VARCHAR2(14),
 loc      VARCHAR2(13) )
```

与引用其他类型的记录完全相同，如果要引用该记录中单独的一个字段，必须在记录名与字段名中间使用点号（.），其语法格式为：

```
记录名.字段名
```

例如要引用 dept_record 记录中的 dname 字段，就可以使用如下的方式来引用：

```
dept_record.dname
```

也可以使用如下的方式为这一字段赋值：

```
dept_record.dname := '公主坟';
```

可以使用 SELECT 或 FETCH 语句将一个值列表中的全部值（表中一行数据的所有列）赋予一个记录，要注意的是，列名出现的顺序要与记录中相应字段的顺序（位置）相同。如果两个记录具有完全相同的数据类型，那么可以将一个记录直接赋予另一个记录。如果一个用户定义的记录包含了与一个%ROWTYPE 记录类似的字段，也可以将这个用户定义的记录赋予%ROWTYPE 记录。

那么使用%ROWTYPE 记录有什么好处呢？肯定有好处，因为 Oracle 是一个商业公司，它不可能做赔本的生意。现将使用%ROWTYPE 属性的好处归纳如下：

➥ 不需要知道所基于的表中列的数目和数据类型。

➥ 在运行期间所基于的表中列的数目和数据类型可能变化，但记录不需要修改。

➥ 当使用 SELECT * 语句提取一行数据时，这个属性很有用。

实际上，当无法确定所基于的数据库表的结构时，使用%ROWTYPE 属性应该是最合适的。使用%ROWTYPE 属性最主要的好处就是简化了 PL/SQL 程序代码的维护。当所基于的表发生变化时，使用%ROWTYPE 属性就可以确保利用这一属性声明的变量的数据类型动态地变化。如果一个 DDL 语句更改了表中的列，那么相应的 PL/SQL 程序单元被置为无效。而当这个程序被重新编译时，该程序将自动地反映这个表的新结构。

当要从一个表中提取一个整个数据行时，%ROWTYPE 属性非常有用，如果没有这一属性，则不得不为 SELECT 语句提取的每一列声明一个相应的变量。

9.4　使用%ROWTYPE属性声明记录

为了能够使后面的 PL/SQL 程序代码正常工作，我们首先创建一个离职员工表。这个表将存放所有离职员工的详细信息，其中包括离职日期。与中国人奉行的"好马不吃回头草"不同，西方人奉行的是利益最大化，因此，时常有这样的现象：一个员工离开了公司一段时间又返回原公司工作，因为他经过比较发现还是原公司的条件好；或者一个员工被炒鱿鱼了，经过了一段时间老板发现后面招来的员工一个不如一个，于是又想办法将那位被炒鱿鱼的家伙重新请回来。

为了简单起见，我们使用例 9-4 的 DDL 语句利用 emp 表创建 ex_emp（离职员工）表的几乎整个结构。在这个 SQL 语句中，我们使用了一个技巧，即利用 WHERE 子句中的条件"1 = 2"只创建一个与 emp 表一模一样的 ex_emp 表的结构，因为 1 永远也不会等于 2，所以没有任何数据能满足插入的条件。

例 9-4

```
SQL> CREATE TABLE ex_emp
  2  AS
  3  SELECT *
  4  FROM emp
  5  WHERE 1 = 2;
表已创建。
```

为了验证以上 DDL 语句执行的结果是否正确，可以使用例 9-5 的 SQL*Plus 命令列出 ex_emp 这个新创建表的结构。随后，使用例 9-6 的 SQL 查询语句列出 ex_emp 表中数据行的总数。

例 9-5

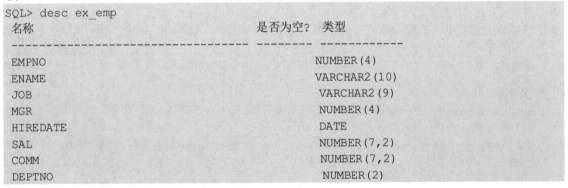

```
SQL> desc ex_emp
 名称                                      是否为空？  类型
 ---------------------------------------  --------  ------------
 EMPNO                                                NUMBER(4)
 ENAME                                                VARCHAR2(10)
 JOB                                                  VARCHAR2(9)
 MGR                                                  NUMBER(4)
 HIREDATE                                             DATE
 SAL                                                  NUMBER(7,2)
 COMM                                                 NUMBER(7,2)
 DEPTNO                                               NUMBER(2)
```

例 9-6

```
SQL> select count(*) from ex_emp;
  COUNT(*)
----------
         0
```

因为在新创建的 ex_emp 表中并没有 leavedate（离职日期）一列，所以可以使用例 9-7 的 DDL 语句为这个 ex_emp 表添加一列，该列的名字是 leavedate 数据类型是日期型。最后，再次使用例 9-8 的 SQL*Plus 命令重新列出 ex_emp 表的结构以验证例 9-7 的添加列命令的正确性。

例 9-7

```
SQL> ALTER TABLE ex_emp
  2  ADD (leavedate DATE);
表已更改。
```

例 9-8

```
SQL> desc ex_emp
名称                                   是否为空?  类型
-------------------------------- -------- -------------
EMPNO                                           NUMBER(4)
ENAME                                           VARCHAR2(10)
JOB                                             VARCHAR2(9)
MGR                                             NUMBER(4)
HIREDATE                                        DATE
SAL                                             NUMBER(7,2)
COMM                                            NUMBER(7,2)
DEPTNO                                          NUMBER(2)
LEAVEDATE                                       DATE
```

做了以上充分的准备工作之后，就可以书写例 9-9 的 PL/SQL 程序代码了。在这段程序的声明段中，我们声明了一个与 emp 的结构完全相同的记录变量 emp_rec。接下来，在执行段中，第一个语句是利用 SQL*Plus 替代变量输入一个员工号（empno），从员工（emp）表中提取这一员工的所有列并存入 emp_rec 记录（的相应字段中）。随后，将这个记录的每个字段的值插入到离职员工（ex_emp）表中，注意，因为 emp_rec 记录并没有 leavedate 字段，所以 ex_emp 表中的 leavedate 列是插入的系统日期（SYSDATE）。最后，别忘了提交所做的操作。

📢 提示：

在一些 PL/SQL 的教材中并未使用 COMMIT 语句，其实这是一个不好的编程习惯。做为职业程序员，必须在需要时显式地提交或回滚所做的 DML 操作，因为 PL/SQL 程序的结束并不自动提交事务。另外，在不少 PL/SQL 的教材中，在 WHERE 子句的条件中直接使用了数字，在这个例子中之所以使用替代变量，其主要目的是方便程序代码的重用。因为当需要将另一个员工插入到离职员工表时，这个程序不需要做任何改动，是不是很方便？

例 9-9

```
SQL> SET verify OFF
SQL> DECLARE
  2    emp_rec  emp%ROWTYPE;
  3  BEGIN
  4    SELECT * INTO emp_rec
  5    FROM   emp
  6    WHERE  empno = &employee_number;
  7    INSERT INTO ex_emp(empno, ename, job, mgr, hiredate,
  8          leavedate, sal, comm, deptno)
  9    VALUES (emp_rec.empno, emp_rec.ename, emp_rec.job, emp_rec.mgr,
 10          emp_rec.hiredate, SYSDATE, emp_rec.sal, emp_rec.comm,
 11          emp_rec.deptno);
 12    COMMIT;
 13  END;
 14  /
```

```
输入 employee_number 的值：  7900

PL/SQL 过程已成功完成。
```

在执行以上这段 PL/SQL 程序代码时，当出现"输入 employee_number 的值:"时，要输入一个员工号（如方框括起来的 7900）。当按下回车键之后，该程序继续执行，当执行成功之后就显示后面的显示信息了。

虽然例 9-9 的显示结果是说"PL/SQL 过程已成功完成。"，但是员工号为 7900 的员工记录是否已经添加到离职员工表中我们还是不能确定。为此，可以使用例 9-10 的 SQL 查询语句列出离职员工（ex_emp）表中的全部信息来验证这一点。

例 9-10

```
SQL> select * from ex_emp;
EMPNO ENAME   JOB      MGR HIREDATE      SAL  COMM   DEPTNO LEAVEDATE
----- ------- ------   ----- ----------- ----- ----- -------- ----------
 7900 JAMES   CLERK    7698 03-12 月-81   950                30 04-1 月 -14
```

从例 9-10 的显示结果，我们可以确定的是执行了例 9-9 的 PL/SQL 程序代码之后确实在离职员工（ex_emp）表中插入了一行新数据。不过这也无法说明这行记录的数据是否与员工（emp）表中的相同，为此应该使用例 9-11 的 SQL 查询语句列出员工（emp）表中员工号为 7900 的员工的所有信息以验证这一点。

例 9-11

```
SQL> select * from emp where empno = 7900;
EMPNO ENAME   JOB     MGR   HIREDATE     SAL  COMM   DEPTNO
----- ------- ------- ----- ----------- ----- ----- ---------
 7900 JAMES   CLERK   7698  03-12 月-81   950                30
```

9.5　利用%ROWTYPE 属性插入和修改记录

如果记录类型与要插入表的结构相同，就可以直接将整个记录插入到表中。为此我们改写例 9-9 的 PL/SQL 程序代码，如例 9-12 所示。在这段程序的声明段中，声明了一个与 ex_emp 的结构完全相同的记录变量 v_emp_rec。接下来，在执行段中，第一个语句是利用 SQL*Plus 替代变量输入一个员工号（empno），从员工（emp）表中提取这一员工的所有列并存入 emp_rec 记录（的相应字段中），但是由于在 emp 表中并没有 leavedate 列，所以在选择列表的最后我们再次使用了 hiredate（因为该列的数据类型与 leavedate 列相同）。注意，v_emp_rec 记录的 leavedate 字段是在最后，因为 ex_emp 表中的 leavedate 列是在最后。接下来的下一个语句就是将整个 v_emp_rec 记录插入到 ex_emp 表中。这个 PL/SQL 程序中并未使用 COMMIT 语句提交事务。

例 9-12

```
SQL> SET verify OFF
SQL> DECLARE
  2    v_emp_rec  ex_emp%ROWTYPE;
  3  BEGIN
  4    SELECT empno, ename, job, mgr, hiredate, sal, comm, deptno, hiredate
  5    INTO   v_emp_rec
```

```
  6    FROM    emp
  7    WHERE   empno = &employee_number;
  8    INSERT INTO ex_emp
  9    VALUES v_emp_rec;
 10   END;
 11   /
```
输入 employee_number 的值： 7788

PL/SQL 过程已成功完成。

在执行以上这段 PL/SQL 程序代码时，当出现"输入 employee_number 的值:"时，要输入一个员工号（如方框括起来的 7788）。当按下回车键之后，该程序继续执行，当执行成功之后就显示后面的显示信息了。

虽然例 9-12 的显示结果是说"PL/SQL 过程已成功完成。"，但是员工号为 7788 的员工记录是否已经添加到离职员工表中我们还是不能确定。为此，可以使用例 9-13 的 SQL 查询语句列出离职员工（ex_emp）表中的全部信息来验证这一点。

例 9-13

```
SQL> select * from ex_emp;
EMPNO ENAME   JOB      MGR HIREDATE     SAL COMM   DEPTNO LEAVEDATE
----- ------  -------  ----- ------------- ----- ----- -------- -------
 7900 JAMES   CLERK    7698 03-12月-81    950            30 04-1月 -14
 7788 SCOTT   ANALYST  7566 19-4月 -87  3000            20 19-4月 -87
```

显然在例 9-13 的显示结果中，除了 leavedate 列之外都是正确的，但是 leavedate 列的值却是该员工的雇佣日期。现在我们要将这个离谱的离职日期修改为靠谱的当前日期，为此我们再次改写例 9-12 的 PL/SQL 程序代码，如例 9-14 所示。在执行段中，第一个语句是利用 SQL*Plus 替代变量输入一个员工号（empno），从员工（ex_emp）表中提取这一员工的所有列并存入 v_emp_rec 记录（的相应字段中）。接下来的一个语句将当前日期赋予 v_emp_rec 记录的 leavedate 字段。最后一个语句是利用 v_emp_rec 记录修改 ex_emp 表中的整个数据行。

例 9-14

```
SQL> SET verify OFF
SQL> DECLARE
  2    v_emp_rec  ex_emp%ROWTYPE;
  3  BEGIN
  4    SELECT *
  5    INTO   v_emp_rec
  6    FROM   ex_emp
  7    WHERE  empno = &employee_number;
  8
  9    v_emp_rec.leavedate := CURRENT_DATE;
 10
 11   UPDATE ex_emp
 12   SET ROW = v_emp_rec
 13   WHERE empno = v_emp_rec.empno;
 14  END;
 15  /
```

输入 employee_number 的值：　7788

PL/SQL 过程已成功完成。

在执行以上这段 PL/SQL 程序代码时，当出现 "输入 employee_number 的值:" 时，要再次输入一个员工号（如方框括起来的 7788）。当按下回车键之后，该程序继续执行，当执行成功之后就显示后面的显示信息了。

虽然例 9-14 的显示结果是说 "PL/SQL 过程已成功完成。"，但是员工号为 7788 的员工记录是否已经重新添加到离职员工表中（特别是离职日期是否为当前日期），我们还是不能确定。为此，可以使用例 9-15 的 SQL 查询语句列出离职员工（ex_emp）表中的全部信息来验证这一点。

例 9-15

```
SQL> select * from ex_emp;
EMPNO ENAME   JOB     MGR  HIREDATE         SAL  COMM    DEPTNO LEAVEDATE
----- ------- ------- ---- --------------- ----- ------  ------ ----------
 7900 JAMES   CLERK   7698 03-12 月 -81     950              30 04-1 月 -14
 7788 SCOTT   ANALYST 7566 19-4 月 -87     3000              20 04-1 月 -14
```

显然在例 9-15 的显示结果中，所有列的值都是正确的了，其中 leavedate 列的值也是靠谱的当前日期了。

9.6　INDEX BY 表或 PL/SQL 表

PL/SQL 语言中的 **INDEX BY** 表也叫 **PL/SQL** 表，而且在 Oracle 9i 之前版本一般都以 **PL/SQL** 表称呼。从 Oracle 9i 开始，Oracle 将原来的 PL/SQL 表改名为 **INDEX BY** 表（现在这两个名字的意思一样，而且可以相互交换）。**Oracle** 这样做的目的是为了区分 Oracle SQL 中的嵌套表，所以本书从现在起也会主要使用 "INDEX BY 表" 这一称呼。

INDEX BY 表是由用户定义的一种组合（集合）数据类型，**INDEX BY** 表可以利用一个 "主键" 值作为索引的方式存储数据，而且 "主键" 值完全没有必要是顺序的。按 Oracle 的说法，**INDEX BY** 表就是一组关联的键值对。

实际上，**INDEX BY** 表与其他程序设计语言（如 Java、C 和 C++）中的数组几乎没什么区别，只是 Oracle 公司创造的一个用来吸引人们的眼球和注意力的新名词而已。INDEX BY 表中的所谓 "主键" 就是数组中的下标，而 INDEX BY 表中的值就是数组中的元素。要注意的是，INDEX BY 表中的 "主键" 与数据库中关系表中的主键没有任何关系，它仅仅是数组的下标而已；而 INDEX BY 表或 PL/SQL 表也与数据库中的表毫无关系，它仅仅是数组而已。现将 INDEX BY 表的特性归纳如下。

- 由两个组件（两列）所组成：
  - 数据类型为 BINARY_INTEGER 或 PLS_INTEGER 的 "主键"。
  - 标量或记录数据类型的列。
- 它们没有界限，其大小可以动态地增加。

在 INDEX BY 表中，作为主键的那一列的数据类型为整数或字符串类型。**"主键"** 一般使用

BINARY_INTEGER 或 PLS_INTEGER 数据类型，因为与 NUMBER 类型的数据相比，BINARY_INTEGER 或 PLS_INTEGER 数据需要较少的存储空间。BINARY_INTEGER 或 PLS_INTEGER 是以一种紧凑格式所表示的数字整型数，而且它们的算术操作是使用机器算法实现的，因此它们的算术运算也要比 NUMBER 类型的数据快。"主键"也可以使用变长字符（VARCHAR2）类型或 VARCHAR2 的子类型，但是效率方面要打折扣。

在 INDEX BY 表中，用标量数据类型或记录数据类型的列来存储值。如果这一列是标量型，那么它就只能存储一个值。而如果这一列是记录型，那么它就可以存储多个值。实际上，这一列就相当于数组中的元素。

虽然 INDEX BY 表的大小没有限制，但是 BINARY_INTEGER 或 PLS_INTEGER 类型的"主键"受限于 BINARY_INTEGER 或 PLS_INTEGER 类型数据的最大值，其取值范围为-2147483647～2147483647。要注意的是，"主键"既可以是正也可以是负，而且"主键"不一定是连续的。以下就是声明 INDEX BY 表数据类型和 INDEX BY 表型变量的语法：

```
TYPE 数据类型名 IS TABLE OF
    {列数据类型 | 变量%TYPE
    | 表名.列名%TYPE} [NOT NULL]
    | 表名%ROWTYPE
    [INDEX BY PLS_INTEGER | BINARY_INTEGER
    | VARCHAR2(<size>)];
标识符    数据类型名;
```

这里需要指出的是，创建一个 INDEX BY 表型变量需要两步：

（1）声明一个 INDEX BY 表的数据类型。

（2）利用以上声明的 INDEX BY 表数据类型声明一个这一数据类型的变量。

在以上语法中：

数据类型名（type_name）：   为 INDEX BY 表数据类型的名字（它是一个类型标识符，将用于后续声明 INDEX BY 表变量）。

列数据类型（column_type）： 为任何标量或组合数据类型，如 NUMBER、DATE、VARCHAR2 或%TYPE 等。

标识符（identifier）：   为表示整个 INDEX BY 表（PL/SQL 表）的标识符的名字。

在 INDEX BY 表上可以加 NOT NULL 约束，以防止将空值（NULL）赋予 INDEX BY 表中的元素。要注意的是，在声明 INDEX BY 表时是不能对它进行初始化的。当 INDEX BY 表被创建时，Oracle 并不自动填入任何值，作为一个称职的程序员，必须在您的 PL/SQL 程序中以程序的方式为 INDEX BY 表赋值，然后才可以使用这个数组。INDEX BY 表中的元素可以是任何标量类型，甚至记录类型。以下是一个声明 INDEX BY 表数据类型和 INDEX BY 表型变量的例子。

```
DECLARE
 TYPE ename_table_type IS TABLE OF emp.ename%TYPE
   INDEX BY PLS_INTEGER;
 ename_table ename_table_type;
```

在以上的例子中，首先声明了一个名为 ename_table_type 的 INDEX BY 表数据类型，随后就利用这个 INDEX BY 表数据类型定义了一个同类型的变量 ename_table。变量的声明可以在数据类型声明之后的任意行，没有必要紧邻。另外，一旦 INDEX BY 表数据类型声明成功，之后就可以利用这一数据类型声明任意多个这一数据类型的变量了。

　　与数据库中的表类似，**INDEX BY 表的大小是没有限制的。在 INDEX BY 表中，数据行（元素）的个数可以动态地增长，因此可以在 INDEX BY 表中添加新的数据行（元素）。**

　　INDEX BY 表可以有一列（元素）和一个标识这一列的唯一标识符（下标），列和唯一标识符（也就是主键）都没有名字。列（元素）可以属于任何变量或记录数据类型，而主键（下标）即可以是一个数字，也可以是一个字符串。不能在声明 **INDEX BY 表时将其初始化，即在声明时不能为 INDEX BY 表赋值，此时它既没有包含任何键（下标）也没有包含任何（元素）值。需要使用显示的执行语句为 INDEX BY 表赋值**，其 INDEX BY 表结构的示意图如图 **9.3** 所示。

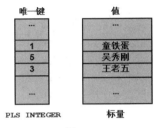

图 9.3

9.7　INDEX BY 表的应用实例

　　接下来，我们使用一个完整的例子来进一步解释如何创建两个 INDEX BY 表数据类型，并利用这两个 INDEX BY 表数据类型声明一个储存一组员工名字的数组（INDEX BY 表）变量和存储一组雇佣日期的数组变量，其完整的 PL/SQL 程序代码如例 9-16 所示。

　　在声明段，首先该程序声明了一个名为 ename_table_type 的 INDEX BY 表数据类型，其数组元素的数据类型与 emp 表中的 ename 完全相同，又声明了一个名为 hiredate_table_type 的 INDEX BY 表数据类型，其数组元素的数据类型是 DATE 型；随后，声明了一个名为 ename_table 的 ename_table_type 类型的变量和一个名为 hiredate_table 的 hiredate_table_type 类型的变量，另外还声明了一个长度为 6 位的整数变量 v_count，并使用替代变量将其初始化。

　　在执行段，只有一个 FOR 循环体，FOR 循环是从 1 开始到 v_count 结束。在每次 FOR 循环中，将中文字符串"武大"赋予元素 ename_table(i)，将系统日期加 14 赋予元素 hiredate_table(i)。最后，使用 DBMS_OUTPUT 软件包列出 ename_table(i) 和 hiredate_table(i) 的值以及相关信息。

例 9-16

```
SQL> SET verify OFF
SQL> SET serveroutput ON
SQL> DECLARE
  2    TYPE ename_table_type IS TABLE OF emp.ename%TYPE
  3        INDEX BY PLS_INTEGER;
  4    TYPE hiredate_table_type IS TABLE OF DATE
  5        INDEX BY BINARY_INTEGER;
  6
  7    ename_table      ename_table_type;
  8    hiredate_table  hiredate_table_type;
  9    v_count          NUMBER(6) := &p_count;
 10  BEGIN
```

```
11    FOR i IN 1..v_count LOOP
12      ename_table(i) := '武大';
13      hiredate_table(i) := SYSDATE + 14;
14      DBMS_OUTPUT.PUT_LINE(ename_table(i) ||': '|| hiredate_table(i));
15    END LOOP;
16  END;
17  /
输入 p_count 的值：④
武大：19-1月 -14
武大：19-1月 -14
武大：19-1月 -14
武大：19-1月 -14

PL/SQL 过程已成功完成。
```

在执行以上这段 PL/SQL 程序代码时，当出现"输入 p_count 的值:"时，要输入要初始化的员工数目（如方框括起来的 4）。当按下回车键之后，该程序继续执行，当执行成功之后就显示后面四行完全相同的信息"武大: 19-1 月 -14"和最后一行的显示信息"PL/SQL 过程已成功完成。"了。有了 INDEX BY 表（数组），一些 PL/SQL 的编程工作是不是变得简单多了？

可能有读者会问：这段 PL/SQL 程序代码到底在做什么？可能的情况是这样的：一个烧饼店要开张了，因此需要招聘四位烙饼师傅，因为烧饼店正式营业的时间是两周后，所以每一个新烙饼师的雇佣日期都是两周后的日期（假设今天是 2014 年 1 月 5 日），而因为这些新烙饼师的名字现在还不知道，所以都暂时以烧饼业的祖师爷"武大"称呼。

在这一章的 9.6 节中，我们介绍过 INDEX BY 表的"主键"既可以是正也可以是负，而且"主键"不一定是连续的。现在我们使用例 9-17 的 PL/SQL 程序代码来进一步解释这一点。这段程序代码是在例 9-16 的程序代码基础之上略加修改而来的，其主要的差别是在这段代码中取消了 FOR 循环，还有下标（主键）使用的是负值（-8），而且也没有了替代变量。

例 9-17

```
SQL> SET verify OFF
SQL> SET serveroutput ON
SQL> DECLARE
  2    TYPE ename_table_type IS TABLE OF emp.ename%TYPE
  3      INDEX BY PLS_INTEGER;
  4    TYPE hiredate_table_type IS TABLE OF DATE
  5      INDEX BY BINARY_INTEGER;
  6
  7    ename_table    ename_table_type;
  8    hiredate_table  hiredate_table_type;
  9  BEGIN
 10    ename_table(-8) := '武大';
 11    hiredate_table(-8) := SYSDATE + 14;
 12    DBMS_OUTPUT.PUT_LINE(ename_table(-8) ||': '|| hiredate_table(-8));
 13  END;
 14  /
武大: 19-1月 -14
```

PL/SQL 过程已成功完成。

从例 9-17 的 PL/SQL 程序执行结果可以确定 INDEX BY 表的"主键"（下标）确实可以是负值。也是在这一章的 9.6 节中我们介绍过：与一些其他程序设计语言中的数组有所不同的是，当 INDEX BY 表被创建时，Oracle 并不自动填入任何值。现在我们使用例 9-18 的 PL/SQL 程序代码来进一步解释这一点。这段程序代码是在例 9-17 的程序代码基础之上略加修改而来的，其主要的差别是在这段代码中添加了一行使用软件包 DBMS_OUTPUT 显示两个没有赋过值的元素 ename_table(7)和hiredate_table(-7)的值。

例 9-18

```
SQL> SET verify OFF
SQL> SET serveroutput ON
SQL> DECLARE
  2    TYPE ename_table_type IS TABLE OF emp.ename%TYPE
  3        INDEX BY PLS_INTEGER;
  4    TYPE hiredate_table_type IS TABLE OF DATE
  5        INDEX BY BINARY_INTEGER;
  6
  7    ename_table     ename_table_type;
  8    hiredate_table  hiredate_table_type;
  9  BEGIN
 10    ename_table(-8) := '武大';
 11    hiredate_table(-8) := SYSDATE + 14;
 12    DBMS_OUTPUT.PUT_LINE(ename_table(-8) ||': '|| hiredate_table(-8));
 13    DBMS_OUTPUT.PUT_LINE(ename_table(7) ||': '|| hiredate_table(-7));
 14  END;
 15  /
武大: 19-1月 -14
DECLARE
*
第 1 行出现错误:
ORA-01403: 未找到任何数据
ORA-06512: 在 line 13
```

例 9-18 的执行结果清楚地显示第 13 行有错误，而错误是"未找到任何数据"。我们重新审查一下第 13 行的 PL/SQL 程序代码，实际上这一行代码就是使用软件包 DBMS_OUTPUT 显示 ename_able(7)和 hiredate_table(-7)的值，而两个元素从来就没有赋过值（即没有定义），当然要出错了。

9.8　INDEX BY 表的方法及使用实例

为了使 INDEX BY 表的使用更加容易，PL/SQL 引入了一些 INDEX BY 表的方法。一个 INDEX BY 表的方法就是在一个 INDEX BY 表上执行某种操作的一个内置函数或过程，它可以用点号（.）表示法调用。

其语法为：表名.方法名[(参数列表)]，其中参数列表为一个或多个参数。

表 9-1 列出了一些常用的 INDEX BY 表的方法。

表 9-1

方　　法	描　　述
EXISTS(n)	如果第 n 个元素在 PL/SQL 表（数组）中存在，返回 TRUE
COUNT	返回一个 PL/SQL 表当前所包含的元素个数
FIRST	返回在一个 PL/SQL 表中第一个（最小的）下标数字
FIRST	如果 PL/SQL 表是空的，返回 NULL
LAST	返回在一个 PL/SQL 表中最后一个（最大的）下标数字
LAST	如果 PL/SQL 表是空的返回 NULL
PRIOR(n)	返回在一个 PL/SQL 表中当前元素的前 n 个元素的下标值
NEXT(n)	返回在一个 PL/SQL 表中当前元素的后 n 个元素的下标值
DELETE	DELETE 即删除一个 PL/SQL 表中的全部元素
DELETE	DELETE(n)即删除一个 PL/SQL 表中的第 n 个元素
DELETE	DELETE(m，n)即删除数组中 m～n 范围内的全部元素

在我们的教学实践中发现，在表 9-2 所列的方法中，许多学生对 PRIOR(n)和 NEXT(n)的解释常常感到困惑。可能会有读者问：PRIOR(n)和 NEXT(n)这两种方法到底有什么用处？**对于"主键"（下标）是 VARCHAR2 的关联数组（associative arrays），利用这些方法可以方便地返回适当的"主键"（下标），而其顺序是基于字符串中字符的二进制的值。在循环操作中使用这些方法要比利用下标加减的方法更可靠，因为在循环操作期间有可能数组中有些元素被删除了或插入了新的元素。**

讲了这么多都是理论，好像还是在"空谈"，因此，为了让读者对这些方法的具体应用有一个直观的认识，我们使用例 9-19 的 PL/SQL 程序代码来进一步解释 PRIOR(n)和 NEXT(n)，以及 FIRST 和 LAST 方法的具体使用。

这段 PL/SQL 程序的功能是定义一个下标是变长字符串的关联数组变量，之后利用查询语句从员工表中提取每个部门的员工总数并存入相应的关联数组元素中。随后，利用方法 FIRST 和 NEXT 按升序列出每个部门中员工的总数。最后，利用方法 LAST 和 PRIOR 按降序列出每个部门名和员工总数。

在声明段，首先该程序声明了一个名为 emp_num_type 的 INDEX BY 表数据类型，其数组元素的数据是 NUMBER 型，而下标是长度为 38 位的变长字符类型。随后，声明了一个名为 Total_employees 的 emp_num_type 类型的变量。还声明了一个长度为 38 位的变长字符类型变量 i。

在执行段中，第 12～17 行是利用 SELECT INTO 语句将每个部门的员工总数赋予相应的数组元素；第 21 行是将数组 Total_employees 的第一个下标值赋予变量 i；第 22 行是利用软件包 DBMS_Output 列出一行提示信息"按升序列出每个部门中员工总数："；第 24～28 行是一个 WHILE 循环体，在这个 WHILE 循环中主要利用方法 NEXT 以升序的方式显示数组 Total_employees 中的每一个元素；第 30 行是显示空行，其中 CHR(10)是将 10 转换成 ASCII 码；第 31 行是将数组 Total_employees 的最后一个下标值赋予变量 i；第 32 行是利用软件包 DBMS_Output 列出一行提示信息"按降序列出每个部门名和员工总数："；第 34～38 行也是一个 WHILE 循环体，在这个 WHILE

循环中主要利用方法 PRIOR 以降序的方式显示数组 Total_employees 中的每一个元素。

例 9-19

```
SQL> DECLARE
  2    -- Associative array indexed by string:
  3
  4    TYPE emp_num_type IS TABLE OF NUMBER -- Associative array type
  5      INDEX BY VARCHAR2(38);
  6
  7    Total_employees emp_num_type; -- Associative array variable
  8    i VARCHAR2(38);
  9  BEGIN
 10    -- Add new elements to associative array:
 11
 12    SELECT count(*) INTO Total_employees('ACCOUNTING')
 13    FROM emp WHERE deptno = 10;
 14    SELECT count(*) INTO Total_employees('RESEARCH')
 15    FROM emp WHERE deptno = 20;
 16    SELECT count(*) INTO Total_employees('SALES')
 17    FROM emp WHERE deptno = 30;
 18
 19    -- Print associative array:
 20
 21    i := Total_employees.FIRST;
 22    DBMS_Output.PUT_LINE('按升序列出每个部门名和员工总数：');
 23
 24    WHILE i IS NOT NULL LOOP
 25      DBMS_Output.PUT_LINE
 26            ('Total number of employees in ' || i || ' is ' ||
TO_CHAR(Total_employees(i)));
 27      i := Total_employees.NEXT(i);
 28    END LOOP;
 29
 30    DBMS_Output.PUT_LINE(CHR(10));
 31    i := Total_employees.LAST;
 32    DBMS_Output.PUT_LINE('按降序列出每个部门名和员工总数：');
 33
 34    WHILE i IS NOT NULL LOOP
 35      DBMS_Output.PUT_LINE
 36            ('Total number of employees in ' || i || ' is ' ||
TO_CHAR(Total_employees(i)));
 37      i := Total_employees.PRIOR(i);
 38    END LOOP;
 39  END;
 40  /
按升序列出每个部门名和员工总数：
Total number of employees in ACCOUNTING is 3
Total number of employees in RESEARCH is 5
Total number of employees in SALES is 6

按降序列出每个部门名和员工总数：
```

```
Total number of employees in SALES is 6
Total number of employees in RESEARCH is 5
Total number of employees in ACCOUNTING is 3

PL/SQL 过程已成功完成。
```

看了例 9-19 的显示结果之后，读者应该能够理解了在这段 PL/SQL 程序代码中使用过的四个方法吧？是不是有了这些方法，您的编程工作变得更加轻松了？

正是有了这些方法，使得原本比较复杂的程序结构变得简单而清晰了。随着学习的不断深入，我们还会陆续介绍一些 PL/SQL 语言所特有的功能，利用这些功能会明显减少程序的代码量并降低代码的复杂度。当熟悉了 PL/SQL 这种数据库编程语言之后，您会喜欢上这一非常有特性的语言，因为有时用其他程序设计语言需要几十行甚至上百行代码才能完成的工作，使用 PL/SQL 语言可能只需要几行代码。PL/SQL 语言会极大地减轻编程工作的负担。

9.9　INDEX BY 记录表

通过前面的学习，特别是对第 9.6～9.8 节的学习，读者可能已经意识到了利用 INDEX BY 表和它的方法进行编程的方便性。不过美中不足的是前面所介绍的例子中数组元素都是只能存放单一值的标量类型数据，如果以这样的数组操作一个表中的所有列，那就必须基于这个表的每一列都定义一个相应的数组（INDEX BY 表），是不是很不方便？

其实完全没有必要担这份心，因为 Oracle 早就高瞻远瞩预见到了这样的问题。为此，**PL/SQL 提供了 INDEX BY 记录表来解决这一问题。因为现在只需要定义一个存储了一个数据库表的所有字段信息的 INDEX BY 记录表，所以这种记录表在很大程度上提升了 INDEX BY 表的功能。所谓声明一个 INDEX BY 记录表就是定义一个存放一个表中整行数据（每一列）的 INDEX BY 表变量。**如下面的例子定义了一个名为 dept_table_type 的 INDEX BY 表数据类型，其中每个元素是一个记录（该记录是基于 dept 表的）。随后，定义了 dept_table_type 类型的变量 dept_table，它的每个元素都是一个记录（其字段名和数据类型都与对应的 dept 表中的列完全相同）。

```
DECLARE
  TYPE dept_table_type IS TABLE OF dept%ROWTYPE
    INDEX BY PL_INTEGER;
  dept_table dept_table_type;
```

因为每一个 INDEX BY 记录表中的元素都是一个记录，所以引用 INDEX BY 记录表中一个元素的语法是：记录表名(下标).字段

例如：

```
dept_table(RESEARCH).loc := '黑风口';
```

其中，dept_table(RESEARCH)为 dept_table 表的一个元素，而 loc 为 dept_table 表的一个字段。

也可以使用%ROWTYPE 属性声明一个代表一个数据库表中一行数据的记录。在%ROWTYPE 属性和组合数据类型的 PL/SQL 记录之间有一些差别，其差别如下：

➥　PL/SQL 记录类型可以由用户定义，而%ROWTYPE 隐含地定义记录。

➥　可以在声明一个 PL/SQL 记录期间说明它的字段和数据类型；而当使用%ROWTYPE 属性时，是不能说明它的字段的，%ROWTYPE 属性代表一个表中的行，并且其所有字段都基

于该表的定义。

➥ 用户定义的 PL/SQL 记录是静止的，而%ROWTYPE 记录则是动态的，因为它们基于表的结构，如果表的结构发生了变化，%ROWTYPE 记录也会跟上这一变化。

接下来，我们使用一个完整的 PL/SQL 程序来进一步解释 INDEX BY 记录表。为了后面的操作方便，也为了更接近实际应用，我们首先使用例 9-20 的 DML 语句往部门（dept_pl）表中插入一行部门号为 50 的保卫部的信息，其地址是将军堡。随后，使用例 9-21 的 commit 语句提交这一插入操作。最后，使用例 9-22 的 SQL 查询语句列出 dept_pl 表中的所有数据行以验证之前所做操作的准确性。

例 9-20

```
SQL> INSERT INTO dept_pl(deptno, dname, loc)
  2  VALUES(50, '保卫部', '将军堡');
已创建 1 行。
```

例 9-21

```
SQL> commit;
提交完成。
```

例 9-22

```
SQL> select * from dept_pl;
    DEPTNO DNAME                  LOC
---------- ---------------------- ---------
        10 ACCOUNTING             NEW YORK
        20 RESEARCH               DALLAS
        30 SALES                  CHICAGO
        40 OPERATIONS             BOSTON
        50 保卫部                  将军堡
```

做完了以上准备工作，就可以开始做正事了。我们使用例 9-23 的 PL/SQL 程序代码来进一步解释 INDEX BY 记录表在 PL/SQL 程序中的具体应用。

这段 PL/SQL 程序的功能是定义一个 INDEX BY 表（数组）变量，之后利用查询语句从部门（dept_pl）表中提取每个部门的整行数据（所有列）并存入相应的 INDEX BY 记录表（数组）的元素（每个元素都是存放表中一行数据的记录）中。随后，利用方法 FIRST 和 NEXT 按部门号（deptno）升序列出每个部门中所有的数据行。

在声明段，首先该程序声明了一个名为 dept_table_type 的 INDEX BY 记录表数据类型，其数组元素的数据类型与 dept_pl 表的结构相同。随后，声明了一个名为 dept_table 的 dept_table_type 类型的变量。还声明了两个长度为 3 位的数字类型变量 v_count 和 j。

在执行段中，第 9～13 行是一个 FOR 循环语句，在这个 FOR 循环语句中，利用 SELECT INTO 语句将每个部门的部门号赋予相应的数组元素（注意，为了演示 PL/SQL 数组可以是不连续的，我们使用 dept_table(10)存放部门号 10，dept_table(20)存放部门号 20 等）；第 15 行是将数组 dept_table 的第一个下标值赋予变量 j；第 16～20 行是一个 WHILE 循环体，在这个 WHILE 循环中主要利用方法 NEXT 以升序的方式显示数组 dept_table 中的每一个元素，因为 dept_table 数组中的元素是不连续的（dept_table(10)为 10 号部门的信息，dept_table(20)为 20 号部门的信息，dept_table(30)为 30 号部门的信息，dept_table(40)为 40 号部门的信息，dept_table(50)为 50 号部门的信息），所以无法使用 FOR 循环。

例 9-23

```
SQL> SET serveroutput ON
SQL> SET verify OFF
SQL> DECLARE
  2    TYPE dept_table_type IS TABLE OF
  3      dept_pl%ROWTYPE INDEX BY PLS_INTEGER;
  4    dept_table   dept_table_type;
  5    v_count      NUMBER(3):= 5;
  6    j            NUMBER(3);
  7
  8  BEGIN
  9    FOR i IN 1..v_count
 10    LOOP
 11     SELECT * INTO dept_table(i*10) FROM dept_pl
 12     WHERE deptno = i*10;
 13    END LOOP;
 14
 15    j := dept_table.FIRST;
 16    WHILE j IS NOT NULL LOOP
 17      DBMS_OUTPUT.PUT_LINE(dept_table(j).deptno ||' '||
 18         dept_table(j).dname ||' '||dept_table(j).loc );
 19      j := dept_table.NEXT(j);
 20    END LOOP;
 21  END;
 22  /
10 ACCOUNTING NEW YORK
20 RESEARCH DALLAS
30 SALES CHICAGO
40 OPERATIONS BOSTON
50 保卫部 将军堡

PL/SQL 过程已成功完成。
```

从以上这段程序代码的开发与执行过程中，读者应该能够体会到利用 INDEX BY 记录表，再配合使用循环和 INDEX BY 表的方法会极大地简化并加快 PL/SQL 程序的开发。

9.10 您应该掌握的内容

在学习第 10 章之前，请检查一下您是否已经掌握了以下内容：

- PL/SQL 语言提供的组合数据类型共分为哪两大类？
- 熟悉 PL/SQL 记录和 PL/SQL 集合的概念及工作原理。
- 熟悉 PL/SQL 记录所具有的主要特性。
- 创建一个 PL/SQL 记录变量需要哪两步？
- 熟悉创建 PL/SQL 记录数据类型的语法。
- 熟悉声明一个 PL/SQL 记录类型的变量的语法。
- 熟悉 PL/SQL 记录类型数据的内部结构和记录中字段的引用方法。

- 为什么 PL/SQL 要提供%ROWTYPE 属性？
- 熟悉利用%ROWTYPE 属性声明的记录变量的特性。
- 怎样使用%ROWTYPE 属性声明记录？
- 怎样利用%ROWTYPE 属性插入或修改记录？
- 熟悉 INDEX BY 表（PL/SQL 表）的概念及工作原理。
- 熟悉 INDEX BY 表的特性。
- 为什么主键（下标）最好使用 BINARY_INTEGER 或 PLS_INTEGER 数据类型？
- 熟悉 INDEX BY 表的大小的限制以及下标的取值范围。
- 创建一个 INDEX BY 表型变量需要哪两步？
- 熟悉声明 INDEX BY 表数据类型和 INDEX BY 表型变量的语法。
- 熟悉 INDEX BY 表初始化方法与其他程序设计语言数组的不同之处。
- 熟悉 INDEX BY 表的结构。
- 怎样利用循环来操作 INDEX BY 表（数组）中的元素？
- INDEX BY 表在下标（主键）为负值时是怎样处理的？
- INDEX BY 表在下标（主键）为空值（NULL）时是怎样处理的？
- 什么是 INDEX BY 表的方法？
- 熟悉常用的 INDEX BY 表的方法。
- 理解 FIRST、LAST、PRIOR(n)和 NEXT(n)的功能。
- 如何使用以上这些方法控制 PL/SQL 程序的流程？
- 什么是 INDEX BY 记录表？
- 怎样定义一个 INDEX BY 记录表的变量？
- 熟悉引用 INDEX BY 记录表中一个元素的语法。
- 在%ROWTYPE 属性和组合数据类型的 PL/SQL 记录之间有哪些差别？
- 如何使用数组的方法和循环语句操作 INDEX BY 记录表中的元素？

第 10 章　SQL 游标（cursor）

其实，在这里将 cursor 一词翻译成游标是有待商榷的，不过几乎所有的中文 PL/SQL 书籍都将这一词翻译成了游标，似乎已经成为了一个约定俗成的事实，因此本书也只得沿用这一习俗了，不过在本章中将会对 cursor 一词给出明确的解释。

通过之前若干章的学习，已经了解到在一个 PL/SQL 程序块中可以包含返回一行数据的 SQL 语句，而由 SQL 语句所提取的数据应该使用 INTO 子句存放在变量中。那么 Oracle 服务器是在什么地方处理这些 SQL 语句的呢？Oracle 服务器为处理的 SQL 语句分配一个被称为上下文（环境）区域的私有内存区，SQL 语句就是在这个内存区中进行语法分析和处理的。处理所需的信息和处理之后提取的信息都被存放在这一区域之中。用户没有任何办法来控制这一区域中的内容，因为它完全是由 Oracle 服务器内部管理的。

cursor 又是什么呢？一个 cursor 就是一个指向上面所说的上下文区域（context area）的一个指针。然而，这种 cursor 是一种隐式 cursor，是由 Oracle 服务器自动管理的。当 PL/SQL 程序的执行段发出一个 SQL 语句时，PL/SQL 就创建一个隐式 cursor。

在 Oracle 中共有两种类型的 cursor，分别是隐式 cursor 和显式 cursor。

➥ 隐式 cursor：由 Oracle 服务器自动创建和管理，用户不能访问隐式 cursor。当必须执行一个 SQL 语句时，Oracle 服务器自动创建一个这样的 cursor。

➥ 显式 cursor：由程序员显式地声明，程序员可以访问和控制显式 cursor。

10.1　SQL 隐式 cursor 的属性及其应用实例

虽然不能访问和控制隐式 cursor，但是可以通过使用 SQL cursor 属性的方式间接地了解 SQL 语句的执行情况。什么是 SQL cursor 的属性呢？**SQL cursor 属性能够使用户测试（评估）最后（上一个）使用隐式 cursor 时所发生的情况。**但要注意的是，只能在 PL/SQL 语句中使用这些属性而不能在 SQL 语句中使用这些属性。表 10-1 列出了在 PL/SQL 程序设计中可能经常使用的几个隐式 cursor 的属性。

表 10-1

属　　性	描　　述
SQL%FOUND	如果最近(刚刚执行过)的 SQL 语句返回至少一行数据,这个布尔属性的测试结果是 TRUE
SQL%NOTFOUND	如果最近（刚刚执行过）的 SQL 语句没有返回任何数据行，这个布尔属性的测试结果是 TRUE
SQL%ROWCOUNT	返回最近（刚刚执行过）的 SQL 语句所影响的数据行数（为一个整数）

可以在 **PL/SQL 程序的执行段中测试以上这些属性以获取 DML 语句执行之后的相关信息。如果一个 DML 语句并没有影响所基于（操作）的表中的任何数据行，PL/SQL 并不返回错误信息。**

然而，如果一个 **SELECT** 语句没有提取到任何数据行，**PL/SQL** 会返回一个异常。

　　请注意：在每一个属性之前都要冠以 **SQL**，这是因为这些 cursor 属性都是 **PL/SQL** 自动创建的隐式 **cursor** 的属性，而用户也不知道隐式 **cursor** 的名字。其中，属性 **SQL%FOUND** 和 **SQL%NOTFOUND** 是互补的（相反的），这两个属性可以被用作循环的退出条件以方便编程。当 **UPDATE** 或 **DELETE** 语句没有改变任何数据时，这两个属性很有用，因为在这样的情况下并不返回异常。

　　接下来，使用例 10-1 的 PL/SQL 程序代码来进一步解释隐式 cursor 属性 SQL%ROWCOUNT 的具体用法。这段 PL/SQL 程序代码比较简单，它根据替代变量的输入将相应部门所有员工的工资变更为 9999，随后将所修改的数据行数连同解释信息存入一个变长字符串变量中，最后使用 DBMS_OUTPUT 软件包中的 PUT_LINE 过程列出这个变长字符串变量的值。

　　例 10-1

```
SQL> SET verify OFF
SQL> DECLARE
  2    v_rows_updated VARCHAR2(38);
  3    v_deptno emp_pl.deptno%TYPE := &p_deptno;
  4  BEGIN
  5    UPDATE  emp_pl
  6    SET sal = 9999
  7    WHERE deptno = v_deptno;
  8    v_rows_updated := (SQL%ROWCOUNT ||
  9                       ' 行数据已经被修改了。');
 10    DBMS_OUTPUT.PUT_LINE (v_rows_updated);
 11  END;
 12  /
输入 p_deptno 的值：  30
4 行数据已经被修改了。

PL/SQL 过程已成功完成。
```

　　在执行以上这段 PL/SQL 程序代码时，当出现"输入 p_deptno 的值:"时，要输入所需的部门号码（如方框括起来的 30）。按回车键之后，该程序继续执行，执行成功之后就显示"4 行数据已经被修改了"和"PL/SQL 过程已成功完成"的信息。

　　如果又想修改另外一个部门中所有员工的工资，如 70 号部门，那该怎么办呢？此时，完全不需要再次输入例 10-1 的 PL/SQL 程序代码，而只需使用 SQL*Plus 的重新执行命令"/"就可以了，如例 10-2 所示。

　　例 10-2

```
/
输入 p_deptno 的值：  70
5 行数据已经被修改了。

PL/SQL 过程已成功完成。
```

在执行以上这段 PL/SQL 程序代码时，当出现"输入 p_deptno 的值:"时，要输入所需的部门号码（如方框括起来的 70）。按回车键之后，该程序继续执行，执行成功之后就显示"5 行数据已经被修改了"和"PL/SQL 过程已成功完成"的信息。

如果没有隐式 cursor 属性 **SQL%ROWCOUNT**，要想利用程序获取一个 DML 语句所影响的**数据行数**（即这个 DML 语句究竟操作了多少行）并不那么容易（有时一些后续的程序语句可能需要使用这一数字）。但是有了隐式 **cursor** 属性 **SQL%ROWCOUNT** 就太简单了，只需要定义一个变量和一个赋值语句就彻底解决了这一问题。现在读者应该相信使用 **PL/SQL** 语言进行程序设计更方便、快捷了吧？

虽然例 10-1 和例 10-2 的显示结果都表明 PL/SQL 程序代码成功地执行了，但是仍然无法确定它们究竟修改了哪些数据行。因此，可以使用例 10-3 的 SQL 查询语句列出员工表中所有第 30 和第 70 号部门中员工的相关信息，以进一步确认程序执行的准确性。

例 10-3

```
SQL> select empno, ename, job, sal
  2  from emp_pl
  3  where deptno in (30, 70);
    EMPNO ENAME                JOB                  SAL
--------- -------------------- -------------------- ------
     7521 WARD                 SALESMAN             9999
     7654 MARTIN               SALESMAN             9999
     7698 BLAKE                MANAGER              9999
     7900 JAMES                CLERK                9999
     7939                      保安                 9999
     7938                      保安                 9999
     7937                      保安                 9999
     7936                      保安                 9999
     7935                      保安                 9999

已选择 9 行。
```

10.2 显式 cursor 概述

在 10.1 节中，详细地介绍了隐式 cursor 和隐式 cursor 的属性，以及怎样在 PL/SQL 程序中使用这些隐式 cursor 的属性。在接下来的若干节中，将介绍显式 cursor、隐式和显式 cursor 之间的差别，以及声明和控制简单的显式 cursor。

Oracle 服务器为处理的每一个 **SQL** 语句分配一个私有的 **SQL** 内存区以执行 **SQL** 语句和存储处理的信息，可以使用显式 **cursor** 来命名一个私有的 **SQL** 区，这样也就可以访问它的存储信息了。

再重复一次，对于所有的 DML 语句和 PL/SQL 的 SELECT 语句，PL/SQL 都隐含地声明一个隐式 cursor。而对于返回多行的查询，可以使用显式 **cursor**，显式 **cursor** 是由程序员来声明和管理的，是通过在程序段中说明可执行操作的语句来完成的。

当有一个要返回多行数据的 **SELECT** 语句时，就可以在 PL/SQL 程序中声明一个显式 **cursor**。随后，就可以一行接一行地处理这个 SELECT 语句所返回的所有数据行了。一个多行查询所返回的数据行的集合（全部数据行）被称为活动集（**active set**），活动集的大小就是满足查询条件的数据行的个数。图 10.1 显示了一个显式 cursor 是如何指向活动集的当前行的。这样的一个显式 cursor 结构可以使程序每次处理一行数据。

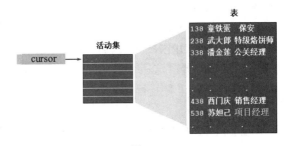

图 10.1

☞指点迷津：

> 虽然几乎所有的中文 PL/SQL 书籍都将 cursor 翻译成游标，实际上这是一个失误。其实，cursor 是 current set of rows 的缩写，与游标并没有什么关系，巧合的是这个缩写正好与英文的游标（cursor）是同一个词而已，这也可能是造成了"游标"这一概念非常难理解的主要原因吧！在我们接触的一些从事了多年 PL/SQL 编程工作的程序员中还有对"游标"这一概念不是十分清楚的，没想到一个巧合的翻译失误竟会让许多人困惑了那么多年！

虽然使用 **SELECT INTO** 语句已经可以将数据库表中的数据存入 PL/SQL 变量中，但是有时满足查询条件的数据行可能很多，这就使得程序的逻辑条件比较复杂，而且使用循环语句每循环一次将一行数据存入相应的 PL/SQL 变量中的方法存在着效率方面的问题，因为每次执行语句时，PL/SQL 必须访问数据库中的表，而表是存放在硬盘上的。实验数据表明，硬盘的数据访问速度比内存慢 1 000～100 000 倍。而使用显式 cursor 就可以一次将满足所有条件的数据全部放入内存中，之后就在内存中一行接一行地处理了，是不是快多了？以下就是显式 cursor 的功能：

➥　可以一行接一行地处理一个查询返回的全部结果（查询语句执行一次）。
➥　一直追踪当前正在处理的数据行。
➥　能够使程序员在 PL/SQL 程序块中显式地手工控制一个或多个 cursors。

10.3　控制显式 cursor

熟悉了显式 cursor 的工作原理和功能之后，当然想知道如何具体控制显式 cursor 的工作，图 10.2 显示了使用显式 cursor 的具体步骤。

从图 10.2 可以看出，**使用显式 cursor 共分为如下 4 步：**

（1）声明显式 cursor：在 PL/SQL 程序块的声明段中，通过命名并定义相关的查询结构来声明一个显式 cursor。

（2）打开（OPEN）显式 cursor：OPEN 语句执行显式 cursor 所定义的查询语句并绑定所引用的变量。查询语句所标识的数据行被称为活动集，并且现在变量可以提取这些数据行。

（3）从定义的 cursor 中提取（FETCH）数据：将活动集的当前数据行装入定义的变量（活动集的下一行将变为当前行）。在每次提取之后应该测试活动集中是否还有数据存在。如果没有要处理的数据了，应该关闭 cursor。

（4）关闭（CLOSE）显式 cursor：CLOSE 语句释放活动集的所有数据行。现在就可以重新打开这个 cursor 以建立新的活动集。注意要养成习惯，在处理完 cursor 中的数据之后及时地关闭 cursor 以释放内存资源。

上面是使用 OPEN、FETCH 和 CLOSE 语句来控制一个显式 cursor 的，cursor（指针）指向活动集中当前的位置，这三个语句完成的操作如下：

（1）OPEN 语句执行与这个 cursor 相关的查询语句，标识结果（活动）集，并将"指针"指向活动集的第 1 行。

（2）FETCH 语句提取当前行数据，并将指针向下移动一行，直到没有数据行或说明的条件满足为止。

（3）CLOSE 语句释放 cursor。

图 10.3 显示了 OPEN、FETCH 和 CLOSE 这三个语句是如何控制一个显式 cursor 的。

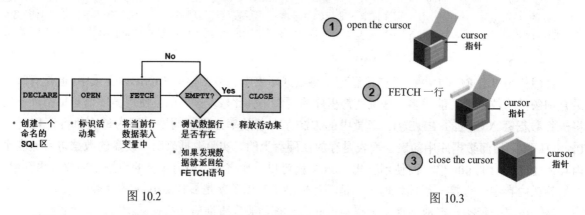

图 10.2　　　　　　　　　　　　　　　　　　图 10.3

实际上，PL/SQL 显式 cursor 与计算机中的堆栈十分相似，而 FETCH 语句就类似堆栈的弹出操作。如果没有学习过计算机原理或相关的课程，也许对堆栈的概念感到很陌生，这也没关系。下面用现实生活中的一个例子来简单地解释一下堆栈的工作原理，相信读者应该都在电影或电视剧里见到过枪。其实，计算机中堆栈的工作原理与枪的子弹夹的工作原理极为相似。子弹夹就相当于堆栈，而子弹就相当于变量（数据行）。当在往子弹夹里压子弹时，总是一个子弹压在之前的子弹之上，最先压入的子弹在最底下，而最后一个压入的一定在最顶部，而每次开火时枪打出去的子弹一定总是最顶部的。

10.4　声明（显式）cursor

要在 PL/SQL 程序中使用一个显式 cursor，首先必须声明一个显式 cursor，其声明显式 cursor 的语法如下：

```
CURSOR cursor_name IS
    select_statement;
```

在以上语法中：

cursor_name（cursor 的名字）：　　　为一个 PL/SQL 标识符。

select_statement(查询语句)：　　　为一个没有 INTO 子句的 SELECT 语句。

一个显式 cursor 的活动集（active set）是由在 cursor 声明中的一个 SELECT 语句所决定的。虽然在 PL/SQL 中的 SELECT 语句必须带有 INTO 子句，但是在 cursor 声明中，SELECT 语句不能带有 INTO 子句。这是因为在声明段中只定义了一个 cursor 而并没有往这个 cursor 中放入任何数据行。现将声明一个显式 cursor 的注意事项归纳如下：

- 在显式 cursor 的声明中不能包含 INTO 子句，因为这一子句将出现在随后的 FETCH 语句中。
- 如果需要按特定的顺序来处理数据行，要在查询语句中使用 ORDER BY 子句。
- 显式 cursor 可以是任何有效的 SELECT 语句，包括连接、子查询等。

例 10-4 声明了两个显式 cursor，分别是 emp_cursor 和 dept_cursor。所声明的 emp_cursor 这一 cursor 从员工表中提取第 20 号部门中所有员工的员工号、员工名、职位和工资，并按工资的升序排列；而所声明的第 2 个 cursor（dept_cursor）从部门表中提取所有的数据行（所有部门的全部信息），并按部门地址（loc）的升序排列。

例 10-4

```
DECLARE
  v_empno    emp.empno%TYPE;
  v_ename    emp.ename%TYPE;
  v_job      emp.job%TYPE;
  v_sal      emp.sal%TYPE;
  CURSOR emp_cursor IS
    SELECT empno, ename, job, sal
    FROM   emp
    WHERE  deptno = 20
    ORDER BY sal;

  v_deptno   dept.deptno %TYPE;
  v_dname    dept.dname %TYPE;
  v_loc      dept.loc%TYPE;

  CURSOR dept_cursor IS
    SELECT *
    FROM   dept
    ORDER BY loc;
```

注意，在每个声明的 cursor 之前所声明的相应的变量，这些变量的个数必须与相应 cursor 中查询语句的列数相同，而且每个变量的数据类型要与相应列的数据类型匹配。这些变量是将来用在 FETCH 语句中存放 cursor 中相应列值的。

10.5 打开（显式）cursor 及从中提取数据

打开一个显式 cursor 的操作是在 PL/SQL 程序的执行段进行的，使用 OPEN 语句打开一个显式 cursor，其语句的语法如下：

```
OPEN cursor_name;
```

以上 OPEN 语句执行 cursor 定义的查询语句，标识动态集，并将 cursor 指针指向（定位在）

动态集的第 1 行。如果查询没有返回任何行，并没有异常产生。在提取一行之后，可能需要使用 **cursor** 属性来测试 **cursor** 的状态。OPEN 语句是包含在 PL/SQL 程序块的执行段中的。现将 OPEN 语句所执行的操作总结如下：

（1）为一个上下文区域动态地分配内存。

（2）对 SELECT 语句进行语法分析。

（3）绑定输入变量（通过获取输入变量的内存地址为输入变量设置值）。

（4）标识活动集（生成满足查询条件的数据行的集合，即满足查询条件的所有数据行）。当执行 OPEN 语句时，并没有执行提取活动集中的数据行并存入变量的操作。从 cursor 中提取数据行并存入变量是由 FETCH 语句完成的。

（5）将指针定位在（指向）活动集中的第 1 行。

介绍完 OPEN 语句，接着进一步介绍 FETCH 语句。**FETCH 语句每次从 cursor 中提取一行数据。每次提取一行数据之后（每执行一次 FETCH 语句），cursor 的指针就会移到活动集中的下一行。可以使用%NOTFOUND 属性以确定活动集中是否还有数据**，以下就是 FETCH 语句的语法：

```
FETCH cursor_name INTO [变量1, 变量2, ...]
                    | 记录名];
```

在使用 FETCH 语句时要注意如下事项：

➥ 在 FETCH 语句的 INTO 子句中包含的变量个数要与 cursor 中的 SELECT 语句中的列数相同。

➥ 每个变量（的数据类型）与对应位置的列（的数据类型）相匹配。

➥ 也可以为 cursor 定义一个记录并在 FETCH INTO 子句中引用这一记录。

➥ 测试 cursor 中是否还包含数据行。如果 FETCH 语句没有提取到任何值（数据），在活动集中没有数据行要处理，PL/SQL 并不报错。

现将 FETCH 语句所执行的操作总结如下：

（1）读取当前行的数据并装入 PL/SQL 的输出变量中。

（2）将 cursor 的指针移向所标识的活动集中的下一行。

接下来，使用一个完整的例子来演示如何声明一个 cursor 以及怎样使用 OPEN 语句和 FETCH 语句操作这个 cursor，其 PL/SQL 程序代码如例 10-5 所示。在这段代码的声明段中声明了四个与 emp 表中对应列一模一样的变量，随后声明了一个名为 emp_cursor 的 cursor。为了简化问题，这个 cursor 的查询语句只返回员工号为 7900 的员工的 empno、ename、job 和 sal 列的值。

在执行段中，首先使用 OPEN 语句打开 emp_cursor 这个 cursor（生成活动集）。随后，使用 FETCH 语句将活动集的第一行（在这个例子中也是唯一的一行数据）数据存入相应的变量中。最后，使用软件包 DBMS_OUTPUT 显示出这四个变量的值。

例 10-5

```
SQL> SET serveroutput ON
SQL> DECLARE
  2    v_empno   emp.empno%TYPE;
  3    v_ename   emp.ename%TYPE;
  4    v_job     emp.job%TYPE;
  5    v_sal     emp.sal%TYPE;
  6    CURSOR emp_cursor IS
```

```
 7     SELECT empno, ename, job, sal
 8       FROM   emp
 9       WHERE  empno = 7900;
10
11  BEGIN
12    OPEN emp_cursor;
13    FETCH emp_cursor INTO v_empno, v_ename, v_job, v_sal;
14    DBMS_OUTPUT.PUT_LINE( v_empno ||' '||v_ename ||
15                          ' '|| v_job ||' '|| v_sal);
16  END;
17  /
7900  JAMES  CLERK  950
```

PL/SQL 过程已成功完成。

为了验证以上 PL/SQL 程序代码执行的结果是否正确，可以使用例 10-6 的 SQL 查询语句再次查询员工号为 7900 的员工的员工号、名字、职位和工资。

例 10-6

```
SQL> SELECT empno, ename, job, sal
 2  FROM   emp
 3  WHERE   empno = 7900;
    EMPNO   ENAME               JOB                 SAL
---------- ------------------- ------------------- -------
     7900   JAMES               CLERK               950
```

接下来，对例 10-5 的代码做一点小小的修改，将 cursor 声明中的 WHERE 子句改为 "WHERE deptno = 20"，如例 10-7 所示。

例 10-7

```
SQL> SET serveroutput ON
SQL> DECLARE
 2    v_empno   emp.empno%TYPE;
 3    v_ename   emp.ename%TYPE;
 4    v_job          emp.job%TYPE;
 5    v_sal          emp.sal%TYPE;
 6    CURSOR emp_cursor IS
 7      SELECT empno, ename, job, sal
 8       FROM   emp
 9       WHERE  deptno = 20;
10
11  BEGIN
12    OPEN emp_cursor;
13    FETCH emp_cursor INTO v_empno, v_ename, v_job, v_sal;
14    DBMS_OUTPUT.PUT_LINE( v_empno ||' '||v_ename ||
15                          ' '|| v_job ||' '|| v_sal);
16  END;
17  /
7369  SMITH  CLERK  800
```

PL/SQL 过程已成功完成。

例 10-7 的显示结果似乎表明一切都是正常的，不过请不要高兴得太早了。为了验证以上 PL/SQL 程序代码执行的结果是否正确，可以使用例 10-8 的 SQL 查询语句列出部门号为 20 的所有员工的员工号、名字、职位和工资。

例 10-8

```
SQL> SELECT empno, ename, job, sal
  2  FROM    emp
  3  WHERE   deptno = 20;
    EMPNO ENAME               JOB                      SAL
---------- ------------------- ------------------- --------
     7369 SMITH               CLERK                    800
     7566 JONES               MANAGER                 2975
     7788 SCOTT               ANALYST                 3000
     7876 ADAMS               CLERK                   1100
     7902 FORD                ANALYST                 3000
```

真是不看不知道，一看吓一跳，原来那段 PL/SQL 程序代码只显示了活动集中的第 1 行（最上面的用户）的数据。可以使用循环来解决这一问题，后面要介绍这一点。

10.6　关闭显式 cursor 及使用它的属性

在完成了 FETCH 语句的处理之后，应该及时关闭 cursor 以释放内存资源。CLOSE 语句关闭 cursor，释放上下文区域，并且取消活动集的定义。如果需要的话，可以重新打开 cursor。只有关闭的 cursor 才能使用 OPEN 语句重新打开。如果试图在一个 cursor 关闭之后从这个 cursor 中提取数据，系统会抛出 INVALID_CURSOR 异常。

虽然可以在不关闭 cursor 的情况下终止 PL/SQL 程序块（就像例 10-5 和例 10-7 的 PL/SQL 程序代码那样），但是应该养成习惯，一旦处理完毕要随即显式地关闭所用的 cursor 以释放资源。每一个会话所能打开 cursors 的总数有一个上限，这个上限是通过数据库的参数 OPEN_CURSORS 来设置的（在多数 Oracle 版本中默认为 50）。

与隐式 cursor 相类似，PL/SQL 也为显式 cursor 提供了相应的属性以获取有关一个 cursor 的状态信息。表 10-2 列出了在 PL/SQL 程序设计中可能经常使用的四个显式 cursor 的属性。

表 10-2

属　　性	描　　述
%ISOPEN	如果 cursor 是打开的，这个布尔属性的测试结果是 TRUE
%FOUND	如果最近（刚刚执行过）的 SQL 语句返回至少一行数据，这个布尔属性的测试结果是 TRUE
%NOTFOUND	如果最近（刚刚执行过）的 SQL 语句没有返回任何数据行，这个布尔属性的测试结果是 TRUE
%ROWCOUNT	返回最近（刚刚执行过）的 SQL 语句所影响的数据行数（为一个整数）

当附加上 cursor 变量名时，这些属性会返回有关一个 cursor 维护语句的非常有用的信息。要注意的是，不能在一个 SQL 语句中直接引用 cursor 属性。那么，如何使用这些属性呢？

因为只有当 cursor 打开时才能提取数据行，所以最好在提取数据（执行 FETCH 语句）之前使用%ISOPEN 属性，以确定 cursor 是否是打开的。通常是在进入循环体之前打开一个 cursor，如：

```
IF NOT sales_cursor%ISOPEN THEN
OPEN sales_cursor;
END IF;
LOOP
   FETCH sales_cursor...
```

可能有读者在想，这是否是多此一举呀！自己写的 PL/SQL 程序代码，打没打开 cursor 自己心里是再清楚不过的了，完全没有必要再测试了。如果参加过比较大的软件项目可能就会体会到这是非常必要的，因为在大型软件开发中会有许多程序员同时开发。您负责的这部分（若干个模块）可能只是其中的很小一部分。在这种情况下，虽然可以确定您确实没有打开过这个 cursor，但是并不能保证其他的程序员也没有打开，所以最稳妥的办法是打开之前先使用 cursor 的%ISOPEN 属性测试一下。

一般在一个循环体中提取数据行（执行 FETCH 语句），因此可以使用属性来决定何时退出循环。

如利用 cursor 的%ROWCOUNT 属性可以完成以下操作：

（1）提取一定行数的数据。

（2）在一个循环次数确定的 FOR 循环中提取数据行。

（3）在一个简单循环中提取数据行并决定何时退出循环。

注意，如果 cursor 是打开的，%ISOPEN 属性返回的 cursor 状态是 TRUE；如果没有打开，则返回 FALSE。

要从一个显式 cursor 中处理若干行数据，一般要使用循环来完成这样的操作（每重复一次提取一行数据）。最终的结果是：或者活动集中所有数据行都处理完毕，或%NOTFOUND 属性成了 TRUE 而没能成功地提取数据。一般控制从一个 cursor 中多次提取数据的具体步骤如下：

➥ 使用循环从显式 cursor 中处理若干行。

➥ 每重复一次提取一行。

➥ 使用显式 cursor 属性来测试每次提取是否成功。

在进一步引用 cursor 之前，最好显式地使用 cursor 属性来测试每次提取是否成功。不要忘记在循环中要有退出条件，并且每次循环要改变这一条件，否则可能造成死循环。

%NOTFOUND 属性逻辑上是与%FOUND 属性相反。如果上一次提取操作返回了一行，%NOTFOUND 返回 FALSE；如果上一次提取操作没有返回任何数据行，%NOTFOUND 返回 TRUE。可以使用%NOTFOUND 属性决定什么时候退出循环，如在以下语句中，使用%NOTFOUND 保证在 FETCH 语句没有返回任何数据行时退出循环。

```
LOOP
   FETCH emp_cursor INTO v_ename, v_sal, v_hiredate;
   EXIT WHEN emp_cursor%NOTFOUND;
   ...
END LOOP;
```

📢 注意：

在第一次提取（第一次执行 FETCH 语句）之前，%NOTFOUND 的值是 NULL。因此，如果 FETCH 语句从来没有成功过，那么程序永远不会退出循环。这是因为只有 WHEN 的条件是 TRUE 时，EXIT WHEN 语句才会执行。为了安全起见，以上语句中的 **EXIT** 语句最好应该替换成：

```
EXIT WHEN emp_cursor%NOTFOUND OR emp_cursor%NOTFOUND IS NULL;
```
另外，如果一个 cursor 没有打开，而使用%NOTFOUND 属性引用它，PL/SQL 会抛出 INVALID_CURSOR 异常。

当一个 cursor 或 cursor 变量打开时，%ROWCOUNT 为零。在第 1 次提取（执行 FETCH 语句）之前，%ROWCOUNT 还是 0。随后，它返回至今为止提取的数据行数。如果上一次提取返回了一行数据，那么%ROWCOUNT 的数字就加 1。在下面的语句中，利用%ROWCOUNT 进行判断，如果已经提取了 10 行数据就执行相应的操作：

```
LOOP
  FETCH emp_cursor INTO v_ename, v_sal, v_hiredate;
  IF emp_cursor%ROWCOUNT > 10 THEN
    ...
  END IF;
  ...
END LOOP;
```

如果一个 cursor 没有打开，而使用%ROWCOUNT 属性引用这个 cursor，PL/SQL 也会抛出 INVALID_CURSOR 异常。

10.7　利用循环及属性控制 cursor 的实例

接下来，用一个完整的 PL/SQL 程序来演示如何利用循环及 cursor 属性来控制和操作 cursor 的具体应用，如例 10-9 所示。

在这段 PL/SQL 程序的声明段中，声明了一个显式 cursor，名字为 emp_cursor，这一 cursor 是从员工表中提取所有员工的员工号、员工名、职位和工资并按工资的升序排列，同时声明了四个与 emp_cursor 的每一列相对应的变量。

在执行段中，首先在进入循环体之前使用 OPEN 语句打开 emp_cursor 这一 cursor，在基本循环中每次重复地提取 emp_cursor 的活动集中的最上面一行数据并存入相应的四个变量中，退出循环的条件是已经处理了 8 行数据或活动集中已经没有数据行了。最后，使用软件包 DBMS_OUTPUT 的 PUT_LINE 过程显示这四个变量的当前值。

例 10-9

```
SQL> SET serveroutput ON
SQL> DECLARE
  2    v_empno   emp.empno%TYPE;
  3    v_ename   emp.ename%TYPE;
  4    v_job        emp.job%TYPE;
  5    v_sal        emp.sal%TYPE;
  6    CURSOR emp_cursor IS
  7      SELECT empno, ename, job, sal
  8      FROM   emp
  9      ORDER BY sal;
 10
 11  BEGIN
 12    OPEN emp_cursor;
```

```
13    LOOP
14      FETCH emp_cursor INTO v_empno, v_ename, v_job, v_sal;
15      EXIT WHEN emp_cursor%ROWCOUNT > 8 OR
16                  emp_cursor%NOTFOUND;
17      DBMS_OUTPUT.PUT_LINE( v_empno ||' '||v_ename ||
18                    ' '|| v_job ||' '|| v_sal);
19    END LOOP;
20    CLOSE emp_cursor;
21  END;
22  /
7369  SMITH  CLERK  800
7900  JAMES  CLERK  950
7876  ADAMS  CLERK  1100
7521  WARD  SALESMAN  1250
7654  MARTIN  SALESMAN  1250
7934  MILLER  CLERK  1300
7844  TURNER  SALESMAN  1500
7499  ALLEN  SALESMAN  1600
```

PL/SQL 过程已成功完成。

虽然活动集中有 14 行数据（因为 emp 表只有 14 行记录），但是这个 **PL/SQL** 程序只显示其中的前 **8** 行记录，因为循环的退出条件之一"**emp_cursor%ROWCOUNT > 8**"起作用了。如果将例 **10-9** 的 **PL/SQL** 程序代码略加修改，将循环退出条件中的"**emp_cursor%ROWCOUNT > 8**"修改成任何大于 **14** 的数，如 **100**，在这个程序中起作用的退出条件将是 **emp_cursor%NOTFOUND**。其 PL/SQL 程序代码和执行结果如例 10-10 所示。

例 10-10

```
SQL> SET serveroutput ON
SQL> DECLARE
  2    v_empno   emp.empno%TYPE;
  3    v_ename   emp.ename%TYPE;
  4    v_job        emp.job%TYPE;
  5    v_sal        emp.sal%TYPE;
  6    CURSOR emp_cursor IS
  7      SELECT empno, ename, job, sal
  8      FROM   emp
  9      ORDER BY sal;
 10
 11  BEGIN
 12    OPEN emp_cursor;
 13    LOOP
 14      FETCH emp_cursor INTO v_empno, v_ename, v_job, v_sal;
 15      EXIT WHEN emp_cursor%ROWCOUNT > 100 OR
 16                  emp_cursor%NOTFOUND;
 17      DBMS_OUTPUT.PUT_LINE( v_empno ||' '||v_ename ||
 18                    ' '|| v_job ||' '|| v_sal);
 19    END LOOP;
 20    CLOSE emp_cursor;
 21  END;
```

```
 22  /
7369  SMITH   CLERK  800
7900  JAMES   CLERK  950
7876  ADAMS   CLERK  1100
7521  WARD    SALESMAN 1250
7654  MARTIN  SALESMAN 1250
7934  MILLER  CLERK  1300
7844  TURNER  SALESMAN 1500
7499  ALLEN   SALESMAN 1600
7782  CLARK   MANAGER 2450
7698  BLAKE   MANAGER 2850
7566  JONES   MANAGER 2975
7788  SCOTT   ANALYST 3000
7902  FORD    ANALYST 3000
7839  KING    PRESIDENT 5000
```

PL/SQL 过程已成功完成。

例 10-10 的显示结果表明，PL/SQL 程序显示了活动集中所有 14 行数据，因为这次是循环的退出条件之一"emp_cursor%NOTFOUND"起作用了，而另外一个循环退出条件"emp_cursor%ROWCOUNT > 100"并没有起作用，因为活动集中只有 14 行数据。

在例 10-9 和例 10-10 中同样也存在本章 10.6 节的注意事项中所提到的问题：在第一次提取（第一次执行 FETCH 语句）之前，%NOTFOUND 的值是 NULL。**因此，如果 FETCH 语句从来没有成功过，那么程序永远不会退出循环。这是因为只有 WHEN 的条件是 TRUE 时，EXIT WHEN 语句才会执行。为了安全起见，在例 10-9 和例 10-10 中的 EXIT 语句中的后一个退出条件（逻辑运算符 OR 之后的条件）最好应该替换成：**

```
"emp_cursor%NOTFOUND OR emp_cursor%NOTFOUND IS NULL"
```

📢 提示：

在 Oracle 早期的版本中，如果变量是数字型的，在使用软件包 DBMS_OUTPUT 显示时，要先使用 TO_CHAR 函数将数字转换成字符，如 TO_CHAR(v_empno)。

10.8　cursor 与记录

通过本章之前的学习，特别是通过 10.7 节中的两个应用实例的分析，读者不难发现，利用显式 cursor 确实使 PL/SQL 的编程工作简化了许多。但是**如果一个表中的列有很多，要利用显式 cursor 处理这个表中的每一列，那么就必须定义与列数相同的变量，而且它们之间的数据类型必须匹配。实际上，有时这是一项非常艰巨的工作，而且将来程序的维护成本可能相当高，因为表结构一旦发生变化，就可能需要修改这个 PL/SQL 程序。**

那么，有没有解决的妙方呢？当然有，还是那句老话"只有您想不到的，没有 Oracle 做不到的"。**其解决的方法就是使用已经熟悉的记录，即声明基于 cursor 的记录变量，随后通过提取数据值并装入一个 PL/SQL 记录来处理活动集中的数据行。**

接下来，用一段完整的 PL/SQL 程序代码来进一步解释如何声明和使用基于一个显式 cursor 的记录变量，如例 10-11 所示。除此之外，通过这段 PL/SQL 程序还能帮助读者顺便复习一下之前学习过的内容，如记录数组、在 FOR 循环中使用数组的方法，以及 CONTINUE 语句的使用等。

在这段 PL/SQL 程序的声明段中，声明了一个显式 cursor，名字为 emp_cursor，用于从员工表中提取所有的列，同时声明了一个基于 emp_cursor 的记录变量 emp_record。接下来，声明了一个名为 emp_table_type 的 INDEX BY 表的数据类型（其元素的数据类型与 emp 表的数据行相对应）。随即，利用刚刚定义的数据类型 emp_table_type 声明了一个名为 v_emp_record 的记录数组。最后，声明了一个用于循环计数的 3 位整数 n。

在执行段中，首先在进入循环体之前，第 14 行使用 OPEN 语句打开 emp_cursor，在基本循环中每次重复地提取 emp_cursor 的活动集中的最上面一行数据并存入相应的记录变量中，退出循环的条件是活动集中已经没有数据行了。接下来，将整个 emp_record 赋予记录数组中的第 n 个元素。最后，将计数器 n 加 1。实际上，这两个语句是在使用记录 emp_record 完成记录数组元素 v_emp_record(n)的初始化。有了基于显式 cursor 的记录和记录数组之后，PL/SQL 的编程工作是不是简单多了？要注意：这两个初始化语句一定要放在退出条件语句之后，否则可能会出问题。

从第 23 行～第 33 行是一个两层嵌套的 FOR 循环，这段代码的功能是在 emp 表中找到全部有下属的员工，之后显示这个员工的职位和名字，并在其后显示 "是真正的经理，不是光杆司令 !!!" 的信息。在这两个 FOR 循环中都使用了数组的 FIRST 和 LAST 方法作为循环的上下限，如果没有这些方法就必须想办法记住数组的上限和下限。在内循环中将每个由外循环传过来的数组元素 v_emp_record(i)的 empno 与数组中每个元素的 mgr 比较，如果相等就说明此人肯定有下属，因此使用软件包 DBMS_OUTPUT 列出这个员工的职位和名字，连同 "是真正的经理，不是光杆司令 !!!" 的信息。随即，执行 CONTINUE Outer_loop 语句立即跳出内循环并转到外循环的开始处继续执行。因为有的领导手下可能有许多下属，使用 CONTINUE Outer_loop 语句的目的是只要找到一个下属（即确认是经理）就立即停止内循环，这样可以提高代码的执行效率。

可能有读者会问：使用 job 列的值作为判别条件不是更简单吗？因为只要 job 为 MANAGER 的就一定是经理，而不是 MANAGER 的就肯定不是经理。实际情况并不像想象得那样简单，SCOTT 和 FORD 的职位都不是 MANAGER，而是 ANALYST，但是这两个家伙都有下属。另外，在真正的商业公司中可能某个人只有一个经理（MANAGER）的头衔，而手下一个兵也没有，可以说是一个地地道道的光杆司令。只有使用上面所介绍的方法才能找到真正的领导，而不管他们的头衔是什么。

例 10-11

```
SQL> SET serveroutput ON
SQL> DECLARE
  2    CURSOR emp_cursor IS
  3      SELECT *
  4      FROM    emp;
  5
  6    emp_record emp_cursor%ROWTYPE;
  7
  8    TYPE emp_table_type IS TABLE OF
  9        emp%ROWTYPE INDEX BY PLS_INTEGER;
 10    v_emp_record emp_table_type;
```

```
11     n      NUMBER(3):= 1;
12
13  BEGIN
14    OPEN emp_cursor;
15    LOOP
16      FETCH emp_cursor INTO emp_record;
17      EXIT WHEN emp_cursor%NOTFOUND;
18      v_emp_record(n) := emp_record;
19      n := n + 1;
20    END LOOP;
21    CLOSE emp_cursor;
22
23    <<Outer_Loop>>
24    FOR i IN v_emp_record.FIRST..v_emp_record.LAST LOOP
25      FOR j IN v_emp_record.FIRST..v_emp_record.LAST LOOP
26        IF v_emp_record(i).empno = v_emp_record(j).mgr
27        THEN
28          DBMS_OUTPUT.PUT_LINE(v_emp_record(i).job ||' '||
29             v_emp_record(i).ename||' 是真正的经理，不是光杆司令 ！！！');
30          CONTINUE Outer_loop;
31        END IF;
32      END LOOP;
33    END LOOP Outer_Loop;
34  END;
35  /
MANAGER JONES 是真正的经理，不是光杆司令 ！！！
MANAGER BLAKE 是真正的经理，不是光杆司令 ！！！
MANAGER CLARK 是真正的经理，不是光杆司令 ！！！
ANALYST SCOTT 是真正的经理，不是光杆司令 ！！！
PRESIDENT KING 是真正的经理，不是光杆司令 ！！！
ANALYST FORD 是真正的经理，不是光杆司令 ！！！
```

PL/SQL 过程已成功完成。

虽然例 10-11 的显示结果都表明 PL/SQL 程序代码成功地执行了，但是仍然无法确定它们是否存在语义方面的问题。因此，可以使用例 10-12 的 SQL 查询语句列出员工表中所有员工的相关信息，以进一步确认程序执行的准确性。可以将例 10-11 的结果中列出的每一个真正经理的 empno 与例 10-12 结果中的每一个 mgr 进行比对，以确认程序是否有语义方面的问题。

例 10-12

```
SQL> SELECT empno, ename, job, mgr
  2 from emp;
```

EMPNO	ENAME	JOB	MGR
7369	SMITH	CLERK	7902
7499	ALLEN	SALESMAN	7698
7521	WARD	SALESMAN	7698
7566	JONES	MANAGER	7839
7654	MARTIN	SALESMAN	7698
7698	BLAKE	MANAGER	7839

7782	CLARK	MANAGER	7839
7788	SCOTT	ANALYST	7566
7839	KING	PRESIDENT	
7844	TURNER	SALESMAN	7698
7876	ADAMS	CLERK	7788
7900	JAMES	CLERK	7698
7902	FORD	ANALYST	7566
7934	MILLER	CLERK	7782

已选择 14 行。

通过编写和执行例 10-11 中的这段 PL/SQL 程序代码，将多个 PL/SQL 所特有的功能组合使用了一次。经过这一次的实践，相信读者对 PL/SQL 语言的强大有了更高的认识。

10.9　您应该掌握的内容

在学习第 11 章之前，请检查一下您是否已经掌握了以下内容：

- Oracle 服务器是怎样处理 SQL 语句的？
- PL/SQL 中的 cursor 是什么？
- 在 PL/SQL 中共有哪两种类型的 cursor？
- 什么是隐式 cursor？
- 熟悉隐式 cursor 的常用属性。
- 熟悉隐式 cursor 属性在 PL/SQL 程序中的用法。
- 理解什么是显式 cursor，以及隐式和显式 cursor 之间的差别是什么？
- 什么是活动集（active set）？
- 熟悉显式 cursor 的结构和功能。
- 熟悉声明、控制显式 cursor 的具体步骤和语句。
- 怎样利用 OPEN、FETCH 和 CLOSE 语句来控制显式 cursor？
- 熟悉 OPEN、FETCH 和 CLOSE 语句的功能。
- 熟悉声明显式 cursor 的语法。
- 在声明一个显式 cursor 时要注意哪些问题？
- 熟悉 OPEN 语句的语法。
- 了解 OPEN 语句要执行哪些操作。
- 熟悉 FETCH 语句的语法。
- 在使用 FETCH 语句时要注意哪些事项。
- 了解 FETCH 语句要执行哪些操作。
- 为什么要使用 CLOSE 语句及时关闭没用的 cursor？
- 熟悉显式 cursor 的属性。
- 熟悉%ISOPEN 属性的具体用法。
- 利用%ROWCOUNT 属性可以完成哪些操作？
- 如何利用%NOTFOUND 属性构成循环的退出条件？

- 在循环的退出条件中使用%NOTFOUND 属性可能引发的问题及解决办法。
- 如何利用%ROWCOUNT 属性构成循环的退出条件？
- 熟悉在利用循环处理 cursor 活动集中的数据时 OPEN 语句所放的位置。
- 熟悉在利用循环处理 cursor 活动集中的数据时 FETCH 语句所放的位置。
- 在声明 FETCH 语句的 INTO 子句中使用变量时要注意哪些事项。
- 熟悉声明基于 cursor 的记录的方法。
- 熟悉基于 cursor 的记录在 PL/SQL 程序中的具体应用。
- 怎样使用基于 cursor 的记录为记录数组的元素赋值？

第 11 章　显式 cursor 的高级功能

通过第 10 章的学习，相信读者已经体会到了显式 cursor 的强大功能和为 PL/SQL 编程带来的便利。但是美中不足的是，显式 cursor 的声明和使用还是比较复杂与繁琐的，必须要首先声明显式 cursor，随后使用 OPEN 语句打开 cursor，接下来使用 FETCH 语句提取活动集中的当前行并装入相应的变量中，最后还应该使用 CLOSE 语句关闭 cursor。

能不能在使用显式 cursor 时省下这些繁琐的操作呢？当然可以。这就要用到在这一章中介绍的 cursor 的 FOR 循环。除此之外，在本章中还将介绍使用带有参数的 cursor 以增加程序代码的重用性，以及使用 FOR UPDATE 子句为访问的数据行加锁和使用 cursor 修改和删除当前行等高级特性。

11.1　cursor 的 FOR 循环

可能读者在学习第 10 章的内容时已经感觉到了：要真正使用一个显式 cursor 需要做的工作还真不少。要使用显式 cursor，有没有更为简单的方法？请放心，Oracle 总是"为懒人开发出懒的方法"，那就是使用 cursor 的 FOR 循环。

所谓 cursor 的 FOR 循环就是在一个隐式 cursor 中处理数据行。cursor 的 FOR 循环实际上是一种处理显式 cursor 的简捷方式，因为在这种结构中，cursor 被隐含地打开，在循环中每次循环提取一行数据，当活动集中的最后一行处理完之后退出循环，并且自动关闭这个 cursor。当提取了最后一行之后重复也就终止了，此时也就退出了循环体。现将 cursor 的 FOR 循环所具有的特性归纳如下：

- ❥　cursor 的 FOR 循环是一种处理显式游标的简捷方式。
- ❥　隐含地打开、提取、退出和关闭 cursor。
- ❥　FOR 循环体中使用的记录被隐含地声明。

这一功能强大而且使用方便的 cursor 的 FOR 循环语句的语法如下：

```
FOR 记录名 IN cursor 名 LOOP
  语句1;
  语句2;
  . . .
END LOOP;
```

在以上的语法中：

```
记录名（record_name）：隐含声明的记录名
cursor 名（cursor_name）：之前声明的 cursor 的 PL/SQL 标识符
```

在使用 cursor 的 FOR 循环语句时，需要注意以下事项：

（1）不要声明控制循环的记录（变量），它是隐含声明的。

（2）如果需要，在循环期间要测试 cursor 的属性。

（3）如果需要，在 FOR 语句中的 cursor 名之后的括号中为 cursor 提供所需要的参数。

接下来，我们使用例 11-1 的 PL/SQL 程序代码来进一步解释 cursor 的 FOR 循环的具体用法。这段 PL/SQL 程序代码比较简单，它实际上就是从 10.8 节中的例 10-11 程序代码截取而来。

在这段 PL/SQL 程序的声明段中，只声明了一个显式 cursor，名字还是 emp_cursor，这一 cursor 也是从员工表中提取所有的列。

在执行段中，只有一个 cursor 的 FOR 循环语句，在这个 FOR 循环中隐含地声明了一个与 emp_cursor 类型相同的记录 emp_record，而且打开 cursor 和从活动集中提取数据行（记录）都是隐含地进行的。IF 语句进行判断时只要部门号是 20，就使用 DBMS_OUTPUT 软件包中的 PUT_LINE 过程列出这个员工的职位和名字以及"在研发部门工作。"的解释信息。

例 11-1

```
SQL> SET serveroutput ON
SQL> DECLARE
  2    CURSOR emp_cursor IS
  3      SELECT *
  4      FROM   emp;
  5
  6  BEGIN
  7    FOR emp_record IN emp_cursor LOOP
  8          -- 隐含打开 cursor 并提取数据行
  9      IF emp_record.deptno = 20 THEN
 10        DBMS_OUTPUT.PUT_LINE (emp_record.job ||' ' || emp_record.ename
 11                        || '在研发部门工作。');
 12      END IF;
 13    END LOOP;    -- 隐含关闭 cursor
 14  END ;
 15  /
CLERK SMITH 在研发部门工作。
MANAGER JONES 在研发部门工作。
ANALYST SCOTT 在研发部门工作。
CLERK ADAMS 在研发部门工作。
ANALYST FORD 在研发部门工作。

PL/SQL 过程已成功完成。
```

虽然例 11-1 的显示结果已表明 PL/SQL 程序代码成功地执行了，但是仍然无法确定这段 PL/SQL 程序代码是否存在语义方面的问题。因此，可以使用例 11-2 的 SQL 查询语句从员工表和部门表中列出所有员工的名字、职位和所在部门名以进一步确认程序执行的准确性。

例 11-2

```
SQL> SELECT ename, job, dname
  2  FROM emp e, dept d
  3  WHERE e.deptno = d.deptno
  4  AND d.deptno = 20;
ENAME            JOB              DNAME
---------------  ---------------  ---------
SMITH            CLERK            RESEARCH
JONES            MANAGER          RESEARCH
```

SCOTT	ANALYST	RESEARCH
ADAMS	CLERK	RESEARCH
FORD	ANALYST	RESEARCH

看到了例 11-2 的显示结果，您应该没有什么疑问了吧？从例 11-1 的 PL/SQL 程序中我们可以看出：使用 cursor 的 FOR 循环确实简单多了，因为提取活动集中数据行的记录变量已经不需要定义了，而且也不需要使用 OPEN、FETCH 和 CLOSE 语句显式地操作 cursor 了。

其实，cursor 的 FOR 循环与数字的 FOR 循环还是非常相似的。数字的 FOR 循环说明一个数值的范围，然后使用这一范围内的每一个值；cursor 的 FOR 循环说明一个来自一个数据库表的数据行的范围，然后提取这个范围内的每一行。

11.2　在 cursor 的 FOR 循环中使用子查询

显然，11.1 节介绍的 cursor 的 FOR 循环已经使 PL/SQL 的编程工作简单了许多，因为不需要定义记录变量了，也不需要显式地打开和关闭 cursor 了，当然也不需要提取数据了。不过美中不足的是 cursor 的 FOR 循环还必须声明 cursor，有没有办法连声明 cursor 都免了呢？当然有，Oracle 总是"为懒人着想"，利用子查询的 cursor FOR 循环又往前迈了关键的一步，那就是连 cursor 声明都不用了。**实际上，与 cursor 的 FOR 循环的区别就是利用子查询的 cursor FOR 循环将 cursor 的定义放在了 IN 后面的 cursor 名的所在之处，并用括号括起来。**

利用子查询的 cursor FOR 循环的 PL/SQL 程序块可以没有声明段。**如果使用子查询的 cursor FOR 循环，不需要在声明段中声明 cursor，但是必须提供在循环体中本身可以确定活动集的 SELECT 语句（就是定义 cursor 的 SELECT 语句）。** 如果在一个 cursor 的 FOR 循环中使用了子查询，就不能引用显式 cursor 的属性，因为没有定义（声明）这个 cursor 的名字。

接下来，我们对例 11-1 的 PL/SQL 程序代码做一些简单的修改——删除整个声明段并将 cursor 定义中的 SELECT 语句放在原来 emp_cursor 所在的位置并用括号括起来，如例 11-3 所示。显然与例 11-1 相比，例 11-3 的 PL/SQL 程序代码要短不少。不过至于易读性就是仁者见仁、智者见智了，很难说哪一个的易读性更好，似乎例 11-1 的更好些，但是例 11-3 的程序代码看上去更"专业"。

例 11-3

```
SQL> SET serveroutput ON
SQL>
SQL> BEGIN
  2    FOR emp_record IN (SELECT * FROM emp) LOOP
  3         -- 隐含打开 cursor 并提取数据行
  4      IF emp_record.deptno = 20 THEN
  5        DBMS_OUTPUT.PUT_LINE (emp_record.job ||' ' || emp_record.ename
  6                             || '在研发部门工作。 ');
  7      END IF;
  8    END LOOP;   -- 隐含关闭 cursor
  9  END ;
 10  /
CLERK SMITH 在研发部门工作。
MANAGER JONES 在研发部门工作。
```

```
ANALYST SCOTT 在研发部门工作。
CLERK ADAMS 在研发部门工作。
ANALYST FORD 在研发部门工作。

PL/SQL 过程已成功完成。
```

例 11-3 的显示结果与例 11-1 的完全相同，但是例 11-3 的 PL/SQL 程序代码却短了许多。PL/SQL 语言还有这么多意想不到的特性，很难想到吧？

11.3　在 cursor 定义中使用子查询

在 10.4 节中，我们介绍过显式 cursor 可以是任何有效的 SELECT 语句，包括连接、子查询等。在之前所有例子中，所声明的 cursor 都是基于一个表。但是在实际的应用中往往要复杂得多，如爱犬伴侣公司的高级管理层发现公司扩张得太快了，员工的工资已经成了公司最大的一笔开销。为此，公司经理让您为他写一个 PL/SQL 程序以列出员工平均工资在 2000 元以上的所有部门的详细信息，包括部门号、部门名、该部门员工的平均工资、最低工资、最高工资和该部门员工的总人数。于是，您写出了例 11-4 的 PL/SQL 程序代码。

这段程序的思路是这样的：首先从员工（emp）表中获取每一个部门的员工平均工资、最低工资、最高工资和员工的总人数，随即将这些数据的集合映射成一个"动态表"（就是给这个查询的结果一个别名）。最后，将部门（dept）表与这个"动态表"连接并查询出所有要求的信息。

在这段 PL/SQL 程序的声明段中，利用子查询声明了一个名为 dept_total_cursor 的 cursor。注意，子查询通常要用括号括起来，而且在子查询的查询列表中每一个函数或表达式必须有别名，因为子查询的结果要被映射成一个"临时表"，而函数或表达式是不能作为表中的列名的。整个查询语句返回的结果就是平均工资高于 2000 元的所有部门号、部门名、该部门员工的平均工资、最低工资、最高工资和员工的总人数。因为经理对平均工资比较高的部门感兴趣，先拿这些部门开刀肯定节省的开销会多些。

☞ 指点迷津：

子查询的功能很强大而且实际应用也比较广泛，但它是属于 Oracle SQL 课程中的内容。如果读者没有学习过 Oracle SQL，但又对子查询感兴趣，可参阅我的另一本书——《名师讲坛——Oracle SQL 入门与实战经典》的第 8 章。

在执行段中，只有一个 cursor 的 FOR 循环，而在这个 FOR 循环中又只有一条语句，就是调用软件包 DBMS_OUTPUT 显示出满足条件的每个部门的相关信息。

例 11-4

```
SQL> SET serveroutput ON
SQL> DECLARE
  2    CURSOR dept_total_cursor IS
  3      SELECT d.deptno, d.dname, e.av_salary, e.min_salary,
  4          e.max_salary, e.emp_total
  5      FROM  dept d, (SELECT deptno, AVG(sal) av_salary
  6                     , MIN(sal) min_salary
```

```
 7                          , MAX(sal) max_salary
 8                          , COUNT(*) emp_total
 9                    FROM    emp
10                    GROUP BY deptno) e
11     WHERE   d.deptno = e.deptno
12     AND     e.av_salary >= 2000;
13
14  BEGIN
15    FOR dept_record IN dept_total_cursor LOOP
16      DBMS_OUTPUT.PUT_LINE (dept_record.deptno ||' '|| dept_record.dname
17                      || ' '|| dept_record.av_salary
18                      || ' '|| dept_record.min_salary
19                      || ' '|| dept_record.max_salary
20                      || ' '|| dept_record.emp_total);
21      END LOOP;
22  END ;
23  /
20 RESEARCH 2175 800 3000 5
10 ACCOUNTING 2916.666666666666666666666666666666666667 1300 5000 3
```

PL/SQL 过程已成功完成。

虽然例 11-4 的显示结果准确无误，但还是有两个小小的问题：第一，显示结果不是按部门号由小到大排列的；第二，平均工资显示了小数点之后太多位。为此，我们对例 11-4 的 PL/SQL 程序代码略加修改：在 cursor 定义中的查询语句的最后添加上一个 ORDER BY d.deptno 子句以解决第一个问题；将子查询中的 AVG(sal)改为 ROUND(AVG(sal),2)，即四舍五入到小数点后两位以解决第二个问题。经过修改后的 PL/SQL 程序代码如例 11-5 所示。

☞ 指点迷津：

主查询的查询列表的顺序与子查询的可以不一样，只要名字相同就可以。

例 11-5
```
SQL> SET serveroutput ON
SQL> DECLARE
 2    CURSOR dept_total_cursor IS
 3     SELECT d.deptno, d.dname, e.av_salary, e.min_salary,
 4          e.max_salary, e.emp_total
 5     FROM   dept d, (SELECT deptno, COUNT(*) emp_total
 6                       , MIN(sal) min_salary
 7                       , MAX(sal) max_salary
 8                       , ROUND(AVG(sal),2) av_salary
 9                    FROM    emp
10                    GROUP BY deptno) e
11     WHERE  d.deptno = e.deptno
12     AND    e.av_salary >= 2000
13     ORDER BY d.deptno;
14
15  BEGIN
16    FOR dept_record IN dept_total_cursor LOOP
```

```
17        DBMS_OUTPUT.PUT_LINE (dept_record.deptno ||' '|| dept_record.dname
18                          || ' '|| dept_record.av_salary
19                          || ' '|| dept_record.min_salary
20                          || ' '|| dept_record.max_salary
21                          || ' '|| dept_record.emp_total);
22     END LOOP;
23  END ;
24  /
10 ACCOUNTING 2916.67 1300 5000 3
20 RESEARCH 2175 800 3000 5

PL/SQL 过程已成功完成。
```

例 11-5 的显示结果不但显示的顺序对了而且也更为清晰了，只有这么清晰的显示结果您才能拿给上司去过目。在公司中有句行话"关键的不在于你干得如何，而是老板觉得你干得如何"，所以工作中面上的工作一定要做足、不要怕花时间，常常是面上的工作做足了可以达到事半功倍的效果。

11.4 带参数的 cursor

到目前为止，我们所介绍的所有 cursor 中定义的程序语句都是使用常量定义的。这有一个问题，那就是如果数据库表中的数据没有发生变化，每次打开 cursor 时所生成的动态集都是一模一样的，这样的代码其重用性是很差的。

那么有没有办法解决这一难题呢？当然有，Oracle 又一次高瞻远瞩，预见到了这一问题并提供了解决的方法，那就是使用带有参数的 cursor。要使用一个带有参数的 cursor，必须首先声明它。声明带有参数的 cursor 的语法如下：

```
CURSOR cursor名
  [(参数名 数据类型, ...)]
IS
  查询语句;
```

当打开 cursor 和执行查询时，将参数的值传递给这个 cursor。通过传递不同参数值的方式，每次就以不同的活动集打开一个显式 cursor 了，是不是很方便？打开一个显式 cursor 的语法如下：

```
OPEN    cursor名(参数值,.....) ;
```

在以上语法中：

❥ cursor 名（cursor_name）：一个之前声明的 cursor 的标识符。

❥ 参数名（parameter_name）：一个参数的名字。

❥ 数据类型（datatype）：参数的一个标量型的数据类型。

❥ 查询语句（select_statement）：没有 INTO 子句的一个 SELECT 语句。

利用带有参数的 cursor，就可以将不同的参数值传递给这个 cursor，这就意味着可以在一个 PL/SQL 程序块中多次打开一个已经关闭的显式 cursor，而且每次可以返回不同的动态集。在每次执行时，关闭之前的 cursor 并以新的一组参数重新打开。

对于在 cursor 声明中定义的每一个形式参数，在 OPEN 语句中必须有一个对应的实际参数。

参数的数据类型与标量类型的变量相同，但是不必说明这些参数的大小（**sizes**），即只定义数据类型，不定义长度，参数的名字在 **cursor** 的查询表达式中引用时使用。

爱犬伴侣公司的经理对每个部门不同职位的员工信息非常感兴趣，他要经常查看不同部门中不同职位员工的信息。此时，您就可以使用刚刚学习过的带有参数的 cursor 为他老人家设计一段方便重用的 PL/SQL 程序代码了，如例 11-6 所示。

在这段 PL/SQL 程序的声明段中，声明了一个名为 emp_cursor 带有参数的 cursor，注意括号中的是形式参数的定义，要在打开 cursor 时用实际参数值替代。另外，还定义了一个基于 emp_cursor 的记录变量 v_emp_record。为了显示清晰，cursor 的查询语句中使用了 ORDER BY empno 子句。

在执行段中，第 12 行表示分别以 20 和 ANALYST 作为实参传递给 emp_cursor 并打开这个 cursor；随后的基本循环第 14～23 行的功能是只要活动集中有数据行就调用软件包 DBMS_OUTPUT 显示出 v_emp_record（当前行）的相关信息；第 24 行使用 CLOSE 语句关闭 cursor；第 26 行～32 行为一个 cursor 的 FOR 循环，这次传给 emp_cursor 的实参是 70 和"保安"，这个 cursor 的 FOR 循环也是在每次循环中调用软件包 DBMS_OUTPUT 显示当前行的相关信息。

例 11-6

```
SQL> SET serveroutput ON
SQL> DECLARE
  2   CURSOR emp_cursor
  3   (p_deptno NUMBER, p_job VARCHAR2) IS
  4     SELECT *
  5     FROM   emp_pl
  6     WHERE  deptno = p_deptno
  7     AND    job = p_job
  8     ORDER BY empno;
  9
 10   v_emp_record emp_cursor%ROWTYPE;
 11  BEGIN
 12   OPEN emp_cursor(20, 'ANALYST');
 13
 14   LOOP
 15     FETCH emp_cursor INTO v_emp_record;
 16     EXIT WHEN emp_cursor%NOTFOUND  OR
 17             emp_cursor%NOTFOUND IS NULL;
 18     DBMS_OUTPUT.PUT_LINE (v_emp_record.empno ||' '||
 19                     v_emp_record.ename ||' '||
 20                     v_emp_record.job ||' '||
 21                     v_emp_record.sal ||' '||
 22                     v_emp_record.deptno);
 23   END LOOP;
 24   CLOSE emp_cursor;
 25
 26   FOR emp_record IN emp_cursor(70, '保安') LOOP
 27     DBMS_OUTPUT.PUT_LINE (emp_record.empno ||' '||
 28                     emp_record.ename ||' '||
 29                     emp_record.job ||' '||
 30                     emp_record.sal ||' '||
```

```
 31                                      emp_record.deptno);
 32    END LOOP;
 33  END;
 34  /
7788 SCOTT ANALYST 3000 20
7902 FORD ANALYST 3000 20
7935 保安 9999 70
7936 保安 9999 70
7937 保安 9999 70
7938 保安 9999 70
7939 保安 9999 70
```

PL/SQL 过程已成功完成。

虽然例 11-6 的显示结果表明以上 PL/SQL 程序代码成功地执行了，但是仍然无法确定这段 PL/SQL 程序代码是否存在语义方面的问题。因此，可以使用例 11-7 的 SQL 查询语句从员工表中列出所有员工的员工号码、名字、职位、工资和所在部门号以进一步确认程序执行的准确性。

例 11-7

```
SQL> SELECT empno, ename, job, sal, deptno
  2  FROM emp_pl
  3  WHERE deptno IN (20, 70);
    EMPNO ENAME            JOB                     SAL DEPTNO
---------- --------------- ------------------ --------- ------
     7369 SMITH            CLERK                   800     20
     7566 JONES            MANAGER                2975     20
     7788 SCOTT            ANALYST                3000     20
     7876 ADAMS            CLERK                  1100     20
     7902 FORD             ANALYST                3000     20
     7939                  保安                   9999     70
     7938                  保安                   9999     70
     7937                  保安                   9999     70
     7936                  保安                   9999     70
     7935                  保安                   9999     70
```

已选择 10 行。

看了例 11-7 的显示结果，心里踏实多了吧？没想到 cursor 还可以使用参数，通过每次打开 cursor 时传递不同的实参，就可以生成不同的活动集。这无疑增加了程序代码的重用性。

11.5 FOR UPDATE 子句

为什么要引入 **FOR UPDATE** 子句呢？可能有这样的情况：您需要将某个表或某些表的一些数据提取出来，随后在程序中进行加工（有可能是在循环体中加工），等所有的数据加工完成之后再写回原来的表中（通常就是利用 cursor 完成的操作）。问题是 Oracle 数据库系统一般是运行在多用户的操作系统之上，如 UNIX，在您的程序正在加工这些数据时，可能其他用户或进程对这些数据又进行了 **DML** 操作，这肯定要产生冲突。为了避免这样的冲突，最好的办法是在提取这些数据时就将所操作的数据行全部锁住。这就是 **FOR UPDATE** 子句的功能，加入了 **FOR UPDATE** 子句的 **SELECT** 语句的语法格式如下：

```
SELECT  ...
FROM    ...
FOR UPDATE [OF column_reference][NOWAIT | WAIT n];
```

在以上语法中：

- column_reference：查询的表中的一列（在查询语句中要使用列的列表）。
- NOWAIT：如果访问的数据行被其他会话锁住则返回一个 Oracle 服务器错误。
- WAIT n：如果访问的数据行被其他会话锁住，等待 n 秒，如果 n 秒之后数据行仍然锁着则返回一个错误。

要注意的是，FOR UPDATE 子句一定是 SELECT 语句中的最后一个子句，甚至在 ORDER BY 子句之后（如果有 ORDER BY 子句的话）。当查询多个表时，可以使用 FOR UPDATE 子句限制锁定特定表中的数据行。FOR UPDATE OF col_name(s)子句只锁住包含 col_name(s)列的表中的数据行。

可选的 NOWAIT 关键字告诉 Oracle 服务器：如果有另一个用户已经将数据行锁住就不等待，控制立即返回到您的程序，其目的是在试图重新获得这些锁之前使程序不做其他的事情。如果省略了 NOWAIT 关键字，Oracle 将一直等到获得所有的数据行。

SELECT ... FOR UPDATE 语句标识要修改或要删除的数据行，然后锁住结果集中的每一行。利用这一语句，就可以保证在修改或删除操作之前其他的会话不能改变这些要操作的数据行。

虽然引用一个列的 FOR UPDATE OF 子句并不是强制性的（可以只使用 FOR UPDATE），但是为了增加易读性和提高可维护性，最好还是使用这样的子句。

这里需要指出的是，Oracle 服务器在执行带有 FOR UPDATE 子句的 SELECT 语句时使用的同样是行一级的锁。在 SELECT 语句中使用 FOR UPDATE 子句可以达到如下目的：

- 为了允许在事务（交易）正在进行期间拒绝访问而显式地在数据行上加锁。
- 在修改或删除之前锁住相关的行。

那么 Oracle 服务器什么时候释放这些锁呢？答案是与普通的事务（transaction）操作一样，在事务结束时释放它们。

接下来，我们用两个上机小实验来进一步解释在 SELECT 语句中使用了 FOR UPDATE 子句后对不同会话的影响。

第一个上机小实验是这样的：首先开启一个 SQL*Plus 窗口并以 SCOTT 用户登录数据库系统，接下来执行例 11-8 的 PL/SQL 程序代码。在这段代码的声明段，我们声明了一个名为 emp_cursor 的 cursor，并在 cursor 的查询语句中使用了 FOR UPDATE OF sal NOWAIT 子句。在执行段中，只有一个打开 cursor 的语句（即生成活动集，也就是 70 号部门中的所有相关数据）。

例 11-8

```
SQL> DECLARE
  2    CURSOR emp_cursor IS
  3      SELECT empno, ename, sal
  4      FROM   emp_pl
  5      WHERE  deptno = 70
  6      FOR UPDATE OF sal NOWAIT;
```

```
 7
 8  BEGIN
 9    OPEN emp_cursor;
10  END;
11  /
```

PL/SQL 过程已成功完成。

当看到以上 PL/SQL 程序执行成功的信息之后，再开启一个 SQL*Plus 窗口并再次以 SCOTT 用户登录 Oracle 数据库系统（不要退出也不要关闭之前的 SQL*Plus 窗口），接下来使用例 11-9 的 UPDATE 语句将第 70 号部门中所有员工的工资更改成 3838。

例 11-9

```
SQL> update emp_pl
  2   set sal = 3838
  3   where deptno = 70;
```

当按下 Enter 键之后，会发现光标停在该 DML 语句的下一行的开始处并不停地闪烁。这是因为员工（emp_pl）表中第 70 号部门（deptno = 70）的所有员工的信息（数据行）都被例 11-8 的 PL/SQL 程序中的 FOR UPDATE 子句给锁住了，所以其他会话不能够再修改这些数据了。

切换回例 11-8 的 PL/SQL 程序所在的会话窗口，之后使用例 11-10 的 rollback 语句回滚事务。

例 11-10

```
SQL> rollback;
```

回退已完成。

重新切换回例 11-9 的 UPDATE 语句所在的会话窗口，就会发现已经出现了"已更新 5 行。"的系统提示信息。

已更新 5 行。

此时，还应该使用例 11-11 的查询语句验证例 11-9 的 UPDATE 语句所做的修改是否正确。最后，为了不影响后面的操作，应该使用例 11-12 的 rollback 语句回滚所做的修改。

例 11-11

```
SQL> SELECT empno, ename, job, sal, deptno
  2   FROM emp_pl
  3   WHERE deptno = 70;
```

EMPNO	ENAME	JOB	SAL	DEPTNO
7939		保安	3838	70
7938		保安	3838	70
7937		保安	3838	70
7936		保安	3838	70
7935		保安	3838	70

例 11-12

```
SQL> rollback;
```

回退已完成。

通过以上的实验，您应该完全理解了在执行带有 FOR UPDATE 子句的 SELECT 语句时对其他会话的影响。反过来，如果在执行带有 FOR UPDATE 子句的 SELECT 语句时，其他的会话已经锁住了相关的数据行，那又会发生什么情况呢？

我们的第二个上机小实验就是为了清楚地回答这一问题而设计的。在例 11-9 的 UPDATE 语句所在的会话窗口中，使用例 11-13 的 DML 语句将员工号为 7936 的员工的工资修改为 8888。

例 11-13

```
SQL> update emp_pl
  2  set sal = 8888
  3  WHERE empno = 7936;

已更新 1 行。
```

再次切换回例 11-8 的 PL/SQL 程序所在的会话窗口，之后重新运行这段 PL/SQL 程序代码，如例 11-14 所示。

例 11-14

```
SQL> DECLARE
  2    CURSOR emp_cursor IS
  3      SELECT empno, ename, sal
  4      FROM   emp_pl
  5      WHERE  deptno = 70
  6      FOR UPDATE OF sal NOWAIT;
  7
  8  BEGIN
  9    OPEN emp_cursor;
 10  END;
 11  /
DECLARE
*
第 1 行出现错误:
ORA-00054: 资源正忙，但指定以 NOWAIT 方式获取资源，或者超时失效
ORA-06512: 在 line 3
ORA-06512: 在 line 9
```

这次以上这段 PL/SQL 程序代码执行失败，因为在员工（emp_pl）表中第 70 号部门（deptno = 70）中有一位员工号为 7936 的员工信息（empno = 7936 的数据行）已经被另外一个会话中的 UPDATE 语句锁住了。现在，您应该彻底明白了：在执行带有 FOR UPDATE 子句的 SELECT 语句时，其他的会话已经锁住了相关的数据行所发生的情况了。

11.6　WHERE CURRENT OF 子句

在上一节中我们介绍了 FOR UPDATE 子句。在 cursor 的 SELECT 语句中使用 FOR UPDATE 子句就可以在打开 cursor 时将表中被访问的数据全部锁住。不过我们经常会将经过程序处理的数据再写回表中，那么如何以简单的方式标识出那些需要修改的数据行（锁住的数据行）呢？

可以通过 **WHERE CURRENT OF 子句引用显式 cursor 的当前行来标识要修改的数据行。要引用显式 cursor 的当前行，WHERE CURRENT OF 子句需要与 FOR UPDATE 子句一起配合使用。在修改（UPDATE）或删除（DELETE）语句中使用 WHERE CURRENT OF 子句，而在 cursor**

声明中说明 **FOR UPDATE** 子句。必须在 **cursor** 的查询语句中包含 **FOR UPDATE** 子句以便在打开这个 **cursor** 时锁住访问的数据行，**WHERE CURRENT OF** 子句的语法如下：

```
WHERE CURRENT OF cursor;
```

在以上语法中：

cursor：一个声明过的 cursor 的名字（在这个 cursor 的声明中必须带有 FOR UPDATE 子句）。

WHERE CURRENT OF 子句能够在显式地引用 ROWID 的情况下，将 cursor 当前行的修改和删除直接写入数据库的表中。

接下来，我们还是用一个上机小实验来进一步解释以上所介绍的 WHERE CURRENT OF 子句和 FOR UPDATE 子句这种组合的具体用法。

为了后面验证 PL/SQL 程序代码的准确性，可以首先使用例 11-15 的查询语句列出员工（emp_pl）表第 70 号部门中全部员工与工资相关的信息。

例 11-15

```
SQL> select empno, job, sal, deptno
  2  from emp_pl
  3  where deptno = 70;
    EMPNO JOB                       SAL    DEPTNO
---------- ------------------ ---------- ----------
      7939 保安                      9999        70
      7938 保安                      9999        70
      7937 保安                      9999        70
      7936 保安                      9999        70
      7935 保安                      9999        70
```

可能的情况是这样的：爱犬伴侣公司真正的保安招聘工作即将开始，公司经理让您先打印一份保安基本信息的报告给他。当他看到了您使用例 11-15 的查询所列出的信息之后当然是吃惊不小，一个保安的工资怎么都近万了，这保安的工资也是高得太离谱了。因此，他让您将所有保安的工资下调 85%（即原有工资的 15%）。

于是，您使用例 11-16 的 PL/SQL 程序代码修改了所有员工的工资。在这段 PL/SQL 程序代码的声明段中，您声明了一个带有 FOR UPDATE OF sal NOWAIT 子句的 cursor，其名字为 emp_cursor；在执行段中主要是一个 cursor 的 FOR 循环，在这个 cursor 的 FOR 循环中，您使用了带有 WHERE CURRENT OF emp_cursor 的 UPDATE 语句将当前记录的工资改为原工资的 15%；最后在循环体执行完毕之后，使用 COMMIT 语句提交所做的修改（注意，一个 PL/SQL 程序块的结束并不自动结束事务）。

例 11-16

```
SQL> DECLARE
  2    CURSOR emp_cursor IS
  3      SELECT *
  4      FROM   emp_pl
  5      WHERE  deptno = 70
  6      FOR UPDATE OF sal NOWAIT;
  7  BEGIN
  8    FOR emp_record IN emp_cursor LOOP
  9      UPDATE emp_pl
 10      SET    sal = emp_record.sal * 0.15
```

```
11      WHERE CURRENT OF emp_cursor;
12    END LOOP;
13    COMMIT;
14  END;
15  /
```

PL/SQL 过程已成功完成。

虽然例 11-16 的显示结果表明以上 PL/SQL 程序代码成功地执行了，但是仍然无法确定这段 PL/SQL 程序代码是否真的将每个保安的工资降为了原工资的 15%。因此，可以使用例 11-17 的 SQL 查询语句再次从员工表中列出所有员工的员工号码、职位、工资和所在部门号以进一步确认程序执行的正确性。

例 11-17

```
SQL> select empno, job, sal, deptno
  2  from emp_pl
  3  where deptno = 70;
    EMPNO JOB                      SAL DEPTNO
---------- ---------------- ---------- ------
      7939 保安                 1499.85     70
      7938 保安                 1499.85     70
      7937 保安                 1499.85     70
      7936 保安                 1499.85     70
      7935 保安                 1499.85     70
```

当您将例 11-17 的显示结果呈献给经理大人时，他老人家终于露出了久违的笑容。

可能有读者在想：使用 FOR UPDATE OF sal NOWAIT 子句和 WHERE CURRENT OF emp_cursor 子句也看不出简单多少呀！这是因为我们这个 PL/SQL 太简单了，但在实际的 PL/SQL 程序中，修改数据的代码可能很复杂，可能需要十几行甚至几十行代码。在这种情况下，就显示出这节所介绍的修改或删除方法的明显优势了。

11.7　您应该掌握的内容

在学习第 12 章之前，请检查一下您是否已经掌握了以下内容：

- ↘ 什么是 cursor 的 FOR 循环？
- ↘ 为什么要使用 cursor 的 FOR 循环？
- ↘ cursor 的 FOR 循环具有哪些特性？
- ↘ 熟悉 cursor 的 FOR 循环语句的语法。
- ↘ 在使用 cursor 的 FOR 循环语句时要注意哪些事项？
- ↘ 熟悉利用子查询的 cursor FOR 循环。
- ↘ 怎样在 cursor 定义中使用子查询以及这种方法的适用范围？
- ↘ 熟悉带参数的 cursor。
- ↘ 熟悉带有参数的 cursor 的语法。
- ↘ 怎样声明一个带有参数的 cursor？

- 怎样用实参打开 cursor？
- 为什么要引入 FOR UPDATE 子句？
- 熟悉加入了 FOR UPDATE 子句的 SELECT 语句的语法。
- 在 SELECT 语句中使用 FOR UPDATE 子句能达什么目的？
- 熟悉 WHERE CURRENT OF 子句。
- 熟悉 WHERE CURRENT OF 子句和 FOR UPDATE 子句的关系。
- 熟悉 WHERE CURRENT OF 子句的语法和使用。

第 12 章　PL/SQL 程序中的异常处理

　　根据本书第 1 章 1.4 节的介绍，我们知道一个 PL/SQL 程序块结构一般是由三种程序段组成——声明段、执行段和异常段。通过前面 11 章的学习，读者应该已经完全理解了声明段和执行段。不过到目前为止，我们所编写的所有 PL/SQL 程序都是假设其程序代码是正常工作的。然而程序代码在运行时可能会出现一些没有预料到的错误，那这些错误又该如何处理呢？在这一章中我们要介绍的异常段就是为了解决这样的问题而设计的。

　　那么，什么是 PL/SQL 程序中的异常呢？在 PL/SQL 中，所谓的异常（exception）就是一个错误条件（error condition）。可能有读者问：为什么不直接叫错误（error）？这是因为错误会让人联想到不好的东西，这有可能影响 PL/SQL 和其他 Oracle 产品的推广和销售。而且有些错误可能并非由 Oracle 产品引起的，而很可能是编写 PL/SQL 程序的程序员的疏忽而造成的，Oracle 也没有必要为这样的错误背上骂名。使用异常（exception）这一词来代替错误（error）的目的就是为了弱化错误这一词的负面效应。

　　在商业领域，经理们和业务人员已经习惯了使用正面的语言来讲述负面的事实，如"今年是我们公司最具挑战的一年"，其真正的意思可能是：今年公司差一点就倒闭了，好不容易挺过来；又如"我们公司最近成功地完成了企业重组"，其真正的意思应该是：我们公司已经成功地裁掉了大批的员工。

　　PL/SQL 处理异常不同于其他程序语言的错误管理方法，PL/SQL 的异常处理机制与 ADA 程序设计语言中的非常相似，有一个处理错误的全包含方法。

12.1　异常处理概述

首先我们通过一段简单的 PL/SQL 程序代码来具体地解释什么是异常，如例 12-1 所示。

例 12-1

```
SQL> SET serveroutput ON
SQL> DECLARE
  2    v_job emp_pl.job%TYPE;
  3  BEGIN
  4    SELECT job INTO v_job
  5    FROM   emp_pl
  6    WHERE  job = '保安';
  7    DBMS_OUTPUT.PUT_LINE ( v_job );
  8  END;
  9  /
DECLARE
*
第 1 行出现错误:
ORA-01422: 实际返回的行数超出请求的行数
ORA-06512: 在 line 4
```

仔细审查一下这段 PL/SQL 程序代码并不存在任何语法错误，按理说它应该能够执行成功。

但是以上这段 PL/SQL 程序的执行结果却令人感到震惊，因为系统显示的是错误信息。问题出在 SELECT INTO 语句上，因为 SELECT INTO 语句每次只能提前一行数据，而职位为保安的记录显然有多行，所以系统显示了 "ORA-01422: 实际返回的行数超出请求的行数" 和 "ORA-06512: 在 line 4" 出错信息。**在运行期间所发生的这样的错误就被称为异常。当一个异常发生时，这个程序块被终止。**

可以在 PL/SQL 程序块中处理这样的异常。PL/SQL 运行期间的错误可能来自于系统的设计缺陷、程序代码错误、硬件问题以及许多其他的来源。因此，作为程序员，您无法预计所有可能的错误，但是可以编写异常处理程序代码来让操作在出现错误时可以继续正常执行。

为了处理例 12-1 的 PL/SQL 程序中的异常，我们将对这段 PL/SQL 程序代码略加修改。在调用 DBMS_OUTPUT 软件包的语句之后，添加上一个可选的异常处理段，这一异常处理段是以关键字 EXCEPTION 开始的（至于异常段中代码的含义现在不用认真考虑，我们后面要详细介绍），并使用了一个名为 p_job 的 SQL*Plus 替代变量初始化变量 v_job。修改后的 PL/SQL 程序代码如例 12-2 所示。

例 12-2

```
SQL> SET verify OFF
SQL> SET serveroutput ON
SQL> DECLARE
  2    v_job emp_pl.job%TYPE := '&p_job';
  3  BEGIN
  4    SELECT job INTO v_job
  5    FROM   emp_pl
  6    WHERE  job = v_job;
  7    DBMS_OUTPUT.PUT_LINE ( v_job );
  8
  9  EXCEPTION
 10    WHEN TOO_MANY_ROWS THEN
 11    DBMS_OUTPUT.PUT_LINE (' 该查询语句提取了多行数据。可使用 cursor 来解决这一问题！');
 12
 13  END;
 14  /
输入 p_job 的值： 保安
该查询语句提取了多行数据。可使用 cursor 来解决这一问题！

PL/SQL 过程已成功完成。
```

在执行以上这段 PL/SQL 程序代码时，当出现 "输入 p_job 的值:" 时，要输入所需的职位（如方框括起来的保安）。当按下回车键之后，该程序继续执行，当执行成功之后就显示后面的显示信息 "该查询语句提取了多行数据。可使用 cursor 来解决这一问题！" 和 "PL/SQL 过程已成功完成。"了。

有了异常段，虽然与之前程序代码一样，**SELECT INTO** 语句提取多行数据的问题依然存在，但是这次这段 PL/SQL 程序代码就可以成功地执行了。与之前的 PL/SQL 程序代码非正常结束不同，这段程序代码是成功地执行了。当一个异常被抛出时，程序的控制流程就转移到所定义的异常段并且执行该异常段中所有语句。也正因为如此，这段 PL/SQL 程序块正常结束，并成功地完成了其操作。

因为现在这段 PL/SQL 程序代码不仅在出现错误时还能执行成功，而且还能指出程序的错误所在（该查询语句提取了多行数据）和解决的办法（可使用 cursor 来解决这一问题！），所以用户一定对这样的程序非常满意。

12.2 PL/SQL 中的异常处理

所谓的一个异常就是 PL/SQL 程序中的一个错误，而这个错误是在一个 PL/SQL 程序块执行期间被抛出的。当 PL/SQL 抛出一个异常时（异常所在的）那个程序块就终止了，但是可以说明一段异常处理程序在这个程序块结束之前执行最终的操作。实际上，就是当程序发生错误时，程序的控制无条件转到异常处理部分（如果声明了异常段）。

📢 提示：

> 在 Oracle 的官方文档中"抛出"的英文为 raise，这里 raise 是一个动词，其原意是举起或提升的意思。英文原文中使用的是 raise an exception（中文翻译成抛出一个异常）。一般公路上出了事故（也可能是公路本身出了问题，如塌了一个大坑），交管人员就要在这个出事的地方立上一个标志（举起一个标志或旗子），以避免车辆开到坑里去，而用在 PL/SQL 程序中，raise an exception 也有相同的含义，因为程序出错不能再继续执行了，否则就掉到陷阱中去了，所以要在出错的地方举起一个标志（raise an exception）。

可以认为："当一个运行错误发生时就称为一个异常被抛出"。**PL/SQL 程序编译时的错误不是能被处理的异常，只有在运行时的异常能被处理。在 PL/SQL 程序设计中异常的抛出和处理是非常重要的内容，如果应用得当可以使代码量急剧下降，而且易读性明显增加。** 抛出异常的方法有以下两种：

（1）当出现一个 Oracle 错误时，相关的异常被自动地抛出。例如，一个 ORA-01422 错误发生时，即在一个 SELECT INTO 语句中提取了多行数据时，PL/SQL 引擎抛出 TOO_MANY_ROWS 异常。这些错误被转换成一些预定义的异常。

（2）基于业务功能由程序员的程序实现，程序员可能必须要显式地抛出一个异常。通过在程序块中使用 RAISE 语句程序显式地抛出一个异常，这个抛出的异常既可以是用户定义的，也可以是预定义的。还有一些非预定义的 Oracle 错误，这些错误是那些非预定义的标准 Oracle 错误。程序员可以显式地声明异常并将这些异常与非预定义的 Oracle 错误关联在一起。

PL/SQL 处理异常的方式有两种，一种是捕获（捕捉）异常（Trapping an Exception），而另一种是传播异常（Propagating an Exception），如图 12.1 给出了 PL/SQL 引擎异常处理的流程示意图。

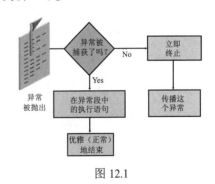

捕获异常：在 PL/SQL 程序中包含了一个异常段（EXCEPTION section）以捕获异常。如果异常在这个程序的执行段中被抛出，那么处理就自动跳转到这个程序的异常段中的相应异常处理程序。如果异常处理程序成功地处理了这个异常，那么这个异常就不会传播到包含它的程序段，也不会传播到调用环境，而且这个 PL/SQL 程序块成功地结束。

图 12.1

传播异常：如果一个异常在程序的执行段被抛出并且没有对应的异常处理程序，那么这个 PL/SQL 程序块以失败而终止，并且这个异常被传播到包含它的程序块或调用环境，调用环境可以是任何应用程序（如调用 PL/SQL 程序的 SQL*Plus）。

在 PL/SQL 程序中可以使用的异常共分为如下三种类型：

（1）预定义的 Oracle 服务器错误（异常）。

（2）非预定义的 Oracle 服务器错误（异常）。

（3）用户定义的错误（异常）。

在以上三种异常中，第一和第二种异常是隐式抛出的，而第 3 种要显式抛出。需要指出的是：**这里的 Oracle 服务器错误是指由 Oracle 服务器发现并能处理的错误。在多数情况下产生错误的原因很可能是人为因素，如在一个 SELECT INTO 语句中提取了多行数据时所产生的 ORA-01422 错误，而与 Oracle 软件没有关系。**

表 12-1 列出了这三种异常的比较详细的描述和它们的处理方法。

表 12-1

异 常 种 类	描　述	处 理 方 法
预定义的 Oracle 服务器错误	在 PL/SQL 代码中经常出现的错误，大约有 20 个	不需要声明这些异常，因为它们是由 Oracle 服务器预定义并且会被显式抛出
非预定义的 Oracle 服务器错误	除了预定义的之外，任何其他标准的 Oracle 服务器错误	需要在声明段中声明这些异常，Oracle 服务器将隐式地抛出错误，并且可以在异常处理程序中捕获这些错误
用户定义的错误	程序的开发者决定一个非正常的条件	必须在声明段声明这些异常，并且要用代码显式地抛出

📢 提示：

一些客户端的 PL/SQL 开发、部署工具（如 Oracle Developer FORMS）有一些它们自己的异常。

12.3 如何捕获异常

可以通过在异常处理段中包含一个对应的处理程序来捕获任何错误，每一个异常处理程序是由一个带有一个已经声明了的异常名的 WHEN 子句和紧随其后的一个语句序列组成（这个语句是在异常被抛出时执行的），其异常段语法如下：

```
EXCEPTION
  WHEN 异常1 [或 异常2 . . .] THEN
    语句1;
    语句2;
    . . .
  [WHEN 异常3 [或 异常4 . . .] THEN
    语句1;
    语句2;
    . . .]
  [WHEN OTHERS THEN
    语句1;
```

```
  语句2;
  . . .]
```

在以上语法中：

异常（exception）：　一个预定义异常的标准名（如 TOO_MANY_ROWS）或在声明段中用户
　　　　　　　　　　　定义的异常名。

语句（statement）：　一个或多个 PL/SQL 或 SQL 语句。

OTHERS：　　　　　一个可选的异常处理子句，该子句捕获任何没有显式处理的异常（就是
　　　　　　　　　　在之前的所有 WHEN 子句都没有捕获的异常）。

　　可以在一个异常段中包含任意多个异常处理程序（实际上就是任意多个 **WHEN** 子句）以处理
说明的异常。然而，对应一个单一的异常不能有多个处理程序。

　　异常处理段只捕捉那些声明了的异常，而任何其他的异常都不捕捉，除非使用了 **OTHERS** 异
常处理程序。**OTHERS** 异常处理程序捕捉任何没有被捕捉的异常。正是基于这一原因，作为一名
称职的 **PL/SQL** 程序员您最好在所有的异常段中使用 **OTHERS**。如果使用了 OTHERS，那么它一
定是所定义的最后一个异常处理程序，如以下异常处理程序。

```
WHEN TOO_MANY_ROWS THEN
 语句1;
 ...
WHEN NO_DATA_FOUND THEN
 语句1;
 ...
WHEN OTHERS THEN
 语句1;
 ...
```

　　在以上例子中，如果 TOO_MANY_ROWS 异常被抛出，所对应的处理程序中的语句被执行；
如果 NO_DATA_FOUND 异常被抛出，所对应的处理程序中的语句被执行；然而，如果是其他的异
常被抛出，OTHERS 异常处理程序中的语句被执行。

　　OTHERS 异常处理程序捕获所有没有被捕获的异常，一些 Oracle 工具有它们自己的预定义异
常，OTHERS 异常处理程序也捕获这些异常。

　　在异常处理程序中的 PL/SQL 语句与我们之前在执行段中使用过的语句完全相同。Oracle 推荐
在开发捕获异常的 PL/SQL 程序代码时应该注意如下事项：

- ↘ 以关键字 EXCEPTION 开始异常处理程序的程序段。
- ↘ 在异常段中可以定义若干个异常处理程序（子句），每一个都有自己的一组操作。
- ↘ 当一个异常发生时，PL/SQL 在离开这个异常段之前只执行一个异常处理子句。
- ↘ 将 OTHERS 子句放在所有其他异常处理子句之后。
- ↘ 在一个异常段中只能有一个 OTHERS 子句。
- ↘ 异常不能出现在赋值语句中，也不能出现在 SQL 语句中。

12.4　如何捕获预定义的 Oracle 服务器错误

　　捕获一个预定义的 **Oracle** 服务器错误的方法很简单，就是在对应的异常处理程序代码中引用

这个预定义错误的名字。PL/SQL 是在 STANDARD 软件包中声明的这些预定义的异常，表 12-2 列出了可能经常使用的预定义的 Oracle 服务器错误（异常）的清单。

☞ **指点迷津：**

> 读者在看到表 12-2 中列出那么多的预定义的 Oracle 服务器错误时用不着紧张，您不需要记住所有的这些预定义的 Oracle 服务器错误，只要了解这些预定义的 Oracle 服务器错误的描述，并记住您经常使用的就可以了。其他的等以后用到了再查这张表就可以。如果您对这方面的内容特别感兴趣并且想了解更多的内容，可以参阅 Oracle 的 PL/SQL 用户指南和参考手册（可以在 Oracle 官方网站上免费下载）。

表 12-2

预定义异常名	Oracle 服务器错误代码	描述
ACCESS_INTO_NULL	ORA_06530	试图为一个未初始化的对象的属性赋值
CASE_NOT_FOUND	ORA_06592	在选择的 CASE 语句的 WHEN 子句中没有选择条件，并且没有 ELSE 子句
COLLECTION_IS_NULL	ORA_06531	试图对一个未初始化嵌套表或 VARRAY 使用除了 EXISTS 以外的集合方法
CURSOR_ALREADY_OPEN	ORA_06511	试图打开一个已打开的 cursor
DUP_VAL_ON_INDEX	ORA_00001	试图插入一个重复值
INVALID_CURSOR	ORA_01001	发生了非法的 cursor 操作
INVALID_NUMBER	ORA_01722	将字符串转换成数字失败
LOGIN_DENIED	ORA_01017	以一个无效的用户名或密码登录 Oracle 服务器
NO_DATA_FOUND	ORA_01403	单行查询没有返回任何数据
NOT_LOGIN_ON	ORA_01012	在没有连接 Oracle 服务器的情况下, PL/SQL 程序发出了一个数据库调用
PROGRAM_ERROR	ORA_06501	PL/SQL 有一个内部问题
ROWTYPE_MISMATCH	ORA_06504	在一个赋值语句中涉及的宿主变量与 PL/SQL cursor 的数据类型不匹配
STORAGE_ERROR	ORA_06500	PL/SQL 耗光了内存或内存崩溃
SUBSCRIPT_BEYOND_COUNT	ORA_06533	通过下标引用一个嵌套表或 VARRAR 元素时, 下标数值大于集合中元素的数目
SUBSCRIPT_OUTSIDE_LIMIT	ORA_06532	通过下标引用一个嵌套表或 VARRAR 元素时, 下标数值超出合法范围（如-1）
SYS_INVALID_ROWID	ORA_01410	将一个字符串转换成通用（universal）ROWID 失败, 因为该字符串不能表示为一个有效的 ROWID
TIMEOUT_ON_RESOURCE	ORA_00051	当 Oracle 服务器等待资源期间发生超时
TOO_MANY_ROWS	ORA_01422	单行查询返回多行数据
VALUE_ERROR	ORA_06502	发生算术、转换、截断或大小（size）限制的错误
ZERO_DIVIDE	ORA_01476	试图除以零

🔊 提示：

有经验的 PL/SQL 程序员在编程时，一般总是首先考虑是否要处理 NO_DATA_FOUND 和 TOO_MANY_ROWS，因为这两个异常是最普遍的（即最容易出现的）。另外，当用在一个函数内部时，NO_DATA_FOUND 异常不会被传播。

12.5　如何捕获非预定义的 Oracle 服务器错误

非预定义的异常与预定义的异常非常相似，只是它们没有被定义为 Oracle 服务器中的 PL/SQL 异常而已，它们只是标准的 Oracle 错误。可以通过使用 PRAGMA EXCEPTION_INIT 函数为标准 Oracle 错误创建异常，而这样的异常就被称为非预定义异常。图 12.2 就是非预定义异常的声明和使用流程的示意图。

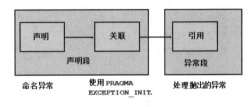

图 12.2

首先需要为一个非预定义的 Oracle 服务器错误声明一个异常，之后就可以捕获这个非预定义的异常了，声明的异常会被隐式地抛出。在 PL/SQL 中，PRAGMA EXCEPTION_INIT 函数告诉编译器将一个声明的异常名与一个 Oracle 错误号码关联（associate）在一起。这样就能够通过这个异常名来引用任何内部异常并为这个异常编写专门的处理程序代码了。

PRAGMA（也被称为伪指令"**pseudoinstructions**"）**是关键字，它表示这个语句是一个编译指令，而当 PL/SQL 程序块执行时不会被处理。PRAGMA 关键字指示 PL/SQL 编译器将在这个程序块中出现的所有该异常名解释成相关的 Oracle 服务器错误代码。**

接下来，我们使用一个完整的 PL/SQL 程序来演示怎样使用以上介绍的方法来捕获非预定义的 Oracle 服务器错误，如例 12-3 所示。我们先重点介绍一下在这段 PL/SQL 程序代码中与定义和捕获非预定义异常相关的代码。

在声明段中，标号为 1 的那一行代码是声明一个名为 e_emps_remaining 的异常。声明异常语句的语法为：

异常名 EXCEPTION;

在声明段中，标号为 2 的那两行代码为使用 PRAGMA EXCEPTION_INIT 将所声明的异常 e_emps_remaining 与 Oracle 服务器的错误号码（-2292）关联起来。将一个声明的异常与一个 Oracle 服务器的错误号码关联起来的语句的语法如下：

PRAGMA EXCEPTION_INIT(*已经声明的异常名, 标准 Oracle 错误号码*);

在异常段中，标号为 3 开始的那一行代码是在相应的异常处理程序中引用所声明的异常 e_emps_remaining。一旦将一个声明的异常与一个 Oracle 服务器的错误号码关联在一起，就可以像引用 Oracle 预定义的异常那样利用这个异常名来引用非预定义的异常了。

例 12-3

```
SQL> SET verify OFF
SQL> SET serveroutput ON
SQL> DECLARE
  2    e_emps_remaining EXCEPTION;        -- 1
  3    PRAGMA EXCEPTION_INIT
  4      (e_emps_remaining, -2292);       -- 2
```

```
 5    v_deptno dept.deptno%TYPE := &p_deptno;
 6  BEGIN
 7    DELETE FROM dept
 8    WHERE     deptno = v_deptno;
 9    COMMIT;
10  EXCEPTION
11    WHEN e_emps_remaining THEN    -- 3
12      DBMS_OUTPUT.PUT_LINE ('无法删除这个部门—部门' ||
13      TO_CHAR(v_deptno) || ', 因为在这个部门中还有员工！');
14  END;
15  /
输入 p_deptno 的值：  20
无法删除这个部门—部门20，因为在这个部门中还有员工！
```

PL/SQL 过程已成功完成。

在执行以上这段 PL/SQL 程序代码时，当出现"输入 p_deptno 的值:"时，要输入一个存在的部门号（如方框括起来的 20）。当按下回车键之后，该程序继续执行，当执行成功之后就显示后面的显示信息"无法删除这个部门——部门 20，因为在这个部门中还有员工！"和"PL/SQL 过程已成功完成。"了。

因为使用了非预定义异常 e_emps_remaining，以上这段 PL/SQL 程序的执行是正常结束的，而且还显示了出错的原因。一般用户在使用这样的程序时都会敬佩程序的开发者，因为程序显得比他还聪明，输入了错误的部门号，程序居然能够检查出来。

实际上，以上 PL/SQL 程序中的第 7～8 行的 SQL 语句语法上并没有错误，而且要删除的 20 号部门在部门（dept）表中也确实存在。那么，为什么还会出错呢？其原因是在员工（emp）表上的deptno 列上有一个外键（FOREIGN KEY）约束（而这个外键是指向 dept 表的 deptno 列的），dept表为父表（主表）而 emp 表为子表（从表）。对于已经建立了外键约束的两个表，Oracle 服务器将对其上的所有 DML 操作和 DDL 操作进行引用完整性的检查以确保引用完整性。有关引用完整性的详细内容可参阅我的另一本书——《名师讲坛——Oracle SQL 入门与实战经典》的第 7 章和第13 章。

🔊 注意：

在进行删除操作时，只有操作是在父表或主表（PARENT TABLE）这一端时才会产生违反引用完整性（Referential Integrity）的问题，而操作是在子表或从表（CHILD TABLE）端时不会产生。

为了验证以上 PL/SQL 程序代码执行的结果是否正确，可以使用例 12-4 的 SQL 查询语句查询员工表中第 20 部门中员工的相关信息。

例 12-4

```
SQL> SELECT empno, ename, job, sal, deptno
  2  FROM emp
  3  WHERE deptno = 20;
    EMPNO ENAME             JOB                        SAL   DEPTNO
---------- ----------------- ------------------- ----------- -------
     7369 SMITH             CLERK                      800       20
     7566 JONES             MANAGER                   2975       20
     7788 SCOTT             ANALYST                   3000       20
```

7876 ADAMS	CLERK	1100	20
7902 FORD	ANALYST	3000	20

从例 12-4 的显示结果可以看出，这第 20 号部门中的员工还真不少啊！要不是例 12-3 的 PL/SQL 程序提醒，居然忘了在撤销 20 号部门之前还有这么多人要打发呢！

可能有读者问：那个 Oracle 的错误号码是怎么找到的？所有标准 Oracle 错误代码都可以在 Oracle 文档 Oracle® Database Error Messages 中查到，这个文档可以在 Oracle 官方网站上免费下载，不过这个文档有 3 千多页，真查起来也不是那么方便的。**下面我们给出一个偷懒的方法，这次我们是想获得插入操作造成的错误的错误代码。**为此，可以使用例 12-5 的 DML 语句往 emp 表中插入一行新纪录，注意这里的部门号使用了 38，而 38 号部门在部门（dept）表中根本就不存在。

例 12-5

```
SQL> INSERT INTO emp (empno, ename, job, sal, deptno)
  2  VALUES         (3838, '童铁蛋', '保安', 1250, 38);
INSERT INTO emp (empno, ename, job, sal, deptno)
*
第 1 行出现错误:
ORA-02291: 违反完整约束条件 (SCOTT.FK_DEPTNO) - 未找到父项关键字
```

从例 12-5 的显示结果可以看出，这次违法引用完整性的错误代码是 ORA-02291，现在就可以利用标准 Oracle 错误代码-02291 声明和控制非预定义异常了。接下来，我们使用一个完整的 PL/SQL 程序来演示怎样捕获非预定义的 Oracle 服务器错误"ORA-02291"，如例 12-6 所示。

例 12-6

```
SQL> SET verify OFF
SQL> SET serveroutput ON
SQL> DECLARE
  2    e_insert_excep EXCEPTION;
  3    PRAGMA EXCEPTION_INIT(e_insert_excep, -02291);
  4
  5    v_deptno  dept.deptno%TYPE := &p_deptno;
  6
  7  BEGIN
  8    INSERT INTO emp (empno, ename, job, sal, deptno)
  9    VALUES          (3838, '童铁蛋', '保安', 1250, v_deptno);
 10  EXCEPTION
 11    WHEN e_insert_excep THEN
 12      DBMS_OUTPUT.PUT_LINE(v_deptno ||'部门根本不存在！');
 13      DBMS_OUTPUT.PUT_LINE(SQLERRM);
 14  END;
 15  /
输入 p_deptno 的值: 38
38 部门根本不存在！
ORA-02291: 违反完整约束条件 (SCOTT.FK_DEPTNO) - 未找到父项关键字

PL/SQL 过程已成功完成。
```

与例 12-5 的插入语句执行结果不同的是，例 12-6 的 PL/SQL 程序代码的执行是正常结束的、并且显示出"38 部门根本不存在！"的提示信息。这个程序是不是更稳定也更聪明？

12.6 捕获异常的两个函数

通过前几节的学习，读者已经知道了如何捕获 Oracle 预定义的异常和如何捕获非预定义的 Oracle 服务器错误。不过还有一个悬而未决的问题，那就是**在一段 PL/SQL 程序中怎样确定可能出现的预定义或非预定义的异常**。在程序开发的早期，特别是处于调试阶段的应用程序，我们是很难高瞻远瞩地预见所有可能出现的异常。

为了解决以上问题，**PL/SQL** 提供了两个函数，当一个异常发生时，可以通过使用这两个函数来标识相关的错误代码或错误信息。基于错误代码的值或错误信息，就可以决定下一步的操作了。

这两个函数就是 **SQLCODE** 和 **SQLERRM**，**SQLCODE** 函数为内部异常返回一个 Oracle 错误号码，而 **SQLERRM** 函数则返回与这个错误号码相关的信息。表 12-3 是这两个函数的详细说明。

表 12-3

函　　数	描　　述
SQLCODE	为错误代码返回一个数值（可以将其赋予一个数字变量）
SQLERRM	返回字符串数据，它包含了与错误号相关的错误信息

而对于函数 SQLCODE，它的取值和每种值的具体含义如表 12-4 所示。

表 12-4

SQLCODE 的值	描　　述
0	没有遇到异常
1	用户定义的异常
+100	NO_DATA_FOUND 异常
负数	其他的 Oracle 服务器错误号码

为了能够完成后面的操作，要先使用例 12-7 的 DDL 语句创建一个名为 errors 的表以存放将来运行 PL/SQL 时所产生的错误号码和信息，以及相关的信息。随即，还应该使用例 12-8 的 SQL*Plus 语句列出 errors 表的结构以验证这个表的创建是否正确。

例 12-7

```
SQL> CREATE TABLE errors
  2        (user_name  VARCHAR2(255),
  3         error_date DATE,
  4         error_code      NUMBER(10),
  5         error_message   VARCHAR2(255));
表已创建。
```

例 12-8

```
SQL> DESC errors
名称                                          是否为空?  类型
-----------------------------------------  --------  --------------
USER_NAME                                             VARCHAR2(255)
ERROR_DATE                                            DATE
ERROR_CODE                                            NUMBER(10)
ERROR_MESSAGE                                         VARCHAR2(255)
```

做完了以上准备工作之后，就可以开始干正事了。我们利用例 12-9 的 PL/SQL 程序代码来演示 SQLCODE 和 SQLERRM 函数的具体用法。在这段 PL/SQL 程序代码中，声明段和执行段都很简单，这里就不再解释了。

在异常段只有一个 OTHERS 子句（因为我们目前还无法确定到底有哪些异常），在这个子句中，首先回滚之前所做的全部操作；接下来，分别将 SQLCODE 和 SQLERRM 函数的返回值赋予变量 v_error_code 和 v_error_message；随后，将当前的用户名、系统日期以及 v_error_code 和 v_error_message 的值插入到 errors 表中；最后提交这个插入操作。

例 12-9

```
SQL> SET verify OFF
SQL> SET serveroutput ON
SQL> DECLARE
 2    v_empno     emp.empno%TYPE := &p_empno;
 3    v_deptno    dept.deptno%TYPE := &p_deptno;
 4
 5    v_error_code       NUMBER;
 6    v_error_message    VARCHAR2(255);
 7
 8  BEGIN
 9    INSERT INTO emp (empno, ename, job, sal, deptno)
10    VALUES          (v_empno, '童铁蛋', '保安', 1250, v_deptno);
11  EXCEPTION
12    WHEN OTHERS THEN
13      ROLLBACK;
14      v_error_code := SQLCODE;
15      v_error_message := SQLERRM;
16      INSERT INTO errors (user_name, error_date,
17                          error_code, error_message)
18      VALUES (USER, SYSDATE, v_error_code, v_error_message);
19      COMMIT;
20  END;
21  /
输入 p_empno 的值：  3838
输入 p_deptno 的值：  38

PL/SQL 过程已成功完成。
```

在执行以上这段 PL/SQL 程序代码时，当出现"输入 p_empno 的值:"时，要输入一个员工号（如方框括起来的 3838）；当出现"输入 p_deptno 的值:"时，要输入一个在部门（dept）表中不存在的部门号（如方框括起来的 38）。当按下回车键之后，该程序继续执行，当执行成功之后就显示后面的"PL/SQL 过程已成功完成。"信息了。

接下来，可以使用例 12-10 的 SQL*Plus 命令重新执行 SQL*Plus 缓冲区中的内容。

例 12-10

```
SQL> /
输入 p_empno 的值: 7788
输入 p_deptno 的值: 10

PL/SQL 过程已成功完成。
```

在执行以上这段 PL/SQL 程序代码时，当出现"输入 p_empno 的值:"时，这次输入一个已经存在的员工号（如方框括起来的 7788）；当出现"输入 p_deptno 的值:"时，要输入一个部门号（如方框括起来的 10）。当按下回车键之后，该程序继续执行，当执行成功之后就显示后面的"PL/SQL 过程已成功完成。"信息了。

经过一段时间的测试（即多次以不同的数据运行这段 PL/SQL 程序代码）之后，就可以使用类似例 12-11 的查询语句列出每一个 error_code 出现的频率（总数）。

例 12-11

```
SQL> SELECT error_code, count(*)
  2  FROM errors
  3  GROUP BY error_code;
ERROR_CODE    COUNT(*)
---------- ----------
     -2291           1
        -1           1
```

如果在以上结果中有多次出现的错误代码（即 COUNT（*）比较大的），就可以为每个这样的错误代码（可能要先声明异常）增加一段异常处理程序（WHEN 子句），之后将 errors 表中相应的 error_code 的所有数据行都删除掉。随着时间的流逝，凡是多次出现的（即出现频率高的）错误都会在异常段中有相应的处理程序，而在 errors 表中的都是些随机出现的错误了。

一般在例 12-9 的 PL/SQL 程序中使用的与 SQLCODE 和 SQLERRM 函数有关的语句都属于调试语句。而一旦调试完毕（即在 errors 表中存放的都是那些随机出现的错误了），就应该将这些调试语句注释掉或删除。一般有经验的程序员更喜欢注释掉，因为没准以后还会用到这些调试语句。

📢 提示：

不能在一个 SQL 语句中直接使用 SQLCODE 或 SQLERRM 函数。取而代之的是，必须将这两个函数的返回值赋予一个本地变量，然后在 SQL 语句中使用这些变量，正如在例 12-9 的 PL/SQL 程序中那样。

12.7 捕获用户定义的异常

就算是 PL/SQL 的设计者们也难保他们写出来的那些 Oracle 服务器错误没有遗漏。如果在 PL/SQL 中真的出现了一个错误，而这个错误既不是预定义的异常也不是非预定义的 Oracle 服务器错误，那又该如何处理呢？**PL/SQL 允许用户根据应用程序的需要定义用户自己的异常**，如在

PL/SQL 程序中可以提示用户输入一个部门号，定义一个处理输入数据中错误的异常，检查输入的部门是否已经存在，如果不存在，就必须抛出这个用户定义的异常。声明和捕获用户定义的异常的具体操作步骤如图 12.3 所示。

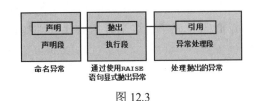

图 12.3

要在 PL/SQL 程序中使用一个用户定义的异常，必须要完成以下每一步骤操作：

（1）在一个 PL/SQL 程序块的声明段中声明一个用户定义的异常。

（2）使用 RAISE 语句显式地抛出这个异常。

（3）在 EXCEPTION 段处理这个异常。

接下来，我们使用一个完整的 PL/SQL 程序来演示怎样使用以上介绍的方法来声明、抛出和捕获用户定义的异常，如例 12-12 所示。首先重点介绍一下在这段 PL/SQL 程序代码中与声明、抛出和捕获用户定义的异常相关的代码。

在声明段中，标号为 1 的那一行代码是声明一个名为 e_invalid_employee 的异常。在执行段中，第 7 和第 8 行是一个 IF 语句，如果在 emp_pl 表中没有与替代变量相等的 empno，那么就使用 RAISE 语句显式地抛出异常 e_invalid_employee（控制立即跳转到异常段）。

在异常段中，标号为 3 开始的那一行（即第 12 行）代码是在相应的异常处理程序中引用所声明的异常 e_invalid_employee。

例 12-12

```
SQL> SET verify OFF
SQL> SET serveroutput ON
SQL> DECLARE
 2    e_invalid_employee EXCEPTION;   -- 1
 3  BEGIN
 4    UPDATE emp_pl
 5    SET      job = '&p_job'
 6    WHERE    empno = &p_empno;
 7    IF SQL%NOTFOUND THEN
 8      RAISE e_invalid_employee;     -- 2
 9    END IF;
10    COMMIT;
11  EXCEPTION
12    WHEN e_invalid_employee  THEN  -- 3
13      DBMS_OUTPUT.PUT_LINE('该员工不存在，因为这是一个无效的员工号。');
14  END;
15  /
输入 p_job 的值：公关
输入 p_empno 的值：3838
该员工不存在，因为这是一个无效的员工号。

PL/SQL 过程已成功完成。
```

通过以上的例子，读者应该清楚了如何使用用户定义的异常的方法。**要想使用一个定义的异常，必须首先声明这个异常并显式地抛出该异常，之后才能捕获这个用户定义的异常，其具体步骤如下：**

（1）在 PL/SQL 程序的声明段中声明用户定义的异常的名字（异常名），声明异常语句的语法为：

异常名 EXCEPTION;

（2）在 PL/SQL 程序的执行段中使用 RAISE 语句显式地抛出所定义的异常，抛出异常语句的语法为：

RAISE *之前声明的异常名;*

（3）在相应的异常处理程序中引用所声明的异常。

在执行例 12-12 中的 PL/SQL 程序代码时，当出现"输入 p_job 的值:"时，要输入一个职位（如方框括起来的公关）；当出现"输入 p_empno 的值:"时，要输入一个在员工（emp_pl）表中不存在的员工号（如方框括起来的 3838）。当按下回车键之后，该程序继续执行，当执行成功之后就显示后面的"该员工不存在，因为这是一个无效的员工号。"和"PL/SQL 过程已成功完成。"信息了。

接下来，如果想修改另外一个员工的职位，可以使用例 12-13 的 SQL*Plus 命令重新执行 SQL*Plus 缓冲区中的内容。

例 12-13

```
SQL> /
输入 p_job 的值：  保安
输入 p_empno 的值：  167
该员工不存在，因为这是一个无效的员工号。

PL/SQL 过程已成功完成。
```

在执行以上这段 PL/SQL 程序代码时，当出现"输入 p_job 的值:"时，要输入一个职位（如方框括起来的保安）；当出现"输入 p_empno 的值:"时，要输入一个在员工（emp_pl）表中同样不存在的员工号（如方框括起来的 167）。当按下回车键之后，该程序继续执行，当执行成功之后就显示后面的"该员工不存在，因为这是一个无效的员工号。"和"PL/SQL 过程已成功完成。"信息了。

因为使用了用户定义异常 e_invalid_employee，以上这段 PL/SQL 程序的执行是正常结束的，而且还显示了出错的原因。一般用户在使用这样的程序时都会对程序的开发者肃然起敬，因为程序显得比自己还聪明。

☞**指点迷津：**

如果在一个异常处理程序中又使用 RAISE 语句，那么会再次抛出相同的异常，并将这个异常传播给调用环境。

12.8　在程序块中异常的捕获与传播

前面几节所介绍的所有 PL/SQL 程序例子中的异常都被成功地捕获了。不过现实并不可能总是那么顺利，如果 PL/SQL 程序段处理不了一个异常（没有捕获这个异常），又该如何是好呢？您完全没有必要操这份心，因为实际上 PL/SQL 处理异常的方式包括两种：一种就是捕获异常，而另一种是传播异常，它们的操作示意图如图 12.4 所示。

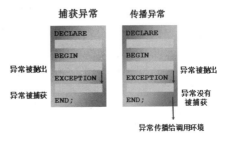

图 12.4

　　捕获异常（Trapping an Exception）：如果在一个 PL/SQL 程序块的执行段中异常被抛出了，那么处理就跳转到该程序块的异常段中相应的异常处理程序。如果 PL/SQL 成功地处理了这个异常，那么该异常就不会被传播给包含的程序块或调用环境，该 PL/SQL 程序块成功地结束。

　　传播异常（Propagating an Exception）：如果在一个 PL/SQL 程序块的执行段中异常被抛出了，但是并不存在相应的异常处理程序，那么这个 PL/SQL 程序块以失败结束，并且该异常被传播给包含块或调用环境。

　　当一个子块处理了一个异常时，该子块正常结束，程序的控制直接转到紧随子块的 END 语句其后的语句。

　　然而，如果一个 PL/SQL 程序抛出了一个异常并且当前程序块没有为这个异常定义异常处理程序，那么该异常就会传播到后续的包含块，直到找到一个异常处理程序为止。如果所有的包含程序块都无法处理这个异常，在宿主环境的结果中就会产生一个无法处理的异常。当这个异常传播给一个包含程序块时，原程序块中的其余的可执行语句将被绕过（忽略掉）。

　　以上所说的异常处理方式的好处是：可以在一个程序块中只包含该程序块所需的异常处理语句，而将其他更为通用的异常处理语句放在包含块中。这样可以明显地减少代码量，也使程序的逻辑流程更为清晰。

☞指点迷津：

与其他程序设计语言相比，PL/SQL 的异常处理有着明显的优势。首先对于绝大多数数据库中出现的错误（异常），PL/SQL 都可以隐含（自动）地抛出（raise），这无疑降低了代码的复杂度，也减少了相应的代码量。另外，抛出的异常是统一跳转到异常段处理的，因此当在多个程序语句需要同样的异常处理时，PL/SQL 只需要一个异常处理程序，这使得异常处理的代码量明显减少，否则有可能异常（错误）处理的代码会淹没正常的程序语句。可以毫不夸张地说，恰当地使用 PL/SQL 的异常处理会使程序代码更为清晰、简练。

　　除了这节介绍的异常处理之外，PL/SQL 引入的 INDEX BY 表（数组）以及它的方法、cursor 和 cursor 的属性等也同样使 PL/SQL 的编程工作变得更轻松和更有效率。不过要熟练掌握这些 PL/SQL 引入的特有功能，读者还是需要一定时间的历练。

12.9　RAISE_APPLICATION_ERROR 过程

　　有时您可能遇到过有些 PL/SQL 高手写的程序显示用户定义的异常的格式与系统显示错误信息的格式一模一样，看上去就像这些高手们可以修改 Oracle 系统一样，请别着急，您马上就可以达到这些高手们的境界了。

使用 PL/SQL 提供的 **RAISE_APPLICATION_ERROR** 过程以一种与预定义异常的显示格式一样的方式返回一个非标准的错误代码和错误信息（用户自己定义的错误代码和错误信息）。利用这一过程，可以从一个存储程序中发出用户定义的错误信息，也可以将错误报告给您的应用程序并避免无法处理的异常的出现。可以使用如下语法调用 RAISE_APPLICATION_ERROR 过程：

```
raise_application_error (error_number,
    message[, {TRUE | FALSE}]);
```

在以上语法中：

error_number：　是一个用户说明的异常号码，其范围只能是–20000～–20999。

message：　　　是用户定义的异常信息，是一个字符串，其最大长度是 2048 个字节。

TRUE | FALSE：　是一个可选的布尔参数（如果是 TRUE，这个错误被放在之前错误层之上。如果是 FALSE，也是默认的，这个错误取代之前所有的错误。）

☞指点迷津：

RAISE_APPLICATION_ERROR 过程的主要用处是处理 SQLCODE 和 SQLERRM 函数的返回值。该过程在日志表中提供了一致的记录错误信息的方法。要注意的是，RAISE_APPLICATION_ERROR 过程将终止所在 PL/SQL 程序块中语句的进一步执行。

RAISE_APPLICATION_ERROR 过程既可以用在 **PL/SQL** 程序的执行段中，也可以用在 **PL/SQL** 程序的异常段中，或同时用在这两个段中。无论是 **Oracle** 服务器产生的预定义的错误、非预定义的错误，还是用户定义的错误，该过程都会返回一致的错误信息，都是以错误号码和错误信息的方式显示给用户。

接下来，我们使用一个完整的 PL/SQL 程序来演示怎样在 PL/SQL 程序的执行段中调用 RAISE_APPLICATION_ERROR 过程，如例 12-14 所示。

在执行段中，第 4 和第 5 行是一个 IF 语句，如果在 emp_pl 表中没有与替代变量相等的 ename（即在员工表中没有找到这个员工），那么就调用 RAISE_APPLICATION_ERROR 过程，其显示的错误代码是-20174，而错误信息是"公司中并没有雇佣这一员工"。

例 12-14

```
SQL> SET verify OFF
SQL> SET serveroutput ON
SQL> BEGIN
  2    DELETE FROM emp_pl
  3    WHERE  ename = '&p_ename';
  4    IF SQL%NOTFOUND THEN
  5      RAISE_APPLICATION_ERROR(-20174,'公司中并没有雇佣这一员工');
  6    END IF;
  7  END;
  8  /
输入 p_ename 的值： 武大
BEGIN
*
第 1 行出现错误:
ORA-20174: 公司中并没有雇佣这一员工
ORA-06512: 在 line 5
```

在执行以上这段 PL/SQL 程序代码时，当出现"输入 p_ename 的值:"时，要输入一个在员工

（emp_pl）表中并不存在的员工名（如方框括起来的武大）。当按下回车键之后，该程序继续执行并显示在 RAISE_APPLICATION_ERROR 过程中定义的错误代码和错误信息 "ORA-20174：公司中并没有雇佣这一员工" 以及其他相关的出错信息。

因为使用了 RAISE_APPLICATION_ERROR 过程，在以上这段 PL/SQL 程序的执行时，完全是按照您的要求显示错误信息的。一般用户在使用这样的程序时，对程序的开发者更会肃然起敬，因为程序显示错误代码和信息的方式与 **Oracle** 预定义的错误是完全相同的格式。看上去好像这位程序高手修改了 **Oracle** 系统软件似的，实际上只是调用了一个 **PL/SQL** 自带的过程而已，不过看上去却十分专业。

接下来，我们使用另外一个完整的 PL/SQL 程序来演示怎样在 PL/SQL 程序的异常段中调用 RAISE_APPLICATION_ERROR 过程，如例 12-15 所示。

在声明段中，第 2 行 PL/SQL 代码是声明一个名为 e_invalid_employee 的异常。在声明段中，第 3 行程序代码为使用 PRAGMA EXCEPTION_INIT 将所声明的异常 e_emps_remaining 与一个自定义的错误号码（-20274）关联起来。

在执行段中，第 8 和第 9 行是一个 IF 语句，如果在 emp_pl 表中没有与替代变量相等的 ename（即在员工表中这个员工并不存在），那么就使用 RAISE 语句显式地抛出异常 e_invalid_employee（控制立即跳转到异常段）。

在异常段中，第 13 行和第 14 行代码是：如果是异常 e_invalid_employee，那么就以-20274 为错误代码，以单引号括起来的字符串为错误信息调用 RAISE_APPLICATION_ERROR 过程。

例 12-15

```
SQL> DECLARE
  2    e_invalid_employee EXCEPTION;
  3    PRAGMA EXCEPTION_INIT (e_invalid_employee, -20274);
  4
  5  BEGIN
  6    DELETE FROM emp_pl
  7    WHERE  ename = '&p_ename';
  8    IF SQL%NOTFOUND THEN
  9      RAISE e_invalid_employee;
 10    END IF;
 11    COMMIT;
 12  EXCEPTION
 13    WHEN e_invalid_employee THEN
 14      RAISE_APPLICATION_ERROR(-20274, '公司中并没有雇佣这一员工。');
 15  END;
 16  /
输入 p_ename 的值： 潘金莲
DECLARE
*
第 1 行出现错误：
ORA-20274: 公司中并没有雇佣这一员工。
ORA-06512: 在 line 14
```

在执行以上这段 PL/SQL 程序代码时，当出现 "输入 p_ename 的值:" 时，要输入一个在员工

（emp_pl）表中并不存在的员工名（如方框括起来的潘金莲）。当按下回车键之后，该程序也会继续执行并也会显示在 RAISE_APPLICATION_ERROR 过程中定义的错误代码和错误信息"ORA-20274: 公司中并没有雇佣这一员工。"以及其他相关的出错信息。原来在 PL/SQL 程序的异常段中调用 RAISE_APPLICATION_ERROR 过程与执行段中调用 RAISE_APPLICATION_ERROR 过程的效果是一样的，可以说是殊途同归吧？

12.10　您应该掌握的内容

在学习第 13 章之前，请检查一下您是否已经掌握了以下内容：

- 什么是 PL/SQL 程序中的异常？
- 熟悉在 PL/SQL 程序中使用异常段的好处。
- 熟悉 PL/SQL 抛出异常的两种方法。
- 什么是捕获异常？
- 什么是传播异常？
- 熟悉 PL/SQL 程序提供的三种异常类型。
- 熟悉异常段语法。
- 熟悉在开发捕获异常的 PL/SQL 程序时应该注意的事项。
- 怎样捕获预定义的 Oracle 服务器错误？
- 熟悉常用的预定义 Oracle 服务器错误。
- 怎样捕获非预定义的 Oracle 服务器错误？
- 怎样获取标准 Oracle 错误代码？
- 熟悉 SQLCODE 和 SQLERRM 函数的使用。
- 熟悉函数 SQLCODE 的取值以及每种值的具体含义。
- 怎样声明、抛出和捕获用户定义的异常？
- 熟悉在 PL/SQL 程序块中异常的捕获与传播。
- 熟悉 RAISE_APPLICATION_ERROR 过程语法。

第 13 章 过程的创建、维护和删除

到目前为止，已经介绍了 PL/SQL 中的几乎所有编程所需的基本语句和构件，并编写了许多匿名的 PL/SQL 程序块。但是这些匿名的 PL/SQL 程序块在每次执行时都必须重新编译，而且使用匿名的 PL/SQL 程序块很难开发出在大型应用中重用的程序代码。

本章将开始介绍模块化程序设计中一种非常重要的模块——过程，并在后续几章中陆续介绍另一种模块——函数，以及软件包和数据库触发器等内容。在本章中将顺序地介绍如下内容：

- 描述 PL/SQL 块和子程序。
- 描述过程的使用。
- 创建过程。
- 区分形参与实参。
- 列出参数模式的特性。
- 创建带有参数的过程 。
- 调用过程。
- 处理过程中的意外。
- 删除过程。

13.1 模块化与分层的子程序设计

在 PL/SQL 程序设计中，子程序是模块化程序设计的基础。要使子程序更灵活，重要的一点是可以改变所操作的数据（即可以通过计算，也可以通过使用输入参数传递给一个子程序）。而子程序计算的结果可以通过输出（OUT）参数返回给子程序的调用者。

利用子程序进行模块化程序设计的基本原则是：尽可能地创建较小的、灵活的、可重用的代码段以方便程序的管理和维护。灵活性是通过使用带有参数的子程序而获得的，而正是这种灵活性又通过使用不同的输入值使得相同的程序代码能够重用。要模块化现存的程序代码，应该执行如下步骤：

（1）定位和标识重复的程序代码序列。
（2）将这些重复的程序代码移到一个 PL/SQL 子程序中。
（3）将原来的重复程序代码以新的 PL/SQL 子程序调用代替。

以上操作步骤的示意图如图 13.1 所示[其中，P 是 Procedure（过程）的首字母]。

因为 PL/SQL 允许将 SQL 语句无缝地嵌入 PL/SQL 程序的逻辑中，这有可能造成 SQL 语句发布在整个 PL/SQL 程序代码中。这会给将来的调用工作带来很大的困难，因此 Oracle 建议最好将 SQL 逻辑与业务逻辑

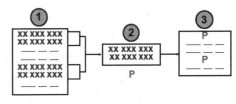

图 13.1

分开，即创建一个至少具有两层分层的应用设计，这两层分别是：

数据访问层（Data access layer）：使用 SQL 语句访问数据的子程序。

业务逻辑层（Business logic layer）：实现业务处理规则的子程序，这些子程序可以调用也可以不调用数据访问层的子程序。

遵循以上模块化和分层设计的方法可以帮助开发出比较容易维护的程序代码，特别是当业务规则发生变化时（因为数据访问层的子程序必须要修改）。另外，**利用模块化保持 SQL 逻辑的简单性并使 SQL 逻辑与复杂的业务逻辑分开会有利于 Oracle 数据库优化器的优化工作，因为优化器可以重用语法分析后的 SQL 语句以更好地利用服务器的资源。**

PL/SQL 是一种块结构的程序设计语言，PL/SQL 程序代码块是通过以下模块（组件）来帮助实现模块化程序设计的：

- ➥ 匿名程序块（Anonymous blocks）。
- ➥ 子程序——可以是过程，也可以是函数（Procedures and functions）。
- ➥ 软件包（Packages）。
- ➥ 数据库触发器（Database triggers）。

子程序是基于标准 PL/SQL 结构的，其实就是一个命名的 PL/SQL 程序块，它可以接收参数和在调用环境中被调用。子程序包含一个声明段、一个执行段和一个可选的异常处理段。子程序可以被编译或存储在数据库中以提高模块化、可扩展性和重用性，以及方便维护。

模块化就是将大的程序代码块转换成较小的一些被称之为模块的程序块。在模块化之后，这些模块可以被同一个程序重用，也可以与其他程序共享。与维护一个单一的大程序代码相比，维护和调试由一些较小的模块所组成的代码要容易得多。如果需要，通过加入更多的功能，这些模块可以很容易地根据客户的要求进行扩展，而且并不会影响程序中的其他模块。

子程序的维护更加容易，因为代码只存放在一个地方，并且对子程序所做的任何修改也都在这同一个地方。子程序可以帮助改进数据的一致性和安全性，因为数据库对象可以通过子程序访问，并且只有具有适当访问权限的用户才可以调用子程序。

13.2 PL/SQL 的子程序

在 13.1 节中多次提到子程序，那么究竟什么是 PL/SQL 语言中的子程序呢？**一个 PL/SQL 子程序就是一个命名的、可以使用一组参数调用的 PL/SQL 程序块。可以在一个 PL/SQL 程序块中也可以在另一个子程序中声明和定义一个子程序，**如图 13.2 所示为 PL/SQL 子程序的结构示意图。

从图 13.2 可以看出：一个 PL/SQL 子程序是由子程序说明和子程序体两部分组成的。为了声明一个子程序，必须提供这个子程序的说明，它包括每一个参数的描述。要定义一个子程序，必须提供这个子程序的说明和子程序体。既可以先声明一个子程序并随后在相同的程序或子程序中调用这个子程序，也可以同时声明和调用这个子

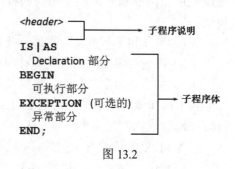

图 13.2

程序。

PL/SQL 有两种类型的子程序，即过程和函数。通常，使用过程来执行一个操作，而使用一个函数计算并返回一个值。过程和函数具有相同的结构，它们之间唯一的区别是函数有一个额外的项——RETURN 子句或 RETURN 语句（关于函数在后面的章节中将详细介绍）。

那么，使用子程序（过程和函数）究竟有什么好处呢？由于程序代码的模块化，PL/SQL 的过程和函数具有如下优势：

- 使代码易于维护：因为子程序只存放在一个地方，所以任何修改也只需在一个地方进行，使受影响的应用程序最少，并使测试工作量大幅度地下降，同时出错的概率也明显下降。
- 提高了数据的安全性：默认子程序是以定义者权限执行的，这个执行权限并不允许一个调用者直接访问子程序可以访问的对象。实际上，数据的安全是通过控制非授权用户以安全权限间接访问数据库对象来实现的。
- 保证数据的完整性：数据的完整性是通过修改操作要么一起都执行，要么都不执行来实现的。
- 改进性能：服务器进程将 SQL（也可能是 PL/SQL）语句的正文和分析后的代码（parsed code）以及执行计划都放在共享池（shared pool）的库高速缓存中。在进行编译时，服务器进程首先会在共享池中搜索是否有相同的 SQL 或 PL/SQL 语句（正文），如果有，就不进行任何后续的编译处理，而是直接使用已存在的分析后的代码和执行计划。因为是使用的同一个过程和函数，所以 PL/SQL 共享的概率明显地增加。另外，使用存储过程和函数也可以减少网络的流量，从而进一步提高系统的整体性能。
- 使代码更清晰易读：通过使用合适的过程或函数名，以及使用约定俗成的可以描述子程序操作的对象命名规则会显著增加代码的易读性，因此也就减少了对注释的需求，并且使代码的清晰度加强。

本章之前，一直使用的都是匿名的 PL/SQL 程序块，那么匿名程序块与这一章所介绍的子程序（过程和函数）之间有哪些不同呢？表 13-1 归纳总结出了匿名程序块与子程序之间的差别。

表 13-1

匿名程序块	子 程 序
无名 PL/SQL 程序块	命名的 PL/SQL 程序块
每次执行时编译	只编译一次
不能存储在数据库中	可以存储在数据库中
不能被其他应用程序调用	有名字，因此可以被其他应用程序调用
不能返回值	调用函数的子程序必须有返回值
不能带有参数	可以带有参数

表 13-1 揭示了匿名程序块和子程序之间的区别，而且也凸显了子程序的主要优势。**匿名程序块（匿名块）不是永久的数据库对象，它们只被编译和执行一次**，匿名块也不能存储在数据库中以重用。如果想重用一个匿名块，就必须重新运行创建这个匿名块的脚本，这会造成重新编译和执行。

过程和函数被编译后是以一种编译的形式存储在数据库中的。只有当它们被修改时才重新编译。因为它们是存储在数据库中的，所以任何应用程序都可以基于适当的权限使用这些子程序。如果一个子程序被设计出可以接收参数，那么调用的应用程序就可以传递参数给这个子程序。与之相似，如果一个应用程序调用了一个函数或过程，那么这个调用应用程序也可以提取值。

13.3　过程的定义及创建

过程是指可以接收参数并命名的 PL/SQL 程序块，过程是子程序的一种类型，通常使用它来执行一个动作（操作）。过程包含过程头、声明段、执行段和可选的异常处理段。在另外的 PL/SQL 程序块的执行段中通过使用过程名调用这个过程。

可以将一个过程编译并作为一个模式对象存储在数据库中。如果是在 Oracle Forms 和 Reports 中使用过程，那么这些过程可以在 Oracle Forms 和 Reports 中被编译成可执行代码。

过程提升程序代码的重用性和改进代码的维护，因为一旦调试成功，这些过程就可以在任意数量的应用程序中使用。如果需要修改，也只要修改所需的过程。

那么，怎样才能利用现在已经学习过的开发工具（SQL*Plus 和 SQL Developer）开发出一个真正的 PL/SQL 过程呢？

使用命令行工具 SQL*Plus，在实际工作中一般会使用如下的方法来创建、编辑和执行一个 PL/SQL 过程：

（1）在正文编辑器（如 Windows 系统上的记事本或 UNIX/Linux 系统上的 vi）中使用 CREATE PROCEDURE 语句创建一个过程。

（2）将过程的 PL/SQL 程序代码复制并粘帖到 SQL*Plus 中执行。

（3）如果有问题，重新在正文编辑器中修改程序，修改之后重复步骤（2）的操作。

（4）如果成功执行，该过程将以一种编译后的格式作为一个模式对象存储在数据库中。

（5）以操作系统文件的方式保存正文的过程代码。

利用以上方法开发和调试 PL/SQL 程序不但提高了效率，而且也为以后程序的修改和代码的重用提供了方便。

使用图形开发工具 SQL Developer，在实际工作中一般会使用如下方法来创建、编辑和执行一个 PL/SQL 过程：

（1）使用 SQL Developer 的对象导航树或 SQL 工作表创建这个过程。

（2）编译这个过程，编译成功的过程会被存储在数据库中。CREATE PROCEDURE 语句创建并将源代码和编译后的 m-code（machine-readable code，即计算机可阅读的代码）存储在数据库中。要编译一个过程，在对象导航树中使用鼠标右键单击这个过程的名字，然后单击编译。

（3）如果有编译错误存在，那么 m-code 不被存储，并且必须编辑这段源代码以改正错误。另外，也无法调用一个包含编译错误的过程，可以在 SQL Developer 中（也可以是在 SQL*Plus 中）利用数据字典浏览编译错误。

（4）当编译成功之后，就可以执行这个过程以完成所希望的操作了。可以使用 SQL Developer 运行这个过程。

现将使用这两种工具创建、编辑和执行一个 PL/SQL 过程的具体操作步骤进行归纳，如图 13.3 所示。

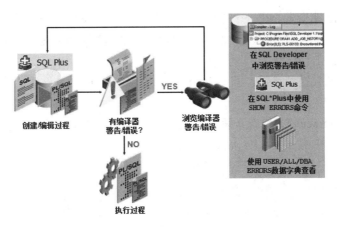

图 13.3

☞指点迷津：

如果在过程编译时产生了编译错误并且之前使用过 CREATE PROCEDURE 语句，必须使用 CREATE OR REPLACE PROCEDURE 语句覆盖之前存在的代码。或者首先使用 DROP 语句删除这个过程，之后再重新执行 CREATE PROCEDURE 语句再次创建这个过程。

13.4 创建过程的语法

在 PL/SQL 中，可以使用 SQL 的 CREATE [OR REPLACE] PROCEDURE 语句创建存储在数据库中的独立过程。一个过程与一个微型的程序类似——执行一个特定的操作。在创建过程语句中，要说明过程名、过程的参数、过程的本地变量和包括过程代码和处理异常代码的 BEGIN-END 所包含的程序块。创建过程语句的语法如下：

```
CREATE [OR REPLACE] PROCEDURE 过程名
  [(参数1 [方式] 数据类型1,
    参数2 [方式] 数据类型2, ...)]
IS|AS
  [本地变量的声明; ...]
BEGIN
-- 执行的操作;                    PL/SQL 程序块
END [过程名];
```

在以上创建过程的语法中：

➥ PL/SQL 程序块以 BEGIN 或局域变量的声明开始，而以 END 或 END 过程名结束。

➥ OR REPLACE 选项是指如果过程已经存在，它将被删除，并被由语句所创建的新版本所替代。但是 REPLACE 选项并不取消任何与该过程相关的权限。

➥ 参数 1（parameter1）或参数 2 表示一个参数的名字。

➥ 方式（mode）选项定义如何使用一个参数，其方式包括 IN（为默认）、OUT 或 IN OUT（有关参数的方式很快会详细地介绍）。

➥ 数据类型 1（datatype1）或数据类型 2 说明一个参数的数据类型，但是没有精度。

参数可以被看作本地变量。在一个 **PL/SQL** 存储过程的定义中，任何地方都不能引用替代变量和宿主（绑定）变量。OR REPLACE 选项不需要任何对象的附件权限，只要是自己的对象和具有 CREATE [ANY] PROCEDURE 权限即可。

在以上的解释中多次提到参数，那么 PL/SQL 中的参数到底是什么呢？参数实际上又分为形参（形式参数）和实参（实际参数）。

形参（Formal parameters）是在子程序说明部分的参数列表中声明的本地变量，如以下创建过程 raise_sal 语句中括号中的 p_id 和 p_amount 就分别表示两个形参。

```
CREATE PROCEDURE raise_sal(p_id NUMBER, p_amount NUMBER)
...
END raise_sal;
```

实参（Actual parameters）是一个子程序调用的参数列表中引用的变量或表达式，实参可以是文字、变量和表达式。如以下调用过程 raise_sal 语句中括号中的 v_id 和 250 就分别表示两个实参。

```
raise_sal(v_id, 250)
```

在调用子程序期间，评估实际参数并将结果赋予形式参数。形参和实参最好使用不同的名字，Oracle 建议形参以 p_开始。形参和实参的数据类型应该匹配，如果需要，在赋值之前，PL/SQL 将把实参的数据类型转换成形参的数据类型。

为了帮助读者进一步理解形参（形式参数）和实参（实际参数）之间的关系，以及如何使用它们，图 13.4 列出了定义形式参数和在过程调用中使用实参的关系。

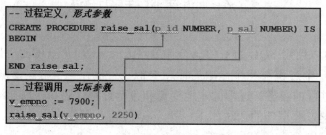

图 13.4

13.5　过程的参数模式（方式）

参数被用来在调用环境和过程之间进行数据的传递。参数是在子程序（过程）的头中声明的，即在过程名之后和本地变量声明段之前，调用环境和过程之间进行参数传递的操作示意图如图 13.5 所示。

从图 13.5 中可以看出参数传递的方式只能属于 IN、OUT 或 IN OUT 三种方式（mode）中的一种，以下是对每种方式的解释：

（1）一个 IN 参数从调用环境传递一个常数值给过程。

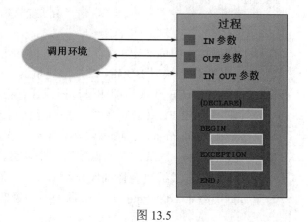

图 13.5

（2）一个 OUT 参数从过程传递一个值给调用环境。

（3）一个 IN OUT 参数从调用环境传递一个值给过程，并且使用相同的参数名从过程返回给调用环境一个可能不同的值。

可以把参数看成本地变量的一种特殊形式；当子程序被调用时，参数的输入值由调用环境初始化，并且当子程序将控制返回给调用者时，参数的输出值被返回给调用环境。

当创建一个过程时，形式参数定义了一个在 PL/SQL 程序块的执行段中使用的一个变量名。当调用这个过程时，使用实际参数提供输入值或接收返回的结果。

参数的 IN 方式是默认的传递模式，即在一个参数的声明中没有说明方式，参数就是一个 IN 参数。而参数的 OUT 和 IN OUT 方式必须在参数声明中显式地说明。

在说明参数的数据类型时只声明数据类型，而不用声明参数的大小（size），可以使用如下方法指定参数的数据类型：

（1）作为一个显式数据类型。

（2）使用%TYPE 定义。

（3）使用%ROWTYPE 定义。

可以声明一个或多个形式参数，每一个用逗号隔开。为了方便熟悉 IN、OUT 或 IN OUT 三种参数传递方式，表 13-2 对它们进行了较为详细的对比。

表 13-2

IN	OUT	IN OUT
默认方式（mode）	必须说明	必须说明
将值传递给子程序	返回给调用环境	将值传递给子程序；返回给调用环境
形式参数如同一个常量一样	初始化的变量	初始化的变量
实参可以是一个文字、表达式、常量或初始化的变量	必须是一个变量	必须是一个变量
可以赋予一个默认值	不能赋予默认值	不能赋予默认值

在过程体（程序代码部分）中是不能为 IN 方式的形参赋值的，也不能修改这个形参的值，默认传递的是 IN 参数。可以在形参声明中为一个 IN 参数赋予默认值，在这种情况下，如果默认值被使用，调用者就不需要为这一参数提供值。

在返回调用环境之前，必须先为 OUT 或 IN OUT 参数赋值。不能为 OUT 和 IN OUT 参数赋默认值。

13.6　使用 IN 参数模式的实例

现利用一个为某一个员工提升工资的过程的开发和执行来演示如何在过程中使用 IN 参数。为了能顺利地完成后面的例子，首先使用例 13-1 的 SQL 语句从员工表中列出要提升工资的员工的相关信息。

例 13-1

```
SQL> SELECT empno, ename, job, sal, deptno
  2  FROM emp_pl
  3  WHERE empno = 7876;
     EMPNO ENAME              JOB                       SAL   DEPTNO
---------- ---------------- ------------------- ---------- -------
      7876 ADAMS              CLERK                    1100       20
```

随后，使用例 13-2 的 CREATE OR REPLACE PROCEDURE 语句创建 raise_salary（加工资）过程。该过程有两个 IN 形参，其中 p_empno 是要输入的员工号，而 p_rate 为加薪的幅度（百分比）。

例 13-2

```
SQL> CREATE OR REPLACE PROCEDURE raise_salary
  2   (p_empno   IN emp_pl.empno%TYPE,
  3    p_rate IN NUMBER)
  4  IS
  5  BEGIN
  6    UPDATE emp_pl
  7    SET    sal = sal * (1 + p_rate * 0.01)
  8    WHERE  empno = p_empno;
  9  END raise_salary;
 10  /
```

过程已创建。

在例 13-2 的 PL/SQL 程序代码中，从 IS（第 4 行）之后的程序代码与之前讲述的匿名程序块完全相同，原来过程只不过就是匿名程序块带个帽子这么简单。当看到了"过程已创建"的信息之后，就可以确定这个过程已经编译成功并以一个对象的方式存储在数据库中了。接下来，可以在 SQL*Plus 环境中直接调用这个名为 raise_salary 的过程了，例 13-3 即调用过程 raise_salary 为员工号为 7876 的员工加薪 20%。

例 13-3

```
SQL> EXECUTE raise_salary (7876, 20)

PL/SQL 过程已成功完成。
```

虽然例 13-3 的显式结果是"PL/SQL 过程已成功完成"，但这个过程的程序代码的逻辑是否有问题，现在还是无法确定。为了验证以上过程调用的结果是否正确，可以使用例 13-4 的 SQL 查询语句查询员工表中员工号为 7876 的员工的相关信息。

例 13-4

```
SQL> SELECT empno, ename, job, sal, deptno
  2  FROM emp_pl
  3  WHERE empno = 7876;
     EMPNO ENAME              JOB                       SAL   DEPTNO
---------- ---------------- ------------------- ---------- -------
      7876 ADAMS              CLERK                    1320       20
```

对比例 13-4 和例 13-1 的显示结果在 sal 列中的结果，就可以确定过程 raise_salary 的 PL/SQL 程序代码没有问题了。

除了在 SQL*Plus 环境中直接调用过程之外，当然还可以在一个匿名程序块或子程序中调用过程。为了能顺利地完成后面的例子，首先使用例 13-5 的 SQL 语句从员工表中列出要操作的员工的相关信息。

例 13-5

```
SQL> SELECT empno, ename, job, sal, deptno
  2  FROM emp_pl
  3  WHERE empno = 7902;
    EMPNO ENAME              JOB                      SAL    DEPTNO
--------- ---------------    -----------------  ---------  --------
     7902 FORD               ANALYST                 3000        20
```

由于一个名为福特（FORD）的分析员的市场分析和预测的严重失误，爱犬伴侣公司最近亏损了一大笔钱，为了平息投资者的愤怒和惩罚工作失职者，爱犬伴侣公司的高级管理层决定将这个倒霉鬼的工资下调 10%。总经理让您在 Oracle 数据库上完成这一得罪人的鬼差事。可问题是之前调试成功的那个存储过程 raise_salary 是加工资，而现在是减工资啊！其实，照样可以使用这个加工资的过程来完成减工资的操作，只要在输入 p_rate 的（实际参数）值时前面加一个负号即可。使用例 13-6 的匿名程序块就可以完成经理交给您的重托。

例 13-6

```
SQL> BEGIN
  2    raise_salary (7902, -10);
  3  END;
  4  /

PL/SQL 过程已成功完成。
```

为了验证以上过程调用的结果是否正确，可以使用例 13-7 的 SQL 查询语句查询员工表中员工号为 7902 的员工的相关信息。

例 13-7

```
SQL> SELECT empno, ename, job, sal, deptno
  2  FROM emp_pl
  3  WHERE empno = 7902;
    EMPNO ENAME              JOB                      SAL   DEPTNO
--------- ---------------    -----------------  ---------  -------
     7902 FORD               ANALYST                 2700       20
```

对比例 13-7 和例 13-5 的显示结果在 sal 列值的结果，就可以确定过程 raise_salary 确实也可以用来减薪。

现在，再开启一个 SQL*Plus 窗口并以 SCOTT 用户（也可以是其他用户）登录数据库，随后执行与例 13-7 完全相同的查询语句，如例 13-8 所示。

例 13-8

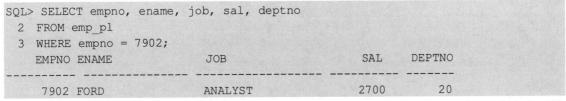

```
SQL> SELECT empno, ename, job, sal, deptno
  2  FROM emp_pl
  3  WHERE empno = 7902;
    EMPNO ENAME              JOB                      SAL   DEPTNO
--------- ---------------    -----------------  ---------  -------
     7902 FORD               ANALYST                 3000       20
```

从例 13-8 的显示结果可以发现，什么都没有变。这是为什么呢？实际上，过程也是一个 PL/SQL 程序块，只不过是带了个"帽子"（头）而已。正如之前介绍的那样，程序块的结束并不自动地结束事务，所以子程序（当然包括了过程）的结束也同样不会自动提交（也不会自动回滚）事务。作为一名称职的 PL/SQL 程序员，必须在需要时使用 commit 语句提交事务（当然也可能是使用 rollback 语句回滚事务）。

这里再强调一遍：利用 **IN** 参数是将参数作为一个只读的值从调用环境传递给过程的，如果试图修改 **IN** 参数的值就会产生一个编译错误。另外在 **SQL*Plus** 环境中直接调用一个过程要使用 **SQL*Plus** 的 **EXECUTE**（执行）命令，而在 **PL/SQL** 程序中调用一个过程则只需要使用这个过程名就行了。

13.7　使用 OUT 参数模式的实例

介绍完如何在过程中使用 IN 参数，接下来，利用一个提取某一个员工基本信息（员工名、工资和职位）的过程的开发和执行来演示如何在过程中使用 OUT 参数。使用例 13-9 的 CREATE OR REPLACE PROCEDURE 语句创建一个名为 get_employee（获取员工）的过程，该过程有一个 IN 形参和三个 OUT 参数，其中 p_empno 是要输入的员工号，为 IN 参数，而 p_name 为员工名，p_salary 为员工工资，p_job 为员工的职位，它们都是 OUT 参数。这个程序的逻辑非常简单，就是将员工号（empno）等于 p_empno 的员工的名字、工资和职位从员工（emp）表中取出并分别存入相应的变量 p_name、p_salary 和 p_job 中。

例 13-9

```
SQL> CREATE OR REPLACE PROCEDURE get_employee
  2    (p_empno     IN    emp.empno%TYPE,
  3     p_name      OUT emp.ename%TYPE,
  4     p_salary    OUT emp.sal%TYPE,
  5     p_job       OUT emp.job%TYPE)
  6    IS
  7    BEGIN
  8      SELECT   ename, sal, job
  9      INTO     p_name, p_salary, p_job
 10      FROM     emp
 11      WHERE    empno = p_empno;
 12    END get_employee;
 13  /
```

过程已创建。

当看到了"过程已创建"的显示信息之后，就可以确定这个过程已经编译成功并以一个对象的方式存储在数据库中了。接下来，可以使用例 13-10 的匿名 PL/SQL 程序块调用这个名为 get_employee 的过程并使用 DBMS_OUTPUT 软件包显示获取的员工信息。

例 13-10

```
SQL> SET serveroutput ON
```

```
SQL> DECLARE
  2    v_ename emp.ename%TYPE;
  3    v_sal   emp.sal%TYPE;
  4    v_job   emp.job%TYPE;
  5  BEGIN
  6    get_employee(7788, v_ename, v_sal, v_job);
  7    DBMS_OUTPUT.PUT_LINE(v_job||' '||v_ename||'工资为：'||
  8                     TO_CHAR(v_sal, 'L99,999.00'));
  9  END;
 10  /
ANALYST SCOTT 工资为：           ￥3,000.00

PL/SQL 过程已成功完成。
```

☞ **指点迷津：**

有关 TO_CHAR(v_sal, 'L99,999.00') 的具体含义，在我的另一本书《名师讲坛——Oracle SQL 入门与实战经典》的第 4 章 4.10 节有详细的介绍。

可能有读者会问：例 13-10 的输出结果真的显示的是 7788 号员工的信息吗？会不会有错误呢？要消除这些疑惑并不难，只需要使用例 13-11 的 SQL 查询语句从员工表中列出 7788 号员工的相关信息就可以了，之后再将这个查询的结果与例 13-10 的显示结果进行比较，就可以很轻松地得到所需要的答案了。

例 13-11

```
SQL> SELECT   ename, sal, job
  2  FROM emp
  3  WHERE empno = 7788;
ENAME                    SAL  JOB
-------------------- -------- --------
SCOTT                   3000  ANALYST
```

13.8　使用 IN OUT 参数模式的实例

知道了如何在过程中使用 IN 参数和 OUT 参数，最后利用一个将输入的电话号码转换成标准的容易阅读格式的过程的开发和执行来演示如何在过程中使用 IN OUT 参数。其创建这个过程的 PL/SQL 程序代码如例 13-12 所示。

例 13-12

```
CREATE OR REPLACE PROCEDURE standard_phone
  (p_phone_no IN OUT VARCHAR2) IS
BEGIN
  p_phone_no := '('  || SUBSTR(p_phone_no,1,3) ||
               ') ' || SUBSTR(p_phone_no,4,3) ||
               '-' || SUBSTR(p_phone_no,7);
END standard_phone;
```

这个过程名为 standard_phone，该过程只有一个 IN OUT 参数 p_phone_no。这个程序的逻辑也非常简单，就是使用 SUBSTR 将 p_phone_no 转换成(xxx)xxx-xxx。有关函数 SUBSTR 的具体用法，可参阅我的另一本书《名师讲坛——Oracle SQL 入门与实战经典》的第 4 章 4.3 节，上面有详细的介绍。

为了帮助读者进一步熟悉 SQL Developer 的使用，接下来使用 SQL Developer 来创建、编辑、编译和执行这个名为 standard_phone 的过程。首先要启动 SQL Developer 并以 SCOTT 用户连接到数据库上。其操作步骤如下。

（1）在"连接"选项卡页面上使用鼠标右键单击"过程"节点就会出现一个快捷菜单，如图 13.6 所示。

（2）在这个快捷菜单中选择"新建过程"，随即将显示"创建 PL/SQL 过程"对话框。在"方案"处输入 SCOTT，在"名称"处输入 standard_phone，其他接受默认，随后单击"确定"按钮创建该过程并显示在编辑窗口中（在编辑窗口中可以输入这个过程的详细代码），如图 13.7 所示。

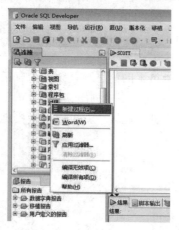

图 13.6

图 13.7

其中，"创建 PL/SQL 过程"对话框中组件的详细说明如下：

- 方案（Schema）：数据库的模式名，PL/SQL 过程将在其中创建。Schema 一词的原意是模式，实际上，在这里 Schema 与用户（user）的含义几乎完全相同。

- 名称（Name）：要创建的过程名，在一个模式（一个用户）中这个名字必须唯一。

- 添加新源（小写）（Add New Source in Lowercase）：如果选择了这一选项，新的正文都以小写输入而不管输入的是大写还是小写。实际上，这一选项只影响程序代码的显示，因为在执行期间 PL/SQL 是不区分大小写的。可能有读者问：那还要这一选项有什么用？答案可能是："看起来更专业。"因为来自 UNIX 系统或 C 语言的程序员习惯上使用小写，而这些人往往被看成是写程序的高手，所以现在也可以利用这一选项瞬间使自己从一个菜鸟突变成一个"大虾"（最起码看上去是），原来变成一个"大虾"就这么容易！

- "参数"选项卡（Parameters tab）：为了添加参数，单击添加（+）图标。在一个创建的过程中的每一个参数，都必须说明该参数的名字、数据类型、方式（模式）和默认值（可选的）。使用删除（X）图标和箭头图标删除一个参数和在参数列表中向上或向下移动一个参数。

- DDL 选项卡：这个选项卡以只读方式显示反映当前过程定义的 SQL 语句。

（3）当单击"确定"按钮之后，在编辑窗口中将显示 SQL Developer 自动生成的创建这个过程所需的基本信息（也有人称之为模板），如图 13.8 所示。有了这个模板就可以加快 PL/SQL 程序的开发速度，也减少了出错的概率。

（4）随即，就可以输入和编辑这个过程的其他程序代码了，如图 13.9 所示。可以单击 PL/SQL 程序源代码上部的"编译"图标编译这个过程。如果不记得"编译"图标是哪一个了，也没有关系，可以将鼠标停在每个图标上，SQL Developer 会自动显示图标的名称。

图 13.8

图 13.9

（5）如果编译之后，该过程并没有出现在过程节点中，也不用着急。可以使用鼠标右键单击"过程"节点就会出现一个快捷菜单，如图 13.10 所示。在这个快捷菜单中选择"刷新"选项，随即过程 standard_phone 就将出现在过程节点中，如图 13.11 所示。

图 13.10

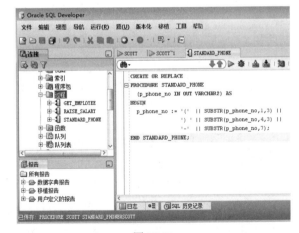
图 13.11

（6）如果程序中有错误，可以重新编辑。使用鼠标右键单击过程 standard_phone 就会出现一个快捷菜单，在这个快捷菜单中选择"编辑"选项，如图 13.12 所示。如果想运行这个过程，在这个快捷菜单中选择"运行"选项即可，如图 13.13 所示。

图 13.12

图 13.13

（7）随即，将出现如图 13.14 所示的"运行 PL/SQL"对话框，此时单击"确定"按钮。

（8）开启一个 SQL 工作表，在 SQL 表中输入调用过程 standard_phone 和显示相关信息的 SQL*Plus 命令。最后单击"运行脚本"图标执行所输入的所有命令，执行后的结果将显示在结果窗口中，如图 13.15 所示。

图 13.14

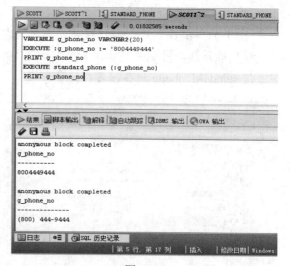

图 13.15

因为此时过程 standard_phone 已经存储在数据库的 SCOTT 用户中了，所以也可以在 SQL*Plus 中直接调用这一过程。开启一个 SQL*Plus 窗口并以 SCOTT 用户登录，之后顺序使用例 13-13 的 SQL*Plus 命令定义一个名为 g_phone_no 的长度为 20 个字符的变长字符串的 SQL*Plus 变量，随后使用 SQL*Plus 的 EXECUTE 命令将字符串 8004449444 赋予这个变量，最后使用 PRINT 命令列出变量 g_phone_no 的当前值。

例 13-13

```
SQL> VARIABLE g_phone_no VARCHAR2(20)
```

```
SQL> EXECUTE :g_phone_no := '8004449444'

PL/SQL 过程已成功完成。
SQL> PRINT g_phone_no
G_PHONE_NO
----------
8004449444
```

接下来，可以在 SQL*Plus 环境中直接调用这个名为 standard_phone 的过程了，例 13-14 首先调用过程 standard_phone 将绑定变量 g_phone_no 中所存的电话号码格式化，随后再次使用 PRINT 命令列出变量格式化后的 g_phone_no 的当前值。

例 13-14

```
SQL> EXECUTE standard_phone (:g_phone_no)

PL/SQL 过程已成功完成。
SQL> PRINT g_phone_no
G_PHONE_NO
--------------
(800) 444-9444
```

看到例 13-14 最后显示的结果（格式化后的电话号码），您有什么感想呢？是不是清楚多了。

因为 PL/SQL 程序设计语言中没有输入/输出语句，所以要想查看 OUT 参数或 IN OUT 参数的值可以使用宿主变量（绑定变量），如本节所介绍的方法。现将使用 SQL*Plus 变量查看 OUT 参数的具体操作步骤归纳如下：

（1）声明 SQL*Plus 的宿主变量。

（2）如果是 IN OUT 参数需要为这个数字变量赋初值。

（3）以宿主变量为参数执行过程。

（4）使用 SQL*Plus 的 PRINT 命令打印宿主变量的值。

SQL*Plus 的变量是在 PL/SQL 程序块（过程）之外，因此被称为宿主变量或绑定变量。如果要在一个 PL/SQL 程序块中引用宿主变量，在宿主变量之前必须冠以冒号（:）。要显示存储在宿主变量中的值，需要使用 SQL*Plus 的 PRINT 命令，后面就是要打印的 SQL*Plus 变量名，但是此时这个变量不须要使用冒号了，因为现在不是在 PL/SQL 环境中。

要想查看 OUT 参数或 IN OUT 参数的值，可以使用软件包 DBMS_OUTPUT 中的 PUT_LINE 过程，如例 13-10 的 PL/SQL 程序代码。这里再次提醒读者，如果要使用软件包 DBMS_OUTPUT，别忘了一定要使用 SET 命令将 SERVEROUPUT 设置成 ON（SET serveroutput ON）。

13.9 传递实参的表示法

通过前面几节的例子，已经知道了怎样在调用环境和过程之间传递参数值。似乎与其他程序设计语言相同，PL/SQL 语言也是按位置传递参数的。可是这种方法有一个很大的缺陷，那就是调用过程的程序员必须清楚过程中的每一个参数的含义以及它在形参列表中的具体位置。

　　有时在真正的大型商业程序中，要清楚每一个调用程序的每一个参数的细节就变成了一项十分艰巨的工作。因为软件开发商为了使开发出来的子程序（过程或函数）尽可能地通用以方便代码的重用，所以在定义一个子程序时会将尽可能多的可能情况考虑进去。这样就造成了参数可能很多，**让每一个用户都理解所使用过程的每一个参数实际上是一件非常困难，也是不现实的事情。最好的方法是每一参数都有满足一般需要的默认值，而用户在调用过程中只需指定所需要的那一个或几个参数就可以了。**

　　正是为了满足上面所述的程序设计和使用需要，**PL/SQL 提供了三种不同的参数传递的表示法，分别是按位置的（Positional）、按名字的（Named）和组合的（Combination）表示法。**以下是对这三种表示法的详细解释。

　　（1）按位置的：以所声明的形参相同的顺序列出实参。这种表示法很紧凑，但是如果说明的参数（特别是文字）顺序有错误，那么这样的错误很难检查到。而且如果过程的程序表发生了变化，也必须修改程序代码。也就是说程序的维护成本会增加。

　　（2）按名字的：以任意顺序列出实参和与之相关的对应形参，但是要使用关联操作符将每一个实参与对应的形参用名字关联起来。PL/SQL 语言的关联操作符是一个"等号"后面跟一个"大于号"并且中间没有任何空格，即"=>"，这时参数的顺序已经没有意义了。这种表示法更啰唆，但是它却使代码更容易阅读和维护。有时一个过程的参数列表发生了变化，如参数的顺序或加入了新的可选参数，那么使用这种表示法就可以避免修改程序代码。

　　（3）组合的：列出的实参某些按位置，而某些按名字。在调用一个过程时，该过程的某些参数是必须的，而紧随其后的是一些可选参数，此时就可以使用这种表示法。按参数的位置首先列出前面的这些参数，并使用特殊的按名字的表示法列出其余的参数。

　　按名字的表示法对软件开发商的意义非常重大，因为软件开发商在开发一个子程序时可以将几乎所有的可能情况考虑进去，这样可能需要很多形参。但是在卖给用户时它并不需要用户了解全部参数，一个用户只需理解他所需要的参数就可以了。如用户 A 只需要第一个参数，那么开发商就只要教会他理解第一个参数就可以了，之后他使用按名字的表示法调用这个子程序就可以了，而其他的参数全部使用默认值，对于用户 A 来说，他甚至可能认为这个子程序只有一个参数。如用户 B 只需要第三个和第八个参数，那么开发商就只要教会她理解第三和第八个参数就可以了，之后她使用按名字的表示法调用这个子程序就可以了，而其他的参数全部使用默认值，对于用户 B 来说，她甚至可能认为这个子程序只有两个参数。**利用按名字的表示法，开发商可以使其程序代码的重用最大化，而且程序的推广变得更加容易，软件使用的培训时间也明显减少。**

　　接下来，使用 PL/SQL 程序来演示以上介绍的这三种传递实参的实际应用。为了后面操作方便，首先应该使用例 13-15 的 DML 语句将部门号大于 40 的部门删除。

例 13-15

```
SQL> DELETE dept_pl
  2  WHERE deptno > 40;
已删除 1 行。
```

　　等完成了以上删除操作之后，首先使用例 13-16 的 DDL 语句将序列 deptid_sequence 删除。随后再使用例 13-17 的 DDL 语句重新创建这个序列（因为之前使用过，所以 NEXTVAL 可能已经很大了）。另外，为了操作方便，将 MAXVALUE 加大到 1000。

例 13-16

```
SQL> DROP SEQUENCE deptid_sequence;
序列已删除。
```

例 13-17

```
SQL> CREATE SEQUENCE deptid_sequence
  2     START WITH 50
  3     INCREMENT BY 5
  4     MAXVALUE 1000
  5     NOCACHE
  6     NOCYCLE;

序列已创建。
```

在实际工作中，可能需要检查以上操作的每一步是否正确。这里为了节省篇幅，省略了检验操作。当完成了以上的准备工作之后，就可以开始干正事了。

使用例 13-18 的 CREATE OR REPLACE PROCEDURE 语句创建一个名为 add_dept（添加部门）的过程。该过程有两个 IN 形参，其中 v_name 是要输入的部门名，其默认值为"服务"（因为爱犬伴侣公司的宗旨就是为客户服务，即客户至上）；而 v_loc 为部门所在的地址，其默认值为"狼山镇"（可能是该公司总部的所在地）。这个程序的逻辑非常简单，就是往部门（dept_pl）表中插入一条记录，其部门号（deptno）是使用序列 deptid_sequence 的伪列 NEXTVAL 生成的。

例 13-18

```
SQL> CREATE OR REPLACE PROCEDURE add_dept
  2    (v_name  IN dept_pl.dname%TYPE  DEFAULT '服务',
  3     v_loc   IN dept_pl.loc%TYPE    DEFAULT '狼山镇')
  4    IS
  5    BEGIN
  6      INSERT INTO dept_pl
  7      VALUES (deptid_sequence.NEXTVAL, v_name, v_loc);
  8    END add_dept;
  9  /

过程已创建。
```

当确认过程 add_dept 创建成功之后，在真正调用这一过程之前，最好使用例 13-19 的 SQL 查询语句列出部门（dept_pl）表中所有的信息。其目的是为了比较在过程调用前后该表的变化。

例 13-19

```
SQL> select * from dept_pl;
    DEPTNO DNAME                  LOC
---------- ---------------------- --------
        10 ACCOUNTING             NEW YORK
        20 RESEARCH               DALLAS
        30 SALES                  CHICAGO
        40 OPERATIONS             BOSTON
```

接下来，使用例 13-20 的匿名程序块四次分别以不同的传递实参方法来调用这个 add_dept 过程。最后，使用例 13-21 的 SQL 查询语句再次列出部门（dept_pl）表中所有的信息，以确认这个匿名程序块的操作是否正确。

例 13-20
```
SQL> BEGIN
  2    add_dept;
  3    add_dept ( '公关', '公主坟');
  4    add_dept ( v_loc => '将军堡', v_name => '保卫') ;
  5    add_dept ( v_loc => '驴市') ;
  6  END;
  7  /

PL/SQL 过程已成功完成。
```

例 13-21
```
SQL> SELECT * FROM dept_pl;
    DEPTNO DNAME               LOC
---------- ------------------- ----------
        10 ACCOUNTING          NEW YORK
        20 RESEARCH            DALLAS
        30 SALES               CHICAGO
        40 OPERATIONS          BOSTON
        50 服务                狼山镇
        55 公关                公主坟
        60 保卫                将军堡
        65 服务                驴市

已选择 8 行。
```

现在对例 13-20 的匿名程序块和例 13-21 的显示结果做一个详细的解释。在第 2 行中调用 add_dept 过程时没有使用任何实参，所以第一个新插入记录的部门名和地址都使用默认值，即部门名为"服务"，而地址为"狼山镇"；在第 3 行中调用 add_dept 过程时使用的是按位置传递实参，其实参分别是"公关"和"公主坟"，所以第二个新插入记录的部门名为"公关"，而地址为"公主坟"；在第 3 行中调用 add_dept 过程时使用的是按名字传递实参，此时实参的顺序已经没有意义了，只要关联操作符前面的形参名对了就可以，所以第三个新插入记录的部门名为"保卫"，而地址为"将军堡"；在第 4 行中调用 add_dept 过程时使用的也是按名字传递实参而且只传递了一个实参"v_loc => '驴市'"，而另一个部门名就使用默认值了，所以第四个（也是最后一个）新插入记录的部门名还是"服务"，而地址则为"驴市"。利用 PL/SQL 提供的这三种不同的参数传递表示法，是不是更方便、更灵活？

提示：

在一个子程序调用时，所有按位置传递的参数都应该放在按名字传递的参数之前，否则将会收到错误信息。

13.10　在 PL/SQL 程序中调用一个过程

在本章的例 13-2 中创建了一个名为 raise_salary 的过程，但是这个过程每调用一次只能为一个员工加工资。现在如果想用这个过程一次为一批员工加同样幅度的工资，那又该怎么办呢？可以先声明一个 CURSOR，之后再利用 CURSOR 的 FOR 循环调用过程 raise_salary，这样就可以为一批满足条件的员工加工资了。为了后面验证方便，可以先使用例 13-22 的 SQL 查询语句列出第 30 号部门中全部员工（要加薪的所有员工）的与工资相关的信息。

例 13-22

```
SQL> SELECT empno, ename, job, sal
  2  FROM emp_pl
  3  WHERE deptno = 30;
    EMPNO ENAME               JOB                 SAL
--------- ------------------- ----------------- ---------
     7521 WARD                SALESMAN             9999
     7654 MARTIN              SALESMAN             9999
     7698 BLAKE               MANAGER              9999
     7900 JAMES               CLERK                9999
```

例 13-23 就是为某个特定的部门加薪的匿名 PL/SQL 程序代码。在这段 PL/SQL 程序的声明段中，首先声明了一个名为 v_deptno 的变量，其数据类型与 emp_pl 表中的 deptno 列一模一样，而且是使用替代变量初始化的；另外，还声明了一个名为 v_rate 的变量，其数据类型为 NUMBER(8,2)，而且也是使用替代变量初始化的；最后声明了一个显式 cursor，名字还是 emp_cursor，这一 cursor 是从员工表中提取指定部门号的部门中的每一个员工的员工号（empno）。

在执行段中，只有一个 cursor 的 FOR 循环语句，在这个 FOR 循环中隐含地声明了一个与 emp_cursor 类型相同的记录 emp_record，而且打开 cursor 和从活动集中提取数据行（记录）都是隐含进行的。每次循环调用 raise_salary 过程只为活动集中当前行的员工增加指定幅度的工资。

例 13-23

```
SQL> SET verify OFF
SQL> DECLARE
  2     v_deptno emp_pl.deptno%TYPE := &p_deptno;
  3     v_rate   NUMBER(8,2) := &p_rate;
  4
  5     CURSOR emp_cursor IS
  6       SELECT empno
  7       FROM   emp_pl
  8       WHERE  deptno = v_deptno;
  9  BEGIN
 10     FOR emp_record IN emp_cursor
 11     LOOP
 12       raise_salary(emp_record.empno, v_rate);
 13     END LOOP;
 14     COMMIT;
 15  END;
 16  /
输入 p_deptno 的值： 30
输入 p_rate 的值： -10

PL/SQL 过程已成功完成。
```

在执行以上这段 PL/SQL 程序代码时，当出现"输入 p_deptno 的值:"时，要输入一个部门号（如方框括起来的 30）；当出现"输入 p_rate 的值:"时，要输入加薪幅度（如方框括起来的-10）。按回车键，该程序继续执行，执行成功之后就显示"PL/SQL 过程已成功完成"的信息。以上程序执行的结果是将第 30 号部门中的所有员工都减薪 10%，可能的原因是销售部门的重大失误，爱犬伴侣公司流失了好几个大客户，造成的经济损失极为重大。因此，公司高级管理层决定将销售部门中的每一个员工的工资立即下调 10%。

为了验证以上 PL/SQL 程序代码执行的结果是否正确，应该使用例 13-24 的 SQL 查询语句再次查询员工表中第 30 号部门员工的相关信息。

例 13-24

```
SQL> SELECT empno, ename, job, sal
  2  FROM emp_pl
  3  WHERE deptno = 30;
     EMPNO ENAME            JOB                     SAL
---------- --------------- ------------------- ---------
      7521 WARD             SALESMAN             8999.1
      7654 MARTIN           SALESMAN             8999.1
      7698 BLAKE            MANAGER              8999.1
      7900 JAMES            CLERK                8999.1
```

对比例 13-24 和例 13-22 的显示结果，就可以确定例 13-23 的 PL/SQL 程序代码的正确性了。

如果爱犬伴侣公司的高级管理层发现第 20 号部门（即研发部门）在新品种狗的培育方面贡献非常大。为了赏罚分明进一步激励他们的工作，公司的高级管理决定即刻将第 20 号部门中的每一个员工的工资都上调 10%。方便后面验证，可以先使用例 13-25 的 SQL 查询语句列出第 20 号部门中全部员工（要加薪的所有员工）的与工资相关的信息。

例 13-25

```
SQL> SELECT empno, ename, job, sal
  2  FROM emp_pl
  3  WHERE deptno = 20;
     EMPNO ENAME            JOB                     SAL
---------- --------------- ------------------- --------
      7369 SMITH            CLERK                   800
      7566 JONES            MANAGER                2975
      7788 SCOTT            ANALYST                3300
      7876 ADAMS            CLERK                  1320
      7902 FORD             ANALYST                2700
```

随后，应该重新执行例 13-23 的匿名 PL/SQL 程序代码。在执行这段 PL/SQL 程序代码时，当出现"输入 p_deptno 的值:"时，要输入一个部门号（如以下方框括起来的 20）；当出现"输入 p_rate 的值:"时，要输入加薪幅度（如以下方框括起来的 10）。按回车键，该程序继续执行，执行成功之后就显示"PL/SQL 过程已成功完成"的信息。

```
输入 p_deptno 的值: 20
输入 p_rate 的值: 10

PL/SQL 过程已成功完成。
```

为了验证以上 PL/SQL 程序代码执行的结果是否正确，应该使用例 13-26 的 SQL 查询语句再次查询员工表中第 20 号部门员工的相关信息。

例 13-26

```
SQL> SELECT empno, ename, job, sal
  2  FROM emp_pl
  3  WHERE deptno = 20;
    EMPNO ENAME              JOB                      SAL
---------- ---------------- ------------------ ---------
     7369 SMITH              CLERK                    880
     7566 JONES              MANAGER               3272.5
     7788 SCOTT              ANALYST                 3630
     7876 ADAMS              CLERK                   1452
     7902 FORD               ANALYST                 2970
```

13.11　在 SQL Developer 中调用过程

实际上，也可以在 SQL Developer 中调用过程，如调用过程 raise_salary，为了完成操作，要启动 SQL Developer 并以 SCOTT 用户连接数据库。其具体操作步骤如下：

（1）在过程节点中使用鼠标右键单击过程 raise_salary，随即就会出现一个快捷菜单，如图 13.16 所示。

（2）在这个快捷菜单中选择"运行"选项，随即弹出"运行 PL/SQL"对话框，如图 13.17 所示。

图 13.16

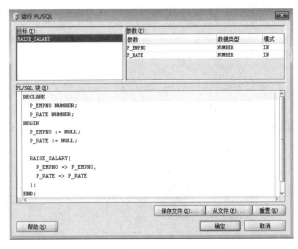

图 13.17

（3）将 P_EMPNO => P_EMPNO 替换成 P_EMPNO => 7369，P_RATE => P_RATE 替换成 P_RATE => 20，最后单击"确定"按钮，如图 13.18 所示。

（4）开启一个 SQL 工作表窗口，输入 SQL 查询语句以查询员工号为 7369 号员工的相关信息，随后单击"执行"图标以执行所输入的 SQL 语句，如图 13.19 所示。

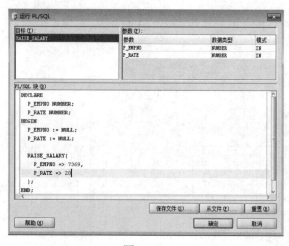 

图 13.18   图 13.19

当 SQL 语句执行成功之后，其查询结果会显示在 SQL 工作表的结果窗口中。似乎使用 SQL Developer 调试一个过程要简单一些。

13.12 在过程中声明和调用另一个过程

为了演示后面的操作，首先使用例 13-27 的 DDL 语句创建一个名为 log_table 的日志表。

例 13-27

```
SQL> CREATE TABLE log_table
  2     (user_id VARCHAR2(38),
  3      log_date DATE,
  4      empno    NUMBER(8));
```

表已创建。

为了后面验证方便，可以先使用例 13-28 的 SQL 查询语句列出职位为"保安"的所有员工（可能要删除的员工）的工资相关的信息。

例 13-28

```
SQL> SELECT empno, ename, job, sal
  2  FROM emp_pl
  3  WHERE job = '保安';
   EMPNO ENAME               JOB          SAL
---------- -------------------- ------------ -------
      7939                     保安          1499.85
      7938                     保安          1499.85
      7937                     保安          1499.85
      7936                     保安          1499.85
      7935                     保安          1499.85
```

当完成了以上的准备工作之后，使用例 13-29 的 CREATE OR REPLACE PROCEDURE 语句创建一个名为 audit_emp_dml（审计员工表上的 DML 操作）的过程。该过程只有一个 IN 形参，p_id

为要删除员工的员工号。在这个过程中又声明了另一个过程 log_exec，这个过程完成一个插入操作——将登录的用户名、系统日期和输入的员工号（p_id）插入 log_table 中。在该过程的执行段中，从员工（emp_pl）表中删除指定员工号的员工，之后调用 log_exec 过程。

例 13-29

```
SQL> CREATE OR REPLACE PROCEDURE audit_emp_dml
  2    (p_id  IN  emp_pl.empno%TYPE)
  3  IS
  4    PROCEDURE log_exec
  5    IS
  6    BEGIN
  7      INSERT INTO log_table (user_id, log_date, empno)
  8      VALUES (USER, SYSDATE, p_id);
  9    END log_exec;
 10  BEGIN
 11    DELETE FROM emp_pl
 12    WHERE empno = p_id;
 13    log_exec;
 14  END audit_emp_dml;
 15  /
```

过程已创建。

要注意的是，与之前匿名程序块中一样，在过程中调用其他过程时也是直接使用过程名，而不必使用 EXECUTE 命令，这个命令是 SQL*Plus 命令，并不是 PL/SQL 语句。接下来，在 SQL*Plus 中使用例 13-30 的 EXECUTE 命令调用 audit_emp_dml 过程删除员工号（empno）为 7939 的员工。

例 13-30

```
SQL> EXEC audit_emp_dml(7939);
```

PL/SQL 过程已成功完成。

当看到"PL/SQL 过程已成功完成"的信息之后，应该使用例 13-31 的 SQL 查询语句列出员工表中所有保安的相关信息以确认员工号为 7939 的员工是否已经删除。

例 13-31

```
SQL> SELECT empno, ename, job, sal
  2  FROM emp_pl
  3  WHERE job = '保安';
   EMPNO ENAME                JOB            SAL
---------- -------------------- ------------- -------
    7938                        保安          1499.85
    7937                        保安          1499.85
    7936                        保安          1499.85
    7935                        保安          1499.85
```

从例 13-31 的显示结果可以清楚地看出：员工号为 7939 的员工的信息确实已经不见了。**最后，还应该使用例 13-32 的 SQL 查询语句列出日志（log_table）表中的全部信息以确认相关的审计信息是否已经记录在日志表中。**

例 13-32

```
SQL> select * from log_table;
```

```
USER_ID              LOG_DATE           EMPNO
------------------   ---------------   ----------
SCOTT                23-1 月 -14           7939
```

看了例 13-32 的显示结果，您会有什么感想呢？这 **PL/SQL** 也真够"阴险"的，居然在神不知鬼不觉的情况下记录了那么多与操作相关的信息，所以今后使用系统时还是要留神些，稍不留意就可能在系统中留下证据，是不是蛮可怕的？

13.13　在过程中处理异常

在本章中到目前为止的所有过程的例子中都没有异常处理段，即都是假设这些过程永远不会有错误发生，但是这在实际的生产环境中是完全不可能的。那么在过程中 PL/SQL 又是如何处理异常的呢？其实，**与在一般程序块中处理异常的方法完全相同。**

不过当开发一个调用其他过程的过程时，应该注意处理的异常和没处理的异常对事务和调用过程的影响。被调用过程中的异常已经被该过程的代码处理的异常处理，示意图如图 13.20 所示。

当在一个调用过程中抛出一个异常（an exception is raised）时，程序的控制立即跳转到这个程序块的异常段。如果这个异常段提供了一个处

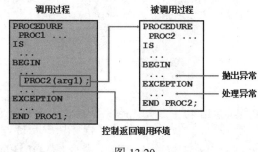

图 13.20

理所抛出异常的异常处理程序，那么这个异常就被认为处理了。而当一个异常发生并被处理时，PL/SQL 将执行如下的代码流程：

（1）这个异常被抛出。

（2）程序的控制转向（跳转到）该异常的处理程序。

（3）该程序块结束。

（4）调用程序/程序块继续执行，就好像什么也没有发生似的。

如果开始了一个事务[即在抛出异常的过程执行之前所有已经执行的数据维护语言（DML）语句]，那么这个事务不受任何影响。如果一个 DML 操作是在异常之前在异常所在的过程中执行的，那么这个 DML 操作被回滚。

要注意的是，在异常段中，可以显式地通过执行 COMMIT 或 ROLLBACK 语句来终止一个事务。

为了帮助读者进一步理解以上所解释的内容，下面通过例子来演示 PL/SQL 在过程中是如何处理这种异常的。为了能够产生所需的异常，应该使用例 13-33 的 DDL 语句在部门（dept_pl）表中的部门名（dname）列上添加一个唯一约束。

例 13-33

```
SQL> ALTER TABLE dept_pl
  2    ADD CONSTRAINT deptpl_dname_uk UNIQUE(dname);
表已更改。
```

接下来，可对例 13-18 中的过程代码略加修改。只增加了第 8 行调用 DBMS_OUTPUT 软件包

的 PUT_LINE 过程显示部门名及相关信息和第 9 行～第 11 行的异常段。为了避免对象名重复，将
原有的过程名改为 add_depte，其 PL/SQL 程序代码如例 13-34 所示。

例 13-34

```
SQL> SET serveroutput ON
SQL> CREATE OR REPLACE PROCEDURE add_depte
  2   (p_name  IN dept_pl.dname%TYPE  DEFAULT '服务',
  3    p_loc   IN dept_pl.loc%TYPE     DEFAULT '狼山镇')
  4   IS
  5   BEGIN
  6     INSERT INTO dept_pl
  7     VALUES (deptid_sequence.NEXTVAL, p_name, p_loc);
  8     DBMS_OUTPUT.PUT_LINE('添加部门: '|| p_name);
  9   EXCEPTION
 10     WHEN OTHERS THEN
 11     DBMS_OUTPUT.PUT_LINE('错误: 添加部门: '|| p_name);
 12   END add_depte;
 13  /
```

过程已创建。

当看到"过程已创建"的显示信息之后，要继续执行例 13-35 的创建过程 create_depts 的 PL/SQL
程序代码。因为在过程 add_depte 中 p_name 的默认值是"服务"，而在部门名（dname）上已经有
唯一约束，所以在第 4 行再次以无参数法方式调用过程 add_depte 就会产生异常。但是由于在过程
add_depte 中有异常段和相对应的异常处理程序，所以调用程序（create_depts）继续执行，就好像什
么也没有发生似的。

例 13-35

```
SQL> CREATE OR REPLACE PROCEDURE create_depts IS
  2  BEGIN
  3    add_depte;
  4    add_depte;
  5    add_depte('保安', '将军堡');
  6  END;
  7  /
```

过程已创建。

当确认过程 create_depts 创建成功之后，就可以使用例 13-36 的 SQL*Plus 执行命令执行
create_depts 这个过程了。

例 13-36

```
SQL> EXEC create_depts;
添加部门: 服务
错误: 添加部门: 服务
添加部门: 保安

PL/SQL 过程已成功完成。
```

从例 13-36 的显示结果可以得知，在第一次和第三次调用过程 add_depte 时显示的信息是在执
行段中调用 DBMS_OUTPUT 软件包所显示的信息，而在第二次调用过程 add_depte 时显示的信息

是在异常段中调用 DBMS_OUTPUT 软件包所显示的信息。最后，应该使用例 13-37 的 SQL 查询语句列出部门（dept_pl）表中的全部内容。

例 13-37

```
SQL> SELECT *
  2  FROM dept_pl;
   DEPTNO DNAME                    LOC
---------- -------------------- ---------
       10 ACCOUNTING               NEW YORK
       20 RESEARCH                 DALLAS
       30 SALES                    CHICAGO
       40 OPERATIONS               BOSTON
       85 服务                     狼山镇
       95 保安                     将军堡

已选择 6 行。
```

从例 **13-37** 的显示结果可以看出，第二次调用过程 **add_depte** 时所添加的部门（部门名也是"服务"）被回滚了，因为调用的序列的步长是 **5**，所以第一次和第三次调用过程 **add_depte** 时所添加的部门号中是不连续的（少了 **90**）。

13.14　在过程中没有处理异常

正如 13.13 节介绍的那样，当在一个被调用过程中抛出一个异常时，程序的控制立即跳转到异常段。如果异常段没有提供所抛出异常的处理程序，那么这个异常就没有处理，其异常处理的示意图如图 13.21 所示。

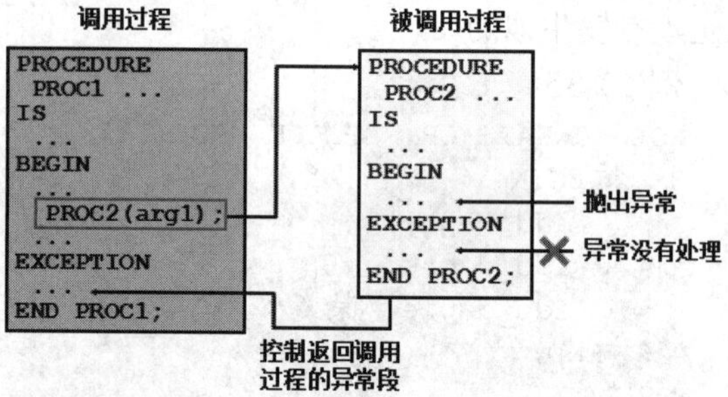

当被调用过程的异常段没有提供所抛出异常的处理程序时，PL/SQL 程序代码的流程如下：

（1）抛出异常。

（2）程序块结束，因为不存在异常处理程序，在该过程中所执行的任何 DML 操作全部被回滚。

图 13.21

（3）异常传播到调用过程的异常段，即控制返回到调用块的异常段（如果异常段存在的话）。

如果一个异常没有被处理，那么在调用过程和被调用过程中的所有 DML 语句连同对任何宿主变量的更改一起全部被回滚。在调用异常没有被处理的 PL/SQL 代码之前所执行的 DML 语句并不受影响。

为了帮助读者进一步理解以上所解释的内容，下面通过例子来演示当被调用过程的异常段没有提供所抛出异常的处理程序时，PL/SQL 是如何处理这种异常的。为了谨慎起见，应该使用例 13-38 的 SQL 查询语句列出部门表中的全部信息。其目的是确认在 dept_pl 表中没有包含 13.13 节所插入的两个部门或其他不需要的部门，如果有就要使用 DELETE 语句将它们删除。

例 13-38

```
SQL> select * from dept_pl;
    DEPTNO DNAME                      LOC
---------- ---------------------- --------
        10 ACCOUNTING                 NEW YORK
        20 RESEARCH                   DALLAS
        30 SALES                      CHICAGO
        40 OPERATIONS                 BOSTON
```

接下来，对例 13-34 中的过程代码略加修改，只删除了异常段，其完整的 PL/SQL 程序代码如例 13-39 所示。

例 13-39

```
SQL> SET serveroutput ON
SQL> CREATE OR REPLACE PROCEDURE add_depte
  2    (p_name  IN dept_pl.dname%TYPE  DEFAULT '服务',
  3     p_loc   IN dept_pl.loc%TYPE    DEFAULT '狼山镇')
  4    IS
  5    BEGIN
  6      INSERT INTO dept_pl
  7      VALUES (deptid_sequence.NEXTVAL, p_name, p_loc);
  8      DBMS_OUTPUT.PUT_LINE('添加部门: '|| p_name);
  9    END add_depte;
 10  /
```

过程已创建。

当看到"过程已创建"的显示信息之后，要继续执行例 13-40 的创建过程 create_depts 的 PL/SQL 程序代码。因为在过程 add_depte 中 p_name 的默认值是"服务"，而在部门名（dname）上已经有唯一约束，所以在第 4 行再次以无参数法方式调用过程 add_depte 就会产生异常。但是由于在过程 add_depte 中没有异常段，所以在该过程中所执行的任何 DML 操作全部被回滚。

例 13-40

```
SQL> CREATE OR REPLACE PROCEDURE create_depts IS
  2    BEGIN
  3      add_depte;
  4      add_depte;
  5      add_depte('保安', '将军堡');
  6    END;
  7  /
```

过程已创建。

当确认过程 create_depts 创建成功之后，就可以使用例 13-41 的 SQL*Plus 执行命令执行 create_depts 这个过程了。

例 13-41

```
SQL> EXEC create_depts;
BEGIN create_depts; END;


*
第 1 行出现错误:
```

```
ORA-01438: 值大于为此列指定的允许精度
ORA-06512: 在 "SCOTT.ADD_DEPTE", line 6
ORA-06512: 在 "SCOTT.CREATE_DEPTS", line 3
ORA-06512: 在 line 1
```

看了例 13-41 的显示结果是不是感到很惊讶？本来过程 add_depte 和 create_depts 都没问题呀，怎么一执行就出错了。请不要惊慌，仔细阅读一下错误信息"值大于为此列指定的允许精度"，可以推测可能是部门表中的某一列的长度定义得不够。于是，可以使用例 13-42 的 SQL*Plus 的命令列出 dept_pl 表的结构。

例 13-42

```
SQL> desc dept_pl
 名称                                       是否为空? 类型
 ------------------------------------- --------- -------------
 DEPTNO                                          NUMBER(2)
 DNAME                                           VARCHAR2(14)
 LOC                                             VARCHAR2(13)
```

看了例 13-42 的显示结果之后，您应该明白出错的原因了吧？因为 deptno 是一个只有两位数的整数，但是从例 13-37 的显示结果可知目前的 deptno 已经到了 95，下一个 deptno 就是 100 了（因为序列的步长为 5，而且序列的值是不能回滚的）。也正是这一原因造成了"值大于为此列指定的允许精度"这一错误。为了纠正这一错误，可以使用例 13-43 的 DDL 语句修改 dept_pl 表中 deptno 列的长度，将其长度加到 6 位数。

例 13-43

```
SQL> alter table dept_pl
  2 modify (deptno NUMBER(6));

表已更改。
```

当确认以上修改成功之后，就可以使用例 13-44 的 SQL*Plus 命令再次调用过程 create_depts 了。

例 13-44

```
SQL> EXEC create_depts;
添加部门: 服务
BEGIN create_depts; END;

*
第 1 行出现错误:
ORA-00001: 违反唯一约束条件 (SCOTT.DEPTPL_DNAME_UK)
ORA-06512: 在 "SCOTT.ADD_DEPTE", line 6
ORA-06512: 在 "SCOTT.CREATE_DEPTS", line 4
ORA-06512: 在 line 1
```

从例 13-44 的显示结果可以得知：在添加部门名（dname）为"服务"的那行数据时，部门名"服务"违反了在这一列上定义的唯一约束的条件。最后，应该使用例 13-45 的 SQL 查询语句再次列出 dept_pl 表中的全部内容。

例 13-45

```
SQL> select * from dept_pl;
    DEPTNO DNAME                         LOC
---------- ------------------------- ---------
        10 ACCOUNTING                    NEW YORK
```

```
    20 RESEARCH                    DALLAS
    30 SALES                       CHICAGO
    40 OPERATIONS                  BOSTON
```

例 13-45 的显示结果清楚地表明：因为在过程 add_depte 中不存在异常处理程序，所以在该过程中所执行的任何 DML 操作全部被回滚，即没有往部门表中插入任何数据。现在清楚了当被调用过程的异常段没有提供所抛出异常的处理程序或干脆就没有异常段时，PL/SQL 程序处理异常的方式了吧？

13.15　过程的发现与删除

目前为止，本章已经创建了不少过程。那么怎样才能知道在一个用户中目前到底有多少个存储过程呢？**既然过程本身是模式对象，因此可以通过 Oracle 的数据字典 user_objects 列出过程的相关信息。**

为了使显示的信息清晰易读，首先应该使用例 13-46 的 SQL*Plus 的格式化命令将数据字典 user_objects 中 object_name 列的显示宽度设置为 20 个字符。接下来，就可以使用类似例 13-47 的 SQL 查询语句从数据字典 user_objects 中列出所有过程的相关信息。

例 13-46

```
SQL> col object_name for a20
```

例 13-47

```
SQL> SELECT object_id, object_name, created, status
  2  FROM user_objects
  3  WHERE object_type = 'PROCEDURE';
OBJECT_ID OBJECT_NAME          CREATED         STATUS
---------- ---------------- --------------- -------
    76200 STANDARD_PHONE       21-1 月 -14      VALID
    76114 RAISE_SALARY         20-1 月 -14      VALID
    76199 GET_EMPLOYEE         21-1 月 -14      VALID
    76308 CREATE_DEPTS         23-1 月 -14      VALID
    76305 AUDIT_EMP_DML        23-1 月 -14      VALID
    76307 ADD_DEPTE            23-1 月 -14      VALID
    76210 ADD_DEPT             22-1 月 -14      INVALID
```

例 13-47 的显示结果列出了当前用户中所有的过程当然也包含了在这一章中所创建的所有过程。**如果 status 列的值是 INVALID 就表示这一过程不能被调用了，必须重新编辑（修改其中的问题）之后重新创建这一过程。一些有经验的数据库管理员，当发现某一个过程突然不工作了，他们往往就是使用类似以上的 SQL 查询语句列出这个过程的状态。一般造成一个过程变为无效的常见原因是该过程所使用的对象（一般是表）的定义被修改了。**

当一个存储过程不再需要时，可以使用 **DROP PROCEDURE** 语句删除这个过程。如已经不再需要 add_dept 过程（也可能是其他过程），就可以使用例 13-48 的 DDL 语句删除这一过程。

例 13-48

```
SQL> DROP PROCEDURE add_dept;

过程已删除。
```

尽管以上 DDL 语句的执行结果显示"过程已删除",但是为了保险起见,还是应该使用例 13-49 的 SQL 查询语句再次从数据字典 user_objects 中列出所有过程的相关信息以确认以上的 DROP PROCEDURE 语句确实删除了 add_dept 过程。

例 13-49

```
SQL> SELECT object_id, object_name, created, status
  2  FROM user_objects
  3  WHERE object_type = 'PROCEDURE';
OBJECT_ID OBJECT_NAME          CREATED         STATUS
--------- ----------------    ---------------  -------
    76307 ADD_DEPTE            23-1月 -14       VALID
    76305 AUDIT_EMP_DML        23-1月 -14       VALID
    76308 CREATE_DEPTS         23-1月 -14       VALID
    76199 GET_EMPLOYEE         21-1月 -14       VALID
    76114 RAISE_SALARY         20-1月 -14       VALID
    76200 STANDARD_PHONE       21-1月 -14       VALID
```

已选择 6 行。

当然也可以使用图形开发工具 SQL Developer 来发现和删除过程。为了完成操作,要启动 SQL Developer 并以 SCOTT 用户连接数据库。以下是发现和删除过程 create_depts 的具体操作步骤。

（1）在过程节点中使用鼠标右键单击过程 create_depts,随即就会出现一个快捷菜单,如图 13.22 所示。

（2）在这个快捷菜单中选择"删除"选项,如图 13.23 所示。

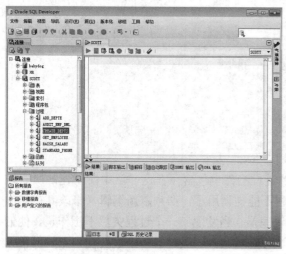

图 13.22

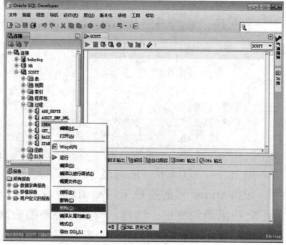

图 13.23

（3）弹出"删除"对话框,如图 13.24 所示,此时,单击"应用"按钮。

（4）弹出"确认"对话框,如图 13.25 所示,此时,单击"确定"按钮。之后,过程 create_depts 就被真正地删除了,在过程节点中也看不到这一过程了。

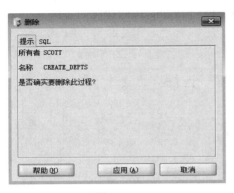

图 13.24

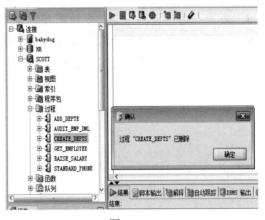

图 13.25

看来使用图形开发工具 SQL Developer 来查看和删除一个过程似乎更方便也更容易，是不是？

13.16　您应该掌握的内容

在学习第 14 章之前，请检查一下您是否已经掌握了以下内容：

- ↘ 模块化程序设计的基本原则是什么？
- ↘ 要模块化现存的程序代码，应该执行的步骤有哪些？
- ↘ 为什么 Oracle 建议最好将 SQL 逻辑与业务逻辑分开？
- ↘ 熟悉 PL/SQL 子程序的结构。
- ↘ PL/SQL 的子程序（过程和函数）具有哪些优势。
- ↘ 熟悉匿名程序块与子程序之间的主要差别。
- ↘ 怎样创建、编辑和执行一个 PL/SQL 过程？
- ↘ 熟悉创建过程语句的语法。
- ↘ 熟悉 IN、OUT 或 IN OUT 三种参数传递方式的差异。
- ↘ 熟悉在 SQL*Plus 中调用存储过程的方法。
- ↘ 熟悉在匿名程序块中调用存储过程的方法。
- ↘ 熟悉使用 SQL*Plus 变量查看 OUT 参数的具体操作步骤。
- ↘ 熟悉使用软件包 DBMS_OUTPUT 查看 OUT 参数或 IN OUT 参数的方法。
- ↘ 熟悉使用 SQL Developer 来创建、编辑、编译和执行过程的方法。
- ↘ 熟悉 PL/SQL 提供的三种不同的参数传递的表示法。
- ↘ 理解按名字的表示法对软件开发的重大意义。
- ↘ 熟悉在 PL/SQL 程序中调用一个过程的方法。
- ↘ 熟悉在 SQL Developer 中调用过程的方法。
- ↘ 熟悉如何在过程中声明和调用另一个过程的。

- 熟悉在过程调用中当一个异常发生并被处理时 PL/SQL 将执行的代码流程。
- 熟悉当被调用过程没有提供所抛出异常的处理程序时 PL/SQL 程序代码的流程。
- 怎样发现一个用户的过程和相关信息？
- 怎样删除一个过程？
- 怎样使用图形开发工具 SQL Developer 发现和删除一个过程？

第 14 章　函数的创建、维护和删除

扫一扫，看视频

在第 13 章中，我们详细地介绍了怎样创建、编辑、编译、执行和删除 PL/SQL 过程，在这一章中我们将开始介绍模块化程序设计中另一种非常重要的模块——函数。本章将顺序地介绍如下主要内容：

- ↘　描述函数的使用。
- ↘　创建函数。
- ↘　调用函数。
- ↘　删除函数。
- ↘　过程和函数之间的差别。

14.1　函数的概述以及创建函数的语法

函数是一个命名的 **PL/SQL** 程序块，它可以接受参数，可以被调用，并且它会返回一个值。函数与过程在结构上极为相似，但是通常函数被用来计算一个值。一个函数必须返回给它的调用环境一个值（而且也只能是一个值），而一个过程可以返回零个或多个值给它的调用环境。

与过程相似，一个函数也有一个头，并包含一个声明段、一个执行段和一个可选的异常处理段。在函数头中必须包含一个 **RETURN**（返回）子句，并且在函数的执行段中必须包含一个 **RETURN**（返回）语句（至少一个，有时可能是多个）。

为了重复执行一个函数，可以将该函数作为一个模式对象存储在数据库中。存储在数据库中的函数被称为存储函数。当然，也可以将函数创建在客户端的应用程序中。

函数方便了程序代码的重用并使程序代码的维护更加容易。一旦函数被验证过，它们就可以被用在任何应用程序中，而且应用程序的数量不限。如果处理需要改变，只有相关的函数需要更改，是不是很方便？

函数也可以作为 SQL 表达式或 PL/SQL 表达式的一部分来调用。在一个 SQL 表达式的环境中，一个函数必须遵守一些特殊的规则以控制函数所造成的副作用（随后要详细解释）。在一个 PL/SQL 表达式中，函数标识符的行为就像一个变量一样，而其值依赖于传递给这个函数的参数。

函数是一个命名并返回一个值的 PL/SQL 程序块。在函数中必须有一个 RETURN（返回）语句以提供一个返回值，并且这个值的数据类型要与该函数声明中的 RETURN 子句的数据类型相一致。要创建一个新的函数，需要使用 CREATE FUNCTION 语句，在函数中可以声明一个参数或多个参数，但是必须返回一个值，并且必须利用标准的 PL/SQL 程序块定义要执行的操作。创建函数语句的语法如下：

```
CREATE [OR REPLACE] FUNCTION 函数名
    [(参数1 [模式1] 数据类型1, . . .)]
RETURN 数据类型 IS|AS
```

```
    [本地变量声明;
     . . .]
BEGIN                                          PL/SQL 程序块
    -- 执行的操作;
    RETURN 表达式;
END [函数名];
```

在以上 CREATE FUNCTION 语句中绝大部分内容我们在讲解过程的语法时已经详细介绍过，为了节省篇幅，这里不再重复了。现将在函数中特有的参数和关键字解释如下：

❧ REPLACE 选项表示如果这个函数存在，那么这个函数将被删除并被由这个语句创建的新版本的函数所取代。

❧ RETURN 子句中的数据类型一定不能包括数据的大小（长度）。

❧ PL/SQL 程序块以本地变量声明之后的 BEGIN 关键字开始，并以 END 关键字结束，在 END 之后可以包括该函数名（也可以不包括）。

❧ 在函数中至少必须包含一个 RETURN expression（表达式）语句。

❧ 在存储函数的 PL/SQL 程序块中不能引用宿主或绑定变量。

☞ 指点迷津：

虽然在函数中可以使用 OUT 和 IN OUT 参数，但是这并不是一个良好的编程习惯，因为这样的函数有多个出口，所以它们很难调试和维护。因此，如果需要从一个函数返回多个值时，最好考虑使用组合数据类型，如 PL/SQL 的记录或 INDEX BY 表（PL/SQL 的数组）。

14.2 使用 SQL*Plus 或 SQL Developer 创建函数

知道了创建函数的用法，接下来就可以自己创建函数了。既可以使用命令行工具创建函数，也可以使用图形工具创建函数。如果是使用命令行工具 SQL*Plus，在实际工作中一般会使用如下方法来创建、编辑和执行一个 PL/SQL 函数：

（1）在正文编辑器中输入 CREATE FUNCTION 语句的正文，并存入一个 SQL 脚本文件中。

（2）运行该脚本文件以编译该函数，同时将源代码和编译后的函数存储到数据库中。

（3）使用 SHOW ERRORS 命令查看编译错误。

（4）当编译成功时，调用该函数。

利用以上方法开发和调试 PL/SQL 函数不但提高了效率，而且也为以后程序的修改和代码的重用提供了方便。

如果是使用图形开发工具 SQL Developer，在实际工作中一般会使用如下方法来创建、编辑和执行一个 PL/SQL 函数：

（1）使用 SQL Developer 的对象导航树或 SQL 工作表创建这个函数。

（2）编译这个函数，编译成功的函数会被存储在数据库中。CREATE FUNCTION 语句创建并将源代码和编译后的 m-code（machine-readable code：机器（即计算机）可阅读的代码）代码存储在数据库中。要编译一个函数，在对象导航树中使用鼠标右键点击这个函数的名字，然后点击编译。

（3）如果有编译错误存在，那么 m-code 代码不被存储，并且必须编辑这段源代码以改正错误。也无法调用一个包含编译错误的函数。可以在 SQL Developer 中（也可以是在 SQL*Plus 中）利用数据字典浏览编译错误或警告，还可以在使用 SQL Developer 编译函数之后查看日志选项卡，如图 14.1 所示。

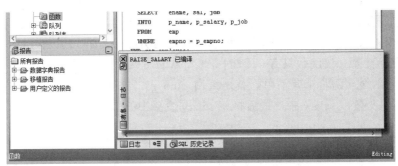

图 14.1

（4）当编译成功之后，您就可以执行这个函数以返回所希望的值。

现将使用命令行工具 SQL*Plus 和使用图形开发工具 SQL Developer 创建、编辑和执行一个 PL/SQL 函数的具体操作步骤归纳成图 14.2。

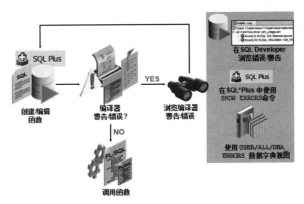

图 14.2

☞ 指点迷津：

如果在函数编译时产生了编译错误并且之前使用过 CREATE FUNCTION 语句，则必须使用 CREATE OR REPLACE FUNCTION 语句覆盖之前存在的函数代码；或者首先使用 DROP 语句删除这个函数，之后再重新执行 CREATE FUNCTION 语句，再次创建这个函数。

这里再次强调一下，与过程不同的是，函数必须要有一个返回值。因此在函数头中要包含一个带有数据类型的 RETURN 子句，并且在函数的执行段中包含一个 RETURN 语句。虽然在一个函数中允许使用多个 RETURN 语句（通常是指在一个 IF 语句中使用），但是只有一个 RETURN 语句被执行，因为在一个值被返回之后，函数程序块的处理已经结束了。

📢 提示：

PL/SQL 编译器基于语法分析后所产生代码是所谓的伪码（pseudocode），也叫 P code（就是 m-code）。当函数被调用时，PL/SQL 引擎执行的是这一 pseudocode 或 P code。

14.3　创建和调用存储函数的实例

接下来，我们利用一个从员工（emp_pl）表中获取某一特定员工工资的函数的开发和执行来演示如何创建和调用（执行）函数。可以使用例 14-1 的 CREATE OR REPLACE FUNCTION 语句创建 get_sal（获取工资）函数。该函数只有一个 IN 形参，v_id 是要输入的员工号，而返回值的数据类型是数字型。该函数的逻辑流程非常简单，就是查询 emp_pl 表获取指定员工号的员工的工资并存入函数 get_sal 的本地变量 v_salary 中，最后将 v_salary 变量中的值返回给调用环境。

例 14-1

```
SQL> CREATE OR REPLACE FUNCTION get_sal
  2    (v_id IN   emp_pl.empno%TYPE)
  3   RETURN NUMBER
  4   IS
  5    v_salary       emp_pl.sal%TYPE :=0;
  6   BEGIN
  7     SELECT sal
  8     INTO    v_salary
  9     FROM    emp_pl
 10     WHERE   empno = v_id;
 11     RETURN (v_salary);
 12   END get_sal;
 13  /
```

函数已创建。

当确认函数 get_sal 创建成功之后，为了能顺利地完成后面的例子，应该首先使用例 14-2 的 SQL 语句从员工表中列出要提取员工的相关信息。

例 14-2

```
SQL> SELECT empno, ename, job, sal
  2  FROM emp_pl
  3  WHERE DEPTNO = 20;
    EMPNO ENAME                JOB                     SAL
---------- -------------------- ---------------- ------
     7369 SMITH                CLERK                  1056
     7566 JONES                MANAGER              3272.5
     7788 SCOTT                ANALYST                3630
     7876 ADAMS                CLERK                  1452
     7902 FORD                 ANALYST                2970
```

因为函数将返回一个值给调用环境，所以调用一个函数时，这个函数是作为一个 PL/SQL 表达式的一部分使用的。在一个 PL/SQL 表达式中，可以使用一个本地变量获取函数的结果，如例 14-3 的匿名 PL/SQL 程序块。**在这段 PL/SQL 代码中，在声明段声明了一个与 emp_pl 表中的 sal 列一模一样的本地变量 v_sal；在执行段中只有两个语句，第一个语句使用员工号 7902 作为实参调用函数 get_sal，并将其返回值赋予本地变量 v_sal，而第二个语句使用软件包 DBMS_OUTPUT 中的过程**

PUT_LINE 显示变量 v_sal 的值和相关信息。

例 14-3

```
SQL> SET serveroutput ON
SQL> DECLARE
  2    v_sal  emp_pl.sal%type;
  3  BEGIN
  4    v_sal := get_sal(7902);
  5    DBMS_OUTPUT.PUT_LINE('7902 号员工的工资为: '|| v_sal);
  6  END;
  7  /
7902 号员工的工资为: 2970

PL/SQL 过程已成功完成。
```

将例 14-3 的显示结果与例 14-2 的进行对比，就可以确定函数 get_sal 是没有问题的了。**在一个 PL/SQL 表达式中，也可以使用宿主变量获取函数的结果。之后就可以使用 SQL*Plus 的 PRINT 命令显示宿主变量的值，**如例 14-4 所示，顺序执行了如下的 SQL*Plus 命令:

（1）定义了一个数字型的 SQL*Plus 变量 g_salary。

（2）使用员工号 7902 作为实参调用函数 get_sal，并将其返回值赋予变量 g_salary（要注意，因为是宿主变量而不是 PL/SQL 变量，所以在宿主变量之前必须冠以冒号）。

（3）使用 SQL*Plus 的 PRINT 命令显示宿主变量 g_salary 的当前值。

例 14-4

```
SQL> VARIABLE g_salary NUMBER

SQL> EXECUTE :g_salary := get_sal(7902)

PL/SQL 过程已成功完成。

SQL> PRINT g_salary
 G_SALARY
----------
     2970
```

调用函数的方法可以说是多种多样，除了以上介绍的两种方法之外，还可以将函数作为另一个子程序的一个参数使用，如例 14-5 所示，使用员工号 7902 作为实参调用 get_sal 函数并调用（执行）软件包 DBMS_OUTPUT 中的过程 PUT_LINE 显示该函数调用所返回的值（结果）。

例 14-5

```
SQL> EXECUTE dbms_output.put_line(get_sal(7902));
2970

PL/SQL 过程已成功完成。
```

其至还可以在一个 SQL 表达式中使用存储函数，就像使用 SQL 内置函数一样。如例 14-6 所示，在一个 SQL 语句中的查询列表中直接（使用员工号 7902 作为实参）调用 get_sal 函数。

例 14-6

```
SQL> SELECT ename, job, get_sal(empno), deptno
  2  FROM emp_pl
```

```
  3  WHERE deptno = 20;
ENAME                JOB              GET_SAL(EMPNO)      DEPTNO
------------------   -------------    --------------    ----------
SMITH                CLERK                      1056          20
JONES                MANAGER                  3272.5          20
SCOTT                ANALYST                    3630          20
ADAMS                CLERK                      1452          20
FORD                 ANALYST                    2970          20
```

原来函数的调用方法有这么多，而且还这么灵活，没有想到吧？

☞指点迷津：

一个函数必须总是返回一个值，但是在以上函数 get_sal 中，如果在调用该函数时所提供的员工号（v_id）不存在，那么 SQL 查询语句就无法提取任何数据行，因为函数没有返回任何值，此时，PL/SQL 会产生错误提示信息。因此，最好创建一个也能够返回一个值的异常处理程序以避免这一意外的发生。

14.4 在 SQL Developer 中开发、调试和调用函数

为了完成以下操作，要启动 SQL Developer 并以 SCOTT 用户连接数据库。现在，就可以在 SQL Developer 中开发、编辑、编译和运行函数了，如创建函数 get_sal。但是在进行实际操作之前，要做一点点准备工作。因为之前已经使用 SQL*Plus 创建了存储函数 get_sal，所以要先将这个函数从数据库的 SCOTT 模式中删除（否则要使用不同的函数名或在不同用户中创建这一函数），其具体操作步骤如下：

（1）在函数节点中使用鼠标右键点击函数 get_sal，随即就会出现一个快捷菜单，如图 14.3 所示。

（2）在这个快捷菜单中选择"删除"选项，随即弹出"删除"对话框，如图 14.4 所示。单击"应用"按钮，之后会弹出一个"确认"对话框，单击"确定"按钮就完成了函数 get_sal 的删除操作。

图 14.3

图 14.4

接下来，就可以使用 SQL Developer 创建、编辑、编译和运行一个函数（如 get_sal）了。以下就是在 SQL Developer 中创建、编辑、编译和运行函数 get_sal 的具体操作步骤：

（1）在对象导航树中使用鼠标右键点击函数节点，随即就会出现一个快捷菜单，如图 14.5 所示。

（2）在这个快捷菜单中选择"新建函数"选项，随即弹出"创建 PL/SQL 函数"对话框。在这个对话框中，接受默认的方案（模式）SCOTT，在名称处输入 get_sal 作为函数名，返回参数选择数字类型，点击对话框右侧的"添加列"（+）按钮，添加一个数字类型的 IN 参数 v_id，其他的全部接受默认，最后单击"确定"按钮，如图 14.6 所示。

图 14.5

图 14.6

（3）当单击"确定"按钮之后，在编辑窗口中将显示 SQL Developer 自动生成的创建这个函数所需的基本信息（也有人称之为模板），如图 14.7 所示。有了这个模板就可以加快 PL/SQL 函数的开发速度，也减少了出错的概率。

（4）随即，就可以输入和编辑这个函数的其他程序代码了，如图 14.8 所示。

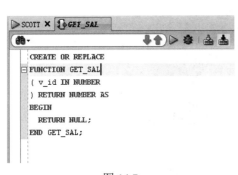

图 14.7

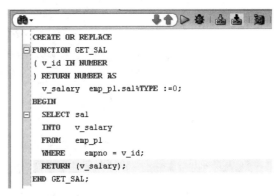

图 14.8

（5）随后，可以按下 PL/SQL 程序源代码上部的"编译"图标，编译这个函数，如图 14.9 所示。如果不记得"编译"图标是哪一个了，也没有关系，可以将鼠标停在每个图标上，随后 SQL Developer 会自动显示图标的名称。

（6）当编译成功之后，在对象导航树的函数节点中就会出现这个名为 get_sal 的函数了，如图 14.10 所示。

图 14.9

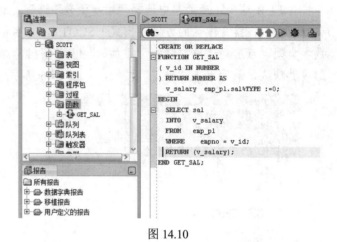

图 14.10

🔊 提示：

要在 SQL Developer 创建一个新函数,也可以在 SQL 工作表中输入创建这个函数的 PL/SQL 代码,之后点击"运行脚本"图标。还是老百姓那句老话"通往十三陵的路不止一条"，是不是？

（7）如果想运行函数 get_sal，使用鼠标右键单击函数 get_sal 就会出现一个快捷菜单，在这个快捷菜单中选择"运行"选项，如图 14.11 所示。

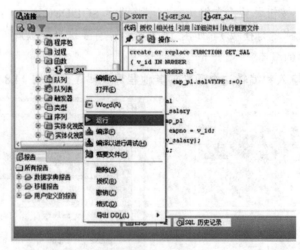

图 14.11

（8）随即，将出现如图 14.12 所示的"运行 PL/SQL"的对话框，在此修改传递给这个函数的实参，即将传递的参数改为 V_ID => 7902，随后按下"确定"按钮。

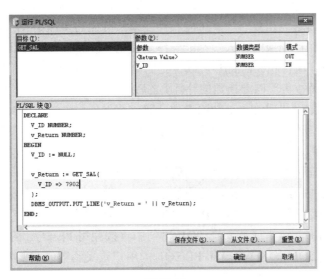

图 14.12

（9）随后会出现"运行 – 日志"窗口，如图 14.13 所示，在这个窗口中就可以看到返回的工资"v_Reture =2970"。但是这个窗口是临时的，很快就会消失。

（10）开启一个 SQL 工作表，在 SQL 表中输入 SQL 查询语句，从员工（emp_pl）表中列出员工号（empno）为 7902 的员工的相关信息以确认函数 get_sal 的 PL/SQL 代码的正确性，如图 14.14 所示。

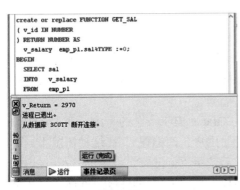

图 14.13

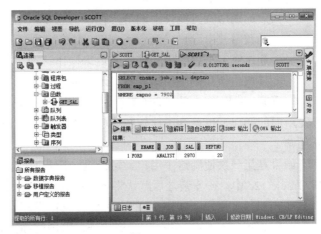

图 14.14

14.5　在 SQL 表达式中使用用户定义的函数

与过程不同，一个 **SQL** 语句可以在任何运行使用 **SQL** 表达式的地方引用 **PL/SQL** 的用户定义的函数，就像内置的 **SQL** 函数一样。那么在 SQL 语句中直接使用用户定义的函数究竟有什么用处呢？

用处可太大了，如在一些商业公司中，一些市场或财务人员可能经常需要知道某一列的数据按某种指数的分布情况，而这一指数的计算可能相当复杂，可能需要几十（甚至更多）行程序代码才能实现。如果要求每一个市场或财务人员都能熟练地使用 PL/SQL 程序设计语言显然是一件不现实的事情。与其他程序设计语言相比，SQL 可以说是简单、易学。因此一种简单、易行的解决方案是：使用一个 PL/SQL 存储函数实现以上指数的计算，之后这些市场或财务工作人员就可以在 SQL 语句中直接调用这个存储函数以完成这一复杂的指数计算，就像使用内置的 SQL 函数那样。

有读者可能问：知道了数据按这一指数的分布到底要做什么？如税务部门会监督公司的运营情况，如果一个公司上缴的税款明显低于同类公司，即在税务部门根据经验值划定的范围的下限之下很多，那么税务部门就有可能对这个公司启动偷税的调查；而如果一个公司上缴的税款明显高于同类公司，即在税务部门根据经验值划定的范围的上限之上很多，那么就表明这个公司具有洗钱的嫌疑。这也就是目前比较流行的商业智能（BI）中所用的一种分析方法。

通过以上的简单解释，读者应该对在 SQL 语句中直接使用 PL/SQL 的用户定义函数的方便之处有所了解了。现将在 SQL 表达式中使用 PL/SQL 的用户定义函数的主要好处归纳如下：

➥ 扩展了 SQL 的功能，特别是在执行非常复杂、非常令人费解或 SQL 无法完成的计算时，非常有用。

➥ 与在应用程序中过滤数据相比，使用函数在 WHERE 子句中过滤数据可以提高效率，因为可以创建一个基于这个函数的索引以提高查询的效率。

➥ 可以增加数据的独立性，因为复杂的数据分析处理是在 Oracle 服务器中进行的，而不是将数据提取到应用程序中进行处理。如果数据量大，利用存储函数会明显减少网络的流量。存储函数是可以共享的，在第一次调用时这个函数会被装入数据库的内存缓冲区，因此之后的调用就可能使用的是内存中的版本，当然速度会快很多。另外，也可以将经常使用的函数常驻内存以提高效率。

➥ 通过对字符串编码和使用函数来操作这一字符串，可以维护和操控这一新的数据类型（如提取电话号码中的国家号、地区号或本地号）。

接下来，我们通过两个例子来演示如何在 SQL 语句中引用所创建的存储函数的具体用法。为了方便后面的操作，也是为了比较在 SQL 语句中不使用函数和使用函数之间的差别，应该首先登录 hr 用户。

如果是第一次使用这个用户，可能这个用户是锁住的（Oracle 出于安全的考虑，在 Oracle 11g 和 Oracle 12c 中，在安装之后默认将 hr 或 scott 这些预定义的用户全部锁住）。在这种情况下，可以以 system 或 sys 用户（DBA 用户）登录 Oracle 数据库，之后使用 "alter user hr identified by hr account unlock;" 命令将 hr 用户解锁。之后使用例 14-10 的 SQL 查询语句从员工（employees）表中查出前面 10 行员工的相关信息（必须包括电话号码）。为了使显示的结果清晰易读，可能需要使用例 14-7～14-9 的 SQL*Plus 格式化命令将相关的列先格式化一下。

☞ **指点迷津：**

在例 14-10 查询语句中的 rownum 是一个伪列（是 Oracle 对标准 SQL 的扩展），Oracle 服务器会为查询结果的每一行默认赋予一个行号，而这个行号就是 rownum。有了 rownum 会简化一些 SQL 语句，并有可能提高查询的效率。如在互联网环境中，许多 "游客" 经常只是随便浏览一下某一个网站的信息，如果这些信息存储在 Oracle 表中，使用 rownum 来显示这样的客户所需的数据就非常方便而且效率也很高，因为根本就不需要排序了，随便显示一屏数据（如 38 行数据）就可以了。

例 14-7

```
SQL> col FIRST_NAME for a15
```

例 14-8

```
SQL> col LAST_NAME for a15
```

例 14-9

```
SQL> col PHONE_NUMBER for a25
```

例 14-10

```
SQL> SELECT employee_id, first_name, last_name, phone_number
  2  FROM employees
  3  WHERE rownum < 11;
EMPLOYEE_ID FIRST_NAME      LAST_NAME       PHONE_NUMBER
----------- --------------- --------------- -------------
        198 Donald          OConnell        650.507.9833
        199 Douglas         Grant           650.507.9844
        200 Jennifer        Whalen          515.123.4444
        201 Michael         Hartstein       515.123.5555
        202 Pat             Fay             603.123.6666
        203 Susan           Mavris          515.123.7777
        204 Hermann         Baer            515.123.8888
        205 Shelley         Higgins         515.123.8080
        206 William         Gietz           515.123.8181
        100 Steven          King            515.123.4567
```

已选择 10 行。

接下来，我们对第 13 章中的过程 standard_phone 的 PL/SQL 程序代码进行一些修改，并将其改为函数，函数名为 format_phone。首先将原过程 standard_phone 中的 IN OUT 参数 p_phone_no 更改为 IN 参数，而其返回值的数据类型定义成变长字符型。在这个函数中又定义了一个本地变长字符型变量 v_phone 用以存储和返回格式化之后的电话号码。在该函数的执行段中只有两个语句，第一个语句是利用内置 PL/SQL 函数 SUBSTR 和连接运算符"||"将员工（employees）表中电话号码（phone_number）列中的值转换成(xxx)xxx-xxxx 的显示格式，随后将转换的结果赋予变量 v_phone；第二个语句是将变量 v_phone 的值返回给调用环境。例 14-11 就是函数 format_phone 的 PL/SQL 程序代码。

例 14-11

```
SQL> CREATE OR REPLACE FUNCTION format_phone
  2   (p_phone_no IN VARCHAR2)
  3   RETURN VARCHAR2
  4  IS
  5   v_phone VARCHAR2(38);
  6  BEGIN
  7   v_phone := '(' || SUBSTR(p_phone_no,1,3) ||
  8              ') ' || SUBSTR(p_phone_no,5,3) ||
  9              '-' || SUBSTR(p_phone_no,9);
 10   RETURN v_phone;
 11  END format_phone;
```

```
 12  /
```

函数已创建。

当确认函数 format_phone 创建成功之后，就可以在 SQL 语句中直接引用（调用）这一存储函数了。接下来，可以使用例 14-13 的 SQL 查询语句再次从员工（employees）表中查出前面 10 行员工的相关信息，但是这次在查询列表中调用了函数 format_phone，并为这个函数调用取了一个别名 Phone。也是为了使显示的结果清晰易读，可能需要使用例 14-12 的 SQL*Plus 格式化命令将 Phone 列先格式化一下。

例 14-12

```
SQL> col PHONE for a25
```

例 14-13

```
SQL> SELECT employee_id, first_name, last_name,
  2         format_phone(phone_number) "Phone"
  3  FROM employees
  4  WHERE rownum < 11;
EMPLOYEE_ID FIRST_NAME    LAST_NAME       Phone
----------- ------------- -------------- ----------------
        198 Donald        OConnell        (650) 507-9833
        199 Douglas       Grant           (650) 507-9844
        200 Jennifer      Whalen          (515) 123-4444
        201 Michael       Hartstein       (515) 123-5555
        202 Pat           Fay             (603) 123-6666
        203 Susan         Mavris          (515) 123-7777
        204 Hermann       Baer            (515) 123-8888
        205 Shelley       Higgins         (515) 123-8080
        206 William       Gietz           (515) 123-8181
        100 Steven        King            (515) 123-4567
```

已选择 10 行。

例 14-13 的显示结果中的电话号码是不是更清晰易读了？利用存储函数，用户根本不需要了解 PL/SQL 程序设计语言，只要会使用 SQL 和知道函数 format_phone 的参数、返回值及其功能就可以直接在 SQL 语句中使用它了，是不是即方便又简单？

☞ **指点迷津：**

> 这里需要指出的是：在介绍函数时所说的 "通常函数被用来计算一个值。"，这里的计算并不仅仅是算术计算，而是广义上的计算，如例 14-11 的函数 format_phone 的字符串格式化操作也被称为计算。

在例 14-13 中，我们是将函数调用放在了 SQL 语句的查询列表中。**实际上，只要允许使用 SQL 内置单行函数的地方就可以调用 PL/SQL 用户定义的函数，**可以调用用户定义函数的位置如下：

- ⬎ 在 SELECT 子句的列表中。
- ⬎ 在 WHERE 和 HAVING 子句的条件中。
- ⬎ 在 CONNECT BY、START WITH、ORDER BY 和 GROUP BY 子句中。
- ⬎ 在 INSERT 语句的 VALUES 子句中。

❯ 在 UPDATE 语句的 SET 子句中。

14.6 从 SQL 表达式中调用函数的限制

尽管几乎可以在一个 **SQL 语句的任何地方调用用户定义的 PL/SQL 函数，但是 PL/SQL 还是加了一些限制以防止副作用的出现**。为了从 SQL 表达式中调用一个用户定义的 PL/SQL 函数，这个用户定义的函数必须满足如下条件：

❯ 该函数必须是一个存储函数。

❯ 该函数只接受 IN 参数。

❯ 只接受有效的 SQL 数据类型作为参数，不接受 PL/SQL 说明的数据类型作为参数。

❯ 返回的数据类型只能是有效的 SQL 数据类型，而不能是 PL/SQL 说明的数据类型，例如不能是布尔（BOOLEAN）型、记录（RECORD）型或 INDEX BY TABLE（数组）型。

另外，在一个 SQL 表达式中调用一个函数时也有如下限制：

（1）所有的参数必须使用位置表示法，而不能使用名字表示法。

（2）必须拥有所调用的函数或者在所调用的函数上有执行（EXECUTE）权限。

在用户定义的 PL/SQL 函数上还有一些额外的限制，它们包括：

❯ 不能在一个 CREATE TABLE 或 ALTER TABLE 语句的 CHECK 约束子句中调用这样的函数。

❯ 不能使用这样的函数为一个列说明默认值。

需要指出的是：在一个 SQL 表达式中只能调用存储函数，而不能调用存储过程，除非这个过程是从一个函数中调用的并且满足以上所列的要求。

要执行一个调用存储函数的 SQL 语句，Oracle 服务器就必须确定所调用的函数是不是没有一些特定的副作用，因为这些副作用可能会对数据库中的表产生无法接受的更改。为此，当在一个 SQL 语句的表达式中调用一个函数时，Oracle 需加上以下一些附加的限制：

❯ 从表达式中调用函数时，该函数不能包含 DML 语句，即该函数不能修改数据库中表的数据。

❯ 当从一个 UPDATE/DELETE 语句中调用一个函数时，该函数不能查询或更改这个语句正在操作的表。

❯ 当从一个 SELECT、INSERT、UPDATE 或 DELETE 语句中调用一个函数时，该函数不能直接地或通过子程序（或 SQL）间接地执行事物控制语句，如：

◇ 一个 COMMIT 或 ROLLBACK 语句

◇ 一个会话控制语句（如 SET ROLE）

◇ 一个系统控制语句（如 ALTER SYSTEM）

◇ 任何 DDL 语句（如 CRAETE）

看了以上的解释，您有什么感想？看来从 SQL 表达式中调用一个用户定义的 PL/SQL 函数的限制还真不少。

以上解释了那么多从 SQL 表达式中调用一个用户定义的 PL/SQL 函数的限制，不知读者是否完全理解了？为了帮助读者真正理解以上所介绍的内容，接下来我们用两个 PL/SQL 函数的创建和调用的例子来进一步演示这些限制对在表达式中调用一个用户定义的 PL/SQL 函数的影响。为了找到操作的员工信息，可能要使用例 14-14 的 SQL 查询语句列出相关员工的信息。

例 14-14

```
SQL> SELECT empno, ename, job, sal, deptno
  2  FROM emp_pl
  3  WHERE deptno > 40;
    EMPNO ENAME           JOB                 SAL     DEPTNO
---------- --------------- ------------------- ---------- ------
     7938                  保安                1499.85     70
     7937                  保安                1499.85     70
     7936                  保安                1499.85     70
     7935                  保安                1499.85     70
```

接下来，我们使用创建函数语句创建一个名为 insert_plus_sal 的函数。该函数只有一个数字型的 IN 参数，而返回值也是数字型。这个函数的功能很简单，就是往员工（emp_pl）表中插入一行名为"武大"的特级烙饼师的数据，其雇佣日期就是当前的系统日期。最后将武大的工资再加上 250 之后返回给调用环境。函数 insert_plus_sal 的 PL/SQL 程序代码如例 14-15 所示。

例 14-15

```
SQL> CREATE OR REPLACE FUNCTION insert_plus_sal(p_sal NUMBER)
  2    RETURN NUMBER IS
  3  BEGIN
  4    INSERT INTO emp_pl(empno, ename, hiredate, job, sal, deptno)
  5    VALUES(3838, '武大', SYSDATE, '特级烙饼师', p_sal, 70);
  6    RETURN (p_sal + 250);
  7  END;
  8  /
```

函数已创建。

当前确认以上 insert_plus_sal 函数创建成功之后，要使用例 14-16 的 UPDATE 语句利用函数 insert_plus_sal 修改第 7938 号员工的工资（其中，9000 为实参，即武大的工资）。

例 14-16

```
SQL> UPDATE emp_pl
  2    SET sal = insert_plus_sal(9000)
  3  WHERE empno = 7938;
  SET sal = insert_plus_sal(9000)
        *
第 2 行出现错误:
ORA-04091: 表 SCOTT.EMP_PL 发生了变化，触发器/函数不能读它
ORA-06512: 在 "SCOTT.INSERT_PLUS_SAL", line 4
```

以上 UPDATE 语句调用函数 insert_plus_sal 来修改员工号（empno）为 7938 的员工的工资（sal），但是这个 UPDATE 语句执行失败，并显示错误信息，提示这个表正在发生变化（mutating），即在同一个表中已经做了修改。以上例子中的逻辑流程本身就过于复杂了，在实际工作中应该尽可能地使用简单的算法或简单的逻辑流程。如果是在图形工具 SQL Developer 中执行例 14-16 的 UPDATE 语句，其显示的错误信息如图 14.15 所示。看起来还是 SQL Developer 这个图形工具显示的错误提示

信息丰富些。

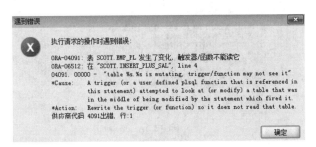

图 14.15

　　如果在以上 UPDATE 语句调用的函数是使用的查询语句而不是 DML 语句，其结果又该如何呢？为此，我们使用创建函数语句再创建一个名为 query_plus_sal 的函数。该函数只有一个数字型的 IN 参数，而返回值也是数字型。这个函数的功能很简单，就是从员工表中提取员工号为 7902 的员工的工资并存入本地变量 v_sal。最后将该员工的工资再加上 p_increase 之后返回给调用环境。函数 insert_plus_sal 的 PL/SQL 程序代码如例 14-17 所示。

例 14-17

```
SQL> CREATE OR REPLACE FUNCTION query_plus_sal(p_increase NUMBER)
  2    RETURN NUMBER IS
  3      v_sal NUMBER;
  4  BEGIN
  5    SELECT sal INTO v_sal FROM emp_pl
  6    WHERE empno = 7902;
  7    RETURN (v_sal + p_increase );
  8  END;
  9  /
```

函数已创建。

　　当前确认以上 query_plus_sal 函数创建成功之后，要使用例 14-18 的 UPDATE 语句利用函数 query_plus_sal 修改第 7938 号员工的工资（其中，250 为实参，即要增加的工资）。

例 14-18

```
SQL> UPDATE emp_pl
  2    SET sal = query_plus_sal(250)
  3  WHERE empno = 7938;
  SET sal = query_plus_sal(250)
      *
第 2 行出现错误:
ORA-04091: 表 SCOTT.EMP_PL 发生了变化, 触发器/函数不能读它
ORA-06512: 在 "SCOTT.QUERY_PLUS_SAL", line 5
```

　　以上 UPDATE 语句调用函数 query_plus_sal 来修改员工号为 7938 的员工的工资（在员工号为 7902 的员工工资的基础之上再增加 250），但是这个 UPDATE 语句的执行又失败了，并显示错误信息，提示 SCOTT 用户的 EMP_PL 表发生了变化，触发器/函数不能读它。如果是在图形工具 SQL Developer 中执行例 14-18 的 UPDATE 语句，其显示的错误信息如图 14.16 所示。

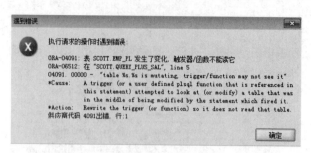

图 14.16

14.7 从 SQL 中用名字表示法或混合表示法调用函数

尽管 PL/SQL 允许在一个子程序调用中参数可以使用位置、名字或混合表示法来说明。但是在 Oracle 11g 之前，从 SQL 中调用函数只能使用位置表示法。从 Oracle 11g 和 Oracle 12c 开始，在 SQL 语句中调用 PL/SQL 子程序时可以使用名字表示法和混合表示法来说明参数了。如果参数列表很长，并且大多数参数都有默认值，那么就可以使用名字表示法省略说明那些可选的参数。这样就可以避免在每次调用这个函数时都需要重复说明那些默认的参数了。

为了帮助读者进一步认识 Oracle 11g 和 Oracle 12c 在调用函数方面所做的改进，接下来我们首先创建一个带有两个 IN 参数的简单函数 test_11g，其函数的 PL/SQL 程序代码如例 14-19 所示。

例 14-19

```
SQL> CREATE OR REPLACE FUNCTION test_11g(
  2   p_100 IN NUMBER DEFAULT 99,
  3   p_50  IN NUMBER DEFAULT 50)
  4  RETURN NUMBER
  5  IS
  6   v_num number;
  7  BEGIN
  8   v_num := p_50 + (p_100 * 2);
  9   RETURN v_num;
 10  END test_11g;
 11  /
```

函数已创建。

当前确认以上 test_11g 函数创建成功之后，应该使用例 14-20 的 SQL 查询语句利用名字表示法调用函数 test_11g。

例 14-20

```
SQL> SELECT test_11g(p_100 => 100)
  2  FROM dual;
TEST_11G(P_100=>100)
--------------------
                 250
```

从例 14-20 的显示结果可以清楚地看出：在 Oracle 11g 和 Oracle 12c 上，在 SQL 语句中使用名字表示法调用函数是没有任何问题的。但是如果在 Oracle 11g 之前的版本上执行例 14-20 的

SQL 查询语句，即"**SELECT test_11g(p_100=>100) FROM dual;**"，Oracle 系统会显示如下的出错信息：

```
ORA-00907: missing right parenthesis
```

14.8　函数的发现与删除以及函数与过程的比较

在本章到目前为止，我们已经创建了若干个函数。那么怎样才能知道在一个用户中目前到底有多少个存储函数呢？与第 13 章中介绍的过程类似，**既然函数本身也是模式对象，因此我们也可以通过 Oracle 的数据字典 user_objects 列出函数的相关信息。**

为了使显示的信息清晰易读，应该首先使用例 14-21 的 SQL*Plus 的格式化命令将数据字典 user_objects 中 object_name 列的显示宽度设置为 20 个字符。接下来，就可以使用类似例 14-22 的 SQL 查询语句从数据字典 user_objects 中列出所有函数的相关信息。

例 14-21
```
SQL> col object_name for a20
```

例 14-22
```
SQL> SELECT object_id, object_name, created, status
  2  FROM user_objects
  3  WHERE object_type = ' FUNCTION';
OBJECT_ID OBJECT_NAME          CREATED         STATUS
---------- -------------------- --------------- ------
    76501 TEST_11G             29-1 月 -14      VALID
    76500 QUERY_PLUS_SAL       29-1 月 -14      VALID
    76499 INSERT_PLUS_SAL      29-1 月 -14      VALID
    76399 GET_SAL              27-1 月 -14      VALID
```

例 14-22 的显示结果列出了当前用户中所有的函数，当然也包含了在这一章中所创建的所有函数。如果 **status** 列的值是 **INVALID** 就表示这一函数不能被调用了，必须重新编辑（修改其中的问题）之后重新创建这一函数。一些有经验的数据库管理员，当发现某一个函数突然不工作了，他们往往就是使用类似以上的 **SQL** 查询语句列出这个函数的状态。一般造成一个过函数为无效的常见原因是：该函数所使用的对象（一般是表）的定义被修改了。所以一般在生产系统中原则上是不能在一个常用表上使用 **DDL** 语句的（至少要尽可能少使用），一旦在一个表上使用了 **DDL** 语句，最可能的结果就是基于这个表的所有函数、过程和软件包（也包括间接引用的）都变成无效的，因此必须重新编译它们，其工作量有时可能大到惊人的程度。

当一个存储函数不再需要时，可以使用 **DROP FUNCTION** 语句删除这个函数。如已经不再需要 test_11g 函数（也可能是其他的函数）了，就可以使用例 14-23 的 DDL 语句删除这一函数。

例 14-23
```
SQL> DROP FUNCTION test_11g;
```

函数已删除。

尽管以上 DDL 语句的执行结果显示"函数已删除。"，但是为了保险，还是应该使用例 14-24 的 SQL 查询语句再次从数据字典 user_objects 中列出所有函数的相关信息以确认以上的 DROP FUNCTION 语句确实删除了 test_11g 函数。

例 14-24

```
SQL> SELECT object_id, object_name, created, status
  2  FROM user_objects
  3  WHERE object_type = 'FUNCTION';
OBJECT_ID  OBJECT_NAME          CREATED         STATUS
---------- -------------------- --------------- ------
    76399  GET_SAL              27-1 月 -14      VALID
    76499  INSERT_PLUS_SAL      29-1 月 -14      VALID
    76500  QUERY_PLUS_SAL       29-1 月 -14      VALID
```

当然也可以使用图形开发工具 SQL Developer 来发现和删除函数。其操作的方法与发现和删除过程几乎完全相同，为了节省篇幅这里就不再重复了。

在这一章中我们比较详细地介绍了 PL/SQL 函数，而在前一章中我们则比较详细地介绍了 PL/SQL 过程。实际上，函数与过程在许多方面都是非常相似的。为了帮助读者进一步了解它们之间的差异，我们将 PL/SQL 的过程与函数进行比较并将它们之间的差别归纳成表 14-1。

表 14-1

过程（Procedures）	函数（Functions）
作为一个 PL/SQL 语句来执行	作为一个表达式来调用
在头中不包含 RETURN 子句	在头中必须包含一个 RETURN 子句
可以使用多个输出参数传递值	必须返回一个单一的值
可以包含一个无值的 RETURN 语句	必须包含至少一个 RETURN 语句

其实，许多编过程序的读者可能都遇到过这样的情况，那就是一个操作或功能既可以使用过程来完成也可以使用函数来完成。那么在这种情况下又应该如何在过程和函数之间进行选择呢？

从软件工程或结构化程序设计的角度应该首选函数，因为函数只有一个出口（即只能返回一个值），所以函数要比过程更容易调试也更容易追踪错误，当然也更容易维护了。不过说是说、做是做，说和做从来就是两码事。实际上，究竟是使用过程还是函数往往是一个人的习惯，甚至有时就是偶然间的一个想法，读者在工作中不要太在意。还是那句老话"不管黑猫白猫只要抓住耗子就是好猫。"

14.9　您应该掌握的内容

在学习第 15 章之前，请检查一下您是否已经掌握了以下内容：
- 什么是 PL/SQL 的函数？
- 熟悉 PL/SQL 函数的结构。
- 熟悉创建函数语句的语法。
- 如何使用 SQL*Plus 创建、编辑、编译和执行一个 PL/SQL 函数？
- 如何使用 SQL Developer 创建、编辑、编译和执行一个 PL/SQL 函数？
- 熟悉不同的调用函数的方法。
- 怎样在 SQL 表达式中使用用户定义的函数？

➥ 了解在 SQL 表达式中使用用户定义的函数的好处。

➥ 熟悉在 SQL 表达式中可以调用用户定义函数的位置。

➥ 为了从 SQL 表达式中调用一个用户定义的函数，该函数必须满足哪些条件？

➥ 在执行一个调用存储函数的 SQL 语句时，Oracle 必须确定该函数没有哪些副作用？

➥ 熟悉从 SQL 语句中用名字表示法或混合表示法调用存储函数。

➥ 了解 Oracle 11g 和 Oracle 12c 与之前版本在 SQL 语句中调用函数方法的差别。

➥ 熟悉发现一个用户中函数的方法。

➥ 熟悉删除一个用户函数的方法。

➥ 了解过程与函数之间的不同之处。

扫一扫，看视频

第 15 章　PL/SQL 软件包

在第 13 章和第 14 章中，详细地介绍了怎样创建、编辑、编译、执行和删除 PL/SQL 过程和函数，本章将介绍如何创建 PL/SQL 软件包，以及将相关的过程、函数、cursor、数据类型和变量集成在一个软件包中。另外，还将介绍如何编辑、编译、调试和使用软件包。其主要内容如下：

- 描述（软件）包并列出软件包的组件。
- 利用软件包将相关变量、游标、常量、异常、过程和函数一齐放到一个模块中。
- 标明一个软件包的结构是作为公有还是私有。
- 如何引用软件包的结构。
- 描述无体软件包的应用。

15.1　PL/SQL 软件包概述

PL/SQL 软件包使我们能够将相关的 PL/SQL 数据类型、变量、数据结构、异常和子程序捆绑在一起放入一个"容器"（即软件包）中，这会极大地方便商业（生产）系统软件的开发、管理和**维护**。例如，一个育犬项目中的软件包可能包括狗的吃（eat）、喝（drink）、叫（bark）、睡觉（sleep）等过程或函数，当然还应该有大小便过程或函数，并可能包括狗性别（sex）、狗体重（weight）等变量。

PL/SQL 软件包（packages）将逻辑上相关的组件组合在一起，这些组件包括：

- PL/SQL 数据类型。
- 变量、数据结构和异常。
- 子程序，即过程和函数。

PL/SQL 软件包通常是由两部分所组成，分别是：软件包说明部分，软件包体部分（可选的）。

如前所述，一个 **PL/SQL 软件包仅仅是一个存储了各种相关的捆绑在一起的 PL/SQL 组件的容器**。因此软件包本身不能被调用，也不能被参数化，更不能被嵌套。但是软件包中的子程序（过程或函数）是可以被调用的，当然软件包中的变量等也可以被引用。当一个软件包编译成功之后，其中的内容（如子程序或变量）就可以为许多应用程序所共享。

与存储过程或存储函数有所不同，当一个软件包中的内容（如一个过程、一个函数或一个变量）被第一次引用时，整个软件包都会被装入内存。而后续对相同软件包的访问（哪怕是不同的结构，如不同的函数、不同的过程、不同的常量等）都是直接访问内存，不需要磁盘输入/输出（I/O）操作。因此与使用单独的存储过程或存储函数相比，软件包可以明显提高系统的效率。一些有经验的数据库管理员或高级开发人员会将公司（单位）常用的一些软件包常驻内存以进一步提高系统整体的效率。当然这要牺牲一些内存空间，这是一个典型的以空间换时间的优化方法。

在第 13 和第 14 章中所介绍的创建过程和函数的方法都是将过程和函数作为独立的模式对象存储在数据库中的，即所谓的存储过程和存储函数，而本章所介绍的 PL/SQL 软件包则提供了一种替代这种存储过程与函数的方法，而且软件包还具有一些其他的优点，其主要优点如下：

（1）模块化和更易于维护：将逻辑相关的程序结构封装在一个命名的模块（软件包）中。这样每一个软件包更容易理解，并且软件包之间的接口变得简单、清晰、易于辨认和理解。

（2）更易于应用程序的设计：软件包的说明部分和体部分的编码和编译可以分开。在开始设计程序时，只需要软件包中接口（界面）信息的说明，可以在没有程序体的情况下开发和编译软件包说明部分的代码。因此，引用这个软件包的存储子程序也可以进行编译，直到准备完成应用程序之前都不需要定义软件包的体（程序的逻辑流程）。

（3）隐藏信息：用户来决定哪些程序结构是公共的（可见的和可以访问的）而哪些是私有的（隐藏的和不能访问的）。只有在软件包的说明中声明的结构对应于程序才是可见和可以访问的。因为软件包体隐藏了私有结构的定义，所以如果该定义发生了变化，只有这一个软件包受影响（不会影响应用程序或任何调用程序）。这就使用户能够在改变软件包实现的同时而不需要重新编译调用程序。还有，通过将软件包的实现细节隐藏起来（用户无法知道软件包实现的细节），可以保护软件包的一致性。

（4）附加了额外的功能：软件包的公共变量和 cursors 在整个会话期间是持续的，因此，在这个环境中执行的所有子程序都可以共享这些公共变量和 cursors。它们也使用户能够在不用将其存储在数据库中的情况下跨事务地维护数据。私有结构在整个会话期间也是持续的，但是它们只在软件包内部是可以访问的。

（5）较好的性能：当第一次引用软件包中的一个子程序时，整个软件包都被装入内存，因此在后续调用该软件包中的相关子程序时就不需要额外进行磁盘输入/输出（I/O）操作了。对所有用户，软件包在内存中只有一份拷贝。软件包中的子程序也避免了子程序之间的级联依赖，因此也就避免了不必要的编译，也使得依赖的层次简单化。

（6）重载：利用软件包，可以重载过程和函数，即在同一个软件包中多个子程序可以同名，每一个具有不同的参数数量或不同的参数数据类型。

15.2　PL/SQL 软件包的组件及可见性

几乎每一个 PL/SQL 软件包都是由两部分所组成，这两部分分别是软件包的说明部分和软件包体部分。以下是这两部分的详细说明。

（1）软件包说明（package specification）：是应用程序的接口。在软件包说明中声明公共数据类型、变量、常量、异常、cursors 以及可以使用的子程序。软件包说明中也可以包括伪指令（PRAGMAs）——编译器指令。

（2）软件包体(package body)：定义了自身的子程序并且必须完全实现在软件包说明部分中声明的子程序。软件包体也可以定义 PL/SQL 结构，如数据类型、变量、常量、异常和 cursors。

公共组件是在软件包说明部分中定义的。说明部分为软件包的用户定义了一个公共的应用程序设计接口（Application Programming Interface，API），以使用这一软件包的特性和功能，即公共组件可以在软件包之外的任何 Oracle 服务器环境中引用。

私有组件是放在软件包体之内的并且只能被同一软件包中的其他结构所引用。但是私有组件可以引用该软件包中的公共组件。

如果一个软件包的说明部分没有包含子程序声明，那么就不需要定义软件包体。如图 15.1 所示为 PL/SQL 软件包和软件包中的组件结构示意图。

一个 PL/SQL 软件包组件的可见性是指这个组件是否可以被看见，即是否可以被其他的组件或对象所引用，软件包组件的可见性依赖于这些组件是声明为本地的还是全局的。其 PL/SQL 软件包和软件包中的组件可见性的示意图如图 15.2 所示。

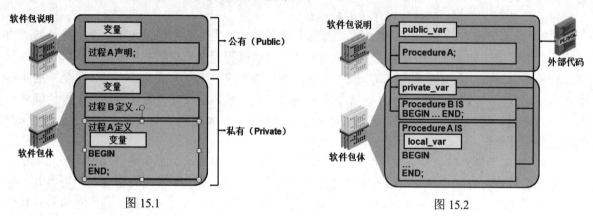

图 15.1   图 15.2

本地变量在它们被声明的结构之中是可见的，例如：

（1）在一个子程序中定义的变量只能在这个子程序中被引用，并且对于外部组件是不可见的，即本地变量 local_var 只能在过程 A 中使用。

（2）在一个软件包体中声明的私有软件包变量可以被同一软件包体中的其他组件所引用，但是它们对于软件包之外的任何子程序或对象都是不可见的，即在软件包体中的过程 A 和过程 B 是可以使用私有变量 private_var 的，但是软件包之外的子程序或对象就不可以使用了。

而全局声明的组件在软件包的内部和外部都是可见的，例如：

（1）在一个软件包说明部分声明的一个公共变量可以在软件包之外引用和修改，即公共变量 public_var 可以在软件包之外引用。

（2）在一个软件包说明部分声明的一个软件包子程序可以被外部的程序代码所调用——过程 A 可以从软件包之外的一个环境中调用。

私有子程序（如过程 B）只能被该软件包中的公共子程序调用（如过程 A）或者由被该软件包中的其他私有软件包结构所调用。

15.3 PL/SQL 软件包的开发方法

了解 PL/SQL 软件包（Packages）的特点、组件以及这些组件的可见性之后，就可以自己创建软件包了。既可以使用命令行工具创建软件包，也可以使用图形工具创建软件包。如果使用的是命令行工具 SQL*Plus，在实际工作中一般会使用如下方法来创建、编辑和执行一个 PL/SQL 软件包。

（1）在正文编辑器中利用 CREATE PACKAGE 语句创建软件包的说明部分，并对输入的语句进行编辑之后存入一个 SQL 脚本文件；利用 CREATE PACKAGE BODY 语句创建软件包体并对输入的语句进行编辑之后存入另一个 SQL 脚本文件。

（2）将以上脚本文件装入 SQL*Plus，运行这两个脚本文件以编译该软件包的说明部分和软件包体，同时将源代码和编译后的软件包说明和体存储到数据库中。

（3）使用 SHOW ERRORS 命令查看编译错误。

（4）当编译成功时，从一个 Oracle 服务器环境调用该软件包内部的公共结构。

如果使用的是图形开发工具 SQL Developer，在实际工作中一般会使用如下方法来创建、编辑和执行一个 PL/SQL 软件包：

（1）使用图形工具 SQL Developer 的对象导航树或 SQL 工作表创建一个软件包。

（2）编译这个软件包，编译成功的软件包会被存储在数据库中。CREATE PACKAGE 语句创建并将源代码和编译后的 m-code[machine-readable code，机器（计算机）可阅读的代码]代码存储在数据库中。要编译这个软件包，在对象导航树中使用鼠标右键单击这个软件包的名字，然后单击"编译"命令。

（3）如果存在编译错误，那么 m-code 代码不被存储，并且必须编辑这段源代码以改正错误。另外，也无法引用任何包含有编译错误的软件包中的子程序或结构。可以在 SQL Developer 中（也可以是在 SQL*Plus 中）利用数据字典浏览编译错误或警告，也可以使用 SQL Developer 编译软件包之后查看"日志"选项卡。

（4）当编译成功之后，从一个 Oracle 服务器环境调用该软件包内部的公共结构。

现将使用命令行工具 SQL*Plus 和使用图形开发工具 SQL Developer 创建、编辑、编译和执行一个 PL/SQL 软件包的具体操作步骤进行归纳，如图 15.3 所示。

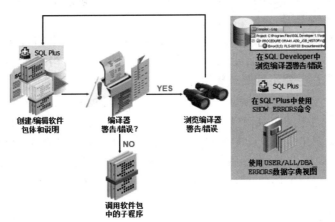

图 15.3

在开发一个 PL/SQL 软件包时，为了将来的管理和维护方便，最好遵循如下开发原则：

（1）将一个软件包说明的语句正文与这个软件包体的语句正文分别存放在两个脚本文件中，以方便对软件包说明或软件包体的修改。

（2）一个软件包说明可以在没有软件包体的情况下存在，即当创建软件包说明时可以不说明子程序，也不需要软件包体。然而，如果软件包的说明部分不存在是不能创建这个软件包体的。

Oracle 服务器是将软件包的说明和软件包体分开存放的，从而在改变软件包体中某个程序结构的实现时不会使所调用或引用程序结构的其他模式对象变为无效。

15.4　创建 PL/SQL 软件包的说明

要创建一个 **PL/SQL** 软件包，需要在软件包的说明中声明所有的公共结构。**创建软件包说明的语法如下：**

```
CREATE [OR REPLACE] PACKAGE package_name IS|AS
    public type and variable declarations
    subprogram specifications
END [package_name];
```

在以上创建软件包说明的语法中：

- 如果软件包的说明已经存储，OR REPLACE 选项删除并重建该软件包的说明。

- 如果需要，要在声明中使用常量或公式初始化变量，否则软件包的说明部分中声明的变量默认被初始化为 NULL。

- package_name：为软件包的名字，在一个用户中（模式中）必须唯一（即不能与同一用户中的其他对象重名）。在 END 关键字之后的软件包名字是可选的。

- public type and variable declarations：为声明的公共变量、常量、cursors、异常、用户定义的数据类型和子类型。

- subprogram specification：为公共过程或函数的声明。

软件包的说明应该包括外部可以调用的过程和函数的头部并且以分号结束，但是没有 IS 或 AS 关键字，也没有它们的 PL/SQL 程序块。在一个软件包说明部分中声明的过程或函数的实现（程序代码）是写在软件包体中的。

Oracle 数据库将一个软件包的说明和体分开存放。这使得软件包的管理和维护变得更加容易，因为对软件包体中程序结构的修改不会影响调用或引用这些程序结构的其他模式对象，即这些模式对象不会变为无效，当然也就不需要重新编译了。

接下来，利用一个设置员工工资的软件包说明部分的开发和执行来演示如何创建软件包说明部分和调用（执行）软件包中的公共变量。可以使用例 15-1 的 CREATE OR REPLACE PACKAGE 语句创建 salary_pkg（设置工资）软件包的说明。在这个软件包的说明部分声明了一个数字类型的全局变量 v_std_salary 并初始化为 1380。reset_salary 是一个公有的过程，该过程基于某些业务规则重置标准工资（salary），而该过程的代码是在软件包体部分实现的。

例 15-1

```
SQL> CREATE OR REPLACE PACKAGE salary_pkg IS
  2    v_std_salary NUMBER := 1380;  --初始化为 1380
  3    PROCEDURE reset_salary(p_new_sal NUMBER, p_grade NUMBER);
  4  END salary_pkg;
  5  /

程序包已创建。
```

当确认 **salary_pkg** 软件包的说明创建成功之后，就可以调用软件包中的公共变量（全局变量）**v_std_salary** 了。但是此时还不能调用公共过程 **reset_salary**，因为目前还没有创建 **salary_pkg** 软件包体，当然也没有实现过程 **reset_salary** 的程序代码。可以使用例 15-2 的匿名程序块利用 DBMS_OUTPUT 软件包直接显示软件包 salary_pkg 中公有变量 v_std_salary 的当前值。

例 15-2
```
SQL> SET serveroutput ON
SQL> BEGIN
  2    DBMS_OUTPUT.PUT_LINE(salary_pkg.v_std_salary);
  3  END;
  4  /
1380

PL/SQL 过程已成功完成。
```

也可以修改软件包 salary_pkg 中公有变量 v_std_salary 的值，如可以使用例 15-3 的匿名程序块首先将数字 1111 赋予软件包 salary_pkg 中的公有变量 v_std_salary，之后再利用 DBMS_OUTPUT 软件包再次显示软件包 salary_pkg 中公有变量 v_std_salary 的当前值。

例 15-3
```
SQL> BEGIN
  2    salary_pkg.v_std_salary := 1111;
  3    DBMS_OUTPUT.PUT_LINE(salary_pkg.v_std_salary);
  4  END;
  5  /
1111

PL/SQL 过程已成功完成。
```

15.5 创建 PL/SQL 软件包体

所谓的创建一个 **PL/SQL 软件包体就是定义和实现所有的公共（公有）子程序和支持性的私有结构。当创建一个软件包体时，应该执行如下步骤：**

（1）如果这个软件包体已经存储，OR REPLACE 选项删除并重建软件包的体。

（2）按照一种合适的顺序定义所有的子程序，其基本原则是在同一个软件包体中在其他组件引用一个变量或子程序之前，这个变量或者子程序必须声明过，即所有的私有结构必须在引用之前声明。一般在一个软件包体中首先定义所有的私有变量和子程序，而最后定义公有子程序。

（3）在软件包体中完成所有在软件包说明中声明的过程和函数的实现（即完成它们的 PL/SQL 程序代码）。

在软件包体中定义的标识符为私有的，它们在软件包体之外是不可见的，而在软件包说明中定义的公有结构对软件包体是可见的。其创建软件包体的语法如下：
```
CREATE [OR REPLACE] PACKAGE BODY package_name IS|AS
    private type and variable declarations
    subprogram bodies
[BEGIN initialization statements]
END [package_name];
```
在以上创建软件包体的语法中：

➥ package_name：为软件包的名字，该名字必须与软件包说明部分的名字相同。在 END 关键字之后的软件包名字是可选的。

➥ private type and variable declarations：为声明的私有变量、常量、cursors、异常、用户定义

的数据类型和子类型。

➥ subprogram specification：说明所有私有和公有过程或函数的完整实现（即 PL/SQL 程序代码）。

➥ [BEGIN initialization statements]：是一个可选的初始化代码程序块，该块是在软件包第一次引用时执行的。

在介绍创建软件包体的例子之前，先介绍一个将要用到的工资级别表（salgrade），这个表也存储在 SCOTT 用户中。可以使用例 15-4 的 SQL*Plus 命令 DESC 来获取这个表的结构，也可以使用例 15-5 的 SQL 查询语句显示该表中所存的全部数据。

例 15-4

```
SQL> DESC salgrade
名称                                              是否为空？ 类型
------------------------------------------------- -------- ------
GRADE                                                       NUMBER
LOSAL                                                       NUMBER
HISAL                                                       NUMBER
```

例 15-5

```
SQL> SELECT * FROM salgrade;
    GRADE      LOSAL      HISAL
-------- ---------- ----------
       1        700       1200
       2       1201       1400
       3       1401       2000
       4       2001       3000
       5       3001       9999
```

那么 salgrade 表在商业运作中到底有什么用处呢？大家知道公司招工时免不了要和一些应征者就工资的多少讨价还价。公司负责招工的人就可以用这个表所提供的信息作为讨价还价的基准点。例如，所招聘的工作定为 3 级，公司负责招工的人对于任何高于 2000 元以上的要求都要予以拒绝，同时，公司也会把该级新员工的工资定在 1401 元以上。

在许多西方国家中工会势力都很强，一般工会要求公司要做到相同的工作大体相同的工资（即所谓的同工同酬，也就是人人平等原则）。但是每个人之间的能力可能有一些差别，因此具体工资可以有少许的差别。以上的 salgrade 中的每一级别（grade）的工资上下限就可能是工会与公司管理层谈判的结果。一般工会要求公司在刊登招聘员工的广告时必须注明这一工作的级别，如果所招聘的工作定为 4 级，即使一个应征者同意工资可以降到 1800（可能因为急着想找到工作），公司也至少给他 2001 元。否则，如果这个人将来翻脸了或工会介入，公司可能会吃官司的，因为这是违法的。

可能有读者会问：工资上限有什么用？答案是为了防止负责招聘的经理的。因为如果没有这一上限，经理的亲朋好友来应聘时，他可能给很高的工资。这样公司不就赔了吗？有了这一上限，经理最多也就能给到这一级别的工资上限。

在例 15-1 中使用 CREATE OR REPLACE PACKAGE 语句创建了软件包 salary_pkg 的说明部分，接下来使用 CREATE OR REPLACE PACKAGE BODY 语句创建这个软件包的体，其 PL/SQL 程序代码如例 15-6 所示。

在 salary_pkg 软件包的体中定义了一个私有的函数 validate 以检查工资是否有效。工资有效是指工资在这一级别（grade）所规定的下限～上限之间（包含上限和下限）。函数 validate 定义了两个数字类型的 IN 形参 p_sal 和 p_grade，其中 p_sal 为要设置的工资值，而 p_grade 为这一职位的级别（对应于 salgrade 表中的 grade 列的值）。该函数还声明了两个存储工资下限和上限值的本地变量 v_min_sal 和 v_max_sal。该函数的执行段只有两个语句，第一个语句就是将 grade 的值等于 p_grade 的 losal 和 hisal 的值取出并分别存入变量 v_min_sal 和 v_max_sal 中，第二个语句将 p_sal 与变量 v_min_sal 和 v_max_sal 值进行比较的结果返回给调用环境。

reset_salary 过程在更改标准工资 v_std_salary 的值之前先调用私有函数 validate，如果输入的工资在指定级别的规定工资的范围之内就将这一值（p_new_sal）设置成新的标准工资值（v_std_salary），否则返回错误代码 20038 和"工资超限!"的信息。

例 15-6

```
SQL> CREATE OR REPLACE PACKAGE BODY salary_pkg IS
  2    FUNCTION validate(p_sal NUMBER, p_grade NUMBER) RETURN BOOLEAN IS
  3      v_min_sal      salgrade.losal%type;
  4      v_max_sal      salgrade.hisal%type;
  5    BEGIN
  6      SELECT losal, hisal
  7      INTO   v_min_sal, v_max_sal
  8      FROM   salgrade
  9      WHERE  grade = p_grade;
 10      RETURN (p_sal BETWEEN v_min_sal AND v_max_sal);
 11    END validate;
 12
 13    PROCEDURE reset_salary(p_new_sal NUMBER, p_grade NUMBER) IS BEGIN
 14      IF validate(p_new_sal, p_grade) THEN
 15        v_std_salary := p_new_sal;
 16      ELSE  RAISE_APPLICATION_ERROR(
 17             -20038, '工资超限!');
 18      END IF;
 19    END reset_salary;
 20  END salary_pkg;
 21  /
```

程序包体已创建。

当确认 salary_pkg 软件包体创建成功之后，就可以在调用软件包中的公共变量（全局变量）v_std_salary 和公共过程 reset_salary 了。当一个软件包存储在数据库中之后，就可以在相同的软件包中调用其中的公有或私有子程序了，如例 15-6 中的第 14 行就是在相同的软件包中调用函数 validate。也可以使用例 15-7 的匿名程序块调用软件包 salary_pkg 中的 reset_salary 过程，其中 2250 是要设置的新标准工资值，而 4 是职位的级别。之后利用 DBMS_OUTPUT 软件包直接显示软件包 salary_pkg 中公有变量 v_std_salary 的新当前值。

例 15-7

```
SQL> SET serveroutput ON
SQL> BEGIN
  2    salary_pkg.reset_salary(2250,4);
```

```
  3    DBMS_OUTPUT.PUT_LINE(salary_pkg.v_std_salary);
  4  END;
  5  /
2250

PL/SQL 过程已成功完成。
```

也可以在 SQL*Plus 中直接调用一个软件包的过程，如例 15-8 就是在 SQL*Plus 中直接调用软件包 salary_pkg 中的 reset_salary 过程。为了进一步验证这一命令的执行结果，可以使用例 15-9 的匿名程序块利用 DBMS_OUTPUT 软件包再次显示软件包 salary_pkg 中公有变量 v_std_salary 的当前值。

例 15-8

```
SQL> EXECUTE salary_pkg.reset_salary(2450,4);

PL/SQL 过程已成功完成。
```

例 15-9

```
SQL> BEGIN
  2    DBMS_OUTPUT.PUT_LINE(salary_pkg.v_std_salary);
  3  END;
  4  /
2450

PL/SQL 过程已成功完成。
```

如果在调用 reset_salary 过程时输入的工资值不在规定的范围之内（即低于下限或高于上限），Oracle 服务器将显示相关的错误提示信息，如例 15-10 所示。

例 15-10

```
SQL> EXECUTE salary_pkg.reset_salary(1999,4);
BEGIN salary_pkg.reset_salary(1999,4); END;

*
第 1 行出现错误:
ORA-20038: 工资超限!
ORA-06512: 在 "SCOTT.SALARY_PKG", line 16
ORA-06512: 在 line 1
```

也可以在 SQL*Plus 中调用一个在不同用户的软件包中的过程。为此，可以使用例 15-11 的 SQL*Plus 连接命令切换到 system 用户（也可以是在软件包 salary_pkg 上有执行权限的其他用户）。

例 15-11

```
SQL> connect system/wang
已连接。
```

当用户切换成功之后，就可以在 SQL*Plus 中直接调用一个 SCOTT 用户的 salary_pkg 软件包中的 reset_salary 过程了，如例 15-12 所示。注意：在这个例子中使用的工资值超过了第 4 级的上限 3000，所以系统显示了错误提示信息。如果将例 15-12 中过程调用中的实参 3001 改为 3000，其命令就将成功地执行，如例 15-13 所示。

例 15-12

```
SQL> EXECUTE scott.salary_pkg.reset_salary(3001,4);
BEGIN scott.salary_pkg.reset_salary(3001,4); END;
```

```
*
第 1 行出现错误：
ORA-20038: 工资超限！
ORA-06512: 在 "SCOTT.SALARY_PKG", line 16
ORA-06512: 在 line 1
```

例 15-13

```
SQL> EXECUTE scott.salary_pkg.reset_salary(3000,4);

PL/SQL 过程已成功完成。
```

可能有读者在想：像 **salary_pkg** 这样的软件包在实际工作有什么用处呢？如某个大公司或机构招聘了一批刚刚从技校或大学毕业的新员工，因为所有的新员工的起点都是相同的，所以就可以使用类似 **salary_pkg** 软件包来设置每个员工的起薪点。如果读者认为这也许太简单了，即使不用软件包也能完成这一工作，可以想象一下为某一商品定价，有时定价的算法可能相当繁琐，如可能牵扯到进口关税、运输费用、广告费用，甚至人员培训费用等。在这种情况下，就会显现出 **PL/SQL** 软件包的强大和方便了。

15.6   创建和使用无体的 PL/SQL 软件包

在一个独立子程序（过程或函数）中声明的变量和常量只在这个子程序执行期间存在。为了在一个整个用户会话期间提供所存在的数据，可以创建一个包含公共（全局）变量和常量声明的软件包说明部分。在这种情况下，所创建的软件包说明不需要软件包体，因此被称为一个无体软件包。正如以上所讨论的那样，如果一个软件包说明只声明了数据类型、常量和异常，那么这个软件包就完全不需要软件包体。

一个比较常见的无体软件包例子就是银行的利息表或外汇兑换率。表 15-1 是在互联网上找到的一个中国工商银行的利息表，中国工商银行的英文全称是 Industrial and Commercial Bank of China (ICBC)。

表 15-1

项　　目	年利率（%）
一、城乡居民及单位存款	
（一）活期存款	0.35
（二）定期存款	
1. 整存整取	
三个月	2.85
六个月	3.05
一年	3.25
二年	3.75
三年	4.25
五年	4.75

注：2012 最新工商银行存款利率_2012 年工行存款利率（本文依据 2010-07-06 所更新利率）

接下来，使用无体软件包来实现这张利息表，为了简化问题和减少篇幅，这里只实现了整存整取的利息表。其软件包的名字为 **icbc_interests**，创建这个软件包说明的 **PL/SQL** 程序代码如例 **15-14** 所示。

例 15-14

```
SQL> CREATE OR REPLACE PACKAGE icbc_interests IS
  2    three_months  CONSTANT  NUMBER  := 2.85;
  3    six_months    CONSTANT  NUMBER  := 3.05;
  4    one_year      CONSTANT  NUMBER  := 3.25;
  5    two_years     CONSTANT  NUMBER  := 3.75;
  6    three_years   CONSTANT  NUMBER  := 4.25;
  7    five_years    CONSTANT  NUMBER  := 4.75;
  8  END icbc_interests;
  9  /
```

程序包已创建。

当确认 **icbc_interests** 软件包说明部分创建成功之后，就可以调用这个无体软件包中的公共变量（全局变量）了。可以使用例 15-15 的匿名程序块利用 DBMS_OUTPUT 软件包直接显示无体软件包 cbc_interests 中公有变量 six_months 的当前值（即显示 6 个月的整存整取利息）。当然，也可以使用类似的方法显示软件包中声明的其他存款利息。

例 15-15

```
SQL> SET serveroutput ON
SQL>BEGIN
  2  DBMS_OUTPUT.PUT_LINE('6 个月的存款利息为：' || icbc_interests.six_months);
  3  END;
  4  /
6 个月的存款利息为：3.05

PL/SQL 过程已成功完成。
```

在调用软件包时要遵循的原则是：当从一个软件包之外引用一个变量、cursor、常量或异常时，必须在它之前冠以软件包的名字。

15.7　软件包的发现与删除

目前为止，已经创建了几个软件包。那么怎样才能知道在一个用户中到底有多少个存储软件包呢？与第 13 章和第 14 章中介绍的过程和函数类似，**既然软件包本身也是模式对象，因此也可以通过 Oracle 的数据字典 user_objects 列出软件包的相关信息。**

为了使显示的信息清晰易读，首先应该使用例 15-16 的 SQL*Plus 的格式化命令将数据字典 user_objects 中 object_name 列的显示宽度设置为 20 个字符。接下来，就可以使用类似例 15-17 的 SQL 查询语句从数据字典 user_objects 中列出所有软件包的相关信息。

例 15-16

```
SQL> col object_name for a20
```

例 15-17

```
SQL> SELECT object_id, object_name, object_type, created, status
  2  FROM user_objects
  3  WHERE object_type IN ('PACKAGE', 'PACKAGE BODY');
OBJECT_ID OBJECT_NAME        OBJECT_TYPE      CREATED       STATUS
--------- ------------------ ---------------- ------------- -------
    76532 ICBC_INTERESTS     PACKAGE          04-2月 -14     VALID
    76520 SALARY_PKG         PACKAGE BODY     04-2月 -14     VALID
    76519 SALARY_PKG         PACKAGE          04-2月 -14     VALID
```

例 15-17 的显示结果列出当前用户中所有的软件包说明和软件包体。**如果 status 列的值是 INVALID，就表示这一软件包说明或软件包体不能被调用了，必须重新编辑（修改其中的问题）之后重新创建这一软件包说明或软件包体。**

当不再需要一个存储软件包时，可以使用 DROP PACKAGE 语句删除这个软件包的说明和软件包体。如已经不再需要 salary_pkg 软件包（也可能是其他的软件包），就可以使用例 15-18 的 DDL 语句删除这一软件包的说明和软件包体。

例 15-18

```
SQL> DROP PACKAGE salary_pkg;
```

程序包已删除。

尽管以上 DDL 语句的执行结果显示"程序包已删除"，但是为了保险，还是应该使用例 15-19 的 SQL 查询语句再次从数据字典 user_objects 中列出所有软件包的相关信息以确认以上的 DROP PACKAGE 语句确实删除了 salary_pkg 软件包。

例 15-19

```
SQL> SELECT object_id, object_name, object_type, created, status
  2  FROM user_objects
  3  WHERE object_type IN ('PACKAGE', 'PACKAGE BODY');
OBJECT_ID  OBJECT_NAME        OBJECT_TYPE      CREATED       STATUS
---------- ------------------ ---------------- ------------- ------
     76532 ICBC_INTERESTS     PACKAGE          04-2月 -14     VALID
```

如果只删除软件包的体，应该使用如下语句：
```
DROP PACKAGE BODY 软件包名;
```
如只需要删除 salary_pkg 软件包的体，就可以使用如下语句：
```
DROP PACKAGE BODY salary_pkg;
```

在设计和开发软件包时，一定要牢记使软件包尽可能通用，这样这些软件包才可能在未来的应用程序中被重用。还要尽量避免开发重复了 Oracle 服务器已经提供特性的软件包，以下就是写软件包的指南：

- 开发通用的软件包。
- 在定义软件包的体之前先定义软件包的说明，因为软件包的说明反映了应用程序的设计。
- 在软件包的说明部分应该只包括那些想要公共看到的结构，即软件包的说明部分应该包含尽可能少的结构，这样其他的开发人员（程序员）就不能够通过基于不相关细节上的代码滥用软件包了。
- 将那些在会话或交易（事务）期间必须维护的组件放入软件包体的说明部分。当在一个软件包说明中声明一个变量时，这个变量是作为一个全局变量使用，而这个全局变量的值是在软件包中的某个结构被第一次调用时初始化的，并在整个会话中保持不变。

在 Oracle 11g 之前，改变软件包的说明需要引用的每一个子程序都要重新编译，但是改变软件包的体不需要重新编译那些依赖的结构。Oracle 11g 和 Oracle 12c 减少了这种依赖，在 Oracle 11g 和 Oracle 12c 中依赖关系是追踪到软件包内的元素一级。例如，在 Oracle 11g 和 Oracle 12c 中，如果软件包中的一个过程或函数所引用的表增加了一列，那么这个软件包是不需要重新编译的。

15.8 在 SQL Developer 中开发和编译软件包说明

除了使用命令行工具 SQL*Plus 之外，也可以使用图形工具 SQL Developer 创建、编辑和编译软件包的说明。以下就是在 SQL Developer 中创建、编辑和编译 salary_pkg 软件包说明的具体操作步骤。

（1）在对象导航树中使用鼠标右键单击"程序包"节点，随即就会出现一个快捷菜单，如图 15.4 所示。

（2）在这个快捷菜单中选择"新建程序包"选项，随即弹出"创建 PL/SQL 程序包"对话框。在这个对话框中，接受默认的"方案"（模式）SCOTT，在"名称"处输入 salary_pkg 作为函数名，最后单击"确定"按钮，如图 15.5 所示。

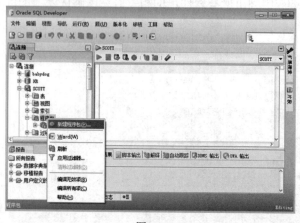

图 15.4

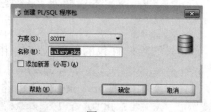

图 15.5

（3）在编辑窗口中将显示 SQL Developer 自动生成的创建这个软件包说明所需的基本信息（也有人称之为模板），如图 15.6 所示。有了这个模板就可以加快 PL/SQL 软件包的开发速度，也减少了出错的概率。

（4）随即，就可以输入和编辑这个软件包说明部分的其他程序代码了，如图 15.7 所示。

（5）可以单击 PL/SQL 程序源代码上部的"编译"图标编译这个函数。如果不记得"编译"图标是哪一个了，也没有关系，可以将鼠标停在每个图标上，SQL Developer 会自动显示图标的名称。如果编译成功，在对象导航树的"程序包"节点中将新增一个名为 salary_pkg 的软件包，如图 15.8 所示。

图 15.6

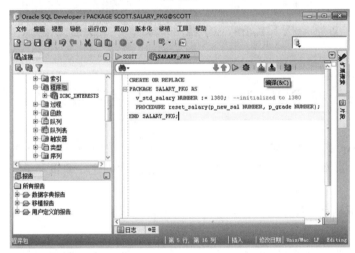

图 15.7

图 15.8

（6）如果编译没有成功，在对象导航树的"程序包"节点中就不会出现 salary_pkg，并会显示错误提示信息。实际上，可以选择"日志"选项卡以打开消息窗口，在消息窗口中会显示编译错误或编译成功的提示信息，如图 15.9 所示。

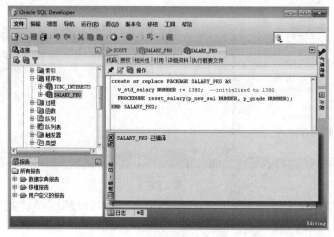

图 15.9

15.9　在 SQL Developer 中开发和编译软件包体

当确认 salary_pkg 软件包的说明创建成功之后，就可以使用图形工具 SQL Developer 创建、编辑和编译这个软件包的体了。以下就是在 SQL Developer 中创建、编辑和编译 salary_pkg 软件包体的具体操作步骤。

（1）在对象导航树的"程序包"节点中使用鼠标右键单击 SALARY_PKG，出现一个快捷菜单，如图 15.10 所示。

（2）在这个快捷菜单中选择"创建主体"选项，随即在编辑窗口中将显示 SQL Developer 自动生成的创建这个软件包体所需的基本信息，如图 15.11 所示。

图 15.10

图 15.11

（3）可以输入和编辑这个软件包体部分的其他程序代码了，如图 15.12 所示。

图 15.12

（4）可以单击 PL/SQL 程序源代码上部的"编译"图标编译这个函数。如果编译成功，在对象导航树的"程序包"节点中的 salary_pkg 节点之下会新增一个节点"SALARY_PKG Body"，如图 15.13 所示。

图 15.13

15.10 在 SQL Developer 中运行软件包

当确认 salary_pkg 软件包的体也创建成功之后，就可以使用图形工具 SQL Developer 运行这个软件包了。以下就是在 SQL Developer 中运行 salary_pkg 软件包的具体操作步骤。

（1）如果想运行软件包 salary_pkg，使用鼠标右键单击软件包 salary_pkg 就会出现一个快捷菜单，在这个快捷菜单中选择"运行"选项，如图 15.14 所示。

图 15.14

（2）随即出现如图 15.15 所示的"运行 PL/SQL"对话框。

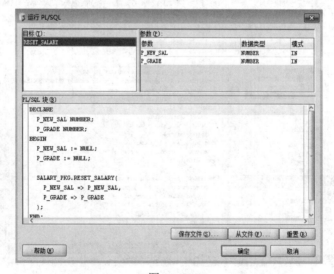

图 15.15

（3）在这个"运行 PL/SQL"的对话框中修改传递给这个软件包中的 RESET_SALARY 过程的实参，即将传递的参数改为"P_NEW_SAL => 2250, P_GRADE => 4"，随后单击"确定"按钮，如图 15.16 所示。

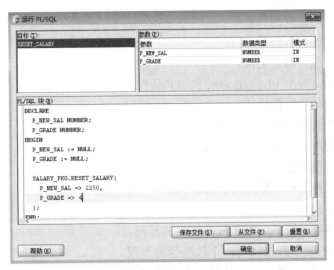

图 15.16

（4）随即弹出运行窗口并在其中显示相关的运行信息，如图 15.17 所示。

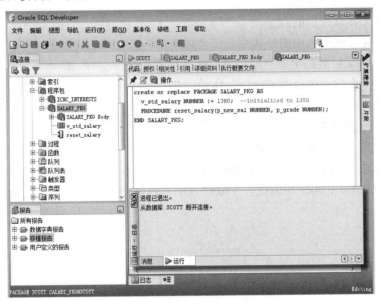

图 15.17

15.11 您应该掌握的内容

在学习完本章之后，请检查一下您是否已经掌握了以下内容：

- 什么是 PL/SQL 软件包？
- PL/SQL 软件包包括了哪些组件？
- 一个 PL/SQL 软件包通常是由哪两部分所组成？
- PL/SQL 软件包具有哪些主要的优势？

- ➥ 什么是软件包的公共组件？
- ➥ 什么是软件包的私有组件？
- ➥ 熟悉软件包中组件的可见性。
- ➥ 了解开发和调试一个 PL/SQL 软件包的具体步骤。
- ➥ 熟悉创建软件包说明的语法。
- ➥ 怎样创建一个软件包的说明部分？
- ➥ 怎样引用（调用）软件包中的公共变量？
- ➥ 熟悉创建软件包体的语法。
- ➥ 熟悉在创建软件包体时要注意的事项。
- ➥ 怎样创建一个软件包体？
- ➥ 怎样使用匿名程序块调用一个软件包中的过程？
- ➥ 怎样在 SQL*Plus 中直接调用一个软件包的过程？
- ➥ 怎样在 SQL*Plus 中调用一个其他用户软件包中的过程？
- ➥ 什么是无体软件包？
- ➥ 熟悉无体软件包的应用。
- ➥ 熟悉创建无体软件包的方法。
- ➥ 怎样调用无体软件包中的公共变量（全局变量）？
- ➥ 熟悉利用 Oracle 数据字典发现和浏览软件包的方法。
- ➥ 熟悉删除一个软件包说明和软件包体的语句。
- ➥ 熟悉删除一个软件包体的语句。
- ➥ 熟悉 Oracle 推荐的写软件包的指导原则。
- ➥ 熟悉在 SQL Developer 中创建、编辑和编译一个软件包说明的操作。
- ➥ 熟悉在 SQL Developer 中创建、编辑和编译一个软件包体的操作。
- ➥ 熟悉在 SQL Developer 中运行一个软件包的具体操作步骤。

第 16 章　PL/SQL 软件包的高级特性和功能

通过第 15 章的学习，相信读者应该基本掌握了 PL/SQL 软件包的使用，这一章将深入地介绍 PL/SQL 软件包的更多高级特性和功能，包括重载、向前引用和一次性过程等，其主要内容如下：

- 软件包中的过程和函数的重载。
- 向前声明的使用。
- 在一个软件包体中创建初始化程序块。
- 在整个会话期间管理持久性软件包数据的状态。
- 在软件包中使用 INDEX BY(PL/SQL)表和记录。

16.1　在 PL/SQL 中子程序的重载

子程序的重载并不是 PL/SQL 程序设计语言中所独有的，在大多数面向对象的程序设计语言中都有这一功能，如在 C++中连运算符都可以重载。**在 PL/SQL 语言中子程序的重载特性能够在一个软件包中开发两个或更多同名的子程序，当一个子程序要接受一组相似的参数但数据类型不同时，这种重载特性非常有用。如内置的 TO_CHAR 函数就具有多种调用方法能够将一个数字数据或者一个日期数据转换成一个字符串。现将 PL/SQL 软件包中子程序的重载特性以及为程序设计带来的好处归纳如下：**

- 能够创建两个或多个同名的子程序。
- 需要子程序的形式参数在数量上、顺序上或数据类型系列上有所不同。
- 能够方便地以不同的设计调用子程序。
- 提供了一种在不损失现有程序代码的情况下扩展程序功能的方法，即为现存的子程序添加一些新参数。
- 提供了一种重载本地子程序、软件包子程序和数据类型的方法（但是不能重载独立子程序）。

可能有读者会问：究竟在什么情况下才应该使用子程序重载这一别具一格的程序设计特性呢？一般在如下情况下就应该考虑使用子程序重载特性：

（1）当两个或更多子程序十分相似，但是它们的参数的数据类型或参数的个数不同时。

（2）以不同的搜索条件查找不同的数据时。例如，可以利用狗的 ID（dog_id）查找一条狗的详细信息，也可以利用狗名（dog_name）查找这条狗的详细信息。从本质上说以上两个查询在逻辑上是相同的，但是它们所使用的参数或搜索条件是不同的。

（3）当不想替代现有程序的代码但又想扩展其功能时。

在这里再强调一遍，独立的子程序（过程或函数）是不能被重载的。不过子程序重载特性的使用还是有一定的限制，在如下的情况下是不能使用子程序重载的：

（1）如果两个子程序只有它们的参数的数据类型不同，并且这些不同的数据类型是属于同一个类型系列的（如 NUMBER 和 DECIMAL 就是属于同一个类型系列的）。

（2）如果两个子程序只有它们的参数在子数据类型上有所不同，并且这些不同的子数据类型是基于同一个类型系列的（如 VARCHAR 和 STRING 都是 PL/SQL 的 VARCHAR2 数据类型的子类型）。

（3）两个函数只有它们的返回类型不同，即使这些数据类型是不同的数据类型系列。

在以上所列的情况下，如果重载子程序，Oracle 系统会返回一个运行错误提示。以上所列的情况适用于参数的名字也相同时，如果参数的名字不同，可以在调用这个子程序时使用名字表示法来传递参数。

接下来，简单地介绍一下 PL/SQL 编译器解析重载的子程序调用的内部操作过程。**编译器试着找到匹配子程序调用的一个声明，编译器首先在当前域（程序块）中进行搜索，如果需要接下来搜索包含该程序块的域（即包含该程序块的程序块）。如果编译器找到一个或多个与调用子程序名字相匹配的子程序声明，编译器就停止搜索。如果在同一级的域中（同一个程序块中）有多个同名的子程序，那么编译器需要在实参和形参之间精确地匹配它们的数量、顺序和数据类型。**

16.2　创建带有重载过程的软件包的实例

在本书第 13 章 13.9 节的例 13-18 中，曾使用 CREATE OR REPLACE PROCEDURE 语句创建一个名为 add_dept（添加部门）的过程。这个 add_dept 过程在插入一个新部门记录时是使用序列 deptid_sequence 的伪列 NEXTVAL 生成部门号（deptno），但是序列的值是不能回退的，这就产生了一个问题。对于一个经营了多年的大公司，随着时间的流逝会取消一些部门、同时也会新增一些部门。在这种情况下这个 add_dept 过程就显得有些力不从心了，因为使用该过程添加新部门的部门号一定要比现有的部门号大，而且根本不能重用已经取消的部门的部门号。

那么如何在不抛弃 add_dept 过程原有程序代码的前提下扩充这一 add_dept 过程的功能，而使用户在调用这一过程添加新部门时可以自己指定新部门的部门号呢？答案读者可能心里已经有数了，那就是使用重载过程。与之前介绍的创建软件包的方法相同，要创建一个带有重载过程的软件包，首先要创建这个软件包的说明部分。**例 16-1 就是一个带有重载过程的软件包说明的程序代码，其软件包名为 dept_pkg，而重载的过程为 add_dept。在该重载过程的第一个声明中使用了三个参数用以向部门表中插入新部门记录时提供数据。在该重载过程的第二个声明中只使用了两个参数，因为这个版本是利用一个 Oracle 的序列来生成部门号的。**

例 16-1

```
SQL> CREATE OR REPLACE PACKAGE dept_pkg IS
  2    PROCEDURE add_dept
  3      (p_deptno  IN dept_pl.deptno%TYPE,
  4       p_name  IN dept_pl.dname%TYPE  DEFAULT '服务',
  5       p_loc   IN dept_pl.loc%TYPE    DEFAULT '狼山镇');
  6
  7    PROCEDURE add_dept
  8      (p_name  IN dept_pl.dname%TYPE  DEFAULT '服务',
  9       p_loc   IN dept_pl.loc%TYPE    DEFAULT '狼山镇');
 10  END dept_pkg;
```

```
11  /
```

程序包已创建。

当确认软件包 **dept_pkg** 的说明部分创建成功之后，就可以使用例 16-2 的 **CREATE OR REPLACE PACKAGE BODY** 语句创建这个软件包的体了。其中第 2 个过程的声明与第 13 章 13.9 节例 13-18 中 **add_dept** 过程的程序代码几乎是完全相同，而第 1 个过程的声明略有不同，增加了一个形参 **p_deptno**，以方便用户在插入新部门记录时提供该部门的部门号。

例 16-2

```
SQL> CREATE OR REPLACE PACKAGE BODY dept_pkg  IS
  2    PROCEDURE add_dept  -- 第 1 个过程的声明
  3     (p_deptno  IN dept_pl.deptno%TYPE,
  4      p_name  IN dept_pl.dname%TYPE  DEFAULT '服务',
  5      p_loc   IN dept_pl.loc%TYPE    DEFAULT '狼山镇') IS
  6     BEGIN
  7       INSERT INTO dept_pl(deptno, dname, loc)
  8       VALUES  (p_deptno, p_name, p_loc);
  9     END add_dept;
 10
 11    PROCEDURE add_dept  -- 第 2 个过程的声明
 12     (p_name  IN dept_pl.dname%TYPE  DEFAULT '服务',
 13      p_loc   IN dept_pl.loc%TYPE    DEFAULT '狼山镇') IS
 14     BEGIN
 15       INSERT INTO dept_pl (deptno, dname, loc)
 16       VALUES (deptid_sequence.NEXTVAL, p_name, p_loc);
 17     END add_dept;
 18  END dept_pkg;
 19  /
```

程序包体已创建。

当确认 dept_pkg 软件包体创建成功之后，就可以使用例 16-3 的 SQL 查询语句列出部门（dept_pl）表中全部部门的数据以方便后面的验证和对比工作。

例 16-3

```
SQL> SELECT * FROM dept_pl;
   DEPTNO DNAME                   LOC
---------- ---------------------- -----------
       10 ACCOUNTING              NEW YORK
       20 RESEARCH                DALLAS
       30 SALES                   CHICAGO
       40 OPERATIONS              BOSTON
```

接下来，可以使用例 16-4 的 SQL*Plus 的执行命令以三个实参调用 dept_pkg 软件包中的 add_dept 过程。该命令执行的结果是在部门表中添加一个部门号为 38 的"公关"部门，其地址在"公主坟"。

例 16-4

```
SQL> EXECUTE dept_pkg.add_dept(38,'公关','公主坟')
```

PL/SQL 过程已成功完成。

当确认以上命令执行成功之后，应该使用例 16-5 的 SQL 查询语句再次列出部门（dept_pl）表中全部部门的数据以确认软件包的正确性。

例 16-5

```
SQL> SELECT * FROM dept_pl;
    DEPTNO DNAME                     LOC
---------- ------------------------ ---------
        10 ACCOUNTING                NEW YORK
        20 RESEARCH                  DALLAS
        30 SALES                     CHICAGO
        40 OPERATIONS                BOSTON
        38 公关                       公主坟
```

随后，可以使用例 16-6 的 SQL*Plus 的执行命令以两个实参调用 dept_pkg 软件包中的 add_dept 过程。该命令执行的结果是在部门表中添加一个名为"保安"的部门，其地址在"威虎山"。

例 16-6

```
SQL> EXECUTE dept_pkg.add_dept('保安','威虎山')

PL/SQL 过程已成功完成。
```

当确认以上命令执行成功之后，应该使用例 16-7 的 SQL 查询语句再次列出部门（dept_pl）表中全部部门的数据以再次确认软件包的正确性。

例 16-7

```
SQL> SELECT * FROM dept_pl;
    DEPTNO DNAME                     LOC
---------- ------------------------ ---------
        10 ACCOUNTING                NEW YORK
        20 RESEARCH                  DALLAS
        30 SALES                     CHICAGO
        40 OPERATIONS                BOSTON
        38 公关                       公主坟
        50 保安                       威虎山

已选择 6 行。
```

注意，在例 16-7 的显示结果中，最后一行数据的部门号为 50，该部门号是调用序列 deptid_sequence 的 NEXTVAL 伪列自动生成的，在不同的系统上可能会是不同的值。

16.3 STANDARD 软件包与子程序重载

一个名为 **STANDARD** 的 **PL/SQL** 软件包定义了 **PL/SQL** 环境和 **PL/SQL** 程序可以自动获取的全局数据类型、异常和子程序的声明，这个软件包是在安装 Oracle 系统时自动安装的。绝大多数在 **STANDARD** 软件包中发现的内置函数都是重载函数。如 TO_CHAR 函数就有四种不同的声明，其声明如下：

（1）FUNCTION TO_CHAR (p1 DATE) RETURN VARCHAR2;

（2）FUNCTION TO_CHAR (p2 NUMBER) RETURN VARCHAR2;

（3）FUNCTION TO_CHAR (p1 DATE, P2 VARCHAR2) RETURN VARCHAR2;

（4）FUNCTION TO_CHAR (p1 NUMBER, P2 VARCHAR2) RETURN VARCHAR2;

对于以上所声明的 TO_CHAR 函数，PL/SQL 是通过将形式参数和实际参数的个数和数据类型进行匹配来解析一个对 TO_CHAR 函数的调用的。TO_CHAR 函数既可以接受日期（DATE）数据类型的参数也可以接受数字（NUMBER）类型的参数，之后将这个参数转换成字符串的数据类型，而且在调用这个函数时还可以说明这个日期或数字必须被转换成的格式。

那么怎样才能知道 STANDARD 软件包中到底有哪些内置函数呢？其实办法非常简单，就是使用 SQL*Plus 的 desc 命令。如果现在是在一个普通用户下，需要先使用类似例 16-8 的 SQL*Plus 命令切换到数据库管理员用户 sys（命令中的 wang 是 sys 的密码，在不同的系统上可能不同）。

例 16-8
```
SQL> connect sys/wang as sysdba
```
因为 STANDARD 软件包中定义的子程序很多，为了阅读方便，可以使用例 16-9 的 SQL*Plus 命令将随后命令的显示结果存入一个名为 standard 的正文文件（e:\sql\是目录名，也就是文件夹，该文件夹必须在运行这一命令之前已经创建）。

例 16-9
```
SQL> spool e:\sql\standard
```
使用例 16-10 的 SQL*Plus 命令列出 STANDARD 软件包中定义的所有内置函数。随即屏幕会不停地滚动显示这些内置函数，为了节省篇幅，这里省略了显示结果。

例 16-10
```
SQL> desc STANDARD
```
等显示了所有内置函数之后，应该使用例 16-11 的 SQL*Plus 命令关闭 e:\sql\standard 文件。之后，就可以在 e:\sql\目录（文件夹）中发现这个 standard.LST 文件（文件的扩展名 .LST 是 Oracle 系统自动添加的）。

例 16-11
```
SQL> spool off
```
可以使用记事本打开这个 standard.LST 正文文件，如图 16.1 所示。接下来，就可以慢慢地欣赏这些内置函数了。

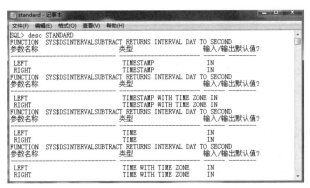

图 16.1

如果在另一个 PL/SQL 程序中重新声明了一个内置子程序（就是声明了一个与内置函数同名的函数），那么这个本地声明将覆盖内置子程序。在这种情况下，如果要访问内置子程序，必须在调用的子程序之前冠以软件包的名字。例如，重新声明了 TO_CHAR 函数，如果需要访问内置的

TO_CHAR 函数，就必须使用 STANDARD.TO_CHAR 的方式来引用这一内置函数了。

如果重新声明的内置函数（与内置函数同名的函数）是一个独立子程序，那么要访问子程序，就必须在这个子程序前冠以模式名；如，DOGTO_CHAR。

16.4　前向引用（Forward References）所造成的问题

为了解释究竟为什么要引入向前（前向）声明，首先将第 15 章 15.5 节中的例 15-6 所创建的 salary_pkg 软件包体的 PL/SQL 程序代码做一个小小的修改，将过程 reset_salary 的程序代码放在函数 validate 之前，其 PL/SQL 程序代码如例 16-13 所示。在运行这段创建软件包体的程序代码之前，可能需要使用类似例 16-12 的 SQL*Plus 命令切换回 SCOTT 用户。

例 16-12

```
SQL> conn scott/tiger
已连接。
```

例 16-13

```
SQL> CREATE OR REPLACE PACKAGE BODY salary_pkg IS
  2    PROCEDURE reset_salary(p_new_sal NUMBER, p_grade NUMBER) IS BEGIN
  3      IF validate(p_new_sal, p_grade) THEN
  4        v_std_salary := p_new_sal;
  5      ELSE  RAISE_APPLICATION_ERROR(
  6             -20038, '工资超限!');
  7      END IF;
  8    END reset_salary;
  9
 10    FUNCTION validate(p_sal NUMBER, p_grade NUMBER) RETURN BOOLEAN IS
 11      v_min_sal     salgrade.losal%type;
 12      v_max_sal     salgrade.hisal%type;
 13    BEGIN
 14      SELECT losal, hisal
 15      INTO   v_min_sal, v_max_sal
 16      FROM   salgrade
 17      WHERE  grade = p_grade;
 18      RETURN (p_sal BETWEEN v_min_sal AND v_max_sal);
 19    END validate;
 20  END salary_pkg;
 21  /
```

警告：创建的包体带有编译错误。

尽管只做了那么一点点修改，但是执行例 16-13 的程序代码之后 Oracle 会提示"创建的包体带有编译错误"的警告信息。但是仅从这个消息是很难判断出究竟发生了什么。为此，可以使用例 16-14 的 SQL*Plus 命令显示刚刚运行的 PL/SQL 程序所产生的错误信息。

例 16-14

```
SQL> show errors
PACKAGE BODY SALARY_PKG 出现错误：
```

```
LINE/COL ERROR
------------------------------------------------
3/5       PL/SQL: Statement ignored
3/8       PLS-00313: 在此作用域中没有声明 'VALIDATE'
```

从例 16-14 的显示结果的最后一行，可以知道造成错误的原因是在第 3 行中所使用的 validate 函数在使用之前没有声明。

PL/SQL 语言与其他块状结构的程序设计语言类似，通常是不允许向前引用（前向引用）的。在使用一个标识符之前必须先声明它，即遵循先声明后引用的原则。如在调用一个子程序之前，必须声明过这个子程序。

可能有读者在想：那还不简单，将子程序声明的顺序重新调整一下不就行了吗？就像在第 15 章 15.5 节的例 15-6 中创建 salary_pkg 软件包体的例子中所做的那样。不过在实际的大型软件开发工作中并不那么简单，因为在一个大型软件包中可能有几十个乃至上百个子程序，这时为了增加代码的易读性，往往子程序的声明是按字母的顺序排列的。实际上，这也是常用的程序编码标准。在这种情况下，类似例 16-13 的程序代码所遇到的问题几乎很难避免。

该如何解决这一进退两难的问题呢？还是那句老话"只有您想不到的，没有 Oracle 做不到的"，**在 PL/SQL 中可以使用向前（前向）声明的方法来彻底解决以上的难题。所谓的向前（前向）声明就是在软件包体的开始部分声明一个子程序的头（也就是声明一个子程序的说明），并且该子程序的说明要以一个分号结束。**

☞指点迷津：

在例 16-13 的例子中，只有在 validate 是一个私有软件包函数时对函数 validate 的调用才会出现编译错误。如果函数 validate 是在软件包的说明部分中声明的，那这个函数已经声明了，就像前向声明过一样，因此编译器可以正确地解析这个函数的引用。

16.5 前向声明（Forward Declarations）

正如 16.4 节中介绍的那样，在 PL/SQL 程序中可以创建一种被称为前向（向前）声明的特殊子程序声明以解决由于前向引用所产生的问题。有时一个前向声明对于软件包体中的某个私有程序是必须的，而前向声明就是由这个子程序的说明所构成的并且以一个分号结束。在如下的情况下前向声明特别有用：

（1）按照逻辑或字母顺序调用子程序。

（2）定义相互递归的子程序。所谓相互递归的程序就是彼此之间互相直接或间接调用的程序（如 boydog 过程调用 girldog 过程，而 girldog 过程也调用 boydog 过程）。

（3）在一个软件包体中将子程序按分组或逻辑的顺序存放。

在创建一个前向声明时还需要注意如下事项：

（1）子程序的所有形式参数必须出现在前向声明中和子程序的体中。

（2）在前向声明之后子程序体可以出现在任何地方，但是前向声明和子程序体必须出现在同一个程序单元中。

通常，子程序说明放在软件包的说明部分，并且子程序体放在软件包体中。在软件包说明中的公共子程序声明不需要前向声明。

接下来，将本章 16.4 节中例 16-13 的创建 salary_pkg 软件包体的 PL/SQL 程序代码再做一点点修改，将函数 validate 的头（就是声明部分）前移到所有过程和函数之前（第 3 行）——函数 validate 的前向声明，如例 16-15 所示。

例 16-15

```
SQL> CREATE OR REPLACE PACKAGE BODY salary_pkg IS
  2
  3   FUNCTION validate(p_sal NUMBER, p_grade NUMBER) RETURN BOOLEAN;
  4
  5   PROCEDURE reset_salary(p_new_sal NUMBER, p_grade NUMBER) IS BEGIN
  6    IF validate(p_new_sal, p_grade) THEN
  7      v_std_salary := p_new_sal;
  8    ELSE  RAISE_APPLICATION_ERROR(
  9           -20038, '工资超限!');
 10    END IF;
 11   END reset_salary;
 12
 13   FUNCTION validate(p_sal NUMBER, p_grade NUMBER) RETURN BOOLEAN IS
 14    v_min_sal      salgrade.losal%type;
 15    v_max_sal      salgrade.hisal%type;
 16   BEGIN
 17    SELECT losal, hisal
 18    INTO   v_min_sal, v_max_sal
 19    FROM   salgrade
 20    WHERE  grade = p_grade;
 21    RETURN (p_sal BETWEEN v_min_sal AND v_max_sal);
 22   END validate;
 23  END salary_pkg;
 24  /
```

程序包体已创建。

这次，当执行以上创建 salary_pkg 软件包体的 PL/SQL 程序代码之后，系统就不会有任何编译错误了，而是显示"程序包体已创建。"的信息，也就是说这个软件包体已经存储在 Oracle 数据库中（存储在当前用户中）。闹了半天，这前向声明就这么简单，没想到吧？

16.6 软件包的初始化

当一个 PL/SQL 软件包中的某个组件被第一次引用时，整个软件包都被装入内存，为整个用户会话所使用。如果没有显示的初始化，变量的初始值默认为空值（NULL）。可以使用如下方法初始化软件包的变量：

（1）对于简单的初始化操作，可以在变量声明中使用赋值操作。

（2）对于复杂的初始化操作，一般在软件包体的末尾添加初始化代码块。

其中，变量的第二种初始化方法就是所谓的使用一次性过程（一次性过程就是在用户会话中第一次调用这个软件包时只执行一次的过程)。

接下来，将本章 16.5 节中例 16-15 的创建 salary_pkg 软件包体的 PL/SQL 程序代码再做一点点修改，将公共变量 v_std_salary 的值初始化为所有员工的平均工资，即在 salary_pkg 软件包体的末尾添加公共变量 v_std_salary 的值初始化代码，如例 16-16 所示。

例 16-16

```
SQL> CREATE OR REPLACE PACKAGE BODY salary_pkg IS
  2
  3    FUNCTION validate(p_sal NUMBER, p_grade NUMBER) RETURN BOOLEAN;
  4
  5    PROCEDURE reset_salary(p_new_sal NUMBER, p_grade NUMBER) IS BEGIN
  6      IF validate(p_new_sal, p_grade) THEN
  7        v_std_salary := p_new_sal;
  8      ELSE  RAISE_APPLICATION_ERROR(
  9             -20038, '工资超限!');
 10      END IF;
 11    END reset_salary;
 12
 13    FUNCTION validate(p_sal NUMBER, p_grade NUMBER) RETURN BOOLEAN IS
 14      v_min_sal      salgrade.losal%type;
 15      v_max_sal      salgrade.hisal%type;
 16    BEGIN
 17      SELECT losal, hisal
 18      INTO   v_min_sal, v_max_sal
 19      FROM   salgrade
 20      WHERE  grade = p_grade;
 21      RETURN (p_sal BETWEEN v_min_sal AND v_max_sal);
 22    END validate;
 23
 24    BEGIN
 25      SELECT AVG(sal)
 26      INTO v_std_salary
 27      FROM emp;
 28  END salary_pkg;
 29  /
```

程序包体已创建。

为了验证所添加的一次性初始化代码的正确性，在以上 PL/SQL 程序代码执行成功之后，应该使用例 16-17 的匿名 PL/SQL 程序块列出 salary_pkg 软件包体中公共变量 v_std_salary 的初始值。

例 16-17

```
SQL> SET serveroutput ON
SQL> BEGIN
  2    DBMS_OUTPUT.PUT_LINE(salary_pkg.v_std_salary);
  3  END;
  4  /
2073.21428571428571428571428571428571428286

PL/SQL 过程已成功完成。
```

例 16-17 的显示结果表明公共变量 **v_std_salary** 目前的初始值为 2073 多点，但是现在还无法确定这个值是不是就是公司中所有员工的平均工资。为了确认这一点，可以使用例 16-18 的 SQL 查询语句从员工（emp）表中获取所有员工的平均工资。

例 16-18

```
SQL> SELECT AVG(sal)
  2  FROM emp;
  AVG(SAL)
----------
2073.21429
```

看了例 16-18 的显示结果，应该放心了吧？例 16-16 中的第 24 行～第 27 行就是初始化代码（一次性过程代码），这个例子中的初始化代码是比较简单的。实际工作中的初始化代码可能很复杂，也可能是初始化一批变量（如利用某个或某几个表中的数据初始化一个记录数组），这就要看实际需要，也需要发挥想象力或创造力了。

📢 **提示：**

> 如果在声明中使用赋值操作初始化了变量，那么这个值将被软件包体结尾处的初始化程序代码所产生的值所覆盖。初始化程序块是由软件包体的 END 关键字结束的。

16.7　在 SQL 中使用软件包中的函数

与存储函数类似，也可以在 SQL 语句中使用软件包中的函数。当执行一个调用存储函数（包括存储软件包中的函数）的 SQL 语句时，Oracle 服务器必须知道这些存储函数的纯净级别（纯净度），即这些函数是否没有副作用。 通常这些副作用包括对数据库表中数据的修改或对软件包中公共变量（在软件包说明中声明的变量）的修改。控制副作用是非常重要的，因为这些副作用可能阻止正确的并行查询，产生顺序依赖并因此而产生不确定的结果，或需要一些越轨的操作（如在不同的用户会话中维护一个软件包的状态）。当在一个 SQL 查询语句或 DML 语句中调用一个函数时，一些限制是不允许出现在这个 SQL 语句中的。

一个函数所具有的副作用越少，则这个函数在一个查询语句中越容易优化，特别是当使用启示（hint）PARALLEL_ENABLE 或 DETERMINISTIC 时。如果要在 SQL 语句中调用一个存储函数，那么这个存储函数（以及任何它所调用的子程序）就必须遵守如下的纯净级别的规定：

（1）当在一个 SELECT 语句或一个并行的 DML 语句中调用一个存储函数时，该函数不能更改数据库中任何表中的数据。

（2）当在一个 DML 语句中调用一个存储函数时，该函数不能查询也不能更改这个语句所更改的任何表。

（3）当在一个 SELECT 语句或一个 DML 语句中调用一个存储函数时，该函数不能执行 SQL 事务控制语句、会话控制语句和系统控制语句。

以上这些规则的目的就是控制函数使用的副作用。如果任何 SQL 语句中使用的函数体（程序代码）违反了以上的规则，该语句在执行时（在对这个语句进行词法分析时）将产生运行错误。

🔊 提示：

> 如果读者对如何在 SQL 语句中使用启示来进行语句优化的内容感兴趣，可参阅我们的另一本书《Oracle 数据库管理从入门到精通》第 22 章的 22.7 节或其他相关资料。

有时高级管理层和商业智能分析人员可能要经常查询某一个部门的平均工资和人数等信息以发现这个部门的人工开销，特别是服务性的公司。因为一般公司高级管理人员和商业智能分析人员多数都不是 IT 专业人员，所以可能学习和使用 PL/SQL 程序设计语言会有一定的困难。为此，可以创建一个专门的软件包，而在这个软件包中包含了所有可以在 SQL 语句直接调用（引用）的函数。这样这些高级管理人员和商业智能分析人员就可以在他们的 SQL 语句中直接引用所需要的函数，而完全不需要理解 PL/SQL 语言了，也不需要写那些令非 IT 专业人员头痛的多表连接语句了。以这样的方法开发出来的应用软件很容易推广和普及。例 16-19 为创建 dept_bi 软件包说明的 PL/SQL 程序代码，而例 16-20 是创建这个软件包体的 PL/SQL 程序代码。

例 16-19

```
SQL> CREATE OR REPLACE PACKAGE dept_bi IS
  2    FUNCTION average_salary (p_deptno IN NUMBER) RETURN NUMBER;
  3    FUNCTION employee_num (p_deptno IN NUMBER) RETURN NUMBER;
  4  END dept_bi;
  5  /
```

程序包已创建。

例 16-20

```
SQL> CREATE OR REPLACE PACKAGE BODY dept_bi IS
  2    FUNCTION average_salary (p_deptno IN NUMBER) RETURN NUMBER IS
  3     v_average_sal emp.sal%TYPE;
  4     BEGIN
  5     SELECT AVG(sal)
  6     INTO   v_average_sal
  7     FROM emp
  8     WHERE deptno = p_deptno;
  9     RETURN v_average_sal;
 10    END average_salary;
 11
 12    FUNCTION employee_num (p_deptno IN NUMBER) RETURN NUMBER IS
 13     v_emp_num NUMBER(8);
 14     BEGIN
 15     SELECT COUNT(*)
 16     INTO   v_emp_num
 17     FROM emp
 18     WHERE deptno = p_deptno;
 19     RETURN v_emp_num;
 20    END employee_num;
 21  END dept_bi;
 22  /
```

程序包体已创建。

当确认 dept_bi 软件包说明和体都创建成功之后，可以使用例 16-21 的查询语句分别调用 dept_bi 软件包中的 average_salary 和 employee_num 函数以显示第 20 号部门的所有员工的平均工资和员工总数，以及相关信息，以确认 dept_bi 软件包的正确性。

例 16-21

```
SQL> SELECT deptno, dname,
  2         dept_bi.average_salary(20) "Average Salary",
  3         dept_bi.employee_num(20)   "Employee Number"
  4  FROM dept
  5  WHERE deptno = 20;
    DEPTNO DNAME                 Average Salary Employee Number
---------- -------------------- --------------- ---------------
        20 RESEARCH                        2175               5
```

只从例 16-21 的显示结果还是无法确定第 20 号部门中员工平均工资和总人数是否正确，为此可以使用例 16-22 的 SQL 语句列出员工（emp）表中每个部门的平均工资和记录数（数据行数）。

例 16-22

```
SQL> SELECT deptno, AVG(sal), COUNT(*)
  2  FROM emp
  3  GROUP BY deptno;
    DEPTNO   AVG(SAL)   COUNT(*)
---------- ---------- ----------
        30 1566.66667          6
        20       2175          5
        10 2916.66667          3
```

将例 16-22 的显示结果的第 2 行与例 16-21 的显示结果进行对比，就可以确认 dept_bi 软件包应该没有问题。实际上，也可以使用例 16-23 的查询语句分别调用 dept_bi 软件包中的 average_salary 和 employee_num 函数以显示每一个部门的平均工资和员工总数。

例 16-23

```
SQL> SELECT deptno, dname,
  2         dept_bi.average_salary(deptno) "Average Salary",
  3         dept_bi.employee_num(deptno)   "Employee Number"
  4  FROM dept;
    DEPTNO DNAME                 Average Salary Employee Number
---------- -------------------- --------------- ---------------
        10 ACCOUNTING                   2916.67               3
        20 RESEARCH                        2175               5
        30 SALES                        1566.67               6
        40 OPERATIONS                                         0
```

将例 16-23 的显示结果的前三行与例 16-21 的显示结果进行对比，就可以进一步确认 dept_bi 软件包肯定是没有问题了。

绝大多数 IT 专家们曾认为商业智能（Business Intelligence，BI）是一门伴随着 IT 而诞生的全新的学科，但是一项考古发现却彻底颠覆了这一观点，因为考古的新发现表明 BI 这一学科在 3000 多年前已经比较成熟了，历史上最早的商业智能（BI）人员是祭司（神职人员）。

考古证据表明这些祭司们已经掌握了科学地收集信息、处理信息和快速交换信息的方法，而且祭司们可以利用信息处理的结果进行一些准确的预测。为了利益的最大化，他们编造了许多谁也看不懂、听不懂的祭神仪式和经文，并谎称他们能通神，而将他们经过科学处理得到的预测说成是神的启示。当然也有不准的时候，这时就要找一个替罪羊，就要假装再与神沟通，之后说成是神说有人干了神不喜欢的事。

历史有惊人的相似之处，在科学高度发达的现代社会，虽然人们已经很少相信通神之类的事。但是这些"精英"们也与时俱进，开始利用他们掌握的方法来套取投资者的钱财。他们在客户面前展示了一个又一个谁也看不懂、听不懂的数学模型，画出一条又一条的谁也看不懂的盈亏曲线，最后让投资者们确信只有将钱交给他们这些理财专家才能保证赚大钱。最终的结果是什么呢？其实大家已经知道了，就是金融海啸。

16.8　软件包中变量的持续状态

公有和私有软件包变量的集合代表一个用户会话的软件包的状态，即在某一个指定的时间内存储在所有软件包变量中的值。通常，一个软件包的状态存在于用户会话的整个生命周期。

对于一个用户会话来说，当一个软件包被第一次装入内存时该软件包的变量被初始化。对于每一个会话，默认软件包变量都是唯一的并且这些变量的值一直保持到这个用户会话终止。换句话说，变量是存储在为每一个用户由数据库所分配的用户全局区（User Global Area，UGA）的内存中。当一个软件包中的子程序被调用，该子程序的逻辑变更了变量的状态时，软件包的状态就发生了变化。公共软件包的状态也可能直接由对其类型的适当操作所改变。

PRAGMA 代表这个语句是一个编译指令，由 PRAGMA 说明的语句是在编译期间处理的，而不是在运行时处理的。这些指令并不影响一个程序的含义，它们仅仅将信息传输给编译器。如果在软件包说明中添加了 PRAGMA SERIALLY_RESUABLE 指令，那么 Oracle 数据库将软件包的变量存储在由多个用户会话共享的系统全局区（System Global Area，SGA）内存中。在这种情况下，软件包的状态被维护在一个子程序调用的生命周期中或对一个软件包结果的一个单一的引用生命周期中。如果想要节省内存并且如果不需要为每一个用户会话保持软件包的状态，那么 SERIALLY_RESUABLE 指令就非常有用。

当一个软件包需要声明大量的临时工作区，但是这些临时工作区只使用一次而且在同一个会话中后续数据库调用也不再需要它们时，PRAGMA 指令非常适合。可以将一个无体软件包标记为串行可重用。但是如果一个软件包具有说明和体两部分，就必须标记说明和体两部分，不能只标记体。

串行可重用软件包的全局内存是统一存储在系统全局区（SGA）中的，而不是在每个用户所具有的用户全局区（UGA）中分配的，这样软件包的工作区就可以重用了。当对服务器的调用结束时，这些内存返回给 SGA。每次软件包被重用时，它的公共变量都被初始化为它们的默认值或空值（NULL）。

☞**指点迷津：**

数据库触发器或在 SQL 语句中调用的 PL/SQL 子程序是不能访问串行可重用软件包的。如果试着访问了，Oracle 服务器会产生错误。

16.9　软件包变量持续状态的实例

现用一个上机实验来进一步演示软件包中变量持续状态的变化。在这个上机实验中，分别使用 scott 用户和 system 用户登录 Oracle 数据库系统，随后要在这两个用户中分别进行调用软件包 salary_pkg.reset_salary 重置 v_std_salary 变量的值，修改 salgrade 表中 losal 列的值等一系列操作，并观察修改变量和列的变化情况以深入地了解软件包中变量的持续状态。

首先以 scott 用户登录 Oracle 数据库系统，随后使用例 16-24 的 SQL 查询语句列出工资级别（salgrade）表中的全部数据。

例 16-24

```
SQL> select * from salgrade;
    GRADE     LOSAL     HISAL
---------- ---------- -------
         1       700      1200
         2      1201      1400
         3      1401      2000
         4      2001      3000
         5      3001      9999
```

随即，使用例 16-25 的匿名 PL/SQL 程序块列出 salary_pkg 软件包中 v_std_salary 这个公共变量的当前值（实际上就是初始化代码求出的所有员工的平均工资）。

例 16-25

```
SQL> SET serveroutput ON
SQL> BEGIN
  2    DBMS_OUTPUT.PUT_LINE(salary_pkg.v_std_salary);
  3  END;
  4  /
2073.21428571428571428571428571428571428571428571428286

PL/SQL 过程已成功完成。
```

接下来，使用例 16-26 的 SQL*Plus 的执行命令调用 salary_pkg 软件包中的 reset_salary 过程将公共变量 v_std_salary 设置为 888。随后，应该使用例 16-27 的匿名 PL/SQL 程序块再次列出 salary_pkg 软件包中公共变量 v_std_salary 的当前值。

例 16-26

```
SQL> EXECUTE salary_pkg.reset_salary(888,1);

PL/SQL 过程已成功完成。
```

例 16-27

```
SQL> BEGIN
  2    DBMS_OUTPUT.PUT_LINE(salary_pkg.v_std_salary);
  3  END;
  4  /
888

PL/SQL 过程已成功完成。
```

例 16-27 的显示结果清楚地表明：当前公共变量 v_std_salary 的值已经是 888。以上操作的可能商业背景是：最近政府出台了新法规要求工人的最低工资为 860，公司为了不违法，也为了吉利，将公司最低一级职位的平均工资调整为 888 元。

随后，要再开启一个 SQL*Plus 窗口并以 system 用户登录 Oracle 数据库。接下来，应该使用例 16-28 的匿名 PL/SQL 程序块列出 salary_pkg 软件包中公共变量 v_std_salary 的当前值。

例 16-28

```
SQL> SET serveroutput ON
SQL> BEGIN
  2    DBMS_OUTPUT.PUT_LINE(scott.salary_pkg.v_std_salary);
  3  END;
  4  /
2073.21428571428571428571428571428571428286

PL/SQL 过程已成功完成。
```

例 16-28 的显示结果清楚地表明：当前公共变量 v_std_salary 的值依然是初始化代码求出的所有员工的平均工资。接下来，使用例 16-29 的 DML 语句将 scott 用户的 salgrade 表中 grade 为 1 的最低工资改为 900（可能老板觉得还是将一级的最低工资调整为 900 显得更仁慈些）。

例 16-29

```
SQL> UPDATE scott.salgrade
  2  SET losal = 900
  3  WHERE grade = 1;

已更新 1 行。
```

随后，使用例 16-30 的 SQL 查询语句列出 scott 用户的 salgrade 表中的全部数据以确认例 16-29 的修改确实没有问题，并使用例 16-31 的匿名 PL/SQL 程序块再次列出 salary_pkg 软件包中公共变量 v_std_salary 的当前值。

例 16-30

```
SQL> SELECT *
  2  FROM scott.salgrade;
     GRADE      LOSAL    HISAL
---------- ---------- -------
         1        900     1200
         2       1201     1400
         3       1401     2000
         4       2001     3000
         5       3001     9999
```

例 16-31

```
SQL> BEGIN
  2    DBMS_OUTPUT.PUT_LINE(scott.salary_pkg.v_std_salary);
  3  END;
  4  /
2073.21428571428571428571428571428571428286

PL/SQL 过程已成功完成。
```

接下来，使用例 16-32 的 SQL*Plus 的执行命令调用 scott 用户的 salary_pkg 软件包中的 reset_salary 过程，将公共变量 v_std_salary 设置为 938（可能老板觉得员工的平均工资比公司的最低工资标准高一点有利于提高员工的士气）。随后，应该使用例 16-33 的匿名 PL/SQL 程序块再次列出 salary_pkg 软件包中公共变量 v_std_salary 的当前值。

例 16-32

```
SQL> EXECUTE scott.salary_pkg.reset_salary(938,1);

PL/SQL 过程已成功完成。
```

例 16-33

```
SQL> BEGIN
  2    DBMS_OUTPUT.PUT_LINE(scott.salary_pkg.v_std_salary);
  3  END;
  4  /
938

PL/SQL 过程已成功完成。
```

做完以上操作之后，切换回原来的 scott 用户窗口。随后，使用例 16-34 的 SQL*Plus 的执行命令调用 salary_pkg 软件包中的 reset_salary 过程，将公共变量 v_std_salary 设置为 898（可能老板并没有通知 scott 第一级的最低工资已经调整到了 900 元）。随后，应该使用例 16-35 的匿名 PL/SQL 程序块再次列出 salary_pkg 软件包中公共变量 v_std_salary 的当前值。

例 16-34

```
SQL> EXECUTE salary_pkg.reset_salary(898,1);

PL/SQL 过程已成功完成。
```

例 16-35

```
SQL> BEGIN
  2    DBMS_OUTPUT.PUT_LINE(salary_pkg.v_std_salary);
  3  END;
  4  /
898

PL/SQL 过程已成功完成。
```

没想到，将 v_std_salary 设置成低于 900 元的 898 居然成功了。似乎软件包中的验证函数没工作，这是为什么呢？为了找到真正的原因，可以使用例 16-36 的 SQL 查询语句再次列出 salgrade 表中的全部数据以确认问题所在。

例 16-36

```
SQL> select * from salgrade;
    GRADE      LOSAL    HISAL
---------- ---------- -------
         1        700     1200
         2       1201     1400
         3       1401     2000
         4       2001     3000
         5       3001     9999
```

看到例 16-36 的显示结果，应该清楚其中的原因了吧？因为 system 用户并未提交所做的 DML 操作，所以其他用户（也包括表的主人 scott 用户）是无法看到所做的修改的。

📢 提示：

如果没有学习过 Oracle SQL 而且对事务处理比较感兴趣，可以参阅我的另一本书《名师讲坛——Oracle SQL 入门与实战经典》第 12 章中的相关内容。

接下来，再次切换到原来的 system 用户的会话窗口中。因为并不想真正地改变 salgrade 中的数据，所以可以使用例 16-37 的 rollback 命令回滚所做的所有 DML 操作。随即，应该使用例 16-38 的匿名 PL/SQL 程序块再次列出 salary_pkg 软件包中公共变量 v_std_salary 的当前值。

例 16-37

```
SQL> rollback;

回退已完成。
```

例 16-38

```
SQL> BEGIN
  2    DBMS_OUTPUT.PUT_LINE(scott.salary_pkg.v_std_salary);
  3  END;
  4  /
938

PL/SQL 过程已成功完成。
```

最后，应该使用例 16-39 的 SQL 查询语句再次列出 salgrade 表中的全部数据以确认例 16-37 的回滚操作是否成功。

例 16-39

```
SQL> SELECT *
  2  FROM scott.salgrade;
     GRADE      LOSAL    HISAL
---------- ---------- -------
         1        700     1200
         2       1201     1400
         3       1401     2000
         4       2001     3000
         5       3001     9999
```

当确认所做的回滚操作成功之后，就可以使用例 16-40 的 SQL*Plus 的退出命令终止 system 用户的会话了。

例 16-40

```
SQL> exit
```

接下来，使用例 16-41 的 DOS 命令再次启动 SQL*Plus 并以 system 用户登录 Oracle 数据库系统。随即，可以使用例 16-42 的 SQL*Plus 的执行命令再次调用 scott 用户的 salary_pkg 软件包中的 reset_salary 过程，将公共变量 v_std_salary 的值设置为 789。最后，应该使用例 16-43 的匿名 PL/SQL 程序块再次列出 salary_pkg 软件包中公共变量 v_std_salary 的当前值。

例 16-41

```
C:\Users\Maria>E:\app\product\11.2.0\dbhome_1\BIN\sqlplus system/wang
```

例 16-42

```
SQL> EXECUTE scott.salary_pkg.reset_salary(789,1)

PL/SQL 过程已成功完成。
```

例 16-43

```
SQL> SET serveroutput ON
SQL> BEGIN
  2    DBMS_OUTPUT.PUT_LINE(scott.salary_pkg.v_std_salary);
  3  END;
  4  /
789

PL/SQL 过程已成功完成。
```

为了方便读者查阅和帮助读者加深对软件包中变量持续状态的理解，将这一节所做实验的主要步骤和 salary_pkg 软件包中公共变量 v_std_salary 的值以及 salgrade 表中第一行（GRADE 为 1 的那一行）的 losal 列的值进行归纳，如表 16-1 所示。

表 16-1

时　　间	事件（操作）	scott 的状态		system 的状态	
		v_std_salary [变量]	LOSAL [Grade 1] [列]	v_std_salary [变量]	LOSAL [Grade 1] [列]
9:08	Scott>EXECUTE salary_pkg.reset_salary(888,1)	2073.21 888	700	-	700
9:28	System> UPDATE scott.salgrade 　　SET losal=900 　　WHERE grade=1;	888	700		900
9:38	System>EXECUTE scott. **alary_pkg.reset_salary(938,1)**	888	700	2073.21 938	900
10:38	Scott> EXECUTE salary_pkg.reset_salary(898,1)	898	700	938	900
11:38 11:48 12:38	System> ROLLBACK; EXIT... EXECUTE scott. **salary_pkg.reset_salary(789,1)**	898 898 898	700 700 700	938 - 789	700 700 700

16.10　软件包中 cursor 的持续状态

与软件包中变量持续状态相同，软件包中 **cursor** 的持续状态是在整个会话期间跨越事务的。然而，对于相同用户的不同会话（同一个用户的不同连接），它们的状态并不保持。接下来，还是利用一个上机实验来进一步演示软件包中 cursor 的持续状态的变化。首先，使用例 16-44 的

CREATE OR REPLACE PACKAGE 语句创建 employee_pkg 软件包的说明，在这个软件包中一共有两个公共的过程和一个公共函数，而函数的返回值是布尔型。

例 16-44

```
SQL> CREATE OR REPLACE PACKAGE employee_pkg IS
  2    PROCEDURE open_emp;
  3    FUNCTION next_employee(p_n NUMBER := 1) RETURN BOOLEAN;
  4    PROCEDURE close_emp;
  5  END employee_pkg;
  6  /
```

程序包已创建。

接下来，使用例 16-45 的 CREATE OR REPLACE PACKAGE BODY 语句创建 employee_pkg 软件包体，在这个软件包体中声明了一个私有的 cursor，其名字是 emp_cursor。其中，过程 open_emp 的程序代码很简单，它利用 IF 语句测试 emp_cursor 的属性，如果这个 cursor 没有打开，那么就使用 OPEN 语句打开这个 cursor；过程 close_emp 的程序代码也比较简单，也是利用 IF 语句测试 emp_cursor 的属性，如果这个 cursor 是打开的，那么就使用 CLOSE 语句关闭这个 cursor。

函数 next_employee 略微复杂点。在函数的声明部分声明了一个与 emp 表中的 empno 列一模一样的本地变量 v_emp_id 以存放 empno。在该函数的执行部分主要是一个循环语句，循环的次数由形参 p_n 来指定。在这个循环语句中，每次循环将 cursor 的当前行数据存入本地变量 v_emp_id 中，之后进行判断：如果这个 cursor 的动态集中没有数据就跳出循环，否则就继续执行循环体中的下一个语句，即调用 DBMS_OUTPUT 软件包中的过程 PUT_LINE 显示本地变量 v_emp_id 中的当前值和相关信息。结束循环后就执行（第 20 行）返回语句，该语句的含义是当这个 cursor 的动态集中有数据时返回 TRUE，否则返回 FALSE。

例 16-45

```
SQL> CREATE OR REPLACE PACKAGE BODY employee_pkg IS
  2    CURSOR emp_cursor IS
  3      SELECT empno FROM emp;
  4
  5    PROCEDURE open_emp IS
  6    BEGIN
  7      IF NOT emp_cursor%ISOPEN THEN
  8        OPEN emp_cursor;
  9      END IF;
 10    END open_emp;
 11
 12    FUNCTION next_employee(p_n NUMBER := 1) RETURN BOOLEAN IS
 13      v_emp_id emp.empno%TYPE;
 14    BEGIN
 15      FOR count IN 1 .. p_n LOOP
 16        FETCH emp_cursor INTO v_emp_id;
 17        EXIT WHEN emp_cursor%NOTFOUND;
 18        DBMS_OUTPUT.PUT_LINE('Employee Number: ' || (v_emp_id));
 19      END LOOP;
 20      RETURN emp_cursor%FOUND;
 21    END next_employee;
```

```
22
23   PROCEDURE close_emp IS
24     BEGIN
25       IF emp_cursor%ISOPEN THEN
26         CLOSE emp_cursor;
27       END IF;
28     END close_emp;
29 END employee_pkg;
30 /
```

程序包体已创建。

当确认 employee_pkg 软件包的说明和体都创建成功之后，就可以使用这个软件包中的过程和函数了。要使用 employee_pkg 软件包，需要按照如下步骤来处理员工表中的数据行：

（1）调用这个软件包中的 open_emp 过程打开所需的 cursor。

（2）调用这个软件包中的 next_employee 函数提取一行或多行数据。

（3）调用这个软件包中的 close_emp 过程关闭 emp_cursor 的 cursor。

因此，应该首先使用例 16-46 的 SQL*Plus 的 SET 命令将 SERVEROUTPUT 设置成 ON（因为后面要使用 DBMS_OUTPUT 软件包）。随即，使用例 16-47 的 SQL*Plus 执行命令调用 employee_pkg 软件包中的 open_emp 过程打开 emp_cursor。

例 16-46

```
SQL> SET SERVEROUTPUT ON
```

例 16-47

```
SQL> EXECUTE employee_pkg.open_emp
```

接下来，应该使用例 16-48 的匿名 PL/SQL 程序块调用 employee_pkg 软件包中的 next_employee 函数，顺序显示动态集中前五行的员工号码。在这段 PL/SQL 程序代码中，IF 语句的含义是如果动态集中没有数据就调用 employee_pkg 软件包中的 close_emp 过程关闭 emp_cursor。

例 16-48

```
SQL> DECLARE
  2    more_rows BOOLEAN := employee_pkg.next_employee(5);
  3  BEGIN
  4    IF NOT more_rows THEN
  5      employee_pkg.close_emp;
  6    END IF;
  7  END;
  8  /
Employee Number: 7369
Employee Number: 7499
Employee Number: 7521
Employee Number: 7566
Employee Number: 7654

PL/SQL 过程已成功完成。
```

例 16-48 的显示结果就是员工（emp）表的前五行的员工号码。但是如果在另一个会话中（即使是相同的用户）执行例 16-48 的匿名 PL/SQL 程序块，系统会显示错误提示信息。如果现在使用例 16-49 的 SQL*Plus 命令再次执行 SQL*Plus 缓冲区中的 PL/SQL 语句，会发现系统将显示后续五行的员工号码。

例 16-49

```
SQL> /
Employee Number: 7698
Employee Number: 7782
Employee Number: 7788
Employee Number: 7839
Employee Number: 7844

PL/SQL 过程已成功完成。
```

如果现在使用例 16-50 的 SQL*Plus 命令再次执行 SQL*Plus 缓冲区中的 PL/SQL 语句，会发现系统将只显示四行员工号码，因为在这个动态集中只有四行数据了。

例 16-50

```
SQL> /
Employee Number: 7876
Employee Number: 7900
Employee Number: 7902
Employee Number: 7934

PL/SQL 过程已成功完成。
```

如果现在使用例 16-51 的 SQL*Plus 命令再次执行 SQL*Plus 缓冲区中的 PL/SQL 语句，会发现系统将显示错误提示信息，因为在这个动态集中已经没有数据了。

例 16-51

```
SQL> /
DECLARE
*
第 1 行出现错误:
ORA-01001: 无效的游标
ORA-06512: 在 "SCOTT.EMPLOYEE_PKG", line 16
ORA-06512: 在 line 2
```

在实际应用中时常会有这样的情况，可能有几个应用程序需要访问和操作同一批数据。此时就可以利用本节所介绍的方法来处理这批数据，不但方便而且效率明显提高，因为共享的数据已经在内存中了。

16.11　在软件包中使用 PL/SQL 记录表（记录数组）

与在匿名程序块和子程序中一样，也可以在 **PL/SQL 软件包中声明自定义的数据类型**，随后再**利用自定义的数据类型声明变量**。假设目前正在为育犬项目开发一个员工管理的软件包，这个软件包要访问和操作员工（emp）表中的所有员工记录。为此，决定为育犬项目开发一个名为 employee_dog 的 PL/SQL 软件包并将所有相关的数据类型、变量、过程和函数等都封装在这个软件包中。

开发这个软件包的第一步就是，使用例 16-52 的 CREATE OR REPLACE PACKAGE 命令创建

employee_dog 软件包的说明。在这个软件包说明中，声明了一个公共数据类型，其名为 emp_table_type，它是一个 PL/SQL 记录表（记录数组），即数组中的每一个元素是一个与 emp 的数据行完全相同的记录。另外，还声明了一个名为 get_emp 的公共过程，而这个过程只接受一个 OUT 形参，其数据类型为自定义的 emp_table_type。

例 16-52

```
SQL> CREATE OR REPLACE PACKAGE employee_dog IS
  2    TYPE emp_table_type IS TABLE OF emp%ROWTYPE
  3      INDEX BY PLS_INTEGER;
  4    PROCEDURE get_emp(p_emps OUT emp_table_type);
  5  END employee_dog;
  6  /
```

程序包已创建。

当确认 employee_dog 软件包说明创建成功之后，应该使用例 16-53 的创建软件包体命令创建 employee_dog 软件包体。在这个软件包体中只定义了一个过程，那就是 get_emp 过程。在 get_emp 过程的声明段中，声明了一个名为 v_count 的计数器并初始化为 1（即数组的第一个元素的下标为 1，如果初始化为 0，其数组的第 1 个元素的下标就是 0）。在执行段中，使用了一个利用子查询的 cursor 的 FOR 循环体，在每次循环中将员工（emp）表中的一行数据赋予相应的 p_emps 元素，之后将下标 v_count 值加 1。

例 16-53

```
SQL> CREATE OR REPLACE PACKAGE BODY employee_dog IS
  2    PROCEDURE get_emp(p_emps OUT emp_table_type) IS
  3    v_count BINARY_INTEGER := 1;
  4    BEGIN
  5      FOR emp_record IN (SELECT * FROM emp)
  6      LOOP
  7        p_emps(v_count) := emp_record;
  8        v_count := v_count + 1;
  9      END LOOP;
 10    END get_emp;
 11  END employee_dog;
 12  /
```

程序包体已创建。

当确认 employee_dog 软件包说明和体都创建成功之后，就可以使用类似例 16-54 的匿名 PL/SQL 程序块引用这个软件包中的结构了。

例 16-54

```
SQL> SET serveroutput ON
SQL> DECLARE
  2    employees  employee_dog.emp_table_type;
  3  BEGIN
  4    employee_dog.get_emp(employees);
  5    DBMS_OUTPUT.PUT_LINE('Emp 8: '||employees(8).ename ||' '||
  6                       employees(8).job||' '||employees(8).sal);
  7  END;
```

```
 8  /
Emp 8: SCOTT ANALYST 3000
```

PL/SQL 过程已成功完成。

原来第 8 个员工就是这个熟的不能再熟的 scott 这小子了。如果要处理的数据来自数据库中的表并且要处理绝大多数列时，特别是这些数据又由多个应用程序所共享时，在 PL/SQL 软件包中使用记录数组就非常方便而且效率更高。

16.12　您应该掌握的内容

在学习完本章之后，请检查一下您是否已经掌握了以下内容：

↘ 熟悉 PL/SQL 软件包中子程序的重载特性。

↘ 在 PL/SQL 软件包中使用子程序的重载会有哪些好处？

↘ 一般在什么情况下考虑使用子程序重载？

↘ 使用子程序重载有哪些限制？

↘ 如何在不抛弃一个子程序原有程序代码的前提下扩充该子程序的功能？

↘ 熟悉当 PL/SQL 程序中所声明的子程序与内置子程序重名时 Oracle 的处理方法。

↘ 熟悉前向引用（Forward References）所造成的问题。

↘ 造成前向引用的主要原因是什么？

↘ 熟悉前向声明（Forward Declarations）。

↘ 一般在什么情况下使用前向声明？

↘ 熟悉初始化软件包变量的方法。

↘ 理解软件包中一次性初始化代码的应用。

↘ 熟悉在 SQL 语句中使用软件包中函数的方法。

↘ 在 SQL 语句中所调用的存储函数必须遵守的纯净级别有哪些？

↘ 在 SQL 语句中调用软件包中的函数有哪些好处？

↘ 熟悉软件包中的变量的持续状态。

↘ 熟悉软件包中的 cursor 的持续状态。

↘ 熟悉在软件包中使用 PL/SQL 记录表（记录数组）的方法。

第 17 章　数据库触发器

到目前为止，实际上我们已经介绍完了利用 PL/SQL 程序设计语言开发应用程序所需的几乎所有内容。为了使读者使用 PL/SQL 语言的水平更上一层楼，在这一章中我们将介绍在 PL/SQL 程序中另一个比较重要的 PL/SQL 程序结构——数据库触发器。在本章中将顺序地介绍如下与数据库触发器相关的内容：

- ➥ 描述不同类型的触发器。
- ➥ 描述数据库触发器和它们的用法。
- ➥ 创建数据库触发器。
- ➥ 描述数据库触发器触发的规则。
- ➥ 删除数据库触发器等。

17.1　触发器概述

可能接触过 Oracle 数据库的读者经常会听到触发器这一词，那么什么是触发器呢？其实触发器的概念并不复杂，而且使用也并不困难。**触发器与存储过程非常相似，一个存储在数据库中的触发器本身就是一个 PL/SQL 程序块，而这个程序块可以是一个匿名程序块、一个调用语句或一个复合触发器程序块。触发器与过程之间的主要区别是它们的调用方法，一个过程必须由一个用户、一个应用程序或一个触发器显式地运行（调用）。而触发器则不同，触发器是当一个触发事件发生时由 Oracle 数据库隐式触发的，无论是哪一个用户连接到数据库上，也不管是哪一个应用程序被使用。**

实际上，触发器（trigger）可以被看成一种特殊的存储过程，它的执行不是由程序调用，也不是用手工启动的，而是由某个事件来触发，比如当对一个表进行了一个 DML 操作（insert，delete，update）时就会激活它执行。触发器经常用于加强数据的完整性约束和实现比较复杂的业务规则。

触发器的英文是 trigger，其原意是（枪的）扳机，当然枪是一扣动扳机（不管是有意还是无意）就会开火的。在这里，**触发器也有类似的功能。当某个用户的某个操作满足了触发器触发的条件，Oracle 服务器就会自动地执行这个触发器的程序代码，而这些代码可能是完成安全控制功能，也可能是完成审计功能，也可能是完成一些相关的操作。** 其实触发器的思想就来源于人类的生活实践活动，并没有任何神秘之处。

一个触发器可以被定义在一个表上、一个视图上、一个模式（模式的属主，即用户）上或数据库（所有的用户）上，如图 17.1 所示为触发器与表、视图、模式或数据库之间关系的示意图。

触发器是与一个表、视图、模式或数据库相关的一个 PL/SQL 程序块或一个 PL/SQL 存储过

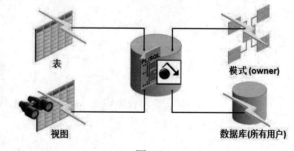

图 17.1

程，每当一个特定的事件发生时隐含地执行。触发器可以是如下的一种：

（1）应用（程序）触发器：每当一个特定的应用事件发生时触发。

（2）数据库触发器：每当在一个用户或数据库中一个数据事件（如 DML）发生时或系统事件（如登录或关闭系统）发生时触发。

应用触发器每当一个特定的数据维护语言（DML）事件在一个应用（程序）中出现时隐含（自动）地执行。在使用 Oracle Forms Developer 图形开发工具开发的应用程序中经常大量地使用应用触发器。

当以下任何一个事件发生时数据库触发器隐含地执行：

（1）在一个表上执行 DML 语句。

（2）在一个视图上以 INSTEAD OF 触发器执行 DML 语句。

（3）执行 DDL 语句，如 CREATE 和 ALTER。

对于以上的触发事件，不管是哪一个用户连接也不管使用的是哪一个应用程序，触发器都会隐含地执行。另外当发生一些用户操作或数据库系统操作时（如一个用户登录或 DBA 关闭数据库），数据库触发器也会隐含地执行。

数据库触发器既可以定义在一个数据库上也可以定义在一个模式上。当触发器定义在数据库上时，对于所有的用户的每一个事件，触发器都会触发（隐含地执行）；当触发器定义在一个模式上时，只有那个特定的用户的每一个事件，触发器才会触发（隐含地执行）。

我们已经几次提及到触发事件（触发语句），可能有读者想知道触发事件究竟又是何方神圣呢？具体讲，一个触发事件或触发语句就是一个造成触发器触发的 SQL 语句、一个数据库事件或一个用户事件。一个触发事件可以是以下操作（事件）的一种或多种：

- ↘ 在一个特定表（在有些情况下，可能是视图）上的一个 INSERT、UPDATE 或 DELETE 语句。
- ↘ 在任何模式对象上的一个 CREATE、ALTER 或 DROP 语句。
- ↘ 一个数据库启动或实例关闭操作。
- ↘ 一个用户的登录或退出。
- ↘ 一个特定的错误信息或任何错误信息。

17.2　触发器的应用范围、设计原则以及分类

开发数据库触发器的目的是加强数据库的一些特性，而这些特性或者 Oracle 服务器没有提供，或者是为了替代 Oracle 服务器所提供的类似特性。这些特性可能是：

- ↘ 安全（Security）：Oracle 服务器允许特定的用户或角色访问某个表，而触发器是按照数据的值来判断是否可以访问某个表，触发器可以设置非常复杂的限制条件，这使得表中的数据更安全。
- ↘ 审计（Auditing）：Oracle 服务器只能追踪表中数据的操作，而触发器可以追踪表中数据操作的值。
- ↘ 数据完整性（Data integrity）：Oracle 服务器实施内置的五种完整性约束（主键、唯一键、

非空、条件、外键约束），而触发器可以实现复杂的完整性规则。

➥ 引用完整性（Referential integrity）：Oracle 服务器实施标准的引用完整性规则，而触发器可以实现非标准的功能。

➥ 表的复制（Table replication）：Oracle 服务器将表中的数据异步地复制到快照中，而触发器是同步地将表中的数据复制到表的副本中。

➥ 导出数据（Derived data）：Oracle 服务器手工地计算导出数据的值，而触发器自动地计算导出数据的值。这一功能在开发数据仓库（决策支持）系统时经常使用，因为数据仓库的表都非常大，为了减少磁盘 I/O 和提高效率经常在表中存储导出数据以减少多表连接和计算量。

➥ 事件记录（Event logging）：Oracle 服务器显式地记录一些事件，而触发器"透明地"记录事件，"透明地"一词的英文是 transparently，这一词在计算机上广泛应用，但是意思也是最含糊的之一，这里的意思实际上是在用户没有察觉的情况下，触发器就自动地执行了。

接下来的问题是：在哪些情况下应该使用触发器？在哪些情况下又不应该使用触发器？设计触发器的基本原则如下：

在以下情况下可以设计触发器：

（1）对一个特定的操作要确保所有相关的操作都被执行。

（2）执行集中的全局的操作，并且触发器的语句的触发独立于用户，也独立于发出语句的应用程序。

而在以下情况下不必设计触发器：

（1）其功能已经嵌入 Oracle 服务器，如实现完整性规则应该声明 Oracle 约束，而不是定义触发器。

（2）重复其他触发器的功能。

如果触发器的 PL/SQL 程序代码相当长，可以创建存储过程或软件包过程并在触发器中调用它们。过分地使用触发器可能造成复杂的相互依赖关系，这可能会使大的应用系统变得很难维护，因此应该只在必要时才使用触发器，而且要警惕产生递归和级联效应。对于每一个用户，每当所创建的触发器所指定的事件发生时，数据库触发器都会触发（触发器的程序代码自动执行）。

PL/SQL 提供了若干种类型的数据库触发器，在 Oracle 11g 和 Oracle 12c 中可以定义和使用的触发器类型共有以下几种：

（1）简单 DML 触发器，包括 BEFORE、AFTER 和 INSTEAD OF 触发器。

（2）组合（复合）触发器（Compound trigges）。

（3）非 DML 触发器，包括 DDL 事件触发器和数据库事件触发器。

17.3　DML 触发器的创建

要创建一个触发器，需要使用 **CREATE [OR REPLACE] TRIGGER** 语句，该语句即可以创建一个语句触发器，也可以创建一个行触发器，语句触发器是每一个 DML 语句触发一次，而行触发器是所影响的每一行触发一次。创建触发器语句的语法如下：

```
CREATE [OR REPLACE] TRIGGER trigger_name
  timing
  event1 [OR event2 OR event3]
ON object_name
[[REFERENCING OLD AS old | NEW AS new]
  FOR EACH ROW
  [WHEN (condition)]]
trigger_body
其中：
timing = BEFORE | AFTER | INSTEAD OF
event = INSERT | DELETE | UPDATE | UPDATE OF column_list
```

接下来，我们将较为详细地解释一下在以上创建触发器语句中几个主要成分（组件）的具体含义：

> ↘ trigger_name（触发器名）：唯一地标识一个触发器，在同一个模式中触发器的名字必须唯一。

> ↘ timing（触发的时机）：指定触发器在什么时候触发（与触发事件相关），其值为 BEFORE、AFTER 和 INSTEAD OF。

> ↘ event（事件）：标识引起触发器触发的 DML 操作，其值为 INSERT、UPDATE [OF column] 和 DELETE。

> ↘ object_name（对象名）：指定与触发器相关的表或视图。

> ↘ 对于行触发器，您可能要说明：

>> ✧ 一个 REFERENCING 子句以选择引用当前行的旧值和新值的相关的名字（默认值是 OLD 和 NEW）。

>> ✧ FOR EACH ROW 指定这个触发器是一个行触发器。

>> ✧ 一个使用括号中条件谓词（表达式）的 WHEN 子句，该子句要测试（评估）每一行以决定是否要执行触发器体（的 PL/SQL 程序代码）。

> ↘ trigger_body（触发器体）：是由触发器执行的操作，其实现的方法有以下两种：

>> ✧ 一个带有关键字 DECLARE 或 BEGIN，以及 END 的匿名 PL/SQL 程序块。

>> ✧ 一个调用一个独立的或软件包的存储过程的 CALL（调用）子句，如 CAL dog_price。

可以说明触发的时机以决定是在触发语句之前还是之后运行触发器的操作（程序代码）。其触发的时机（trigger timing）：

> ↘ BEFORE：在触发一个表上的 DML 事件之前执行触发器的体。

> ↘ AFTER：在触发一个表上的 DML 事件之后执行触发器的体。

> ↘ INSTEAD OF：代替触发的语句来执行触发器体。它被用于用其他方法不能修改的视图。

其中，触发的时机 BEFORE 被经常用于如下情形：

（1）要决定所触发的语句是否应该允许被完成（这可以减少不必要的处理，并能够在触发的操作中在抛出异常处回滚操作）。

（2）在完成一个 INSERT 或 UPDATE 语句之前导出列的值。

（3）初始化全局变量或标志，以及验证一些复杂的业务规则。

而触发的时机 AFTER 被经常用于如下情形：

（1）要在执行触发的操作之前完成触发的语句。

（2）已经存在一个 BEFORE 触发器时，要在相同的触发语句上执行不同的操作。

INSTEAD OF 触发器提供了一种"透明的"修改视图的方法，其原因可能是不能通过 SQL 的 DML 语句直接修改这个视图。可以在 INSTEAD OF 触发器的体中写适当的 DML 语句以在视图的 基表上直接执行这些操作。

如果在相同的对象上定义了多个触发器，那么它们触发的次序是随机的。为了确保相同类型的 触发器以某一种特定的顺序触发，可以将这些触发器集成到一个触发器中，而在这个单一的触发器 中以所需的次序调用几个独立的过程。

您可以说明一个触发器对触发语句所影响的每一行都执行一次，还是对触发语句只执行一次， 而无论所影响的行有多少。实际上，是使用 DML 触发器的类型来控制触发器程序代码执行的次 数的。

触发器的类型决定：是触发的每一行执行触发器的体（代码）还是触发的语句执行触发器的代 码。以下就是语句触发器和行触发器这两种类型触发器的比较详细的解释。

（1）语句级触发器：对于触发的事件只执行一次，甚至完全没有受影响的行时也要触发一次。 语句触发器是触发器的默认类型。当触发器的操作不依赖于所影响的数据行或不依赖于触发事件本 身所提供的数据时，语句触发器非常有用，如在当前用户上执行复杂的安全检查的触发器。

（2）行级触发器：对于受触发事件影响的每一行执行（触发）一次。如果触发事件并未影响 任何数据行，行触发器就不执行。行触发器是通过说明 FOR EACH ROW 子句来指定的。当触发器 的操作依赖于所影响的数据行或依赖于触发事件本身所提供的数据时，行触发器非常有用。

为了帮助读者复习和记忆，现将语句级触发器和行级器的主要差别归纳成表 17-1。这里需要指 出的是，行触发器可以使用关联名称来访问该触发器正在处理的数据行的旧和新列的值。

表 17-1

语句级触发器	行级触发器
是创建触发器时的默认类型	创建触发器时使用 FOR EACH ROW 子句
对于触发的事件只触发一次	对受触发事件影响的每行触发一次
没有受影响的行时也要触发一次	触发事件未影响任何数据行就不触发

17.4 触发器触发的顺序

通常要根据实际需要来决定是创建语句触发器还是行触发器。当触发的 DML 语句只影响一行 数据时，无论是语句触发器还是行触发器都只触发一次，其典型的例子就是使用 INSERT 语句向一 个表中插入一行数据，如向 departments 表中插入一行新数据（该表在 hr 用户中）。

```
INSERT INTO
   (department_id,department_name, location_id)
VALUES (400, 'CONSULTING', 2400);
```

当使用以上插入命令向 departments 表中插入一行数据时，即当表中的一行被操纵时，触发器使 用如图 17.2 所示的触发顺序。

当触发的 DML 语句影响多行数据时，语句触发器只触发一次，而行触发器对于该语句所影响的每一行都触发一次，其典型的例子就是使用 UPDATE 语句修改一个表中某一列的值，如修改 employees 表中 salary 列的值，即加薪 10%（employees 表在 hr 用户中）。

```
UPDATE employees
SET salary = salary * 1.1
WHERE department_id = 30;
```

当使用以上修改命令更改 employees 表中一列的值时，即当表中的多行被操纵时，触发器使用如图 17.3 所示的触发顺序。

图 17.2　　　　　　　　　　　　　　　　　　　图 17.3

在执行以上的 UPDATE 语句时，行触发器触发的次数等于满足 WHERE 子句中条件的数据行数，即所有部门号为 30 的员工数量。

17.5　创建和测试语句触发器的实例

前面几节我们一直在介绍触发器，但是到目前为止还没有真正地创建过任何触发器。接下来，在这一节中我们要在 emp_pl 表上创建一个名为 secure_emp 的语句级触发器，其触发的时机是在每次插入操作之前，其完整的 PL/SQL 程序代码如例 17-2 所示。这个触发器的 PL/SQL 代码比较简单，如果是在周六、周日或不是在早上 8 点～晚上 6 点的时间对员工（emp_pl）表进行插入操作，就调用 RAISE_APPLICATION_ERROR 过程显示错误代码 20038 和自定义的错误信息。

为了能够正确地创建触发器 secure_emp，应该在创建这个触发器之前使用例 17-1 的 DDL 语句将当前会话的日期语言改为美式英语，因为触发器 secure_emp 的 PL/SQL 程序代码中的日期格式使用的是美式英语。

例 17-1

```
SQL> alter session set nls_date_language = 'AMERICAN';

会话已更改。
```

例 17-2

```
SQL> CREATE OR REPLACE TRIGGER secure_emp
  2   BEFORE INSERT ON emp_pl
  3    BEGIN
  4     IF (TO_CHAR(SYSDATE,'DY') IN ('SAT','SUN')) OR
  5       (TO_CHAR(SYSDATE,'HH24:MI')
          NOT BETWEEN '08:00' AND '18:00') THEN
```

```
 6          RAISE_APPLICATION_ERROR (-20038,
 7          '操作已经记录在系统中，因为非工作时间不允许插入数据。');
 8      END IF;
 9   END;
10   /
```

触发器已创建

当确认触发器 secure_emp 创建成功之后，可能需要修改系统时钟——将其调到早上 8 点～晚上 6 点之外，或周六、周日，以测试触发器 secure_emp 是否可以正常工作。接下来，就可以使用例 17-3 的 INSERT 语句在 emp_pl 表中添加一行新的员工记录。

例 17-3

```
SQL> INSERT INTO emp_pl(empno, ename, hiredate, job, sal)
  2  VALUES(9000, '武大', sysdate, '特级烙饼师', 9988 );
INSERT INTO emp_pl(empno, ename, hiredate, job, sal)
          *
第 1 行出现错误:
ORA-20038: 操作已经记录在系统中，因为非工作时间不允许插入数据。
ORA-06512: 在 "SCOTT.SECURE_EMP", line 4
ORA-04088: 触发器 'SCOTT.SECURE_EMP' 执行过程中出错
```

因为现在是非工作时间，所以触发器 secure_emp 将执行 IF 语句并显示错误代码 20038 和自定义的错误信息"操作已经记录在系统中，因为非工作时间不允许插入数据。"实际上，这段警告信息是吓唬人用的，触发器 secure_emp 并没有在系统中记录任何信息。不过做贼心虚，一般见到这样的威胁信息，想干坏事的人也要三思而后行了。

可能有读者在想：那刚刚插入的那一行数据是否在员工表中呢？可以使用例 17-4 的 SQL 查询语句从员工（emp_pl）表中列出所有工资高于 4000 的员工的相关信息以验证刚刚插入的那一行数据是否在员工表中。

例 17-4

```
SQL> SELECT empno, ename, hiredate, job, sal
  2  FROM emp_pl
  3  WHERE sal > 4000;
     EMPNO ENAME            HIREDATE     JOB                     SAL
---------- --------------- -----------  ------------------ ----------
      7521 WARD             22-FEB-81    SALESMAN             8999.1
      7654 MARTIN           28-SEP-81    SALESMAN             8999.1
      7698 BLAKE            01-MAY-81    MANAGER              8999.1
      7839 KING             17-NOV-81    PRESIDENT              5000
      7900 JAMES            03-DEC-81    CLERK                8999.1
```

例 17-4 的显示结果清楚地表明：刚刚插入的那一行数据并不在员工表中。实际上，当一个数据库触发器失败时，Oracle 服务器自动回滚触发的语句。

17.6 带有条件谓词的语句触发器的实例

如果有多种类型的 DML 操作可以触发一个触发器（如 ON INSERT OR DELETE OR UPDATE

OF emp_pl），那么在触发器体的程序代码中可以使用条件谓词 INSERTING、DELETING 和 UPDATING 来检查触发触发器的语句的类型。**通过在一个触发器体中使用特殊的条件谓词 INSERTING、DELETING 和 UPDATING，可以方便地将几个触发事件集成在一个触发器中。**

例 17-5 的触发器 secure_emp 的 PL/SQL 程序代码是在例 17-2 的基础上添加了删除事件、更改工资（sal）事件和更改其他列事件的代码。

例 17-5

```
SQL> CREATE OR REPLACE TRIGGER secure_emp
  2  BEFORE INSERT OR UPDATE OR DELETE ON emp_pl
  3    BEGIN
  4     IF (TO_CHAR(SYSDATE,'DY') IN ('SAT','SUN')) OR
  5       (TO_CHAR(SYSDATE,'HH24')
  6        NOT BETWEEN '08' AND '18') THEN
  7      IF DELETING THEN
  8       RAISE_APPLICATION_ERROR(-20038,
  9         '操作已记录在系统中，因为非工作时间不允许从员工表中删除数据。');
 10      ELSIF INSERTING THEN
 11       RAISE_APPLICATION_ERROR(-20138,
 12         '操作已记录在系统中，因为非工作时间不允许往员工表中添加数据。');
 13      ELSIF UPDATING ('SAL') THEN
 14       RAISE_APPLICATION_ERROR(-20238,
 15         '操作已记录在系统中，因为非工作时间不允许修改员工的工资。');
 16      ELSE RAISE_APPLICATION_ERROR(-20438,
 17        '操作已记录在系统中，因为非工作时间不允许修改员工表中的数据。');
 18      END IF;
 19     END IF;
 20    END;
 21  /
```

触发器已创建

当确认触发器 secure_emp 创建成功之后，可能需要修改系统时钟——将其调到早上 8 点～晚上 6 点之外，或周六、周日，以测试触发器 secure_emp 是否可以正常工作。接下来，就可以使用例 17-6 的 DELETE 语句从 emp_pl 表中删除一些数据行，使用例 17-7 的 INSERT 语句在 emp_pl 表中添加一行新的员工记录，使用例 17-8 的 UPDATE 语句将 emp_pl 表中所有员工的工资都更改为 1748，使用例 17-9 的 UPDATE 语句将 emp_pl 表中所有员工的职位都更改为 CEO（公司中所有的员工都升官），以测试在不同条件下触发器执行的正确性。

例 17-6

```
SQL> DELETE emp_pl
  2  WHERE deptno = 20;
DELETE emp_pl
       *
第 1 行出现错误：
ORA-20038: 操作已记录在系统中，因为非工作时间不允许从员工表中删除数据。
ORA-06512: 在 "SCOTT.SECURE_EMP", line 6
ORA-04088: 触发器 'SCOTT.SECURE_EMP' 执行过程中出错
```

例 17-7

```
SQL> INSERT INTO emp_pl(empno, ename, hiredate, job, sal)
  2  VALUES(3838, '西门庆', sysdate, '销售经理', 9999 );
INSERT INTO emp_pl(empno, ename, hiredate, job, sal)
            *
第 1 行出现错误:
ORA-20138: 操作已记录在系统中, 因为非工作时间不允许往员工表中添加数据。
ORA-06512: 在 "SCOTT.SECURE_EMP", line 9
ORA-04088: 触发器 'SCOTT.SECURE_EMP' 执行过程中出错
```

例 17-8

```
SQL> UPDATE emp_pl
  2  SET sal = 1748;
UPDATE emp_pl
       *
第 1 行出现错误:
ORA-20238: 操作已记录在系统中, 因为非工作时间不允许修该员工的工资。
ORA-06512: 在 "SCOTT.SECURE_EMP", line 12
ORA-04088: 触发器 'SCOTT.SECURE_EMP' 执行过程中出错
```

例 17-9

```
SQL> UPDATE emp_pl
  2  SET job = 'CEO';
UPDATE emp_pl
       *
第 1 行出现错误:
ORA-20438: 操作已记录在系统中, 因为非工作时间不允许修改员工表中的数据。
ORA-06512: 在 "SCOTT.SECURE_EMP", line 14
ORA-04088: 触发器 'SCOTT.SECURE_EMP' 执行过程中出错
```

在执行例 17-6~17-9 的 DML 语句时, 请注意显示的错误代码和错误信息的变化。可能有读者会问: 在员工表上加这个 secure_emp 触发器有必要吗? 都是一个公司的同事也没有必要像防贼一样。不过实际情况可能并没有那么简单, 例如公司的清洁工作是外包给一个清洁公司的, 而公司的清洁工作是在下班后进行的。这就可能出现很大的问题, 如果有一个竞争对手为了获得竞争优势, 可能派一位专业人士混入这个清洁公司, 之后就可以一个清洁工的身份大摇大摆地在下班之后的时间进入您的公司了, 是不是挺可怕的? 其实这并不是最可怕的, 最可怕的是公司内部人员的恶意攻击。有研究表明许多 IT 犯罪都是内部人员所为, 而且是专业人士所为。

17.7   创建和测试 DML 行触发器

在前两节中, 我们创建的触发器都是语句触发器。在这一节中, 我们将介绍如何创建和测试行触发器。可以创建一个 BEFORE 行触发器以达到这样的目的——如果违反了某一特定的条件将终止后续的触发操作。触发器 restrict_salary 就是用来完成类似工作的, 其 PL/SQL 程序代码如例 17-10 所示, 该触发器只允许职位是经理、总裁和分析师的员工的工资可以超过 3800, 而其他员工的工资必须低于 3800。

例 17-10

```
SQL> CREATE OR REPLACE TRIGGER restrict_salary
  2  BEFORE INSERT OR UPDATE OF sal ON emp_pl
  3  FOR EACH ROW
  4  BEGIN
  5    IF NOT (:NEW.job IN ('MANAGER', 'PRESIDENT', 'ANALYST'))
  6      AND :NEW.sal > 3800 THEN
  7      RAISE_APPLICATION_ERROR (-20438,
  8       '普通员工的工资不能超过 3800 元！！！');
  9    END IF;
 10  END;
 11  /
```

触发器已创建

当确认触发器 restrict_salary 创建成功之后，就可以使用例 17-11 的 INSERT 语句在 emp_pl 表中添加一行新的员工记录。

例 17-11

```
SQL> INSERT INTO emp_pl(empno, ename, hiredate, job, sal)
  2  VALUES(9000, '武大', sysdate, '烙饼师', 4000 );
INSERT INTO emp_pl(empno, ename, hiredate, job, sal)
            *
第 1 行出现错误:
ORA-20438: 普通员工的工资不能超过 3800 元！！！
ORA-06512: 在 "SCOTT.RESTRICT_SALARY", line 4
ORA-04088: 触发器 'SCOTT.RESTRICT_SALARY' 执行过程中出错
```

如果老板看到例 17-11 的显示结果一定会非常生气，但是，如果将例 17-11 插入语句中的工资值改为 3800，这个语句就可以正确地执行了，如例 17-12 所示。

例 17-12

```
SQL> INSERT INTO emp_pl(empno, ename, hiredate, job, sal)
  2  VALUES(9000, '武大', sysdate, '烙饼师', 3800);
```

已创建 1 行。

接下来，可以使用例 17-13 的查询语句列出员工号大于 7900 的所有员工的相关信息以确认例 17-12 的插入操作是否成功。

例 17-13

```
SQL> SELECT empno, ename, job, sal
  2  FROM emp_pl
  3  WHERE empno > 7900;
    EMPNO ENAME         JOB                     SAL
--------- ------------- ----------------- ----------
     7902 FORD          ANALYST                 2970
     7934 MILLER        CLERK                   1300
     9000 武大          烙饼师                  3800
     7938               保安                 1499.85
     7937               保安                 1499.85
     7936               保安                 1499.85
```

```
    7935                    保安                    1499.85
```

已选择 7 行。

最后，可以使用例 17-14 的 UPDATE 语句将员工号为 7938 的保安的工资增加到 3805 以进一步测试触发器 restrict_salary。

例 17-14

```
SQL> UPDATE emp_pl
  2   SET sal = 3805
  3   WHERE empno = 7938;
UPDATE emp_pl
       *
第 1 行出现错误:
ORA-20438: 普通员工的工资不能超过 3800 元！！！
ORA-06512: 在 "SCOTT.RESTRICT_SALARY", line 4
ORA-04088: 触发器 'SCOTT.RESTRICT_SALARY' 执行过程中出错
```

17.8 在行触发器中使用 OLD 和 NEW 限定符

为了方便行触发器的开发，当一个行级触发器触发时，PL/SQL 运行时的引擎创建和维护两个数据结构，它们就是 **OLD** 和 **NEW**。OLD 和 NEW 具有完全相同的记录结构，并且使用 **%ROWTYPE** 声明成与触发器所基于的表的数据类型一模一样。其中，**OLD** 存储触发器处理之前的记录的原始值，而 **NEW** 则包含了新值。现将各种 DML 操作对 OLD 和 NEW 的影响归纳成表 17-2。

表 17-2

数 据 操 作	旧（Old）值	新（New）值
INSERT	空值（NULL）	插入的值
UPDATE	修改之前的值	修改之后的值
DELETE	删除之前的值	空值（NULL）

在一个行触发器内部，可以通过在一列之前冠以 **OLD** 和 **NEW** 限定词来引用这一列的变化之前和之后的数据。在使用 OLD 和 NEW 限定词时，要注意以下事项：

➷ 只在行触发器中有 OLD 和 NEW 限定词。
➷ 在每个 SQL 和 PL/SQL 语句中，这两个限定词前必须冠以冒号（:）。
➷ 如果这两个限定词是在 WHEN 所在条件中引用就不用冠以冒号。
➷ 如果在较大的表上执行许多修改，行触发器可能降低系统的效率。

为了能够顺利地完成下一节的操作，首先要使用例 17-15 的 DDL 语句在 SCOTT 用户中创建一个名为 audit_emp（其中 audit 的中文意思是审计）的表。每当用户做了一个 DML 操作时，触发器都会将用户名、系统时间以及一些操作之前的原值和操作之后的新值记录在这个审计表中。

例 17-15

```
SQL> CREATE TABLE audit_emp
  2   (user_name  VARCHAR2(38),
  3    time_stamp DATE,
```

```
 4     id          NUMBER(4),
 5     old_name    VARCHAR2(10),
 6     new_name    VARCHAR2(10),
 7     old_job     VARCHAR2(9),
 8     new_job     VARCHAR2(9),
 9     old_salary NUMBER(7,2),
10     new_salary NUMBER(7,2));
```

表已创建。

当以上命令执行成功之后，还是应该使用例 17-16 的 SQL*Plus 命令显示 audit_emp 表的结构以确认这个表创建得准确无误。

例 17-16

```
SQL> desc audit_emp
名称                                    是否为空？ 类型
---------------------------------- -------- -----------
USER_NAME                                   VARCHAR2(38)
TIME_STAMP                                  DATE
ID                                          NUMBER(4)
OLD_NAME                                    VARCHAR2(10)
NEW_NAME                                    VARCHAR2(10)
OLD_JOB                                     VARCHAR2(9)
NEW_JOB                                     VARCHAR2(9)
OLD_SALARY                                  NUMBER(7,2)
NEW_SALARY                                  NUMBER(7,2)
```

17.9　在行触发器中使用 OLD 和 NEW 限定符的实例

接下来，我们在员工（emp_pl）表上创建一个行触发器 audit_emp_values。该触发器将记录用户在 emp_pl 表上的 DML 操作的细节并添加到上一节刚刚创建的 AUDIT_EMP 用户表中。这个触发器利用在相关的列名前冠以 OLD 和 NEW 限定符将若干列的操作之前和操作之后的值记录在 audit_emp 表中。例 17-17 就是这个触发器的 PL/SQL 程序代码。

例 17-17

```
SQL> CREATE OR REPLACE TRIGGER audit_emp_values
 2  AFTER DELETE OR INSERT OR UPDATE ON emp_pl
 3  FOR EACH ROW
 4  BEGIN
 5    INSERT INTO audit_emp(user_name, time_stamp, id,
 6      old_name, new_name, old_job,
 7      new_job, old_salary, new_salary)
 8    VALUES (USER, SYSDATE, :OLD.empno,
 9      :OLD.ename, :NEW.ename, :OLD.job,
10      :NEW.job, :OLD.sal, :NEW.sal);
11  END;
12  /

触发器已创建
```

当确认触发器 audit_emp_values 创建成功之后，就可以测试这个触发器是否正常工作了，首先使用例 17-18 的 INSERT 语句在 emp_pl 表中添加一行新的员工记录。接下来，再使用例 17-19 的 DELETE 语句从 emp_pl 表中删除一行员工的记录。

例 17-18

```
SQL> INSERT INTO emp_pl(empno, ename, hiredate, job, sal)
  2 VALUES(3838, '苏妲己', sysdate, '项目经理', 3800 );

已创建 1 行。
```

例 17-19

```
SQL> DELETE FROM emp_pl
  2 WHERE empno = 7900;

已删除 1 行。
```

当确认以上两条DML语句执行成功之后，就可以查看在上一节中刚刚创建的审计表 audit_emp。为了使显示的结果清晰易读，可能要先使用例 17-20～例 17-25 的 SQL*Plus 格式命令格式化一下显示输出，最后就可以使用例 17-26 的 SQL 查询语句列出审计表 audit_emp 中的全部内容了。

例 17-20

```
SQL> col USER_NAME for a10
```

例 17-21

```
SQL> set line 100
```

例 17-22

```
SQL> col OLD_NAME for a6
```

例 17-23

```
SQL> col NEW_NAME for a6
```

例 17-24

```
SQL> col OLD_JOB for a6
```

例 17-25

```
SQL> col new_job for a6
```

例 17-26

```
SQL> select * from audit_emp;
USER_NAME  TIME_STAMP          ID OLD_NA NEW_NA OLD_JO NEW_JO OLD_SALARY NEW_SALARY
---------- ------------ ---------- ------ ------ ------ ------ ---------- ----------
SCOTT      15-2月 -14        7900 JAMES         CLERK              8999.1
SCOTT      14-2月 -14               苏妲己        项目经理                    3800
```

这里需要解释的是，例 17-18 的 INSERT 语句是在前一天发出的。从例 17-26 的显示结果可以看出：删除操作的记录只有旧值，而插入操作的记录只有新值。随后，可以再开启一个 SQL*Plus 窗口并以 system 用户（也可以是其他在 Scott 用户的 emp_pl 表上有 UPDATE 权限的用户）登录 Oracle 数据库系统，其命令类似例 17-27（其中，wang 是 system 用户的密码，在您的系统上可能不同）。

例 17-27

```
C:\Users\Maria>E:\app\product\11.2.0\dbhome_1\BIN\sqlplus system/wang
SQL*Plus: Release 11.2.0.1.0 Production on 星期六 2 月 15 09:03:59 2014
Copyright (c) 1982, 2010, Oracle. All rights reserved.
```

连接到：
```
Oracle Database 11g Enterprise Edition Release 11.2.0.1.0 - Production
With the Partitioning, OLAP, Data Mining and Real Application Testing options
```

登录成功之后，可以使用例 17-28 的 UPDATE 的语句将 Scott 用户的 emp_pl 表中第 70 号部门的所有员工的职位全部都更改为烙饼师。

例 17-28

```
SQL> UPDATE scott.emp_pl
  2  SET job = '烙饼师'
  3  WHERE deptno = 70;
```

已更新 4 行。

当确认以上更改操作成功之后，要切换回原来 SCOTT 所在的会话窗口（不要关闭 system 的会话窗口），随即使用例 17-29 的 SQL*Plus 命令重新执行 SQL*Plus 内存缓冲区中的 SQL 语句。

例 17-29

```
SQL> /
```

USER_NAME	TIME_STAMP	ID	OLD_NA	NEW_NA	OLD_JO	NEW_JO	OLD_SALARY	NEW_SALARY
SCOTT	15-2月 -14	7900	JAMES		CLERK		8999.1	
SCOTT	14-2月 -14		苏妲己		项目经理			3800

看了例 17-29 的显示结果是不是会感到有些意外？明明 system 用户已经删除了四行记录，可在这个审计表中竟然没有任何记载。这是为什么呢？如果您真的感到困惑，可以再重新看一下触发器 audit_emp_values 的定义，我们定义的触发时机是 AFTER。因为 system 用户并没有提交他所做的修改操作，所以也就没有触发 audit_emp_values 触发器中所定义的操作。为此，可以再次切换回 system 所在的会话窗口。随即，使用例 17-30 的添加语句提交所做的全部 DML 操作。

例 17-30

```
SQL> commit;
```

提交完成。

当确认以上提交成功之后，要再次切换回原来 SCOTT 所在的会话窗口，随即使用例 17-31 的 SQL*Plus 命令重新执行 SQL*Plus 内存缓冲区中的 SQL 语句。

例 17-31

```
SQL> /
```

USER_NAME	TIME_STAMP	ID	OLD_NA	NEW_NA	OLD_JO	NEW_JO	OLD_SALARY	NEW_SALARY
SCOTT	15-2月 -14	7900	JAMES		CLERK		8999.1	
SCOTT	14-2月 -14		苏妲己		项目经理			3800
SYSTEM	15-2月 -14	7938			保安	烙饼师	1499.85	1499.85
SYSTEM	15-2月 -14	7937			保安	烙饼师	1499.85	1499.85
SYSTEM	15-2月 -14	7936			保安	烙饼师	1499.85	1499.85
SYSTEM	15-2月 -14	7935			保安	烙饼师	1499.85	1499.85

已选择 6 行。

例 17-31 的显示结果表明 system 用户在 2014 年 2 月 15 日（今天）将员工号从 7935～7938 的

四名员工的职位由保安改成了烙饼师，他们的工资待遇保持不变。如果此时，执行了例 17-32 的回滚命令，那么审计表 audit_emp 中的内容又将会又什么变化呢？

例 17-32

```
SQL> rollback;
```

回退已完成。

当以上回滚命令执行成功之后，应该使用例 17-33 的 SQL 查询语句再次列出审计表 audit_emp 中的全部内容。

例 17-33

```
SQL> select * from audit_emp;
USER_NAME   TIME_STAMP       ID OLD_NA NEW_NA OLD_JO NEW_JO OLD_SALARY NEW_SALARY
----------  -----------   ------ ------ ------ ------ ------ ---------- ----------
SCOTT       14-2 月 -14              苏妲己        项目经理                    3800
SYSTEM      15-2 月 -14     7938            保安   烙饼师    1499.85    1499.85
SYSTEM      15-2 月 -14     7937            保安   烙饼师    1499.85    1499.85
SYSTEM      15-2 月 -14     7936            保安   烙饼师    1499.85    1499.85
SYSTEM      15-2 月 -14     7935            保安   烙饼师    1499.85    1499.85
```

例 17-31 的显示结果表明有关 Scott 用户在 2014 年 2 月 15 日（今天）所执行的删除操作的审计记录也已经不见了（回滚了）。

在这一节中所介绍的触发器实际上就是数据库安全课程中所说的基于值的审计。根据实际的安全需要，可以在审计表中记录相当详细的审计信息，这些信息对于将来追究一些恶意操作或误操作非常有用，甚至利用这些审计信息可以恢复一些丢失的数据。虽然基于值的审计可以提供非常丰富的信息，但是在大型数据库中过分地使用这类触发器（特别是在 DML 操作频繁的大表上使用）可能会对数据库系统的效率产生严重的冲击。**安全与效率永远都是矛盾的，越安全的系统效率越低。最后应该在安全与效率之间进行折中。**

通过以上的例子我们已经看到了，那就是这种基于值的审计方法是允许用户执行 **DML 操作的（即使是恶意的操作也可以），但是触发器要将所有操作的详细信息都记录在审计表中。将来发现问题是可以用审计表中的信息追踪到责任人（或干坏事的人），基于值的审计本身是有一种阻赫作用。**

在现实中，我们的司法系统运作方式就是审计的方式。司法系统是无法预防犯罪的，但是可以通过刑侦手段最终将罪犯绳之以法，所以多数人就都安分守己了。

17.10 利用 WHEN 子句有条件触发行触发器

因为之前做了许多 DML 操作，所以 emp_pl 表中的数据已经变得面目全非。为了方便后面的操作，可以使用例 17-34 和例 17-35 的 DDL 语句重建这个表。

例 17-34

```
SQL> DROP TABLE emp_pl;
```

表已删除。

例 17-35

```
SQL> CREATE TABLE emp_pl
  2  AS SELECT * FROM emp;
```

表已创建。

可以通过在触发器的定义中增加一个 WHEN 子句，并在这个子句中说明一个布尔表达式的方法来限制一个触发器的操作。如果在触发器中包括了一个 WHEN 子句，那么 WHEN 子句中的表达式要评估（测试）该触发器所影响的每一行。对于每一行，如果这个表达式的评估结果是 TRUE，那么触发器体（PL/SQL 程序代码）将执行。然而，如果表达式对于某一行的测试结果是 FALSE 或 NULL，那么触发器体就不执行。WHEN 子句的评估并不影响触发的 SQL 语句的执行，即如果一个 WHEN 子句测试为 FALSE，触发语句并不回滚。这里需要指出的是：WHEN 子句是不能包括在语句触发器的定义中的，这个子句只能包括在行触发器的定义中。

接下来，我们利用一个包含了 WHEN 子句的行触发器 derive_commission_pct 的创建和调试来演示 WHEN 子句的具体应用，例 17-36 就是 derive_commission_pct 触发器的 PL/SQL 程序代码。这个触发器的功能比较简单，其 WHEN 子句的功能是：如果插入或修改后的职位（job）是销售（SALESMAN），那么就触发这个触发器的代码（即执行该触发器的代码）。在执行段中，如果是插入的新纪录，那么将提成（comm）设置为 0；如果是修改工资的操作，就要进一步判断：如果原有的提成（old.comm）为空，即原来就没有提成，那么也将新提成（new.comm）设置为 0；如果原有的提成不为空，那么提成按新老工资的比例变化。

☞ **指点迷津：**

读者不需要深入理解第 6～第 12 行计算 comm 的具体算法，实际上这个算法是公司根据实际需要而定的，而且随着公司业务或市场的变化可能要随时调整的（即要与时俱进）。可能有读者对有些销售没有提成感到有些困惑，这里简单解释一下：在一些公司中，有些销售部门的员工是做一些与销售相关的辅助工作，但是他们并不直接销售公司的商品或服务，他们的业绩无法与实际的销售额挂钩，因此他们也是只挣工资的。不过他们有时也要接听客户的电话或与客户打交道，为了与客户打交道方便，公司也将这些员工的职位定为销售。

例 17-36

```
SQL> CREATE OR REPLACE TRIGGER derive_commission_pct
  2    BEFORE INSERT OR UPDATE OF sal ON emp_pl
  3    FOR EACH ROW
  4    WHEN (new.job = 'SALESMAN')
  5    BEGIN
  6     IF INSERTING THEN :new.comm := 0;
  7     ELSE           /* UPDATING salary */
  8      IF :old.comm IS NULL THEN
  9         :new.comm :=0;
 10      ELSE
 11         :new.comm := :old.comm * (:new.sal/:old.sal);
 12      END IF;
 13    END IF;
 14   END;
 15  /
```

触发器已创建

当确认触发器 derive_commission_pct 创建成功之后，就可以测试这个触发器是否正常工作了。为了随后的对比方便，使用例 17-37 的 SQL 查询语句列出员工（emp_pl）表中所有销售员工的记录。

例 17-37

```
SQL> select empno, ename, job, sal, comm
  2  from emp_pl
  3  where job = 'SALESMAN';
    EMPNO ENAME              JOB                      SAL    COMM
---------- ------------------ ------------------ ---------- -------
     7499 ALLEN              SALESMAN               1600     300
     7521 WARD               SALESMAN               1250     500
     7654 MARTIN             SALESMAN               1250    1400
     7844 TURNER             SALESMAN               1500       0
```

接下来，使用例 17-38 的 DML 语句将员工表中员工号为 7499 的员工的工资从原来的 1600 降为 1250（可能的原因是：在应聘时，ALLEN 这小子牛皮吹得很大也很到位，结果将负责招聘的经理们都给忽悠了，所以工资定得是全公司最高的。工作了一段时间，公司发现这个家伙的销售业绩平平，因此决定将他的工资降到普通销售的水平）。

例 17-38

```
SQL> update emp_pl
  2  set sal = 1250
  3  where empno = 7499;

已更新 1 行。
```

当确认以上更改操作已经成功之后，可以使用例 17-39 的 SQL 查询语句再次列出员工（emp_pl）表中所有销售员工的记录。

例 17-39

```
SQL> select empno, ename, job, sal, comm
  2  from emp_pl
  3  where job = 'SALESMAN';
    EMPNO ENAME              JOB                      SAL     COMM
---------- ------------------ ------------------ ---------- --------
     7499 ALLEN              SALESMAN               1250   234.38
     7521 WARD               SALESMAN               1250      500
     7654 MARTIN             SALESMAN               1250     1400
     7844 TURNER             SALESMAN               1500        0
```

比较例 17-39 的显示结果的第一行与例 17-37 的显示结果的第一行，就可以发现工资（sal）和提成（comm）的变化。也可以使用例 17-40 的 SQL 程序语句确认例 17-39 的提成的准确性。

例 17-40

```
SQL> select 300 * 1250/1600 from dual;
300*1250/1600
-------------
      234.375
```

📢 **提示：**

这里的 dual 是系统的一个虚表（伪表）。Oracle 系统为什么要引入这个虚表呢？因为在查询语句中必须至少包含 SELECT 和 FROM 两个子句。可是表达式或函数不属于任何表，如何在不违反 SQL 语法的前提下求出表达式或函数的值呢? Oracle 提供的虚表 dual 就是用来解决这一难题的。提供虚表 dual 是为了保障在不违反 SQL 语法的情况下利用现有的 SQL 语法就可以获取表达式或函数的值。如果读者对这方面的内容感兴趣,可参阅我的另一本书《名师讲坛——Oracle SQL 入门与实战经典》第 4 章的 4.3 节。

例 17-38 的 DML 语句是一个降薪操作,接下来使用例 17-41 的 DML 语句将员工表中员工号为 7521 的员工的工资从原来的 1250 提升为 1800。

例 17-41

```
SQL> update emp_pl
  2  set sal = 1800
  3  where empno = 7521;
```

已更新 1 行。

当确认以上更改操作已经成功之后,可以使用例 17-42 的 SQL 查询语句再次列出员工 (emp_pl) 表中所有销售员工的记录。

例 17-42

```
SQL> select empno, ename, job, sal, comm
  2  from emp_pl
  3  where job = 'SALESMAN';
```

EMPNO	ENAME	JOB	SAL	COMM
7499	ALLEN	SALESMAN	1250	234.38
7521	WARD	SALESMAN	1800	720
7654	MARTIN	SALESMAN	1250	1400
7844	TURNER	SALESMAN	1500	0

比较例 17-42 的显示结果的第二行与例 17-39 的显示结果的第二行,就可以发现工资(sal)和提成(comm)的变化。也可以使用例 17-43 的 SQL 程序语句确认例 17-42 的提成结果的准确性。

例 17-43

```
SQL> select 500 * 1800/1250 from dual;
500*1800/1250

-------------
          720
```

例 17-38 和例 17-41 的 DML 操作都是对销售人员进行的。接下来修改非销售人员(如文员)的工资以测试触发器 derive_commission_pct 是否也正常工作。为了随后的比较方便,应该先使用例 17-44 的 SQL 查询语句列出员工(emp_pl)表中所有文员(CLERK)员工的相关信息。

例 17-44

```
SQL> select empno, ename, job, sal, comm
  2  from emp_pl
  3  where job = 'CLERK';
```

EMPNO	ENAME	JOB	SAL	COMM
7369	SMITH	CLERK	800	
7876	ADAMS	CLERK	1100	
7900	JAMES	CLERK	950	
7934	MILLER	CLERK	1300	

接下来使用例 17-45 的 DML 语句将员工表中员工号为 7369 的员工的工资从原来的 800 提升为 9998。

例 17-45

```
SQL> UPDATE emp_pl
  2  SET sal = 9998
  3  WHERE empno = 7369;
```

已更新 1 行。

当确认以上更改操作已经成功之后，可以使用例 17-46 的 SQL 查询语句再次列出员工（emp_pl）表中所有文员员工的记录。

例 17-46

```
SQL> select empno, ename, job, sal, comm
  2  from emp_pl
  3  where job = 'CLERK';
    EMPNO ENAME            JOB                       SAL   COMM
---------- ---------------- ------------------ ---------- -------
      7369 SMITH            CLERK                    9998
      7876 ADAMS            CLERK                    1100
      7900 JAMES            CLERK                     950
      7934 MILLER           CLERK                    1300
```

比较例 17-46 的显示结果的第一行与例 17-44 的显示结果的第一行，就可以发现工资（sal）已经提高到 9998，但提成（comm）还是没有变化，因为按照 derive_commission_pct 触发器实现的公司规则——只有销售人员才有提成。

为了节省篇幅，我们并未给出插入（INSERT）操作的测试例子，感兴趣的读者有时间可以自己试一下。

17.11　触发器执行模型概要及实现完整性约束的准备

一个单一的 DML 语句有可能触发以下四种触发器：

➥　BEFORE 和 AFTER 语句触发器。

➥　BEFORE 和 AFTER 行触发器。

在触发器中的触发事件或语句可能引起一个或多个完整性约束的检查，但是可以将约束的检查延迟到执行 COMMIT 操作时。Oracle 服务器触发这四种触发器的方式如下。

（1）执行所有的 BEFORE STATEMENT（语句）触发器。

（2）对受影响的每一行循环：

➥　执行所有的 BEFORE ROW（行）触发器。

➥　执行所有的 DML 语句并进行完整性约束的检查。

➥　执行所有的 AFTER ROW（行）触发器。

（3）执行所有的 AFTER STATEMENT（语句）触发器。

触发器也可能引起其他触发器的触发（执行），即所谓的级联触发器。作为一个 **SQL** 语句的结果，所有执行的操作和检查必须成功。如果在一个触发器中抛出了一个异常并且这个异常没有被显

式地处理，那么所执行的所有操作（与原始 SQL 语句相关的操作也包括触发触发器所执行的操作）
全部被回滚。这就保证了触发器决不可能违反完整性约束。

外键（Foreign Key）和引用完整性（Referential Integrity）是关系数据库非常重要的特性。由于
外键约束是用来维护从表（Child Table）和主表（Parent Table）之间的引用完整性的，所以外键约
束要涉及的不止一个表。正是由于这个原因使得外键约束要比其他几种约束更难理解。在我的另一
本书——《名师讲坛——Oracle SQL 入门与实战经典》的第 13 章的 13.14 节～13.19 节都是在解释
外键约束对各种 DML 操作或 DDL 操作的影响。引用完整性的定义如下：

（1）外键必须为空值（NULL）或者有相匹配的项。

（2）外键可以没有相对应的键属性（列），但不可以有无效的项。

虽然引用完整性可以有效地防止错误的 DML 操作，但是在某些特殊情况下，实际的商业运作
可能会短时间地出现违法引用完整性的数据。这时就可以创建一个 AFTER UPDATE 行触发器来解
决这样的问题。

为了能够进行后续的操作，应该做一些准备工作。因为之前对 dept_pl 表进行了许多 DML 操作，
为此应该先使用例 17-47 的 DROP TABLE 语句将 dept_pl 表删除。之后，再使用例 17-48 的 DDL 语
句重建这个表。

例 17-47

```
SQL> DROP TABLE dept_pl;

表已删除。
```

例 17-48

```
SQL> CREATE TABLE dept_pl
  2  AS SELECT * FROM dept;

表已创建。
```

当确认 dept_pl 表重建成功之后，首先使用例 17-49 的 ALTER TABLE 语句在 dept_pl 表上将
deptno 列定义成主键。随后，用例 17-50 的 DDL 语句在 emp_pl 表上将 deptno 列定义成外键并指向
dept_pl 表中的 deptno 列。

例 17-49

```
SQL> ALTER TABLE dept_pl
  2  ADD CONSTRAINT dept_pl_deptno_pk
  3     PRIMARY KEY (deptno);

表已更改。
```

例 17-50

```
SQL> ALTER TABLE emp_pl
  2  ADD CONSTRAINT emp_pl_deptno_fk
  3     FOREIGN KEY(deptno) REFERENCES dept_pl(deptno);

表已更改。
```

当以上两个 DDL 语句执行成功之后，应该使用例 17-55 的 SQL 查询语句从数据字典
user_constraints 中列出所有基于 emp_pl 和 dept_pl 表上的约束。不过为了使显示结果更为清晰，可
能需要使用例 17-51～例 17-54 的 SQL*Plus 格式化语句先格式化一下显示输出格式。

例 17-51

```
SQL> COL owner FOR A10
```

例 17-52

```
SQL> col CONSTRAINT_NAME for a15
```

例 17-53

```
SQL> col CONSTRAINT_NAME for a20
```

例 17-54

```
SQL> set line 100
```

例 17-55

```
SQL> SELECT owner, constraint_name, constraint_type, table_name
  2  FROM user_constraints
  3  WHERE table_name IN ('EMP_PL', 'DEPT_PL');
OWNER       CONSTRAINT_NAME      CO TABLE_NAME
--------    --------------------  -- ----------
SCOTT       DEPT_PL_DEPTNO_PK    P  DEPT_PL
SCOTT       EMP_PL_DEPTNO_FK     R  EMP_PL
```

例 17-55 的显示结果清楚地表明已经成功地创建了所需的两个约束。现在我们来解释例 17-55 的显示结果中第 3 列 CO（constraint_type）中每个字母所代表的含义。

> ❯ C：代表 CHECK（条件约束）和 NOT NULL（非空约束）。
> ❯ P：代表 PRIMARY KEY（主键约束）。
> ❯ R：代表 REFERENTIAL INTEGRITY，即 FOREIGN KEY（外键约束）。
> ❯ U：代表 UNIQUE（唯一约束）。

如果想知道约束是定义在哪一个表的哪一列上的话，又该怎么办呢？可以使用数据字典 USER_CONS_COLUMNS 来得到这方面的信息。现在可以使用例 17-56 的查询语句来查看所有基于 emp_pl 和 dept_pl 表上的约束的有关信息。

例 17-56

```
SQL> COL column_name for a15
SQL> SELECT owner, constraint_name, table_name, column_name
  2  FROM user_cons_columns
  3  WHERE table_name IN ('EMP_PL', 'DEPT_PL');
OWNER       CONSTRAINT_NAME      TABLE_NAME COLUMN_NAME
--------    --------------------  ---------- --------------
SCOTT       DEPT_PL_DEPTNO_PK    DEPT_PL     DEPTNO
SCOTT       EMP_PL_DEPTNO_FK     EMP_PL      DEPTNO
```

当做完了以上所有的准备工作之后，就可以开始干正事了，即可以创建那个用来实现完整性约束的触发器了。

17.12　利用触发器来实现完整性约束

为了检查在 emp_pl 表上创建的外键是否正常工作，可以使用例 17-57 的 DML 语句将员工号为 7900 的员工的部门号修改为 38。

例 17-57

```
SQL> UPDATE emp_pl
  2  SET deptno = 38
  3  WHERE empno = 7900;
UPDATE emp_pl
       *
第 1 行出现错误:
ORA-02291: 违反完整约束条件 (SCOTT.EMP_PL_DEPTNO_FK) - 未找到父项关键字
```

例 17-57 的显示结果表明以上所做的修改操作违反了引用完整性（即 SCOTT 用户上的外键约束 EMP_PL_DEPTNO_FK）并指明"未找到父项关键字"，即在主表 dept_pl 表中并不存在第 38 号部门。可以使用例 17-58 的 SQL 查询语句列出 dept_pl 表中的列以验证第 38 号部门是否真的不存在。

例 17-58

```
SQL> select * from dept_pl;
    DEPTNO DNAME                  LOC
---------- -------------------- ---------
        10 ACCOUNTING             NEW YORK
        20 RESEARCH               DALLAS
        30 SALES                  CHICAGO
        40 OPERATIONS             BOSTON
```

虽然引用完整性可以有效地防止错误的 DML 操作，但是有时确实也给实际工作带来一些麻烦。假设现在狗公司目前成立了一个新部门，该部门号为 38，地址在公主坟，不过部门名还没有起好，因为几位高管的意见没有统一。现在公司要从其他部门抽调一些业务骨干（也可能是没事做的）到新成立的第 38 号部门，实际上，在数据库上的操作就是修改员工表中相应员工的部门号（如例 17-57）。

为了避免出现违反引用完整性的错误发生，可以创建一个名为 emp_dept_fk_trg 的 AFTER UPDATE 行触发器，该触发器的功能是如果新的部门号在 dept_pl 表中不存在，就在 dept_pl 表中添加一个部门号为这个新号码的新部门记录。例 17-59 就是触发器 emp_dept_fk_trg 的 PL/SQL 程序代码。由于这个触发器是行触发器，实际上对每个在 emp_pl 表上对 deptno 的修该操作，触发器都要在 dept_pl 表中插入一行新的部门记录（即执行第 5 行的代码），但是有可能要插入的部门号已经存在，那么就会抛出异常 DUP_VAL_ON_INDEX 并进行异常处理，因为我们在 dept_pl 表的 deptno 列上定义了主键。实际上异常处理部分什么也没做（NULL），即如果部门已经存在，将异常屏蔽掉，这也是在数据库编程中的一个技巧。

例 17-59

```
SQL> CREATE OR REPLACE TRIGGER emp_dept_fk_trg
  2  AFTER UPDATE OF deptno ON emp_pl
  3  FOR EACH ROW
  4  BEGIN
  5    INSERT INTO dept_pl VALUES(:new.deptno, 'Dept '||:new.deptno, '公主坟');
  6  EXCEPTION
  7    WHEN DUP_VAL_ON_INDEX THEN
  8      NULL; -- mask exception if the department exists
  9  END;
```

```
10  /
```

触发器已创建

当确认行触发器 emp_dept_fk_trg 创建成功之后，就可以测试这个触发器是否正常工作了。为了随后的对比方便，使用例 17-60 的 SQL 查询语句列出员工（emp_pl）表中员工号为 7900 的员工的相关信息（一定要包括部门号）。

例 17-60

```
SQL> SELECT ename, job, sal, deptno
  2  FROM emp_pl
  3  WHERE empno = 7900;
ENAME            JOB                    SAL    DEPTNO
---------------- ------------------ ---------- -------
JAMES            CLERK                  950        30
```

当以上查询语句执行成功之后，就可以使用例 17-61 的 DML 语句再次将员工号为 7900 的员工的部门号修改为 38。

例 17-61

```
SQL> UPDATE emp_pl
  2  SET deptno = 38
  3  WHERE empno = 7900;
```

已更新 1 行。

这次以上 UPDATE 语句就成功地执行了。为了确定成功执行的真正原因，可以先使用例 17-62 的 SQL 查询语句再次列出员工（emp_pl）表中员工号为 7900 的员工的相关信息，随后使用例 17-63 的 SQL 查询语句再次列出部门（dept_pl）表中所有的内容。

例 17-62

```
SQL> SELECT ename, job, sal, deptno
  2  FROM emp_pl
  3  WHERE empno = 7900;
ENAME            JOB                    SAL    DEPTNO
---------------- ------------------ ---------- --------
JAMES            CLERK                  950        38
```

例 17-63

```
SQL> select * from dept_pl;
    DEPTNO DNAME                  LOC
---------- -------------------- ------------
        10 ACCOUNTING             NEW YORK
        20 RESEARCH               DALLAS
        30 SALES                  CHICAGO
        40 OPERATIONS             BOSTON
        38 Dept 38                公主坟
```

从例 17-63 的显示结果可知，已经在部门表中成功地插入了一条部门号为 38 的新部门，其部门名暂定为"Dept 38"，而地址为"公主坟"。也正因为有了这个 38 号的新部门，所以例 17-61 的 UPDATE 语句才能执行成功。而例 17-62 的显示结果也表明：现在员工号为 7900 的员工 JAMES 已经被成功地转到新的 38 号部门了。**这触发器的功能还这么强大，连引用完整性的检查都能绕过去，**

没想到吧？

☞ 指点迷津：

> 尽管使用类似创建行触发器 emp_dept_fk_trg 的方法可以为工作带来便利，但是如果使用不慎，可能会危及系统的稳定和安全。一般都是到万不得已时才使用，而且只将要操作表的相应修改权限授予少数可靠的用户。另外，一些公司是在平时将这类触发器关闭（禁止），而只在需要时开启（激活），并在使用之后立即关闭（禁止），以免留下安全隐患或不稳定的因素。

17.13　INSTEAD OF 触发器及实例的准备工作

在开始介绍 INSTEAD OF 触发器之前，我们先简单介绍一下视图（Views）。那么什么是视图呢？视图是用户所看到的（数据）图像，这个图像并不是真正的数据，是经过转换后的一种数据表示。就像在电影和电视中看到的美女和英雄一样，观众看到的是经过许多化妆和包装后的人物，他们并不存在于现实生活中，观众看到的只是理想中的幻影（视图）而已。

虽然可以通过视图进行 DML 操作，但是 Oracle 系统加上了许多限制，因为实际上在视图上进行的 DML 操作都要转换成对所引用表的 DML 操作。如果在一个视图的查询语句中包含了集合（set）操作符、DISTINCT 关键字（操作符）、分组函数、GROUP BY 子句、CONNECT BY 子句、START 子句及连接（join）子句，那么就不能使用通常的 DML 语句修改这个视图。如果一个视图是由多个表所组成的，那么一个向这个视图的插入操作可能涉及到向一个表的插入操作和对另一个表的更改操作。如何解决这一棘手的实际问题呢？Oracle 又一次高瞻远瞩地引入了 INSTEAD OF 触发器。

利用 INSTEAD OF 触发器就可以使用 DML 修改以上所说的那些无法修改的视图。之所以被称为 INSTEAD OF 触发器，是因为与其他触发器不同，Oracle 服务器触发该触发器并代替执行所触发的语句。INSTEAD OF 触发器被用于直接在视图所基于的表上执行 INSERT、UPDATE 和 DELETE 操作。于是可以在一个视图上使用 INSERT、UPDATE 和 DELETE 语句了，因为 INSTEAD OF 触发器以不可见的方式工作并在后台执行相应的正确操作（在相应的表上）。如图 17.4 所示为 INSTEAD OF 触发器的工作示意图。

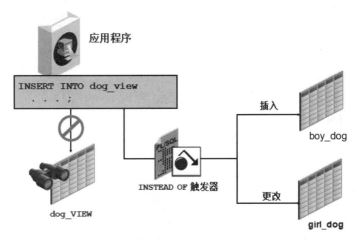

图 17.4

在图 17.4 中，boy_dog（公狗）和 girl_dog（母狗）是表，而 dog_view（狗视图）为基于公狗和母狗这两个表的视图。

☞ 指点迷津：

有关视图的详细介绍属于 Oracle SQL 的内容，已经超出了本书的范围。如果读者不熟悉并对这方面的内容感兴趣，可以参阅我的另一本书——《名师讲坛——Oracle SQL 入门与实战经典》的第 14 章或类似的书籍。

如果一个视图本身是可以修改的并且上面有 INSTEAD OF 触发器，那么触发器优先。INSTEAD OF 触发器是行级触发器。当使用 INSTEAD OF 触发器对视图执行插入或修改操作时，该视图的 CHECK 选项不起作用。在这种情况下，INSTEAD OF 触发器体（程序代码）必须实施这样的检查。

为了能够顺利完成下一节创建和测试 INSTEAD OF 触发器的实例，要先使用例 17-64 的 DDL 语句创建一个名为 new_emps 表，随即使用例 17-65 的 DDL 语句创建另一个名为 new_depts 的表（在这个表中除了存储部门号和部门名之外，还将存储该部门所有员工的总工资及该部门中所有员工的总和）。

☞ 指点迷津：

在数据仓库系统中经常使用类似 new_depts 的表以在查询语句中减少表之间的连接操作和计算。实际上，这是一个非常典型的用磁盘空间换取操作速度的方法。一般在实际应用中，除了每个部门员工的工资总数之外，一般员工的总人数，甚至员工的最低工资、最高工资等也会存放在这个表中以方便 BI 人员的分析工作。

例 17-64

```
SQL> CREATE TABLE new_emps AS
  2  SELECT empno,ename,sal,deptno
  3  FROM emp;

表已创建。
```

例 17-65

```
SQL> CREATE TABLE new_depts AS
  2  SELECT d.deptno, d.dname,
  3         sum(e.sal) dept_sal
  4  FROM emp e, dept d
  5  WHERE e.deptno = d.deptno
  6  GROUP BY (d.deptno, dname);

表已创建。
```

当确认 new_depts 表创建成功之后，应该使用类似例 17-66 和例 17-67 的 SQL 查询语句列出相关的信息以确认该表的准确性。

例 17-66

```
SQL> select * from new_depts;
    DEPTNO DNAME                          DEPT_SAL
---------- -------------------------- ----------
        10 ACCOUNTING                       8750
        20 RESEARCH                        10875
        30 SALES                            9400
```

例 17-67

```
SQL> select deptno, sum(sal)
  2  from emp
  3  group by deptno;
    DEPTNO   SUM(SAL)
---------- ----------
        30       9400
        20      10875
        10       8750
```

当确认 new_emps 和 new_depts 两个表都没有问题之后，就可以使用例 17-68 的创建视图命令基于这两个新创建的表创建一个名为 emp_details 的视图。

例 17-68

```
SQL> CREATE OR REPLACE VIEW emp_details AS
  2  SELECT e.empno, e.ename, e.sal,
  3         e.deptno, d.dname
  4  FROM new_emps e, new_depts d
  5  WHERE e.deptno = d.deptno;
CREATE OR REPLACE VIEW emp_details AS
                      *
第 1 行出现错误:
ORA-01031: 权限不足
```

如果在创建这个视图时出现了类似以上的错误，请不要惊慌，因为您并未做错任何事情。注意错误提示信息的最后一行，其提示信息已经足够清晰了，那就是没有足够的系统权限。因此，可以使用例 17-69 的 SQL 查询语句列出当前用户的所有系统权限（session_privs 是 Oracle 数据库中的一个数据字典）。

例 17-69

```
SQL> SELECT * from session_privs;
PRIVILEGE
--------------------
CREATE SESSION
UNLIMITED TABLESPACE
CREATE TABLE
CREATE CLUSTER
CREATE SEQUENCE
CREATE PROCEDURE
CREATE TRIGGER
CREATE TYPE
CREATE OPERATOR
CREATE INDEXTYPE

已选择 10 行。
```

仔细阅读例 17-69 的显示输出，就可以很容易地发现该（SCOTT）用户没有 create view 系统权限。为了授予该用户创建视图的系统权限，可以使用类似例 17-70 的 SQL*Plus 命令切换到 system 用户（或其他 DBA 用户）。

例 17-70

```
SQL> connect system/wang
```

已连接。

当确认当前用户已经是 system 用户之后，应该使用例 17-71 的 DCL 语句将创建视图的系统权限授予 SCOTT 用户。当确认这一授权操作成功之后，要使用类似例 17-72 的 SQL*Plus 命令再次切换回 SCOTT 用户。

例 17-71

```
SQL> grant create view to scott;

授权成功。
```

例 17-72

```
SQL> connect scott/tiger
已连接。
```

随后，应该使用例 17-73 的 SQL 查询语句再次列出当前用户的所有系统权限。在例 17-73 的显示结果中确实多出了 CREATE VIEW 一行。

例 17-73

```
SQL> SELECT * from session_privs;
PRIVILEGE
--------------------
CREATE SESSION
UNLIMITED TABLESPACE
CREATE TABLE
CREATE CLUSTER
CREATE VIEW
CREATE SEQUENCE
CREATE PROCEDURE
CREATE TRIGGER
CREATE TYPE
CREATE OPERATOR
CREATE INDEXTYPE

已选择 11 行。
```

接下来，就可以使用例 17-74 的创建视图命令再次创建视图 emp_details。

例 17-74

```
SQL> CREATE OR REPLACE VIEW emp_details AS
  2  SELECT e.empno, e.ename, e.sal,
  3         e.deptno, d.dname
  4  FROM new_emps e, new_depts d
  5  WHERE e.deptno = d.deptno;

视图已创建。
```

17.14　创建 INSTEAD OF 触发器的实例

做完了以上所有准备工作之后，就可以使用例 17-75 的 CREATE OR REPLACE TRIGGER 命令创建这个名为 new_emp_dept 的 INSTEAD OF 触发器了。这是一个行触发器，对于在 emp_details 视图上的每一行的插入、修改或删除操作都将执行这个触发器的体（PL/SQL 程序代码）。

例 17-75

```
SQL> CREATE OR REPLACE TRIGGER new_emp_dept
  2  INSTEAD OF INSERT OR UPDATE OR DELETE ON emp_details
  3  FOR EACH ROW
  4  BEGIN
  5    IF INSERTING THEN
  6      INSERT INTO new_emps
  7      VALUES (:NEW.empno, :NEW.ename,:NEW.sal, :NEW.deptno);
  8      UPDATE new_depts
  9        SET dept_sal = dept_sal + :NEW.sal
 10        WHERE deptno = :NEW.deptno;
 11    ELSIF DELETING THEN
 12      DELETE FROM new_emps
 13        WHERE empno = :OLD.empno;
 14      UPDATE new_depts
 15        SET dept_sal = dept_sal - :OLD.sal
 16        WHERE deptno = :OLD.deptno;
 17    ELSIF UPDATING ('sal') THEN
 18      UPDATE new_emps
 19        SET sal = :NEW.sal
 20        WHERE empno = :OLD.empno;
 21      UPDATE new_depts
 22        SET dept_sal = dept_sal + (:NEW.sal - :OLD.sal)
 23        WHERE deptno = :OLD.deptno;
 24    ELSIF UPDATING ('deptno') THEN
 25      UPDATE new_emps
 26        SET deptno = :NEW.deptno
 27        WHERE deptno = :OLD.deptno;
 28      UPDATE new_depts
 29        SET dept_sal = dept_sal - :OLD.sal
 30        WHERE deptno = :OLD.deptno;
 31      UPDATE new_depts
 32        SET dept_sal = dept_sal + :NEW.sal
 33        WHERE deptno = :NEW.deptno;
 34    END IF;
 35  END;
 36  /
```

触发器已创建

在以上 new_emp_dept 触发器的 PL/SQL 程序代码中，其执行段所执行的具体操作如下：

（1）如果是插入操作，那么就将向视图 emp_details 插入的员工记录直接插入到表 new_emps 中，并且将这一新员工的工资加入到 new_depts 表中的 dept_sal 列中（即将该员工的工资添加到这个部门的员工工资总和中）。

（2）如果是删除操作，那么就将从视图 emp_details 删除的员工记录改为直接从表 new_emps 中删除该员工的记录，并且从 new_depts 表中 dept_sal 列中减去该员工原有的工资。

（3）如果修改工资（sal）的操作，那么就将直接修改 new_emps 中该员工的工资，并且在 new_depts 表中 dept_sal 列中增加这个员工新旧工资之间的差额（如果是加薪就是增加，如果是减薪就是减少）。

（4）如果是修改部门号（deptno）的操作，那么就将直接修改 new_emps 中该员工的部门号，并将 new_depts 表中原来所在部门的 dept_sal 列减去该员工原有的工资，同时在新部门的 dept_sal 列上加上该该员工的工资。

17.15 INSTEAD OF 触发器的测试实例

当确认 INSTEAD OF 触发器 new_emp_dept 创建成功之后，就可以开始进行测试了。可以首先使用例 17-76 的插入语句向视图 emp_details 中添加一条名为"武大"的新员工的记录（武大的工号是 3838，工资是 3250，所在部门号是 30，部门名为公关）。

例 17-76

```
SQL> INSERT INTO emp_details
  2  VALUES (3838,'武大',3250, 30, '公关');

已创建 1 行。
```

当确认以上插入操作成功完成之后，应该使用例 17-77～例 17-79 的 SQL 查询语句分别从 emp_details 视图、new_emps 表和 new_depts 表中列出相关的信息以确认触发器 new_emp_dept 工作的准确性。

例 17-77

```
SQL> select *
  2  from emp_details
  3  where empno = 3838;
EMPNO ENAME                 SAL     DEPTNO  DNAME
------ -------------------- --------- -------- ------
 3838 武大                  3250       30    SALES
```

例 17-78

```
SQL> select *
  2  from new_emps
  3  where empno = 3838;
   EMPNO ENAME                   SAL    DEPTNO
---------- -------------------- ---------- ------
    3838 武大                   3250       30
```

例 17-79

```
SQL> select *
  2  from new_depts;
   DEPTNO DNAME                   DEPT_SAL
---------- ------------------------ ---------
     10 ACCOUNTING                    8750
```

```
        20 RESEARCH                          10875
        30 SALES                            12650
```

看了例 17-77～例 17-79 的显示结果，您基本上是可以放心了，因为显示的结果表明触发器 new_emp_dept 工作基本上没问题。不过细心的读者可能已经发现了例 17-77 显示结果表明新添加的员工"武大"所属的部门并不是公关部门，而是原来的销售部门。这是为什么呢？可以重新浏览一下例 17-74 的创建视图 emp_details 的命令，实际上这个视图的部门名（dname）是来自 new_depts 表的 dname 列，而在触发器 new_emp_dept 的 PL/SQL 程序代码中，当插入操作时并未修改部门名（当然也不应该修改）。

测试完插入操作，我们将测试更改操作。为了将来方便比较，应该使用例 17-80 的 SQL 语句从 emp_details 视图中列出第 20 号部门中的所有员工的信息。

例 17-80

```
SQL> select *
  2  from emp_details
  3  where deptno = 20;
    EMPNO ENAME                        SAL    DEPTNO DNAME
---------- ---------------- -------- ---------- -------
      7369 SMITH                      800        20 RESEARCH
      7566 JONES                     2975        20 RESEARCH
      7788 SCOTT                     3000        20 RESEARCH
      7876 ADAMS                     1100        20 RESEARCH
      7902 FORD                      3000        20 RESEARCH
```

随即，使用例 17-81 的 DML 语句利用视图 emp_details 将员工号为 7369 的员工的工资修改为 1800（整整增加了 1000 元啊！）。

例 17-81

```
SQL> UPDATE emp_details
  2  SET sal = 1800
  3  WHERE empno = 7369;
已更新 1 行。
```

当确认以上更改操作成功完成之后，应该使用例 17-82～例 17-84 的 SQL 查询语句分别从 emp_details 视图、new_emps 表和 new_depts 表中列出相关的信息以确认对于更改操作触发器 new_emp_dept 工作同样是正确的。

例 17-82

```
SQL> select *
  2  from emp_details
  3  where deptno = 20;
    EMPNO ENAME                        SAL    DEPTNO DNAME
---------- ---------------- ---- ------ ---------- ---------
      7369 SMITH                     1800        20 RESEARCH
      7566 JONES                     2975        20 RESEARCH
      7788 SCOTT                     3000        20 RESEARCH
      7876 ADAMS                     1100        20 RESEARCH
      7902 FORD                      3000        20 RESEARCH
```

例 17-83

```
SQL> select *
  2  from new_emps
  3  where deptno = 20;
    EMPNO ENAME                          SAL     DEPTNO
---------- -------------------- ---------- --------
     7369 SMITH                         1800         20
     7566 JONES                         2975         20
     7788 SCOTT                         3000         20
     7876 ADAMS                         1100         20
     7902 FORD                          3000         20
```

例 17-84

```
SQL> select *
  2  from new_depts;
    DEPTNO DNAME                          DEPT_SAL
---------- -------------------- --------
        10 ACCOUNTING                         8750
        20 RESEARCH                          11875
        30 SALES                             12650
```

17.16 触发器的管理与维护及与过程的比较

每个触发器都具有激活（ENABLED）和禁止（DISABLED）两种模式（状态），一个触发器只能处于 ENABLED 状态或 DISABLED 状态。

（1）**Enabled:** 如果发出了一个触发语句并且该触发器的限制（如果有的话）评估（测试）为 TRUE（默认），那么触发器运行它的触发器操作（PL/SQL 程序代码）。

（2）**Disabled:** 触发器不运行它的触发器操作（PL/SQL 程序代码），即使发出了一个触发语句并且该触发器的限制（如果有的话）评估为 TRUE 也不运行。

当一个触发器被首次创建时，它的状态默认是 ENABLED。Oracle 服务器对激活的触发器要检查所定义的完整性约束并保证这些触发器不会违反任何定义的完整性约束。另外，Oracle 服务器还为查询和约束提供读取一致性的视图、管理依赖关系，并且如果一个触发器是修改分布数据库中远程的表，Oracle 服务器还提供一种两阶段的提交处理过程。即可以利用 ALTER TRIGGER 语句控制指定的触发器的状态，也可以利用 ALTER TABLE 语句控制指定表上所有触发器的状态。其中，关闭（禁止）或重新开启（激活）一个数据库触发器的命令如下：

```
ALTER TRIGGER 触发器名 DISABLE | ENABLE
```

而关闭（禁止）或重新开启（激活）一个表上的所有触发器的命令则为：

```
ALTER TABLE 表名 DISABLE | ENABLE ALL TRIGGERS
```

如果由于某种原因，一个触发器变成了无效的（invalid），应该使用 ALTER TRIGGER 显式地重新编译这个触发器（的 PL/SQL 程序代码），重新编译一个表上的一个触发器的命令如下：

```
ALTER TRIGGER 触发器名 COMPILE
```

如果已经不再需要某个触发器时，应该使用 DROP TRIGGER 语句从数据库中删除这个没用的触发器，从数据库中删除一个触发器语句如下：

```
DROP TRIGGER 触发器名;
```

注意，当一个表被删除时，所有在该表上的触发器也会被删除。

可能有读者会想：为什么要为触发器引入 DISABLED 状态呢？既然是不想使用这个触发器就干脆将它删除，不是更简单、更方便？

其实，将一个触发器设置为 DISABLED 状态往往是一个无奈之举。有时一个系统可能已经满负荷运行，系统的效率很低。此时可能已经没有其他方法可以提高系统效率了，在这种情况下，就可能暂时关闭一个或多个触发器以换取系统效率的提高。实际上，这是一种以牺牲数据的完整性和系统安全为代价的系统优化举措，应该也是不得已而为之。系统的安全与效率永远是一对矛盾，越安全的系统，效率往往越低，反之效率越高的系统，就越不安全。最后，作为系统的开发者或管理者要在这两者之间做出艰难的平衡。一般触发器处在 DISABLED 状态应该是一个临时而短暂的状态，一旦系统效率正常之后，应该尽快将这些触发器重新设置回 ENABLED。一般将一个触发器临时设置成 DISABLED 状态的情况可能如下：

（1）该触发器所引用的一个对象无法获得。

（2）在执行大规模数据装入操作时，想不触发触发器以加快数据的装入。

（3）重新装入数据。

在实际工作中，所开发的数据库触发器要经过严格的测试之后才敢在真正生产系统上使用。测试触发器的程序代码一般是一个相当耗时的测试过程，一般触发器越复杂要测试的细节可能就越多，通常测试一个数据库触发器的基本步骤如下：

➥ 测试每一个触发的数据操作，以及没有触发的数据操作。

  ✧ 首先测试大多数成功的情况。

  ✧ 测试最可能失败的情况以观察触发器能否恰当地处理。

➥ 测试 WHEN 子句的每一种可能。

➥ 测试由基本数据造成的触发器的直接触发以及由过程引起的间接触发。

➥ 测试触发器对其他地触发器的影响。

➥ 测试其他触发器对该触发器的影响。

➥ 可使用 DBMS_OUTPUT 软件包调试（排错）触发器。

通过前面的学习，我们知道触发器与过程在许多方面都非常相似，但是它们之间也存在一些明显的差别，现将它们之间的主要差别归纳成表 17-3。

表 17-3

触发器（Triggers）	过程（Procedures）
使用 CREATE TRIGGER 定义	使用 CREATE PROCEDURE 定义
源代码包含在 USER_TRIGGERS 数据字典中	源代码包含在 USER_SOURCE 数据字典中
由 DML 语句隐含调用	显示调用
不允许使用 COMMIT、SAVEPOINT 和 ROLLBACK	允许使用 COMMIT、SAVEPOINT 和 ROLLBACK

17.17 触发器的管理与维护的实例

要有效地管理和维护触发器，首先必须知道与触发器相关的信息。**在获取这方面信息时经常使用的两个数据字典视图是 user_objects 和 user_triggers。user_objects 视图包含了触发器的名字、状态和创建的日期和时间等信息。而 user_triggers 视图包含了触发器的名字、类型、触发事件、基于的表和触发器体（代码）等详细的信息。**

接下来，我们用一些例子来演示这两个数据字典视图的具体应用以及一些触发器维护命令的使用。首先可以使用例 17-87 的 SQL 查询语句利用数据字典视图 user_objects 列出当前用户中所有触发器的对象 ID、对象名、创建日期和状态信息。不过为了使显示结果清晰易读，可能要先使用例 17-85 和例 17-86 的 SQL*Plus 格式化命令格式化一下。

例 17-85

```
SQL> set line 100
```

例 17-86

```
SQL> col object_name for a25
```

例 17-87

```
SQL> SELECT object_id, object_name, created, status
  2  FROM user_objects
  3  WHERE object_type = 'TRIGGER';
OBJECT_ID OBJECT_NAME               CREATED         STATUS
---------- --------------------     --------------  -------
    76969 AUDIT_EMP_VALUESXXX       21-2 月 -16      INVALID
    76778 DERIVE_COMMISSION_PCT     16-2 月 -16      VALID
    76864 EMP_DEPT_FK_TRG           18-2 月 -16      VALID
    76877 NEW_EMP_DEPT              20-2 月 -16      VALID
```

随后，可以使用例 17-91 的 SQL 查询语句利用数据字典视图 user_triggers 列出当前用户中所有触发器的较为详细的信息。不过为了使显示结果清晰易读，可能要先使用例 17-88～例 17-90 的 SQL*Plus 格式化命令格式化一下。

例 17-88

```
SQL> col TRIGGER_NAME for a23
```

例 17-89

```
SQL> col TRIGGERING_EVENT for a30
```

例 17-90

```
SQL> COL TRIGGER_TYPE FOR A15
```

例 17-91

```
SQL> select TRIGGER_NAME, TRIGGER_TYPE, TRIGGERING_EVENT, status
  2  FROM USER_TRIGGERS;
TRIGGER_NAME            TRIGGER_TYPE    TRIGGERING_EVENT            STATUS
---------------------   --------------  --------------------------  ----------
AUDIT_EMP_VALUESXXX     AFTER EACH ROW  INSERT OR UPDATE OR DELETE  DISABLED
NEW_EMP_DEPT            INSTEAD OF      INSERT OR UPDATE OR DELETE  ENABLED
```

```
EMP_DEPT_FK_TRG          AFTER EACH ROW  UPDATE                        ENABLED
DERIVE_COMMISSION_PCT    BEFORE EACH ROW INSERT OR UPDATE              ENABLED
```

注意例 17-87 显示结果的最后一列与例 17-91 显示结果的最后一列的对应关系——INVALID 对应着 DISABLED，而 VALID 对应着 ENABLED。接下来，可以使用例 17-92 的 ALTER TRIGGER 语句禁止（关闭）触发器 DERIVE_COMMISSION_PCT。

例 17-92

```
SQL> ALTER TRIGGER DERIVE_COMMISSION_PCT DISABLE;
```

触发器已更改

当确认以上命令执行成功之后，应该分别使用例 17-93 和例 17-94 的 SQL 语句再次列出当前用户中所有触发器的相关信息以对比它们状态的变化。

例 17-93

```
SQL> select TRIGGER_NAME, TRIGGER_TYPE, TRIGGERING_EVENT, status
  2  FROM USER_TRIGGERS;
TRIGGER_NAME            TRIGGER_TYPE      TRIGGERING_EVENT             STATUS
---------------------   --------------    ----------------------------  --------
AUDIT_EMP_VALUESXXX     AFTER EACH ROW    INSERT OR UPDATE ORDELETE    DISABLED
NEW_EMP_DEPT            INSTEAD OF        INSERT OR UPDATE OR DELETE   ENABLED
EMP_DEPT_FK_TRG         AFTER EACH ROW    UPDATE                       ENABLED
DERIVE_COMMISSION_PCT   BEFORE EACH ROW   INSERT OR UPDATE             DISABLED
```

例 17-94

```
SQL> SELECT object_id, object_name, created, status
  2  FROM user_objects
  3  WHERE object_type = 'TRIGGER';
 OBJECT_ID OBJECT_NAME                  CREATED        STATUS
---------- ---------------------------  -------------  -------
    76969  AUDIT_EMP_VALUESXXX          21-2月 -14     INVALID
    76778  DERIVE_COMMISSION_PCT        16-2月 -14     VALID
    76864  EMP_DEPT_FK_TRG              18-2月 -14     VALID
    76877  NEW_EMP_DEPT                 20-2月 -14     VALID
```

对比例 17-93 和 17-94 显示结果中触发器 DERIVE_COMMISSION_PCT 的状态列，您会惊奇地发现：虽然从数据字典视图 user_triggers 获取的状态已经是 DISABLED 了，但是从数据字典视图 user_objects 获取的状态却依然是 VALID。这也给读者提个醒，要获取触发器的确切状态最好使用 user_triggers 而不要使用 user_objects，因为从 user_objects 获取的状态信息有可能会误导您的下一步工作。

☞ **指点迷津：**

实际上，不仅仅是触发器，在查看索引的状态时数据字典视图 user_objects 也存在类似的问题，因此要获取索引的确切状态一般使用数据字典视图 user_indexes，而不使用 user_objects。一般大的系统都会有个别莫名其妙的问题，读者在学习和工作中如果碰到了也不要太在意，只要知道怎样绕过去就行了。因为系统太大了，有些问题连厂家自己都搞不清楚，所以读者也就完全没有必要浪费时间了。

随后，可以使用例 17-95 的 ALTER TRIGGER 语句重新激活（开启）触发器 DERIVE_COMMISSION_PCT。

例 17-95

```
SQL> ALTER TRIGGER DERIVE_COMMISSION_PCT ENABLE;
```

触发器已更改

当确认以上命令执行成功之后，应该分别使用例 17-96 和例 17-97 的 SQL 语句再次列出当前用户中所有触发器的相关信息以对比它们状态的变化。

例 17-96

```
SQL> select TRIGGER_NAME, TRIGGER_TYPE, TRIGGERING_EVENT, status
  2  FROM USER_TRIGGERS;
```

TRIGGER_NAME	TRIGGER_TYPE	TRIGGERING_EVENT	STATUS
AUDIT_EMP_VALUESXXX	AFTER EACH ROW	INSERT OR UPDATE OR DELETE	DISABLED
NEW_EMP_DEPT	INSTEAD OF	INSERT OR UPDATE OR DELETE	ENABLED
EMP_DEPT_FK_TRG	AFTER EACH ROW	UPDATE	ENABLED
DERIVE_COMMISSION_PCT	BEFORE EACH ROW	INSERT OR UPDATE	ENABLED

例 17-97

```
SQL> SELECT object_id, object_name, created, status
  2  FROM user_objects
  3  WHERE object_type = 'TRIGGER';
```

OBJECT_ID	OBJECT_NAME	CREATED	STATUS
76969	AUDIT_EMP_VALUESXXX	21-2月 -14	INVALID
76778	DERIVE_COMMISSION_PCT	16-2月 -14	VALID
76864	EMP_DEPT_FK_TRG	18-2月 -14	VALID
76877	NEW_EMP_DEPT	20-2月 -14	VALID

接下来，可以使用例 17-98 的 **DROP TRIGGER** 删除那个禁止（**DISABLED**）的也是无效的（**INVALID**）的触发器 **AUDIT_EMP_VALUESXXX**。

例 17-98

```
SQL> DROP TRIGGER AUDIT_EMP_VALUESXXX;
```

触发器已删除。

其实，不仅可以删除一个禁止（**DISABLED**）的和无效的（**INVALID**）触发器，同样也可以删除一个开启（**ENABLED**）和有效的（**VALID**）触发器，如可以使用例 17-99 的 **DROP TRIGGER** 删除那个开启（**ENABLED**）和有效的（**VALID**）触发器 **NEW_EMP_DEPT**。

例 17-99

```
SQL> DROP TRIGGER NEW_EMP_DEPT;
```

触发器已删除。

当确认以上两个删除触发器的命令执行成功之后，应该分别使用例 17-100 和例 17-101 的 SQL 语句再次列出当前用户中所有触发器的相关信息，以确认这两个触发器是否已经被真正地删除。

例 17-100

```
SQL> select TRIGGER_NAME, TRIGGER_TYPE, TRIGGERING_EVENT, status
  2  FROM USER_TRIGGERS;
```

TRIGGER_NAME	TRIGGER_TYPE	TRIGGERING_EVENT	STATUS

```
EMP_DEPT_FK_TRG          AFTER EACH ROW  UPDATE                    ENABLED
DERIVE_COMMISSION_PCT  BEFORE EACH ROW INSERT OR UPDATE            ENABLED
```

例 17-101

```
SQL> SELECT object_id, object_name, created, status
  2  FROM user_objects
  3  WHERE object_type = 'TRIGGER';
 OBJECT_ID OBJECT_NAME                    CREATED         STATUS
---------- ------------------------------ --------------- -------
     76778 DERIVE_COMMISSION_PCT          16-2月 -14        VALID
     76864 EMP_DEPT_FK_TRG                18-2月 -14        VALID
```

看了例 17-100 和例 17-101 的显示结果有什么感想？虽然您历尽千辛万苦才创建成功了那个
NEW_EMP_DEPT 触发，可人家只用了一条 "DROP TRIGGER NEW_EMP_DEPT" 就将其从数据库
系统中清除得干干净净，是不是也挺吓人的？因此，**在实际工作中，读者一定要养成在任何时候都
要妥善地保存正文版的触发器 PL/SQL 程序代码的习惯。这样万一触发器被误删掉了或系统崩溃
了，都可以利用正文版的 PL/SQL 程序代码重建这个触发器。**

为了节省篇幅，在这一章中并未介绍利用图形工具创建、编辑、编译、调试触发器的详细步骤。
其操作方法和步骤与介绍过程、函数和软件包那几章中所介绍的方法基本相同，有兴趣的读者自己
上机试一下就可以了。

17.18 您应该掌握的内容

在学习完了这一章之后，请检查一下您是否已经掌握了以下内容：

- 什么是触发器？
- 熟悉触发器与表、视图、模式或数据库之间关系。
- 常用的触发事件有哪些？
- 数据库触发器有哪些特殊的特性？
- 在什么情况下应该设计触发器，而在什么情况下不应该使用触发器？
- 熟悉创建触发器语句的语法。
- 触发的时机 BEFORE 被用于的情形有哪些？
- 触发的时机 AFTER 被用于的情形有哪些？
- 什么是语句级触发器？
- 什么是行级触发器？
- 熟悉触发器的触发顺序。
- 怎样创建和测试语句触发器？
- 怎样创建和测试带有条件谓词的语句触发器？
- 怎样创建和测试 DML 行触发器？
- 怎样在行触发器中使用 OLD 和 NEW 限定符？
- 熟悉 WHEN 子句在行触发器中的应用。
- 熟悉触发器执行模型。

- 怎样利用触发器来实现完整性约束？
- 熟悉引入 INSTEAD OF 触发器的原因和这种触发器的工作原理。
- 熟悉 INSTEAD OF 触发器的创建与测试。
- 触发器都具有哪两种状态及为什么要引入它们？
- 熟悉关闭或重新开启一个数据库触发器命令的语法。
- 熟悉删除一个触发器语句的语法。
- 熟悉一般测试一个数据库触发器的基本步骤。
- 了解触发器与过程之间的主要差别。
- 怎样获取当前用户中有关触发器的信息以及如何理解这些信息？

第 18 章　批量绑定及高级触发器特性

在这一章中，我们在前 8 节将首先介绍批量绑定。虽然按照顺序这些内容不应该放在这一章中介绍，但是因为这一章的复合触发器（compound trigger）的例子中要使用批量绑定操作，所以将这部分的内容提前介绍了。

接下来，将介绍变异表和变异表引发的问题以及解决的方法。随后介绍复合触发器，以及如何利用复合触发器解决变异表的错误。紧接着介绍基于 DDL 语句的触发器和基于数据库系统事件的触发器、在触发器中调用存储过程等内容。最后，介绍使用数据库事件触发器带来的好处以及设计、管理和维护触发器要注意的一些问题。

18.1　批量绑定概述及批量绑定的语法

实际上，即使没有批量绑定，PL/SQL 也照常工作。那么为什么要引入批量绑定呢？这要从 Oracle 服务器处理 PL/SQL 程序块的方式来谈起。Oracle 服务器是使用两个"引擎"来运行 PL/SQL 程序块和子程序的，这两个引擎分别介绍如下。

（1）PL/SQL 运行引擎：它运行所有过程化的语句，但是将 SQL 语句传递给 SQL 引擎。

（2）SQL 引擎：它编译或执行 SQL 语句，并且在某些情况下将数据返回给 PL/SQL 运行引擎。

在执行期间，每一个 SQL 语句都会引起这两个引擎之间的环境切换，如果处理的 SQL 语句的数量非常大时，系统的性能会受到很大的影响。这种情况在一些应用程序中是非常典型的操作，如在一个循环体中使用 SQL 语句利用下标为一个集合（数组）赋值。这里需要指出的是，这里所说的集合包括嵌套表（nested tables）、变化数组（varying arrays）、索引表或 PL/SQL 表（index-by tables 或 PL/SQL 表）和宿主变量数组（host arrays）。

通过使用批量绑定使环境切换的次数达到最少可以明显地提高系统的效率。批量绑定将一个调用中的整个集合一次一起绑定，对于 SQL 引擎只有一次环境切换，也就是说，一个批量绑定在一次环境来回切换中处理整个集合的全部值，与之相比，在一个循环中每次重复只处理一个集合的元素并造成一次环境的切换。一个 SQL 语句所影响的数据行越多，利用批量绑定获取的性能改善就越大。使用批量绑定可以改进如下操作性能：

（1）引用集合元素的 DML 语句。

（2）引用集合元素的 SQL（查询）语句。

（3）引用集合并使用 RETURNING INTO 子句的 cursor FOR 循环。

PL/SQL 语言提供了两种批量绑定的方法，它们是 FORALL 语句和 BULK COLLECT INTO 子句。其中，FORALL 语句的语法格式如下：

```
FORALL index IN 下限 .. 上限
[SAVE EXCEPTIONS]
  SQL 语句;
```

在以上语法中，**FORALL 关键字指示 PL/SQL 引擎在将集合发送给 SQL 语句之前批量绑定**

输入的集合。需要注意的是，虽然 **FORALL** 语句的语法中包含了一个重复（循环）模式，但它不是一个 **FOR** 循环（是一次性绑定所有的数据）。

SAVE EXCEPTIONS 关键字是可选的。然而，如果某些 **DML** 操作成功了而另外的一些失败了，那么可以利用它追踪或报告那些失败的操作。使用 **SAVE EXCEPTIONS** 关键字后造成失败的操作将被存储在一个名为%BULK_EXCEPTIONS 的 **cursor** 属性中，该属性是一个记录集合（数组），而它会标出批量 **DML** 操作重复的次数和对应的错误号码。为了管理异常和让批量绑定即使出现错误也能够完成，最好在 **FORALL** 语句上下限之后、**DML** 语句之前添加上 **SAVE EXCEPTIONS** 关键字。

在执行期间所有抛出的异常都存储在 cursor 属性%BULK_EXCEPTIONS 中，正如前面所述该属性是一个记录集合。每一个记录有如下两个字段。

（1）%BULK_EXCEPTIONS(i).ERROR_INDEX：存储异常抛出期间 FORALL 语句"重复的次数"。

（2）%BULK_EXCEPTIONS(i).ERROR_CODE：存储对应的 Oracle 错误代码。

存储在%BULK_EXCEPTIONS 中的值引用的是最近执行的 FORALL 语句，其下标是从 1 到%BULK_EXCEPTIONS.COUNT。

而 BULK COLLECT INTO 子句的语法格式如下：

```
...BULK COLLECT INTO
    collection_name[,collection_name]...
```

在以上语法中，BULK COLLECT INTO 关键字指示 SQL 引擎在将集合返回给 PL/SQL 引擎之前批量绑定输出的集合。可以在 SELECT INTO、FETCH INTO 和 RETURNING INTO 子句中使用以上语法。

18.2　批量绑定 FORALL 的实例

接下来，我们使用一个完整的上机实例来演示如何使用 FORALL 语句批量绑定输入的 INDEX BY 表（PL/SQL 表）以及相关的测试操作。首先使用例 18-1 的 CREATE PROCEDURE 命令创建一个名为 bulk_raise_salary 的存储过程。

在该过程的声明段中，首先声明了一个名为 idlist_type 的数据类型，该数据类型是一个数字数组（INDEX BY 表）；随后，声明了一个名为 v_empno 的变量，该变量的数据类型为刚刚定义的 idlist_type 类型（就是一个数字型数组变量）。

在该过程的执行段中，首先对 v_empno 数组进行初始化（为了简化问题，这里使用的是简单的赋值语句）；随后，使用 FORALL 语句为初始化列表中的每个员工按 p_percent 的百分比加薪。

例 18-1

```
SQL> CREATE PROCEDURE bulk_raise_salary(p_percent NUMBER) IS
  2    TYPE idlist_type IS TABLE OF NUMBER INDEX BY PLS_INTEGER;
  3    v_empno idlist_type;
  4  BEGIN
  5    v_empno(1) := 7788; v_empno(2) := 7844; v_empno(3) := 7876;
  6    v_empno(4) := 7900; v_empno(2) := 7902; v_empno(3) := 7934;
```

```
  7
  8     FORALL i IN v_empno.FIRST .. v_empno.LAST
  9       UPDATE emp_pl
 10         SET sal = (1 + p_percent/100) * sal
 11         WHERE empno = v_empno(i);
 12  END;
 13  /
```

过程已创建。

在以上的过程代码中，唯一新鲜的就是 FORALL 关键字，正是这个 FORALL 关键字完成了批量绑定整个 v_empno 数组（集合）。如果不使用批量绑定，那么 PL/SQL 程序块（过程）对于每一个修改的员工记录都要给 SQL 引擎发送一个 SQL 语句。如果要修改的员工记录很多，那么在 PL/SQL 引擎和 SQL 引擎之间就要进行大量的环境切换，这势必影响系统的性能（降低效率）。使用 FORALL 语句将整个数组进行批量绑定则会明显地改善系统的性能。注意，在使用 FORALL 语句的以上特性时，已经不再需要循环结构了。

当确认 bulk_raise_salary 的存储过程创建成功之后，就可以开始测试该过程了。为了随后的对比方便，应该使用例 18-2 的 SQL 查询语句列出在 bulk_raise_salary 过程的初始化列表中所有员工的相关信息（一定要包含工资那一列）。

例 18-2

```
SQL> SELECT empno, ename, job, sal, deptno
  2  FROM emp_pl
  3  WHERE empno > 7785;
    EMPNO ENAME           JOB                      SAL DEPTNO
--------- --------------- ------------------ --------- ------
     7788 SCOTT           ANALYST                 3000     20
     7839 KING            PRESIDENT               5000     10
     7844 TURNER          SALESMAN                1500     30
     7876 ADAMS           CLERK                   1100     20
     7900 JAMES           CLERK                    950     10
     7902 FORD            ANALYST                 3000     20
     7934 MILLER          CLERK                   1300     10
```

已选择 7 行。

随后，使用例 18-3 的 SQL*Plus 执行命令以实参 20 调用 bulk_raise_salary 过程。接下来，使用例 18-4 的 SQL 查询语句再次列出 bulk_raise_salary 过程的初始化列表中的所有员工的修改信息。最后，只要对比例 18-2 和例 18-4 的显示结果就可以确认 bulk_raise_salary 过程的准确性。

例 18-3

```
SQL> EXECUTE bulk_raise_salary(20);

PL/SQL 过程已成功完成。
```

例 18-4

```
SQL> SELECT empno, ename, job, sal, deptno
  2  FROM emp_pl
  3  WHERE empno > 7785;
```

```
    EMPNO ENAME               JOB                 SAL    DEPTNO
---------- ------------------  ----------------- -------- ---------
     7788 SCOTT               ANALYST             3600       20
     7839 KING                PRESIDENT           5000       10
     7844 TURNER              SALESMAN            1500       30
     7876 ADAMS               CLERK               1100       20
     7900 JAMES               CLERK               1140       10
     7902 FORD                ANALYST             3600       20
     7934 MILLER              CLERK               1560       10

已选择 7 行。
```

18.3   cursor 属性%BULK_ROWCOUNT 的应用

为了方便 DML 操作，除了 cursor 属性%BULK_EXCEPTIONS 之外，PL/SQL 还提供了另一个属性以支持批量操作，这个属性就是%BULK_ROWCOUNT。**%BULK_ROWCOUNT 属性是一个复合结构，它是专门为 FORALL 语句的使用而设计的。这个属性与 PL/SQL 表，也称 INDEX BY 表（数组），极为相似，其第 n 个元素存储的就是一个 INSERT、UPDATE 或 DELETE 语句的第 n 次执行时所处理的数据行数。如果第 n 次执行没有影响任何数据行，那么%BULK_ROWCOUNT(i) 就返回零。**

接下来，我们再使用一个完整的上机实例来演示这个特殊的%BULK_ROWCOUNT 属性的具体用法。首先，要使用例 18-5 的 DDL 语句创建一个名为 name_table 的表用以存放可能的中国妇女解放运动的先驱者的名字（为了简化问题，这个表中只有一列，其数据类型为变长字符型）。

例 18-5

```
SQL> CREATE TABLE name_table (name VARCHAR2(38));

表已创建。
```

当确认这个将存储历史上重量级女性名字的表创建成功之后，就可以输入并执行例 18-6 的匿名 PL/SQL 程序块了。在这个匿名 PL/SQL 程序块的声明部分，首先声明了一个名为 name_list_type 的 PL/SQL 表（数组）的数据类型（数组中元素的数据类型为变长字符型）；接下来，定义了一个这一数据类型的数组变量 v_names。

在这个匿名 PL/SQL 程序块的执行部分，首先对 v_names 数组进行初始化；随后，使用 FORALL 语句将在初始化列表中初始化的每个元素的值插入到 name_table 表中；最后，使用 FOR 循环语句并利用属性%BULK_ROWCOUNT(i)列出每个插入操作所影响的数据行数和相关的信息。

例 18-6

```
SQL> SET serveroutput ON
SQL> DECLARE
  2    TYPE name_list_type IS TABLE OF VARCHAR2(38)
  3      INDEX BY BINARY_INTEGER;
  4    v_names name_list_type;
  5  BEGIN
  6    v_names(1) := '潘金莲';
  7    v_names(2) := '苏妲己';
```

```
 8    v_names(3)  :=  '杨贵妃';
 9    v_names(4)  :=  '武则天';
10    v_names(5)  :=  '花木兰';
11
12    FORALL i IN v_names.FIRST .. v_names.LAST
13      INSERT INTO name_table (name) VALUES (v_names(i));
14    FOR i IN v_names.FIRST .. v_names.LAST
15    LOOP
16     dbms_output.put_line('Inserted ' ||
17       SQL%BULK_ROWCOUNT(i) || ' row(s)'
18       || ' on iteration ' || i);
19    END LOOP;
20  END;
21  /
Inserted 1 row(s) on iteration 1
Inserted 1 row(s) on iteration 2
Inserted 1 row(s) on iteration 3
Inserted 1 row(s) on iteration 4
Inserted 1 row(s) on iteration 5
```

PL/SQL 过程已成功完成。

看到以上匿名程序块执行的结果，读者应该感觉到这个特殊的%BULK_ROWCOUNT 属性给 PL/SQL 编程带来的便利了吧？正是因为 PL/SQL 为方便 Oracle 数据库编程提供了许多实用的特性，所以在进行较大的基于 Oracle 数据库的应用程序开发时，与传统的程序设计语言相比（如 C、C++ 或 Java），使用 PL/SQL 语言肯定是一个最明智的选择。

接下来，可以使用例 18-7 的 SQL 查询语句列出 name_table 表中的全部内容以验证例 18-6 的匿名 PL/SQL 程序所做的插入操作是否正确。当所有操作都做完之后，应该使用例 18-8 的 DDL 语句将这个临时的 name_table 表删除。

例 18-7

```
SQL> select * from name_table;
NAME
-----
潘金莲
苏妲己
杨贵妃
武则天
花木兰
```

例 18-8

```
SQL> DROP TABLE name_table;
```

表已删除。

18.4　在查询语句中使用 BULK COLLECT INTO 子句

从 **Oracle 10g** 开始，当在 **PL/SQL** 中使用一个 **SELECT** 语句时，可以加上 **BULK COLLECT**

INTO 子句。利用这一增强特性，可以快速地获取一个数据行的集合而不再需要使用 **cursor** 机制了。

例 18-9 就是一个在查询语句中使用 BULK COLLECT INTO 子句获取员工表中某一个特定部门全部员工信息的过程。该过程的名字为 bulk_get_emps，它接受一个数字型的 IN 参数（形参）。

在这个过程的声明部分，首先声明了一个名为 emp_tab_type 的 PL/SQL 表（数组）的数据类型（数组中元素的数据类型与 emp_pl 表中的数据行一模一样）；接下来，定义了一个这一数据类型的数组变量 v_emps。

在这个匿名 PL/SQL 程序块的执行部分，首先使用带有 BULK COLLECT INTO 子句的 SELECT 语句将某一特定部门中的全部员工的信息存入 v_emps 数组的相应元素中，使用 FOR 循环语句并利用 DBMS_OUTPUT 软件包列出 v_emps 数组中每个元素（即该部门的每个员工）的相关信息。

例 18-9

```
SQL> SET serveroutput ON
SQL> CREATE OR REPLACE PROCEDURE bulk_get_emps(p_deptno NUMBER) IS
  2    TYPE emp_tab_type IS
  3      TABLE OF emp_pl%ROWTYPE;
  4    v_emps emp_tab_type;
  5  BEGIN
  6    SELECT * BULK COLLECT INTO v_emps
  7    FROM emp_pl
  8    WHERE deptno = p_deptno;
  9    FOR i IN 1 .. v_emps.COUNT LOOP
 10      DBMS_OUTPUT.PUT_LINE(v_emps(i).empno
 11      ||' '|| v_emps(i).ename ||' '||
 12        v_emps(i).job ||' '|| v_emps(i).sal);
 13    END LOOP;
 14  END;
 15  /
```

过程已创建。

当确认 bulk_get_emps 存储过程创建成功之后，就可以开始测试这个过程了。可以使用例 18-10 的 SQL*Plus 的执行命令以实参 10 调用 bulk_get_emps 过程。接下来，使用例 18-11 的 SQL 查询语句再次列出第 10 号部门中的所有员工的相关信息以确认 bulk_get_emps 过程是否正确。

例 18-10

```
SQL> EXECUTE bulk_get_emps(10);
7782 CLARK MANAGER 2450
7839 KING PRESIDENT 5000
7900 JAMES CLERK 1140
7934 MILLER CLERK 1560

PL/SQL 过程已成功完成。
```

例 18-11

```
SQL> SELECT empno, ename, job, sal
  2  FROM emp_pl
  3  WHERE deptno = 10;
```

```
    EMPNO ENAME              JOB                     SAL
--------- -------------- -------------------- ----------
     7782 CLARK              MANAGER                2450
     7839 KING               PRESIDENT              5000
     7900 JAMES              CLERK                  1140
     7934 MILLER             CLERK                  1560
```

18.5　在 FETCH 语句中使用 BULK COLLECT INTO 子句

从 Oracle 10g 开始（当然也包括了 Oracle 11g 和 Oracle 12c），**当在 PL/SQL 中使用 cursor 时，可以在 FETCH 语句中加入 BULK COLLECT INTO 子句以进行批量绑定。**

例 18-12 就是一个在 FETCH 语句中使用 BULK COLLECT INTO 子句获取员工表中某一个特定部门全部员工信息并存入一个数组中的过程，该过程的名字为 bulk_get_emps2，它也只接受一个数字型的 IN 参数（形参）。

在这个过程的声明部分，首先声明了一个名为 cur_emp 的 cursor；接下来，定义了一个名为 emp_tab_type 的记录数组数据类型（其每一个元素的数据类型都与 cur_emp 的记录一模一样）；最后，定义了一个名为 v_emps 的 emp_tab_type 类型的数组变量。

在这个过程的执行部分，首先使用 OPEN 语句打开所声明的 cursor；随即使用 FETCH 语句利用 BULK COLLECT INTO 子句将所打开的 cursor 的动态集中的所有数据行插入记录数组 v_emps 的相应元素中；随后，关闭这个 cursor；最后使用 FOR 循环语句并利用 DBMS_OUTPUT 列出 v_emps 数组中每个元素（即该部门的每个员工）的相关信息。

例 18-12

```
SQL> CREATE OR REPLACE PROCEDURE bulk_get_emps2(p_deptno NUMBER) IS
  2    CURSOR cur_emp IS
  3      SELECT * FROM emp_pl
  4      WHERE deptno = p_deptno;
  5
  6    TYPE emp_tab_type IS TABLE OF cur_emp%ROWTYPE;
  7    v_emps emp_tab_type;
  8  BEGIN
  9    OPEN cur_emp;
 10    FETCH cur_emp BULK COLLECT INTO v_emps;
 11    CLOSE cur_emp;
 12    FOR i IN 1 .. v_emps.COUNT LOOP
 13      DBMS_OUTPUT.PUT_LINE(v_emps(i).empno
 14        ||' '|| v_emps(i).ename ||' '|| v_emps(i).job);
 15    END LOOP;
 16  END;
 17  /
```

过程已创建。

当确认以上 bulk_get_emps2 的存储过程创建成功之后，就可以开始测试这个过程了。可以使用例 18-13 的 SQL*Plus 的执行命令以实参 30 调用 bulk_get_emps2 过程。接下来，使用例 18-14 的

SQL 查询语句再次列出第 30 号部门中的所有员工的相关信息以确认 bulk_get_emps2 过程是否正确。

例 18-13

```
SQL> EXECUTE bulk_get_emps2(30);
7499 ALLEN SALESMAN
7521 WARD SALESMAN
7654 MARTIN SALESMAN
7698 BLAKE MANAGER
7844 TURNER SALESMAN

PL/SQL 过程已成功完成。
```

例 18-14

```
SQL> SELECT empno, ename, job, sal
  2  FROM emp_pl
  3  WHERE deptno = 30;
   EMPNO ENAME            JOB                 SAL
---------- -------------- ------------------ ----------
    7499 ALLEN            SALESMAN            1250
    7521 WARD             SALESMAN            1800
    7654 MARTIN           SALESMAN            1250
    7698 BLAKE            MANAGER             2850
    7844 TURNER           SALESMAN            1500
```

有时，可能动态集很大（有许多数据行）。此时，可能只需要动态集中前面几行数据。在这种情况下，可以在 FETCH 语句中再加入一个 LIMIT 子句以控制提取的数据行数。可以将例 18-12 中的 bulk_get_emps2 过程代码略加修改，其新的 PL/SQL 程序代码如例 18-15 所示。

例 18-15

```
SQL> CREATE OR REPLACE PROCEDURE bulk_get_emps2
  2    (p_deptno NUMBER, nrows NUMBER) IS
  3    CURSOR cur_emp IS
  4      SELECT * FROM emp_pl
  5      WHERE deptno = p_deptno;
  6
  7    TYPE emp_tab_type IS TABLE OF cur_emp%ROWTYPE;
  8    v_emps emp_tab_type;
  9  BEGIN
 10    OPEN cur_emp;
 11    FETCH cur_emp BULK COLLECT INTO v_emps LIMIT nrows;
 12    CLOSE cur_emp;
 13    FOR i IN 1 .. v_emps.COUNT LOOP
 14      DBMS_OUTPUT.PUT_LINE(v_emps(i).empno
 15        ||' '|| v_emps(i).ename ||' '|| v_emps(i).job);
 16    END LOOP;
 17  END;
 18  /
```

过程已创建。

当确认以上新版本的 bulk_get_emps2 存储过程创建成功之后，就可以开始测试这个过程了。可以使用例 18-16 的 SQL*Plus 的执行命令以实参 30 调用 bulk_get_emps2 过程以确认这个新的测试过程是否正确。

例 18-16

```
SQL> EXECUTE bulk_get_emps2(30, 3);
7499 ALLEN SALESMAN
7521 WARD SALESMAN
7654 MARTIN SALESMAN

PL/SQL 过程已成功完成。
```

尽管在员工（emp_pl）表中的第 30 号部门中一共有 5 个员工，但是由于 LIMIT 子句的限制，例 18-16 的过程调用结果只有 3 行员工的数据。在这个例子中，读者可能认为 LIMIT 子句用处不大，但是在动态集相当大时，如有成千上万行数据时，这一子句的优势就会明显地显现出来了。

18.6　带有 RETURNING 和 BULK COLLECT INTO 关键字的 FORALL 语句

除了以上介绍的之外，利用批量绑定还可以改进引用集合并返回 **DML** 操作结果的 **FOR** 循环性能。如果有这样的 **FOR** 循环操作，或计划使用这样的 **PL/SQL** 程序代码，那么就可以使用带有 **RETURNING** 和 **BULK COLLECT INTO** 关键字的 **FORALL** 语句来提高程序的效率。

例 18-17 就是一个使用带有 RETURNING 和 BULK COLLECT INTO 关键字的 FORALL 语句的过程。该过程的名字为 bulk_raise_salary2，它也只接受一个数字型的 IN 参数（形参）。这个过程是在例 18-1 的 bulk_raise_salary 过程基础之上略加修改而成。

在该过程的声明段中，与过程 bulk_raise_salary 相比，还声明了一个名为 sallist_type 的数据类型，该数据类型是一个数组元素与 emp_pl 表中的 sal 列一模一样的数字数组（INDEX BY 表）；随后，又声明了一个名为 v_new_sals 的变量，该变量的数据类型为刚刚定义的 sallist_type 类型（就是一个数字型数组变量）。

在该过程的执行段中，在 FORALL 语句的最后添加了一个 "RETURNING sal BULK COLLECT INTO v_new_sals" 子句将所有修改过的（emp_pl 表中）工资一次性批量存入数组 v_new_sals 中；最后，使用 FOR 循环语句并利用 DBMS_OUTPUT 软件包列出 v_empno 数组和 v_new_sals 数组中对应的每个元素的值（即修改过工资的每一个员工的号码和新工资）。

例 18-17

```
SQL> SET serveroutput ON
SQL> CREATE OR REPLACE PROCEDURE bulk_raise_salary2(p_percent NUMBER) IS
  2    TYPE idlist_type IS TABLE OF NUMBER INDEX BY PLS_INTEGER;
  3    TYPE sallist_type IS TABLE OF emp_pl.sal%TYPE
  4      INDEX BY BINARY_INTEGER;
  5
  6    v_empno  idlist_type;
  7    v_new_sals sallist_type;
  8  BEGIN
  9    v_empno(1) := 7788; v_empno(2) := 7844; v_empno(3) := 7876;
 10    v_empno(4) := 7900; v_empno(2) := 7902; v_empno(3) := 7934;
```

```
11
12    FORALL i IN v_empno.FIRST .. v_empno.LAST
13      UPDATE emp_pl
14        SET sal = (1 + p_percent/100) * sal
15        WHERE empno = v_empno(i)
16      RETURNING sal BULK COLLECT INTO v_new_sals;
17
18    FOR i IN 1 .. v_new_sals.COUNT LOOP
19      DBMS_OUTPUT.PUT_LINE(v_empno(i)
20        ||' '|| v_new_sals(i));
21    END LOOP;
22  END;
23  /
```

过程已创建。

当确认以上新版本的 bulk_raise_salary2 存储过程创建成功之后，就可以开始测试这个过程了。可以使用例 18-18 的 SQL*Plus 的执行命令以实参 10 调用 bulk_raise_salary2 过程以确认这个新的过程是否正确。

例 18-18

```
SQL> EXECUTE bulk_raise_salary2(10);
7788 3960
7902 3960
7934 1716
7900 1254

PL/SQL 过程已成功完成。
```

虽然以上过程调用的结果确实列出了加薪 10%后那些加薪的员工的号码和新工资，但是我们仍然无法确定这个过程给出的结果是否正确。为此，应该使用例 18-19 的 SQL 查询语句从员工（emp_pl）表中列出所有可能加薪的员工的工号和工资以及相关的信息。只要将例 18-19 的显示结果与例 18-18 的显示结果进行对比，就可以确认 bulk_raise_salary2 过程的准确性了。

例 18-19

```
SQL> SELECT empno, ename, job, sal, deptno
  2  FROM emp_pl
  3  WHERE empno > 7785;
    EMPNO ENAME         JOB                       SAL   DEPTNO
---------- ------------- ------------------ ---------- --------
     7788 SCOTT         ANALYST                  3960       20
     7839 KING          PRESIDENT                5000       10
     7844 TURNER        SALESMAN                 1500       30
     7876 ADAMS         CLERK                    1100       20
     7900 JAMES         CLERK                    1254       10
     7902 FORD          ANALYST                  3960       20
     7934 MILLER        CLERK                    1716       10
```

已选择 7 行。

18.7　利用 Index 数组进行批量绑定

从 **Oracle 10g** 开始，在使用 **FORALL** 语句进行批量绑定的 **DML** 操作时，可以使用一个 **PLS_INTEGER** 或 **BINARY_INTEGER** 的下标集合（**index collection**），该集合的值（数组元素）是这个集合的下标。可以在一个 **FORALL** 语句中使用 **VALUES OF** 子句来处理批量的 **DML** 操作。

接下来，我们再使用一个完整的上机实例来演示利用下标数组进行批量绑定的具体用法。首先，要使用例 18-20 的 DDL 语句创建一个名为 ins_emps 的表用以存放利用下标数组进行批量绑定所插入的数据。

例 18-20

```
SQL> CREATE TABLE ins_emps
  2  AS SELECT * FROM emp
  3  WHERE 1 = 2;
```

表已创建。

例 18-20 的 CREATE TABLE 语句中的 1 = 2 是永远都不会成立的条件，所以语句的结果是只创建了一个结构与 emp 表一模一样的新的空表 ins_emps。可以使用例 18-21 的 SQL*Plus 命令列出 ins_emps 表的结构，随后使用例 18-22 的 SQL 查询语句列出这个新表中的全部内容以验证例 18-20 的 DDL 语句的准确性。

例 18-21

```
SQL> desc ins_emps
 名称                          是否为空?  类型
 --------------------------- --------  ------------
 EMPNO                                  NUMBER(4)
 ENAME                                  VARCHAR2(10)
 JOB                                    VARCHAR2(9)
 MGR                                    NUMBER(4)
 HIREDATE                               DATE
 SAL                                    NUMBER(7,2)
 COMM                                   NUMBER(7,2)
 DEPTNO                                 NUMBER(2)
```

例 18-22

```
SQL> select * from ins_emps;
```

未选定行

例 18-23 就是一个在 FORALL 语句中使用 VALUES OF 子句来进行批量插入操作的过程。该过程的名字为 ins_emp2，它没有任何参数。

在这个过程的声明部分，首先声明了一个名为 emptab_type 的 PL/SQL 表（数组）的数据类型（数组中元素的数据类型与 emp_pl 表中的数据行一模一样，即声明了一个记录数组）；接下来，定义了一个这一数据类型的数组变量 v_emp；随后，又声明了一个 PL/SQL 表（数组），其名字为 values_of_tab_type（数组中元素的数据类型为 PLS_INTEGER 型）；最后，定义了一个这一数据类型的数组变量 v_number；。

在这个过程的执行部分，首先使用带有 BULK COLLECT INTO 子句的 SELECT 语句将员工表中全部员工的信息存入 v_emp 数组的相应元素中；随后，使用 FOR 循环语句将 v_emp 数组中每个元素的下标赋予 v_number 数组中的相应元素（也可以将第 13 行改为 FOR i IN v_emp.first .. v_emp.last LOOP）；最后，使用带有 VALUES OF 子句的 FORALL 语句将整个 v_emp 数组中的全部记录一次性（批量）地插入到表 ins_emps 中。在这个过程中，重点就是第 17 和第 18 行的 PL/SQL 程序代码。利用 PL/SQL 的这一特性不但系统效率大为改善，而且代码也变得更为简洁了，现在您应该了解到 PL/SQL 语言的强大了吧。

例 18-23

```
SQL> CREATE OR REPLACE PROCEDURE ins_emp2 AS
  2    TYPE emptab_type IS TABLE OF emp%ROWTYPE;
  3    v_emp emptab_type;
  4    TYPE values_of_tab_type IS TABLE OF PLS_INTEGER
  5      INDEX BY PLS_INTEGER;
  6    v_number   values_of_tab_type;
  7
  8  BEGIN
  9
 10    SELECT * BULK COLLECT INTO v_emp
 11    FROM emp;
 12
 13    FOR i IN 1 .. v_emp.COUNT LOOP
 14      v_number(i) := i;
 15    END LOOP;
 16
 17    FORALL i IN VALUES OF v_number
 18    INSERT INTO ins_emps VALUES v_emp(i);
 19  END;
 20  /
```

过程已创建。

当确认以上 ins_emp2 存储过程创建成功之后，就可以开始测试这个过程了。可以使用例 18-24 的 SQL*Plus 的执行命令调用 ins_emp2 过程以确认这个过程是否正确。

例 18-24

```
SQL> EXECUTE ins_emp2;

PL/SQL 过程已成功完成。
```

虽然以上过程调用的结果显示"PL/SQL 过程已成功完成。"，但是我们仍然无法确定这个过程给出的结果是否正确。为此，应该使用例 18-27 的 SQL 查询语句从员工（ins_emps）表中列出所有员工的相关信息以确认 bulk_raise_salary2 过程的准确性。不过为了显示清晰易读，可能需要使用例 18-25 和例 18-26 的 SQL*Plus 格式化命令先格式化一下显示输出的结果。

例 18-25

```
SQL> set line 100
```

例 18-26

```
SQL> set pagesize 30
```

例 18-27

```
SQL> SELECT empno, ename, job, sal, deptno
  2  FROM ins_emps;
    EMPNO ENAME              JOB                       SAL    DEPTNO
---------- ------------------ ------------------ ---------- --------
     7369 SMITH              CLERK                     800        20
     7499 ALLEN              SALESMAN                 1600        30
     7521 WARD               SALESMAN                 1250        30
     7566 JONES              MANAGER                  2975        20
     7654 MARTIN             SALESMAN                 1250        30
     7698 BLAKE              MANAGER                  2850        30
     7782 CLARK              MANAGER                  2450        10
     7788 SCOTT              ANALYST                  3000        20
     7839 KING               PRESIDENT                5000        10
     7844 TURNER             SALESMAN                 1500        30
     7876 ADAMS              CLERK                    1100        20
     7900 JAMES              CLERK                     950        30
     7902 FORD               ANALYST                  3000        20
     7934 MILLER             CLERK                    1300        10

已选择 14 行。
```

18.8　利用 RETURNING 子句将 DML 语句的结果直接装入变量

在很多情况下，一些应用程序（如生成一个报表或要进行后续的操作）可能需要受到一个 SQL 操作影响的数据行的相关信息。**在 INSERT、UPDATE 和 DELETE 语句中可以包括一个 RETURNING 子句，该子句将受影响的数据行中指定列的值返回给 PL/SQL 变量或宿主变量，这样就不必在 INSERT 或 UPDATE 语句之后，或 DELETE 语句之前再使用 SELECT INTO 语句从表中提取这些数据了。其结果就是需要较少的网络流量、较少的服务器时间和较少的服务器内存。**

例 18-28 就是一个使用带有 RETURNING 子句的 UPDATE 语句的过程。该过程的名字为 update_salary，它也只接受一个数字型的 IN 参数（形参）。

在该过程的声明段中，一共声明了 3 个 PL/SQL 变量，它们的数据类型分别与 emp_pl 中对应的列相同。

在该过程的执行段中，在 UPDATE 语句的最后添加了一个 "RETURNING ename, job, sal INTO v_ename, v_job, v_new_sal" 子句，这样在执行修改操作的同时也将员工（emp_pl）表中的员工名、职位和新工资分别装入 v_ename、v_job 和 v_new_sal 这 3 个本地的 PL/SQL 变量中。这里需要指出的是，第 11 行的程序代码实际上是调试语句，一般在程序调试成功之后应该注释掉或删除。

例 18-28

```
SQL> CREATE OR REPLACE PROCEDURE update_salary(p_empno NUMBER) IS
  2    v_ename    emp_pl.ename%TYPE;
  3    v_job      emp_pl.job%TYPE;
  4    v_new_sal  emp_pl.sal%TYPE;
  5  BEGIN
```

```
 6    UPDATE  emp_pl
 7    SET sal = sal * 1.20
 8    WHERE empno = p_empno
 9    RETURNING ename, job, sal INTO v_ename, v_job, v_new_sal;
10
11    DBMS_OUTPUT.PUT_LINE(v_ename||' '||v_job||' '||v_new_sal);
12  END update_salary;
13  /
```

过程已创建。

当确认 update_salary 的存储过程创建成功之后，就可以开始测试该过程了。为了随后的对比方便，应该使用例 18-29 的 SQL 查询语句列出在员工表中将要操作的员工的相关信息（一定要包含工资那一列）。

例 18-29

```
SQL> SELECT empno, ename, job, sal, deptno
  2  FROM emp_pl
  3  WHERE deptno =30;
    EMPNO ENAME             JOB                       SAL  DEPTNO
---------- ---------------- ------------------ ---------- -------
     7499 ALLEN             SALESMAN                 1500      30
     7521 WARD              SALESMAN                 1800      30
     7654 MARTIN            SALESMAN                 1250      30
     7698 BLAKE             MANAGER                  2850      30
     7844 TURNER            SALESMAN                 1500      30
     7844 TURNER            SALESMAN                 1500      30
```

随后，使用例 18-30 的 SQL*Plus 的执行命令以实参 7499 调用 update_salary 过程。接下来，使用例 18-31 的 SQL 查询语句再次列出在员工表中已经操作过的员工的相关信息（一定要包含工资那一列）。最后，只要对比例 18-29 和例 18-31 的显示结果就可以确认 update_salary 过程的正确性（在您的系统上工资的值可能有所不同）。

例 18-30

```
SQL> execute update_salary(7499);
ALLEN SALESMAN 1920

PL/SQL 过程已成功完成。
```

例 18-31

```
SQL> SELECT empno, ename, job, sal, deptno
  2  FROM emp_pl
  3  WHERE deptno =30;
    EMPNO ENAME             JOB                       SAL  DEPTNO
---------- ---------------- ------------------ ---------- -------
     7499 ALLEN             SALESMAN                 1920      30
     7521 WARD              SALESMAN                 1800      30
     7654 MARTIN            SALESMAN                 1250      30
     7698 BLAKE             MANAGER                  2850      30
     7844 TURNER            SALESMAN                 1500      30
```

实际上，按照顺序以上 8 节的内容应该放在下一章中介绍，但是因为在这一章的复合触发器（compound trigger）的例子中要使用批量绑定操作，所以将这部分的内容提前介绍了。

18.9　变异表及在变异表上触发器的限制

首先需要解释一下什么是变异表（mutating table）。实际上，变异表的概念非常简单。**一个变异表是一个目前正在由 UPDATE、DELETE 或 INSERT 语句修改的表，或者是一个受到一个声明的 DELETE CASCADE 引用完整性（外键约束）操作影响可能需要修改的表。**但是如果是语句级触发器，这样的表也不被认为是一个变异表。

当一个行级触发器试图修改或测试一个正在通过一个 DML 语句修改的表时，系统会产生一个变异表错误（ORA-4091）。使用触发器读写表中的数据时必须遵守一定的规则，但是这些规则只适用于行级触发器，而语句触发器并不受影响。其限制和限制的目的如下：

- 发出触发语句的会话不能查询或修改变异表。
- 这一限制防止一个触发器看到一个不一致的数据集。
- 这一限制适用于所有使用 FOR EACH ROW 子句的触发器。
- 使用 INSTEAD OF 触发器正在修改的视图不被认为是变异的。

被触发的表（触发器进行操作的表）本身是一个变异表，同样使用外键（FOREIGN KEY）约束引用的任何表也是变异表。正是这样的限制防止一个行触发器看到一个不一致的数据集合（正在修改的数据）。

例 18-32 就是一个触发器操作一个变异表的例子。该触发器的名字为 check_salary，为一个行级触发器。这个触发器的目的是在任何时候添加一个新员工记录时或修改一个现有员工的工资或职位时，这个员工的工资一定落在这个员工所在职位的工资范围之内（即在该职位的最低工资～最高工资的范围之内，也包括最低和最高工资）。

当修改一个员工的记录时，对于变更的每一行 check_salary 触发器都被触发。因此，员工（emp）表是一个变异表。

例 18-32

```
SQL> CREATE OR REPLACE TRIGGER check_salary
  2    BEFORE INSERT OR UPDATE OF sal, job
  3    ON emp
  4    FOR EACH ROW
  5    WHEN (NEW.job <> 'PRESIDENT')
  6  DECLARE
  7    v_minsal emp.sal%TYPE;
  8    v_maxsal emp.sal%TYPE;
  9  BEGIN
 10    SELECT MIN(sal), MAX(sal)
 11    INTO    v_minsal, v_maxsal
 12    FROM    emp
 13    WHERE job = :NEW.job;
 14    IF :NEW.sal < v_minsal OR :NEW.sal > v_maxsal THEN
 15     RAISE_APPLICATION_ERROR(-20038,'工资已超出允许的范围！');
```

```
16    END IF;
17  END;
18  /
```

触发器已创建

当确认 check_salary 数据库触发器创建成功之后，就可以开始测试该触发器了。可以使用例 18-33 的 DML 语句修改员工 SMITH 的工资（由原来的 800 增加至 1250）。

例 18-33

```
SQL> UPDATE emp
  2  SET sal = 1250
  3  WHERE ENAME = 'SMITH';
UPDATE emp
       *
第 1 行出现错误:
ORA-04091: 表 SCOTT.EMP 发生了变化, 触发器/函数不能读它
ORA-06512: 在 "SCOTT.CHECK_SALARY", line 5
ORA-04088: 触发器 'SCOTT.CHECK_SALARY' 执行过程中出错
```

在例 18-33 的 UPDATE 语句执行之前触发了触发器 check_salary，而 check_salary 触发器的程序代码试图从一个变异表（emp 表）中读取或查询数据。因为 emp 表中的数据正在被修改（也就是正在变异），即这个表处在一种变化的状态，所以 check_salary 触发器不能从这个表中读取数据。

这里需要指出的是：**在一个 DML 语句中调用一些函数时，这些函数也可能引起一个变异表的错误。那么怎样解决这种变异表的问题呢？其可能解决的方法如下：**

（1）将汇总数据（最低工资和最高工资）存储在另一个汇总表中，而该汇总表中的数据由其他的 DML 触发器进行持续的更新。

（2）将汇总数据存储在一个 PL/SQL 软件包中，并在这个软件包中访问这些汇总数据。这可以通过 BEFORE 语句触发器中来实现。

（3）使用在本章的下一节中要介绍的复合触发器（compound trigger）。

取决于问题的性质，对于要解决的问题某一种解决方法可能变得非常复杂难懂和极为困难。如果出现这种情况，一般会考虑在应用程序或中间层中实现这些业务规则，而不要使用数据库触发器来实现那些过于复杂的业务规则。

18.10 复合触发器（compound trigger）概述

在 **Oracle 11g** 和 **Oracle 12c** 中，**Oracle 引入了一种复合触发器（compound trigger）。那么究竟什么是复合触发器呢？复合触发器是基于一个表的单一触发器，在这个触发器中运行您为 4 个触发时机（时间点）指定的每一个操作，这 4 个触发时机分别为：**

（1）在触发语句之前。

（2）在触发语句影响的每一行之前。

（3）在触发语句影响的每一行之后。

（4）在触发语句之后。

复合触发器体（compound trigger body）支持一种常见的 **PL/SQL** 状态，在这种状态中对于每一个触发时机，触发器体的 **PL/SQL** 程序代码都是可以访问的。当触发语句完成时（即当触发语句引起一个错误时），这种常态将自动消失。利用这一新的特性，应用程序可以通过允许数据行存放到第二个表（如一个历史表或一个审计表）中进行累加操作之后再对这些数据行进行批量插入操作。

在 **Oracle 11g** 的 **11.1** 版（**Oracle Database 11g Release 1**）之前，需要使用一个辅助的软件包来模拟化这种常态。这种方法会使程序变得冗长而臃肿，同时当触发语句产生错误，并且语句之后（after-statement）触发器没有触发时，容易出现内存泄漏。复合触发器使得 **PL/SQL** 的编程更容易，并且也改进了运行的性能以及提高了可扩展性。在以下情况下，使用复合触发器将获益匪浅：

（1）对于不同的时间点（时机），在程序中要实现对共享公用数据的一些操作。

（2）将一些数据行累积在一起并存放在第二个表中，以便能够定期地批量插入这些数据。

（3）避免变异表错误（ORA-04091）。

在一个表上定义的一个复合触发器都具有一个或多个时间点的程序段共有 4 个不同的时间点，表 18-1 列出了每个时间点的触发时机和对应程序段的开始语句的关键字。

表 18-1

Timing Point（时机/时间点）	Compound Trigger Section
在触发语句之前执行	BEFORE statement
在触发语句之后执行	AFTER statement
在触发语句影响的第一行之前执行	BEFORE EACH ROW
在触发语句影响的第一行之后执行	AFTER EACH ROW

要注意的是，表 18-1 中的每个时间点（程序）段必须按照表中所列的顺序出现在一个复合触发器的代码中。如果缺少某一个时间点段，那么在这个时间点就没有任何事情发生，即什么也不做。

一个复合触发器既可以基于一个表，也可以基于一个视图。 其中，基于一个表的复合触发器的结构如图 18.1 所示，而基于一个视图的复合触发器的结构如图 18.2 所示。每个复合触发器都一定具有两种类型的程序段，这两种类型的程序段分别是：

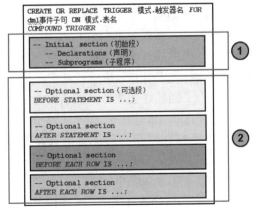

图 18.1

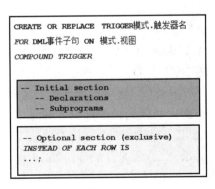

图 18.2

（1）初始段，在该段中声明变量和子程序。这段中的程序代码会在可选段中的任何代码执行之前执行。

（2）为每一种可能的触发时间点定义代码的可选段。取决于是在一个表上还是在一个视图上定义复合触发器，这些触发时间点是不同的，并且这些触发时间点如图 18.1 和 18.2 中所示。这些触发时间点的程序代码必须按照图 18.1 和 18.2 中所示顺序编写。

这里需要指出的是：对于一个基于视图的复合触发器，唯一允许的程序段就是 INSTEAD OF EACH ROW 子句开始的段。

通过前面的学习，读者已经了解了复合触发器为应用程序的开发和维护所带来的巨大好处。不过在使用复合触发器时，Oracle 还是附加了一些限制，这些限制如下：

- ➥ 一个复合触发器的体代码必须复合了整个触发器程序块，而且必须是使用 PL/SQL 编写的。
- ➥ 一个复合触发器必须是一个 DML 触发器。
- ➥ 一个复合触发器必须被定义在一个表上或者一个视图上。
- ➥ 一个复合触发器体不能有初始化段，也不能有异常段。不过这也没什么问题，因为在任何其他时间点程序段执行之前 BEFORE STATEMENT 程序段永远只执行一次。
- ➥ 在一个程序段中出现的一个异常必须在这个段中处理，复合触发器无法将异常的控制传递给其他段。
- ➥ :OLD、:NEW 和:PARENT 不能出现在声明段中，也不能出现在 BEFORE STATEMENT 和 AFTER STATEMENT 段中。
- ➥ 复合触发器的触发顺序是无法保证的，除非使用了 FOLLOWS 子句。

18.11　利用复合触发器解决变异表的错误

在 18.9 节的例 18-32 中，我们创建了一个行级触发器 check_salary，由于变异表的缘故，在对一个表进行修改操作时总是产生变异表错误（ORA-04091）。现在我们利用刚刚学到的复合触发器的知识以复合触发器的方式重写例 18-32 的 PL/SQL 程序代码，例 18-34 就是重写后的复合触发器 check_salary 的程序代码。

复合触发器 check_salary 就可以解决之前由于变异表所产生的问题。该复合触发器是这样解决这一变异表错误的：首先将控制每个部门工资范围的最低和最高工资以及部门号存入 PL/SQL 集合中，然后在该复合触发器的"before statement"程序段中执行批量插入或批量修改。在例 18-34 的复合触发器程序代码中，使用了几个 PL/SQL 集合（PL/SQL 表），它们的元素或者基于员工（emp）表中的工资（sal），或者基于员工表中的部门号（deptno）。为了创建这些集合，需要首先定义相应的集合数据类型，随后再定义基于这些数据类型的变量。当程序执行到相应的程序块或子程序时集合被实例化（就是在内存中生成这些集合），并且当退出这个程序时相应的集合消失。数组变量 min_sal 用来存放每一个部门的最低工资，而数组变量 max_sal 用来存放每一个部门的最高工资，数组变量 dept_ids 用来存放部门号（deptno）。如果一个员工所在的部门中并没有部门号（没有 deptno）但是有最低和最高工资，那么就使用 NVL 函数将空值（NULL）转换成-1 并存放在相应的 dept_ids 元素中。

接下来，该程序利用部门号（deptno）进行分组，分别收集各个部门的最低工资（min_sal）、最高工资（max_sal）和部门号（deptno）。第 21 行～第 24 行的查询语句将操作除了职位为总裁（PRESIDENT）的所有记录（一共 13 行）。dept_ids 的值被用作 dept_min_sal 和 dept_max_sal 的下标。因此，这两个 PL/SQL 表（VARCHAR2）的下标所表示的就是实际的部门号（deptno）。

例 18-34

```
SQL> CREATE OR REPLACE TRIGGER check_salary
  2    FOR INSERT OR UPDATE OF sal, job
  3    ON emp
  4    WHEN (NEW.job <> 'PRESIDENT')
  5    COMPOUND TRIGGER
  6
  7    TYPE sal_t IS TABLE OF emp.sal%TYPE;
  8    min_sal  sal_t;
  9    max_sal  sal_t;
 10
 11    TYPE deptno_t IS TABLE OF emp.deptno%TYPE;
 12    dept_ids  deptno_t;
 13
 14    TYPE dept_sal_t IS TABLE OF emp.sal%TYPE
 15                    INDEX BY VARCHAR2(38);
 16    dept_min_sal  dept_sal_t;
 17    dept_max_sal  dept_sal_t;
 18
 19  BEFORE STATEMENT IS
 20    BEGIN
 21      SELECT MIN(sal), MAX(sal), NVL(deptno, -1)
 22      BULK COLLECT INTO  min_sal, max_sal, dept_ids
 23      FROM    emp
 24      GROUP BY deptno;
 25      FOR j IN 1..dept_ids.COUNT() LOOP
 26        dept_min_sal(dept_ids(j)) := min_sal(j);
 27        dept_max_sal(dept_ids(j)) := max_sal(j);
 28      END LOOP;
 29  END BEFORE STATEMENT;
 30
 31  AFTER EACH ROW IS
 32    BEGIN
 33    IF :NEW.sal < dept_min_sal(:NEW.deptno)
 34      OR :NEW.sal > dept_max_sal(:NEW.deptno) THEN
 35        RAISE_APPLICATION_ERROR(-20038,'新工资已超出允许的范围！');
 36      END IF;
 37    END AFTER EACH ROW;
 38  END check_salary;
 39  /

触发器已创建
```

当确认以上 check_salary 复合触发器创建成功之后，就可以开始测试这个复合触发器了。为了随后的对比方便，应该使用例 18-35 的 SQL 查询语句列出在员工表中将要操作的员工的相关信息（一定要包含工资那一列）。

例 18-35

```
SQL> SELECT empno, ename, sal, job, deptno
  2  FROM emp
  3  WHERE deptno = 20;
   EMPNO ENAME                     SAL JOB                  DEPTNO
---------- -------------- ----------- -------------------- --------
    7369 SMITH                     800 CLERK                    20
    7566 JONES                    2975 MANAGER                  20
    7788 SCOTT                    3000 ANALYST                  20
    7876 ADAMS                    1100 CLERK                    20
    7902 FORD                     3000 ANALYST                  20
```

接下来，就可以使用例 18-36 的 DML 语句再次修改员工 SMITH 的工资（由原来的 800 增加至 1250）。

例 18-36

```
SQL> UPDATE emp
  2  SET sal = 1250
  3  WHERE ENAME = 'SMITH';

已更新 1 行。
```

由于加在员工（emp）表上新的 check_salary 触发器是一个复合触发器，所以这次的修改操作没有出现任何问题。最后，应该使用例 18-37 的查询语句再次列出在员工表中已经操作的员工的相关信息（一定要包含工资那一列）。

例 18-37

```
SQL> SELECT empno, ename, sal, job, deptno
  2  FROM emp
  3  WHERE deptno = 20;
   EMPNO ENAME                     SAL JOB                  DEPTNO
---------- -------------------- ----- -------------------- --------
    7369 SMITH                    1250 CLERK                    20
    7566 JONES                    2975 MANAGER                  20
    7788 SCOTT                    3000 ANALYST                  20
    7876 ADAMS                    1100 CLERK                    20
    7902 FORD                     3000 ANALYST                  20
```

为了随后的对比方便，应该使用例 18-38 的 SQL 查询语句列出每一个部门中最低工资和最高工资以及相应的部门号。

例 18-38

```
SQL> SELECT deptno, MIN(sal), MAX(sal)
  2  FROM emp
  3  GROUP BY deptno;
   DEPTNO   MIN(SAL)   MAX(SAL)
---------- ---------- --------
      30        950       2850
```

| 20 | 1100 | 3000 |
| 10 | 1300 | 5000 |

随后，可以分别使用例 18-39 和例 18-40 的 UPDATE 语句测试在新的工资低于下边界（最低工资）和高于上边界（最高工资）时，复合触发器 check_salary 代码是否正确。

例 18-39

```
SQL> UPDATE emp
  2  SET sal = 1008
  3  WHERE ENAME = 'SMITH';
UPDATE emp
       *
第 1 行出现错误:
ORA-20038: 新工资已超出允许的范围!
ORA-06512: 在 "SCOTT.CHECK_SALARY_C", line 31
ORA-04088: 触发器 'SCOTT.CHECK_SALARY_C' 执行过程中出错
```

例 18-40

```
SQL> UPDATE emp
  2  SET sal = 3001
  3  WHERE ENAME = 'SMITH';
UPDATE emp
       *
第 1 行出现错误:
ORA-20038: 新工资已超出允许的范围!
ORA-06512: 在 "SCOTT.CHECK_SALARY_C", line 31
ORA-04088: 触发器 'SCOTT.CHECK_SALARY_C' 执行过程中出错
```

通过以上测试，我们可以确定利用复合触发器的确可以解决变异表的错误。当完成以上所有测试之后，最好使用例 18-41 的 ROLLBACK 语句回滚所做的所有 DML 操作以将员工表恢复原状。

例 18-41

```
SQL> ROLLBACK;

回退已完成。
```

18.12 创建基于 DDL 语句或基于系统事件的触发器

除了 **DML** 语句之外，还可以指定一种或多种 **DDL** 语句来触发触发器（代码的执行）。可以为这些事件（**DDL** 语句）在数据库上或模式上（需要指定模式，即用户）创建触发器，还可以说明 **BEFORE** 和 **AFTER** 作为这类触发器的触发时机。**Oracle** 数据库在现存的用户事务中存放这类触发器。要注意的是，不能将通过一个 PL/SQL 过程执行的任何 DDL 操作说明为一个触发器的事件。创建基于 DDL 语句的触发器的语法格式如下：

```
CREATE [OR REPLACE] TRIGGER 触发器名
BEFORE | AFTER - 时机（Timing）
[DDL 事件 1 [OR DDL 事件 2 OR ...]]
ON {数据库 | 模式}
触发器体
```

在以上创建 DDL 触发器的语法中，触发器体是一个完整的 PL/SQL 程序块；而 DDL 事件包括

CREATE、ALTER 和 DROP 语句等，如表 18-2 所示为一些常用的 DDL 事件和触发时机的例子。

表 18-2

Sample DDL Events	何时触发（Fires When）
CREATE	使用 CREATE 命令创建任何数据库对象时
ALTER	使用 ALTER 命令更改任何数据库对象时
DROP	使用 DROP 命令删除任何数据库对象时

只有所创建的对象是一个 cluster、表、索引、表空间、视图、函数、过程、软件包、触发器、（数据）类型、序列（sequence）、同义词（synonym）、角色或用户时，DDL 触发器才能触发。

在编写触发器体的程序代码之前，应该首先确定触发器的各个组件。基于系统事件的触发器可以被定义在数据库一级，也可以被定义在模式一级。例如，一个数据库关闭触发器是定义在数据库一级的，而基于数据定义语言（DDL）语句上的触发器或基于用户登录或退出操作的触发器既可以定义在数据库一级，也可以定义在模式（用户）一级。基于数据维护语言（DML）语句的触发器是定义在一个特定的表或一个特定的视图上。

一个定义在数据库一级的触发器对数据库中的所有用户都会触发，而定义在模式或表一级的触发器只有当触发事件涉及到指定的模式或表时才会触发。 现将可能引起一个触发器触发的触发事件归纳如下（一共有 4 大类）：

（1）一个在数据库或模式中一个对象上的数据定义语句。

（2）一个指定用户（或任何用户）的登录或退出。

（3）一个数据库的关闭或启动。

（4）所发生的任何错误。

基于 Oracle 数据库系统事件创建触发器的语法格式如下：

```
CREATE [OR REPLACE] TRIGGER 触发器名
BEFORE | AFTER --时机（Timing）
[数据库事件1 [OR 数据库事件2 OR ...]]
ON {数据库 | 模式}
触发器体
```

在以上创建基于数据库系统事件的触发器的语法中，数据库事件包括 AFTER STARTUP、BEFORE SHUTDOWN、AFTER LOGON、BEFORE LOGOFF 以及 AFTER SERVERERROR。现将这些数据库事件和它们的触发时机归纳成表 18-3。

表 18-3

Database Event	触发器触发的时机（Triggers Fires When）
AFTER SERVERERROR	一个 Oracle 错误被抛出时
AFTER LOGON	一个用户登录数据库时
BEFORE LOGOFF	一个用户退出数据库时
AFTER STARTUP	开启数据库时
BEFORE SHUTDOWN	正常关闭数据库时

在表 18-3 所列出的数据库事件中，除了 SHUTDOWN 和 STARTUP 之外，基于这些数据库事件

既可以创建数据库一级的触发器，也可以创建基于模式一级的触发器。但是基于数据库事件 SHUTDOWN 和 STARTUP，只能创建数据库一级的触发器。

18.13　用户登录和退出触发器的创建和测试

通常数据库管理员（DBA）需要监控用户在数据库上的活动，如哪一段时间登录的用户最多（系统可能最繁忙）、哪一段时间登录的用户最少（系统可能非常空闲）、某个用户平均一天登录数据库的次数等。**为了完成以上看上去非常复杂的工作，可以通过创建基于数据库事件 AFTER LOGON 和 BEFORE LOGOFF 的触发器来方便地实现对系统的监控。**

因为我们要对数据库中的所有用户的登录和退出进行监控，所以要创建的触发器是数据库一级的。 为此，应该首先切换到数据库管理员用户（或以 DBA 用户登录 Oracle 数据库系统），如使用例 18-42 的 SQL*Plus 命令切换到 system 用户。随后，应该使用例 18-43 的 DDL 语句创建一个存放记录用户登录与退出信息的日志表，其表名为 log_onoff_table。

例 18-42

```
SQL> connect system/wang
已连接。
```

例 18-43

```
SQL> CREATE TABLE log_onoff_table
  2    (user_id  VARCHAR2(38),
  3     log_date DATE,
  4     action   VARCHAR2(48));

表已创建。
```

当确认以上记录用户登录与退出信息的 log_onoff_table 创建成功之后，就可以使用例 18-44 的创建触发器命令创建一个名为 logon_trigger 的触发器。该触发器的功能很简单，就是在每个用户每次登录数据库之后将该用户的名称、当前系统时钟的日期和时间以及"用户登录"的信息添加到 log_onoff_table 表中。

例 18-44

```
SQL> CREATE OR REPLACE TRIGGER logon_trigger
  2  AFTER LOGON ON DATABASE
  3  BEGIN
  4    INSERT INTO log_onoff_table(user_id,log_date,action)
  5    VALUES (USER, SYSDATE, '用户登录');
  6  END;
  7  /

触发器已创建
```

接下来，可以使用例 18-45 的创建触发器命令创建一个名为 logoff_trigger 的触发器。该触发器的功能也很简单，就是在每个用户每次退出数据库系统之前将该用户的名称、当前系统时钟的日期和时间以及"用户退出"的信息添加到 log_onoff_table 表中。

例 18-45

```
SQL> CREATE OR REPLACE TRIGGER logoff_trigger
```

```
2  BEFORE LOGOFF ON DATABASE
3  BEGIN
4    INSERT INTO log_onoff_table(user_id,log_date,action)
5    VALUES (USER, SYSDATE, '用户退出');
6  END;
7  /
```

触发器已创建

当确认以上 logon_trigger 和 logoff_trigger 两个触发器都创建成功之后，就可以开始测试这两个触发器了。可以再开启一个 DOS 窗口，之后使用例 18-46 的命令启动 SQL*Plus 并以 scott 用户登录。稍微等一会，再使用例 18-47 的 SQL*Plus 退出命令退出数据库系统。

例 18-46

```
C:\Users\Maria>D:\app\dog\product\12.1.0\dbhome_1\BIN\sqlplus scott/tiger
```

例 18-47

```
SQL> exit
```

接下来，再使用例 18-48 的命令启动 SQL*Plus 并以 hr 用户登录。稍微等一会，再使用例 18-49 的 SQL*Plus 切换命令切换到 sh 用户。

例 18-48

```
C:\Users\Maria> D:\app\dog\product\12.1.0\dbhome_1\BIN\sqlplus hr/hr
```

例 18-49

```
SQL> connect sh/sh
已连接。
```

当完成以上所有操作之后，重新切换回原来的 system 用户所在的 SQL*Plus 窗口。为了使将来查询 log_onoff_table 表的显示信息清晰易读，可能需要使用例 18-50～18-53 的 SQL*Plus 格式化命令格式化将来的显示输出结果。

例 18-50

```
SQL> col user_id for a20
```

例 18-51

```
SQL> col action for a20
```

例 18-52

```
SQL> set line 100
```

例 18-53

```
SQL> set pagesize 30
```

最后，可以使用例 18-54 的 SQL 查询语句列出 log_onoff_table 表中所有的内容以确认 logon_trigger 和 logoff_trigger 这两个触发器是否正常工作。为了能够显示时间信息，应该使用 TO_CHAR 函数对 log_date 列进行格式化，"Log Time" 是函数 TO_CHAR(log_date, 'fmYYYY-MM-DD:HH:MI:SS')的别名。

例 18-54

```
SQL> SELECT user_id, action,
  2         TO_CHAR(log_date, 'fmYYYY-MM-DD:HH:MI:SS') "Log Time"
  3  FROM log_onoff_table;
USER_ID             ACTION               Log Time
------------------- -------------------- -----------------
```

SYS	用户登录	2014-2-27:10:50:47
SYS	用户登录	2014-2-27:10:51:47
SYS	用户退出	2014-2-27:10:51:47
SYS	用户登录	2014-2-27:10:52:47
SYS	用户登录	2014-2-27:10:52:47
SYS	用户退出	2014-2-27:10:52:47
SYS	用户退出	2014-2-27:10:52:47
SCOTT	用户登录	2014-2-27:10:53:30
SYS	用户登录	2014-2-27:10:53:48
SYS	用户退出	2014-2-27:10:53:48
SCOTT	用户退出	2014-2-27:10:54:6
HR	用户登录	2014-2-27:10:54:17
HR	用户退出	2014-2-27:10:54:27
SH	用户登录	2014-2-27:10:54:27
SYS	用户登录	2014-2-27:10:54:48
SYS	用户退出	2014-2-27:10:54:48

已选择 16 行。

有了以上每个用户每次登录和退出数据库的信息之后，数据库管理员就可以分析用户登录和退出数据库的规律以帮助进行有效的数据库管理。

另外，利用以上 **logon_trigger** 和 **logoff_trigger** 这两个触发器还可以监控用户是否偷懒。因为通过查看 **log_onoff_table** 表，**DBA** 可以方便地发现用户登录数据库系统的时间长短，那些经常不在系统上的应该都属于懒人的范畴，当然在炒鱿鱼时应该优先考虑。

不过比较狡猾的员工可能刚一上班就登录系统并在下班之前从不退出系统，但并不干活。那么利用以上的方法就很难抓到这些懒人了。Oracle 系统的设计者们早就高瞻远瞩想到了这一点。在每一个 Oracle 数据库中都有一个默认的概要文件（profile），在这个概要文件中有许多参数，其中一个参数是 IDLE_TIME，利用这个参数可以控制每个用户在数据库系统上的空闲时间（没有访问 Oracle 服务器的时间），如果用户的空闲时间超过了 IDLE_TIME 所设定的分钟数，Oracle 服务器将自动将这个用户踢出系统（退出系统）。可以使用例 18-55 的查询语句从数据字典 dba_profiles 中列出默认概要文件的 IDLE_TIME 参数的当前信息（注意，这个命令要在 DBA 用户，即 system 或 sys 用户下使用）。为了使显示的结果清晰易读，可能需要先使用 SQL*Plus 的格式化语句。

例 18-55

```
SQL> SELECT *
  2  FROM dba_profiles
  3  WHERE RESOURCE_NAME = 'IDLE_TIME'
  4  AND PROFILE = 'DEFAULT';
PROFILE              RESOURCE_NAME        RESOURCE_TYPE     LIMIT
-------------        --------------------  -----------------  --------
DEFAULT              IDLE_TIME            KERNEL            UNLIMITED
```

例 18-55 的显示结果表明目前该数据库的默认概要文件中的 IDLE_TIME 参数的值是无限的。假设想将那些超过 20 分钟没有干活（没有访问 Oracle 服务器）的用户自动踢出数据库系统，就可以使用例 18-56 的 DDL 语句将 IDLE_TIME 的值修改为 20 分钟。

例 18-56

```
SQL> ALTER PROFILE default LIMIT
```

```
  2  IDLE_TIME 20;
```

配置文件已更改

当以上 ALTER PROFILE 语句执行成功之后，应该使用例 18-57 的查询语句从数据字典 dba_profiles 中列出默认概要文件中 IDLE_TIME 参数的当前信息，会发现 LIMIT 一列的值变成了 20。

例 18-57

```
SQL> SELECT *
  2  FROM dba_profiles
  3  WHERE RESOURCE_NAME = 'IDLE_TIME'
  4  AND PROFILE = 'DEFAULT';
PROFILE            RESOURCE_NAME       RESOURCE_TYPE     LIMIT
---------------    ----------------    ---------------   --------
DEFAULT            IDLE_TIME           KERNEL            20
```

从现在开始 logon_trigger 和 logoff_trigger 这两个触发器就能够捕捉到那些上了班坐在电脑终端前没怎么干活的家伙了，并将捕捉到的用户名、日期、时间等信息都准确地记录在登录和退出日志表 log_onoff_table 中。每隔一段时间，老板只需查询 log_onoff_table 表中的信息就能准确地标识出那些滥竽充数的人了。

当完成以上所有操作之后，最好使用例 18-58 的 ALTER PROFILE 语句将 IDLE_TIME 参数的值恢复为原来的配置。当这个 DDL 命令执行成功之后，还是最好使用例 18-59 的查询语句再次从数据字典 dba_profiles 中列出默认概要文件中的 IDLE_TIME 参数的当前信息以确认 IDLE_TIME 的值确实恢复到了原来的值。

例 18-58

```
SQL> ALTER PROFILE default LIMIT
  2  IDLE_TIME UNLIMITED;
```

配置文件已更改

例 18-59

```
SQL> SELECT *
  2  FROM dba_profiles
  3  WHERE RESOURCE_NAME = 'IDLE_TIME'
  4  AND PROFILE = 'DEFAULT';
PROFILE            RESOURCE_NAME       RESOURCE_TYPE     LIMIT
---------------    -----------------   ---------------   ----------
DEFAULT            IDLE_TIME           KERNEL            UNLIMITED
```

18.14 触发器中的 CALL 语句

有时触发器的程序代码可能过于冗长或非常复杂，在这种情况下，可以将这样的程序代码存放在存储过程中，之后再在触发器中调用该存储过程。调用一个存储过程的调用语句是 CALL 语句。其过程可以用 PL/SQL 语言实现，也可以用 C、C++或 Java 语言实现。创建一个包含 CALL 语句的触发器的语法如下：

```
CREATE [OR REPLACE] TRIGGER 触发器名
timing
```

```
事件1 [OR 事件2 OR 事件3]
ON 表名
[REFERENCING OLD AS old | NEW AS new]
[FOR EACH ROW]
[WHEN 条件]
CALL 过程名
```

接下来，我们创建一个调用一个存储过程的触发器，并通过这个触发器的创建和测试来演示 CALL 语句在触发器中的应用。首先，可能需要使用例 18-60 的 SQL*Plus 命令切换回 SCOTT 用户。

例 18-60

```
SQL> conn scott/tiger
已连接。
```

随后，使用例 18-61 的创建过程语句创建存储过程 log_action。为了简单起见，在这个过程中只有一个执行语句，那就是调用 DBMS_OUTPUT 软件包显示一行提示信息。

例 18-61

```
SQL> CREATE OR REPLACE PROCEDURE log_action IS
  2  BEGIN
  3     DBMS_OUTPUT.PUT_LINE('log_action: 正在删除员工记录！！！！');
  4  END;
  5  /

过程已创建。
```

当确认以上 log_action 存储过程创建成功之后，就可以使用例 18-62 的创建触发器的命令创建 log_emp_pl 触发器了。同样为了简单起见，在这个过程中只有一个执行语句，那就是调用存储过程 log_action。一定要注意，在 CALL 语句的结尾没有分号（;）。

例 18-62

```
SQL> CREATE OR REPLACE TRIGGER log_emp_pl
  2  BEFORE DELETE ON emp_pl
  3  CALL log_action   /* 不需要分号 */
  4  /

触发器已创建
```

当确认以上 log_emp_pl 这个包含 CALL 语句的触发器创建成功之后，就可以开始测试这个触发器了。为了随后的对比方便，应该使用例 18-63 的 SQL 查询语句列出员工（emp_pl）表中将要操作的员工的相关信息。

例 18-63

```
SQL> select empno, ename, job, sal, deptno
  2  from emp_pl
  3  where deptno = 30;
   EMPNO ENAME            JOB                     SAL  DEPTNO
---------- --------------- ----------------- ---------- -------
    7499 ALLEN            SALESMAN                1500      30
    7521 WARD             SALESMAN                1800      30
    7654 MARTIN           SALESMAN                1250      30
    7698 BLAKE            MANAGER                 2850      30
```

7844	TURNER		SALESMAN	1500	30

因为在触发器 log_emp_pl 所调用的存储过程中包含了软件包 DBMS_OUTPUT 的调用，所以在执行真正的删除操作之前，应该先使用例 18-64 的 SQL*Plus 命令将 serveroutput 参数的值设置成 ON。随后，就可以使用例 18-65 的 DML 语句删除员工表中员工号为 7844 的员工记录了。

例 18-64

```
SQL> SET serveroutput ON
```

例 18-65

```
SQL> DELETE FROM emp_pl
  2  WHERE empno = 7844;
log_action：正在删除员工记录！！！

已删除 1 行。
```

从例 18-64 的显示结果，我们可以断定触发器 log_emp_pl 和它所调用的存储过程 log_action 都工作正常。最后，应该使用例 18-66 的 SQL 查询语句再次列出在员工表中第 30 号部门中的所有员工的相关信息以确认例 18-65 的删除语句的准确性。

例 18-66

```
SQL> select empno, ename, job, sal, deptno
  2  from emp_pl
  3  where deptno = 30;
    EMPNO ENAME              JOB                      SAL   DEPTNO
--------- --------------     ------------------ --------- --------
     7499 ALLEN              SALESMAN                1500       30
     7521 WARD               SALESMAN                1800       30
     7654 MARTIN             SALESMAN                1250       30
     7698 BLAKE              MANAGER                 2850       30
```

虽然在本节的例子中，存储过程 log_action 的程序代码极为简单，但是一般在触发器中使用 CALL 语句调用的过程往往都非常冗长或逻辑相当复杂，否则也就不需要再单独创建存储过程了。

18.15 数据库事件触发器的优点以及设计、管理和维护触发器要注意的事项

通过前面的学习，相信读者对数据库事件触发器已经有了一定的了解，那么数据库事件触发器究竟能给实际工作带来哪些好处呢？**它可能带来如下的好处：**

（1）改进数据的安全性。

↘ 提供了增强的和复杂的安全检查。

↘ 提供了增强的和复杂的审计。

（2）改进数据的完整性。

↘ 加强动态数据的完整性约束。

↘ 加强复杂的引用完整性约束。

↘ 确保相关的操作一起隐含地执行。

那么具体在什么情况下使用数据库事件触发器呢？可以在如下情况下使用数据库事件触发器：

（1）要替代 Oracle 服务器所提供的特性。

（2）如果您的需要比 Oracle 服务器所提供的功能更复杂或更简单。

（3）如果您的需要 Oracle 服务器根本就没有提供。

要创建和管理触发器，用户需要具有一些特殊的系统权限。这些系统权限是由数据库管理员用户授予的。

要在您自己的模式中创建触发器，需要具有 CREATE TRIGGER 系统权限，并且必须拥有在触发语句中所指定的表，同时还要具有对这个表的 ALTER 系统权限或具有 ALTER ANY TABLE 系统权限。有了这些权限之后，就可以在不需要其他权限的情况下更改或删除触发器了。

如果使用了 ANY 关键字，就可以创建、更改、删除您自己的触发器，还可以创建、更改、删除任何其他模式中的和与任何用户表相关的触发器。

在用户自己的模式中，用户不需要任何调用触发器的权限，触发器是通过用户所发出的 DML 语句调用的。但是如果用户的触发器引用了任何不在用户模式中的对象，那么创建触发器的用户必须在引用的过程、函数和软件包上具有执行（EXECUTE）权限，而且该执行权限不是通过角色授予的。

要创建一个基于数据库的触发器，必须具有 ADMINISTER DATABASE TRIGGER 系统权限（一般 DBA 才具有这一系统权限）。如果这一权限在后来被收回，那么可以删除这个触发器，但是不能修改这个触发器了。与存储过程相似，在触发器体中语句使用的是触发器的拥有者的权限，而不是执行触发器操作的用户的权限。

18.16 您应该掌握的内容

在学习完了这一章之后，请检查一下您是否已经掌握了以下内容：

- ↘ Oracle 服务器运行 PL/SQL 程序块和子程序的方法。
- ↘ 熟悉 PL/SQL 运行引擎和 SQL 引擎。
- ↘ 为什么使用批量绑定？
- ↘ 熟悉 FORALL 语句的语法格式。
- ↘ 熟悉 BULK COLLECT INTO 子句的语法格式。
- ↘ 熟悉 cursor 属性%BULK_ROWCOUNT 的应用。
- ↘ 熟悉在查询语句中 BULK COLLECT INTO 子句的用法。
- ↘ 熟悉在 FETCH 语句中 BULK COLLECT INTO 子句的用法。
- ↘ 熟悉带有 RETURNING 和 BULK COLLECT INTO 的 FORALL 语句的用法。
- ↘ 熟悉利用下标数组进行批量绑定的方法。
- ↘ 熟悉利用 RETURNING 子句将 DML 语句的结果直接装入变量的方法。
- ↘ 什么是变异表（mutating table）？
- ↘ 在变异表上触发器有哪些限制？
- ↘ 怎样解决由于变异表而产生的问题？
- ↘ 什么是复合触发器？

- 熟悉复合触发器的 4 个触发时机。
- 熟悉基于一个表的复合触发器结构和基于一个视图的复合触发器结构。
- 熟悉在使用复合触发器时 Oracle 附加的限制。
- 熟悉利用复合触发器解决变异表的错误的方法。
- 熟悉创建基于 DDL 语句的触发器的语法。
- 熟悉基于 DDL 语句的触发器中所使用的 DDL 事件。
- 熟悉基于 Oracle 数据库系统事件创建触发器的语法。
- 熟悉在创建触发器时经常使用的数据库系统事件。
- 熟悉用户登录和退出触发器的创建和测试方法。
- 了解用户登录和退出触发器在实际工作中的应用。
- 熟悉在触发器中利用 CALL 语句调用存储过程的方法。
- 了解数据库事件触发器能给实际工作可能带来的好处。
- 在什么情况下使用数据库事件触发器？
- 创建和管理触发器需要哪些系统权限？

第 19 章　PL/SQL 程序代码设计上的考虑、Oracle 自带软件包及数据库优化简介

在本章中，将首先介绍在设计大型 PL/SQL 应用程序时必须认真考虑的问题，其中包括创建标准的常量和异常、本地子程序的编写与调用、子程序运行时权限的控制以及自主事物的应用。

随后，将简单介绍 Oracle 自带软件包的应用，其中包括如何使用自带软件包加快 PL/SQL 程序开发的速度和提高软件的质量，以及自带软件包在 Oracle 数据库优化中的应用。并顺便简单地介绍一下 Oracle 数据库系统的调优。

19.1　常量和异常的标准化概述

当几个或许多个程序员共同开发一个大型应用程序并且各自编写他们自己的异常处理程序时，在处理错误中很可能出现不一致的情况。除非对开发异常处理制定某些标准，否则这种不一致的情况会使使用者感到困惑，因为处理相同的错误时却使用了多个不同的方法，或因为显示的错误信息是矛盾的。为了避免这类情形的发生，在应用程序设计之初，开发团队就应该做如下事情：

（1）使用一种在整个应用程序中一致的错误处理方法来实现公司的程序开发标准。

（2）在应用程序中创建预定义的、通用的、产生一致结果的异常处理程序。

（3）编写和调用产生一致性错误信息的程序。

不仅仅是异常，如果很多开发人员共同开发一个大型应用程序并且各自定义自己的常量时也很容易出现不一致的情况，即相同的常量但使用了不同的名字，或不同的常量使用了相同的名字。

标准化（标准化是一种方法）就是解决以上所有问题的一剂灵丹妙药，标准化要从异常的命名和常量的定义开始。标准化可以帮助：

（1）开发一致的程序。

（2）提高程序代码的重用程度。

（3）使代码的维护更容易。

（4）实现跨应用程序的公司标准。

PL/SQL 软件包的说明结构是支持标准化的一个极好的组件，因为在软件包说明部分声明的所有标识符都是公有的（便于共享）。这些标识符对于软件包的拥有者所开发的所有子程序都是可见的，而且对于在这个软件包说明上具有执行权限的所有代码也是可见的。因此，通常标准的常量和异常是使用一个无体软件包（即一个软件包说明）来实现的。

19.2　标准化异常和标准化异常处理

在实际工作中，可以创建一个标准的错误处理软件包，在该软件包中包括所有在应用程序中使

用的命名的和用户定义的异常。 接下来，我们创建一个名为 emp_errors_pkg 无体软件包，这里假设该软件包说明包含了目前为止已知的所有处理员工信息时所遇到的异常，其软件包说明emp_errors_pkg 的 PL/SQL 程序代码如例 19-1 所示。在 emp_errors_pkg 软件包说明中声明了三个程序员定义的异常标识符，因为许多 Oracle 预定义的异常并没有标识的名字（有些异常可能就是程序员自己定义的，如 e_invalid_employee），在例 19-1 的程序代码中使用了 PRAGMA EXCEPTION_INIT 编译器指令将定义的异常名和 Oracle 预定义（或程序员定义的）错误代码关联起来。这样就能够在应用程序中以一种标准的方式引用其中的异常了。

例 19-1

```
SQL> CREATE OR REPLACE PACKAGE emp_errors_pkg IS
  2    e_insert_excep      EXCEPTION;
  3    e_invalid_employee  EXCEPTION;
  4    e_emps_remaining    EXCEPTION;
  5
  6    PRAGMA EXCEPTION_INIT (e_insert_excep, -02291);
  7    PRAGMA EXCEPTION_INIT (e_invalid_employee, -20274);
  8    PRAGMA EXCEPTION_INIT (e_emps_remaining, -2292);
  9  END emp_errors_pkg;
 10  /
```

程序包已创建。

当确认软件包说明 emp_errors_pkg 创建成功之后，就可以开始测试工作了。可以使用类似例 19-2 的匿名 PL/SQL 程序代码测试该无体软件包中的 e_emps_remaining 异常是否正常工作。实际上，例 19-2 的 PL/SQL 程序代码与本书第 12 章中的例 12-3 几乎是相同的，其中只少了e_emps_remaining 异常的声明，还有在异常处理段的 WHEN 子句中异常 e_emps_remaining 之前冠以了这个无体软件包名字，即 emp_errors_pkg.e_emps_remaining。

例 19-2

```
SQL> SET verify OFF
SQL> SET serveroutput ON
SQL> DECLARE
  2    v_deptno dept.deptno%TYPE := &p_deptno;
  3  BEGIN
  4    DELETE FROM dept
  5    WHERE    deptno = v_deptno;
  6    COMMIT;
  7  EXCEPTION
  8    WHEN emp_errors_pkg.e_emps_remaining THEN
  9     DBMS_OUTPUT.PUT_LINE ('无法删除这个部门—部门' ||
 10      TO_CHAR(v_deptno) || '，因为在这个部门中还有员工！ ');
 11  END;
 12  /
输入 p_deptno 的值：  10
无法删除这个部门—部门10，因为在这个部门中还有员工！

PL/SQL 过程已成功完成。
```

在执行以上这段 PL/SQL 程序代码时，当出现"输入 p_deptno 的值:"时，要输入一个存在的部门号（如方框括起来的 10）。当按下回车键之后，该程序继续执行，当执行成功之后就显示后面的显示信息"无法删除这个部门——部门 10，因为在这个部门中还有员工 !"和"PL/SQL 过程已成功完成。"了。

到目前为止，在这一节中所介绍的标准化异常内容实际上是属于标准化异常的声明（标准化异常的定义）。除此之外，标准化异常的内容还包括了标准化异常的处理。

标准化异常处理即可以通过使用独立的存储子程序来实现，也可以通过将一个子程序添加到定义标准异常的软件包中来实现。因此，在创建这一软件包时需要考虑尽可能完全包括如下内容：

（1）在这个应用程序中要使用的每一个命名的异常。

（2）在这个应用程序中要使用的所有无名的、程序员定义的异常，这些异常的错误代码的范围是–20000 ~ –20999。

（3）一个调用 RAISE_APPLICATION_ERROR 过程（基于软件包中异常）的程序。

（4）一个显示基于 SQLCODE 和 SQLERRM 函数返回值和错误信息的程序。

（5）附加的对象，如错误日志表和访问该日志表的程序。

19.3 标准化常量

在程序中，一个变量的值是可以随时改变的，而一个常量的值是不能改变的。如果在一些程序中所使用的一些本地变量的值是不应该变化的或不能修改的。那么应该将它们转换成常量。这将有利于程序代码的维护和调试。

在实际工作中，一般会创建一个独立的共享软件包，该软件包括了应用程序中所有的常量。这样会使得常量的维护和变更变得非常容易，为了提高数据库系统的效率，通常这样的过程或软件包应该在数据库系统启动时就装入系统内存缓冲区中。

接下来，我们创建一个名为 emp_constant_pkg 的无体软件包，这里假设该软件包说明包含了目前为止已知在处理员工信息时所需的全部常量，其软件包说明 emp_constant_pkg 的 PL/SQL 程序代码如例 19-4 所示。在 emp_constant_pkg 软件包说明中声明了三个数字类型常量，可以先使用例 19-3 所示的 SQL 程序语句列出员工表中员工的最低、平均和最高工资以作为定义的常量的基准值。在 emp_constant_pkg 无体软件包中常量 c_min_sal 的值被定义为了 1038，其可能的原因是最近政府出台的新的惠民政策提高了工人的最低工资标准。

例 19-3

```
SQL> SELECT MIN(sal), AVG(sal), MAX(sal)
  2  FROM emp;
 MIN(SAL)   AVG(SAL)   MAX(SAL)
---------- ---------- ----------
      800 2073.21429       5000
```

例 19-4

```
SQL> CREATE OR REPLACE PACKAGE emp_constant_pkg IS
  2    c_min_sal          CONSTANT NUMBER(5)  := 1038;
  3    c_avg_sal          CONSTANT NUMBER(5)  := 2108;
```

```
  4    c_max_sal          CONSTANT NUMBER(5)  := 9988;
  5  END emp_constant_pkg;
  6  /
```

程序包已创建。

当确认 emp_constant_pkg 软件包说明创建成功之后，就可以开始测该软件包了。为了随后的对比方便，可能会使用例 19-5 的 SQL 查询语句利用刚刚定义的软件包中的常量列出员工表中所有工资低于最低工资的员工的相关信息。

例 19-5

```
SQL> SELECT empno, ename, job, sal, deptno
  2  FROM emp
  3  WHERE sal < emp_constant_pkg.c_min_sal;
WHERE sal < emp_constant_pkg.c_min_sal
           *
第 3 行出现错误:
ORA-06553: PLS-221: 'C_MIN_SAL' 不是过程或尚未定义
```

看到例 19-5 的显示结果，您也许会感到有些意外：怎么已经定义好的常量不能用啊？其实，也没什么惊讶的，因为软件包中定义的常量可以在 PL/SQL 语句中使用，但是不能在 SQL 语句中使用，而例 19-5 中使用的是 SQL 语句。可以使用例 19-6 的 SQL 查询语句列出员工表中所有工资低于最低工资的员工的相关信息。

例 19-6

```
SQL> SELECT empno, ename, job, sal, deptno
  2  FROM emp
  3  WHERE sal < 1038;
     EMPNO  ENAME               JOB                      SAL  DEPTNO
---------- ------------------- ------------------ ---------- ------
      7369  SMITH               CLERK                    800      20
      7900  JAMES               CLERK                    950      30
```

随后，使用例 19-7 的匿名 PL/SQL 程序块并利用刚刚定义的软件包中的常量 c_min_sal 将所有工资低于目前最低工资标准的员工的工资加上二百五。接下来，使用例 19-8 的 SQL 查询语句再次列出员工表中原来工资低于最低工资标准的两个员工的相关信息。最后，只要对比例 19-6 和例 19-8 的显示结果就基本可以确认 emp_errors_pkg 无体软件包的准确性了。

例 19-7

```
SQL> BEGIN
  2    UPDATE emp
  3      SET sal = sal + 250
  4    WHERE sal < emp_constant_pkg.c_min_sal;
  5  END;
  6  /

PL/SQL 过程已成功完成。
```

例 19-8

```
SQL> SELECT empno, ename, job, sal, deptno
  2  FROM emp
  3  WHERE empno IN (7369, 7900);
```

EMPNO	ENAME	JOB	SAL	DEPTNO
7369	SMITH	CLERK	1050	20
7900	JAMES	CLERK	1200	30

19.4　本地子程序的应用

在介绍完了异常和常量的标准化之后，在这一节中我们将介绍**在 PL/SQL 程序设计中经常使用的另一种标准化的方法，即使用本地子程序进行标准化**。那么，什么是本地子程序呢？一个本地子程序就是一个在一个程序（这个程序可以是软件包，也可以是过程，甚至于匿名 **PL/SQL** 程序块）声明段的结尾定义的一个函数或过程。

本地子程序主要应用于自上而下的设计方法，利用本地子程序可以移除冗余的程序代码以减少程序模块的大小。这也是创建本地子程序的主要原因之一。如果一个模块需要多次使用相同的一段程序代码，而且只有这个模块需要这些代码，那么最好将这段代码定义为本地子程序。

接下来，我们创建一个名为 get_emp_sal 的存储过程。该过程的 PL/SQL 程序代码如例 19-9 所示。在这个过程的声明部分声明了一个名为 sal_tax 的函数，该函数的返回值为数字类型。该函数的功能很简单，它接受一个数字型的员工工资，之后返回税后工资（为了简单起见，这里将工资所得税定为 20%）。

在该存储过程的执行段中，只有两个语句，第一个语句将指定员工号的员工信息装入记录变量 v_emp 中，而第二个语句就是调用软件包 DBMS_OUTPUT 显示该员工的税后工资（在调用软件包 DBMS_OUTPUT 中还要调用本地函数 sal_tax）。

例 19-9

```
SQL> CREATE OR REPLACE PROCEDURE get_emp_sal(p_id NUMBER) IS
  2    v_emp  emp%ROWTYPE;
  3    FUNCTION sal_tax(p_sal NUMBER) RETURN NUMBER IS
  4    BEGIN
  5      RETURN p_sal * 0.8;
  6    END sal_tax;
  7  BEGIN
  8    SELECT * INTO v_emp
  9    FROM emp
 10    WHERE empno = p_id;
 11    DBMS_OUTPUT.PUT_LINE('税后工资为: '|| sal_tax(v_emp.sal));
 12  END;
 13  /
```

过程已创建。

当确认 get_emp_sal 的存储过程创建成功之后，就可以开始测试该过程了。为了随后的对比方便，应该使用例 19-10 的 SQL 查询语句列出员工表中将要操作的员工的相关信息。

例 19-10

```
SQL> SELECT empno, ename, job, sal, deptno
  2  FROM emp WHERE deptno = 20;
```

EMPNO	ENAME	JOB	SAL	DEPTNO
7369	SMITH	CLERK	800	20
7566	JONES	MANAGER	2975	20
7788	SCOTT	ANALYST	3000	20
7876	ADAMS	CLERK	1100	20
7902	FORD	ANALYST	3000	20

随后，可能需要先使用例 19-11 的 SQL*Plus 命令将 serveroutput 的值设置成 ON，因为在 get_emp_sal 存储过程中调用了软件包 DBMS_OUTPUT。接下来，可以使用例 19-12 的 SQL*Plus 执行命令以 7902 为输入的实参调用 get_emp_sal 这个存储过程。最后，只要将例 19-10 显示结果中最后一行员工号为 7902 的员工的工资与例 19-12 的显示结果进行对比就可以确认 get_emp_sal 存储过程的正确性了。

例 19-11

```
SQL> SET serveroutput ON
```

例 19-12

```
SQL> EXECUTE get_emp_sal(7902);
税后工资为: 2400

PL/SQL 过程已成功完成。
```

通过以上的例子，读者应该对本地子程序有了比较清晰的认识，现将本地子程序具有的特点和使用本地子程序可以获得的好处归纳如下：

本地子程序具有如下特点：

（1）本地子程序只在定义它们的程序块中可以访问。

（2）本地子程序作为包含它们的程序块的一部分被编译。

使用本地子程序的好处如下：

（1）减少重复程序代码。

（2）提高了代码的易读性并使代码更容易维护。

（3）减轻了管理负担，因为只需维护一个子程序的代码，而不是多个相同的代码。

19.5　程序的定义者权限与调用者权限

在 Oracle8i 之前的所有 Oracle 版本中，所有程序都是以创建这一程序的用户的权限执行的，这也被称为定义者权限模型，在该模型下：

➥　允许具有一个程序执行权限的调用者调用这一程序，但是该调用者可以在这个程序所访问的对象上没有任何权限。

➥　要求一个程序的拥有者具有该程序所引用的对象的所有必须的权限。

这里需要指出的是：以上所说的程序包括过程、函数和软件包。

从 Oracle8i 开始，Oracle 引入了另一个权限模型，那就是调用者权限模型。在调用者权限模型中，一个程序是以调用该程序的用户的权限执行的。一个用户以调用者权限运行一个过程时，该用户需要具有这个过程所引用的对象的相应权限。在调用者权限模型中，如果用户 hr 调用 Scott 用户的 PL/SQL 存储过程 get_emp_sal，那么 get_emp_sal 过程是以调用者 hr 的权限来运行的。

可能有读者会问：为什么要引入调用者权限模型？答案是提高 Oracle 系统的安全性。**引入调用者权限模型的主要目的是防止那些权限较低的用户通过调用软件包的方式访问他们不应该访问的对象（如一些表中的敏感数据）或进行不应该的操作。**

要将一个子程序定义成使用调用者权来执行的子程序，只需要在参数表和 **IS**（或 **AS**）关键字之间加上 **AUTHID CURRENT_USER** 就可以了。可以使用如下语句将不同的 PL/SQL 子程序结构设置成以调用者权限执行：

```
CREATE FUNCTION 函数名 RETURN type AUTHID CURRENT_USER IS...
CREATE PROCEDURE 过程名 AUTHID CURRENT_USER IS...
CREATE PACKAGE 软件包名 AUTHID CURRENT_USER IS...
CREATE TYPE 类型名 AUTHID CURRENT_USER IS OBJECT...
```

PL/SQL 默认是 AUTHID DEFINER，即以程序的拥有者的权限执行该子程序。出于安全的考虑，**大多数 Oracle 数据库自带的 PL/SQL 软件包，如 DBMS_LOB、DBMS_ROWID 等都是调用者权限的软件包。**

接下来，我们创建一个名为 add_dept_authid 使用调用者权限的存储过程，该过程的 PL/SQL 程序代码如例 19-13 所示。这个过程与本书第 13 章 13.9 节中例 13-18 中的 PL/SQL 程序代码几乎完全相同，只是在第 4 行的 IS 关键字之前增加了 AUTHID CURRENT_USER 关键字。过程 add_dept_authid 与过程 add_dept 的区别在于：在调用过程 add_dept 时，过程 add_dept 是以定义者权限（在本书中是以 scott 用户的权限）执行的，而在调用过程 add_dept_authid 时，过程 add_dept_authid 是以调用者权限（如 hr 用户调用这一过程，那么就以 hr 用户的权限）执行的。

例 19-13

```
SQL> CREATE OR REPLACE PROCEDURE add_dept_authid
  2    (v_name  IN dept_pl.dname%TYPE  DEFAULT '服务',
  3     v_loc   IN dept_pl.loc%TYPE    DEFAULT '狼山镇')
  4    AUTHID CURRENT_USER IS
  5    BEGIN
  6      INSERT INTO dept_pl
  7      VALUES (deptid_sequence.NEXTVAL, v_name, v_loc);
  8    END add_dept_authid;
  9  /

过程已创建。
```

19.6　自治事物

在银行、股票和外汇等金融系统中，自治事务（**Autonomous Transactions**）往往是必须的。那么什么是自治事务呢？在解释自治事务之前，我们先简单介绍一下什么是事务。一个事务就是一系列完成某一工作的语句，这些语句在逻辑上是一个不可分割的整体（它们要么全部完成，要么全部放弃），即不能存在任何中间状态。

经常，一个事务会开启另一个事务，而这另一个事务可能在开启它的事务范围之外操作。这样就需要在一个现存的事务中，一个需要独立的事务可能需要在不影响启动它的事务的情况下提交或回滚所做的变化（结束事务）。例如，在一个股票买卖交易中，无论这个股票买卖交易是提交还是回滚，做交易的客户信息必须提交。因为每一笔交易都可能涉及数额巨大的金钱，所以系统必须记录下每一笔交易的细节以防止任何交易的丢失。因此，**在这样的金融系统（也包括银行和外汇等系统）中，要设计单独的日志操作，既使在运行的事务失败的情况下，日志信息也会不受影响地记录在日志表中。**

从 Oracle8i 开始，Oracle 引入了自治事务（Autonomous Transactions），自治事务使得创建一个独立的事务成为可能。一个自治事务（AT）是一个由另外一个主事务（MT：Main Transaction）开启的独立事务，自治事务是使用 PRAGMA AUTONOMOUS_TRANSACTION 关键字定义的。主事务与自治事务之间的关系如图 19.1 所示，它们的具体操作顺序如下：

（1）主事务开始。

（2）主事务调用 babydog 过程以启动自治事务。

（3）主事务处于挂起状态。

（4）自治事务操作开始。

（5）自治事务以一个 commit 或 rollback 语句结束。

（6）主事务操作被恢复。

（7）主事务结束。

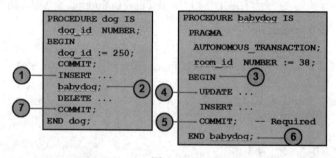

图 19.1

与通常的事务相比，自治事务具有一些独特的特性，同时 Oracle 也加上了一些特殊的限制，这些特性和限制如下：

（1）虽然是在一个事务中调用，但是自治事务是独立（不依赖）于主事务的，即主事务与自治事务不是嵌套事务（没有嵌套关系）。

（2）如果主事务回滚，那么自治事务并不回滚。

（3）当一个自治事务提交时，其他事务可以看见该自治事务所做的改变。

（4）主事务与自治事务的操作方式类似堆栈——在任何给定的时间只有"最上层"的事务可以访问。当自治事务结束时，该自治事务被弹出，并且调用事务（主事务）被恢复。

（5）自治事务可以被递归地调用，而且除了受限于资源之外，对于递归调用的层数没有任何限制。

（6）不能使用关键字 PRAGMA 将一个软件包中的子程序标记为自治的，只能将独立的子程序标记为自治的。

（7）不能将一个嵌套的 PL/SQL 程序块或匿名的 PL/SQL 程序块标记为自治的。

19.7　使用自治事物的实例

为了能够完成后面使用自治事务的例子，应该首先使用例 19-14 的 DDL 语句创建一个存放所有交易细节的表，其表名为 txn。随后，使用例 19-15 的 DDL 语句创建一个存放所有交易日志信息的表，其表名为 usage。

例 19-14

```
SQL> CREATE TABLE txn
  2    (acc_id   NUMBER(10) PRIMARY KEY,
  3     amount   NUMBER(10,2),
  4     op_date  DATE);
```

表已创建。

例 19-15

```
SQL> CREATE TABLE usage
  2    (card_id  NUMBER(10) PRIMARY KEY,
  3     loc      NUMBER(8),
  4     op_date  DATE);
```

表已创建。

接下来，最好使用例 19-16 和例 19-17 的 SQL*Plus 命令分别列出表 txn 和表 usage 的结构以确认这两个表的正确性。

例 19-16

```
SQL> desc
名称                                      是否为空?    类型
----------------------------------- --------  -------------
ACC_ID                                   NOT NULL NUMBER(10)
AMOUNT                                             NUMBER(10,2)
OP_DATE                                           DATE
```

例 19-17

```
SQL> desc usage
名称                                      是否为空?    类型
----------------------------------- --------  -------------
CARD_ID                                  NOT NULL  NUMBER(10)
LOC                                                NUMBER(8)
OP_DATE                                            DATE
```

当确认以上两个表准确无误之后，就可以使用例 19-18 的创建过程语句创建一个包含自治事务的存储过程 log_usage 了。注意，在 IS 和 BEGIN 关键字之间的那一行关键字 PRAGMA AUTONOMOUS_TRANSACTION 将这个过程标记为自治的。

关键字 PRAGMA 指示 PL/SQL 编译器将一个例行程序标记为自治的（独立的）。在这里，例行程序一词包括了顶层（不是嵌套的）匿名 PL/SQL 程序块，本地、独立的和软件包的函数和过程，一个 SQL 对象类型的方法和数据库触发器。关键字 PRAGMA 可以出现在一个例行程序的声明段中的任何地方，但是为了使程序代码更容易阅读，一般最好将其放在声明段的最上面。

在这个过程的执行段中，只有两个语句，第一个语句是将银行卡的卡号、储蓄所（也可能是 ATM机器）的地址标号和当前系统日期和时间（即操作的日期和时间）存入日志表 usage 中；而第二个语句就是提交上一个语句所做的插入操作。

例 19-18

```
SQL> CREATE OR REPLACE PROCEDURE log_usage
  2    (p_card_id NUMBER, p_loc NUMBER)
  3  IS
  4    PRAGMA AUTONOMOUS_TRANSACTION;
  5  BEGIN
  6    INSERT INTO usage
  7    VALUES (p_card_id, p_loc, SYSDATE);
  8    COMMIT;
  9  END log_usage;
 10  /
```

过程已创建。

当确认以上包含自治事务的存储过程 log_usage 创建成功之后，就可以使用例 19-19 的创建过程语句创建包含主事务的存储过程 bank_trans。为了简化问题，在这个存储过程中只有一个语句，那就是将一笔钱（交易）存入银行交易表（txn）。其中，100250 为客户的银行帐号，1250 是存入的金额，sysdate 是系统的日期和时间（就是存入这笔钱的日期和时间）。

例 19-19

```
SQL> CREATE OR REPLACE PROCEDURE bank_trans
  2    (p_cardnbr NUMBER, p_loc NUMBER) IS
  3  BEGIN
  4    log_usage(p_cardnbr, p_loc);
  5    INSERT INTO txn VALUES (100250, 1250, sysdate);
  6  END bank_trans;
  7  /
```

过程已创建。

当确认以上包含主事务的存储过程 bank_trans 也创建成功之后，就可以使用例 19-20 的SQL*Plus 执行语句调用这一过程了。其中 0038 为客户的银行卡号，而 250 为储蓄所的地址标号。

例 19-20

```
SQL> EXECUTE bank_trans(0038, 250);

PL/SQL 过程已成功完成。
```

当确认以上过程调用执行成功之后，应该使用例 19-21 和例 19-22 的 SQL 查询语句分别列出 txn表和 usage 表中的全部内容。

例 19-21

```
SQL> SELECT  acc_id, amount,
  2          TO_CHAR(op_date, 'fmYYYY-MM-DD:HH:MI:SS') "Log Time"
  3  FROM txn;
```

```
    ACC_ID     AMOUNT     Log Time
---------- ---------- -------------------
    100250       1250   2016-10-3:11:31:50
```

例 19-22

```
SQL> SELECT card_id, loc,
  2         TO_CHAR(op_date, 'fmYYYY-MM-DD:HH:MI:SS') "Log Time"
  3  FROM usage;
   CARD_ID        LOC     Log Time
---------- ---------- -------------------
        38        250   2016-10-3:11:31:50
```

接下来，要使用例 19-23 的回滚语句回滚所做的所有 DML 操作。随后，应该使用例 19-24 和例 19-25 的 SQL 查询语句再次分别列出 txn 表和 usage 表中的全部内容以观察它们的变化。

例 19-23

```
SQL> rollback;

回退已完成。
```

例 19-24

```
SQL> SELECT  acc_id, amount,
  2          TO_CHAR(op_date, 'fmYYYY-MM-DD:HH:MI:SS') "Log Time"
  3  FROM txn;

未选定行
```

例 19-25

```
SQL> SELECT card_id, loc,
  2         TO_CHAR(op_date, 'fmYYYY-MM-DD:HH:MI:SS') "Log Time"
  3  FROM usage;
   CARD_ID        LOC     Log Time
---------- ---------- -------------------
        38        250   2016-10-3:11:31:50
```

从以上的例子中，我们可以看到，**利用以上包含主事务的存储过程 bank_trans 和包含自治事务的存储过程 log_usage 对银行交易表（txn）进行插入操作（其他 DML 操作也一样）时，无论所做的 DML 操作是否成功，都可以追踪到是在什么地方和什么时间使用的那一张银行卡。自治事务的使用会带来以下好处：**

- ➥ 当一个自治事务开始之后是完全独立的，该自治事务不依赖于主事务的提交，也不与主事务共享锁或其他资源。
- ➥ 更重要的是自治事务可以帮助创建模块化和能够重用的软件组件。例如，一些存储过程可以开始和完成它们自己的自治事务。一个调用应用程序不需要知道有一个过程的自治操作，并且这个过程也不需要知道该应用程序的事务操作情况。这使得自治事务比普通的事务产生错误的几率更低，而且更容易使用。

19.8　Oracle 提供（自带）的软件包简介

为了方便 Oracle 服务器的管理和维护以及应用程序的开发，Oracle 提供了大量的软件包。实际上，许多 Oracle 的工具都是以 Oracle 软件包的形式发行的。Oracle 所提供的软件包是与 Oracle 服务器软件一起提供的，这些软件包扩展了数据库的功能，而且通过使用它们可以访问某些对 PL/SQL 通常是限制的一些 SQL 特性。

当创建一个应用程序时，可以直接通过调用这些软件包中的过程或函数的方式使用它们所提供的功能，这样可以极大地加快应用程序的开发速度，并明显减少程序的错误。有时当创建一个自己的存储过程或函数时，也可以通过浏览这些软件包获取编程的灵感。绝大多数标准软件包是在创建数据库时通过运行 catproc.sql 脚本创建的，该脚本存放在 "$ORACLE_HOME\ RDBMS\ADMIN\" 目录中。其中$ORACLE_HOME 为 Oracle 数据库的目录，在我们的一个系统上为 E:\app\product\ 11.2.0\dbhome_1\RDBMS\ADMIN，而在另一个 Oracle 12c 系统上为 D:\app\dog\product\12.1.0\ dbhome_1\RDBMS\ADMIN。

Oracle 提供了大量的软件包，这些软件包的调用方法与我们之前介绍的软件包的调用方法完全相同。如果读者对某一个软件包非常感兴趣，可以参阅 Oracle® Database PL/SQL Packages and Types Reference，这个文档大约有 5100 多页，所以一般人没有时间也没有必要仔细阅读每一页的内容，只是等用到哪个软件包时查阅一下，会用就可以了。

由于受到本书篇幅的限制，我们无法详细地介绍过多的 Oracle 自带的软件包。在接下来的几节中，我们通过软件包 dbms_shared_pool 和 dbms_stats 等的应用来解释软件包的具体使用，并顺便介绍一下 Oracle 数据库管理系统的优化。

19.9　计算机内外存以及系统优化简介

Oracle 系统本身要消耗大量的软硬件及人力资源。但是没有它，信息系统的管理和维护会变得非常复杂，甚至于变得根本无法对其进行维护。对于 Oracle 数据库这样一个庞大的系统，一定是需要进行系统优化的。

那么数据库系统的优化应该从哪里开始呢？对数据库的哪些地方进行优化可以达到投资小见效大而快呢？

如果读者接触过数据库或读过相关的书籍，应该会有印象，数据库的数据量和输入/输出量都是相当大的，而这些数据一般都存在硬盘（外存）上，因此硬盘为数据库的一类资源。为了方便介绍，图 19.2 给出了计算机服务器硬盘的内部结构示意图。

从图 19.2 可以看出，所有硬盘上数据的访问都是靠硬盘的旋转和磁头的移动来完成的，这种旋转和移动是机械运动。因为在计算机中所有数据的修改操作必须在内存中进行，所以内存也是数据库的一类资源。为了帮助读者更好地了解内存与外存之间的区别，表 19-1 给出了内存和外存

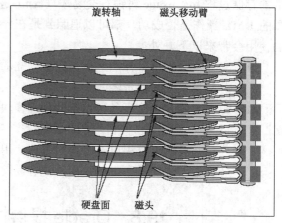

图 19.2

的简单比较。

表 19-1

项　　目	内　　存	外存（硬盘）
数据访问速度	很快	很慢
存储的数据	临时	永久
价钱	很贵	相当便宜

从表 19-1 的比较可知，**内存的数据访问速度要比外存（硬盘）快得多**。这是因为内存的数据访问是电子速度，而硬盘的数据访问主要取决于机械速度。那么内存的速度究竟比外存快多少呢？实验数据表明，内存的速度是外存的 $10^3 \sim 10^5$ 倍。因此，如果一个数据库管理系统能够使绝大多数（如 **90%以上**）数据操作在内存中完成，那么该数据库管理系统的效率将非常高。实际上，这是一个典型的用空间换时间的方法。

在本书后面几节所做的数据库系统优化都是围绕着将尽可能多的磁盘（外存）操作变成内存操作，即尽可能减少 I/O。在一个数据库系统中，I/O 操作越少，系统的效率一定会越高。而且这种方法往往又是最简单易行的系统优化方法。

19.10　将程序常驻内存

有时在生产数据库系统中，某些程序可能会经常使用、反复使用。如果这些程序频繁地从磁盘上调入内存，势必对系统的效率有冲击，因此为了减少这样的 I/O（也就是提高效率），可以考虑将这些程序常驻内存。但是一定要注意常驻内存的程序一定是经常使用的（一般是共享的程序）。将那些不常用的程序常驻内存只能是浪费宝贵的内存资源，而对系统效率的改进没有什么帮助。

下面，我们通过例子来演示如何使一个程序常驻内存。为此，首先以 system 用户登录数据库系统。接下来，使用例 19-26 的 SQL 语句从数据字典 v$db_object_cache 中获取有关 hr 用户对象的内存使用情况的相关信息。

例 19-26

```
SQL> select name, namespace, sharable_mem, executions, kept
  2  from v$db_object_cache
  3  where owner = 'HR';
NAME                     NAMESPACE          SHARABLE_MEM EXECUTIONS KEP
------------------------ ------------------ ------------ ---------- ---
DUAL                     TABLE/PROCEDURE               0          0 NO
V$PARAMETER              TABLE/PROCEDURE               0          0 NO
DBMS_OUTPUT              TABLE/PROCEDURE               0          0 NO
HR                       PUB_SUB                     401          0 NO
DBMS_APPLICATION_INFO    TABLE/PROCEDURE               0          0 NO
USER_OBJECTS             TABLE/PROCEDURE               0          0 NO

已选择 6 行。
```

数据字典 v$db_object_cache 提供了共享池（shared pool）中对象级的统计信息。例 19-26 的 SQL

语句最好使用 where 条件子句限制语句的输出，否则显示的输出结果会太多，以至根本无法阅读。

在 hr 用户中有一个名为 ADD_JOB_HISTORY 的存储过程，现在我们就使用例 19-27 的执行命令利用 Oracle 提供的软件包 dbms_shared_pool 中的 keep 过程将 ADD_JOB_ HISTORY 改为常驻内存。

例 19-27

```
SQL> EXECUTE dbms_shared_pool.keep('HR.ADD_JOB_HISTORY');
BEGIN dbms_shared_pool.keep('ADD_JOB_HISTORY'); END;

*
第 1 行出现错误:
ORA-04063: package body "SYSTEM.DBMS_SHARED_POOL" 有错误
ORA-06508: PL/SQL: 无法找到正在调用 : "SYSTEM.DBMS_SHARED_POOL" 的程序单元
ORA-06512: 在 line 1
```

看到系统出错时，读者不必着急。软件包 dbms_shared_pool 在使用之前需要安装，Oracle 系统自带一个名为 dbmspool.sql 的脚本文件，它也保存在同其他维护脚本文件相同的目录下。运行这个脚本文件就可以安装 dbms_shared_pool 软件包。于是，我们使用例 19-28 的 Oracle 命令来运行这个脚本文件。

例 19-28

```
SQL> @F:\oracle\product\10.2.0\db_1\RDBMS\ADMIN\dbmspool.sql
程序包已创建。
授权成功。
  from dba_object_size
       *
第 4 行出现错误:
ORA-01031: 权限不足
警告: 创建的包体带有编译错误。
```

看到例 19-28 的显示输出就知道又出错了，其实从出错信息可以知道 SYSTEM 的权限不够大。因此使用例 19-29 的 SQL*Plus 命令切换到 SYS 用户。

☞ **指点迷津:**

如果您使用的 Oracle 版本是 11.2 或 12.1，那么默认 system 用户也可以安装软件包 dbms_shared_pool。

例 19-29

```
SQL> connect sys/wuda as sysdba
已连接。
```

之后，在 sys 用户下使用例 19-30 的 Oracle 命令重新运行 dbmspool.sql 脚本文件。

例 19-30

```
SQL> @F:\oracle\product\10.2.0\db_1\RDBMS\ADMIN\dbmspool.sql
程序包已创建。
授权成功。
视图已创建。
程序包体已创建。
```

从例 19-30 的显示结果可知这回是没问题了。现在使用例 19-31 的执行命令再次利用软件包 dbms_shared_pool 中的 keep 过程将 ADD_JOB_ HISTORY 改为常驻内存。

例 19-31

```
SQL> EXECUTE dbms_shared_pool.keep('HR.ADD_JOB_HISTORY');
PL/SQL 过程已成功完成。
```

接下来，使用例 19-32 的 SQL 语句再次从数据字典 v$db_object_cache 中获取有关 hr 用户对象的内存使用情况的相关信息。

例 19-32

```
SQL> select name, namespace, sharable_mem, executions, kept
  2  from v$db_object_cache
  3  where owner = 'HR';
```

NAME	NAMESPACE	SHARABLE_MEM	EXECUTIONS	KEP
DUAL	TABLE/PROCEDURE	0	0	NO
ADD_JOB_HISTORY	TABLE/PROCEDURE	16738	0	YES
JOB_HISTORY	TABLE/PROCEDURE	0	0	NO
V$PARAMETER	TABLE/PROCEDURE	0	0	NO
DBMS_OUTPUT	TABLE/PROCEDURE	0	0	NO
HR	PUB_SUB	401	0	NO
DBMS_APPLICATION_INFO	TABLE/PROCEDURE	0	0	NO
USER_OBJECTS	TABLE/PROCEDURE	0	0	NO

已选择 8 行。

例 19-32 的显示输出结果的第 2 行清楚地表明 **ADD_JOB_HISTORY** 的存储过程已经常驻内存了，因为 **KEPT** 列的值为 **YES**，这些对象是存在共享池（shared pool）中。除了存储过程之外，还可用以上的方法使存储函数、软件包、触发器和序列号等常驻内存。

如果现在需要使用很多的共享池（shared pool）的内存空间，但是共享池中的东西又太多，可以使用例 19-33 的 Oracle 命令将它们清除出共享池。

例 19-33

```
SQL> ALTER SYSTEM FLUSH SHARED_POOL;
系统已更改。
```

之后，使用例 19-34 的 SQL 语句再次从数据字典 v$db_object_cache 中获取有关 hr 用户对象的内存使用情况的相关信息。

例 19-34

```
SQL> select name, namespace, sharable_mem, executions, kept
  2  from v$db_object_cache
  3  where owner = 'HR';
```

NAME	NAMESPACE	SHARABLE_MEM	EXECUTIONS	KEP
ADD_JOB_HISTORY	TABLE/PROCEDURE	16738	0	YES
JOB_HISTORY	TABLE/PROCEDURE	0	0	NO
HR	PUB_SUB	0	0	NO
DBMS_APPLICATION_INFO	TABLE/PROCEDURE	0	0	NO
USER_OBJECTS	TABLE/PROCEDURE	0	0	NO

从例 19-34 的显示输出结果可以看出，虽然一些对象不见了，但是过程 **ADD_JOB_ HISTORY** 还在，这是因为标为 **KEPT** 的对象是不能被命令 **ALTER SYSTEM FLUSH SHARED_POOL** 清除

出共享池的。

Oracle 在 **dbms_shared_pool** 软件包中还提供了一个与 **keep** 过程相反的过程——**unkeep**。其实即使不说，读者也能猜到它的含义了，就是使标为 KEPT 的对象恢复为普通的对象，即不再常驻内存。如果您发现 **hr** 用户的存储过程 **ADD_JOB_HISTORY** 已经不经常使用时，可以使用例 **19-35** 的执行命令使它不再常驻内存。

例 19-35

```
SQL> EXECUTE dbms_shared_pool.unkeep('HR.ADD_JOB_HISTORY');
PL/SQL 过程已成功完成。
```

最后，使用例 19-36 的 SQL 语句再一次从数据字典 v$db_object_cache 中获取有关 hr 用户对象的内存使用情况的相关信息。

例 19-36

```
SQL> select owner, name, namespace, sharable_mem, executions, kept
  2  from v$db_object_cache
  3  where owner = 'HR';
NAME                        NAMESPACE        SHARABLE_MEM EXECUTIONS KEP
------------------------    ---------------  ------------ ---------- ---
ADD_JOB_HISTORY             TABLE/PROCEDURE         16738          0 NO
JOB_HISTORY                 TABLE/PROCEDURE             0          0 NO
HR                          PUB_SUB                     0          0 NO
DBMS_APPLICATION_INFO       TABLE/PROCEDURE             0          0 NO
USER_OBJECTS                TABLE/PROCEDURE             0          0 NO
```

例 **19-36** 的显示输出结果的第 1 行清楚地表明 **ADD_JOB_HISTORY** 的存储过程已经不再常驻内存了，因为 **KEPT** 列的值已经为 **NO** 了。

其实，以上介绍的将经常使用的程序常驻内存的提高系统效率的方法是典型的以内存空间来换取时间的方法。

19.11 将数据缓存在内存中

19.10 节介绍了利用将常用的程序常驻内存的方法来提高数据库系统的效率，可能已经有读者想到了可不可以也将常用的数据常驻内存呢？当然可以。如果数据库中有一个小表，上面并未创建任何索引，但是这个表又是经常使用的，而且都是以全表扫描的方式操作的。这就带来了一个效率上的问题，因为 Oracle 的优化器认为全表扫描的数据重用的概率极小，所以 Oracle 将全表扫描的数据都放在数据库缓冲区（Database Buffers）的 LRU 队列的队尾，即这些数据是最先被从数据库缓冲区中淘汰的。如果觉得对一个表进行全表扫描的数据将来很快就会重用或经常使用，可以让 Oracle 将这样的数据放在 LRU 队列的队头，Oracle 称之为缓存在内存中（CACHE）。

下面还是通过例子来演示具体的操作。假设 SCOTT 用户的 emp 表就是上面所说的表。首先以 SCOTT 用户登录数据库系统。接下来，使用例 19-37 的 SQL 语句从数据字典 user_tables 中获取该用户中所有表的相关信息。为了使查询的显示输出清晰，可能要先使用 SQL*Plus 的格式化命令。

例 19-37

```
SQL> select table_name, tablespace_name, cache
  2  from user_tables;
```

```
TABLE_NAME          TABLESPACE_NAME          CACHE
------------        -------------------      -----
DEPT                USERS                    N
EMP                 USERS                    N
BONUS               USERS                    N
......
```

从例 **19-37** 的显示输出结果可知 **SCOTT** 用户的所有表都不能缓存（**CACHE**）在内存中，即所有的表在进行全表扫描操作时，其数据都放在数据库缓冲区的 **LRU** 队列的队尾，因为每一行的第 **3** 列的值都是 **N**。

现在，使用例 **19-38** 的 **Oracle** 的 **alter table** 命令将 scott 用户的 emp 表改为缓存表。

例 19-38

```
SQL> alter table emp cache;
表已更改。
```

之后，再使用与例 19-37 非常相似的 SQL 语句用例 19-39 再次从数据字典 user_tables 中获取该用户中 emp 表的相关信息。

例 19-39

```
SQL> select table_name, tablespace_name, cache
  2  from user_tables
  3  where table_name = 'EMP';
TABLE_NAME              TABLESPACE_NAME            CACHE
-------------------     -------------------------  -----
EMP                     USERS                          Y
```

从例 **19-39** 的显示输出结果可知 **SCOTT** 用户的 **emp** 表已经可以缓存在内存中了，因为查询结果的第 **3** 列的值已经是 **Y** 了。

📢 提示：

缓存的表一定是经常使用的表，同时这个表还要小，因为太大了，一个表把整个数据库缓冲区都占满了，其他用户就无法干活了。

如果过了一段时间，发现 **SCOTT** 用户的 **emp** 表已经没什么人使用了，就应该使用例 **19-40** 的 **Oracle** 命令将这个表再改回为非缓存表。

例 19-40

```
SQL> alter table emp nocache;
表已更改。
```

然后，再使用与例 19-39 完全相同的 SQL 语句用例 19-41 再次从数据字典 user_tables 中获取该用户中 emp 表的相关信息。

例 19-41

```
SQL> select table_name, tablespace_name, cache
  2  from user_tables
  3  where table_name = 'EMP';
TABLE_NAME              TABLESPACE_NAME            CACHE
-------------------     -------------------------  -----
EMP                     USERS                          N
```

从例 **19-41** 的显示输出结果可知 **SCOTT** 用户的 **emp** 表又变回了原来的非缓存表，因为查询结果的第 **3** 列的值已经变回了原来的 **N**。

以上介绍的将经常使用的表缓存（CACHE）在内存中的方法也是典型的以内存空间来换取时间的提高系统效率的方法。

虽然缓存表的数据是放在 LRU 队列的队头上，但是随着时间的推移还是有可能被淘汰出数据库缓冲区的，现在有没有办法将某些常用的数据永远地常驻内存呢？ 当然有。下面我们就介绍这种方法。使用这种方法不但可以将表常驻内存，还可以将其他类型的数据也常驻内存，如索引。

19.12　将数据常驻内存

为了能够进行后续的操作，需要先搭建一个临时的实验环境。首先，以 system 用户登录数据库系统。随即，使用例 19-42 的 DCL 语句将 "select any table" 系统权限授予 Scott 用户以方便随后的操作。

例 19-42

```
SQL> grant select any table to scott;

授权成功。
```

当确认以上授权操作成功之后，应该使用类似例 19-43 的 SQL*Plus 命令切换到 scott 用户。接下来，要使用例 19-44～例 19-46 的 DDL 语句分别创建两个比较大的表 customers 和 sales 以及索引 sales_cust_id_idx。

例 19-43

```
SQL> connect scott/tiger
已连接。
```

例 19-44

```
SQL> create table customers
  2  as select * from sh.customers;

表已创建。
```

例 19-45

```
SQL> create table sales
  2  as select * from sh.sales;

表已创建。
```

例 19-46

```
SQL> create index sales_cust_id_idx on sales(cust_id);

索引已创建。
```

要想将数据常驻内存，首先就得知道这些数据的量有多大。现在假设 Scott 用户下的表 customers 和基于 sales 表的索引 sales_cust_id_idx 是经常使用的而且是公司中许多用户共享的，为了加快它们的操作速度，决定将这两个段常驻内存中。

于是重新以 system 用户登录 Oracle 系统，之后可以查询数据字典 dba_segments 以获取该用户中 CUSTOMERS 表和 sales_cust_id_idx 索引的统计信息。因为以 dba 开头的数据字典都是静态数据字典，为了数据库系统的效率，Oracle 并不实时地更新（刷新）它们。如果要想利用它们获取最新的统计信息，就要先收集相关的统计信息。Oracle 提供了一个名为 dbms_stats 的软件包，利用这一软件包中的过程就可以方便地完成收集所需统计信息的工作。现在就可以使用例 19-47 的 SQL*Plus 执行命令利用 dbms_stats 软件包的 gather_index_stats 过程收集 SCOTT 用户中 SALES_CUST_ID_IDX 索引的统计信息。

例 19-47

```
SQL> EXECUTE dbms_stats.gather_index_stats('SCOTT','SALES_CUST_ID_IDX');
PL/SQL 过程已成功完成。
```

接下来，还要使用例 19-48 的 SQL*Plus 执行命令利用 dbms_stats 软件包的 gather_table_stats 的过程收集 SCOTT 用户中 CUSTOMERS 表的统计信息。

例 19-48

```
SQL> EXECUTE dbms_stats.gather_table_stats('SCOTT','CUSTOMERS');
PL/SQL 过程已成功完成。
```

之后，再使用例 19-49 的 SQL 语句从数据字典 dba_segments 中获取 SCOTT 用户中 CUSTOMERS 表和 SALES_CUST_ID_IDX 索引的统计信息。

例 19-49

```
SQL> select owner, segment_name, segment_type, blocks
  2  from dba_segments
  3  where owner LIKE 'SCOTT%'
  4  and segment_name in ('CUSTOMERS', 'SALES_CUST_ID_IDX');
OWNER      SEGMENT_NAME          SEGMENT_TYPE              BLOCKS
--------   -----------------     -------------------       --------

SCOTT      SALES_CUST_ID_IDX     INDEX                        2048
SCOTT      CUSTOMERS             TABLE                        1536
```

例 19-49 的显示输出结果给出了这两个段所使用的数据块数量。确定了要常驻内存的每一个段的 BLOKS 之后，可以使用例 **19-50** 的 **SQL** 语句求出这两个段所需的内存总数（以 **MB** 为单位），也可以使用计算器或其他方法进行换算，公式中乘以 **8** 是将块数转换成 **KB**，除以 **1024** 是将 **KB** 数转换成 **MB**（该数据库的数据块的大小为 **8KB**，您的系统中可能为不同的值，您可以在 **system** 或 **sys** 用户中使用 **SQL*Plus** 的"**show parameter block_size**"命令显示当前数据库的数据块的大小）。

例 19-50

```
SQL> select (1536+2048)*8/1024
  2  from dual;
(1536+2048)*8/1024
------------------
                28
```

之后，使用例 **19-51** 的 **SQL*Plus** 命令显示 **db_keep_cache_size** 的当前值，也就是 **keep pool** 的大小，放在 **keep pool** 中的数据是常驻内存的。

例 19-51

```
SQL> show parameter db_keep_cache_size
NAME                       TYPE                   VALUE
-------------------------  ---------------------  -----

db_keep_cache_size         big integer                0
```

也可以使用例 19-52 的 SQL 语句从数据字典 v$buffer_pool 中获取当前所有数据库内存缓冲区的相关信息。

例 19-52

```
SQL> select id, name, block_size, buffers
  2  from v$buffer_pool;
       ID NAME            BLOCK_SIZE       BUFFERS
---------- -------------- -------------- ----------
        3 DEFAULT              8192          50898
```

例 19-51 和例 19-52 的显示结果都表示在该数据库系统中没有定义 keep pool。Oracle 默认情况下是不设置 keep pool 这一内存缓冲区的。另外，Oracle 并不自动管理这一内存缓冲区，对 keep pool 的所有操作都是手动的。

下面，将手动地设置 keep pool 数据库缓冲区。**按照例 19-50 的 SQL 语句所得的结果，只要配置 28MB 的 keep pool 数据库缓冲区就够了，但是考虑到这些段将来可能会扩展，也可能会有其他的段需要常驻内存，所以使用例 19-53 的 Oracle 命令设置一个 64MB 的 keep pool。**

例 19-53

```
SQL> alter system set db_keep_cache_size = 64M;
系统已更改。
```

之后，再使用与例 19-51 完全相同的 SQL*Plus 命令用例 19-54 重新显示参数 db_keep_cache_size 的当前值，也就是 keep pool 的大小。

例 19-54

```
SQL> show parameter db_keep_cache_size
NAME                          TYPE                    VALUE
----------------------------- ----------------------- -----
db_keep_cache_size            big integer             64M
```

例 19-54 的显示结果表明 db_keep_cache_size 的当前值已经变为了 64MB。接下来，使用例 19-55 的 SQL 语句再次从数据字典 v$buffer_pool 中获取当前所有数据库内存缓冲区的相关信息。

例 19-55

```
SQL> select id, name, block_size, buffers
  2  from v$buffer_pool;
       ID NAME            BLOCK_SIZE      BUFFERS
---------- -------------- ----------- -----------
        1 KEEP                 8192          7984
        3 DEFAULT              8192         42914
```

例 19-55 显示的结果已经多出了一个名为 KEEP 的数据库内存缓冲区了，从例 19-54 和例 19-55 的显示结果可以断定已经成功地在数据库中设置了一个 64MB 的 keep pool 了。接下来的事情就是怎样将 SCOTT 用户中的 CUSTOMERS 表和 SALES_CUST_ID_IDX 索引放入这一内存区。

首先，打开一个 SQL*Plus 窗口并以 SCOTT 用户登录数据库系统（或者直接切换到 SCOTT 用户）。之后，使用例 19-56 的 SQL 语句从数据字典 user_tables 中获取该用户的 CUSTOMERS 表所使用的数据库缓冲区的信息。

例 19-56

```
SQL> select table_name, tablespace_name, buffer_pool
  2  from user_tables
  3  where table_name = 'CUSTOMERS';
TABLE_NAME                   TABLESPACE_NAME             BUFFER_
---------------------------- --------------------------- -------
CUSTOMERS                    USERS                       DEFAULT
```

例 19-56 的显示结果表明 CUSTOMERS 表使用的是默认（DEFAULT）的数据库缓冲区。接下来，使用例 19-57 的 alter table 命令将 CUSTOMERS 表所使用的数据库缓冲区修改为 Keep Buffer Pool。

例 19-57

```
SQL> alter table customers
  2  storage (buffer_pool keep);
表已更改。
```

之后，再使用与例 19-56 完全相同的 SQL 语句用例 19-58 重新从数据字典 user_tables 中获取该用户的 CUSTOMERS 表所使用的数据库缓冲区的信息。

例 19-58

```
SQL> select table_name, tablespace_name, buffer_pool
  2  from user_tables
  3  where table_name = 'CUSTOMERS';
TABLE_NAME TABLESPACE_NAME      BUFFER_
---------- -------------------- -------
CUSTOMERS  USERS                KEEP
```

从例 19-58 显示的结果可以看出 CUSTOMERS 表所使用的数据库缓冲区已经改为 Keep Buffer Pool，因为第 3 列 buffer_pool 的值为 KEEP。从现在开始，当有用户使用 CUSTOMERS 表时，Oracle 服务器就将这个表放入 Keep Buffer Pool 中并一直保留在其中，即常驻内存。

接下来，使用例 19-59 的 SQL 语句从数据字典 user_indexes 中获取基于 SALES 表的所有索引所使用的数据库缓冲区的信息。

例 19-59

```
SQL> select index_name, table_name, tablespace_name, buffer_pool
  2  from user_indexes
  3  where table_name = 'SALES';
INDEX_NAME          TABLE_NAME      TABLESPACE_NAME    BUFFER_POOL
------------------- --------------- ------------------ -----------
SALES_CUST_ID_IDX   SALES           USERS              DEFAULT
```

例 19-59 的显示结果表明基于 SALES 表的所有索引都使用的是默认的数据库缓冲区。接下来，使用例 19-60 的 alter index 命令将 sales_cust_id_idx 索引所使用的数据库缓冲区修改为 Keep Buffer Pool。

例 19-60

```
SQL> alter index sales_cust_id_idx
  2  storage (buffer_pool keep);
索引已更改。
```

紧接着，再使用与例 19-59 完全相同的 SQL 语句用例 19-61 重新从数据字典 user_indexes 中获取基于 SALES 表的所有索引所使用的数据库缓冲区的信息。

例 19-61

```
SQL> select index_name, table_name, tablespace_name, buffer_pool
  2  from user_indexes
  3  where table_name = 'SALES';
INDEX_NAME          TABLE_NAME      TABLESPACE_NAME    BUFFER_POOL
------------------- --------------- ------------------ -----------
SALES_CUST_ID_IDX   SALES           USERS              KEEP
```

从例 19-61 显示的结果可以看出索引 SALES_CUST_ID_IDX 所使用的数据库缓冲区已经改为 **Keep Buffer Pool**，因为第 4 列 buffer_pool 的值为 **KEEP**。从现在开始，当有用户使用索引 sales_cust_id_idx 时，Oracle 服务器就将这个索引放入 Keep Buffer Pool 中并一直保留在其中，即常驻内存。

以上介绍的将经常使用的表和索引常驻（KEEP）在内存中的方法又是典型的以内存空间来换取时间的提高系统效率的方法。经过前面的分析，我们知道了只要将大多数的 I/O 操作变成内存操作就可以极大地提高 Oracle 数据库系统的效率。其实，这也不是 Oracle 的"专利"，这一法则适用于几乎所有的计算机系统。

记得 20 多年前，我参加了一个项目。当时为了省钱，我将原来在 VAX-780 计算机上运行的数据处理程序全部搬到了 80386 PC 机上。结果一个绘图程序遇到了大麻烦，原来在 VAX-780 计算机上绘一张图只需 1～2 分钟，可在 PC 机上需要半个小时还多。当我打电话向软件商求救时，他们说这个软件就是为大机器设计的。如果要在微机上快速地运行它，就要重写全部程序，当然费用要高于原来的价钱，因为他们要对程序进行优化。当我问他们效率能提高多少时，他们回答说肯定有提高，但是提高多少要写好了才知道。

在万般无奈的情况下，领导给了我一次机会让我试试。我经过对这个程序的追踪发现它产生了很多中间的磁盘文件。我只做了一件事，就是把所有的这些中间文件都重定向为内存文件，结果使绘制一张图的时间下降到 3 分钟之内。随之而来又出现了另一个问题，就是每一个观测点的原始资料文件和处理后的结果文件太多，对它们的管理又变成了一项艰巨的工作。为此我用 C 语言写了一个文件管理程序，这个程序与其他数据处理程序的数据交换都是通过正文文件来完成，我最后将它们一起封装在一个 DOS 的批处理文件中（.BAT）使操作可以自动地执行。

现在分析一下以上工作的核心部分，读者很容易就可以发现其主要的方法如下：

- ❧ 将外存操作变成内存操作以提高系统的效率。
- ❧ 利用正文文件进行不同程序语言（系统）之间的数据交换。
- ❧ 利用 DOS 的批处理文件（相当于脚本文件）使操作自动化。

读者仔细回想一下所学过的 Oracle，是不是也使用了几乎完全相同的理念？因此建议读者在学习 Oracle 时，尽可能学通那些核心的不变或很少变的东西。虽然表面看来 IT 的知识飞快地更新，但是真正核心的内容却很少变，有的几十年都没变。

当常驻内存的数据（表或索引等）不再经常使用时，可以使用 alter table 或 alter index 命令将它们从内存中请出来。

经过了一段时间，您发现将以上的两个段常驻内存之后，系统的效率并没有什么改进。于是使用例 19-62 的 alter table 命令将 CUSTOMERS 表所使用的数据库缓冲区重新修改为默认数据库缓冲区。

例 19-62

```
SQL> alter table customers
  2  storage (buffer_pool default);
表已更改。
```

随后，再使用与例 19-58 完全相同的 SQL 语句用例 19-63 重新从数据字典 user_tables 中获取该用户的 CUSTOMERS 表所使用的数据库缓冲区的信息。

例 19-63

```
SQL> select table_name, tablespace_name, buffer_pool
  2  from user_tables
  3  where table_name = 'CUSTOMERS';
TABLE_NAME        TABLESPACE_NAME      BUFFER_POOL
------------      --------------------  ------------
CUSTOMERS         USERS                 DEFAULT
```

从例 **19-63** 显示的结果可以看出 **CUSTOMERS** 表所使用的数据库缓冲区已经重新改为默认数据库缓冲区，因为第 **3** 列 buffer_pool 的值已经变为 **DEFAULT** 了。从现在开始，当有用户使用 **CUSTOMERS** 表时，**Oracle** 服务器就将这个表放入默认数据库缓冲区中，不再常驻内存了。

接下来，使用例 **19-64** 的 **alter index** 命令将 **sales_cust_id_idx** 索引所使用的数据库缓冲区重新修改为默认数据库缓冲区。

例 19-64

```
SQL> alter index sales_cust_id_idx
  2  storage (buffer_pool default);
索引已更改。
```

紧接着，再使用与例 19-61 完全相同的 SQL 语句用例 19-65 再一次从数据字典 user_indexes 中获取基于 SALES 表的所有索引所使用的数据库缓冲区的信息。

例 19-65

```
SQL> select index_name, table_name, tablespace_name, buffer_pool
  2  from user_indexes
  3  where table_name = 'SALES';
INDEX_NAME            TABLE_NAME       TABLESPACE_NAME       BUFFER_POOL
------------------    --------------   --------------------  -----------
SALES_CUST_ID_IDX     SALES            USERS                 KEEP
```

从例 **19-65** 显示的结果可以看出索引 **sales_cust_id_idx** 所使用的数据库缓冲区已经重新改为了默认数据库缓冲区，因为第 **4** 列 buffer_pool 的值为 **DEFAULT**。从现在开始，当有用户使用索引 **sales_cust_id_idx** 时，**Oracle** 服务器就将这个索引放入默认数据库缓冲区，不再常驻内存。

如果不再需要 **Keep Buffer Pool**，可以使用 **alter system** 命令释放所占的内存空间，将这些内存空间还给数据库系统。首先切换到 **SYSTEM** 用户，之后使用例 **19-66** 的 **alter system** 命令将参数 **db_keep_cache_size** 值设置为零，即全部释放 **Keep Buffer Pool** 所使用的内存空间。

例 19-66

```
SQL> alter system set db_keep_cache_size = 0;
系统已更改。
```

之后，使用例 19-67 的 SQL*Plus 命令显示 db_keep_cache_size 的当前值，也就是 Keep Buffer Pool 的大小。

例 19-67

```
SQL> show parameter db_keep_cache_size
NAME                 TYPE             VALUE
-------------------  ---------------  -----
db_keep_cache_size   big integer      0
```

也可以使用例 19-68 的 SQL 语句从数据字典 v$buffer_pool 再次获取当前所有数据库的内存缓冲区的相关信息。

例 19-68

```
SQL> select id, name, block_size, buffers
  2  from v$buffer_pool;
      ID NAME                 BLOCK_SIZE   BUFFERS
---------- -------------------- ---------- --------
       3 DEFAULT                    8192    50898
```

例 19-67 和例 19-68 的显示结果都表示在该数据库系统中只有默认数据库缓冲区了，Keep Buffer Pool 所使用的内存空间已经被全部释放了。

19.13 将查询的结果缓存在内存

在以上几节中我们分别介绍了怎样将代码和数据存在内存中，如果有一个查询的结果是许多进程或用户经常使用的（既共享的），能不能将这一结果常驻内存？如果是 Oracle 11g 之前的版本就一点戏都没了，Oracle 11g 和 Oracle 12c 是可以将查询的结果常驻内存的。其实，这主要得益于最近几年内存的价格持续暴跌而容量却不断提高这一硬件的发展。

共享查询的结果显然要比共享 SQL 或 PL/SQL 代码效率高很多，因为这不但节省了代码的编译时间，而且还节省了代码的执行时间。Oracle 11g 和 Oracle 12c 是使用共享池中的一个专用的内存缓冲区来存储这些缓存的 SQL 查询结果的。只要这些缓存的查询结果是有效的，其他的语句和会话就可以共享它们。如果所查询的对象被修改了，则这些缓存的查询结果就变成无效的了。

尽管任何查询的结果都可以缓存在内存中，不过那些要访问大量的数据行而只返回少量数据的查询语句才是最好的候选者。绝大多数的数据仓库应用都适用于这一情况。实际上，这一功能的推出也主要是为支持数据仓库系统而设计的，如图 19.3 所示就是 Oracle 系统如何处理缓存查询结果的示意图。

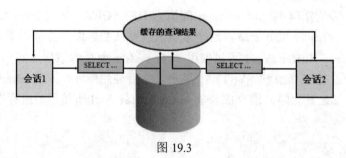

图 19.3

从图中可以看到，当第一个会话执行一个查询时，该查询语句将从数据库中获取数据，然后将这一查询的结果存储在 SQL 查询结果的内存缓冲区中。如果第二个会话（也包括之后的所有会话）执行相同的查询语句，其查询语句将从查询结果的内存缓冲区中直接提取结果而不需要访问硬盘了。

Oracle 查询优化器如何管理查询结果缓存机制依赖于初始化参数 result_cache_mode 的设置。可以使用这一参数来控制 Oracle 的优化器是否自动地将查询的结果存入查询结果缓冲区。这一参数既可以在系统一级也可以在会话一级设置，其可取的值为 AUTO、MANUAL 或 FORCE，而它们的含义如下：

- ➥ AUTO：优化器依据执行重复的次数决定哪些查询结果存入结果缓冲区中。
- ➥ MANUAL：为默认，要使用 result_cache 启示说明将查询结果存入结果缓冲区中。
- ➥ FORCE：所有的查询的结果都存入结果缓冲区中。
- ➥ 如果为 AUTO 或 FORCE 而在查询语句中包含了[NO_]RESULT_CACHE 启示，启示优先于初始化参数的设置。

可以使用例 19-69 的 SQL*Plus 命令列出初始化参数 result_cache_mode 的当前设置。从这一命令的显示结果可以进一步确定 result_cache_mode 的默认值确实是 MANUAL。

例 19-69

```
SQL> show parameter result_cache_mode
NAME                                 TYPE                   VALUE
------------------------------------ ---------------------- ------
result_cache_mode                    string                 MANUAL
```

接下来，可以通过几个相关的例子来窥视一下 Oracle 系统是如何使用查询结果内存缓冲区的。首先，使用例 19-70 的 SQL*Plus 的命令运行 utlxplan.sql 脚本以创建 plan_table 表。

例 19-70

```
SQL> @I:\app\Administrator\product\11.2.0\dbhome_1\RDBMS\ADMIN\utlxplan
表已创建。
```

之后，使用 **SQL*Plus** 的 **EXPLAIN plan for** 命令解释一个带有分组函数和 **group by** 子句的查询语句，注意在这个语句中使用了 **RESULT_CACHE** 启示，如例 **19-71** 所示（这个查询语句要在 **system** 用户下执行）。

例 19-71

```
SQL> EXPLAIN plan for
  2  SELECT /*+ RESULT_CACHE */ department_id,
  3         AVG(salary), COUNT(salary), MIN(salary), MAX(salary)
  4  FROM hr.employees
  5  GROUP BY department_id;
已解释。
```

现在就可以使用例 19-72 的 SQL 语句通过查询 plan_table 表来获取所解释的 SQL 语句的执行计划。为了使例 19-72 的显示输出结果清晰，可能要先使用一些 SQL*Plus 格式化命令对例 19-72 的显示输出进行格式化。

例 19-72

```
SQL> SELECT id, operation, options, object_name
  2  FROM plan_table;
ID OPERATION                OPTIONS          OBJECT_NAME
--- ----------------------- ---------------- ---------------------------
  0 SELECT STATEMENT
  1 RESULT CACHE                              1g92c3ds0jzwp9whsja43xvn7s
  2 HASH                     GROUP BY
  3 TABLE ACCESS             FULL             EMPLOYEES
```

从例 **19-72** 的显示结果可知，虽然 **result_cache_mode** 的当前设置为 **MANUAL**，但是 Oracle 优化器还是将这一查询的结果存入了结果内存缓冲区中，这是因为在该查询语句中使用了 **RESULT_CACHE** 启示。当例 **19-71** 查询语句被执行时，**Oracle** 服务器首先查看结果内存缓冲区以检查查询的结果是否已经在这个缓冲区中。如果存在就直接从这个内存缓冲区中取出结果，如果不存在就执行这一语句并将返回的查询结果存入到结果内存缓冲区中。接下来，为了简化随后的操作，使用例 19-73 的 DDL 语句删除 plan_table 表中的全部内容。

例 19-73

```
SQL> truncate table plan_table;
表被截断。
```

随后，使用例 19-74 的 EXPLAIN plan for 再次解释与例 19-71 几乎完全相同的查询语句（只是在查询中没有使用启示而已）。

例 19-74

```
SQL> EXPLAIN plan for
  2  SELECT department_id, AVG(salary), COUNT(salary),
  3          MIN(salary), MAX(salary)
  4  FROM hr.employees
  5  GROUP BY department_id;
已解释。
```

现在就可以使用例 19-75 的 SQL 语句通过查询 plan_table 表来获取所解释的 SQL 语句的执行计划。

例 19-75

```
SQL> SELECT id, operation, options, object_name
  2  FROM plan_table;
ID OPERATION            OPTIONS         OBJECT_NAME
--- -------------------- --------------- -------------
  0 SELECT STATEMENT
  1 HASH                 GROUP BY
  2 TABLE ACCESS         FULL            EMPLOYEES
```

从例 19-75 的显示结果可知，因为 result_cache_mode 的当前设置为 MANUAL，而且在该查询语句中也没有使用 RESULT_CACHE 启示，所以 Oracle 优化器没有将这一查询的结果存入结果内存缓冲区中。

为了方便而有效地管理和维护查询结果内存缓冲区，Oracle 提供了一个软件包，这个软件包名字是 DBMS_RESULT_CACHE。这个软件包中包含了许多过程和函数，可以通过这些过程和函数来完成多种操作，如查看结果缓冲区的状态、提取该缓冲区内存使用的统计信息以及将结果缓冲区清空等。例如可以使用例 19-76 的查询语句获取查询结果内存缓冲区的状态。

例 19-76

```
SQL> SELECT DBMS_RESULT_CACHE.STATUS FROM DUAL;
STATUS
--------
ENABLED
```

如果不想再使用结果内存缓冲区中所有基于 **HR** 用户的 **employees** 表的查询结果，可以使用例 **19-77** 执行软件包的命令将所有依赖于这个表的缓存结果都设置为无效。

例 19-77

```
SQL> EXEC DBMS_RESULT_CACHE.INVALIDATE('HR','EMPLOYEES')
PL/SQL 过程已成功完成。
```

如果马上需要大量的结果内存缓冲区，可以使用例 **19-78** 的执行软件包的命令将结果内存缓冲区清空。

例 19-78

```
SQL> EXECUTE DBMS_RESULT_CACHE.FLUSH;
PL/SQL 过程已成功完成。
```

也可以使用例 19-79 的执行软件包中的过程 MEMORY_REPORT 的命令获取结果内存缓冲区使用的统计信息。

例 19-79

```
SQL> EXECUTE DBMS_RESULT_CACHE.MEMORY_REPORT;
PL/SQL 过程已成功完成。
```

但是例 19-79 的结果却没有显示任何统计信息，这是为什么呢？原因是 PL/SQL 程序设计语言没有输入/输出语句，PL/SQL 程序的输出是通过软件包 DBMS_OUTPUT 来完成的。而要使这一软件包正常工作，SQL*Plus 的 serveroutput 参数的值必须是 ON，Oracle 默认是 OFF。可以使用例 19-80 的 show 命令来验证这一点。

例 19-80

```
SQL> show serveroutput
serveroutput OFF
```

知道了其中的原因之后，可以使用例 19-81 的 set 命令将 serveroutput 参数的值设为 ON。接下来，使用例 19-82 的命令再次执行软件包中的过程 MEMORY_REPORT，这次就可以获取结果内存缓冲区使用的统计信息了。

例 19-81

```
SQL> set serveroutput on
```

例 19-82

```
SQL> EXECUTE DBMS_RESULT_CACHE.MEMORY_REPORT;
Result Cache   Memory Report
[Parameters]
Block Size          = 1K bytes
Maximum Cache Size  = 6336K bytes (6336 blocks)
Maximum Result Size = 380K bytes (380 blocks)
[Memory]
Total Memory = 9460 bytes [0.004% of the Shared Pool]
... Fixed Memory = 9460 bytes [0.004% of the Shared Pool]
... Dynamic Memory = 0 bytes [0.000% of the Shared Pool]

PL/SQL 过程已成功完成。
```

◁》 提示：

读者如果对软件包 DBMS_RESULT_CACHE 以及它的过程和函数感兴趣，可参阅 PL/SQL Packages and Types Reference Guide。读者可以到 Oracle 官方网站免费下载这一文档。

另外，Oracle 也提供了若干与查询结果内存缓冲区相关的数据字典视图。可以通过这些数据字典获取与查询结果内存缓冲区相关的信息，其常用的数据字典如下：

- ↘ V$RESULT_CACHE_STATISTICS：列出各种缓存的设置和内存使用的统计信息。
- ↘ V$RESULT_CACHE_MEMORY：列出所有内存块和对应的统计信息。
- ↘ V$RESULT_CACHE_OBJECTS：列出所有对象（缓存结果和依赖的）连同它们的属性。
- ↘ V$RESULT_CACHE_DEPENDENCY：列出所有缓存结果和依赖性之间的依赖性细节。

如可以使用例 19-83 的查询语句利用数据字典 V$RESULT_CACHE_STATISTICS 列出各种缓存的设置和内存使用的统计信息。

例 19-83

```
SQL> select * from V$RESULT_CACHE_STATISTICS;
 ID  NAME                                                   VALUE
---- ----------------------------------------------------- -------
  1 Block Size (Bytes)                                       1024
  2 Block Count Maximum                                      6336
  3 Block Count Current                                         0
  4 Result Size Maximum (Blocks)                              380
  5 Create Count Success                                        0
  6 Create Count Failure                                        0
  7 Find Count                                                  0
  8 Invalidation Count                                          0
  9 Delete Count Invalid                                        0
 10 Delete Count Valid                                          0
 11 Hash Chain Length                                           0
```

已选择 11 行。

📢 提示：

读者如果对这些数据字典视图有兴趣，可参阅 Oracle Database Reference 11g Release 1 (11.1)，也可以是其他版本，读者可以到 Oracle 官方网站免费下载这一文档。

19.14 跨会话的 PL/SQL 函数结果缓存

在上一节，我们介绍了如何将常用和共享的 SQL 结果常驻内存，那么可不可以将 PL/SQL 的结果也常驻内存呢？当然可以。**从 Oracle 11g 和 Oracle 12c 开始，Oracle 引入了一种 PL/SQL 跨会话函数结果缓存机制，这种缓存机制将 PL/SQL 函数的结果存储在共享池中并提供了语言的支持和系统管理方法**，而运行的应用程序的每一个会话都可以访问这一缓存后的 PL/SQL 函数结果。这种缓存机制对于应用而言是既有效又简单，而且它也减轻了设计和开发自己的缓存和缓存管理应用的负担。

当每次使用不同的参数值调用一个结果缓存的 PL/SQL 函数时，这些参数和该函数的返回值都会被存储在内存缓冲区中。随后，当相同的函数以相同的参数值被调用时，Oracle 服务器将从结果缓冲区中提取该函数的结果。如果被用来计算缓存结果的一个数据库对象被修改了，那么缓存的结果就变成了无效并且必须重新计算。

通常使用这一结果缓存特性的适用范围是：那些经常被调用并且所依赖的信息（对象）从来不变或很少变化的函数。

接下来的问题就是如何使用这一功能强大的结果缓存机制了，其实方法也很简单。**要开启一个 PL/SQL 函数的结果缓存功能，只需在函数中加入 RESULT_CACHE 子句。**当一个结果缓存函数被调用时，Oracle 系统首先检查函数的结果缓存。如果缓冲区中包含了之前以相同参数值调用这一函数的结果，那么系统就直接将缓存的结果返回给调用者而并不执行函数体（即函数的 PL/SQL 程序代码）。如果缓冲区中没有包含该函数的结果，那么系统就执行这一函数体并在控制返回调用者之前将其结果（连同使用的参数值）添加到结果缓冲区中。

在这个结果缓冲区中可以存放许多结果——对于调用该函数的每一个唯一的参数值的组合都有一个结果。如果系统需要更多的内存，那么一个或多个结果会被从结果缓冲区中清除。如果函数在执行期间产生了一个无法处理的异常，这个异常的结果不会被存储在结果缓冲区中。

接下来，可以使用例 19-84 的创建函数的命令创建一个名为 emp_hire_date 的函数。该函数的功能很简单，就是按照输入的员工号码返回员工的雇佣日期（在返回之前将雇佣日期先转换成字符型）。**这个函数中的新鲜之处就是第三行的 RESULT_CACHE RELIES_ON 子句，正是这一子句告诉 Oracle 系统要将这一函数的执行结果和调用该函数时使用的相关参数值存入结果缓冲区中。**

函数 emp_hire_date 在返回数据之前将要返回的员工雇佣日期的数据类型从 DATE 类型转换成了 VARCHAR 类型，但是在该函数中并没有说明格式掩码，因此格式掩码默认为参数 NLS_DATE_FORMAT 定义的格式。如果调用函数 emp_hire_date 的会话具有不同的 NLS_DATE_FORMAT 参数设置，那么缓存的结果的日期格式可能不同。如果有一个会话计算的缓存结果过期了，并且另一个会话重新计算了这一缓存结果，那么甚至对于相同的参数值日期的格式都可能不同。如果一个会话所得到的缓存结果的格式与该会话本身的格式不同，那么这个结果很可能会出现错误。其可能的解决方法如下：

（1）将 emp_hire_date 函数的返回类型改为 DATE，并且在每一个会话中使用 TO_CHAR 函数调用 emp_hire_date 这一函数。

（2）如果对于所有的会话有一种通用的格式可以接受，那么将这一格式说明为格式掩码以消除对 NLS_DATE_FORMAT 参数的依赖——如使用 TO_CHAR（v_hiredate, 'yyyy-mm-dd'）。

例 19-84

```
SQL> CREATE OR REPLACE FUNCTION emp_hire_date
  2    (p_emp_id NUMBER) RETURN VARCHAR
  3   RESULT_CACHE RELIES_ON (emp) IS
  4    v_hiredate DATE;
  5  BEGIN
  6    SELECT hiredate INTO v_hiredate
  7    FROM emp
  8    WHERE empno = p_emp_id;
  9    RETURN to_char(v_hiredate);
 10  END;
 11  /
```

函数已创建。

当确认 emp_hire_date 存储函数创建成功之后，就可以开始测试这个过程了。可以使用例 19-85 的 SQL*Plus 的执行命令以实参 7788 调用 emp_hire_date 函数。接下来，使用例 19-86 的 SQL 查询语句列出第 7788 号员工的相关信息以确认 emp_hire_date 函数是否正确。

例 19-85

```
SQL> SET serveroutput ON
SQL> BEGIN
  2    DBMS_OUTPUT.PUT_LINE(emp_hire_date(7788));
  3  END;
```

```
   4  /
19-4 月 -87


PL/SQL 过程已成功完成。
```

例 19-86

```
SQL> SELECT empno, ename, hiredate
  2  FROM emp
  3  WHERE empno = 7788;
    EMPNO ENAME               HIREDATE
---------- ---------------- ----------
     7788 SCOTT              19-4 月 -87
```

例 19-85 和例 19-86 的显示结果只能说明函数 emp_hire_date 的逻辑流程没有错误（即 PL/SQL 程序代码正确），但是并没有告诉我们这个函数的结果是否存放在了结果缓冲区中。为了要确定这一点，要首先使用例 19-87 的 SQL*Plus 连接命令切换到 system（DBA）用户。

例 19-87

```
SQL> conn system/wang
已连接。
```

当确认已经切换到 system 用户之后，为了使随后的 SQL 语句的显示结果清晰易读，可能需要先使用例 19-88 和例 19-89 的 SQL*Plus 格式化命令。**最后，使用例 19-90 的 SQL 查询语句从数据字典 V$RESULT_CACHE_OBJECTS 中列出目前存放在结果缓冲区中的函数的结果及依赖对象。**

例 19-88

```
SQL> col name for a70
```

例 19-89

```
SQL> set line 100
```

例 19-90

```
SQL> select name, status from V$RESULT_CACHE_OBJECTS;
NAME                                                                   STATUS
---------------------------------------------------------------- ----------------
SCOTT.EMP                                                              Published
SCOTT.EMP_HIRE_DATE                                                    Published
"SCOTT"."EMP_HIRE_DATE"::8."EMP_HIRE_DATE"#762ba075453b8b0d#1 Published
```

例 19-90 的显示结果表明 SCOTT 用户的 **EMP_HIRE_DATE** 函数的结果已经存放在了结果缓冲区内。原来将一个 PL/SQL 函数的结果常驻内存的操作这么简单，没想到吧？

19.15　您应该掌握的内容

在学习完这一章之后，请检查一下您是否已经掌握了以下内容：
- 为什么要将常量和异常标准化？
- 熟悉使用无体软件包来实现常量和异常标准化的方法。
- 熟悉使用本地子程序进行标准化的方法。
- 熟悉本地子程序具有的特点和使用它可以获得的好处。
- 理解什么是定义者权限模型？

➥ 理解什么是调用者权限模型？

➥ 怎样将一个子程序定义成以调用者权限来执行的子程序？

➥ 什么是自治事务？

➥ 熟悉主事务与自治事务之间的关系以及它们的具体操作顺序。

➥ 熟悉使用和测试自治事物的方法。

➥ 内存和外存之间的速度差别大概是多少？

➥ 熟悉将程序常驻内存的具体操作。

➥ 熟悉软件包 dbms_shared_pool 的安装和使用。

➥ 怎样利用数据字典 v$db_object_cache 获取对象是否存在内存的信息？

➥ 熟悉将数据缓存在内存中的方法。

➥ 将数据缓存在内存与常驻内存之间的区别是什么？

➥ 熟悉利用软件包 dbms_stats 中的过程收集所需统计信息的方法。

➥ 熟悉将数据（表和索引）常驻内存的具体操作。

➥ 怎样计算 keep pool 数据缓冲区的大小？

➥ 怎样设置、观察和收回 keep pool 数据缓冲区？

➥ 熟悉 Oracle 系统处理缓存查询结果的操作过程。

➥ 怎样利用 RESULT_CACHE 启示将 SQL 查询的结果缓存在内存中？

➥ 怎样观察一个 SQL 查询的结果是否缓存在内存中？

➥ 熟悉软件包 DBMS_RESULT_CACHE 的一些常用方法。

➥ 熟悉 PL/SQL 函数的结果缓存机制。

➥ 熟悉 RESULT_CACHE 子句的语法。

➥ 怎样观察有哪些函数的结果存放在了结果缓冲区中？

扫一扫，看视频

第 20 章　导出程序的源代码以及源代码加密

在最后这一章中，将介绍如何使用命令导出存储过程、函数、软件包的参数和返回值，以及如何导出它们和数据库触发器的 PL/SQL 源代码，并且顺便介绍一下如何导出数据库的逻辑设计和物理设计。最后，将介绍如何在数据库中加密程序的源代码。

20.1　以命令行方式获取数据库系统的设计

在过去一直伴随着中华文明的一个日常生产系统就是驴拉磨系统，这个系统主要由提供动力的驴和能将稻谷磨碎的磨盘两大部分组成，如图 20.1 所示。

图 20.1

其实，现代的数据库系统也与驴拉磨系统类似。当数据库系统出了问题（如效率太低）时，作为一位高级开发人员或 DBA，首先必须知道究竟是"驴不走"还是"磨盘不转"，之后才能对症下药。那么，在 **Oracle 数据库系统中怎样确定究竟是"驴不走"还是"磨盘不转"呢？可以使用命令和数据字典做到这一点。可以使用例 20-1 的 SQL*Plus 命令来查看数据块的大小（要以 DBA 用户登录数据库系统）。**

例 20-1

```
SQL> show parameter db_block_size
NAME                                 TYPE                           VALUE
------------------------------------ ------------------------------ ----------
db_block_size                        integer                        8192
```

例 20-1 的显示输出结果表明该数据库的标准数据块的大小为 8KB。**进行优化工作的时候，切记把注意力集中在大表并且经常操作的表上。首先，以这些表所在的用户登录，之后使用如下方法**

就可以导出实体-关系模型。

（1）使用数据字典 CAT 获取该用户中所有的表和视图的名字。

（2）使用 DESC "表名" 获取每个表的结构（有几列，以及相关的列是否可以为空）。

（3）使用数据字典 user_constraints 和 user_cons_columns 导出表上的约束（外键就相当于 E-R 模型中的关系）。

利用以上信息就可以还原出实体-关系（E-R）模型，即数据库的逻辑设计。也可以使用数据字典 user_indexes 和 user_ind_columns 获取索引的信息。获得这些信息之后就可以仔细地分析以找到设计上的缺陷并加以解决。

联机事务处理和数据仓库系统的设计及优化方法是完全不同的，甚至备份策略也有很大的差别，因此原则上是要将这两种系统分开的，即在创建数据库时，要么选择联机事务处理，要么选择数据仓库。

下面，利用例子来演示如何找到究竟是"驴不走"还是"磨盘不转"的具体方法。为了简化问题，使用 SCOTT 用户下的两个表 emp 和 dept，但是在实际的优化工作中读者应该把注意力放在大且操作频繁的表上。首先以 SCOTT 用户身份登录 Oracle 数据库系统，之后使用例 20-2 的 SQL 语句显示该用户下所有的表和视图。

例 20-2

```
SQL> select * from cat;
TABLE_NAME       TABLE_TYPE
--------------- ----------
DEPT             TABLE
EMP              TABLE
BONUS            TABLE
SALGRADE         TABLE
```

接下来，使用例 20-3 和例 20-4 的 SQL*Plus 命令分别显示 emp 表和 dept 表的结构。

例 20-3

```
SQL> desc emp
 名称              是否为空？    类型
 --------------- --------- ------------
 EMPNO            NOT NULL  NUMBER(4)
 ENAME                      VARCHAR2(10)
 JOB                        VARCHAR2(9)
 MGR                        NUMBER(4)
 HIREDATE                   DATE
 SAL                        NUMBER(7,2)
 COMM                       NUMBER(7,2)
 DEPTNO                     NUMBER(2)
```

例 20-4

```
SQL> desc dept
 名称              是否为空？    类型
 --------------- ---------- ------------
 DEPTNO           NOT NULL  NUMBER(2)
 DNAME                      VARCHAR2(14)
 LOC                        VARCHAR2(13)
```

然后，使用例 20-5 和例 20-6 的 SQL 语句利用数据字典 user_constraints 和 user_cons_ columns 导出 EMP 和 DEPT 表上的全部约束（可能要先使用 SQL*Plus 的格式化命令对 SQL 语句的输出进行格式化）。

例 20-5

```
SQL> SELECT owner, constraint_name, constraint_type, table_name, R_CONSTRAINT_NAME
  2  FROM user_constraints;
OWNER          CONSTRAINT_NAME           C TABLE_NAME     R_CONSTRAINT_NAME
----------     --------------------      - --------------  ------------------
SCOTT          FK_DEPTNO                 R EMP            PK_DEPT
SCOTT          PK_DEPT                   P DEPT
SCOTT          PK_EMP                    P EMP
```

例 20-6

```
SQL> SELECT owner, constraint_name, table_name, column_name
  2  FROM user_cons_columns;
OWNER          CONSTRAINT_NAME           TABLE_NAME      COLUMN_NAME
----------     --------------------      --------------  --------------
SCOTT          PK_DEPT                   DEPT            DEPTNO
SCOTT          FK_DEPTNO                 EMP             DEPTNO
SCOTT          PK_EMP                    EMP             EMPNO
```

利用以上所获得的信息可以很轻松地重新画出 emp 表和 dept 表的实体-关系（E-R）图。其实，可以用这种方法窃取别人好的设计（这应该属于逆向工程），站在巨人的肩膀上继续工作。

现在也可以使用例 20-7 和例 20-8 的 SQL 语句利用数据字典 user_indexes 和 user_ind_columns 导出 EMP 和 DEPT 表上的全部索引的信息（可能要先使用 SQL*Plus 的格式化命令对 SQL 语句的输出进行格式化）。

例 20-7

```
SQL> SELECT INDEX_NAME, INDEX_TYPE, TABLE_NAME, UNIQUENESS, tablespace_name
  2  FROM user_indexes;
INDEX_NAME      INDEX_TYPE    TABLE_NAME    UNIQUENES  TABLESPACE_NAME
------------    ------------- --------------  ---------  ----------------
PK_EMP          NORMAL        EMP           UNIQUE     USERS
PK_DEPT         NORMAL        DEPT          UNIQUE     USERS
```

例 20-8

```
SQL> SELECT index_name, table_name, column_name, column_position
  2  FROM user_ind_columns;
INDEX_NAME  TABLE_NAME    COLUMN_NAME    COLUMN_POSITION
----------- ------------- --------------  ----------------
PK_DEPT DEPT              DEPTNO                        1
PK_EMP  EMP               EMPNO                         1
```

之后，就可以利用以上的信息来判断索引的设计是否合理。这里需要指出的是，索引的设计不属于逻辑设计而应该属于物理设计（索引是与数据库管理系统相关的）。这里只给出了找出究竟是"驴不走"还是"磨盘不转"的方法，但是并未给出后面优化的步骤。其实只要读者学过相关的课程，后面的工作并不难。

如果读者想从事这方面的工作但是又没有学过这方面的相关课程，就应该补一些课程。Oracle 公司有针对联机事务处理系统设计方面的单独课程，课程名为"数据模型和关系数据库设计（Data

Modeling and Relational Database Design）"。Oracle 公司也有针对数据仓库系统设计方面的课程，主要课程为 "Oracle 11g：数据仓库基本原理（Oracle 11g：Data Warehousing Fundamentals）" 和 "Oracle Database 11g：管理数据仓库（Oracle Database 11g：Administer a Data Warehouse）"。这里要说明的是，在 Oracle 的不同版本下，这些课程名略有差别。您也可以学习这方面的非基于 Oracle 系统的课程，因为数据库的设计部分与数据库管理系统的关系不大。

作为程序员或 DBA，只要找到问题所在，任务基本上就完成了。 如您使用的是一个联机事务处理系统，大多数表都是第一或第二范式，有大量的数据冗余，此时就可以通知设计者修改数据库的设计。至于他们修不修改也无所谓，反正您什么也不用做了。如您使用的是一个数据仓库系统，而上面存储了大量的细节数据（如电信客户的每一个电话记录），此时您也可以通知设计者修改数据库的设计，将细节数据综合后再存入数据仓库，您同样什么都不用做了。

在许多机构中，包括一些跨国企业，当系统出了问题时，相关的工作人员所做的第一件事根本就不是寻找问题的原因，而是尽快地找出 "不关我事" 的证据。一旦找到了这一证据，他们的工作就已经完成了。所以说一个老道的程序员或 **DBA** 要有相当多的 "旁门左道的知识"，对这些知识的掌握不一定太深，它们是帮助您迅速找到 "不关我事" 的证据的法宝，而不是真正干活的工具。

无论是联机事务处理系统还是数据仓库系统，在进行系统设计优化时，应始终牢记一点：有效地利用内存和最大限度地减少 I/O，就像我们在本书第 19 章中所介绍的那样。

20.2　导出存储程序的接口参数

许多情况下，数据库系统是软件商设计和开发的，他们往往不愿意将其数据库设计和程序的源代码交给客户，在前面已经介绍了如何使用数据字典导出数据库系统的实体-关系（E-R）模型，那么怎样才能导出存储程序（这里的程序包括过程、函数和软件包）的接口参数和源代码呢？

接下来，通过例子来演示如何使用 Oracle 的数据字典来导出程序的接口参数。首先要以 SCOTT 用户登录数据库系统，因为在这一用户中已经存储了不少过程、函数和软件包。如果已经登录了数据库系统，要使用例 20-9 的 SQL*Plus 命令验证一下当前的用户是否是 SCOTT 用户。

例 20-9
```
SQL> show user
USER 为 "SCOTT"
```
例 20-9 的显示结果表明目前的用户就是 SCOTT，因此可以继续以下的操作了。如果不是 SCOTT 用户，就要使用 SQL*Plus 命令 connect scott/tiger（您的系统上可能是不同的密码）切换到 SCOTT 用户。

那么怎样才能知道该用户中到底有多少个存储过程和函数呢？**可以使用例 20-10 的 SQL 语句通过查询数据字典 user_objects 来获取该用户下所有的存储过程和函数。** 要注意的是，**在查询语句中最好使用 where 子句来限制显示的输出结果，否则可能显示太多无用的信息。** 另外，为了使显示的结果清晰，可能要先使用 SQL*Plus 的格式化语句对查询的显示结果进行格式化。

例 20-10
```
SQL> select object_name, object_type, created, status, last_ddl_time
```

```
 2  from user_objects
 3  where object_type in ('PROCEDURE', 'FUNCTION');
OBJECT_NAME              OBJECT_TYPE      CREATED          STATUS       LAST_DDL_TIME
------------------       --------------   -------------    -----------  ------------
EMP_HIRE_DATE            FUNCTION         04-3月 -14       VALID        04-3月 -14
BANK_TRANS               PROCEDURE        03-3月 -14       VALID        03-3月 -14
LOG_USAGE                PROCEDURE        03-3月 -14       VALID        03-3月 -14
GET_EMP_SAL              PROCEDURE        02-3月 -14       VALID        02-3月 -14
ADD_DEPT_AUTHID          PROCEDURE        02-3月 -14       VALID        02-3月 -14
LOG_ACTION               PROCEDURE        27-2月 -14       VALID        27-2月 -14
QUERY_PLUS_SAL           FUNCTION         29-1月 -14       INVALID      29-1月 -14
INSERT_PLUS_SAL          FUNCTION         29-1月 -14       INVALID      29-1月 -14
INS_EMP2                 PROCEDURE        24-2月 -14       VALID        25-2月 -14
BULK_RAISE_SALARY2       PROCEDURE        24-2月 -14       VALID        24-2月 -14
BULK_GET_EMPS2           PROCEDURE        23-2月 -14       VALID        23-2月 -14
BULK_GET_DEPTS           PROCEDURE        23-2月 -14       VALID        23-2月 -14
BULK_GET_EMPS            PROCEDURE        23-2月 -14       VALID        23-2月 -14
BULK_RAISE_SALARY        PROCEDURE        23-2月 -14       VALID        23-2月 -14
GET_SAL                  FUNCTION         27-1月 -14       VALID        06-3月 -14
ADD_DEPTE                PROCEDURE        23-1月 -14       INVALID      24-1月 -14
AUDIT_EMP_DML            PROCEDURE        23-1月 -14       INVALID      23-1月 -14
UPDATE_SALARY            PROCEDURE        25-2月 -14       VALID        25-2月 -14
RAISE_SALARY             PROCEDURE        20-1月 -14       VALID        06-3月 -14
GET_EMPLOYEE             PROCEDURE        21-1月 -14       VALID        21-1月 -14
STANDARD_PHONE           PROCEDURE        21-1月 -14       VALID        21-1月 -14
```

已选择 21 行。

例 20-10 的显示输出结果表明：SCOTT 用户中现在一共有 **21** 个存储过程和函数。现在可以使用例 **20-11** 的 **SQL*Plus** 命令来显示存储过程 **RAISE_SALARY** 的所有输入和输出参数（接口信息）。

例 20-11

```
SQL> desc RAISE_SALARY
PROCEDURE RAISE_SALARY
参数名称                          类型                     输入/输出默认值?
----------------------           ------------------       ------  --------
 P_EMPNO                         NUMBER(4)                 IN
 P_RATE                          NUMBER                    IN
```

例 20-11 的显示输出结果表明：**存储过程 RAISE_SALARY 共有两个数字类型的输入参数，但是没有输出参数。** 接下来，可以使用例 **20-12** 的 **SQL*Plus** 命令来显示存储函数 **GET_SAL** 的所有输入和输出参数（接口信息）。

例 20-12

```
SQL> desc GET_SAL
FUNCTION GET_SAL RETURNS NUMBER
参数名称                          类型                     输入/输出默认值?
----------------------           --------------------     ------  -------
 V_ID                            NUMBER                    IN
```

例 20-12 的显示输出结果表明：**存储函数 GET_SAL 只有一个数字类型的输入参数，但是没有输出参数。**

也可以使用以上的方法导出软件包的说明，但是首先应该使用例 20-13 的 SQL 查询语句通过查询数据字典 user_objects 来获取该用户下所有的存储软件包的说明和软件包体。

例 20-13

```
SQL> select object_name, object_type, created, status, last_ddl_time
  2  from user_objects
  3  where object_type in ('PACKAGE', 'PACKAGE BODY');
OBJECT_NAME          OBJECT_TYPE          CREATED         STATUS    LAST_DDL_TIME
-------------------- -------------------- --------------- --------- ---------------
EMP_CONSTANT_PKG     PACKAGE              02-3月 -14      VALID     02-3月 -14
EMP_ERRORS_PKG       PACKAGE              01-3月 -14      VALID     01-3月 -14
ICBC_INTERESTS       PACKAGE              04-2月 -14      VALID     04-2月 -14
DEPT_PKG             PACKAGE BODY         06-2月 -14      INVALID   06-2月 -14
SALARY_PKG           PACKAGE              05-2月 -14      VALID     05-2月 -14
DEPT_PKG             PACKAGE              06-2月 -14      INVALID   06-2月 -14
SALARY_PKG           PACKAGE BODY         05-2月 -14      VALID     08-2月 -14
EMPLOYEE_DOG         PACKAGE BODY         11-2月 -14      VALID     11-2月 -14
EMPLOYEE_PKG         PACKAGE              10-2月 -14      VALID     10-2月 -14
EMPLOYEE_DOG         PACKAGE              11-2月 -14      VALID     11-2月 -14
EMPLOYEE_PKG         PACKAGE BODY         10-2月 -14      VALID     10-2月 -14
DEPT_BI              PACKAGE              09-2月 -14      VALID     09-2月 -14
DEPT_BI              PACKAGE BODY         09-2月 -14      VALID     09-2月 -14

已选择 13 行。
```

例 20-13 的显示输出结果表明：SCOTT 用户中现在一共有 13 个存储软件包的说明和体。现在可以使用例 20-14 的 SQL*Plus 命令来显示存储软件包 EMPLOYEE_PKG 的说明。

例 20-14

```
SQL> desc EMPLOYEE_PKG
PROCEDURE CLOSE_EMP
FUNCTION NEXT_EMPLOYEE RETURNS BOOLEAN
参数名称                      类型                    输入/输出默认值?
-------------------- -------------------- ------ ---------
 P_N                          NUMBER                  IN    DEFAULT
PROCEDURE OPEN_EMP
```

例 20-14 的显示结果列出了软件包 EMPLOYEE_PKG 中所有的公共过程和函数，以及它们的参数。看来导出软件包的说明也这么简单——只需要一个 desc 命令就搞定了，没想到吧？

20.3 导出存储程序的源代码

在已经导出了存储程序的接口信息之后，**当然更想导出它们的源代码，可以使用数据字典** **user_source 来完成这一光荣而艰巨的任务。**但为了使查询显示的输出结果清晰，最好先使用例 20-15 和例 20-16 的 SQL*Plus 格式化命令对查询的显示结果进行格式化。

例 20-15

```
SQL> set pagesize 50
```

例 20-16
```
SQL> col text for a80
```
之后，就可以使用例 **20-17** 的 SQL 语句通过查询数据字典 user_source 来获取该用户下的存储
过程 **RAISE_SALARY** 的源代码。

例 20-17
```
SQL> select line, text
  2  from user_source
  3  where name = 'RAISE_SALARY';
     LINE TEXT
---------- ------------------------------------------
        1 PROCEDURE raise_salary
        2  (p_empno   IN emp_pl.empno%TYPE,
        3   p_rate IN NUMBER)
        4 IS
        5 BEGIN
        6   UPDATE emp_pl
        7   SET     sal = sal * (1 + p_rate * 0.01)
        8   WHERE  empno = p_empno;
        9 END raise_salary;
```
已选择 9 行。

导出了存储过程 RAISE_SALARY 的源代码之后，也可以使用例 **20-18** 的 SQL 语句通过查询数
据字典 **user_source** 来获取该用户下的存储函数 **GET_SAL** 的源代码。

例 20-18
```
SQL> select line, text
  2  from user_source
  3  where name = 'GET_SAL';
     LINE TEXT
---------- ------------------------------------------
        1 FUNCTION GET_SAL
        2 ( v_id IN NUMBER
        3 ) RETURN NUMBER AS
        4  v_salary   emp_pl.sal%TYPE :=0;
        5 BEGIN
        6   SELECT sal
        7   INTO       v_salary
        8   FROM       emp_pl
        9   WHERE      empno = v_id;
       10   RETURN (v_salary);
       11 END GET_SAL;
```
已选择 11 行。

知道了如何导出存储过程和存储函数的源代码之后，可能更想知道如何导出一个存储软件包的
源代码，可以使用例 **20-19** 的 SQL 语句通过查询相同的数据字典 **user_source** 来获取该用户下的存
储软件包 **EMPLOYEE_PKG** 的源代码。

例 20-19

```
SQL> select line, text
  2  from user_source
  3  where name = 'EMPLOYEE_PKG';
     LINE TEXT
---------- -------------------------------------------------------------
         1 PACKAGE employee_pkg IS
         2   PROCEDURE open_emp;
         3   FUNCTION next_employee(p_n NUMBER := 1) RETURN BOOLEAN;
         4   PROCEDURE close_emp;
         5 END employee_pkg;
         1 PACKAGE BODY employee_pkg IS
         2   CURSOR emp_cursor IS
         3     SELECT empno FROM emp;
         4
         5   PROCEDURE open_emp IS
         6     BEGIN
         7       IF NOT emp_cursor%ISOPEN THEN
         8         OPEN emp_cursor;
         9       END IF;
        10     END open_emp;
        11
        12   FUNCTION next_employee(p_n NUMBER := 1) RETURN BOOLEAN IS
        13     v_emp_id emp.empno%TYPE;
        14   BEGIN
        15     FOR count IN 1 .. p_n LOOP
        16       FETCH emp_cursor INTO v_emp_id;
        17       EXIT WHEN emp_cursor%NOTFOUND;
        18       DBMS_OUTPUT.PUT_LINE('Employee Number: ' ||(v_emp_id));
        19     END LOOP;
        20     RETURN emp_cursor%FOUND;
        21   END next_employee;
        22
        23   PROCEDURE close_emp IS
        24     BEGIN
        25       IF emp_cursor%ISOPEN THEN
        26         CLOSE emp_cursor;
        27       END IF;
        28     END close_emp;
        29 END employee_pkg;
```

已选择 34 行。

　　之前当学会了导出数据库的逻辑设计时，就可以"站在一个人的肩膀上"继续工作了。现在当学会了导出存储过程、函数及软件包的源代码之后，就可以"站在许多人的肩膀上"工作了（一般设计可能是一个设计师，但程序员往往是一帮人）。这样就可以升得更高、升得更快了，不是吗？

　　这里需要补充的是，除了数据字典 USER_SOURCE 之外，**Oracle** 还提供了另外两个极为相似的数据字典，它们是 **ALL_SOURCE** 和 **DBA_SOURCE**。鉴于篇幅所限，这里就不介绍了，有兴趣的读者可以自己试一下。

20.4　导出触发器的类型、触发事件、描述及源代码

通过前面两节的学习，读者应该已经学会了如何从数据库中导出存储过程、函数和软件包的接口信息及其源代码。现在可能也想导出数据库触发器的相关信息及源代码了吧？要想知道该用户中到底有多少个数据库触发器，其方法也很简单，同样也可以利用数据字典 user_objects 来获取这方面的信息，如可以使用例 20-20 的 SQL 语句通过查询 user_objects 视图来获取该用户下所有的数据库触发器。

例 20-20

```
SQL> select object_name, object_type, created, status, last_ddl_time
  2  from user_objects
  3  where object_type = 'TRIGGER';
OBJECT_NAME             OBJECT_TYPE    CREATED         STATUS    LAST_DDL_TIME
---------------------   -----------    -------------   --------  -------------
CHECK_SALARY            TRIGGER        25-2月 -14       VALID     26-2月 -14
CHECK_SALARY_C          TRIGGER        26-2月 -14       VALID     26-2月 -14
DERIVE_COMMISSION_PCT   TRIGGER        16-2月 -14       VALID     21-2月 -14
EMP_DEPT_FK_TRG         TRIGGER        18-2月 -14       VALID     18-2月 -14
LOGOFF_TRIGGER          TRIGGER        27-2月 -14       VALID     27-2月 -14
LOGON_TRIGGER           TRIGGER        27-2月 -14       VALID     27-2月 -14
LOG_EMP_PL              TRIGGER        27-2月 -14       VALID     27-2月 -14

已选择 7 行。
```

由于触发器与其他的存储程序有一些明显的不同之处，为了方便触发器的管理和维护，Oracle 引入了一个专门的数据字典 user_triggers 来存储当前用户中所有触发器的信息。可以使用例 20-24 的 SQL 语句通过查询数据字典 user_triggers 来获取该用户下所有的数据库触发器的相关信息。不过为了使显示的结果清晰，可能要先使用例 20-21～例 20-23 的 SQL*Plus 的格式化语句对查询的显示结果进行格式化。

例 20-21
```
SQL> col trigger_name for a25
```
例 20-22
```
SQL> col table_name for a10
```
例 20-23
```
SQL> col TRIGGERING_EVENT for a30
```
例 20-24
```
SQL> select trigger_name, table_name, triggering_event, status
  2  from user_triggers;
TRIGGER_NAME            TABLE_NAME   TRIGGERING_EVENT                STATUS
---------------------   ----------   ------------------------------  ------
CHECK_SALARY_C          EMP          INSERT OR UPDATE                ENABLED
CHECK_SALARY            EMP          INSERT OR UPDATE                ENABLED
```

```
LOG_EMP_PL                    EMP_PL        DELETE                          ENABLED
EMP_DEPT_FK_TRG               EMP_PL        UPDATE                          ENABLED
DERIVE_COMMISSION_PCT         EMP_PL        INSERT OR UPDATE                ENABLED
LOGOFF_TRIGGER                              LOGOFF                          ENABLED
LOGON_TRIGGER                              LOGON                           ENABLED
```

已选择 7 行。

如果对某一个触发器（如 **CHECK_SALARY**）比较感兴趣，可以使用例 **20-25** 的 **SQL** 查询语句列出这个触发器的描述信息。

例 20-25

```
SQL> select DESCRIPTION
  2  from user_triggers
  3  where trigger_name = 'CHECK_SALARY';
DESCRIPTION
-----------------------------------
check_salary
 FOR INSERT OR UPDATE OF sal, job
 ON emp
```

例 20-25 的显示结果列出了这个触发器的名字、触发该触发器执行的 DML 语句，以及基于的表等信息。

通过以上的操作，就会对当前用户中的所有数据库触发器有一个总体的了解，而对感兴趣的触发器有一个比较深入的理解，但是还没有看到任何触发器的全貌（即触发器的 PL/SQL 程序代码）。在数据字典视图 user_triggers 中有一个 trigger_body 列，实际上这个触发器体就是该触发器的 PL/SQL 程序的源代码。因此，可以试着使用例 20-26 的查询语句利用数据字典视图 user_triggers 列出触发器 CHECK_SALARY 的源代码。

例 20-26

```
SQL> SELECT trigger_body
  2  FROM user_triggers
  3  WHERE trigger_name = 'CHECK_SALARY';
TRIGGER_BODY
-----------------------------------
COMPOUND TRIGGER

 TYPE sal_t IS TABLE OF emp.sal%TYPE;
 min_sal  sal_t;
 max
```

例 20-26 的显示结果是不是令人大失所望？难道什么地方出了问题？其实，完全没有必要担心，因为您什么也没做错。那么问题出在什么地方呢？为了找出问题，可以使用例 20-27 的 SQL*Plus 命令列出数据字典视图 user_triggers 的结构。

例 20-27

```
SQL> desc user_triggers
 名称                                是否为空?  类型
 ----------------------------------- -------- -----------
 TRIGGER_NAME                                  VARCHAR2(30)
```

TRIGGER_TYPE	VARCHAR2(16)
TRIGGERING_EVENT	VARCHAR2(227)
TABLE_OWNER	VARCHAR2(30)
BASE_OBJECT_TYPE	VARCHAR2(16)
TABLE_NAME	VARCHAR2(30)
COLUMN_NAME	VARCHAR2(4000)
REFERENCING_NAMES	VARCHAR2(128)
WHEN_CLAUSE	VARCHAR2(4000)
STATUS	VARCHAR2(8)
DESCRIPTION	VARCHAR2(4000)
ACTION_TYPE	VARCHAR2(11)
TRIGGER_BODY	LONG
CROSSEDITION	VARCHAR2(7)
BEFORE_STATEMENT	VARCHAR2(3)
BEFORE_ROW	VARCHAR2(3)
AFTER_ROW	VARCHAR2(3)
AFTER_STATEMENT	ARCHAR2(3)
INSTEAD_OF_ROW	VARCHAR2(3)
FIRE_ONCE	VARCHAR2(3)
APPLY_SERVER_ONLY	VARCHAR2(3)

例 20-27 的显示结果表明 TRIGGER_BODY 列的数据类型是 LONG，这可能就是问题的起因。为了查明问题的真相，可以使用例 20-28 的 SQL*Plus 命令列出 long 的参数的值。

例 20-28

```
SQL> show long
long 80
```

看了例 20-28 的显示结果，应该明白了吧？因为 long 参数的值太小了（只能显示 80 个字符）。为了解决这一问题，可以使用例 20-29 的 SQL*Plus 命令将 long 参数的值设置成 32767。接下来，使用例 20-30 语句利用数据字典视图 user_triggers 再次列出触发器 CHECK_SALARY 的源代码。

例 20-29

```
SQL> set long 32767
```

例 20-30

```
SQL> SELECT trigger_body
  2  FROM user_triggers
  3  WHERE trigger_name = 'CHECK_SALARY';
TRIGGER_BODY
---------------------------------------------------------------
COMPOUND TRIGGER

  TYPE sal_t IS TABLE OF emp.sal%TYPE;
  min_sal  sal_t;
  max_sal  sal_t;

  TYPE deptno_t IS TABLE OF emp.deptno%TYPE;
  dept_ids  deptno_t;

  TYPE dept_sal_t IS TABLE OF emp.sal%TYPE
```

```
                    INDEX BY VARCHAR2(38);
  dept_min_sal dept_sal_t;
  dept_max_sal dept_sal_t;

BEFORE STATEMENT IS
  BEGIN
    SELECT MIN(sal), MAX(sal), NVL(deptno, -1)
    BULK COLLECT INTO min_sal, max_sal, dept_ids
    FROM   emp
    GROUP BY deptno;
    FOR j IN 1..dept_ids.COUNT() LOOP
      dept_min_sal(dept_ids(j)) := min_sal(j);
      dept_max_sal(dept_ids(j)) := max_sal(j);
    END LOOP;
END BEFORE STATEMENT;

AFTER EACH ROW IS
  BEGIN
    IF :NEW.sal < dept_min_sal(:NEW.deptno)
      OR :NEW.sal > dept_max_sal(:NEW.deptno) THEN
      RAISE_APPLICATION_ERROR(-20038,'新工资已超出允许的范围！');
    END IF;
  END AFTER EACH ROW;
END check_salary;
```

这次终于如愿以偿了，获得了久违的 CHECK_SALARY 触发器的 PL/SQL 程序的全部源代码。

通过本节的学习，您获取其他人胜利成果的水平可以说又上升到一个新的层次。现在除非别让您摸到 Oracle 数据库系统，否则您就可以把一个数据库的全部家底都倒腾出来，是不是挺兴奋的？问题是您可以这么轻松地导出别人辛苦工作的结果，当然也肯定有其他人想导出您的程序源代码，这可怎么办呢？请不用惊慌，在接下来的一节中，就将介绍如何加密存储程序。

20.5　PL/SQL 源代码加密及动态加密

Oracle 使用了一种叫做模糊（Obfuscation）或封装（wrapping）的技术来加密 PL/SQL 程序代码。所谓一个 PL/SQL 程序单元的模糊处理就是隐藏 PL/SQL 源代码的处理（即将 PL/SQL 源代码转换成人们无法阅读的"乱码"）。在 Oracle 中既可以使用软件包 DBMS_DDL 的子程序加密（封装）PL/SQL 源代码，也可以使用封装实用程序（wrap utility）加密 PL/SQL 源代码。

通常使用软件包 DBMS_DDL 的子程序加密（封装）一个单独的 PL/SQL 程序单元，如一个单一的动态产生的 CREATE PROCEDURE 命令，而封装实用程序（wrap utility）是以命令行的方式运行的，并且它处理一个输入的 SQL 文件，如一个 SQL*Plus 的安装脚本。

那么，这种模糊 PL/SQL 源代码的技术有什么好处呢？首先它可以防止其他人真正看到您的源程序代码，任何人也无法通过数据字典 USER_SOURCE、ALL_SOURCE 或 DBA_SOURCE 看到您的源代码了。其次，SQL*Plus 可以处理模糊的（加密的）源文件，并且导入（Import）和导出（Export）实用程序也接受封装的（加密的）文件。

那么什么是动态加密呢？所谓的动态加密就是在创建一个 **PL/SQL** 程序单元（如过程、函数和软件包等）的同时对这个程序单元的源代码进行加密。**Oracle** 的动态加密方法是从 Oracle **10g** 开始引入的，它是通过调用软件包 **DBMS_DDL** 中的两个子程序实现的，这两个子程序分别是 **CREATE_WRAPPED** 过程和 **WRAP** 函数。

CREATE_WRAPPED 过程的功能为：将一个单独的 CREATE OR REPLACE 语句作为输入（这个语句可以是如下的创建语句之一：创建一个 PL/SQL 软件包说明、一个软件包体、函数、过程、类型说明或类型体），随后产生一个新的 CREATE OR REPLACE 语句，但是 PL/SQL 源代码正文已经被加密（模糊）并执行这个新产生的语句。

WRAP 函数的功能为：将一个单独的 CREATE OR REPLACE 语句作为输入（这个语句可以是如下的创建语句之一：创建一个 PL/SQL 软件包说明、一个软件包体、函数、过程、类型说明或类型体）并返回一个新的 CREATE OR REPLACE 语句，在这个语句中 PL/SQL 程序单元的正文已经被加密（模糊）。

现将软件包 DBMS_DDL 及其 CREATE_WRAPPED 过程和 WRAP 函数之间的关系，以及这两个子程序之间的共同和不同之处进行归纳，如图 20.2 所示。

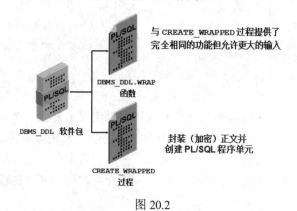

图 20.2

20.6 使用 CREATE_WRAPPED 过程加密 PL/SQL 源代码

在这一节中，将通过例子来演示使用软件包 DBMS_DDL 的 CREATE_WRAPPED 过程加密 PL/SQL 程序源代码的具体步骤以及显示加密后存储在数据库中的 PL/SQL 代码的形式。为了简化问题，使用一个只有一个执行语句的过程。首先使用普通的不加密方法创建这个名为 wuda 的存储过程，例 20-31 就是这个过程的 PL/SQL 程序代码。在这个过程的执行段中，只有一个执行语句，该语句调用 DBMS_OUTPUT 的 PUT_LINE 过程显示一段信息。在这个调用语句中，CHR 为转换函数，CHR(10)将数字 10 转换成 ASCII 码（即换行键）。显示的信息是我的另一本书《Oracle 快速 Web 应用开发——从实践中学习 Oracle Application Express》中虚拟公司"武大郎烧饼总公司"网页的招牌标语。

例 20-31

```
SQL> SET serveroutput ON
SQL> BEGIN
  2    EXECUTE IMMEDIATE '
  3      CREATE OR REPLACE PROCEDURE wuda IS
  4      BEGIN
  5        DBMS_OUTPUT.PUT_LINE (''武大郎驴肉火烧 ～ ''|| CHR(10) ||
  6                             ''一个飘香了千年的中华民族品牌、''|| CHR(10) ||
  7                             ''一段流传千古的凄美爱情传奇！！！'');
  8      END wuda;
  9    ';
 10  END;
 11  /
```

PL/SQL 过程已成功完成。

当确认以上 wuda 存储过程创建成功之后，就可以使用例 20-32 的 SQL*Plus 调用命令调用这个存储过程了（也可以使用 EXECUTE 命令）。

例 20-32

```
SQL> CALL wuda();
武大郎驴肉火烧 ～

一个飘香了千年的中华民族品牌、
一段流传千古的凄美爱情传奇！！！

调用完成。
```

当确认以上 wuda 存储过程正常工作之后，可以使用例 20-36 的查询语句从数据字典 user_source 中列出 wuda 存储过程的 PL/SQL 程序源代码以及行号。不过为了使显示结果清晰易读，可能需要使用例 20-33～例 20-35 的 SQL*Plus 格式化命令先将显示输出格式化。

例 20-33

```
SQL> col text for a63
```

例 20-34

```
SQL> set line 100
```

例 20-35

```
SQL> set pagesize 50
```

例 20-36

```
SQL> select line, text
  2  from user_source
  3  where name = 'WUDA'
  4  order by line;

      LINE TEXT
---------- ---------------------------------------------------------------
         1 PROCEDURE wuda IS
         2    BEGIN
         3      DBMS_OUTPUT.PUT_LINE ('武大郎驴肉火烧 ～ '|| CHR(10) ||
         4                          '一个飘香了千年的中华民族品牌、'||
```

```
     CHR(10) ||

  5                              '一段流传千古的凄美爱情传奇！！！'
    );

  6     END wuda;
  7
```

已选择 7 行。

看到例 20-36 的显示结果是不是感到有些恐惧？您当然不想让其他人看到您历尽千辛万苦开发出来的 **PL/SQL** 程序源代码，因此决定使用软件包 **DBMS_DDL** 的 **CREATE_WRAPPED** 过程加密这个 **wuda** 存储过程，并改名为 **wuda_wrap**，其 **PL/SQL** 程序代码如例 **20-37** 所示。其实，这段 **PL/SQL** 程序代码与例 **20-36** 的主要区别是将原来的执行语句变成了软件包 **DBMS_DDL** 中 **CREATE_WRAPPED** 过程的实参（输入参数值）。

例 20-37

```
SQL> SET serveroutput ON
SQL> BEGIN
  2    DBMS_DDL.CREATE_WRAPPED ( '
  3     CREATE OR REPLACE PROCEDURE wuda_wrap IS
  4     BEGIN
  5       DBMS_OUTPUT.PUT_LINE (''武大郎驴肉火烧 ～ ''|| CHR(10) ||
  6                             ''一个飘香了千年的中华民族品牌、''|| CHR(10) ||
  7                             ''一段流传千古的凄美爱情传奇！！！'');
  8     END wuda_wrap;
  9    ' );
 10  END;
 11  /
```

PL/SQL 过程已成功完成。

当确认以上 PL/SQL 程序代码执行成功之后，同样可以使用例 20-38 的 SQL*Plus 调用命令调用这个存储过程了（也可以使用 EXECUTE 命令）。

例 20-38

```
SQL> CALL wuda_wrap();
武大郎驴肉火烧 ～
一个飘香了千年的中华民族品牌、
一段流传千古的凄美爱情传奇！！！

调用完成。
```

从例 20-38 的显示结果可以确定，利用软件包 DBMS_DDL 的 CREATE_WRAPPED 过程加密后的 wuda 存储过程照样可以正常工作。但是如果此时使用例 **20-39** 的查询语句再次从数据字典 **user_source** 中列出 **wuda** 存储过程的 **PL/SQL** 程序源代码，就会发现它们之间的巨大差别。

例 20-39

```
SQL> select line, text
  2  from user_source
  3  where name = 'WUDA_WRAP'
  4  order by line;
```

```
    LINE   TEXT
---------- --------------------------------------------------------
     1 PROCEDURE wuda_wrap wrapped
       a000000
       369
       Abcd
       abcd
       abcd
       abcd
       abcd
       abcd
       abcd
       abcd
       abcd
       abcd
       abcd
       abcd
       abcd
       abcd
       abcd
       7
   129 148
       V/VEvVmYud9WAwk5ragWxLql1kIwg5nnm7+fMr2ywFwWli6hX5aW8lZppXSLCab
       hSeq/riR8
       DDWvlfp4VxkkIRTKIaIo44YQenNxlCF3TztMM/X6m5zXEJbqSEKzdzo0UoFOi0O
       eu/7/Xmlk
       Jsy4M+clfCFQw00mN+ysHU0kMbOlkcblnG0XNHHfTvriYbDt166/SEIiCkP6Sg2
       uEvhBeXXO
       fiOl6/rwctoSHHgh8SebAzK6T3l5z8IX+4W0+WxnC09hxHqasf40C4YDiyvIziU
       z/hKrqFpM
       66t+UQpPbeYwTW0LzzDIC6Za4/umlai/+A==
```

看到例 20-39 的显示结果，可以确信软件包 **DBMS_DDL** 的 **CREATE_WRAPPED** 过程确实将 **wuda_wrap** 存储过程加密了，因为没有人能看懂以上的显示信息。

对于一个加密的存储过程，仍然可以使用数据字典 **user_objects** 列出这个存储过程的相关信息，而且也可以使用 **SQL*Plus** 的 **DESC** 命令列出该加密存储过程的接口信息，如例 20-40 和例 20-41 所示。

例 20-40

```
SQL> select object_name, object_type, created, status, last_ddl_time
  2  from user_objects
  3  where object_name LIKE 'WUDA%';
OBJECT_NAME        OBJECT_TYPE      CREATED       STATUS    LAST_DDL_TIME
---------------    ---------------  ------------  --------  -------------
WUDA               PROCEDURE        08-3月 -14    VALID     08-3月 -14
WUDA_WRAP          PROCEDURE        08-3月 -14    VALID     08-3月 -14
```

例 20-41

```
SQL> DESC wuda_wrap
PROCEDURE wuda_wrap
```

20.7 使用 CREATE_WRAPPED 过程
加密较长的代码

如果要加密的 **PL/SQL** 程序比较长，为了使代码更容易理解，可以先声明一个大的字符串常量，随后将加密的程序段（如过程、函数和软件包等）的正文赋予这个字符串处理，最后再调用软件包 **DBMS_DDL** 的 **CREATE_WRAPPED** 过程加密这个字符串常量。例 **20-42** 的 **PL/SQL** 程序代码就是使用上面所说的方法将本书 **16.11** 节中例 **16-53** 的 **employee_dog** 软件包体的 **PL/SQL** 程序代码进行加密。

例 20-42

```
SQL> DECLARE
  2   c_code CONSTANT VARCHAR2(32767) :=
  3   'CREATE OR REPLACE PACKAGE BODY employee_dog IS
  4     PROCEDURE get_emp(p_emps OUT emp_table_type) IS
  5       v_count BINARY_INTEGER := 0;
  6     BEGIN
  7       FOR emp_record IN (SELECT * FROM emp)
  8       LOOP
  9         p_emps(v_count) := emp_record;
 10         v_count := v_count + 1;
 11       END LOOP;
 12     END get_emp;
 13   END employee_dog;' ;
 14 BEGIN
 15   DBMS_DDL.CREATE_WRAPPED (c_code);
 16 END;
 17 /
```

PL/SQL 过程已成功完成。

当确认加密后的 employee_dog 软件包体创建成功之后，就可以使用类似例 20-43 的匿名 PL/SQL 程序块引用这个软件包中的结构了。

例 20-43

```
SQL> SET serveroutput ON
SQL> DECLARE
  2   employees   employee_dog.emp_table_type;
  3 BEGIN
  4   employee_dog.get_emp(employees);
  5   DBMS_OUTPUT.PUT_LINE('Emp 8: '||employees(8).ename ||' '||
  6                   employees(8).job||' '||employees(8).sal);
  7 END;
  8 /
Emp 8: KING PRESIDENT 5000
```

PL/SQL 过程已成功完成。

原来第 9 个员工就是那个大家既羡慕又嫉妒、畏惧的公司总裁 KING 了（注意在这段程序中数组 emp_record 的起始下标是 0）。可以使用例 20-44 的 SQL 查询语句来验证第 9 个员工就是总裁 KING。

例 20-44

```
SQL> SELECT empno, ename, sal, job
  2  FROM emp;
    EMPNO ENAME                         SAL JOB
---------- -------------------- ---------- -------
      7369 SMITH                         800 CLERK
      7499 ALLEN                        1600 SALESMAN
      7521 WARD                         1250 SALESMAN
      7566 JONES                        2975 MANAGER
      7654 MARTIN                       1250 SALESMAN
      7698 BLAKE                        2850 MANAGER
      7782 CLARK                        2450 MANAGER
      7788 SCOTT                        3000 ANALYST
      7839 KING                         5000 PRESIDENT
      7844 TURNER                       1500 SALESMAN
      7876 ADAMS                        1100 CLERK
      7900 JAMES                         950 CLERK
      7902 FORD                         3000 ANALYST
      7934 MILLER                       1300 CLERK
```

已选择 14 行。

实际上，存储软件包 **employee_dog** 体的功能与没有加密之前没有任何区别，不过已经没有人能够从数据库中导出这个软件包体可以阅读的源代码了。如果使用例 **20-45** 的 **SQL** 查询语句列出该软件包体的源代码，会得到那些像乱码一样的输出结果。

例 20-45

```
SQL> select line, text
  2  from user_source
  3  where name = 'EMPLOYEE_DOG'
  4  order by line;
    LINE   TEXT
---------- --------------------------------------------------------------
        1 PACKAGE employee_dog IS
        1 PACKAGE BODY employee_dog wrapped
          a000000
          369
          abcd
          ......
          abcd
          b
          13b 11f
          gcDwwoDBZVtARnWPdWQBT02nAMYwg+nQfyisfC8CkHOUIDZM9Y1XZxIh8FD28n8
          4/GZSs4/8
          nZxmPcvXmJhku4d5PtFjZsNWW19ysQsj0AtTLr99SG0w2As1wr826SJp9oL9u8t
          oEkdmzsIn
```

```
Fs6vCfkSNnHWjxkww4OJSOeDMAlduHuGac9YGInfvWQxYslKNtq9ecgyd8iltGu
faNQ4QY9A
MRsAW3EGkR4VeuLO2pSq0WzswaG5UuT7kV3gNN/gvj8wKdsjPLIoojXCxd8sPW0
M5Q==
```

```
2   TYPE emp_table_type IS TABLE OF emp%ROWTYPE
3     INDEX BY PLS_INTEGER;
4   PROCEDURE get_emp(p_emps OUT emp_table_type);
5 END employee_dog;
```

已选择 6 行。

20.8 PL/SQL 封装实用程序简介

除了使用软件包 DBMS_DDL 的子程序动态地加密一个单独的 PL/SQL 程序单元之外，还可以使用 PL/SQL 的封装实用程序（Wrap Utility）以命令行的方式运行加密一个 SQL 脚本文件。

PL/SQL 的封装实用程序是一个独立的实用程序，它将 PL/SQL 的源代码转换成可移植的目标代码（portable object code）。利用这一实用程序，能够以一种不暴露源程序代码的方式交付 PL/SQL 应用程序（因为这个应用程序中可能包含专利的算法和专利的数据结构）。该封装实用程序的功能就是将可以阅读的源代码转换成无法阅读的代码。提供这种隐藏应用程序内部（逻辑）结构的方法，可以防止应用程序被滥用。封装（加密）后的程序代码（如 **PL/SQL 存储程序**）具有以下一些特殊性质：

- ➥ 独立于任何 IT 平台，因此一个编译的程序单元只需发布一个版本。
- ➥ 允许动态装入，因此用户在添加一个新特性时不需要关闭和重新启动系统。
- ➥ 允许动态绑定，因此外部引用的解析是在装入时进行的。
- ➥ 提供了严格的依赖检查，因此无效的程序单元在调用时被自动地重新编译。
- ➥ 支持正常的导入和导出操作，因此导入/导出（import/export）实用程序可以处理封装（加密）的文件。

封装实用程序是一个操作系统的可执行文件，它的名字为 WRAP。要使用封装实用程序加密一个文件，需要在操作系统提示符下输入以下命令：

`WRAP INAME=输入文件名 [ONAME=输出文件名]`

在使用以上命令加密一个操作系统文件时，Oracle 系统有如下约定：

（1）只有 INAME 参数是必需的。如果没有说明 ONAME 参数，那么输出文件的名字与输入文件相同，但是其文件的扩展名为.plb。

（2）输入文件的扩展名可以是任意的扩展名，但是默认扩展名为.sql。

（3）INAME 和 ONAME 参数的值（即输入文件名和输出文件名）是否区分大小写取决于使用的操作系统。

（4）通常输出文件要比输入文件大许多。

（5）在 INAME 和 ONAME 之间的等号两边不能有任何空格。

当封装（加密）的文件创建成功之后，要在 SQL*Plus（或 iSQL*Plus）中执行这个加密后的.plb

文件以编译加密后的源代码并将其存储在数据库中，其执行方法与执行 **SQL** 脚本文件一模一样。

当一个文件被封装（加密）之后，其中的对象类型、子程序具有如下形式：头，紧跟一个单词 wrapped，随后是加密的程序体。

输入文件可以包括任何 SQL 语句的组合，然而 PL/SQL 封装程序只封装（加密）如下的 CREATE 语句：

（1）CREATE [OR REPLACE] TYPE
（2）CREATE [OR REPLACE] TYPE BODY
（3）CREATE [OR REPLACE] PACKAGE
（4）CREATE [OR REPLACE] PACKAGE BODY
（5）CREATE [OR REPLACE] FUNCTION
（6）CREATE [OR REPLACE] PROCEDURE

除了以上列出的 CREATE 语句之外，所有其他的 SQL CREATE 语句都被原样存入输出文件（即没有加密）。

20.9　PL/SQL 封装实用程序应用实例

在这一节中，将通过例子来演示使用封装实用程序加密 SQL 脚本文件中 PL/SQL 程序源代码的具体步骤以及加密后存储在文件和数据库中的 PL/SQL 代码形式。为了简化问题，使用 16.10 节中例 16-44 的 employee_pkg 软件包体。首先应该将 Codes\ch16 目录中存有创建 employee_pkg 软件包体程序代码的文件复制到 Codes\ch20 目录并改名为 employee_pkg.sql。随后，使用例 20-46 的 DOS 命令将当前目录切换到 employee_pkg.sql 文件所在的目录（文件夹）。接下来，可以使用例 20-47 的 DOS 命令列出当前目录中所有以 emp 开始的文件和子目录，以确认 employee_pkg.sql 文件的存在。

例 20-46

```
C:\Users\Maria>cd E:\PLSQL_Book\Codes\ch20
```

例 20-47

```
E:\PLSQL_Book\Codes\ch20>dir emp*
 驱动器 E 中的卷没有标签。
 卷的序列号是 C891-7C0B

 E:\PLSQL_Book\Codes\ch20 的目录

2014/03/10  15:12               746 employee_pkg.sql
               1 个文件            746 字节
               0 个目录 19,769,212,928 可用字节
```

随后，就可以使用例 **20-48** 的命令利用封装（**wrap**）实用程序加密这个 **SQL** 脚本文件了。因为没有提供 **ONAME**，所以产生的加密后的输出文件名为 **employee_pkg.plb**。这里需要指出的是，封装实用程序是一个操作系统下的程序，因此必须在操作系统提示符下运行，而不能在 **SQL*Plus** 中运行。

例 20-48

```
E:\PLSQL_Book\Codes\ch20>WRAP INAME=employee_pkg.sql

PL/SQL Wrapper: Release 11.2.0.1.0- Production on 星期一 3月  10 15:15:36 2014

Copyright (c) 1993, 2009, Oracle.  All rights reserved.

Processing employee_pkg.sql to employee_pkg.plb
```

当以上加密操作执行完成之后，应该使用例 20-49 的操作系统命令再次列出当前目录中所有以 emp 开始的文件和子目录，以确认 employee_pkg.plb 文件的存在。

例 20-49

```
E:\PLSQL_Book\Codes\ch20>dir emp*
 驱动器 E 中的卷没有标签。
 卷的序列号是 C891-7C0B

 E:\PLSQL_Book\Codes\ch20 的目录

2014/03/10  15:15               669 employee_pkg.plb
2014/03/10  15:12               746 employee_pkg.sql
               2 个文件          1,415 字节
               0 个目录 19,769,208,832 可用字节
```

当确认了 **employee_pkg.plb** 文件确实存在之后，就可以使用例 **20-50** 的 **DOS** 命令列出 **employee_pkg.plb** 文件中的全部内容以确认加密操作是否成功。也可以使用例 **20-51** 的命令以"记事本"打开 **employee_pkg.plb** 文件，所显示的 **employee_pkg.plb** 文件中的内容。

例 20-50

```
E:\PLSQL_Book\Codes\ch20>type employee_pkg.plb
CREATE OR REPLACE PACKAGE BODY employee_pkg wrapped
a000000
354
abcd
......
abcd
b
2bd 1e6
3d0/N8fDzVqRPWmfl6q4tQIp438wg/DMAPZqfC/Nig9SDFrCBMJg9eNDx2bgmr2T8rehaXyk
g1BpfWmF0GRdtMBljp5hrZrGEr+7KfBoIGHnRJxJff+c0HJP4k6c/nhpYpGmJVinsnCMcy8Z
m6ZiPBZ52C+EAVP0a+djpRFq0wwXL1TvOmnjC8S+4cQYQARnXGd+u6UX5fCCcL/ut4MOW0X2
tiZGwzmO9/AIhRbCyOV2oQp1qaURC2GLtgbm+MhSLjc5PHJLo6w1HnRElFPUsgIBElOEbqX1
XzRCqn1HQSFg4vkYvCae7FqfkahuDax6B+OHgh44r547aAAWWqe2YVq/do0CnFVqjQMOLpRL
DH8hjenrI58r2hMHsbEYuH/Gr3gOu072/g1ArXFkbfc4vm7b9PZV+UBtu1PTzH7PUAqcwJvD
PGgGEfxdKV19D0gbghJGqr5YU6JvqsbwNBkgleuWgWzYsA==

/
```

例 20-51

```
E:\PLSQL_Book\Codes\ch20>notepad employee_pkg.plb
```

图 20.3

可以使用类似例 20-52 的命令启动 SQL*Plus 并以 SCOTT 用户登录 Oracle 数据库系统（因为在这台电脑上，在安装了 Oracle 11g 数据库之后，安装了 Oracle 的 TimesTen，即 Oracle 的内存数据库软件，所以在启动 SQL*Plus 时必须使用绝对目录）。

例 20-52

```
E:\PLSQL_Book\Codes\ch20>E:\app\product\11.2.0\dbhome_1\BIN\sqlplus scott/tiger
SQL*Plus: Release 11.2.0.1.0 Production on 星期一 3月 10 16:51:10 2014

Copyright (c) 1982, 2010, Oracle.  All rights reserved.

连接到:
Oracle Database 11g Enterprise Edition Release 11.2.0.1.0 - Production
With the Partitioning, OLAP, Data Mining and Real Application Testing options
```

实际上，在 SQL*Plus 中也可以使用操作系统命令，只是必须在操作系统命令之前冠以 host 关键字，如可以使用例 20-53 的 DOS 命令再次列出当前目录中所有以 emp 开始的文件和子目录。

例 20-53

```
SQL> host dir emp*
 驱动器 E 中的卷没有标签。
 卷的序列号是 C891-7C0B

 E:\PLSQL_Book\Codes\ch20 的目录

2014/03/10  15:15               669 employee_pkg.plb
2014/03/10  15:12               746 employee_pkg.sql
               2 个文件          1,415 字节
               0 个目录 19,769,139,200 可用字节
```

当确认 employee_pkg.plb 文件确实存在之后，就可以使用例 20-54 的 SQL*Plus 的执行脚本命令运行 employee_pkg.plb 这一文件了（实际上就是创建 employee_pkg 软件包体）。

例 20-54

```
SQL> @employee_pkg.plb
```

程序包体已创建。

当确认 **employee_pkg** 软件包体创建成功之后，如果使用例 **20-55** 的 **SQL** 查询语句列出该软件包体的源代码，同样会得到那些像乱码一样的输出结果。为了节省篇幅，这里省略了绝大部分的输出结果。

例 20-55

```
SQL> select line, text
  2  from user_source
  3  where name = 'EMPLOYEE_PKG'
  4  order by line;
    LINE TEXT
--------- ------------------------------------
       1  PACKAGE employee_pkg IS
       1  PACKAGE BODY employee_pkg wrapped
          a000000
          354
          abcd
          abcd
......
```

通过 **20.5～20.9** 节的学习，读者可能已经发现了 **PL/SQL** 的加密技术并不像想象的那么难。掌握了 **PL/SQL** 的加密技术，别人就再也无法剽窃您的高水平源程序了，而您却还可以一如既往地从数据库中导出其他人的源程序代码。

在实际工作中，一般会将加密后所产生的.plb 文件统一存放在一个（也可能是几个）目录中以方便使用。其实，许多 Oracle 系统的维护脚本文件都是以.plb 文件形式存在的。为了证实这一点，可以进入$ORACLE_HOME\ RDBMS\ADMIN\目录（在笔者目前使用的这台电脑上目录为：D:\app\dog\product\12.1.0\dbhome_1\RDBMS\ADMIN），在这个目录中可以发现许多.plb 文件，如图 20.4 所示。

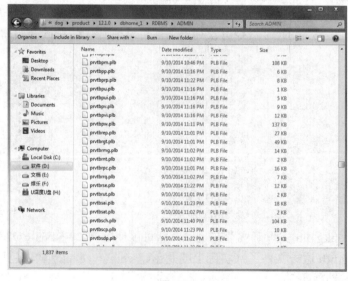

图 20.4

20.10 加密的原则及 DBMS_DDL 与 Wrap 的比较

由于加密后的代码是无法阅读的，因此在加密一个 PL/SQL 程序单元之前必须保存正文版的文件，否则将来 PL/SQL 程序单元是不能修改的。现将加密（封装）PL/SQL 源代码的原则以及加密（封装）实用程序的特性归纳如下：

- 在加密（封装）一个软件包时，只能加密这个软件包体，不能加密这个软件包说明，因为其他程序员在使用该软件包时需要知道公有变量和子程序等信息。以这样的方式加密软件包，其他程序员或用户可以使用这个软件包，但是他们无法了解软件包实现的细节（程序的逻辑流程）。
- 加密（封装）程序（包括软件包 DBMS_DDL 中的加密子程序和 Wrap 实用程序）只能探测到语法错误，不能探测到语义错误，因为加密（封装）程序无法解析外部引用。然而，PL/SQL 编译器会解析外部引用。因此，语义错误是指加密输出文件（.plb 文件）被编译时报告的。
- 由于加密后的输出文件无法编辑，所以必须保留并维护原始的 PL/SQL 程序源代码。如果需要（如一个引用的对象发生了变化），将修改源代码并重新加密修改后的源代码。
- 确保加密源代码的所有重要部分，并在发布应用程序之前使用正文编辑器浏览加密后的文件以确认没有遗漏。

在以上几节中介绍了两种加密 PL/SQL 程序源代码的方法：一种是使用软件包 DBMS_DDL 中的子程序，而另一种是使用 Wrap 实用程序。那么软件包 DBMS_DDL 和 Wrap 实用程序在具体使用中究竟有哪些不同呢？

Wrap 实用程序经常用于一次加密多个程序的情况。实际上，Wrap 实用程序往往用于加密整个已经完成的应用程序。然而，Wrap 实用程序不能在运行时动态地加密所产生的源代码。Wrap 实用程序处理一个输入的 SQL 文件并只将该文件中的 PL/SQL 程序单元加密（模糊），这些 PL/SQL 程序单元包括：

- 软件包说明和体
- 过程和函数
- 类型说明和体

这里需要强调的是，Wrap 实用程序不能加密（模糊）文件中的如下内容：

- 匿名 PL/SQL 程序块
- 触发器
- 非 PL/SQL 代码

软件包 DBMS_DDL 通常用来加密（模糊）在另一个程序单元中动态产生的程序单元，使用 DBMS_DDL 软件包无法一次加密（模糊）多个程序单元，因为 DBMS_DDL 软件包中的子程序每次执行时只接受一个 CREATE OR REPLACE 语句。

现将使用软件包 DBMS_DDL 中的子程序加密 PL/SQL 程序源代码和使用 Wrap 实用程序（Wrap Utility）加密源代码之间的相同与不同点进行归纳，如表 20-1 所示。

表 20-1

功能（Functionality）	DBMS_DDL	Wrap Utility
代码加密（模糊）	是	是
动态加密（模糊）	是	否
一次加密（模糊）多个程序	否	是

不过不少有经验的程序员包括笔者本人在加密 PL/SQL 源代码时更偏爱 Wrap 实用程序，可能的原因是：

（1）从语法上看，使用 Wrap 实用程序加密文件似乎更清晰易读。

（2）Wrap 实用程序的历史更悠久。

读者在实际工作中并不需要过于深究哪种方法更好，只要能完成加密工作就可以了。实际上，具体使用哪种方法加密更多的是个人的习惯，有时可能只是当时的灵机一动。还是那句老话 "不管黑猫白猫，抓住耗子就是好猫"。

20.11　您应该掌握的内容

在学习完这最后一章之后，请检查一下您是否已经掌握了以下内容：

- ↘ 怎样以命令行方式导出数据库系统的逻辑设计和物理设计？
- ↘ 怎样导出过程和函数的接口参数以及返回值？
- ↘ 怎样导出存储软件包的说明？
- ↘ 怎样导出存储程序（包括过程、函数和软件包）的源代码？
- ↘ 怎样导出触发器的相关信息及源代码？
- ↘ 熟悉 Oracle 加密 PL/SQL 程序源代码的方法。
- ↘ 熟悉使用 CREATE_WRAPPED 过程加密 PL/SQL 源代码的具体操作步骤。
- ↘ 怎样测试加密后的 PL/SQL 程序源代码？
- ↘ 怎样使用 CREATE_WRAPPED 过程加密较长的 PL/SQL 源代码？
- ↘ 熟悉 PL/SQL 封装实用程序（Wrap Utility）的功能以及用法。
- ↘ 熟悉 PL/SQL 封装程序所封装（加密）的 CREATE 语句。
- ↘ 熟悉使用 PL/SQL 封装实用程序加密 SQL 文件的方法。
- ↘ 熟悉加密（封装）PL/SQL 源代码的基本原则。
- ↘ 了解使用 DBMS_DDL 加密和使用 Wrap 实用程序加密之间的相同与不同之处。

结　束　语

相信通过前面的学习，读者应该已经掌握了 PL/SQL 程序设计语言。可能读者已经意识到了，其实 PL/SQL 语言并不像想象中或传说中那么难懂。**学习 PL/SQL 是有规律可循的，只要掌握了其中的套路，再加上反复的实践，掌握 PL/SQL 程序设计语言甚至成为这一行中的专家都只是时间的问题。**通过本书的学习，相信读者已经掌握了其中的套路。

如果读者觉得还不够熟练，可以通过重复练习不熟悉的部分来逐步地熟练掌握 PL/SQL 语言的使用。同遗忘做斗争是每个人都必须面对的问题，有时人们越想记住的东西反而越容易忘记，而越想忘掉的痛苦却永远挥之不去（因为只有牢记危险和痛苦才不至于犯同样的致命错误以至于付出生命的代价，这是动物进化的一个结果）。科学家已经证明，要想使学到的知识或技能不会遗忘，唯一的方法是重复，而且要重复、重复、再重复，正所谓"温故而知新"。另外，要在错误中学习，人们在错误中，特别是在大的错误或灾难中学习到的东西是最不易被忘记的，也就是说，错误是最好的老师。**因此，学会 PL/SQL 程序设计语言或任何其他系统的两件法宝就是重复与不怕犯错误。**

学习任何软件系统，**兴趣也是挺重要的，如果在学习 PL/SQL 语言时，突然有什么奇思妙想，不妨在计算机系统上试一试，没准就是一个伟大的新发现。**据说人类学家根据考古证据推测出这样一个场景：一个偶然的机会，有人在撒有小麦种子的土地上浇了一泼尿，结果长出了麦苗，由此而产生了水利灌溉并引发了农业革命，农耕文明就此而诞生。

另外，**做一些有趣好玩的实验也对学习和掌握 PL/SQL 语言很有帮助，没准玩着玩着就把自己玩成了一个 PL/SQL 语言的大专家。要想成为 PL/SQL 语言的大牛、专家，就需要不懈的努力和坚持。**想想看，要是捧着一本名著没事就看，看上它几百遍，甚至几千遍，不也成了什么学的专家了吗？不过对社会有没有用就很难说了。**一件事做长、做久、做熟了自然而然就成了专家。**正所谓"专家都从菜鸟来，牛人全靠熬出来"。

通常要熟练地掌握一门能保住饭碗的手艺（技能）需要较长的时间反复地练习才行。因此最好将本书中的例题在计算机上至少做一遍。在实际工作中，当计算机系统出了问题时，一般是没有很多的时间查书的，作为 **IT** 的专业人员必须在很短的时间内开始工作并能够快速地解决问题。**正因为这样，在平时就要把常用的 PL/SQL 语句或操作练熟。**

重复学习或培训是一件非常浪费资源的事，为了不使读者陷入那种不停地重复培训和学习的怪圈，本书系统而全面地讲解了在这一级别 PL/SQL 语言从业人员工作中常用和可能用到的几乎所有的知识和技能。因此读者在掌握了本书的内容之后，就不用重复学习类似的课程了，可以上到一个新的层次，学习更高级的课程。另外，**与 C 语言类似，PL/SQL 语言是一个相当稳定的程序设计语言，许多语句和结构 20 多年都没什么变化。因此，只要读者认真地学会了一个版本的 PL/SQL 语言，升级就变得非常容易了，**也就是说使用已经掌握的 PL/SQL 语言知识和技能就可以在 Oracle 这个行业里长期地"混"下去了。

读者应该已经发现本书差不多每一章中都有很多例题，这些例题对理解书中的内容很有帮助。科学已经证明：文字作为一种交流的工具，其承载能力要比声音和图像小。正因为如此，在本书的许多章节中都附有一些图片来帮助读者加深对所学知识的理解和掌握。书作为一种古老的单向交流工具，其承载能力是很有限的，因此产生二义性几乎是不可避免的。基于以上理由，当读者看书时，有些内容看一遍看不懂是很正常的。这时通过上机做例题可能会帮助理解。只要能理解了书中所介绍的内容就达到了目的，至于是通过上机做练习，还是通过阅读书中的解释？还是看书中的图示学会的并不重要。

学习 PL/SQL 程序设计语言或其他命令行系统有点像煲汤，要用文火慢慢地煲，时间越长效果越好，千万不要性急，所谓"欲速则不达"。只要读者有信心坚持下去，成为 PL/SQL 方面的"大虾"和专家没有任何问题。

即使学会了本书内容之后并没有从事 PL/SQL 方面的工作，读者也会发现本书所介绍的不少知识和技能同样可以套用到其他应用系统上，而且理解了 PL/SQL 之后，学习其他的软件应用系统或 Oracle 数据库管理会变得简单多了，因为许多软件系统的知识是相通的。

如果读者之前没有工作过，通过本书的虚拟项目——育犬项目可以了解一些项目或机构的实际运作情况，这对没有任何工作经验的人应该会有所帮助。当然，读者将来参加的项目未必是本书所讲的项目，可能是鸡项目或鸭项目。当做了这样的项目之后，就会发现其他的项目其实也都大同小异。

希望读者能喜欢这本书，更希望本书所介绍的内容能使读者真正领悟 PL/SQL 程序设计语言，并能对读者今后的 IT 生涯有所帮助，时间会做出正确的回答。如果读者对本书有任何意见，欢迎来信提出。我们的电子邮箱为 sql_minghe@aliyun.com。

最后，恭祝读者胜利地完成了 PL/SQL 的学习之旅，并祝愿好机会蜂拥而来，"前途是光明的，道路是曲折的"。

何　明
2016 年 10 月

参 考 文 献

扫一扫，看视频

1. Chaitanya K. Oracle Database 11g SQL Fundamentals II. USA: Oracle Corporation, 2007
2. Christian B. & Maria B. etc. Oracle Database 11g New Features for Administrators. USA: Oracle Corporation, 2009
3. Colin M. & Ruth B. etc. Oracle Database 2 Day DBA, 10g Release 1 (10.1). USA: Oracle Corporation, 2003
4. Deirdre M. & Mark F. Oracle Database 11g Administration Workshop I: Student Guide Volume 1 & 2. USA: Oracle Corporation, 2009
5. Denis R Oracle® Database PL/SQL Packages and Types Reference 11g Release 1 (11.1). USA: Oracle Corporation, 2008
6. Denis R. Oracle® Database PL/SQL Packages and Types Reference 10g Release 2 (10.2). USA: Oracle Corporation, 2007
7. Diana L. etc. Oracle® Database SQL Language Reference 11g Release 1 (11.1). USA: Oracle Corporation, 2010
8. Dominique J. & Jean-Francois V. Oracle 12c New Features for Administrators: Student Guide Volume 1 & 2. USA: Oracle Corporation, 2012
9. Donna K. & James.S. Oracle Database 12c Performance Management and Tuning: Student Guide Volume I, II, & III. USA: Oracle Corporation, 2015
10. Donna K. K. & James L. S. Oracle Database 12c Administration Workshop : Student Guide Volume 1 & 2. USA: Oracle Corporation, 2014
11. Dyke R. van. & Haan L. de. etc. Oracle Database 10g: New Features for Administrators: Student Guide Volume 1 & 2. USA: Oracle Corporation, 2004
12. Immanuel C. etc. Oracle® Database Performance Tuning Guide 11g Release 1 (11.1). USA: Oracle Corporation, 2008
13. James.S. Oracle Database 11g Performance Tuning: Student Guide Volume I, II, & III. USA: Oracle Corporation, 2008
14. Jan S., Patrice D. & Jeff G Data Modeling and Relational Database Design. USA: Oracle Corporation, 2001
15. Jean-Francois V. Oracle Database 11g SQL Tuning Workshop: Student Guide. USA: Oracle Corporation, 2008
16. Lance A. & Tom K. Oracle® Database Concepts 11g Release 2 (11.2). USA: Oracle Corporation, 2013
17. Lauran K. & Mark F. etc. Oracle Database 11g: Administer a Data Warehouse. USA: Oracle Corporation, 2008
18. Lauran K. Oracle Database 11g: Develop PL/SQL Program Units Student Guide. USA: Oracle

Corporation, 2009

19. Maria B. Oracle Database 11g Administration Workshop II: Student Guide Volume I, II & II. USA: Oracle Corporation, 2010

20. Mary B R. Oracle® Database SQL Language Reference 12c Release 1 (12.1). USA: Oracle Corporation, 2016

21. Nancy G Oracle Database 11*g*: SQL and PL/SQL New Features Student Guide. USA: Oracle Corporation, 2007

22. Oracle® Database Error Messages 11*g* Release 2 (11.2). USA: Oracle Corporation, 2013

23. Padmaja Mitravinda K. Oracle 10g: Data Warehousing Fundamentals. Oracle Corporation, 2006

24. Prashant K. Oracle® Database PL/SQL Packages and Types Reference 12c Release 1 (12.1). USA: Oracle Corporation, 2016

25. Puja S. Oracle Database 11g: SQL Fundamentals I. USA: Oracle Corporation, 2007

26. Rob P & Coronel C. Database Systems Design, Implementation, and Management. Belmont, California: Wadsworth Publishing Company, 1993

27. Shashaanka A, Cailein B, Eric B etc. Oracle® Database PL/SQL User's Guide and Reference 10*g* Release 2 (10.2). USA: Oracle Corporation, 2005

28. Sheila M. Oracle® Database Advanced Application Developer's Guide 11*g* Release 2 (11.2). USA: Oracle Corporation, 2013

29. Sheila M. Oracle® Database PL/SQL Language Reference 11*g* Release 1 (11.1). USA: Oracle Corporation, 2009

30. Sheila M. Oracle® Database PL/SQL Language Reference 12c Release 1 (12.1). USA: Oracle Corporation, 2014

31. Tom B & Billings M. Oracle Database 10g: Administration Workshop I (Edition 3.0). Oracle Corporation, 2005

32. Tom B & Billings M. Oracle Database 10g: Administration Workshop II (Edition 3.0). Oracle Corporation, 2006

33. Tom B & James S. Oracle Database 10g: Managing Oracle on Linux for System Administrators. USA: Oracle Corporation, 2007

34. Tom B etc. Oracle Database 10g: Managing Oracle on Linux for DBAs. USA: Oracle Corporation, 2007

35. Tom B, James S & Maria B etc. Oracle Database 11g: Administration Workshop II. USA: Oracle Corporation, 2007

36. Tony M. Oracle Database Upgrade Guide, 10g Release 1 (10.1). USA: Oracle Corporation, 2003

37. Tulika S Oracle Database 11*g*: Advanced PL/SQL Student Guide (Edition 2.0). USA: Oracle Corporation, 2010

38. Tulika S. Oracle Database 11*g*: PL/SQL Fundamentals Student Guide. USA: Oracle Corporation, 2007